Mathematik für Ingenieure

von
Prof. Dr. Joachim Erven und
Prof. Dr. Dietrich Schwägerl

4., korrigierte Auflage

Oldenbourg Verlag München

Prof. Dr. Joachim Erven schloss das Studium der Mathematik und Physik an der Universität zu Köln 1975 mit dem Diplom in Mathematik ab. Anschließend war er fünf Jahre als Wissenschaftlicher Mitarbeiter an der Universität der Bundeswehr in München tätig. 1980 promovierte er an der Technischen Universität München zum Doktor der Naturwissenschaften. Von 1980 bis 1985 arbeitete er in der Industrie (Siemens und IABG, München) als Software-Entwickler. Seit 1985 ist er Professor für Mathematik, zunächst an der Fachhochschule Köln und seit 1987 an der Hochschule München.

Prof. Dr. Dietrich Schwägerl hat über viele Jahre Mathematik an der Hochschule München gelehrt. Unter anderem hat er einen neuen Beweis des Eulerschen Satzes mit weit geringeren Voraussetzungen als sonst üblich (im Lehrbuch *Mathematik für Ingenieure* S. 112, 113) erbracht. Heute ist er nicht mehr im aktiven Dienst, aber nach wie vor begeistert von der Schönheit mathematischer Strukturen (bes. auch in der fraktalen Geometrie, s. *Übungsbuch* S. 148, 149). Seine Steckenpferde sind Computergraphik (Abbildungen im Lehr- und Übungsbuch), Lernsoftware Getriebe-Bewegungen, Software zur fraktalen Geometrie uvm.

Titelbild: Ingelore Schwägerl

Bibliografische Information der Deutschen Nationalbibliothek

Die Deutsche Nationalbibliothek verzeichnet diese Publikation in der Deutschen Nationalbibliografie; detaillierte bibliografische Daten sind im Internet über <http://dnb.d-nb.de> abrufbar.

© 2011 Oldenbourg Wissenschaftsverlag GmbH
Rosenheimer Straße 145, D-81671 München
Telefon: (089) 45051-0
oldenbourg.de

Das Werk einschließlich aller Abbildungen ist urheberrechtlich geschützt. Jede Verwertung außerhalb der Grenzen des Urheberrechtsgesetzes ist ohne Zustimmung des Verlages unzulässig und strafbar. Das gilt insbesondere für Vervielfältigungen, Übersetzungen, Mikroverfilmungen und die Einspeicherung und Bearbeitung in elektronischen Systemen.

Lektorat: Anton Schmid, Kathrin Mönch
Herstellung: Anna Grosser
Coverentwurf: hauser lacour www.hauserlacour.de
Gedruckt auf säure- und chlorfreiem Papier
Gesamtherstellung: Grafik + Druck GmbH, München

ISBN 978-3-486-59746-2

Ein paar Worte voraus ...

... zur 1. Auflage:

Wir wissen es ja: Mathematik ist oft schwer und stellt sehr hohe Ansprüche an die Fähigkeit des logisch-konsequenten Durchdenkens von Sachverhalten. Hinzu kommt in der Ingenieurmathematik die Notwendigkeit, nicht-mathematisch formulierte technische Sachverhalte in mathematische Form zu übersetzen, diese dann mit den gebotenen mathematischen Methoden zu bearbeiten und anschließend die „Rückübersetzung" vorzunehmen, also die technische Relevanz der mathematischen Resultate zuverlässig zu beurteilen.

Um dies zu erlernen und zu trainieren, ist einerseits eine rein abstrakt-theoretische Darstellung der Mathematik unzureichend; andererseits müssen die mathematischen Strukturen so sauber und exakt herausgearbeitet sein, dass keine Begriffsverwirrungen provoziert werden, die die mathematische Behandlung technischer Probleme geradezu sabotieren können.

In der vorliegenden Darstellung haben wir es uns zur Aufgabe gemacht, die an Technik interessierten Studierenden von *handfesten technischen Problemstellungen* aus ihrem Erfahrungsbereich ausgehend an die Frage heranzuführen:

„Welches mathematische Werkzeug benötigen wir zur Bearbeitung dieses oder jenes Problems überhaupt?"

Erst dann wird das Werkzeug bereitgestellt, so dass die häufig gestellte – verständliche – Frage „Wozu brauchen wir denn das?" bereits im Vorfeld beantwortet wird. Wir hoffen, dadurch eine genügend starke Motivation zur Beschäftigung mit der benötigten Mathematik zu schaffen. Mit dieser Zielrichtung erfolgt dann die Einarbeitung in die für das Ingenieurwesen grundlegenden mathematischen Disziplinen. Ein besonderes Anliegen ist es uns dabei, die Studienanfänger bei den Mathematik-Kenntnissen „abzuholen", die sie von der Schule mitbringen.

Der Inhalt des vorliegenden Buches umfasst im Wesentlichen die Stoffgebiete der *Ingenieurmathematik, die in jeder Studienrichtung* einer Fachhochschule als Mindestvoraussetzung benötigt und in einem meist zweisemestrigen Grundkurs gelehrt werden. In dieser oder ähnlicher Weise haben wir die Anfängermathematik über viele Semester in verschiedenen Fachbereichen der Fachhochschule München unterrichtet. Allerdings wird es immer wichtiger, interdisziplinär zu arbeiten; deshalb sind zu Beginn des Kapitels 1 für alle, die sich intensiver mit Informatik befassen wollen, die dort verwendeten Inhalte der Mengenlehre angeboten. Einiges im Kapitel „Ebene und räumliche Kurven" dient dem Einstieg in die Getriebelehre, und im Kapitel „Funktionen mehrerer Variabler" finden Sie u.a. etliches für die speziell in der Elektrotechnik benötigte Potentialtheorie.

Größten Wert haben wir auf eine *anschauliche Darstellung* der Sachverhalte gelegt (ohne jedoch die Hintergründe in den mathematischen Strukturen zu vernachlässigen, deren Kenntnis vor allem diejenigen brauchen, die tiefer in diese oder jene Spezialanwendungen eindringen wollen). Viele *Graphiken* unterstützen das Erfassen der behandelten Inhalte. Graphiken müssen in der Mathematik a) richtig und b) anschaulich sein. Betrachten Sie die Abbildungen nicht nur als Vorstellungshilfe, sondern auch als Anregung, mathematisch-technische Sachverhalte selber richtig und anschaulich darzustellen; auch diese Fähigkeit benötigen Sie immer wieder. Eine falsche Zeichnung ist oft ebenso schlimm wie eine falsche Formel.

Eine große Anzahl von *Beispielen* und selbständig zu bearbeitenden *Übungsaufgaben* vermitteln die nötige Gewandtheit im Umgang mit den Inhalten. Bei den Beispielen sind die Lösungswege vollständig angegeben, bei den Übungsaufgaben nur die Endergebnisse. Die vollständige Durchrechnung der hier enthaltenen sowie weiterer Übungsaufgaben finden Sie in dem Band „Übungsaufgaben zur Ingenieurmathematik" (in Vorbereitung).

Unser Dank gilt dem Herausgeber Prof. Dr. H. Geupel und dem Verlag für die gute Zusammenarbeit sowie unseren Kollegen an der FH München, insbesondere Prof. Dr. H. D. Schulz und Prof. Dr. W. Vinzenz für die Überlassung von Übungsaufgaben und für wertvolle Hinweise bei den Beispielen.

München, im Juni 1999 *J. Erven, D. Schwägerl*

... und zur 4. Auflage:

Die ungebrochen positive Resonanz auf die vor über zehn Jahren erschienene erste Auflage des Bandes „Mathematik für Ingenieure" hat uns ermutigt, dieses Konzept beizubehalten. In der nun vorliegenden vierten Auflage haben wir deshalb im Vergleich zur vorherigen lediglich einige Fehler berichtigt und darstellungsmäßige Verbesserungen vorgenommen, auf die uns unsere aufmerksamen Leser hingewiesen haben. Ihnen sei an dieser Stelle herzlich dafür gedankt. Der oben angekündigte Übungsband von den gleichen Autoren ist inzwischen unter dem Titel „Übungsbuch zur Mathematik für Ingenieure" erschienen und hat sich als wertvolle Hilfe beim Selbststudium erwiesen. Denjenigen Studienanfängern, die mit dem in den Kapiteln 1, 2, 4 und 5 dieses Bandes vorausgesetzten Eingangsniveau Schwierigkeiten haben, möchten wir das ebenfalls im Oldenbourg Verlag erschienene Buch „J. Erven, M. Erven, J. Hörwick: Vorkurs Mathematik" empfehlen.

Unseren Familien danken wir an dieser Stelle für die große Nachsicht, die sie während der Erstellung der Texte wieder mit uns gehabt haben!

München, im November 2010 *J. Erven, D. Schwägerl*

Inhaltsverzeichnis

1	**Grundlagen**	**9**
1.1	Mengen und Funktionen	9
1.2	Reelle Zahlen und reelle Funktionen	18
1.3	Rationale Funktionen	26
1.4	Trigonometrische und Arcus-Funktionen	32
1.5	Potenz- und Wurzelfunktionen	37
1.6	Exponential- und Logarithmus-, Hyperbel- und Areafunktionen	41
1.7	Grenzwerte von Folgen und Funktionen	47
2	**Etwas Lineare Algebra**	**59**
2.1	Das GAUSSsche Eliminationsverfahren	59
2.2	Matrizen	68
2.3	Determinanten	77
2.4	Anwendungen der Matrizenrechnung	86
3	**Komplexe Zahlen**	**101**
3.1	Einführung	101
3.2	Die GAUSSsche Zahlenebene	106
3.3	Potenzen und „Wurzeln" komplexer Zahlen	114
3.4	Komplexe Funktionen	118
3.5	Anwendungen in der Technik	124
4	**Differentialrechnung**	**129**
4.1	Differenzierbarkeit	130
4.2	Differentiationsregeln	135
4.3	Kurvendiskussionen und Extremwerte	138
4.4	Näherungen und Grenzwerte	147
5	**Integralrechnung**	**155**
5.1	Unbestimmtes Integral	155
5.2	Bestimmtes Integral	156
5.3	Methoden zur geschlossenen Integration	158
5.4	Praktische Anwendungen	163
5.5	Numerische Integration	184
5.6	Uneigentliche Integrale	187

6	**Ebene und räumliche Kurven**	**191**
6.1	Ergänzungen zur Kurvendiskussion	191
6.2	Parameterdarstellung einer ebenen Kurve	200
6.3	Kurvengleichungen in Polarkoordinaten	222
6.4	Parameterdarstellung einer Raumkurve	233
7	**Reihen**	**237**
7.1	Grundbegriffe	237
7.2	Konvergenzkriterien	242
7.3	Potenzreihen	252
7.4	FOURIER-Reihen	273
8	**Funktionen mehrerer Variabler**	**283**
8.1	Darstellungen von Flächen im Raum	286
8.2	Partielle Ableitungen	299
8.3	Vollständige Differenzierbarkeit	306
8.4	Extremwerte	315
8.5	Gradient, Richtungsableitung, Flächennormale	327
8.6	Doppelintegrale	335
8.7	Vektorfelder und Kurvenintegrale	342
8.8	Umrisse, ebene Kurvenscharen, Hüllkurven	354
9	**Differentialgleichungen**	**361**
9.1	Grundlagen	363
9.2	Differentialgleichungen 1. Ordnung	368
9.3	Differentialgleichungen 2. Ordnung	383
9.4	Systeme von Differentialgleichungen	408
9.5	Bahnen im Sonnensystem: Die KEPLERschen Gesetze	414
10	**Lösungen der Übungsaufgaben**	**419**
	Stichwortverzeichnis	**445**

1 Grundlagen

In diesem Kapitel werden wichtige grundlegende Fakten über reelle Zahlen und Funktionen einer reellen Veränderlichen zusammengestellt, die zum größten Teil von der Schule her bekannt sein sollten. Dieser Teil dient im Wesentlichen der Wiederholung sowie der Einführung einer einheitlichen Beschreibungs- und Ausdrucksweise. Er ist deshalb knapper gefasst und mit weniger Beispielen und Übungsaufgaben versehen als die folgenden Kapitel.

1.1 Mengen und Funktionen

Der Begriff „Menge" wird im alltäglichen Sprachgebrauch meist als Bezeichnung für die Zusammenfassung einzelner Personen oder Dinge zu einem Ganzen benutzt, sei es, dass man verschiedene Studierende eines Semesters als eine Studiengruppe auffasst (z.B. die „Studiengruppe 1B") oder die Menge aller Einrichtungsgegenstände eines Hörsaals betrachtet (z.B. die „Möblierung des Hörsaals 123").

Die Verwendung bei den abstrakten Objekten der Mathematik ist ähnlich; die Grundbegriffe der Mengenlehre gehen auf CANTOR (1845-1918) zurück:

Definition:

> (i) Eine *Menge* stellt eine Zusammenfassung von bestimmten unterscheidbaren Objekten zu einem Ganzen dar; die Objekte heißen die *Elemente* der Menge. Mengen werden häufig mit Großbuchstaben (etwa A, B, X_1), Elemente oft – aber nicht immer – mit Kleinbuchstaben (s, t, y_2) bezeichnet.
>
> (ii) Ist x *ein Element der Menge* A, so schreibt man dafür $x \in A$, anderenfalls $x \notin A$.
>
> (iii) Die Menge, die kein Element enthält, heißt *leere Menge* und wird mit $\emptyset$ oder $\{\ \}$ bezeichnet.

Die Definition einer Menge ohne Elemente als „leerer Menge" erscheint zunächst unsinnig, da eine Menge ja als Zusammenfassung von einzelnen Objekten zu verstehen ist; die leere Menge erweist sich jedoch als äußerst hilfreich bei verschiedenen Mengenoperationen.

Mengen können nun auf verschiedene Weisen beschrieben werden: Am einfachsten ist es, alle Elemente, die zu einer Menge gehören, aufzuzählen, etwa A = {Meier, Huber, Müller, Schwarz} oder B = {Tisch, Stuhl, Tafel, Projektor} oder C = {1, 5, 9}.

Die Schwächen dieser *aufzählenden Darstellung* liegen auf der Hand: Bei Mengen mit vielen Elementen wird diese Notation sehr mühselig, dann verwendete Abkürzungen können missverständlich sein: So ist zum Beispiel nicht klar, was mit D = {1, 4, ..., 64} gemeint ist, sowohl D_1 = {1, 4, 9, 16, 25, 36, 49, 64} als auch D_2 = {1, 4, 16, 64} stellen sinnvolle Ergänzungen der Pünktchen in der Beschreibung von D dar. Im ersten Fall sind alle Quadratzahlen zwischen 1 und 64 gemeint, im zweiten Fall alle geraden Potenzen von 2 bis zum Exponenten 6.

Deshalb verwendet man häufig die *beschreibende Darstellung* von Mengen: Die Elemente einer Menge M sind durch eine oder mehrere Eigenschaften gekennzeichnet, was durch die Schreibweise $M = \{x \mid x$ erfüllt $E\}$ (gelesen: „M ist die Menge aller x, die die Bedingung E erfüllen") ausgedrückt wird.

In obigen Beispielen sind also die Beschreibungen
$\quad D_1 = \{x \mid x$ ist eine Quadratzahl kleiner als 70$\}$
sowie $D_2 = \{x \mid x$ ist Zweierpotenz mit geradem Exponenten von 0 bis 6$\}$
unmissverständlich.

Jedoch kann auch die beschreibende Darstellung einer Menge zu Widersprüchen führen, wie die *Russellsche Antinomie* (1903) zeigt:

Definiert man Y als die Menge aller Mengen X, die sich nicht selbst als Element enthalten, also $Y = \{X \mid X \notin X\}$, so ist nicht klar, ob Y selbst zu Y gehört oder nicht.

Solche Missverständnisse können vermieden werden, wenn man – im jeweiligen Kontext – von einer *Grundmenge G* ausgeht, die alle betrachteten Objekte als Elemente enthält, bei D_1 und D_2 könnte dies zum Beispiel die Menge aller natürlichen Zahlen (vgl. 1.2) sein.

Es sollen nun Beziehungen zwischen und Verknüpfungen von Mengen untersucht werden.

Definition:

Eine Menge A heißt *Teilmenge* einer Menge B, wenn jedes Element von A auch Element von B ist. Man schreibt dafür $A \subseteq B$.
Umgekehrt heißt B dann *Obermenge* von A (geschrieben: $B \supseteq A$).

1.1 Mengen und Funktionen

Unter Verwendung der üblichen logischen Symbole[1] kann dies auch folgendermaßen ausgedrückt werden:

$$A \subseteq B \Leftrightarrow \forall x: (x \in A \Rightarrow x \in B)$$

Aufgrund der Definition sind zwei – triviale – Teilmengen von jeder beliebigen Menge B sofort zu erkennen, nämlich die leere Menge $\emptyset$ sowie die Menge B selbst. Soll der letzte Fall für eine Teilmenge A von B ausgeschlossen sein, so spricht man von einer *echten Teilmenge*, wofür häufig die Schreibweise $A \subset B$ benutzt wird. Unter Verwendung logischer Symbole formuliert man dies so:

$$A \subset B \Leftrightarrow (\forall x:(x \in A \Rightarrow x \in B)) \text{ und } (\exists x: x \in B \text{ und } x \notin A).$$

Definition:

> Zwei Mengen A und B heißen *gleich* (geschrieben: $A = B$) genau dann, wenn sowohl $A \subseteq B$ als auch $B \subseteq A$ ist.

Häufig wird diese doppelte Teilmengenbeziehung „übersehen": Beispielsweise bedeutet die später noch zu erklärende Aussage „Der Wertebereich der Sinusfunktion ist das Intervall $[-1, 1]$" nicht nur, dass jeder Wert der Sinusfunktion zwischen -1 und 1 liegt (dies entspricht $A \subseteq B$), sondern auch, dass jeder Wert zwischen -1 und 1 tatsächlich als Sinuswert vorkommt (dies entspricht $B \subseteq A$).

Definition:

> Die Menge aller Teilmengen einer gegebenen Menge B heißt die *Potenzmenge* von B und wird mit $\mathbb{P}(B)$ bezeichnet.

Beispiel:

Es sei $B = \{1, 2, 3\}$. Dann ist die Potenzmenge von B
$$\mathbb{P}(B) = \{\emptyset, \{1\}, \{2\}, \{3\}, \{1, 2\}, \{1, 3\}, \{2, 3\}, \{1, 2, 3\}\}.$$

Beachten Sie dabei stets, dass die leere Menge sowie die Menge B selbst Teilmengen von B sind, also zur Potenzmenge gehören. Die dreielementige Menge B hat also $8 = 2^3$ Teilmengen. Dieser Sachverhalt gilt für endliche Mengen allgemein: Die Potenzmenge einer n-elementigen Menge hat 2^n Elemente.

---

[1] Eine Zusammenstellung der verwendeten Symbole finden Sie vorne auf der inneren Umschlagseite.

Definition:

> Es seien A und B beliebige Mengen, die in der Grundmenge G liegen.
>
> (i) Der *Durchschnitt* (die *Schnittmenge*) von A und B (geschrieben $A \cap B$) ist die Menge aller derjenigen Elemente x aus G, die sowohl in A als auch in B liegen. Es gilt also: $\quad A \cap B = \{x \mid x \in A \text{ und } x \in B\}$.
>
> (ii) Die *Vereinigung(smenge)* von A und B (geschrieben $A \cup B$) ist die Menge aller derjenigen Elemente x aus G, die in A oder B liegen[1]. Es gilt also:
> $A \cup B = \{x \mid x \in A \text{ oder } x \in B\}$.
>
> (iii) Die *Differenz-* oder *Restmenge* A ohne B (geschrieben $A \setminus B$) ist die Menge aller derjenigen Elemente x aus G, die zu A, aber nicht zu B gehören. Es gilt also:
> $A \setminus B = \{x \mid x \in A \text{ und } x \notin B\}$.
>
> (iv) Die Differenzmenge aus Grundmenge G und A heißt das *Komplement von A* und wird mit $C_G(A)$ oder $\overline{A}$ bezeichnet.

Mengenbeziehungen und -verknüpfungen werden häufig mit so genannten VENN-Diagrammen veranschaulicht. In den Bildern 1.1.1 – 1.1.4 sind die oben definierten Begriffe jeweils schattiert dargestellt.

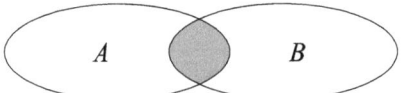

Bild 1.1.1: Der Durchschnitt $A \cap B$

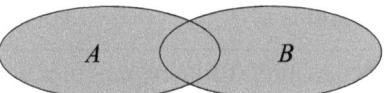

Bild 1.1.2: Die Vereinigung $A \cup B$

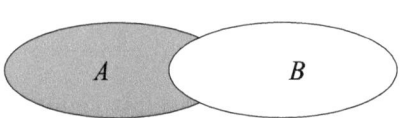

Bild 1.1.3: Die Differenzmenge $A \setminus B$

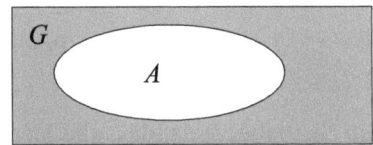

Bild 1.1.4: Das Komplement $C_G(A)$ von A

---

[1] Wenn nicht ausdrücklich anders erwähnt, wird das mathematische „oder" stets im nicht ausschließenden Sinn verwandt; x gehört also zur Vereinigung von A und B, wenn es zu A oder B oder beiden gehört.

1.1 Mengen und Funktionen

Für die Verknüpfungen von Mengen gelten folgende Gesetze:

Satz:

Es seien A, B und C Mengen. Dann gilt:

(i) $A \cap B = B \cap A$ $\qquad\qquad A \cup B = B \cup A$
    (Kommutativgesetze)

(ii) $A \cap (B \cap C) = (A \cap B) \cap C$ $\qquad A \cup (B \cup C) = (A \cup B) \cup C$
    (Assoziativgesetze)

(iii) $A \cap (B \cup C) = (A \cap B) \cup (A \cap C)$ $\qquad A \cup (B \cap C) = (A \cup B) \cap (A \cup C)$
    (Distributivgesetze)

(iv) $A \setminus (B \cup C) = (A \setminus B) \cap (A \setminus C)$ $\qquad A \setminus (B \cap C) = (A \setminus B) \cup (A \setminus C)$
    (DE MORGANsche Gesetze)

(v) $A \cap A = A$ $\qquad\qquad A \cup A = A$
    (Idempotenzgesetze)

(vi) $A \cap G = A$ $\qquad\qquad A \cup G = G$

  $A \cap \emptyset = \emptyset$ $\qquad\qquad A \cup \emptyset = A$
    (Neutralitätsgesetze)

Wir wollen hier auf die sehr einfachen Beweise, die sich unmittelbar aus den jeweiligen Definitionen ableiten lassen, verzichten. Stattdessen ermuntern wir Sie, sich die Aussagen dieser nützlichen Formeln anhand von VENN-Diagrammen (analog zu den Bildern 1.1.1 – 1.1.4) klarzumachen.

Sind A und B zwei beliebige Mengen, so kann man die Menge aller Paare bilden, deren erste Komponente aus A und deren zweite Komponente aus B stammt:

Definition:

(i) Die Menge aller geordneten Paare (x, y) mit $x \in A$ und $y \in B$ heißt das *kartesische Produkt* (oder die *Produktmenge*) der Mengen A und B und wird mit $A \times B$ bezeichnet.

(ii) Zwei Elemente (x_1, y_1) und (x_2, y_2) aus $A \times B$ sind genau dann *gleich*, wenn $x_1 = x_2$ und $y_1 = y_2$ ist.

Ist zum Beispiel $A = \{1, 2, 3\}$ und $B = \{2, 3\}$, so ist
$A \times B = \{(1, 2), (1, 3), (2, 2), (2, 3), (3, 2), (3, 3)\}$. Im Gegensatz dazu ist
$B \times A = \{(2, 1), (2, 2), (2, 3), (3, 1), (3, 2), (3, 3)\}$,
also von $A \times B$ verschieden.

Dies lässt sich für n Mengen verallgemeinern:

Definition:

Es seien $A_1, A_2, ..., A_n$ Mengen.

(i) Die Menge aller geordneten n-Tupel $(x_1, x_2, ..., x_n)$ mit $x_i \in A_i$ (für jedes $i = 1, ..., n$) heißt *kartesisches Produkt* der Mengen $A_1, A_2, ..., A_n$ und wird mit $A_1 \times ... \times A_n$ bezeichnet.

(ii) Ist jedes $A_i = A$, so schreibt man auch A^n statt $A \times ... \times A$.

Wir gehen nun auf einen zentralen Begriff der Mathematik, auf den Begriff der *Funktion*, ein. Wir benötigen in diesem Buch nicht nur die von der Schule her bekannten „Standardfunktionen" einer reellen Veränderlichen; weshalb wir den Funktionsbegriff hier etwas allgemeiner einführen. Allerdings soll auf die in der Mathematik sonst übliche abstrakte Definition der Funktion als einer speziellen *Relation*[1] verzichtet werden:

Definition:

Es seien M und N Mengen.

Eine *Funktion (Abbildung) f von M nach N* (geschrieben $f : M \to N$) ist gegeben durch Angabe des *Definitionsbereichs M*, des *Bildbereichs (Zielbereichs) N* und einer *Zuordnungsvorschrift f*, mit der jedem Element $x \in M$ (*Argument* genannt) eindeutig ein Element $y \in N$ zugeordnet wird. Dieses $y \in N$ heißt das *Bild von x unter der Funktion (Abbildung) f* und wird mit $f(x)$ bezeichnet.

Aus der Definition geht hervor, dass zur Beschreibung einer Funktion die Angabe von Definitionsbereich, Zielbereich und Zuordnungsvorschrift gehört. Letztere kann auf verschiedene Weisen vorgenommen werden, wie die folgenden Beispiele zeigen.

---

[1] Unter einer *Relation R* von M nach N versteht man eine Teilmenge der oben definierten Paarmenge $M \times N$.

1.1 Mengen und Funktionen

Beispiele:

1. Es sei $M = \{a, b, c, d\}$, $N = \{1, 2, 3\}$, $f: M \to N$ sei gegeben durch $f(a) = 1$, $f(b) = 2, f(c) = 2, f(d) = 3$.

Auf diese Weise ist offensichtlich eine Funktion gegeben; die hier benutzte Möglichkeit, zu allen Argumenten die Bilder explizit anzugeben, ist nur praktikabel, wenn der Definitionsbereich nur wenige Elemente hat.

2. Jede(r) Student(in) der Hochschule in A-Stadt bekommt bei der Einschreibung eine 12-stellige Matrikelnummer zugeteilt. Da dies für jeden Studierenden in eindeutiger Weise dadurch geschieht, dass durch zwei Ziffern der Fachbereich ausgedrückt wird und sonst nach der zeitlichen Abfolge der Immatrikulation verfahren wird, kann man die entsprechende Verwaltungsanweisung als Zuordnungsvorschrift einer Funktion g von der Menge M aller Studierenden an der Hochschule in A-Stadt auf die Menge N aller 12-stelligen Zahlen auffassen.

3. Es sei M die Menge aller Punkte in der Zeichenebene, in der ein rechtwinkliges Koordinatensystem mit gleicher Längeneinheit auf beiden Achsen gegeben sei. Für jeden Punkt $P(x, y)$ kann nun in eindeutiger Weise sein Abstand d vom Koordinatenursprung angegeben werden. Ist N die Menge der reellen Zahlen (vgl. 1.2), so ist also durch obige Festlegung eine Funktion $d: M \to N$ gegeben, die man auch durch folgenden Rechenausdruck beschreiben kann:

$$d(P) = \sqrt{x^2 + y^2} \quad \text{für } P(x, y)$$

Diese Möglichkeit, eine Funktion durch Angabe einer – auf dem Definitionsbereich immer eindeutig ausführbaren – Rechenvorschrift anzugeben, wird im Folgenden meistens benutzt.

4. Es seien zwei Funktionen $f_1 : M_1 \to N$ und $f_2 : M_2 \to N$ gegeben, ferner gelte $M_1 \cap M_2 = \emptyset$. Dann ist mit $M = M_1 \cup M_2$ auf offensichtliche Weise eine Funktion $f: M \to N$ durch „Zusammenflicken" gegeben:

$$f(x) = \begin{cases} f_1(x) & \text{für } x \in M_1 \\ f_2(x) & \text{für } x \in M_2 \end{cases}$$

Definition:

> Es sei $f : M \to N$ gegeben, es sei $A \subseteq M$, $B \subseteq N$.
>
> (i) Die Teilmenge $f(A)$ von N, definiert als $f(A) = \{f(x) \in N \mid x \in A\}$, heißt das *Bild von A unter der Funktion f*. $f(A)$ ist also die Menge aller derjenigen Werte aus N, die bei einem Argument aus A angenommen werden.
>
> Mit $A = M$ ergibt sich $f(M)$, der so genannte *Wertebereich der Funktion f*, auch mit $\mathbb{W}_f$ bezeichnet.
>
> (ii) Die Teilmenge $f^{-1}(B)$ von M, definiert als $f^{-1}(B) = \{x \in M \mid f(x) \in B\}$, heißt das *Urbild (Original) von B unter der Funktion f*. $f^{-1}(B)$ ist also die Menge aller derjenigen Argumente aus M, deren Funktionswerte in B liegen.
>
> (iii) f heißt *injektiv* $\quad \Leftrightarrow \quad \forall\, x_1, x_2 \in M : (x_1 \neq x_2 \Rightarrow f(x_1) \neq f(x_2))$
> (*umkehrbar eindeutig*)
>
> <u>in Worten</u>: Verschiedene Argumente haben verschiedene Bilder!
>
> (iv) f heißt *surjektiv* $\quad \Leftrightarrow \quad \mathbb{W}_f = N$
>
> <u>in Worten</u>: Jedes Element aus N kommt (mindestens) einmal als Bild vor!
>
> (v) f heißt *bijektiv* $\quad \Leftrightarrow \quad f$ ist injektiv und surjektiv

Für die Funktionen aus obigen **Beispielen 1 – 3** gilt demgemäß:

1. f ist nicht injektiv, da b und c den gleichen Funktionswert 2 haben. f ist jedoch surjektiv, da alle Elemente 1, 2 und 3 aus N tatsächlich als Werte angenommen werden.

2. g ist sicher injektiv, da eine Zuordnung von Matrikelnummern unsinnig wäre, wenn verschiedene Studierende die gleiche Matrikelnummer hätten. Andererseits ist g sicher nicht surjektiv, da die Gesamtheit aller 12-stelligen Zahlen mit Sicherheit nicht ausgeschöpft wird (so viele Studentinnen und Studenten hat keine Hochschule!).

3. d ist sicher nicht injektiv, da alle Punkte, die auf einem bestimmten Kreis um den Nullpunkt liegen (und das sind sogar unendlich viele!), den gleichen Abstand von diesem und somit den gleichen Funktionswert unter der Funktion d haben.

Andererseits ist d nicht surjektiv, da der Abstand nie einen negativen Wert haben kann, die reellen Zahlen als Zielbereich aber auch negative Zahlen enthalten. Demgemäß ist $d^{-1}(\{-1\}) = \emptyset$.

1.1 Mengen und Funktionen

Da d nur nichtnegative Werte annimmt, gilt für den Wertebereich $\mathbb{W}_d$ offenbar: $\mathbb{W}_d \subseteq [0, \infty[$ (vgl. 1.2). Es gilt aber auch $[0, \infty[\subseteq \mathbb{W}_d$, denn für eine beliebige nichtnegative reelle Zahl r hat P(r, 0) vom Ursprung des Koordinatensystems gerade den geforderten Abstand r. Somit ist der Wertebereich $\mathbb{W}_d = [0, \infty[$.

Definition:

Es seien $f: M \to N$ und $g: N \to K$ Funktionen, es ist also $\mathbb{W}_f$ im Definitionsbereich von g enthalten.

(i) Durch die Vorschrift $(g \circ f)(x) = g(f(x)) \ \forall\, x \in M$ ist eine Funktion $g \circ f : M \to K$ definiert, die so genannte *Komposition (Hintereinanderausführung)* von g und f (lies: „g nach f").

(ii) Ist f injektiv, so ist die *Umkehrfunktion* $f^{-1} : \mathbb{W}_f \to M$ definiert als diejenige Funktion, mit der jedem $y \in \mathbb{W}_f$ dasjenige $x \in M$ zugeordnet wird, für das $f(x) = y$ gilt; da f injektiv ist, ist x eindeutig bestimmt.

Es ist leicht einzusehen, dass, falls die Umkehrfunktion existiert, folgendes richtig ist:

$$(f \circ f^{-1})(x) = x \quad \forall\, x \in \mathbb{W}_f$$
$$(f^{-1} \circ f)(x) = x \quad \forall\, x \in M$$

Auf weitere elementare Eigenschaften, die speziell Funktionen reeller Veränderlicher haben, soll im nächsten Abschnitt eingegangen werden.

Übungsaufgaben:

1. Geben Sie die Potenzmengen von $A = \{a, b\}$, $B = \{a, \{a\}\}$, $C = \emptyset$ und $D = \{\emptyset\}$ und $E = \mathbb{P}(D)$ an.

2. Stellen Sie mit Hilfe der oben genannten Regeln folgende Mengen möglichst einfach dar (dabei seien A, B und C beliebige Mengen in einer Grundmenge G):

a) $M = ((A \cap B) \cup (\overline{A} \cap B)) \cup (A \cap \overline{B})$
b) $N = [(A \cap (\overline{A} \cup B)) \cup (B \cap (B \cup C))] \cup [B \cap C]$

1.2 Reelle Zahlen und reelle Funktionen

In diesem Abschnitt wird zunächst kurz der Aufbau der reellen Zahlen skizziert. Da die Resultate weitgehend von der Schule bekannt sind, wird hier auf jeglichen Beweis verzichtet. Es soll nur vorab auf das Typische der schrittweisen Erweiterung des Zahlbereichs hingewiesen werden: Wenn in einem bekannten Zahlbereich eine bestimmte Aufgabe nicht gelöst werden kann, wird die vorhandene Menge durch Hinzunahme möglichst weniger neuer Elemente so erweitert, dass in der neuen Menge die Aufgabe lösbar wird. Dabei sollen die alten Rechenregeln weiterhin gelten, insbesondere sollen die Grundrechenarten für die schon bekannten Elemente im erweiterten Zahlbereich das gleiche Ergebnis wie vorher liefern (z.B. muss die Addition von Brüchen so definiert werden, dass die Summe zweier ganzer Zahlen stets den gleichen Wert hat, egal, ob man sie nun als Brüche oder als ganze Zahlen auffasst). Diese Forderung, die unmittelbar einleuchtet, wird insbesondere bei der Konstruktion der uns bisher unbekannten komplexen Zahlen wichtig (vgl. Kapitel 3). Es wird sich ferner zeigen, dass bei jedem Erweiterungsschritt eine Eigenschaft verloren geht.

Der einfachste Zahlbereich ist die Menge der *natürlichen Zahlen*, mit $\mathbb{N}$ bezeichnet. Diese werden zum Zählen benutzt, das heißt, zum Größenvergleich von Mengen. Da man sich prinzipiell vorstellen kann, dass es keine größtmögliche Menge gibt (wenn es eine solche gäbe, so könnte man zu dieser die Menge selbst als weiteres Element hinzufügen und so stets eine noch größere erhalten), so gibt es auch keine größte natürliche Zahl, anders formuliert:

$$\forall\, n \in \mathbb{N}: n + 1 \in \mathbb{N}.$$

Es ist also $\mathbb{N} = \{0, 1, 2, 3, ...\}$; $\mathbb{N} \setminus \{0\}$ wird mit $\mathbb{N}^+$ bezeichnet [1].

Die Tatsache, dass natürliche Zahlen zum Größenvergleich von Mengen verwendet werden, findet in folgender Definition ihren Ausdruck:

---

[1] Dass hier die 0 zu den natürlichen Zahlen gerechnet wird, hat keine tiefere Bedeutung, sondern liegt in der Praktikabilität begründet. Allerdings wird bisweilen mit $\mathbb{N}$ die Menge der natürlichen Zahlen, mit 1 beginnend, bezeichnet; soll 0 dann eingeschlossen werden, so wird dafür das Symbol $\mathbb{N}_0$ benutzt.

1.2 Reelle Zahlen und reelle Funktionen

Definition:

> Es sei M eine beliebige Menge.
>
> (i) M heißt *endlich* $\Leftrightarrow$ M ist leer oder es gibt eine bijektive Funktion $f: \{1, ..., n\} \to M$, wobei $n \in \mathbb{N}^+$ ist.
>
> n heißt dann die *Anzahl (Kardinalität)* von M und wird mit $|M|$ bezeichnet. $|\varnothing| = 0$.
>
> (ii) M heißt *abzählbar* $\Leftrightarrow$ Es gibt eine bijektive Funktion $f: \mathbb{N} \to M$.
> (Umgangssprachlich: „M hat so viele Elemente, wie es natürliche Zahlen gibt!")
>
> (iii) M heißt *überabzählbar* $\Leftrightarrow$ Es gibt eine injektive, aber keine bijektive Funktion $f: \mathbb{N} \to M$.
> (Umgangssprachlich: „M hat mehr Elemente, als es natürliche Zahlen gibt!")

In bekannter Weise sind in $\mathbb{N}$ Addition und Multiplikation *uneingeschränkt möglich*, das heißt Summe und Produkt natürlicher Zahlen ergeben stets wieder natürliche Zahlen, in Kurzform: $\forall\, a, b \in \mathbb{N}: a + b \in \mathbb{N}$ und $a \cdot b \in \mathbb{N}$.

Umgekehrt sind die Gleichungen

$$a + x = b \quad \text{sowie} \quad a \cdot x = b \quad \text{mit gegebenen } a, b \in \mathbb{N}$$

in $\mathbb{N}$ nicht allgemein, sondern nur in speziellen Fällen lösbar.

Damit die Gleichung $a + x = b$ für jede Wahl von a und b aus $\mathbb{N}$ lösbar ist, wird $\mathbb{N}$ durch Hinzunahme der negativen Zahlen $-1, -2, -3, ...$ zu der Menge der ganzen Zahlen $\mathbb{Z}$ erweitert. $\mathbb{Z}$ „erbt" viele Eigenschaften von $\mathbb{N}$, z.B. gelten nach wie vor alle Rechenregeln für Addition und Multiplikation. Genauso wie in $\mathbb{N}$ können auch in $\mathbb{Z}$ die Elemente nicht beliebig nahe zusammenrücken (zwischen -5 und -4 etwa gibt es keine weitere ganze Zahl!). Auf den ersten Blick mag verwundern, dass $\mathbb{Z}$ abzählbar ist, d.h. „genauso viele Elemente wie $\mathbb{N}$" hat, obwohl $\mathbb{N}$ eine echte Teilmenge von $\mathbb{Z}$ ist, $\mathbb{Z}$ also Elemente besitzt (alle negativen Zahlen!), die nicht in $\mathbb{N}$ liegen. Zur Begründung betrachte man folgende Funktion $f: \mathbb{N} \to \mathbb{Z}$:

$$f(n) = \begin{cases} \dfrac{n}{2} & \text{für gerade } n \\ -\dfrac{n+1}{2} & \text{für ungerade } n \end{cases}$$

Diese ist offensichtlich wohl definiert und, wie man leicht sieht, bijektiv.

Die Eigenschaft der natürlichen Zahlen, ein kleinstes („Anfangs"-)Element zu besitzen, geht bei dieser ersten Zahlbereichserweiterung verloren.

Die Gleichung $a \cdot x = b$ mit gegebenen $a, b \in \mathbb{Z}$ ist aber auch in diesem vergrößerten Bereich noch nicht immer lösbar. Deshalb wird der Zahlbereich ein zweites Mal erweitert. Durch Hinzunahme der Brüche erhält man nun die Menge aller *rationalen Zahlen*, geschrieben

$$\mathbb{Q} = \{ \frac{p}{q} \mid p \in \mathbb{Z}, q \in \mathbb{N}^+ \}.$$

Rationale Zahlen lassen sich also als Elemente der Paarmenge $\mathbb{Z} \times \mathbb{N}^+$ auffassen, wobei durchaus verschiedene Paare die gleiche rationale Zahl darstellen können (Kürzen bzw. Erweitern von Brüchen ändert den Wert nicht!). Die Eindeutigkeit der Darstellung wie in $\mathbb{N}$ oder $\mathbb{Z}$ kann man in $\mathbb{Q}$ nur durch die Zusatzforderung nach der *vollständig gekürzten Darstellung* erreichen (d.h. Zähler p und Nenner q haben in obiger Form nur +1 und −1 als gemeinsame Teiler).

In $\mathbb{Q}$ ist die Gleichung $a \cdot x = b$ mit gegebenen $a, b \in \mathbb{Q}$, $a \neq 0$ [1], stets eindeutig lösbar. Die Eigenschaft der ganzen Zahlen, nicht beliebig dicht zu liegen, geht bei den rationalen Zahlen verloren: Zwischen zwei verschiedenen rationalen Zahlen a und b lässt sich stets eine weitere finden (etwa das arithmetische Mittel!); durch beliebig häufige Wiederholung des Prozesses lässt sich damit zeigen, dass zwischen zwei rationalen Zahlen unendlich viele weitere rationale Zahlen liegen. Man kann also mit den rationalen Zahlen beliebig genau messen. Trotzdem ist $\mathbb{Q}$ abzählbar, hat also die gleiche Mächtigkeit wie $\mathbb{N}$ [2].

Deshalb und weil in $\mathbb{Q}$ Addition und Multiplikation mit ihren Umkehrungen uneingeschränkt möglich sind, könnte man meinen, dass dieser Zahlbereich für unsere Zwecke ausreichend groß ist. In der Tat findet numerisches Rechnen (ob auf dem Papier, dem Taschenrechner oder auf einem Computer) stets in $\mathbb{Q}$ statt [3]. Trotzdem ist $\mathbb{Q}$ für die Zwecke der höheren Mathematik noch nicht groß genug, wie man mit folgender einfacher Überlegung leicht einsieht:

Es ist im Zusammenhang mit einer Längenmessung sicher sinnvoll, jeder in der Zeichenebene konstruierbaren Strecke eindeutig eine Zahl, ihre Länge, zuzuordnen. Definiert man nun eine bestimmte Streckenlänge als 1 und konstruiert mit dieser als Kathetenlänge ein gleichschenkliges rechtwinkliges Dreieck (dies ist rein

---

[1] Die Tatsache, dass $a \neq 0$ sein muss, spricht nicht gegen die gefundene Zahlbereichserweiterung: Wegen $x \cdot 0 = 0$ (dies muss aufgrund der Eigenschaft der Zahl 0 und des Distributivgesetzes in jeder denkbaren Zahlbereichserweiterung von $\mathbb{Z}$ gelten!) kann die Lösbarkeit der Gleichung nicht für jedes $a \in \mathbb{Q}$ gefordert werden.

[2] Auf den sehr anschaulichen Beweis soll hier verzichtet werden.

[3] Die in vielen Programmiersprachen übliche Bezeichnung „real" ist irreführend – gemeint sind stets rationale Zahlen.

1.2 Reelle Zahlen und reelle Funktionen

elementar, das heißt nur mit Zirkel und Lineal, möglich!), so erhält man eine Hypotenuse der Länge c. Für diese gilt nach dem Satz des Pythagoras:

$$c^2 = 1^2 + 1^2 = 2$$

Durch einen einfachen Widerspruchsbeweis lässt sich jedoch zeigen, dass es kein $c = \dfrac{p}{q}$ (mit $p \in \mathbb{Z}$, $q \in \mathbb{N}^+$) geben kann, dessen Quadrat 2 ist. Die Länge obiger Hypotenuse ist also im vorhandenen Zahlbereich $\mathbb{Q}$ nicht darstellbar. Man kann zwar für c eine so genannte *Intervallschachtelung* angeben, etwa

$$
\begin{aligned}
1 &< c < 2 \\
1.4 &< c < 1.5 \\
1.41 &< c < 1.42 \\
1.414 &< c < 1.415
\end{aligned}
$$

usw. und somit c beliebig eng von unten und von oben mit rationalen Zahlen annähern, jedoch nie den genauen Wert $\sqrt{2}$ erreichen.

Ähnliche Probleme hat man, wenn man den Umfang eines Kreises mit dem Radius 1 messen will. Des weiteren kann man zeigen (vgl. Abschnitt 1.7), dass die Folge der rationalen Zahlen $a_n = \left(1 + \dfrac{1}{n}\right)^n$ für $n \to \infty$ konvergiert, jedoch keine rationale Zahl als Grenzwert hat; vielmehr ist der Grenzwert *irrational*, nämlich die EULERsche Zahl $e = 2.718281...$.

Alles in allem sieht man, dass für viele Anwendungen die rationalen Zahlen nicht ausreichen; durch Hinzunahme der *irrationalen Zahlen* (das ist die Menge aller solcher Objekte, die sich im oben skizzierten Sinne durch rationale Zahlen beliebig genau approximieren lassen und selbst keine rationale Zahlen sind) erhält man die Menge der *reellen Zahlen* $\mathbb{R}$. Da dies der Zahlbereich ist, den wir weitestgehend benutzen (im übernächsten Kapitel wird noch eine letzte Zahlbereichserweiterung zur Menge $\mathbb{C}$ der komplexen Zahlen vorgestellt!), wiederholen wir hier kurz einige wesentliche Eigenschaften und Begriffe:

Die Menge $\mathbb{R}$ ist überabzählbar, also „deutlich größer" als die bisher eingeführten Mengen $\mathbb{N}$, $\mathbb{Z}$ und $\mathbb{Q}$; die *Vollständigkeit* von $\mathbb{R}$, also die Tatsache, dass jeder Grenzwert einer konvergenten Folge (vgl. 1.7) auch Element von $\mathbb{R}$ ist, wurde durch die Hinzunahme der irrationalen Zahlen erreicht.

Wie die darunter liegenden Zahlbereiche auch, ist $\mathbb{R}$ *wohlgeordnet*, das heißt, für zwei beliebige reelle Zahlen a und b ist genau eine der drei folgenden Alternativen richtig:

$$a = b \text{ oder } a < b \text{ oder } a > b.$$

Deshalb lassen sich die reellen Zahlen auf der bekannten Zahlengeraden anordnen, und man kann folgende Teilmengen von $\mathbb{R}$ einführen:

$\mathbb{R}^+ = \{x \in \mathbb{R} \mid x > 0\}$ und $\mathbb{R}^- = \{x \in \mathbb{R} \mid x < 0\}$ und $\mathbb{R}^* = \mathbb{R}^+ \cup \mathbb{R}^- = \mathbb{R} \setminus \{0\}$.

Ferner ist der *Betrag* einer reellen Zahl a als ihr Abstand vom Nullpunkt der Zahlengeraden definiert, genauer:

$$|a| = \begin{cases} a & \text{falls } a \geq 0 \\ -a & \text{falls } a < 0 \end{cases}.$$

Beim Rechnen mit Beträgen gelten für beliebige $a, b \in \mathbb{R}$ die folgenden viel benutzten Regeln:

1. $-|a| \leq a \leq |a|$

2. $|a| \leq b \Leftrightarrow -b \leq a \leq b$

3. *Dreiecksungleichungen:* $|a + b| < |a| + |b|$ und $||a| - |b|| \leq |a - b|$

4. $|a \cdot b| = |a| \cdot |b|$ und mit $b \neq 0$: $\left|\dfrac{a}{b}\right| = \dfrac{|a|}{|b|}$.

Wichtige Teilmengen der reellen Zahlen sind die *Intervalle,* das sind zusammenhängende Teilstücke der reellen Zahlengeraden, genauer:
$I \subseteq \mathbb{R}$ heißt *Intervall*, wenn mit beliebigen a und b aus I auch jede reelle Zahl x zwischen a und b zu I gehört.

Um die übliche Intervallschreibweise mit eckigen Klammern auch für unbeschränkte Intervalle zu benutzen, wird das Symbol ∞ eingeführt. Stets müssen wir dabei beachten, dass $+\infty$ und $-\infty$ keine reellen Zahlen sind (man also nicht mit ihnen rechnen kann!), sondern zwei verschiedene Symbole bezeichnen, für die definitionsgemäß gelten soll: $\forall x \in \mathbb{R}: -\infty < x$ und $x < +\infty$.

$]-\infty, 3]$ bezeichnet also die Menge aller reellen Zahlen, die höchstens gleich 3 sind, $]5, \infty[$ die Menge aller derjenigen, die größer als 5 sind; $]-\infty, \infty[$ ist eine andere Schreibweise für $\mathbb{R}$.

Zum Abschluss dieses Abschnitts wiederholen wir einige Besonderheiten und übliche Vereinfachungen, wenn die gegebene Funktion $f: M \to N$ eine *Funktion einer reellen Veränderlichen* ist. Üblicherweise wird – wenn nicht ausdrücklich etwas anderes angegeben ist – stets $N = \mathbb{R}$ gesetzt. Auch die explizite Angabe des Definitionsbereiches – oft mit $\mathbb{D}_f$ bezeichnet – kann unterbleiben. Dann versteht man verabredungsgemäß unter $\mathbb{D}_f$ den *größtmöglichen Definitionsbereich,* das ist die

Menge aller reellen Zahlen, für die die gegebene Zuordnungsvorschrift f sinnvoll ist.

Die bloße Angabe $f(x) = \dfrac{3x-7}{(x-2)(x+5)}$ bedeutet also: $f: M \to N$ ist durch obige Zuordnungsvorschrift gegeben, es ist dabei $M = \mathbb{R}\setminus\{2, -5\}$ und $N = \mathbb{R}$.

Will man den Definitionsbereich einer Funktion nachträglich auf eine Teilmenge $K \subseteq M$ einschränken (in obigem Beispiel etwa, um Definitionslücken zu vermeiden), so benutzt man dafür die Schreibweise $f\,|\,K$ („f eingeschränkt auf K"), in unserem Beispiel etwa $f\,|\,]2, \infty[$.

Aufgrund der in $\mathbb{R}$ gegebenen Ordnung lassen sich speziell für reelle Funktionen einer Veränderlichen die folgenden Begriffe definieren:

Definition:

Es sei f eine Funktion einer reellen Veränderlichen.

(i) f ist *monoton wachsend* (bzw. *fallend*)

$\qquad \Leftrightarrow \quad \forall\, a, b \in \mathbb{D}_f: a < b \Rightarrow f(a) \leq f(b) \qquad$ (bzw. $f(a) \geq f(b)$)

(ii) f ist *streng monoton wachsend* (bzw. *fallend*)

$\qquad \Leftrightarrow \quad \forall\, a, b \in \mathbb{D}_f: a < b \Rightarrow f(a) < f(b) \qquad$ (bzw. $f(a) > f(b)$)

(iii) f ist *nach oben beschränkt* (bzw. *nach unten beschränkt*)

$\qquad \Leftrightarrow \quad \exists\, C \in \mathbb{R}: \forall\, a \in \mathbb{D}_f: f(a) \leq C \qquad$ (bzw. $f(a) \geq C$))

(iv) f ist *beschränkt* $\quad \Leftrightarrow \quad \exists\, C \in \mathbb{R}^+: \forall\, a \in \mathbb{D}_f: |f(a)| \leq C$

Es ist gemäß obiger Definition unmittelbar einsichtig (wenn auch von der Begriffsbildung her etwas irritierend!), dass konstante Funktionen (also solche mit $f(x) = c$ $\forall x \in \mathbb{D}_f$) sowohl monoton wachsend als auch fallend sind. Streng monotone Funktionen sind offenbar injektiv. Dies ist wichtig, falls man die Gleichung $y = f(x)$ nach x auflösen möchte. Zu einer gegebenen Funktion f benötigen wir hierfür die Umkehrfunktion f^{-1}, durch die die Rollen von Eingabe- und Resultatvariabler vertauscht werden. Es gilt folgender

Satz:

Ist f streng monoton wachsend (fallend); dann existiert die Umkehrfunktion f^{-1} und ist ebenfalls streng monoton wachsend (fallend). Es ist $\mathbb{D}_{f^{-1}} = \mathbb{W}_f$ und $\mathbb{W}_{f^{-1}} = \mathbb{D}_f$. Durch $b = f(a)$ und $a = f^{-1}(b)$ sind dieselben Werte a und b miteinander verknüpft.

Wir wollen nun noch einige weitere wichtige Eigenschaften reeller Funktionen einer Veränderlichen wiederholen:

Definition:

(i) Eine Funktion $f: \mathbb{D}_f \to \mathbb{R}$ heißt *gerade* $\Leftrightarrow \forall\, x \in \mathbb{D}_f: f(x) = f(-x)$

(ii) Eine Funktion $f: \mathbb{D}_f \to \mathbb{R}$ heißt *ungerade* $\Leftrightarrow \forall\, x \in \mathbb{D}_f: f(x) = -f(-x)$

(iii) Eine Funktion $f: \mathbb{D}_f \to \mathbb{R}$ heißt *P-periodisch* $\Leftrightarrow \forall\, x \in \mathbb{D}_f: f(x) = f(x+P)$

Dabei ist $P \in \mathbb{R}^+$ und heißt die *Periode* von f. Ist P die kleinste Periode von f, so heißt P *primitiv*.

Offensichtlich sind Funktionen der Gestalt $f(x) = x^n$ (mit $n \in \mathbb{N}$) gerade (bzw. ungerade), wenn n gerade (bzw. ungerade) ist, womit die Bezeichnung plausibel wird. Anders als bei ganzen Zahlen jedoch, die entweder gerade oder ungerade sind, gibt es viele Funktionen, die keine der beiden Eigenschaften haben; die Nullfunktion wiederum ist sowohl gerade als auch ungerade.

Bekannte Beispiele periodischer Funktionen sind die in 1.4 behandelten trigonometrischen Funktionen. Fordert man zusätzlich, dass eine periodische Funktion f gewisse „Glattheitsbedingungen" erfüllen soll, so zeigt sich später, dass f sich beliebig genau durch Summen von cos- und sin-Termen annähern lässt. Dies ist der eigentliche Sinngehalt der in 6.4 behandelten FOURIER-Entwicklung. Bildet man Summe, Differenz, Produkt oder Quotient P-periodischer Funktionen, so hat das Ergebnis sicherlich die gleiche Periode P, sie kann aber auch kleiner werden, wie das Beispiel der 2π-periodischen Funktionen $\sin x$ und $\cos x$ zeigt, deren Quotient $\tan x$ sogar π-periodisch ist.

Zur anschaulichen Darstellung einer Funktion einer Veränderlichen wird bekanntlich ihr *Graph* in der Zeichenebene benutzt. Diese Punktmenge $\mathfrak{G}_f$ des $\mathbb{R}^2$ ist folgendermaßen für eine Funktion $f: \mathbb{D}_f \to \mathbb{R}$ definiert:

$$\mathfrak{G}_f = \{(x, y) \in \mathbb{R}^2 \mid x \in \mathbb{D}_f \text{ und } y = f(x)\}$$

Die oben definierten Eigenschaften von Funktionen lassen sich leicht am Verlauf der Graphen ablesen. So kann eine Kurve in der Zeichenebene nur dann den Graphen einer Funktion darstellen, wenn jede Parallele zur y-Achse die Kurve in höchstens einem Punkt schneidet; gilt dies zusätzlich für Parallelen zur x-Achse, so ist die Funktion injektiv. Der Graph einer geraden Funktion ist achsensymmetrisch zur y-Achse, der einer ungeraden punktsymmetrisch zum Ursprung (vgl. Bild 1.2.1 und 1.2.2). Bei P-periodischen Funktionen wiederholt sich der Verlauf des Graphen jeweils nach einem x-Intervall der Länge P, egal, wo man anfängt. Den Graphen der Umkehrfunktion – falls existent – erhält man aus dem der Ausgangsfunktion durch Spiegelung an der ersten Winkelhalbierenden (in Bild 1.2.4 strichpunktiert), damit auf den Achsen die Variablen in gewohnter Weise angeordnet sind (Eingabevariable von links nach rechts, Resultatvariable von unten nach oben).

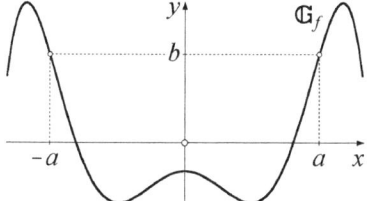
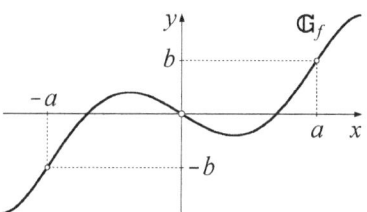

Bild 1.2.1: Graph einer geraden Funktion   **Bild 1.2.2:** Graph einer ungeraden Funktion

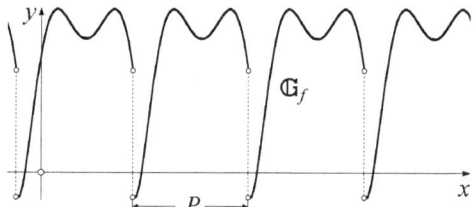

Bild 1.2.3: Graph einer P-periodischen Funktion

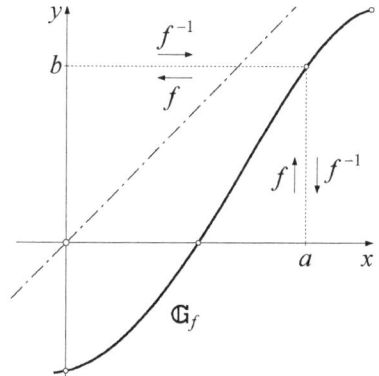
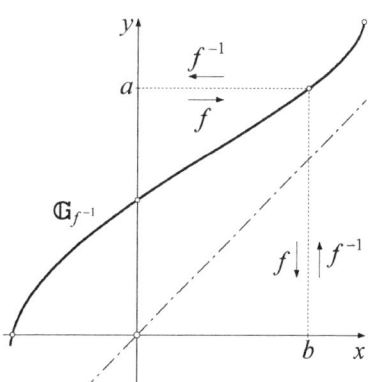

Bild 1.2.4: Graphen einer streng monoton wachsenden Funktion und ihrer Umkehrfunktion

In den folgenden Abschnitten werden die wichtigsten Funktionen einer reellen Veränderlichen wiederholt.

Üungsaufgaben:

1. Betrachten Sie die Funktionen $f_1(x) = \dfrac{1}{1+x^2}$, $f_2(x) = x^3 + x$ und $f_3(x) = \sqrt{|x|-x}$.

a) Bestimmen Sie Definitions- und Wertebereich von jeder Funktion.

b) Prüfen Sie, welche Funktionen davon injektiv/surjektiv/bijektiv sind. Welche sind (streng) monoton wachsend/fallend, beschränkt (wie?), gerade/ungerade?

c) Bestimmen Sie $f_2([0, 2])$, $f_1^{-1}(\{0\})$, $f_3^{-1}(\{0\})$ und $f_1^{-1}(f_1([0, 1]))$.

2. Prüfen Sie, ob Summe, Differenz, Produkt, Quotient und Hintereinanderausführung (Komposition) gerader (ungerader) Funktionen gerade bzw. ungerade ist. Vergleichen Sie dies mit der Situation bei geraden/ungeraden ganzen Zahlen.

1.3 Rationale Funktionen

In diesem Abschnitt werden zunächst noch einmal einige algebraische Eigenschaften ganzrationaler Funktionen wiederholt und – darauf aufbauend – die Partialbruchzerlegung gebrochen rationaler Funktionen vorgestellt.

Definition:

(i) Eine Funktion $p : \mathbb{R} \to \mathbb{R}$ heißt *ganzrational (Polynom)* [1], wenn für alle $x \in \mathbb{R}$ $p(x) = \sum_{i=0}^{n} a_i x^i$ ist. Dabei ist n eine natürliche Zahl, und $a_0, a_1, \ldots, a_n$ sind feste reelle Zahlen, die *Koeffizienten* von p.

(ii) Die größte natürliche Zahl k, für die $a_k \neq 0$ ist, heißt der *Grad des Polynoms*, mit grad *p(x)* bezeichnet.

---

[1] Es gibt Zahlbereiche, in denen die beiden Begriffe nicht dasselbe bedeuten; für die in unserem Zusammenhang verwendeten Zahlbereiche $\mathbb{R}$ und $\mathbb{C}$ sind sie jedoch inhaltsgleich, sie werden hier also synonym verwandt.

1.3 Rationale Funktionen

Zusatz: Das Polynom, dessen Koeffizienten alle 0 sind, heißt das *Nullpolynom*; es gibt also (vgl. (ii) in obiger Definition) keine natürliche Zahl, die als Grad des Nullpolynoms in Frage kommt.[1]

Üblicherweise wird mit der Schreibweise $p(x) = \sum_{i=0}^{n} a_i x^i$ unterstellt, dass $a_n \neq 0$, also grad $p(x) = n$ ist. Polynome vom Grade 0 sind die konstanten Funktionen vom Werte $\neq 0$. Es ist unmittelbar einsichtig, dass für zwei Polynome $p(x)$ und $q(x)$ gilt:

$$\text{grad } (p(x) + q(x)) \leq \max \{\text{grad } p(x), \text{grad } q(x)\} \text{ und}$$

$$\text{grad } (p(x) \cdot q(x)) = \text{grad } p(x) + \text{grad } q(x).$$

Ist b eine *Nullstelle* von $p(x)$, also gilt $p(b) = 0$, so lässt sich bekanntlich der *Linearfaktor* (Polynom 1. Grades) $(x - b)$ aus $p(x)$ ausklammern, das heißt, es gibt ein Polynom $q(x)$, dessen Grad um 1 kleiner ist als der von $p(x)$, mit dem gilt:

$$p(x) = (x - b) \cdot q(x).$$

Ist das gleiche b Nullstelle von $q(x)$, so ist b mehrfache Nullstelle von $p(x)$, es lässt sich insgesamt also (mindestens) der Faktor $(x - b)^2$ aus $p(x)$ ausklammern. Allgemein:

Definition:

> $b \in \mathbb{R}$ heißt *r-fache Nullstelle* von $p(x)$ (mit $r \in \mathbb{N}^+$)
>
> $\Leftrightarrow \quad p(b) = 0$ und $p(x) = (x - b)^r \cdot q(x)$ mit einem Polynom $q(x)$, für das $q(b) \neq 0$ ist.

Setzt man nun für ein gegebenes Polynom $p(x)$ den Vorgang, für eine gefundene Nullstelle b_i den Linearfaktor $x - b_i$ auszuklammern, immer wieder fort, so reduziert sich jedes Mal der Grad des jeweils verbliebenen Polynoms um 1; man kann sich also fragen, ob sich dies bis zum Grad 0, also einem konstanten Polynom, fortsetzen lässt. Dies würde bedeuten, dass $p(x)$ vollständig in Linearfaktoren zerfiele. Dass dies nicht immer der Fall sein kann, ist leicht einzusehen:

Bleibt zum Beispiel das Polynom $q(x) = x^2 + 1$ übrig, so lässt sich darin kein weiterer Linearfaktor finden, da $q(x)$ sonst eine (reelle) Nullstelle haben müsste; $q(x)$ ist somit in $\mathbb{R}$ *irreduzibel*. Man kann nunmehr untersuchen, ob auch Polynome mit größerem Grad als 2 als irreduzible Polynome übrig bleiben können.

---

[1] Manchmal wird aus Gründen der Systematik sein Grad auf $-\infty$ festgesetzt.

Die Antwort auf diese Frage nach den „kleinsten Bausteinen" in Polynomen liefert der folgende

Zerlegungssatz für reelle Polynome:

> Jedes Polynom $p(x)$ über $\mathbb{R}$ mit grad $p(x) \geq 1$ lässt sich darstellen als
>
> $$p(x) = C \cdot (x-b_1)^{r_1} \cdot \ldots \cdot (x-b_k)^{r_k} \cdot (x^2 + c_1 x + d_1)^{s_1} \cdot \ldots \cdot (x^2 + c_m x + d_m)^{s_m}.$$
>
> Diese Darstellung ist bis auf die Reihenfolge der Faktoren eindeutig.
>
> Dabei ist C der Koeffizient bei der höchsten Potenz in $p(x)$, $b_1, \ldots, b_k$ sind die verschiedenen Nullstellen von $p(x)$ mit ihren Vielfachheiten $r_1, \ldots, r_k$; die Polynome zweiten Grades $x^2 + c_i x + d_i$ ($i = 1, \ldots, m$) sind alle irreduzibel, haben also keine reelle Nullstelle, die s_i geben die jeweiligen Vielfachheiten an.

In einem gegebenen konkreten Fall findet man obige Zerlegung, indem man zunächst den Koeffizienten der höchsten Potenz ausklammert, dann für jede gefundene Nullstelle b_j durch den Linearfaktor $x - b_j$ entsprechend oft dividiert; das Herausfinden der verbleibenden quadratischen unzerlegbaren Terme kann sich (ohne einen Umweg über das Komplexe, s. Kapitel 3) im Einzelfall recht schwierig gestalten, es gibt hierfür keinen Algorithmus.

Für die Behandlung reeller (und später auch komplexer) Polynome ist noch der folgende Satz von großer Bedeutung:

Identitätssatz für Polynome:

> Gegeben seien die beiden Polynome $p(x) = \sum_{i=0}^{n} a_i x^i$ und $q(x) = \sum_{i=0}^{m} b_i x^i$, und es gelte $p(x) = q(x)$ für alle $x \in \mathbb{R}$. Dann müssen alle $a_i = b_i$ sein, „überzählige" a_i oder b_i (für $n \neq m$) sind 0.

Anders formuliert bedeutet das, dass zwei Polynome nur dann gleich sind, wenn sie in allen Koeffizienten übereinstimmen. Dieser Satz ist die Grundlage des sogenannten *Koeffizientenvergleichs*, der später – z.B. bei der Partialbruchzerlegung – öfter benutzt wird.

1.3 Rationale Funktionen

Definition:

(i) Eine Funktion $f(x)$ heißt *gebrochen rational*, wenn sie sich als Quotient zweier Polynome $p(x)$ und $q(x)$ darstellen lässt, also als $f(x) = \dfrac{p(x)}{q(x)}$. Der größtmögliche Definitionsbereich ist dann $\mathbb{D}_f = \mathbb{R} \setminus \{b \mid q(b) = 0\}$.

(ii) Eine gebrochen rationale Funktion $f(x)$ heißt *echt gebrochen rational*, wenn der Grad des Zählerpolynoms kleiner als derjenige des Nennerpolynoms ist.

Durch die von der Schule her bekannte Polynomdivision mit Rest lässt sich jede gebrochen rationale Funktion eindeutig als Summe eines Polynoms und einer echt gebrochen rationalen Funktion darstellen, z.B. ergibt sich durch Ausdividieren für $f(x) = \dfrac{x^3 - x^2 + x + 1}{x^2 - 1}$ der Ausdruck $(x^3 - x^2 + x + 1) : (x^2 - 1) = x - 1$ Rest $2x$,

womit sich $f(x) = x - 1 + \dfrac{2x}{x^2 - 1}$ in der gewünschten Form darstellen lässt.

Darüber hinaus ist, wie Sie unschwer nachrechnen können, $\dfrac{2x}{x^2 - 1} = \dfrac{1}{x - 1} + \dfrac{1}{x + 1}$, eine Zerlegung der echt gebrochen rationalen Funktion $\dfrac{2x}{x^2 - 1}$, die sich für viele Zwecke (z.B. zum Integrieren), als nützlich erweist. Eine solche Darstellung einer beliebigen echt gebrochen rationalen Funktion als Summe von Bruchtermen, in deren Nennern die Faktoren des Nennerpolynoms (vgl. obiger Satz) vorkommen, ist der Inhalt der so genannten

Partialbruchzerlegung:

Gegeben sei eine beliebige <u>echt</u> gebrochen rationale Funktion $f(x) = \dfrac{p(x)}{q(x)}$, außerdem sei die Zerlegung des Nennerpolynoms in Linearfaktoren und irreduzible quadratische Polynome bekannt, etwa

$$q(x) = C \cdot (x - b_1)^{r_1} \cdot \ldots \cdot (x - b_k)^{r_k} \cdot (x^2 + c_1 x + d_1)^{s_1} \cdot \ldots \cdot (x^2 + c_m x + d_m)^{s_m}.$$

Dann lässt sich $f(x)$ darstellen als Summe von Termen folgender Art:

Jede Nullstelle b_i führt zu Summanden der Form $\dfrac{A_{ij}}{(x - b_i)^j}$, wobei die Potenzen j alle natürlichen Zahlen von 1 bis zur Vielfachheit der Nullstelle b_i durchlaufen, die

> Konstanten A_{ij} sind zu bestimmende reelle Zahlen; jedes irreduzible quadratische Polynom $x^2 + c_i x + d_i$ führt zu Summanden der Form $\dfrac{E_{ij} x + F_{ij}}{(x^2 + c_i x + d_i)^j}$, wobei die Potenzen j alle natürlichen Zahlen von 1 bis zur Vielfachheit des Polynoms $x^2 + c_i x + d_i$ in der Darstellung von $q(x)$ durchlaufen, die Konstanten E_{ij} und F_{ij} sind zu bestimmende reelle Zahlen.
>
> Diese Darstellung ist bis auf die Reihenfolge der Summanden eindeutig.

Wie man die Partialbruchzerlegung erhält, insbesondere wie man die darin vorkommenden Konstanten bestimmt, soll im Folgenden erläutert werden.

Beispiel:

Gesucht ist die Partialbruchzerlegung von $f(x) = \dfrac{6x^4 - 2x^3 - 4x^2 - 7x + 1}{x^5 - x^3 - x^2 + 1}$.

1. Schritt: Zunächst wird festgestellt, dass $f(x)$ echt gebrochen rational ist, die Partialbruchzerlegung also durchführbar ist; ansonsten müsste man eine Polynomdivision vornehmen und die Partialbruchzerlegung für den echt gebrochen rationalen Summanden durchführen.

2. Schritt: Als nächstes muss das Nennerpolynom in Faktoren zerlegt werden. Durch sukzessives Bestimmen der Nullstellen und Ausklammern des entsprechenden Linearfaktors ergibt sich $x^5 - x^3 - x^2 + 1 = (x-1)^2 (x+1)(x^2 + x + 1)$. Da das quadratische Polynom $x^2 + x + 1$ irreduzibel ist (es hat keine Nullstelle in $\mathbb{R}$), ist dies die in obigem Satz geforderte vollständige Zerlegung des Nennerpolynoms.

3. Schritt: Man kann nun den Partialbruchansatz für $f(x)$ hinschreiben, wobei bei den im Folgenden noch zu bestimmenden reellen Konstanten der besseren Lesbarkeit halber auf Doppelindices verzichtet werden soll. Es ist

$$f(x) = \frac{A}{x-1} + \frac{B}{(x-1)^2} + \frac{C}{x+1} + \frac{Ex + F}{x^2 + x + 1}.$$

Man beachte, dass $b_1 = 1$ eine doppelte Nullstelle des Nennerpolynoms ist, im Partialbruchansatz also der Linearfaktor $(x - 1)$ in erster und zweiter Potenz in Nennern der Summanden erscheinen muss!

1.3 Rationale Funktionen

<u>4. Schritt:</u> Es müssen nun die Konstanten A, B, C, E und F bestimmt werden. Dazu wird obiger Partialbruchansatz mit dem Nenner von $f(x)$, dem Polynom $x^5 - x^3 - x^2 + 1$, multipliziert. Da dies gemäß dem 2. Schritt der Hauptnenner aller vorkommenden Brüche ist, ergibt sich nun eine Polynomgleichung:

$$6x^4 - 2x^3 - 4x^2 - 7x + 1 = A(x-1)(x+1)(x^2+x+1) + B(x+1)(x^2+x+1)$$
$$+ C(x-1)^2(x^2+x+1) + (Ex+F)(x-1)^2(x+1) \quad (*)$$

Beim weiteren Vorgehen bieten sich zwei Möglichkeiten an:

a) Durch Ausmultiplizieren der rechten Seite von (*) und Ordnen nach Potenzen ergibt sich:

$$6x^4 - 2x^3 - 4x^2 - 7x + 1 = x^4(A + C + E) + x^3(A + B - C - E + F)$$
$$+ x^2(2B - E - F) + x(-A + 2B - C + E - F)$$
$$+ (-A + B + C + F)$$

Auf beiden Seiten dieser Gleichung stehen Polynome. Diese können nach dem Identitätssatz nur dann gleich sein, wenn sie in allen entsprechenden Koeffizienten übereinstimmen. Der Koeffizientenvergleich ergibt somit fünf Gleichungen für die gesuchten Unbekannten A, B, C, E und F:

$$\begin{aligned}
6 &= A &&&+ C + E \\
-2 &= A + B &&- C - E + F \\
-4 &= 2B && - E - F \\
-7 &= -A + 2B &&- C + E - F \\
1 &= -A + B &&+ C + F
\end{aligned}$$

Das Gleichungssystem[1] ist stets eindeutig lösbar; bei unserem Beispiel ergeben sich, wie Sie selbst nachrechnen sollten, die Werte

$A = 2, B = -1, C = 3, E = 1$ und $F = 1$.

Damit hat die Partialbruchzerlegung der gegebenen Funktion die Gestalt

$$f(x) = \frac{6x^4 - 2x^3 - 4x^2 - 7x + 1}{x^5 - x^3 - x^2 + 1} = \frac{2}{x-1} - \frac{1}{(x-1)^2} + \frac{3}{x+1} + \frac{x+1}{x^2+x+1}.$$

---

[1] Zur systematischen Lösung von linearen Gleichungssystemen verweisen wir auf das nächste Kapitel.

b) Eine andere Möglichkeit, die gesuchten Konstanten zu bestimmen, geht von der Überlegung aus, dass (*) für alle $x \in \mathbb{R}$ gelten muss, man also fünf beliebige Werte für x in (*) einsetzen kann, um so fünf Gleichungen für die gesuchten Unbekannten A,B,C,E und F zu erhalten. Es erweist sich dabei als vorteilhaft, auf jeden Fall zunächst alle Nullstellen des Nennerpolynoms einzusetzen, da sich dann stets nur eine Gleichung mit einer Unbekannten ergibt (hier für B und C), für die Gleichungen mit den verbleibenden Unbekannten wähle man die x-Werte möglichst einfach. Neben den Nullstellen 1 und -1 bieten sich dafür in unserem Beispiel noch die Zahlen 0, 2 und -2 an. Die Möglichkeit b) ist also immer dann besonders vorteilhaft, wenn das Nennerpolynom recht viele verschiedene Nullstellen hat.

Übungsaufgaben:

1. Zerlegen Sie die folgenden Polynome in ihre irreduziblen Bestandteile:

a) $p_1(x) = x^3 - x^2 - x + 1$,   b) $p_2(x) = 2x^3 + 4x^2 + 4x + 2$,

c) $p_3(x) = -x^4 + x^3 + x - 1$,   d) $p_4(x) = x^4 - 191x^2 - 980$.

2. Bestimmen Sie die Partialbruchzerlegung von

a) $f_1(x) = \dfrac{-x^3 + 2x^2 - x + 4}{x^4 + 3x^2 + 2}$,   b) $f_2(x) = \dfrac{x^4 - 2x^3 - x^2 - 3x - 8}{x^3 - 2x^2 + 2x - 4}$.

1.4 Trigonometrische und Arcus-Funktionen

In diesem Abschnitt werden einige wichtige Eigenschaften der trigonometrischen Funktionen wiederholt sowie deren Umkehrfunktionen (Arcus-Funktionen) vorgestellt. Da Sinus-, Kosinus-, Tangens- und Kotangensfunktion in der Schule sehr ausführlich behandelt werden, soll hier lediglich durch nachfolgende Skizze der Situation am Einheitskreis die Bedeutung der trigonometrischen Funktionsterme in Erinnerung gerufen werden. Wir erinnern daran, dass in der Regel die Darstellung des Winkels im Bogenmaß[1] erfolgt.

---

[1] Als Merkregel für die Umrechnung von Grad in Bogenmaß ist es hilfreich, das Zeichen ° als Abkürzung für den Faktor $\dfrac{\pi}{180}$ zu interpretieren, z.B. $90° = \dfrac{\pi}{2}$.

1.4 Trigonometrische und Arcus-Funktionen

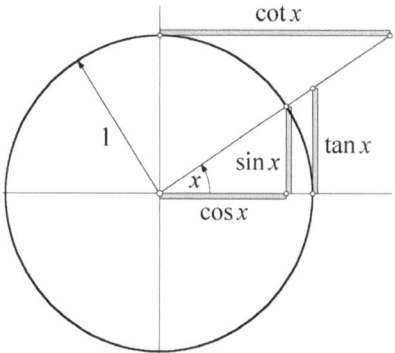

Bild 1.4.1: Die trigonometrischen Funktionswerte am Einheitskreis

Eigenschaften:

1. $\sin x$ und $\cos x$ sind auf ganz $\mathbb{R}$ definiert und 2π-periodisch, das heißt

$$\sin(x + 2\pi) = \sin x \quad \text{und} \quad \cos(x + 2\pi) = \cos x \quad \forall x \in \mathbb{R} \ .$$

2. Es ist $\tan x = \dfrac{\sin x}{\cos x}$ und $\cot x = \dfrac{\cos x}{\sin x}$. Deshalb ist

$\mathbb{D}_{\tan} = \mathbb{R} \setminus \{b \in \mathbb{R} \mid \cos b = 0\}$ und $\mathbb{D}_{\cot} = \mathbb{R} \setminus \{b \in \mathbb{R} \mid \sin b = 0\}$ (vgl. auch 3.).

$\tan x$ und $\cot x$ sind π-periodisch.

3. <u>Nullstellen:</u>
$$\sin b = 0 \quad \Leftrightarrow \quad b = k \cdot \pi$$
$$\cos b = 0 \quad \Leftrightarrow \quad b = \frac{\pi}{2} + k \cdot \pi$$
$$\tan b = 0 \quad \Leftrightarrow \quad b = k \cdot \pi$$
$$\cot b = 0 \quad \Leftrightarrow \quad b = \frac{\pi}{2} + k \cdot \pi$$

Dabei ist k stets eine beliebige ganze Zahl. Die Nullstellen einer trigonometrischen Funktion haben also jeweils den Abstand π voneinander; $\sin x$ und $\cos x$ haben somit in jeder Periode zwei, $\tan x$ und $\cot x$ nur eine Nullstelle.

4. <u>Wertebereiche:</u> $\mathbb{W}_{\sin} = \mathbb{W}_{\cos} = [-1, 1]$, $\mathbb{W}_{\tan} = \mathbb{W}_{\cot} = \mathbb{R}$.

Insbesondere gilt für die Minimal- bzw. Maximalwerte von $\sin x$ und $\cos x$:

$\sin b = 1 \quad \Leftrightarrow \quad b = \dfrac{\pi}{2} + 2k \cdot \pi$ bzw. $\sin b = -1 \quad \Leftrightarrow \quad b = \dfrac{3\pi}{2} + 2k \cdot \pi$ und

$\cos b = 1 \quad \Leftrightarrow \quad b = 2k \cdot \pi \quad$ bzw. $\cos b = -1 \quad \Leftrightarrow \quad b = (2k + 1) \cdot \pi$

5. Symmetrieeigenschaften: sin x (bzw. tan x bzw. cot x) ist eine ungerade, cos x ist eine gerade Funktion, das heißt

$$\forall\, x \in \mathbb{R}: \sin(-x) = -\sin x \text{ und } \cos(-x) = \cos x$$

6. Verschiebungen um eine halbe bzw. Viertelperiode im Argument von Sinus- und Kosinusfunktion ergeben:

$$\sin(x + \pi) = -\sin x \quad \text{und} \quad \cos(x + \pi) = -\cos x$$

$$\sin(x + \tfrac{\pi}{2}) = \cos x \quad \text{und} \quad \cos(x + \tfrac{\pi}{2}) = -\sin x.$$

Die letzte Gleichung bedeutet anschaulich, dass der Kosinus dem Sinus um eine Viertelperiode voraus läuft, was auch an den in Bild 1.4.2 dargestellten Graphen zu sehen ist.

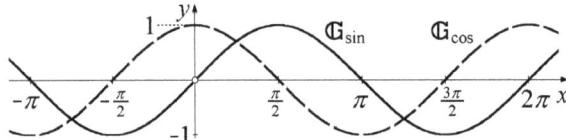

Bild 1.4.2: Die Graphen von Sinus- und Kosinusfunktion

7. Additionstheoreme: Für alle $x, y \in \mathbb{R}$ gilt:

$$\sin(x + y) = \sin x \cos y + \sin y \cos x \quad \text{und} \quad \cos(x + y) = \cos x \cos y - \sin x \sin y$$

Hieraus lassen sich unschwer Formeln für $\tan(x+y)$, $\sin(2x)$, $\cos(2x)$ etc. sowie für $\sin x \cdot \sin y$, $\sin x \cdot \cos y$, $\cos x \cdot \cos y$ und $\sin x \pm \sin y$ etc. herleiten, die in jeder Formelsammlung zu finden sind.

8. Mit den beiden Beziehungen $\tan x = \dfrac{\sin x}{\cos x}$ und $\sin^2 x + \cos^2 x = 1$ lässt sich jede trigonometrische Funktion durch jede andere ausdrücken; z.B. ist

$$\sin x = k \cdot \frac{\tan x}{\sqrt{1 + \tan^2 x}} \quad \text{und} \quad \cos x = k \cdot \frac{1}{\sqrt{1 + \tan^2 x}},$$

wobei $k = \begin{cases} 1 & \text{für } x \in \left]-\dfrac{\pi}{2}, \dfrac{\pi}{2}\right[\\ -1 & \text{für } x \in \left]\dfrac{\pi}{2}, \dfrac{3\pi}{2}\right[\end{cases}$ (und entsprechend 2π-periodisch fortgesetzt) ist.

1.4 Trigonometrische und Arcus-Funktionen

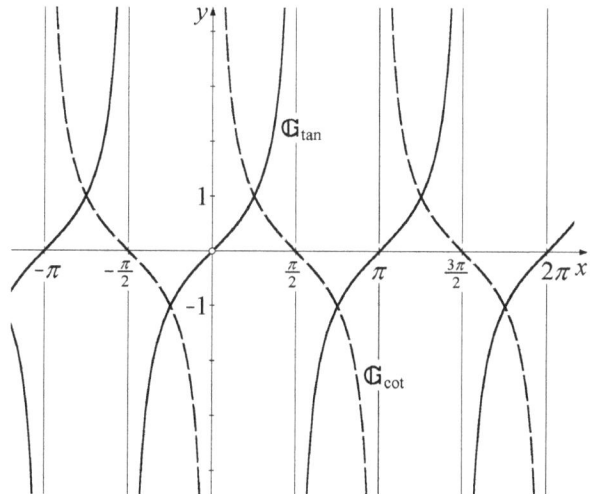

Bild 1.4.3: Die Graphen von Tangens- und Kotangensfunktion

Da die trigonometrischen Funktionen periodisch sind, können sie natürlich nicht injektiv sein, besitzen also – auf den gesamten Definitionsbereich bezogen – keine Umkehrfunktion. Deshalb beschränkt man sich bei der Umkehrung jeweils auf Teilmengen des Definitionsbereichs. Üblich ist dabei folgendes:

Die Funktion $f = \sin | \, [-\frac{\pi}{2}, \frac{\pi}{2}]$ ist auf ihrem (eingeschränkten) Definitionsbereich streng monoton wachsend, also umkehrbar. $\mathbb{W}_f = [-1, 1]$ ist somit der Definitionsbereich der Umkehrfunktion von f, die üblicherweise mit arcsin x (gelesen: *Arcus-Sinus*) bezeichnet wird. arcsin x ist – wie $f(x)$ – streng monoton wachsend und hat den Wertebereich $[-\frac{\pi}{2}, \frac{\pi}{2}]$, s. Bild 1.4.4.

Analog ist $\cos | \, [0, \pi]$ streng monoton fallend; deren deshalb existierende streng monoton fallende Umkehrfunktion arccos x ist – wie arcsin x – auf $[-1, 1]$ definiert und hat den Wertebereich $[0, \pi]$, s. Bild 1.4.4.

Schließlich ist $\tan | \,]-\frac{\pi}{2}, \frac{\pi}{2}[$ streng monoton wachsend, die deshalb dort existierende Umkehrfunktion wird mit arctan x bezeichnet; da die Tangensfunktion auf $]-\frac{\pi}{2}, \frac{\pi}{2}[$ jede reelle Zahl als Wert annimmt, ist die Arcus-Tangens-Funktion auf ganz $\mathbb{R}$ definiert, s. Bild 1.4.5.

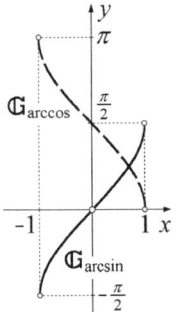
Bild 1.4.4: arcsin x und arccos x

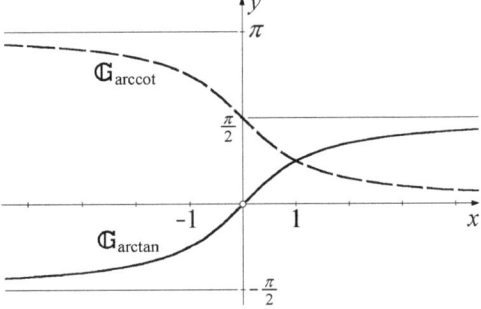
Bild 1.4.5: arctan x und arccot x

Nach Definition ist klar, dass $\sin(\arcsin x) = x$ für alle $x \in \mathbb{D}_{\arcsin}$ ist. Zur Berechnung von $\sin(\arccos x)$ oder $\sin(\arctan x)$ oder ähnlichen Ausdrücken ersetze man die trigonometrische Funktion durch die zur Arcusfunktion „passende" mit einer der Formeln aus 8.; so erhält man etwa für alle $x \in \mathbb{R}$

$$\sin(\arctan x) = k \cdot \frac{\tan(\arctan x)}{\sqrt{1+\tan^2(\arctan x)}} = \frac{x}{\sqrt{1+x^2}}.$$

Da – im Gegensatz zu $\tan x$ – Sinus- und Kosinusfunktion nur auf einer halben Periode umkehrbar sind, ist bei Lösung der Gleichung $\sin x = c$ (mit $c \in\,]-1, 1[$) Vorsicht geboten: die Anwendung von arcsin liefert nur eine der innerhalb einer Periode vorhandenen zwei Lösungen. Außer $x_1 = \arcsin c$ ist auch $x_2 = \pi - \arcsin c$ eine Lösung der Gleichung $\sin x = c$ im Intervall $[-\frac{\pi}{2}, \frac{3\pi}{2}]$.

Analog ist für $\cos x = c$ neben $x_1 = \arccos c$ auch $x_2 = 2\pi - \arccos c$ eine Lösung im Intervall $[0, 2\pi]$.

Beispiel:

Für einen Weg mit der Horizontaldifferenz 100 m bedeutet das Verkehrszeichen in Bild 1.4.6 eine Höhendifferenz von 14 m. Wie groß ist der Steigungswinkel φ?
$\tan \varphi = 0.14$; also ist $\varphi = \arctan 0.14 \approx 0.139$, im Gradmaß $\varphi \approx 8°$.

Bild 1.4.6: Steigung 14 %

Übungsaufgaben:

1. Lösen Sie folgende trigonometrische Gleichungen:

a) $\cos\left(x - \dfrac{\pi}{2}\right) + \sin^2 x - 2 = 0$, b) $4\sin^2 x - \cos^2 x = 0$,

c) $\tan x + \tan 2x = 0$, d) $2\sin x + \cos^2 x = 1.75$.

2. Für welche $a \in \mathbb{R}$ ist die Gleichung $\sin x + \cos x = a$ lösbar? Bestimmen Sie für $a = 1$ alle Lösungen der Gleichung.

3. Leiten Sie Formeln für a) $\sin(\arccos x)$, b) $\tan(\arcsin x)$ her.

1.5 Potenz- und Wurzelfunktionen

Zum besseren Verständnis dieses und des nächsten Abschnitts soll zunächst der Potenzbegriff wiederholt werden. Es wird dabei der Ausdruck a^b sukzessive für $b \in \mathbb{N}, \mathbb{Z}, \mathbb{Q}$ und $\mathbb{R}$ eingeführt:

1. $b \in \mathbb{N}$: Für beliebiges $a \in \mathbb{R}$ und $b \geq 2$ ist a^b die b-fache Multiplikation von a mit sich selbst; zusätzlich wird $a^1 = a$ und, für $a \neq 0$, $a^0 = 1$ definiert.

2. $b \in \mathbb{Z}$: Für $b \in \mathbb{N}$ ist a^b bereits definiert; für negative $b \in \mathbb{Z}$ ist $-b \in \mathbb{N}$, demnach ist für jedes $a \neq 0$ sinnvoll: $a^b = \dfrac{1}{a^{-b}}$.

3. $b = \dfrac{1}{n}$ mit $n \in \mathbb{N}$, $n \geq 2$ (Stammbrüche): Es ist leicht zu zeigen, dass für jedes solche n die Funktion $f(x) = x^n \mid [0, \infty[$ streng monoton wachsend ist, also eine Umkehrfunktion besitzt, die wegen $\mathbb{W}_f = [0, \infty[$ auf $[0, \infty[$ definiert ist. Für jede nicht-negative reelle Zahl a wird der Wert dieser Umkehrfunktion mit $\sqrt[n]{a}$ bezeichnet. Damit definiert man für alle $a \in \mathbb{R}_0^+$: $a^{\frac{1}{n}} = \sqrt[n]{a}$.

4. $b \in \mathbb{Q}$: Da a^b für ganzzahlige b bereits definiert ist, kann man sich darauf beschränken, dass $b = \frac{m}{n}$ mit $m \in \mathbb{Z}$, $n \in \mathbb{N}$, $n \geq 2$, ist. Durch eine Kombination aus 1., 2. und 3. lässt sich nun definieren: $a^{\frac{m}{n}} = (a^{\frac{1}{n}})^m$. Dabei ist zu beachten, dass für $b \geq 0$ die Basis a gemäß 3. aus $\mathbb{R}_0^+$, für negative b gemäß 2. nur aus $\mathbb{R}^+$ sein darf.

5. $b \in \mathbb{R}$: Gemäß den Überlegungen aus Abschnitt 1.2 lässt sich jede irrationale Zahl b als Grenzwert einer Folge aus nur rationalen Zahlen b_k erhalten. Man kann zeigen, dass die gemäß 1. – 4. definierten Ausdrücke a^{b_k} konvergieren. Der Grenzwert wird als a^b definiert. Nach 1. – 4. ist so a^b bei $b > 0$ für alle $a \in [0, \infty[$, bei $b < 0$ für alle $a \in \,]0, \infty[$ zu definieren.

Unter Beachtung der oben dargelegten unterschiedlichen Definitionsbereiche für die Basis in Abhängigkeit vom Exponenten gelten die üblichen *Potenzgesetze* überall dort, wo alle vorkommenden Ausdrücke definiert sind:

(i) $(x \cdot y)^b = x^b \cdot y^b$ (ii) $\left(\frac{x}{y}\right)^b = \frac{x^b}{y^b}$

(iii) $\left(x^b\right)^c = x^{b \cdot c}$ (iv) $x^{b+c} = x^b \cdot x^c$

<u>Anmerkung:</u> Bei Benutzung von Formel (iii) ist beispielsweise zu beobachten, dass $\left((-2)^2\right)^\pi = 4^\pi$, also wohl definiert ist, die rechte Seite als $(-2)^{2\pi}$ aber gemäß oben Gesagtem keinen Sinn ergibt, folglich (iii) auch nicht gültig ist. Solche Schwierigkeiten können auch bei Anwendung der anderen Potenzgesetze auftreten, wenn man nicht strikt den jeweiligen Definitionsbereich beachtet!

Definition:

Eine Funktion der Gestalt $p_b(x) = x^b$ (mit $b \in \mathbb{R}$) heißt *Potenzfunktion*; ist speziell $b = \frac{1}{n}$ mit $n \in \mathbb{N}$, $n \geq 2$, so heißt $f(x)$ *Wurzelfunktion*.

1.5 Potenz- und Wurzelfunktionen

Eigenschaften:

1. Nach der Definition der Potenz ist eine Potenzfunktion $p_b(x) = x^b$ stets mindestens auf $\mathbb{R}^+$ definierbar; in Abhängigkeit von b kann $\mathbb{D}_{p_b}$ auch größer sein, und zwar:

a) Für $b \geq 0$ kann p_b auch auf $\mathbb{R}_0^+$ definiert werden.
b) Für $b \in \mathbb{Z}$ kann p_b auf $\mathbb{R}^*$, für $b \in \mathbb{N}$ sogar auf ganz $\mathbb{R}$ definiert werden.

2. Für $b > 0$ (bzw. $b < 0$) ist $p_b \mid \mathbb{R}_0^+$ streng monoton wachsend (bzw. fallend), besitzt also eine auf $\mathbb{W}_{p_b} = \mathbb{R}_0^+$ definierte Umkehrfunktion. Diese ist $x^{\frac{1}{b}}$.

3. Für alle Potenzfunktionen ist $p_b(1) = 1$.

In den folgenden Bildern (1.5.1) – (1.5.9) sind einige charakteristische Graphen für Potenzfunktionen $p_b(x) = x^b$ mit unterschiedlichen Werten für b dargestellt.

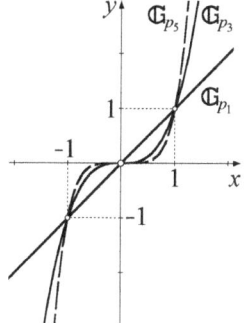

Bild 1.5.1: b = ungerade natürliche Zahl

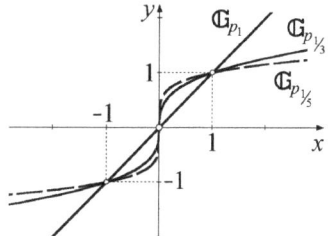

Bild 1.5.2: zugehörige Umkehrfunktionen

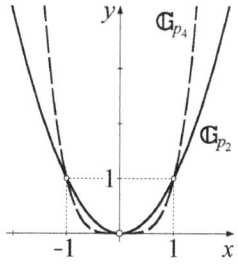

Bild 1.5.3: b = gerade natürliche Zahl

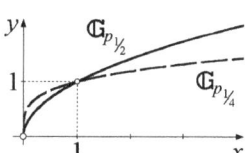

Bild 1.5.4: zugehörige Umkehrfunktionen

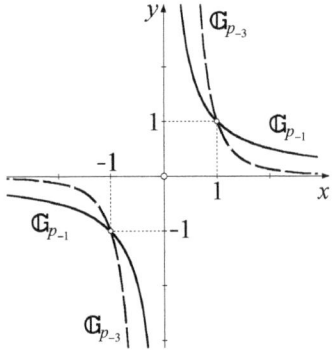

Bild 1.5.5: b = ungerade negative Zahl

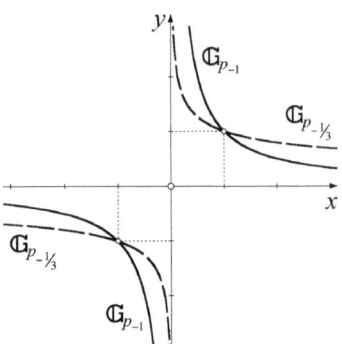

Bild 1.5.6: zugehörige Umkehrfunktionen

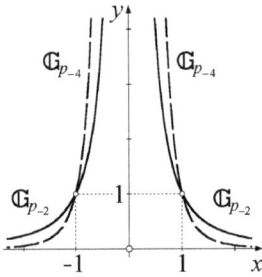

Bild 1.5.7: b = gerade negative Zahl

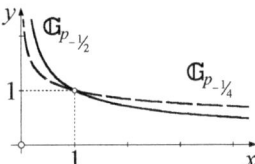

Bild 1.5.8: zugehörige Umkehrfunktionen

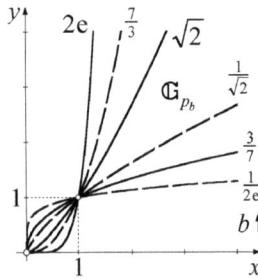

Bild 1.5.9: b = reelle positive Zahl $\notin \mathbb{Z}$
(samt b für Umkehrfunktionen)

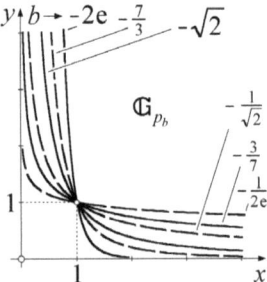

Bild 1.5.10: b = reelle negative Zahl $\notin \mathbb{Z}$
(samt b für Umkehrfunktionen)

1.6 Exponential- und Logarithmus-, Hyperbel- und Areafunktionen

Definition:

> Die für festes $a \in \mathbb{R}^+$ durch $\exp_a x = a^x$ auf ganz $\mathbb{R}$ definierte Funktion heißt *(allgemeine) Exponentialfunktion*.

Nach Definition der Potenz ist bei jeder positiven Basis a der Ausdruck a^x für jedes reelle x definiert. Für $a = 1$ ergibt sich dabei die konstante Funktion vom Werte 1, die man ja auch als Polynom vom Grade 0 auffassen kann; für $a \in\,]0, 1[$ ergibt sich wegen $a = \frac{1}{b}$ (mit $b > 1$): $a^x = \left(\frac{1}{b}\right)^x = \frac{1^x}{b^x} = \frac{1}{b^x}$, das heißt, jede Exponentialfunktion mit einer Basis < 1 lässt sich mittels Kehrwert auf eine solche mit einer Basis > 1 zurückführen. Deshalb betrachten wir – wie sonst auch üblich – im Folgenden Exponentialfunktionen nur mit Basen > 1.

Eine Exponentialfunktion $\exp_a x = a^x$ mit $a > 1$ hat folgende

Eigenschaften:

1. $\exp_a(0) = 1$ (das heißt, die Graphen aller Exponentialfunktionen haben diesen Punkt gemeinsam).

2. $\mathbb{W}_{\exp_a} = \mathbb{R}^+$ (das heißt, Exponentialfunktionen nehmen genau alle positiven Werte an).

3. a^x ist streng monoton wachsend, besitzt also eine auf $\mathbb{R}^+$ definierte Umkehrfunktion, die so genannte *Logarithmusfunktion zur Basis a*, mit $\log_a x$ bezeichnet.

4. $\log_a x$ ist auf $\mathbb{R}^+$ definiert, hat den Wertebereich $\mathbb{R}$ und ist – wie a^x – streng monoton wachsend.

5. Aus den Potenzgesetzen ergeben sich die *Rechenregeln für Logarithmen*:

$\log_a(x \cdot y) = \log_a x + \log_a y$; $\log_a\left(\frac{x}{y}\right) = \log_a x - \log_a y$; $\log_a x^t = t \cdot \log_a x$.

Dabei sind $a > 1$, $x, y > 0$ und $t \in \mathbb{R}$ beliebig.

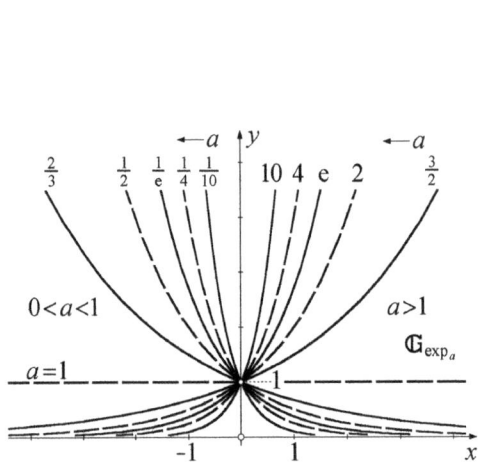
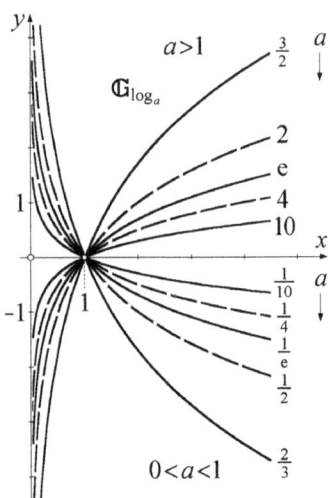

Bild 1.6.1: Exponentialfunktionen zu verschiedenen Basiswerten a

Bild 1.6.2: Logarithmusfunktionen

Aus der Definition des Logarithmus und unter Benutzung obiger Regeln ergibt sich die wichtige Formel für den **Basiswechsel:** Mit $a, b > 1$ gilt für alle $x \in \mathbb{R}$:

$$\boxed{\log_b x = \frac{\log_a x}{\log_a b}} \qquad (1.6.1)$$

Mit dieser Formel wird der Logarithmus zu einer beliebigen Basis b auf den zu einer anderen Basis a zurückgeführt. Dies bedeutet, dass man nur eine Logarithmusfunktion kennen muss, um daraus dann alle anderen berechnen zu können. Die graphische Darstellung von $\log_b x$ erhält man also aus der von $\log_a x$ durch einfaches Umskalieren der y-Achse um den Faktor $\dfrac{1}{\log_a b}$. Für die weiteren Untersuchungen benutzt man meist den Logarithmus zur Basis e (EULERsche Zahl), den so genannten *natürlichen Logarithmus,* statt $\log_e x$ schreibt man üblicherweise ln x („logarithmus naturalis") oder – vornehmlich in englischsprachigen Publikationen – einfach log x. Weiterhin sind die Schreibweisen lg x für $\log_{10} x$ sowie lb x oder ld x (binärer Logarithmus bzw. „logarithmus dualis") für $\log_2 x$ gebräuchlich. Letzterer spielt in der Nachrichten- und Informationstechnik eine wichtige Rolle.

1.6 Exponential- und Logarithmus-, Hyperbel- und Areafunktionen

Analog zu den Logarithmusfunktionen lassen sich auch alle Exponentialfunktionen auf die zur Basis e, die so genannte *spezielle Exponentialfunktion* (kurz: die e-*Funktion*) zurückführen; der Basiswechsel entspricht nun einer Umskalierung der x-Achse:

$$\boxed{a^x = e^{x \ln a}} \qquad (1.6.2)$$

Vielen Lesern werden die im Folgenden mit Hilfe der e-Funktion definierten so genannten *hyperbolischen Funktionen* von der Schule her noch unbekannt sein; bevor wir am Ende dieses Abschnitts konkrete Anwendungsbeispiele aufzeigen, sollen zunächst einmal wichtige Eigenschaften dieser Funktionen aus den Definitionen abgeleitet werden.

Definition:

(i) $\quad \sinh x = \frac{1}{2}\left(e^x - e^{-x}\right) \qquad$ („*sinus hyperbolicus*")

(ii) $\quad \cosh x = \frac{1}{2}\left(e^x + e^{-x}\right) \qquad$ („*cosinus hyperbolicus*")

(iii) $\quad \tanh x = \dfrac{\sinh x}{\cosh x} \qquad$ („*tangens hyperbolicus*")

(iv) $\quad \coth x = \dfrac{\cosh x}{\sinh x} \qquad$ („*cotangens hyperbolicus*")

Die Namensgebung in Anlehnung an die entsprechenden trigonometrischen Funktionen mag zunächst überraschen, da in der Definition keinerlei Analogie zu sin oder cos erkennbar ist. Die enge Verwandtschaft von trigonometrischen und hyperbolischen Funktionen tritt jedoch bei Betrachtung der gleichnamigen komplexen Funktionen (vgl. Abschnitt 3.4) zutage. Wir halten es für eine gute Übung, wenn Sie die eine oder andere der unten aufgeführten Eigenschaften, bei denen manchmal Parallelen zu den trigonometrischen Funktionen unverkennbar sind, selbst herleiten:

Eigenschaften:

1. Unmittelbar aus der Definition folgt, dass sinh und cosh auf ganz $\mathbb{R}$ definiert sind. Außerdem gilt für alle $x \in \mathbb{R}$ die wichtige Formel (nachrechnen!):

$$\cosh^2 x - \sinh^2 x = 1 \qquad (1.6.3)$$

Man beachte den Unterschied zum Plus-Zeichen in der entsprechenden Formel für die trigonometrischen Funktionen!

2. Aus 1. und der Definition wird klar, dass $\cosh x \geq 1$ ist für alle $x \in \mathbb{R}$, $\tanh x$ also keine Definitionslücken besitzt.

3. Analog zu der jeweils entsprechenden trigonometrischen Funktion ist $\cosh x$ gerade mit $\cosh(0) = 1$, während $\sinh x$ und $\tanh x$ ungerade sind und deshalb an der Stelle 0 eine Nullstelle haben. $\coth x$ ist ebenfalls ungerade, an der Stelle 0 aber nicht definiert.

4. sinh und tanh sind auf ganz $\mathbb{R}$, cosh ist auf $[0, \infty[$ streng monoton wachsend. Da 0 die einzige Nullstelle von sinh und tanh ist, ist dies auch die einzige Definitionslücke von coth. coth ist auf $\mathbb{R}^*$, cosh auf $]-\infty, 0]$ streng monoton fallend.

5. Gemäß 4. sind sinh, tanh und coth auf ihrem jeweiligen Definitionsbereich, cosh beschränkt auf $[0, \infty[$ umkehrbar. Die Umkehrfunktionen werden mit arsinh, artanh, arcoth und arcosh bezeichnet und heißen *Area-Sinus-Hyperbolicus-Funktion* und entsprechend für die anderen. Wir wollen arsinh mit Hilfe bekannter Funktionen ausdrücken und gleichzeitig den Wertebereich von sinh (das ist ja der Definitionsbereich von arsinh!) bestimmen. Dazu muss untersucht werden, für welche $s, t \in \mathbb{R}$ sich die Gleichung $t = \sinh s$ eindeutig nach s auflösen lässt:

Aus $t = \frac{1}{2}(e^s - e^{-s})$ ergibt sich durch Substitution von $u = e^s$ (für jedes $s \in \mathbb{R}$ möglich) eine quadratische Gleichung: $\qquad 0 = u^2 - 2tu - 1$.

Diese hat für jedes t zwei Lösungen, von denen eine positiv und eine negativ ist. Wegen $u = e^s$ kommt nur die positive in Frage. Die daraus eindeutig bestimmbare Lösung für s lautet: $\qquad s = \ln\left(t + \sqrt{t^2 + 1}\right)$.

Da diese Auflösung für alle $t \in \mathbb{R}$ möglich ist, ist $\mathbb{W}_{\sinh} = \mathbb{R}$; für die gesuchte Umkehrfunktion gilt damit: $\forall x \in \mathbb{R}$: $\operatorname{ar sinh} x = \ln\left(x + \sqrt{x^2 + 1}\right)$.

Analog ergibt sich durch Untersuchung von $\cosh | [0, \infty[$:

$$\mathbb{W}_{\cosh} = [1, \infty[\qquad \text{und} \qquad \operatorname{ar cosh} x = \ln\left(x + \sqrt{x^2 - 1}\right) \ \forall x \in [1, \infty[.$$

Ein interessantes Ergebnis liefert die Rechnung für tanh und coth: In beiden Fällen genügt die Umkehrfunktion der gleichen Funktionsvorschrift, und zwar ist

$$\operatorname{artanh} x = \tfrac{1}{2} \ln\left|\frac{x+1}{x-1}\right| \quad \forall x \in\ ]-1, 1[\ , \text{ also } \mathbb{W}_{\tanh} =\ ]-1, 1[,$$

und $\operatorname{arcoth} x = \tfrac{1}{2} \ln\left|\frac{x+1}{x-1}\right| \quad \forall x \in \mathbb{R} \setminus [-1, 1]$, also $\mathbb{W}_{\coth} = \mathbb{R} \setminus [-1, 1]$.

1.6 Exponential- und Logarithmus-, Hyperbel- und Areafunktionen

Die angesprochenen Verlaufseigenschaften der hyperbolischen Funktionen und ihrer Umkehrfunktionen sind auch an den in Bild 1.6.3 - 1.6.6 dargestellten Graphen erkennbar.

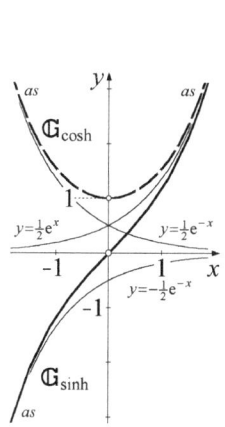

Bild 1.6.3: sinh x und cosh x

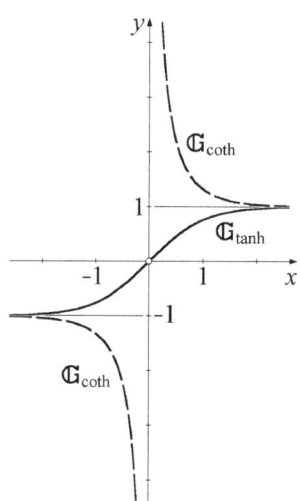

Bild 1.6.4: tanh x und coth x

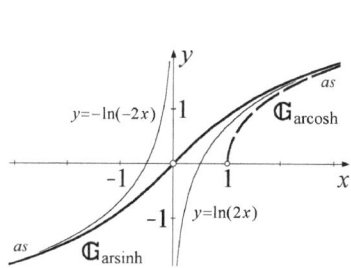

Bild 1.6.5: arsinh x und arcosh x

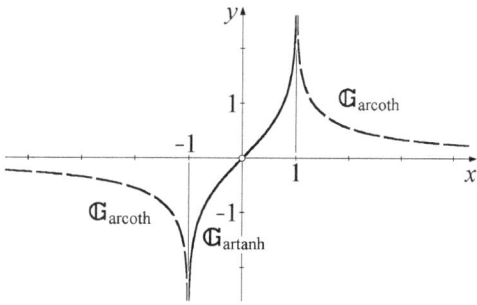

Bild 1.6.6: artanh x und arcoth x

Anwendungsmöglichkeiten hyperbolischer Funktionen zeigen die folgenden

Beispiele:

1. Ein Seil oder eine Kette (idealisiert, d.h. homogen und ohne Biegesteifigkeit) werde an zwei gleich hohen Punkten P_1 und P_2 aufgehängt (vgl. Bild 1.6.7), so dass es durchhängt. Ist a der Quotient aus der Horizontalkomponente der Zugkraft und dem Seil- bzw. Kettengewicht pro Längeneinheit, und wählt man ein ebenes Koordinatensystem so, dass der tiefste Punkt die Koordinaten $(0, a)$ hat, so kann man zeigen (vgl. Beispiel 4 in Abschnitt 9.2), dass die so genannte *Seilkurve* oder *Kettenlinie* durch $y = f(x) = a \cdot \cosh \frac{x}{a}$ beschrieben wird.

Ist z.B. $a = 80\,\text{m}$ und $x_{P_1} = -75\,\text{m}$, $x_{P_2} = 75\,\text{m}$ gegeben, so beträgt der Durchhang zwischen $P_{1,2}$ und dem tiefsten Punkt $80\,\text{m} \cdot \left(\cosh \frac{75}{80} - 1 \right) \approx 37.8\,\text{m}$.

2. Bekanntlich wächst beim freien Fall – unter Vernachlässigung des Luftwiderstandes – die Fallgeschwindigkeit $v(t)$ proportional zur Fallzeit: $v(t) = gt$.

Berücksichtigt man jedoch den Luftwiderstand, wobei man als gute Näherung die bremsende Reibungskraft als proportional zum Quadrat der Fallgeschwindigkeit ansehen kann, etwa als $cv(t)^2$ (c = Luftwiderstandsbeiwert), so ergibt sich als Geschwindigkeits/Zeit-Funktion (eine Herleitung finden Sie im Beispiel 3 von 9.2):

$$v(t) = v_\infty \cdot \tanh\left(\frac{g}{v_\infty} t \right) \quad \text{mit} \quad v_\infty = \sqrt{\frac{mg}{c}}$$

Dem Bild 1.6.8 ist zu entnehmen, dass die Fallgeschwindigkeit sich von unten der Endgeschwindigkeit v_∞ nähert, ohne diese jedoch zu überschreiten; ohne Reibung würde sich die skizzierte Ursprungsgerade ergeben. Die Größe des Faktors c wird unter anderem bestimmt durch die äußere Form des fallenden Körpers. Beim Gleitschirmfliegen wird dafür gesorgt, dass c so groß wird, dass man mit v_∞ ohne gesundheitliche Schäden landen kann; die Fallzeit – und damit die Absprunghöhe – kann im Prinzip beliebig groß sein, v_∞ wird nie überschritten.

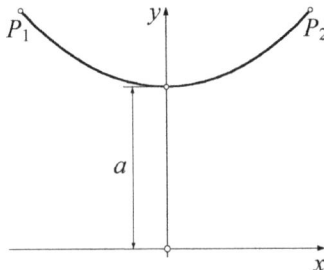

Bild 1.6.7: Kettenlinie (Beispiel 1)

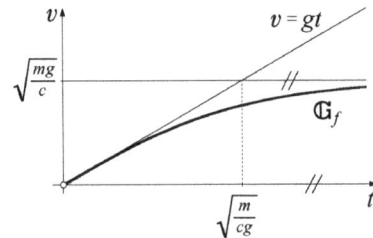

Bild 1.6.8: Fallgeschwindigkeit mit und ohne Luftwiderstand (Beispiel 2)

Übungsaufgaben:

1. Lösen Sie folgende Gleichungen:

a) $4\log_4\left(\log_3 x^2\right) = \log_2 4$,	b) $\lg x + \lg 2 = \lg(x+1) + \lg\left(\frac{1}{5}\right)$.

2. Lösen Sie durch geschickte Substitution:

a) $\left(\frac{2}{3}\right)^{\lg x} + \left(\frac{3}{2}\right)^{\lg x} = \frac{13}{6}$,	b) $(1+e)\sinh\frac{x}{3} + (1-e)\cosh\frac{x}{3} = e - 1$.

1.7 Grenzwerte von Folgen und Funktionen

Viele Prozesse streben einem „Endzustand" zu, ohne ihn zwar jemals mathematisch-theoretisch exakt zu erreichen; sie nähern sich ihm aber so genau an, dass oft gerade daraus entscheidende Informationen über den Prozess erhältlich sind. Dadurch erhält man zum Beispiel beim freien Fall mit Luftwiderstand (vgl. Beispiel 2 im vorigen Abschnitt) die Kenntnis über den „Grenzwert" der Geschwindigkeit eines fallenden Objektes, dem sich seine aktuelle Geschwindigkeit immer mehr annähert. Hier handelt es sich um den Grenzwert eines Funktionswertes; bevor wir jedoch darauf näher eingehen, befassen wir uns mit *Grenzwerten von Folgen*.

Als Halbwertszeit h einer radioaktiven Substanz bezeichnet man das Zeitintervall, nach dem die Hälfte der Substanz zerfallen ist. Die Ausgangsmasse der Substanz sei m; ihr Zerfall beginne zur Zeit $t_0 = 0$. Wir betrachten die Teile a_i von m, die jeweils in den Zeitintervallen von $t_{i-1} = (i-1) \cdot h$ bis $t_i = i \cdot h$ ($i = 1, ..., n$) zerfallen.

Also ist $a_1 = \frac{m}{2}$, $a_2 = \frac{m}{4}$, $a_3 = \frac{m}{8}$, ... , $a_n = \frac{m}{2^n}$.

a_1 , a_2 , a_3 , ..., a_n bilden die Glieder einer *Folge*, was folgendermaßen allgemein definiert ist:

Definition:

> Eine *Folge* a_k (reeller Zahlen) ist eine Funktion a von $\mathbb{N}$ nach $\mathbb{R}$. Statt $a(k)$ schreibt man üblicherweise a_k für den Funktionswert. Häufig beginnt eine Folge auch erst mit a_1 oder a_2 oder k_0; der Definitionsbereich ist also beschränkt auf $\{k \in \mathbb{N} \mid k \geq k_0\}$.[1]

---

[1] Ganz analog definiert man Folgen von Punkten, Vektoren, komplexen Zahlen etc. als Funktionen von $\mathbb{N}$ bzw. $\{k \in \mathbb{N} \mid k \geq k_0\}$ in die jeweilige Menge.

Da Folgen reeller Zahlen also spezielle Funktionen einer reellen Veränderlichen sind, können alle Begriffe und Eigenschaften (etwa Monotonie oder Beschränktheit), die in den ersten Abschnitten hierfür besprochen wurden, so übernommen werden.

Darüber hinaus kann man sich aber die besonderen Eigenschaften des Definitionsbereichs $\mathbb{N}$ für die konkrete Angabe einer Folge zunutze machen: Neben der bei Funktionen üblichen expliziten Angabe der Zuordnungsvorschrift (etwa $a_k = \dfrac{m}{2^k}$ für die Folge aus unserem Einführungsbeispiel) ist für Folgen auch die so genannte *rekursive Definition* üblich und nützlich. Dabei wird ein *Start-* oder *Anfangswert* der Folge (meist a_0 oder a_1) sowie eine *Rekursionsvorschrift* angegeben, mit deren Hilfe allgemein aus der Kenntnis eines oder mehrerer der Folgenglieder bis a_k das nächste Folgenglied a_{k+1} berechnet werden kann. Dazu folgende

Beispiele:

1. Die oben definierte Folge der a_k lässt sich auch rekursiv darstellen, wobei der jeweilige Zerfallsprozess von Schritt zu Schritt noch deutlicher zutage tritt:

$a_1 = \dfrac{m}{2}$ (Startwert) und $a_{k+1} = \tfrac{1}{2} \cdot a_k$ (Rekursionsvorschrift) .

2. Durch

$$b_0 = 1 \text{ (Startwert)} \quad \text{und} \quad b_{k+1} = (k+1)\, b_k \text{ für k} \geq 0 \text{ (Rekursionsvorschrift)}$$

ist rekursiv eine Folge definiert, deren erste fünf Glieder sich zu

$$b_0 = 1, b_1 = (0+1)b_0 = 1, b_2 = (1+1)b_1 = 2, b_3 = (2+1)b_2 = 6, b_4 = (3+1)b_3 = 24$$

ergeben. Diese schnell wachsende Folge heißt die *Folge der Fakultäten*; b_k wird mit $k!$ (gelesen: „k Fakultät") bezeichnet. Etwas vereinfachend schreibt man auch

$$k! = 1 \cdot 2 \cdot 3 \cdots k \; .$$

3. Mit festem $\alpha \in \mathbb{R}$ definiert man rekursiv eine Folge c_k durch

$$c_0 = 1 \text{ (Startwert)} \quad \text{und} \quad c_{k+1} = \dfrac{\alpha - k}{k+1} \cdot c_k \text{ für k} \geq 0 \text{ (Rekursionsvorschrift).}$$

Demnach ist $c_0 = 1, c_1 = \dfrac{\alpha - 0}{0+1} \cdot c_0 = \dfrac{\alpha}{1}, c_2 = \dfrac{\alpha - 1}{1+1} \cdot c_1 = \dfrac{\alpha(\alpha - 1)}{1 \cdot 2}$,

$c_3 = \dfrac{\alpha - 2}{2+1} \cdot c_2 = \dfrac{\alpha(\alpha - 1)(\alpha - 2)}{1 \cdot 2 \cdot 3}$, usw.

1.7 Grenzwerte von Folgen und Funktionen

Die so definierte Folge c_k heißt die *Folge der Binomialkoeffizienten* und wird mit $\binom{\alpha}{k}$ bezeichnet. Etwas vereinfachend ausgedrückt ist also

$$\binom{\alpha}{k} = \frac{\alpha(\alpha-1)\cdots(\alpha-(k-1))}{k!} .$$

Beachten Sie besonders – auch wenn Sie es bisher anders gewohnt waren – dass auf diese Weise $\binom{\alpha}{k}$ für beliebiges $\alpha \in \mathbb{R}$ und $k \in \mathbb{N}$ definiert ist.

Ist darüber hinaus – wie in vielen kombinatorischen und stochastischen Anwendungen – auch $\underline{\alpha \in \mathbb{N}}$, so gilt

$$\text{für } \alpha \geq k: \quad \binom{\alpha}{k} = \frac{\alpha!}{k! \cdot (\alpha-k)!}$$

und   für $\alpha < k$: $\binom{\alpha}{k} = 0$.

Zur Übung des Umgangs mit rekursiv definierten Folgen überzeugen Sie sich bitte selbst von der Richtigkeit dieser Formeln.

Eine der wichtigsten Anwendungen des Binomialkoeffizienten außerhalb der Kombinatorik ist auch für seinen Namen verantwortlich, nämlich der so genannte

Binomische Satz:

Es seien $a, b \in \mathbb{R}$ [1], $n \in \mathbb{N}$ beliebig. Dann gilt: $(a+b)^n = \sum_{k=0}^{n} \binom{n}{k} \cdot a^k b^{n-k}$

Wenn Sie $n = 2$ oder $n = 3$ einsetzen, ergeben sich die von der Schule her bekannten binomischen Formeln, wie Sie selbst nachrechnen sollten.

Wir kehren nun zu unserem Einführungsbeispiel zurück:

Praktisch findet diese Folge ihr Ende, wenn das letzte Atom der ursprünglich vorhandenen Substanz zerfallen ist, aber mathematisch können wir diese fortgesetzten

---

[1] Außer für die reellen Zahlen brauchen wir den Satz nur noch für den Körper der komplexen Zahlen in Kapitel 3. Er gilt jedoch bereits schon, wenn a und b Elemente eines beliebigen „kommutativen Rings" sind.

Halbierungen ohne Ende weiterführen. Und dann wird a_k beliebig klein – kleiner als jeder noch so kleine positive Wert ε, wenn nur k groß genug gewählt wird. Bei vorgegebenem $\varepsilon \in \mathbb{R}^+$ lässt sich die nötige Bedingung für k leicht angeben:

Aus $\frac{m}{2^k} < \varepsilon$ folgt $2^k > \frac{m}{\varepsilon}$ und somit $\qquad k > \dfrac{\ln\frac{m}{\varepsilon}}{\ln 2}$.

Man drückt diesen Sachverhalt auch so aus: „Die Folge der a_k *konvergiert* gegen 0, wenn k gegen ∞ geht" oder „Der *Grenzwert* von a_k für k gegen ∞ ist 0", geschrieben: $\lim\limits_{k \to \infty} a_k = \lim\limits_{k \to \infty} \frac{m}{2^k} = 0$.

Allgemein führt dies zu folgender

Definition:

> Die Folge der a_k *konvergiert* gegen den Wert $a \in \mathbb{R}$, wenn bei genügend großem Index k der Term a_k *beliebig nahe* an a liegt, wenn es also für jedes noch so kleine positive ε ein $K \in \mathbb{N}$ gibt, so dass $|a - a_k|$ kleiner als ε ist, wenn nur $k \geq K$ ist. Man schreibt dann $\lim\limits_{k \to \infty} a_k = a$.

Das wird auch als „a_k geht gegen a, wenn k gegen ∞ geht" formuliert.

Wird a_k größer als jede noch so große positive Zahl M, falls nur k groß genug gewählt wird, so schreibt man

$\lim\limits_{k \to \infty} a_k = \infty$, z.B. bei $a_k = k^\alpha$ mit $\alpha > 0$ oder $a_k = a^k$ mit $a > 1$.

Wird a_k kleiner als jede betragsmäßig noch so große negative Zahl M, falls nur k groß genug gewählt wird, so schreibt man

$\lim\limits_{k \to \infty} a_k = -\infty$, z.B. bei $a_k = -k^\alpha$ mit $\alpha > 0$ oder $a_k = -a^k$ mit $a > 1$.

Ist der Grenzwert nicht endlich (das heißt, keine reelle Zahl), so heißt die Folge *divergent*.

Es kommt auch vor, dass bei einer Folge keiner der bisher beschriebenen Fälle auftritt, z.B. bei $a_k = (-1)^k$. Hier strebt a_k nicht *einem* „Grenzwert" zu; die Folge der a_k hat die beiden „*Häufungswerte*" -1 und $+1$. Ein eindeutig bestimmter Grenzwert existiert hier nicht. Auch solche Folgen heißen *divergent*.

1.7 Grenzwerte von Folgen und Funktionen

Von der Schule her sind die elementaren Grenzwertsätze bekannt, an die hier noch einmal erinnert werden soll:

Satz:

> Gegeben seien zwei Folgen a_k und b_k, die in $\mathbb{R}$ gegen a bzw. b konvergieren. Dann sind auch Summe, Differenz und Produkt dieser Folgen konvergent mit $\lim_{k\to\infty}(a_k + b_k) = a + b$, $\lim_{k\to\infty}(a_k - b_k) = a - b$ und $\lim_{k\to\infty}(a_k \cdot b_k) = a \cdot b$.
> Sind darüber hinaus alle $b_k \neq 0$ und ist $b \neq 0$, so ist auch der Quotient der Folgen konvergent mit $\lim_{k\to\infty}\dfrac{a_k}{b_k} = \dfrac{a}{b}$. Ist $\alpha \in \mathbb{R}$ so gewählt, dass alle $a_k{}^\alpha$ und a^α definiert sind, so ist auch $\lim_{k\to\infty} a_k{}^\alpha = a^\alpha$.

Mit Hilfe dieses Satzes und Kenntnis einiger elementarer Grenzwerte wie etwa $\lim_{k\to\infty}\dfrac{1}{k} = 0$ oder $\lim_{k\to\infty} c = c$ (konstante Folge) können viele Grenzwerte berechnet werden, wie untenstehende Übungsaufgaben zeigen. Dabei ist jedoch stets zu beachten, dass die zur Anwendung des Satzes benötigten Einzelgrenzwerte in $\mathbb{R}$ existieren müssen; häufig müssen deshalb die entsprechenden Ausdrücke durch Umformung erst „passend" gemacht werden.

Sowohl für praktische als auch für theoretische Belange – z. B. bei der Einführung der Integralrechnung in Kapitel 5 – ist der folgende Satz wichtig, dessen Aussagen auch anschaulich unmittelbar einleuchten:

Satz:

> Es gelte $\lim_{k\to\infty} a_k = a$ und $\lim_{k\to\infty} b_k = b$ mit $a, b \in \mathbb{R}$; es sei c_k eine weitere Folge.
>
> (i) Wenn $a_k \leq b_k$ für alle Folgenglieder gilt, so muss $a \leq b$ sein.
>
> (ii) Wenn $a_k \leq c_k \leq b_k$ für alle Folgenglieder gilt und außerdem $a = b$ ist, so ist auch die Folge der c_k konvergent, ihr Grenzwert ist ebenfalls a.

Achtung: Auch wenn bei (i) sogar $a_k < b_k$ gilt, kann man nur $a \leq b$ schließen, wie folgende einfache Überlegung zeigt: Zwar gilt $\dfrac{1}{k} < \dfrac{2}{k}$ offensichtlich für alle k, jedoch konvergieren beide Folgen gegen den gleichen Grenzwert 0.

Als letztes formulieren wir nun einen Satz, der „nur" eine Aussage zur Konvergenz einer Folge macht, mit dem aber kein Grenzwert „direkt" berechnet werden kann. Trotzdem ist dieser Satz, dessen Aussage ebenfalls anschaulich unmittelbar einleuchtet, insbesondere wichtig für spätere Untersuchungen der Reihenkonvergenz (vgl. Kapitel 7).

Satz:

Es sei a_k eine Folge, die – evtl. erst von einem Index k_0 an – monoton wächst und nach oben beschränkt ist (bzw. monoton fällt und nach unten beschränkt ist). Dann ist a_k konvergent (in $\mathbb{R}$).

Interessante Anwendungen dieses Satzes beinhalten etwa die folgenden

Beispiele:

4. Von der mit festem $C \in \mathbb{R}$ definierten Folge $a_k = \dfrac{C^k}{k!}$ soll gezeigt werden, dass sie gegen 0 konvergiert, also eine so genannte *Nullfolge* ist.

Der Nachweis erfolgt in drei Schritten: Zunächst wird für positive C gezeigt, dass die Folge überhaupt konvergent ist, dass es also ein $a \in \mathbb{R}$ mit $\lim\limits_{k \to \infty} a_k = a$ gibt.

Danach schließt man, dass $a = 0$ sein muss. Schließlich wird die Aussage auf negative C übertragen.

<u>1. Schritt:</u> Für $C = 0$ ergibt sich die konstante Folge vom Werte 0, die Behauptung ist also trivial. Für positives C hat die gegebene Folge nur positive Glieder und lässt sich auch rekursiv definieren durch $a_0 = 1$ und $a_{k+1} = a_k \cdot \dfrac{C}{k+1}$ (*).

Man wähle nun $k_0 \in \mathbb{N}$ so, dass $k_0 \geq C$ ist. Dies ist stets möglich, da $\mathbb{N}$ nach oben unbeschränkt ist.

Für alle $k \geq k_0$ ist dann $\dfrac{C}{k+1} < 1$. Nach (*) ist somit $a_{k+1} < a_k$. Deshalb ist die gegebene Folge von k_0 an monoton fallend. Da sie außerdem durch 0 nach unten beschränkt ist, muss sie konvergieren.

<u>2. Schritt:</u> Da $\lim\limits_{k \to \infty} a_k = a$ (unbekannt) und $\lim\limits_{k \to \infty} \dfrac{C}{k+1} = 0$ ist, existieren auf der rechten Seite von (*) beide Einzelgrenzwerte; damit ist also nach dem elementaren Grenzwertsatz $\lim\limits_{k \to \infty} a_{k+1} = \lim\limits_{k \to \infty} \left(a_k \cdot \dfrac{C}{k+1} \right) = \lim\limits_{k \to \infty} a_k \cdot \lim\limits_{k \to \infty} \dfrac{C}{k+1} = a \cdot 0 = 0$.

1.7 Grenzwerte von Folgen und Funktionen

Trivial ist, dass $\lim\limits_{k\to\infty} a_{k+1} = \lim\limits_{k\to\infty} a_k = a$ gilt, womit $a = 0$ gezeigt ist.

<u>3. Schritt:</u> Für $C < 0$ betrachte man die Folge $|a_k| = \left|\dfrac{C^k}{k!}\right| = \dfrac{|C|^k}{k!}$. Für diese sind – mit $|C|$ statt C – obige Überlegungen anwendbar, so dass also die $|a_k|$ eine Nullfolge bilden. Unmittelbar aus der Definition der Konvergenz wird jedoch klar, dass allgemein die a_k genau dann eine Nullfolge bilden, wenn dies für die Folge der Beträge gilt. Damit gilt $\lim\limits_{k\to\infty} \dfrac{C^k}{k!} = 0$ auch für negative C.

5. Zeigen Sie analog (etwa durch Benutzung des binomischen Satzes), dass die Folge $a_k = \left(1+\dfrac{1}{k}\right)^k$ durch den Wert 3 nach oben beschränkt ist und streng monoton wächst. Sie muss also konvergieren. Ihr Grenzwert e = 2.71828182... wird als EULERsche Zahl definiert.

Um den Grenzwertbegriff für Folgen zu verallgemeinern, betrachten wir nun die Funktion $f(x) = \dfrac{x^2 - 1}{x - 1}$, die für $x = 1$ nicht definiert ist. Lässt sich trotzdem etwas über $f(x)$ aussagen, wenn x dem Wert 1 beliebig nahe kommt? Gibt es so etwas wie einen „$\lim\limits_{x\to 1} f(x)$"?

Wenn die x-Werte Elemente einer Zahlenfolge wären, etwa $x_n = 1 + \dfrac{1}{n}$, ginge es leicht: $x_n \to 1$ wird durch $n \to \infty$ erreicht, und dann ist

$$\lim_{x\to 1}\frac{x^2-1}{x-1} = \lim_{n\to\infty}\frac{\left(1+\frac{1}{n}\right)^2 - 1}{1+\frac{1}{n} - 1} = \lim_{n\to\infty}\frac{\left(2+\frac{1}{n}\right)\cdot\frac{1}{n}}{\frac{1}{n}} = \lim_{n\to\infty}\left(2+\frac{1}{n}\right) = 2 \ .$$

Ebenso gut könnte man aber $x_n = 1 - \dfrac{1}{n}$ oder irgendein anderes $x_n = 1 + g_n$ mit $\lim\limits_{n\to\infty} g_n = 0$ wählen: Dann ist analog

$$\lim_{x\to 1}\frac{x^2-1}{x-1} = \lim_{n\to\infty}\frac{\left(1+g_n\right)^2 - 1}{1+g_n - 1} = \lim_{n\to\infty}\frac{\left(2+g_n\right)\cdot g_n}{g_n} = \lim_{n\to\infty}\left(2+g_n\right) = 2 \ .$$

Hieraus ist ein entscheidender Unterschied zwischen dem Grenzwert einer Folge und dem Grenzwert einer Funktion abzulesen:

Definition:

$f(x)$ *hat für* $x \to x_0$ *den Grenzwert* $a \in \mathbb{R}$ (geschrieben: $\lim\limits_{x \to x_0} f(x) = a$), *wenn für* alle *Folgen* x_n, *die gegen* x_0 *gehen können, die entstehenden Folgen* $f(x_n)$ *jeweils den (gleichen) Grenzwert* $a \in \mathbb{R}$ *haben. Man sagt dann, dass* $f(x)$ *gegen a für* $x \to x_0$ *konvergiert.*

Ist $f(x)$ sowohl für $x > x_0$ als auch für $x < x_0$ definiert, ergibt sich also in diesem Fall von beiden Seiten her derselbe Grenzwert a.

Bei unserem Beispiel ist dies so, daher ist die folgende Rechnung richtig:

$$\lim_{x \to 1} \frac{x^2 - 1}{x - 1} = \lim_{x \to 1} \frac{(x+1)(x-1)}{x-1} = \lim_{x \to 1}(x + 1) = 2$$

Aber **Vorsicht**: Die Forderung in obiger Definition, dass alle diese möglichen Folgen gegen a konvergieren, ist sehr rigoros und muss genau beachtet werden. Zur Warnung versuchen wir, $\lim\limits_{x \to 0} \sin \frac{1}{x}$ zu bestimmen:

Verwenden wir $x_n = \frac{1}{n\pi}$ mit $n \in \mathbb{N}$, so muss für $x_n \to 0$ nur n gegen ∞ gehen; und sicher ist $\lim\limits_{n \to \infty} \sin \frac{1}{x_n} = \lim\limits_{n \to \infty} \sin(n\pi) = 0$.

Auch für $x_n = -\frac{1}{n\pi}$ oder etwa $x_n = \frac{1}{n^2 \pi}$ ergäbe sich derselbe Grenzwert. Daraus auf das Resultat 0 für den gesuchten Grenzwert $\lim\limits_{x \to 0} \sin \frac{1}{x}$ zu schließen, wäre voreilig, denn mit $x_n = \frac{2}{(4n+1)\pi}$ ist $\lim\limits_{n \to \infty} \sin \frac{1}{x_n} = \lim\limits_{n \to \infty} \sin(2n\pi + \frac{\pi}{2}) = 1$, und mit $x_n = \frac{2}{(4n-1)\pi}$ ergibt sich $\lim\limits_{n \to \infty} \sin \frac{1}{x_n} = \lim\limits_{n \to \infty} \sin(2n\pi - \frac{\pi}{2}) = -1$.

Durch geeignete Wahl der x_n können wir jeden beliebigen Grenzwert von -1 bis $+1$ erzielen! Die Forderung obiger Definition ist also *nicht* erfüllt; $\sin \frac{1}{x}$ hat somit *keinen* Grenzwert für $x \to 0$.

1.7 Grenzwerte von Folgen und Funktionen

Die Definition von $\lim_{x \to x_0} f(x) = a$ lässt sich auch so formulieren:

Definition:

> Kann man zu jedem noch so kleinen $\varepsilon > 0$ ein $\delta > 0$ angeben, so dass
> $|f(x) - a| < \varepsilon$ ist, wenn immer $|x - x_0| < \delta$ ist,
> dann hat $f(x)$ für $x \to x_0$ den Grenzwert a.

Von Funktionen, die sich „vernünftig" verhalten, erwartet man, dass sich an jeder Stelle x_0 des Definitionsbereichs bei beidseitiger Annäherung nicht irgendein Grenzwert, sondern genau der dort vorliegende Funktionswert ergibt. Da dies nicht von vorneherein bei jeder Funktion der Fall ist, fordert man damit eine wichtige Eigenschaft, nämlich:

Definition:

> Ist $f(x_0) = \lim_{x \to x_0} f(x)$, so heißt f *stetig in* $x = x_0$.

Die Stetigkeit ist – wie auch die später einzuführende Differenzierbarkeit – eine *lokale* Eigenschaft einer Funktion und ist somit an *jeder* einzelnen Stelle des Definitionsbereichs gegeben oder nicht gegeben. Die Aussage „Die Funktion $f(x)$ ist stetig" – ohne Bezug auf ein x_0 – hat also a priori keinen Sinn; wie zumeist üblich verstehen wir darunter die Stetigkeit an *jeder* Stelle des Definitionsbereichs.

Bisher gingen wir davon aus, dass sich x von $x < x_0$ und von $x > x_0$ an x_0 annähern konnte. Nur dann sagt man, dass der Grenzwert „existiert".

Es gibt aber auch so genannte *einseitige* Grenzwerte, bei denen x entweder nur mit $x < x_0$ (*linksseitig*) oder nur mit $x > x_0$ (*rechtsseitig*) gegen x_0 geht. Sind links- und rechtsseitiger Grenzwert gleich, existiert der – *beidseitige* – Grenzwert in obigem Sinn.

Die folgenden symbolischen Schreibweisen für einseitige Grenzwerte sind üblich:

Linksseitiger Grenzwert: $\lim_{x \to x_0 - 0} f(x)$ oder auch $\lim_{x \to x_0 -} f(x)$;

rechtsseitiger Grenzwert: $\lim_{x \to x_0 + 0} f(x)$ oder auch $\lim_{x \to x_0 +} f(x)$.

Beispiele:

6. $f(x) = \dfrac{x^2 - 1}{x - 1}$, wobei zusätzlich $f(1) = 2$ definiert ist:

f ist stetig bei $x = 1$, weil $\lim\limits_{x \to 1} f(x) = 2 = f(1)$ ist (siehe obige Rechnung).

7. $f(x) = \dfrac{x^2 - 1}{x - 1}$, wobei zusätzlich $f(1) = 0$ (oder sonst wie $f(1) \neq 2$) definiert ist:

f ist nicht stetig bei $x = 1$, weil $\lim\limits_{x \to 1} f(x)$ zwar existiert, aber $\neq f(1)$ ist.

8. $f(x) = \dfrac{x}{|x|}$: Für alle negativen x ergibt sich mit der Definition des Absolutbetrages $f(x) = -1$, also auch $\lim\limits_{x \to 0-} f(x) = -1$, genauso folgt aus $f(x) = 1$ auf $\mathbb{R}^+$, dass $\lim\limits_{x \to 0+} f(x) = 1$ ist; $\lim\limits_{x \to 0} f(x)$ existiert also nicht. Durch keine zusätzliche Funktionsvorschrift an der Definitionslücke $x = 0$ kann also erreicht werden, dass f stetig in $x = 0$ wird. Definiert man hier noch $f(0) = 0$, so ergibt sich die auch in der Programmierung wichtige *Signum-* oder *Vorzeichenfunktion* sgn(x) für $f(x)$, es ist also

$$\operatorname{sgn}(x) = \begin{cases} 1 & \text{für } x > 0 \\ 0 & \text{für } x = 0 \\ -1 & \text{für } x < 0 \end{cases}.$$

Aus den elementaren Grenzwertsätzen für Folgen ergibt sich unmittelbar der

Satz:

> Sind f und g Funktionen mit $\lim\limits_{x \to x_0} f(x) = a$ und $\lim\limits_{x \to x_0} g(x) = b$, so gilt:
>
> $\lim\limits_{x \to x_0} [f(x) + g(x)] = a + b$, $\lim\limits_{x \to x_0} [f(x) - g(x)] = a - b$,
>
> $\lim\limits_{x \to x_0} [f(x) \cdot g(x)] = a \cdot b$ und, wenn $b \neq 0$ ist, $\lim\limits_{x \to x_0} \dfrac{f(x)}{g(x)} = \dfrac{a}{b}$.

Daraus folgt sofort, dass Summe, Differenz, Produkt und – wenn möglich – Quotient zweier an der Stelle x_0 stetiger Funktionen in x_0 ebenfalls stetig sind.

Darüber hinaus kann man zeigen, dass alle in den Abschnitten 1.3 bis 1.6 besprochenen elementaren Funktionen auf ihren jeweiligen Definitionsbereichen stetig sind.

1.7 Grenzwerte von Folgen und Funktionen

Eine der wichtigsten Eigenschaften stetiger Funktionen enthält der so genannte

Zwischenwertsatz:

> Die Funktion f sei auf einem Intervall (!) I stetig, es seien a und b beliebige Stellen dieses Intervalls mit $a < b$. Dann gibt es für jeden Wert η zwischen $f(a)$ und $f(b)$ (mindestens) ein $\xi \in\,]a, b[$ mit $f(\xi) = \eta$.

Dieser so abstrakt klingende Satz lässt sich anschaulich gut erklären:

Er besagt, dass bei stetigen Funktionen der Übergang zwischen den Funktionswerten „kontinuierlich", also „stetig" vonstatten geht, es gibt keine Sprünge. Jeder von Ihnen hat diesen Satz – vielleicht ohne ihn explizit zu kennen – schon häufig angewandt, etwa in folgenden Zusammenhängen:

a) Sie fahren mit dem Wagen und schauen auf den Tachometer, der gerade 30 km/h zeigt. Nach einer Minute schauen Sie erneut hin und stellen fest, dass Sie nun 70 km/h schnell sind. Auch wenn der Geschwindigkeitsverlauf in dieser Zeit ansonsten völlig unbekannt ist, so können Sie jedoch sicher sein, dass Sie mindestens einmal für einen Augenblick die erlaubten 50 km/h gefahren sind. Dies liegt daran, dass die Geschwindigkeits/Zeit-Funktion auf dem gesamten Zeitintervall stetig ist.

b) Sie sollen für die Funktion $f(x) = x^4 + 2x^3 - 98x^2 + 2x + 1$ eine Nullstelle bestimmen. Sie setzen $x = 0$ und $x = 1$ ein und erhalten einen positiven und einen negativen Funktionswert. Daraus schließen Sie, dass f zwischen 0 und 1 mindestens eine Nullstelle haben muss. Warum? Sie haben den Zwischenwertsatz angewandt – Polynome sind ja auf ganz $\mathbb{R}$ stetig!

Vereinfacht ausgedrückt besagt der Zwischenwertsatz, dass man den Graphen einer auf einem Intervall stetigen Funktion zeichnen kann, ohne den Stift abzusetzen.

Übungsaufgaben:

1. Bestimmen Sie – falls vorhanden – die Grenzwerte der Folgen

a) $\dfrac{n^2(1+2n)}{4n^3 - 5n}$
b) $\dfrac{1}{2n} \cdot \dfrac{(2n+1)^3 - 8n^3}{(2n+3)^2 - 4n^2}$
c) $\lim\limits_{n\to\infty}\left(1 - \dfrac{1}{n+1}\right)^{2n}$

d) $\lim\limits_{n\to\infty}(\sqrt{n^2 + 3n + 1} - n)^{-2}$
e) $\lim\limits_{n\to\infty}\left(\sqrt{4n(9n+2)} - 6n\right)$

2. Die Folge der a_n sei rekursiv gegeben durch $\quad a_0 = \frac{3}{2}$ und $a_{n+1} = \dfrac{a_n}{2} + \dfrac{1}{a_n}$.

Zeigen Sie, dass $\lim\limits_{n\to\infty} a_n$ in $\mathbb{R}$ existiert und berechnen Sie dann diesen Grenzwert. (Hinweis: Zeigen Sie zunächst, dass $a_{n+1}^{\,2} \geq 2$ ist und beweisen Sie damit die Existenz des Grenzwerts!)

3. Berechnen Sie: a) $\lim\limits_{x\to 0} \dfrac{(x+3)^2 - 9}{x}$ b) $\lim\limits_{x\to 4} \dfrac{4-x}{2-\sqrt{x}}$ c) $\lim\limits_{x\to a} \dfrac{x^3 - a^3}{x-a}$

4. Für welche(s) $a \in \mathbb{R}$ existiert $\lim\limits_{x\to 2}\left(\dfrac{1}{x^2 - 4} - \dfrac{a}{x-2} \right)$ in $\mathbb{R}$? Welchen Wert hat er?

5. Berechnen Sie $\lim\limits_{x\to 0} \dfrac{\sin x}{x}$. Überlegen Sie zunächst, dass es genügt, $\lim\limits_{x\to 0+} \dfrac{\sin x}{x}$ zu bestimmen. Bestimmen Sie diesen Grenzwert durch einen elementargeometrischen Ansatz, bei dem Sie in Bild 1.4.1 dargestellte Dreiecks- und Sektorflächeninhalte miteinander vergleichen.

6. Begründen Sie, warum die durch $f(x) = \begin{cases} x^\alpha \sin\!\left(\dfrac{1}{x}\right) & \text{für } x > 0 \\ 0 & \text{für } x = 0 \end{cases}$ gegebene Funktion für jedes $\alpha \in \mathbb{R}^+$ stetig ist, für $\alpha = 0$ aber nicht. Beschreiben Sie für beide Fälle die Graphen von f.

7. Wie müssen bei der folgenden abschnittsweise definierten Funktion die Parameter a und b gewählt werden, damit f auf ganz $\mathbb{R}$ stetig wird?

$$f(x) = \begin{cases} -x - 1 & \text{für } x < -1 \\ a\cos\!\left(-\dfrac{\pi}{2} + \dfrac{\pi}{2}x\right) + b\sin\!\left(-\dfrac{\pi}{2} + \pi x\right) & \text{für } x \in [-1, 1] \\ \sqrt{x+3} & \text{für } x > 1 \end{cases}$$

2 Etwas Lineare Algebra

In diesem Abschnitt wollen wir die für die elementare Ingenieurmathematik nötigsten Grundlagen der Linearen Algebra ansprechen. Wir gehen dabei von in der Schule bekannten Verfahren und Beschreibungsweisen aus und vertiefen und verallgemeinern diese in dem Maße, in dem sie für unsere Zwecke notwendig sind. Wir wollen hier keinesfalls einen Abriss der gesamten Linearen Algebra bieten, insbesondere werden wir als Zahlbereich stets die reellen Zahlen zugrunde legen und nicht, wie es weitgehend möglich wäre, einen beliebigen Körper. Wir möchten allerdings hier schon darauf hinweisen, dass alle in diesem Abschnitt erzielten Ergebnisse wörtlich auf den im folgenden Kapitel einzuführenden Körper $\mathbb{C}$ der komplexen Zahlen übertragbar sind.

Im ersten Abschnitt betrachten wir lineare Gleichungssysteme. Wir verallgemeinern darin die Lösungsverfahren, die Sie in der Schule bereits für zwei/drei Gleichungen mit zwei/drei Unbekannten kennen gelernt haben auf beliebige Systeme. Als praktische Beschreibungshilfsmittel stoßen wir dabei bald auf Matrizen, die wir im nächsten Abschnitt – losgelöst von linearen Gleichungssystemen – genauer untersuchen. Im dritten Abschnitt führen wir Determinanten beliebiger Größe ein. Im vierten Abschnitt wenden wir Matrizen- und Determinantenkalkül zunächst auf lineare Gleichungssysteme an; darüber hinaus lernen wir, wie praktisch Matrizen bei der Behandlung bestimmter Abbildungen in der Ebene und im Raum sind.

2.1 Das GAUSSsche Eliminationsverfahren

In der Schule haben Sie bereits *lineare Gleichungssysteme* gelöst – genauer gesagt meist solche, die eindeutig lösbar waren. Ein Beispiel dazu ist etwa:

$$\begin{aligned} 2x_1 + x_2 + 3x_3 &= 8 \\ -x_1 + x_2 - 3x_3 &= 5 \\ 4x_1 - 2x_2 + x_3 &= 1 \end{aligned} \quad (2.1.1)$$

Gemeint ist damit, dass man solche $x_1, x_2, x_3 \in \mathbb{R}$ bestimmen soll, für die alle drei Gleichungen in (2.1.1) erfüllt sind. Bevor wir uns die Vorgehensweise zur Lösung in Erinnerung rufen wollen, sollen einige Begriffe erklärt werden:

Definition:

(i) Eine Gleichung der Gestalt $a_1 x_1 + a_2 x_2 + \cdots + a_n x_n = b$ (mit $a_i, b \in \mathbb{R}$ fest) heißt *lineare Gleichung mit n Unbekannten*.

(ii) Sollen gleichzeitig m lineare Gleichungen mit jeweils n Unbekannten gelten, etwa

$$\begin{aligned} a_{11} x_1 &+ a_{12} x_2 &+ \cdots &+ a_{1n} x_n &= b_1 \\ a_{21} x_1 &+ a_{22} x_2 &+ \cdots &+ a_{2n} x_n &= b_2 \\ \vdots & \vdots & & \vdots &= \vdots \\ a_{m1} x_1 &+ a_{m2} x_2 &+ \cdots &+ a_{mn} x_n &= b_m \end{aligned}$$

so liegt ein *lineares Gleichungssystem der Größe* (m, n) vor (kurz: (m, n)-LGS).

(iii) Liegen genauso viele Gleichungen wie Unbekannte vor, ist also $m = n$, so heißt das LGS *quadratisch*.

(iv) Sind alle $b_i = 0$ ($i = 1, \ldots, m$), so heißt das LGS *homogen*, sonst *inhomogen*.

Wir wollen nun das in (2.1.1) gegebene quadratische LGS lösen: Dazu wollen wir zunächst mit dem von der Schule her bekannten *Additionsverfahren* durch Elimination von x_1 (es könnte auch jede andere Unbekannte sein!) zwei Gleichungen für die zwei verbliebenen Unbekannten x_2 und x_3 gewinnen. Wegen des Faktors -1 bei x_1 erscheint die zweite Gleichung als zu summierende besonders geeignet; sie wird deshalb durch Tausch mit der ersten nach oben gebracht:

$$\begin{aligned} -x_1 + x_2 - 3x_3 &= 5 \\ 2x_1 + x_2 + 3x_3 &= 8 \\ 4x_1 - 2x_2 + x_3 &= 1 \end{aligned} \tag{2.1.2}$$

Durch diese Operation kann sich die (noch unbekannte) Lösung nicht geändert haben – genauso wenig dadurch, dass wir nun im nächsten Schritt das Doppelte der ersten zur zweiten sowie das Vierfache der ersten zur dritten Gleichung addieren:

$$\begin{aligned} 3x_2 - 3x_3 &= 18 \\ 2x_2 - 11x_3 &= 21 \end{aligned} \tag{2.1.3}$$

Bevor wir hieraus nun auf ähnliche Weise eine Gleichung mit x_3 machen, erscheint es sinnvoll, die erste Gleichung aus (2.1.3) durch 3 zu kürzen – an der Lösung des Systems ändert sich dadurch bestimmt nichts:

$$\begin{aligned} x_2 - x_3 &= 6 \\ 2x_2 - 11x_3 &= 21 \end{aligned} \tag{2.1.4}$$

2.1 Das GAUSSsche Eliminationsverfahren

Wir addieren nun das (-2)-Fache der ersten Gleichung aus (2.1.4) zur zweiten:
$$-9x_3 = 9$$
Bevor wir diese eine Gleichung für x_3 lösen, schreiben wir noch jeweils die erste Gleichung aus dem Schritt dazu, nach dem die Zahl der Gleichungen jeweils reduziert wurde, also aus (2.1.2) und (2.1.4); wir erhalten dadurch ein System aus drei Gleichungen für die drei Unbekannten, das offensichtlich die gleiche Lösungsmenge hat wie das gegebene:

$$\begin{aligned} -x_1 + x_2 - 3x_3 &= 5 \\ x_2 - x_3 &= 6 \\ -9x_3 &= 9 \end{aligned} \qquad (2.1.5)$$

(2.1.5) lässt sich nun jedoch leicht durch sukzessives Berechnen von unten lösen:
$$x_3 = -1, \quad x_2 = 5, \quad x_1 = 3 \ .$$

Rekapitulieren wir hier noch einmal, was wir von (2.1.1) bis (2.1.5) an Umformungen des Gleichungssystems vorgenommen haben, so stellen wir fest:

Eigentlich haben wir nur die Koeffizienten der x_i sowie die Werte auf der rechten Seite der Gleichungen verändert, die x_i selbst dienten uns dabei nur als „Platzanzeiger"; wir können also bequemer Weise das LGS als rechteckiges Zahlenschema der folgenden Form auffassen:
$$\begin{pmatrix} 2 & 1 & 3 & | & 8 \\ -1 & 1 & -3 & | & 5 \\ 4 & -2 & 1 & | & 1 \end{pmatrix} \ . \qquad (2.1.6)$$

Definition:

> (i) Ein rechteckiges Schema reeller Zahlen wie in (2.1.6) heißt *reelle Matrix*. Dabei bilden die Einträge links vom senkrechten Strich die sogenannte *Koeffizientenmatrix*, alle zusammen die *erweiterte Koeffizientenmatrix* oder *Systemmatrix* des gegebenen LGS.
>
> (ii) Die waagerechten Zahlenreihen nennt man *Zeilen*, die senkrechten *Spalten* der Matrix. Wie beim LGS werden die Einträge einer Matrix üblicher Weise mit doppelt indizierten Größen a_{ij} bezeichnet; das Element a_{ij} steht somit in der i-ten Zeile und j-ten Spalte der Matrix. Hat eine Matrix m Zeilen und n Spalten, so spricht man kurz von einer (m,n)-Matrix.
>
> (iii) Matrizen als Ganzes werden meist mit großen lateinischen Buchstaben A, B, X, Y oder ähnlich bezeichnet; ist A die Koeffizientenmatrix eines gegebenen (m,n)-LGS, so wird die zugehörige $(m,n+1)$-Systemmatrix mit A_{erw} bezeichnet.

Unsere durchgeführten Gleichungsumformungen lassen sich damit als Operationen an den Zeilen der erweiterten Koeffizientenmatrix auffassen. Folgende sogenannte *elementare Zeilenoperationen* haben wir – zum Teil mehrfach – durchgeführt, um von (2.1.1) nach (2.1.5) zu gelangen, dabei ändert sich die Lösungsmenge des Gleichungssystems nicht:

(Z1) Zwei Zeilen werden vertauscht.

(Z2) Die i-te Zeile wird mit $\lambda \neq 0$ multipliziert.

(Z3) Das λ-Fache der j-ten Zeile wird zur i-ten Zeile addiert und ergibt die neue i-te Zeile.

Schreibt man nun für (2.1.1) die Systemmatrix hin und fasst die Umformungen, die zu (2.1.5) geführt haben, als elementare Zeilenoperationen an den Matrizen auf, so erhält man:

$$\begin{pmatrix} 2 & 1 & 3 & | & 8 \\ -1 & 1 & -3 & | & 5 \\ 4 & -2 & 1 & | & 1 \end{pmatrix} \to \begin{pmatrix} -1 & 1 & -3 & | & 5 \\ 2 & 1 & 3 & | & 8 \\ 4 & -2 & 1 & | & 1 \end{pmatrix} \to \begin{pmatrix} -1 & 1 & -3 & | & 5 \\ 0 & 3 & -3 & | & 18 \\ 0 & 2 & -11 & | & 21 \end{pmatrix} \to$$

$$\begin{pmatrix} -1 & 1 & -3 & | & 5 \\ 0 & 1 & -1 & | & 6 \\ 0 & 2 & -11 & | & 21 \end{pmatrix} \to \begin{pmatrix} -1 & 1 & -3 & | & 5 \\ 0 & 1 & -1 & | & 6 \\ 0 & 0 & -9 & | & 9 \end{pmatrix}$$

Dabei wurden – in dieser Reihenfolge – die folgenden elementaren Zeilenoperationen durchgeführt:

Zunächst wurden 1. und 2. Zeile vertauscht **(Z1)**,
dann wurden Vielfache der ersten Zeile zu den beiden anderen addiert **(Z3)**,
im nächsten Schritt wurde die 2. Zeile mit $\frac{1}{3}$ multipliziert **(Z2)**,
bevor schließlich ein Vielfaches der 2. zur 3. Zeile addiert wurde **(Z3)**.

Die zum Schluss entstandene Matrix wird wieder als Gleichungssystem aufgefasst, welches von unten sukzessive gelöst wird.

Wir können an den vorgenommenen Matrizenumformungen leicht eine Strategie zur Lösung auch größerer linearer Gleichungssysteme ablesen:

Zunächst wird in der 1. Spalte ein passendes Element (möglichst 1 oder −1, auf jeden Fall aber ≠ 0) gesucht und diese Zeile durch **(Z1)** nach oben gebracht; danach werden alle anderen Elemente der ersten Spalte durch Addition geschickt gewählter Vielfacher dieser ersten Zeile, also mittels **(Z2)** und **(Z3)**, zu 0 gemacht. Man geht nun in die zweite Spalte und verfährt mit den Zeilen 2 bis m wie vorher, die erste Zeile bleibt unverändert. Dann wiederholt man dieses Vorgehen mit den wei-

2.1 Das GAUSSsche Eliminationsverfahren

teren Spalten solange, bis eine für das Einsetzen von unten passende „Dreiecksform" erreicht ist.

Wir wollen so nun das LGS
$$\begin{aligned} 24x_1 + 10x_2 - 13x_3 &= 25 \\ 3x_1 + x_2 - 2x_3 &= 3 \\ -6x_1 - 4x_2 + x_3 &= -7 \end{aligned}$$
lösen.

Wir stellen dazu die Systemmatrix A_{erw} auf und verfahren wie oben. Machen Sie sich selbst zur Übung dabei klar, welche elementare(n) Zeilenoperation(en) in jedem Schritt angewandt wurde(n):

$$\begin{pmatrix} 24 & 10 & -13 & | & 25 \\ 3 & 1 & -2 & | & 3 \\ -6 & -4 & 1 & | & -7 \end{pmatrix} \rightarrow \begin{pmatrix} 3 & 1 & -2 & | & 3 \\ 24 & 10 & -13 & | & 25 \\ -6 & -4 & 1 & | & -7 \end{pmatrix} \rightarrow \begin{pmatrix} 3 & 1 & -2 & | & 3 \\ 0 & 2 & 3 & | & 1 \\ 0 & -2 & -3 & | & -1 \end{pmatrix} \rightarrow$$

$$\begin{pmatrix} 3 & 1 & -2 & | & 3 \\ 0 & 2 & 3 & | & 1 \\ 0 & 0 & 0 & | & 0 \end{pmatrix} \qquad (2.1.7)$$

Unser Verfahren bricht vorzeitig ab, da wir eine reine Nullzeile erhalten. Diese stellt die Gleichung $\quad 0x_1 + 0x_2 + 0x_3 = 0 \quad$ dar, eine Aussage, die immer erfüllt ist und insofern keine weiteren Bedingungen an die Lösung stellt; sie kann daher weggelassen werden. Es bleiben also nur noch zwei Gleichungen für drei Unbekannte übrig. Wählt man vor der Lösung der nun letzten Gleichung $2x_2 + 3x_3 = 1$ für x_3 den beliebigen Wert $\mu \in \mathbb{R}$, so kann man damit sukzessive von unten bestimmen:

$x_2 = \frac{1}{2} - \frac{3}{2}\mu$, $x_1 = \frac{5}{6} + \frac{7}{6}\mu$. Insgesamt ergibt sich somit als Lösungsvektor:

$$(x_1, x_2, x_3) = \left(\tfrac{5}{6} + \tfrac{7}{6}\mu, \tfrac{1}{2} - \tfrac{3}{2}\mu, \mu\right) \text{ mit beliebigem } \mu \in \mathbb{R}.$$

Wir erhalten also unendlich viele verschiedene Lösungen, das LGS ist mehrdeutig lösbar.

Wandeln wir die Aufgabenstellung nun leicht ab, indem wir in der dritten Gleichung nur die rechte Seite −7 durch +7 ersetzen, so ergibt sich ein völlig anderes Resultat:

Die letzte Matrix in der zu (2.1.7) analogen Umformungskette lautet nun

$$\begin{pmatrix} 3 & 1 & -2 & | & 3 \\ 0 & 2 & 3 & | & 1 \\ 0 & 0 & 0 & | & 14 \end{pmatrix}$$ (bitte vollziehen Sie dies selbst einmal nach!). Die letzte Zeile

führt nun zu der Gleichung $0x_1 + 0x_2 + 0x_3 = 14$, einer Bedingung, die offensichtlich von keinem Lösungsvektor erfüllt werden kann – das LGS ist also unlösbar.

Im Vergleich zur ersten Variante hat die Systemmatrix nun keine reine Nullzeile mehr; die Koeffizientenmatrix allein, die ja in beiden Fällen gleich ist, besitzt eine solche. Dieses Merkmal wird bei den weiteren Untersuchungen noch wichtig sein.

Wir wollen nun dieses sogenannte GAUSS*sche Eliminationsverfahren* auf ein nichtquadratisches LGS anwenden:

$$\begin{aligned} x_1 - 7x_2 + 2x_3 + 2x_4 + x_5 &= -3 \\ 4x_1 - 26x_2 + 7x_3 + 9x_4 + x_5 &= -10 \\ -3x_1 + 19x_2 - 5x_3 - 7x_4 + x_5 &= 7 \end{aligned}$$

Wir formen wie oben die erweiterte Koeffizientenmatrix mit dem Ziel um, möglichst eine Dreiecksform zu erhalten, aus der von hinten sukzessive die Lösungen x_k bestimmt werden sollen:

$$\begin{pmatrix} 1 & -7 & 2 & 2 & 1 & | & -3 \\ 4 & -26 & 7 & 9 & 1 & | & -10 \\ -3 & 19 & -5 & -7 & 1 & | & 7 \end{pmatrix} \to \begin{pmatrix} 1 & -7 & 2 & 2 & 1 & | & -3 \\ 0 & 2 & -1 & 1 & -3 & | & 2 \\ 0 & -2 & 1 & -1 & 4 & | & -2 \end{pmatrix}$$

$$\to \begin{pmatrix} 1 & -7 & 2 & 2 & 1 & | & -3 \\ 0 & 2 & -1 & 1 & -3 & | & 2 \\ 0 & 0 & 0 & 0 & -1 & | & 0 \end{pmatrix} \tag{2.1.8}$$

Es fällt auf, dass die Dreiecksform nicht erreichbar ist, da sich zufälligerweise bei Addition der zweiten auf die dritte Zeile an der dritten Stelle eine 0 ergibt. Welche Auswirkungen hat das auf die Lösung?

Die dritte Zeile von (2.1.8) hat unmittelbar $x_5 = 0$ zur Folge. Mit diesem Wert lautet die darüberstehende Gleichung: $2x_2 - x_3 + x_4 = 2$, in der wir nun zwei Variable unabhängig voneinander frei wählen können, etwa $x_3 = \nu$, $x_4 = \mu$. Damit erhalten wir $x_2 = 1 + \frac{1}{2}\nu - \frac{1}{2}\mu$, woraus sich durch Einsetzen in die erste Gleichung schließlich $x_1 = 4 + \frac{3}{2}\nu - \frac{11}{2}\mu$ ergibt. Als Lösungsvektor haben wir somit

$$(x_1, x_2, x_3, x_4, x_5) = \left(4 + \tfrac{3}{2}\nu - \tfrac{11}{2}\mu,\; 1 + \tfrac{1}{2}\nu - \tfrac{1}{2}\mu,\; \nu,\; \mu,\; 0\right).$$

Wir fassen die Erkenntnisse aus obigen Beispielen zusammen:

Offensichtlich ist sowohl für die Bestimmung der Lösung als auch für die Lösbarkeitsentscheidung eine bestimmte Form der erweiterten Koeffizientenmatrix sehr hilfreich, die sogenannte *Staffelform*. Sie lässt sich folgendermaßen charakterisieren:

1. Alle Einträge unterhalb der sogenannten *Hauptdiagonalen* sind 0, das sind alle Elemente a_{ij} mit $i > j$.

2. Ist in der i-ten Zeile das Element a_{ij} – von links gesehen – der erste von 0 verschiedene Eintrag, so kann in der nächsten Zeile frühestens eine Stelle später das erste von 0 verschiedene Element stehen.

Die Staffelform lässt sich offensichtlich durch mehrfache Anwendung der elementaren Zeilenoperationen **(Z1)**, **(Z2)** und **(Z3)** stets erreichen. Wenn auch die aus einer gegebenen Matrix A gewonnene Staffelform nicht eindeutig bestimmt ist (man kann ja ohne weiteres jede Zeile in einer erreichten Staffelform mit einer beliebigen Zahl $\neq 0$ multiplizieren und erhält so eine andere Staffelform der gleichen Matrix!), so bleibt die Anzahl der Nullzeilen unverändert. Deshalb kann man definieren:

Definition:

Die Anzahl der in der Staffelform einer gegebenen Matrix M vorhandenen Nicht-Nullzeilen heißt *Rang* der Matrix M und wird mit rg M bezeichnet.

Offensichtlich gilt:

1. Bei einer gegebenen (m, n)-Matrix M ist rg $M \leq m$ (Zeilenzahl) und rg $M \leq n$ (Spaltenzahl).

2. Ist A die Koeffizienten- und A_{erw} die Systemmatrix eines LGS, so muss entweder rg A_{erw} = rg A oder rg A_{erw} = rg A + 1 sein.

Wir können nun alle bei der Behandlung obiger Beispiele gewonnenen Erkenntnisse zusammenfassen zu folgendem

Satz:

Gegeben sei ein (m, n)-LGS mit Koeffizientenmatrix A; A_{erw} bezeichne die Systemmatrix. Dann gilt:
(i) Das LGS ist genau dann lösbar, wenn rg A_{erw} = rg A gilt.
(ii) Ist das LGS lösbar, so ist die Anzahl K der in der Lösung frei wählbaren Parameter die Differenz aus der Anzahl der Unbekannten und dem Rang der Matrix ($K = n -$ rg A).

Aus diesem Satz ziehen wir für einige wichtige Spezialfälle

Folgerungen:

1. Jedes homogene LGS ist lösbar, denn:

Führt man bei einem homogenen System A_{erw} mittels elementarer Zeilenumformungen in eine Staffelform über, so bleibt die letzte Spalte unverändert eine reine Nullspalte. rg A_{erw} und rg A sind also gleich, nach (i) aus obigem Satz ist das LGS lösbar. Eine für jedes homogene LGS existierende Lösung kann man sofort angeben, nämlich $x_1 = x_2 = \cdots = x_n = 0$; diese Lösung heißt die *triviale* Lösung; darüber hinaus kann ein homogenes LGS natürlich auch noch *nichttriviale* Lösungen besitzen.

2. Ein quadratisches LGS mit maximalem Rang ist stets eindeutig lösbar, denn:

Laut Voraussetzung ist die Zeilenzahl n der Koeffizientenmatrix gleich $\operatorname{rg} A$; da A_{erw} genauso viele Zeilen hat, kann $\operatorname{rg} A_{\text{erw}}$ einerseits höchstens n sein, muss aber andererseits mindestens gleich $\operatorname{rg} A$, also n sein; die Ränge sind demnach gleich, das LGS ist damit lösbar.

Für die Anzahl K der frei wählbaren Parameter ergibt sich aus (ii):
$K = n - \operatorname{rg} A = 0$, das System ist also eindeutig lösbar.

3. Ein LGS mit weniger Gleichungen als Unbekannten ist entweder unlösbar oder mehrdeutig, jedoch nie eindeutig lösbar, denn:

$\operatorname{rg} A_{\text{erw}} > \operatorname{rg} A$ ist für $m < n$ ohne weiteres möglich; bei Gleichheit der Ränge, also im Falle der Lösbarkeit des LGS, folgt wegen $\operatorname{rg} A \leq m$ für die Anzahl K der frei wählbaren Parameter in der Lösung: $K = n - \operatorname{rg} A \geq n - m > 0$.

Übungsaufgaben:

1. Untersuchen Sie die folgenden (4,4)-LGSe auf Lösbarkeit und bestimmen Sie ggf. ihre Lösung(en):

a) $\quad \begin{aligned} -3x_1 + 1.2x_2 + 5.65x_3 + 0.55x_4 &= -4.85 \\ -2x_1 + 4.8x_2 - 1.9x_3 + 3.7x_4 &= -4.9 \\ 4x_1 + 14.4x_2 + 9.8x_3 + 8.6x_4 &= 15.8 \\ 5x_1 + 3x_2 + 6x_3 + 7x_4 &= 51 \end{aligned}$

b) $\quad \begin{aligned} x_1 - 2x_2 + 3x_3 &= 3 \\ 4x_1 + x_3 - x_4 &= 1 \\ x_1 + 4x_2 - 2x_3 + x_4 &= -4 \\ 2x_1 + 2x_2 + x_3 + x_4 &= -1 \end{aligned}$
c) $\quad \begin{aligned} 2x_1 + 2x_2 + x_3 + x_4 &= 1 \\ x_1 - 2x_2 + x_3 &= 6 \\ x_1 + x_2 - x_3 + 2x_4 &= -1 \\ 3x_2 + x_3 - x_4 &= 4 \end{aligned}$

d) $\quad \begin{aligned} 36x_1 + 12x_2 + 72x_3 + 90x_4 &= 14 \\ 30x_1 + 9x_2 + 60x_3 - 90x_4 &= 45 \\ 24x_1 - 30x_2 + 60x_3 + 30x_4 &= 31 \\ 9x_1 - 27x_2 + 18x_3 + 90x_4 &= 0 \end{aligned}$

2. Lösen Sie die folgenden homogenen linearen Gleichungssysteme:

a) $\quad 2x_1 + x_2 - 3x_3 + x_4 = 0$
$\quad\quad x_1 - 2x_2 + x_3 \qquad = 0$
$\quad\quad x_1 + x_2 - x_3 + 2x_4 = 0$
$\quad\quad\qquad 3x_2 + x_3 - 4x_4 = 0$

b) $\quad\;\; 7x_1 + 9x_2 + 5x_3 + 5x_4 + 2x_5 = 0$
$\quad\;\; 14x_1 + 18x_2 + 10x_3 + 12x_4 + 8x_5 = 0$
$\quad -21x_1 - 31x_2 - 11x_3 - 23x_4 - 6x_5 = 0$
$\quad -14x_1 - 16x_2 - 12x_3 - 4x_4 \qquad = 0$

c) $\quad 2x_1 + 2x_2 + x_3 + x_4 = 0$
$\quad\quad\qquad 3x_2 + x_3 - x_4 = 0$
$\quad\quad x_1 + x_2 - x_3 + 2x_4 = 0$ $\qquad$ für α) $a = 0$, β) $a = 1$.
$\quad\quad x_1 - 2x_2 + x_3 \qquad = 0$
$\quad\quad 2x_1 + 2x_2 + x_3 + ax_4 = 0$

3. Betrachten Sie die in Bild 2.1.1 skizzierte Schaltung. Gegeben sind dabei die zwischen den Klemmen A und B angelegte Spannung U und die Widerstände R_1 bis R_5.

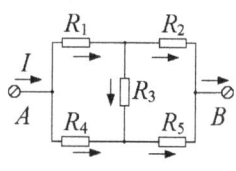

Welche Stromstärke I fließt in dem Stromkreis? Wie groß ist der Gesamtwiderstand R?

a) Stellen Sie zunächst mit geeigneten Knoten- und Maschengleichungen ein (5,5)-LGS mit den Teilströmen $I_1, \ldots, I_5$ als Unbekannten auf.

Bild 2.1.1: Zu Aufgabe 3 $\quad$ b) Lösen Sie nun das LGS mit den Zahlenwerten $R_1 = 4\,\Omega$, $R_2 = 1\,\Omega$, $R_3 = 2\,\Omega$, $R_4 = 1\,\Omega$, $R_5 = 2\,\Omega$, $U = 52$ V.

4. Mit festen $a, b \in \mathbb{R}$ sei das folgende homogene (4,4)-LGS gegeben:
$\qquad\qquad\quad x_2 + ax_3 + x_4 = 0$
$\qquad\quad x_1 + bx_2 + x_3 \qquad = 0$
$\qquad\; ax_1 + x_2 \qquad + x_4 = 0$
$\qquad\quad x_1 \qquad + x_3 + bx_4 = 0$

Es besitzt also stets mindestens die triviale Lösung $x_1 = x_2 = x_3 = x_4 = 0$.

a) Lösen Sie obiges LGS für $a = 0$, $b = 0$.
b) Es sei nun $a = 1$. Für welche(s) $b \in \mathbb{R}$, $b \neq 0$, besitzt das LGS auch nicht-triviale Lösungen? Geben Sie für diese(s) b die Lösungsgesamtheit(en) an.

5. Mit festem $c \in \mathbb{R}$ sei das folgende (4,3)-LGS gegeben:
$$\begin{aligned} x_1 + 2x_2 - x_3 &= 0 \\ x_1 - 2x_2 + x_3 &= -3 \\ 4x_2 - 2x_3 &= c \\ 5x_1 - 2x_2 + x_3 &= -6 - c \end{aligned}$$

a) Untersuchen Sie, für welche(s) $c \in \mathbb{R}$ das gegebene LGS lösbar/unlösbar ist. Für welche(s) c ist das LGS eindeutig lösbar? (Begründung!)
b) Lösen Sie – falls möglich – das LGS für $\quad$ α) $c = 3$, $\quad$ β) $c = 0$.

6. Mit festen $a, b \in \mathbb{R}$ sei das folgende (3,3)-LGS gegeben:
$$\begin{aligned} 3x_1 + 5x_2 &= -1 \\ ax_2 - 6x_3 &= 14b \\ x_1 + 2x_2 - x_3 &= 2 \end{aligned}$$

a) Lösen Sie – falls möglich – das LGS für α) $a = 0, b = 3$; $\quad$ β) $a - 2, b = 1$.
b) Für welche(s) a und b aus $\mathbb{R}$ besitzt das LGS
$\quad$ α) genau eine, $\quad$ β) keine, $\quad$ γ) unendlich viele Lösung(en)?

2.2 Matrizen

Wir haben bereits im vorigen Abschnitt Matrizen als ein bequemes Hilfsmittel zur Darstellung und Lösung linearer Gleichungssysteme kennengelernt. Da Matrizen auch in anderen Bereichen der Mathematik Anwendung finden, wollen wir hier einige Eigenschaften und Rechentechniken mit diesen mathematischen Objekten näher betrachten. Vorab sei bemerkt, dass grundsätzlich die Einträge in Matrizen Elemente aus jedem „vernünftigen" Zahlbereich sein können, wir wollen uns hier aber auf den häufig vorkommenden Fall *reeller Matrizen* beschränken, dass die Einträge also aus $\mathbb{R}$ sind (alle hier dargestellten Ergebnisse lassen sich jedoch auf jeden beliebigen Körper[1] übertragen).

Definition:

> Es seien A und B (m, n)-Matrizen.
> (i) Ist $m = 1$, so heißt eine Matrix *Zeilenvektor*; ist $n = 1$, so heißt sie *Spaltenvektor*.
> (ii) Ist $m = n$, so heißt die Matrix *quadratisch*; die Elemente a_{ii} (für $i = 1, ..., n$) bilden die *Hauptdiagonale*.

---

[1] Zur Definition des Begriffs Körper verweisen wir auf das nächste Kapitel.

2.2 Matrizen

(iii) Zwei Matrizen A und B sind genau dann *gleich*, wenn sie die gleiche Zeilen- und Spaltenzahl haben und wenn $a_{ij} = b_{ij}$ für alle $i \in \{1,\cdots,m\}$ und $j \in \{1,...,n\}$ gilt, die Einträge also an allen Stellen übereinstimmen.

(iv) Durch die Vorschrift $c_{ji} := a_{ij}$ für alle $i \in \{1,\cdots,m\}$ und $j \in \{1,...,n\}$ erhält man aus A eine (n, m)-Matrix C, die so genannte *zu A transponierte Matrix*; diese wird meist mit A^T bezeichnet.

$A = \begin{pmatrix} 1 & 2 & 3 \\ 4 & 5 & 6 \end{pmatrix}$ hat zum Beispiel $A^T = \begin{pmatrix} 1 & 4 \\ 2 & 5 \\ 3 & 6 \end{pmatrix}$ als transponierte Matrix.

Für quadratische Matrizen, die besonders oft vorkommen, wollen wir noch einige anschaulich leicht erklärbare Begriffe einführen:

Definition:

Es sei A eine (n, n)-Matrix.

(i) A heißt *symmetrisch* $\Leftrightarrow$ $A = A^T$

(ii) A heißt *schiefsymmetrisch* $\Leftrightarrow$ $A = -A^T$

(iii) A heißt *obere* (bzw. *untere*) *Dreiecksmatrix* $\Leftrightarrow$ $a_{ij} = 0$ für alle $i > j$ (bzw. $i < j$)

(iv) A heißt *Diagonalmatrix* $\Leftrightarrow$ $a_{ij} = 0$ für alle $i \neq j$

Wir wollen nun mit Matrizen rechnen. Es ist dabei nahe liegend, Addition und Multiplikation mit einem Skalar (einer reellen Zahl) wie von der Schule für Vektoren bekannt, nämlich komponentenweise, durchzuführen, im Einzelnen:

Definition:

Es seien A und B (m, n)-Matrizen, $\lambda \in \mathbb{R}$.

(i) Diejenige (m, n)-Matrix C, deren Einträge sich als $c_{ij} := a_{ij} + b_{ij}$ ergeben, heißt die *Summe(nmatrix)* aus A und B; man schreibt $C = A + B$.

(ii) Diejenige (m, n)-Matrix D, deren Einträge sich als $d_{ij} := \lambda \cdot a_{ij}$ ergeben, heißt das *λ-Fache* von A, man schreibt $D = \lambda A$ oder $D = \lambda \cdot A$.

In jeder einzelnen Komponente werden also die von $\mathbb{R}$ her bekannten Operationen Addition und Multiplikation ausgeführt. Deshalb ist es nicht verwunderlich, dass für diese Matrizenoperationen ähnliche Regeln wie beim entsprechenden Rechnen mit reellen Zahlen gelten:

Satz:

Es seien A, B, C (m, n)-Matrizen, $\lambda, \mu \in \mathbb{R}$. Dann gilt:
(i) $A + (B + C) = (A + B) + C$
(ii) $A + B = B + A$
(iii) Es gibt genau eine (m, n)-Matrix N, so dass $A + N = A$ für alle A gilt. Offensichtlich erfüllt gerade diejenige Matrix N, die aus lauter Nullen besteht, die Bedingung; N wird *Nullmatrix* genannt.
(iv) Es gibt genau eine Matrix $\tilde{A}$ mit $A + \tilde{A} = N$; man erhält diese offensichtlich dadurch, dass man bei jedem Eintrag von A das Vorzeichen ändert. $\tilde{A}$ heißt die zu A *negative Matrix* und wird folglich mit $-A$ bezeichnet.
(v) $(\lambda \mu) \cdot A = \lambda \cdot (\mu \cdot A)$ (vi) $(\lambda + \mu) \cdot A = \lambda \cdot A + \mu \cdot A$
(vii) $\lambda \cdot (A + B) = \lambda \cdot A + \lambda \cdot B$ (viii) $1 \cdot A = A$

Machen Sie sich die Gültigkeit dieser Regeln an einigen Beispielen dadurch klar, dass Sie die Definition der Matrizenoperationen benutzen und beim komponentenweisen Rechnen die entsprechenden Regeln in $\mathbb{R}$ heranziehen – es ist ganz einfach!

Die Gültigkeit obiger Gesetze besagt, dass die Menge aller (m, n)-Matrizen einen $\mathbb{R}$-*Vektorraum* bildet. Hinsichtlich der Namensgebung erinnern wir uns nun an die Schulmathematik: Auch für Vektoren in der Ebene oder im Raum gelten ja genau die gleichen Regeln. Es gibt aber noch viel mehr Mengen mathematischer Objekte, für die bei entsprechender Definition der Operationen obige acht Gesetze, die so genannten *Vektorraumaxiome,* gelten. Im Kapitel 1 haben wir zum Beispiel die Menge aller Polynome oder die Menge aller auf einem Intervall I stetigen Funktionen kennen gelernt – auch diese stellen, wie man leicht sieht, $\mathbb{R}$-Vektorräume dar.

Zurück zu Matrizen: Alles in allem können wir feststellen, dass bei Addition und Subtraktion genau die gleichen Regeln gelten wie beim Zahlenrechnen. Will man nun Matrizen multiplizieren, so könnte man versuchen, wie beim Addieren komponentenweise vorzugehen. Dies würde zwar möglich sein, führte aber zu einer „Multiplikation", mit der niemand etwas anfangen kann. Stattdessen stellt sich bei einer näheren Betrachtung so genannter Abbildungsmatrizen heraus, dass man ein „vernünftiges" Produkt zweier Matrizen am besten folgendermaßen definiert:

Definition:

Es sei A eine (m, n)- und B eine (n, k)-Matrix.
Diejenige (m, k)-Matrix C, deren Einträge sich als $c_{ij} := \sum_{l=1}^{n} a_{il} \cdot b_{lj}$ ergeben, heißt die *Produktmatrix* aus A und B; man schreibt $C = A \cdot B$.

2.2 Matrizen

Die Ausführung dieser Definition, die auf den ersten Blick sehr kompliziert aussieht, da sie Addition und Multiplikation von Einträgen nicht nur an der betrachteten Stelle (i, j) benutzt, kann man sich folgendermaßen klar machen:

Zur Berechnung des Elements (i, j) nehme man die i-te Zeile der ersten und die j-te Spalte der zweiten Matrix und bilde aus beiden das Skalarprodukt – man beachte, dass diese „zusammenpassen", da beide die gleiche Länge n haben. Nun wird auch klar, warum man – im Gegensatz zur Addition – bei der Matrizenmultiplikation im Allgemeinen keine gleichartigen Matrizen miteinander verknüpft; dies geht nur bei quadratischen!

Wir erläutern das Matrizenprodukt an einem

Beispiel:

Mit $A = \begin{pmatrix} 2 & 0 & 1 \\ -1 & 1 & 5 \end{pmatrix}$ und $B = \begin{pmatrix} 0 & 1 & 1 & 0 \\ -1 & 2 & 2 & 1 \\ 0 & 3 & -2 & -1 \end{pmatrix}$ ergibt sich für $C = A \cdot B$:

$C = \begin{pmatrix} 0 & 5 & 0 & -1 \\ -1 & 16 & -9 & -4 \end{pmatrix}$. Überprüfen Sie zur eigenen Übung dies bitte selbst; zum Beispiel erhält man aus der zweiten Zeile von A und der dritten Spalte von B in der Ergebnismatrix C den Eintrag $c_{23} = (-1) \cdot 1 + 1 \cdot 2 + 5 \cdot (-2) = -9$.

Im betrachteten Beispiel könnte man ein Produkt $B \cdot A$ überhaupt nicht bilden, da die Spaltenzahl der ersten nicht der Zeilenzahl der zweiten Matrix entspricht; aber selbst im Falle quadratischer Matrizen, wo man in beiden Reihenfolgen vorgehen kann, sind im Allgemeinen $A \cdot B$ und $B \cdot A$ voneinander verschieden, wie Übungsaufgabe 1a) am Ende dieses Abschnitts zeigt. Außerdem sehen wir in der gleichen Rechnung, dass – völlig anders als beim Rechnen mit Zahlen! – das Matrizenprodukt sehr wohl gleich Null(matrix) sein kann, ohne dass einer der beteiligten Faktoren verschwindet. Dies kann sogar eintreten, wenn beide Faktoren gleich sind, wie Übungsaufgabe 1b) zeigt.

Eine besondere Rolle bei der Matrizenmultiplikation spielt die so genannte *Einheitsmatrix*[1] E, das ist eine (quadratische) Diagonalmatrix, die auf der Hauptdiagonalen lauter Einsen hat, deren Einträge also gegeben sind durch

$e_{ij} = \begin{cases} 1 \text{ falls } i = j \\ 0 \text{ falls } i \neq j \end{cases}$. Diese ist *neutrales Element* der Matrizenmultiplikation, das

bedeutet: Multipliziert man – von links oder von rechts – ein größenmäßig passen-

---

[1] Genau genommen gibt es für jede Reihenzahl eine andere Einheitsmatrix, wir verzichten darauf, dies durch einen Index zu kennzeichnen, weil es aus dem Zusammenhang klar wird.

des E an eine beliebige Matrix A, so bleibt diese unverändert erhalten; E spielt also die gleiche Rolle wie die Zahl 1 bei der Multiplikation.

Darüber hinaus gibt es weitere Analogien zwischen dem Rechnen mit Zahlen und dem mit Matrizen, die wir zusammenfassen wollen in den folgenden

Rechenregeln für die Matrizenmultiplikation:

Es seien A, B, C Matrizen, es bezeichne E die Einheitsmatrix (entsprechender Größe), es sei $\lambda \in \mathbb{R}$. Wenn die entsprechenden Ausdrücke (von den Matrizengrößen her) definiert sind, gelten folgende Regeln:

(i) $\quad A \cdot (B \cdot C) = (A \cdot B) \cdot C$ $\qquad$ (Assoziativgesetz)

(ii) $\quad A \cdot E = A$ und $E \cdot A = A$ $\qquad$ (neutrales Element)

(iii) $\quad A \cdot (B + C) = A \cdot B + A \cdot C$ $\qquad$ (Distributivgesetz)

(iv) $\quad (B + C) \cdot A = B \cdot A + C \cdot A$ $\qquad$ (Distributivgesetz)

(v) $\quad (\lambda A) \cdot B = \lambda (A \cdot B) = A \cdot (\lambda B)$

(vi) $\quad (A \cdot B)^T = B^T \cdot A^T$

(vii) Falls zusätzlich $A \cdot B = B \cdot A$ ist: $\quad (A \cdot B)^k = A^k \cdot B^k$

Auf die Beweise dieser Regeln, die sich unmittelbar aus der Definition der Matrizenmultiplikation ergeben, wollen wir hier verzichten. Wir wollen jedoch noch einmal herausstreichen, dass Assoziativgesetz und Distributivgesetze gelten, das Kommutativgesetz jedoch nicht. Darüber hinaus gelten eine Reihe von Schlussregeln, die man üblicherweise beim Zahlenrechnen benutzt, bei der sinngemäßen Übertragung auf die Matrizenmultiplikation nicht, im Einzelnen (mit $a, b, c \in \mathbb{R}$):

(i) $\quad a \cdot b = 0 \quad \Rightarrow \quad a = 0 \vee b = 0$ $\qquad$ (Nullteilerfreiheit)

(ii) $\quad a^2 = 0 \quad \Rightarrow \quad a = 0$

(iii) $\quad a \cdot b = a \cdot c \quad \Rightarrow \quad a = 0 \vee b = c$ $\qquad$ (Kürzungsregel)

(iv) $\quad a^2 = a \quad \Rightarrow \quad a = 0 \vee a = 1$

(v) $\quad a^2 = 1 \quad \Rightarrow \quad a = 1 \vee a = -1$

Beispiele dazu finden Sie in den Übungsaufgaben 1 und 2 am Ende dieses Abschnitts.

Die weiteren Untersuchungen können sinnvoll nur für quadratische Matrizen durchgeführt werden. Wir setzen also im Folgenden voraus, dass alle vorkommenden Matrizen die Größe (n, n) haben. Von der Multiplikation reeller Zahlen her

2.2 Matrizen

wissen wir, dass es zu jedem $a \neq 0$ ein $b \in \mathbb{R}$ gibt, für das $a \cdot b = 1$ ist (nämlich $b = \frac{1}{a}$). Gilt etwas Analoges auch für von der Nullmatrix verschiedene Matrizen A?

Wir wollen dies zunächst am konkreten Beispiel $A = \begin{pmatrix} 1 & 2 \\ 3 & 4 \end{pmatrix}$ untersuchen:

Wir suchen also eine Matrix $B = \begin{pmatrix} x_1 & x_3 \\ x_2 & x_4 \end{pmatrix}$, die die Matrizengleichung $A \cdot B = E$ erfüllt. Durch Ausmultiplizieren und Gleichsetzen entsprechender Komponenten erhalten wir daraus 4 Gleichungen für die 4 unbekannten Einträge $x_1, \cdots, x_4$ von B:

$$\begin{aligned} x_1 + 2x_2 &= 1 \\ 3x_1 + 4x_2 &= 0 \\ x_3 + 2x_4 &= 0 \\ 3x_3 + 4x_4 &= 1 \end{aligned}$$

Bei näherer Betrachtung stellen wir fest, dass dieses (4,4)-LGS aus zwei getrennten (2,2)-Systemen besteht, die beide die gleiche Koeffizientenmatrix A, aber verschiedene rechte Seiten haben. Da rg $A = 2$ ist, müssen (siehe voriger Abschnitt!) beide eindeutig lösbar sein. Mit einer einfachen Rechnung ergibt sich nun $B = \begin{pmatrix} -2 & 1 \\ \frac{3}{2} & -\frac{1}{2} \end{pmatrix}$ als gesuchte Matrix.

Betrachten wir statt A die Matrix $A' = \begin{pmatrix} 1 & 2 \\ 2 & 4 \end{pmatrix}$, so ergibt sich das LGS zu

$$\begin{aligned} x_1 + 2x_2 &= 1 \\ 2x_1 + 4x_2 &= 0 \\ x_3 + 2x_4 &= 0 \\ 2x_3 + 4x_4 &= 1 \end{aligned}$$, was offensichtlich unlösbar ist.

Dies liegt daran, dass hier rg $A' = 1$ ist. Diese Unterschiede führen zur

Definition:

(i) Eine Matrix B mit $A \cdot B = E$ heißt eine zu A *inverse Matrix*.
(ii) Besitzt A eine inverse Matrix, so heißt A *regulär* (bzw. *invertierbar*).

Man kann nun zeigen, dass, falls eine zu A inverse Matrix B existiert, diese eindeutig bestimmt sein muss, man spricht also von der Inversen und bezeichnet sie mit A^{-1}. Des Weiteren zeigt sich, dass – im Falle der Existenz – die gleiche Matrix A^{-1} *rechts-* und *linksinvers* ist, das heißt: A regulär $\Rightarrow A \cdot A^{-1} = A^{-1} \cdot A = E$.

Wenn wir nun feststellen wollen, ob eine gegebene (n, n)-Matrix A eine Inverse besitzt, so wird mit einem allgemeinen Ansatz analog zu unseren obigen Beispielen klar, dass bei $\operatorname{rg} A = n$ (= maximaler Rang) alle zur Bestimmung der Einträge von A^{-1} zu lösenden Gleichungssysteme eindeutig lösbar sind. Ist dagegen $\operatorname{rg} A < n$, so können diese LGSe nicht eindeutig lösbar sein, was im Falle der Regularität von A erforderlich wäre. Es gilt also folgender wichtiger

Satz:

A ist genau dann regulär, besitzt also eine Inverse, wenn ihr Rang maximal ist.

Damit können wir zwar nun relativ schnell feststellen, ob eine Matrix regulär ist, für die Bestimmung der Inversen müssen wir aber dann immer noch n LGSe lösen. Wie man dies vereinfachen kann, soll im Folgenden beschrieben werden.

Wir führen zunächst so genannte *Elementarmatrizen* ein, die auch im nächsten Abschnitt ein wichtiges Hilfsmittel sind. Wir unterscheiden dabei drei Typen:

1. Für $i \neq j$ bezeichnen wir mit V_{ij} diejenige Matrix, die aus der Einheitsmatrix durch Vertauschen von i-ter und j-ter Zeile hervorgeht. In V_{ij} steht also in der i-ten und j-ten Zeile die 1 nicht – wie bei den anderen – in der Hauptdiagonalen, sondern an der j-ten bzw. i-ten Stelle. Prüfen Sie nun selbst einmal nach, was das Matrizenprodukt $V_{ij} \cdot A$ für eine beliebige Matrix A ergibt: In A wurde genau die i-te mit der j-ten Zeile vertauscht, also die elementare Zeilenoperation **(Z1)** vorgenommen.

2. Für $\lambda \in \mathbb{R}$ bezeichnen wir mit M_k^λ diejenige Diagonalmatrix, die an der k-ten Stelle mit λ und sonst mit lauter Einsen besetzt ist. Wie diese Matrix bei Multiplikation von links eine beliebige Matrix A verändert, können Sie leicht selbst nachrechnen: Es wird die k-te Zeile von A mit λ multipliziert, also die elementare Zeilenoperation **(Z2)** durchgeführt.

3. Für $i \neq j$ bezeichnen wir mit S_{ij} diejenige Matrix, die aus der Einheitsmatrix durch Hinzufügen einer 1 an der Stelle (i, j) entsteht. Es fällt nicht schwer, deren Auswirkung bei Matrizenmultiplikation nachzurechnen: In der i-ten Zeile von $S_{ij} \cdot A$ steht nun die Summe von i-ter und j-ter Zeile von A. Die elementare Zeilenoperation **(Z3)** kann man nun leicht als Kombination mehrerer Multiplikationen darstellen. Durch $M_j^{\lambda^{-1}} \cdot S_{ij} \cdot M_j^\lambda \cdot A$ wird für $\lambda \neq 0$ gerade die Addition des λ-Fachen der j-ten Zeile in die i-te erreicht.

Die Wirkung der elementaren Zeilenoperationen **(Z1)** – **(Z3)** auf eine Matrix A kann also auch als Ergebnis einer *Matrizenmultiplikation mit einer Elementarmatrix* V_{ij}, M_k^λ *und* S_{ij} *von links* aufgefasst werden. Es ist nicht schwer zu überle-

2.2 Matrizen

gen, welchen Effekt die *Multiplikation mit Elementarmatrizen von rechts* hat: so erhält man die entsprechenden Spaltenoperationen.

Wir sind nun in der Lage, das GAUSSsche Eliminationsverfahren mittels einer Folge von Matrizenmultiplikationen von links darzustellen. Um festzustellen, ob eine gegebene quadratische Matrix A eine Inverse besitzt, muss man prüfen, ob ihr Rang maximal ist. Dies machen wir dadurch, dass wir durch endlich viele elementare Zeilenoperationen A auf Staffelform bringen. Diese muss, damit A maximalen Rang hat, eine Dreiecksmatrix D mit lauter nicht verschwindenden Einträgen auf der Hauptdiagonalen sein. Ist dies nicht der Fall, so besitzt A keine Inverse und das Verfahren bricht hier mit negativem Resultat ab. Anderenfalls wissen wir, dass A invertierbar ist. Bezeichnen wir mit $O_1, \ldots, O_k$ die Elementarmatrizen, deren entsprechende Zeilentransformationen sukzessive A auf D gebracht haben, so gilt damit im Matrizenkalkül: $O_k \cdot \ldots \cdot O_1 \cdot A = D$. Diese Dreiecksmatrix kann nun ganz analog – von unten bzw. rechts beginnend – zur Einheitsmatrix E umgeformt werden, mit Matrizen:

$$E = O_{k+r} \cdot \ldots \cdot O_{k+1} \cdot D = \left(O_{k+r} \cdot \ldots \cdot O_{k+1}\right) \cdot \left(O_k \cdot \ldots \cdot O_1 \cdot A\right) = \underbrace{\left(O_{k+r} \cdot \ldots \cdot O_k \cdot \ldots \cdot O_1\right)}_{A^{-1}} \cdot A \ .$$

Die Folge der elementaren Zeilenoperationen, die notwendig sind, um A in E umzuformen, ergeben also als Matrizenprodukt gerade A^{-1}! Auf folgende sehr bequeme Weise kann man diese nun „mitschreiben": Neben die Ausgangsmatrix A schreibt man die Einheitsmatrix E, erhält also auf diese Weise eine $(n, 2n)$-Matrix. An dieser führt man nun die oben beschriebenen elementaren Zeilenoperationen mit dem Ziel durch, in der linken Hälfte die Einheitsmatrix zu erhalten. Da man die gleichen Operationen in der rechten Hälfte auf E angewandt, also $O_{k+r} \cdot \ldots \cdot O_k \cdot \ldots \cdot O_1 \cdot E$ berechnet hat, steht hier am Ende der Umformungen die gesucht Inverse A^{-1}.

Beispiel:

Die Matrix $A = \begin{pmatrix} 1 & 0 & 1 \\ 3 & 0 & 1 \\ 0 & 1 & 0 \end{pmatrix}$ ist auf Invertierbarkeit zu überprüfen, ggf. ist ihre Inverse zu bestimmen.

$$\left(\begin{array}{ccc|ccc} 1 & 0 & 1 & 1 & 0 & 0 \\ 3 & 0 & 1 & 0 & 1 & 0 \\ 0 & 1 & 0 & 0 & 0 & 1 \end{array}\right) \rightarrow \left(\begin{array}{ccc|ccc} 1 & 0 & 1 & 1 & 0 & 0 \\ 0 & 1 & 0 & 0 & 0 & 1 \\ 0 & 0 & -2 & -3 & 1 & 0 \end{array}\right) \rightarrow \left(\begin{array}{ccc|ccc} 1 & 0 & 1 & 1 & 0 & 0 \\ 0 & 1 & 0 & 0 & 0 & 1 \\ 0 & 0 & 1 & \frac{3}{2} & -\frac{1}{2} & 0 \end{array}\right)$$

An dieser Stelle ist abzulesen, dass rg $A = 3$ ist, A also eine Inverse besitzt. Um in der linken Hälfte nun die Einheitsmatrix zu erhalten, muss nur noch die 3. Zeile in

die erste subtrahiert werden: $\begin{pmatrix} 1 & 0 & 0 & -\frac{1}{2} & \frac{1}{2} & 0 \\ 0 & 1 & 0 & 0 & 0 & 1 \\ 0 & 0 & 1 & \frac{3}{2} & -\frac{1}{2} & 0 \end{pmatrix}$, also $A^{-1} = \begin{pmatrix} -\frac{1}{2} & \frac{1}{2} & 0 \\ 0 & 0 & 1 \\ \frac{3}{2} & -\frac{1}{2} & 0 \end{pmatrix}$.

Für das Rechnen mit inversen Matrizen gelten folgende Regeln, die sich unmittelbar aus der Tatsache ergeben, dass – im Falle der Existenz – die Inverse eindeutig bestimmt ist:

Satz:

Es seien A, B reguläre Matrizen, $\lambda \in \mathbb{R}^*$. Dann gilt:

(i) $\left(A^{-1}\right)^{-1} = A$ (ii) $\left(A^T\right)^{-1} = \left(A^{-1}\right)^T$ (iii) $\left(A^n\right)^{-1} = \left(A^{-1}\right)^n$

(iv) $(A \cdot B)^{-1} = B^{-1} \cdot A^{-1}$ (v) $(\lambda A)^{-1} = \frac{1}{\lambda} A^{-1}$

Übungsaufgaben:

1. a) Berechnen Sie $A \cdot B$ und $B \cdot A$ für $A = \begin{pmatrix} -2 & 3 & 1 \\ 6 & -9 & -3 \\ 4 & -6 & -2 \end{pmatrix}$, $B = \begin{pmatrix} 3 & 1 & 1 \\ 2 & 1 & 0 \\ 0 & -1 & 2 \end{pmatrix}$.

b) Berechnen Sie $A^2 = A \cdot A$ für $A = \begin{pmatrix} 6 & 3 \\ -12 & -6 \end{pmatrix}$.

2. a) Berechnen Sie $A \cdot C$ und $B \cdot C$ für $A = \begin{pmatrix} 1 & 0 \\ 2 & 4 \end{pmatrix}$, $B = \begin{pmatrix} 0 & 1 \\ 3 & 3 \end{pmatrix}$, $C = \begin{pmatrix} 1 & 1 \\ 1 & 1 \end{pmatrix}$.

b) Berechnen Sie $A^2 = A \cdot A$ für $A = \begin{pmatrix} 0 & -1 \\ 0 & 1 \end{pmatrix}$ und $A = \begin{pmatrix} 4 & -3 \\ 5 & -4 \end{pmatrix}$.

Interpretieren Sie die Ergebnisse im Vergleich zu analogen Aufgaben bei der Zahlenmultiplikation.

3. Zeigen Sie, dass das Produkt zweier oberer (unterer) Dreiecksmatrizen wieder eine obere (untere) Dreiecksmatrix ist. Was ergibt sich für die Elemente der Hauptdiagonalen der Produktmatrix? Was kann für diese bei der k-ten Potenz einer Dreiecksmatrix gefolgert werden?

4. Es sei $A = \begin{pmatrix} 1 & 0 & 3 \\ 0 & 8 & 3 \\ 0 & 0 & -1 \end{pmatrix}$ gegeben. Bestimmen Sie eine (3,3)-Matrix X mit $X^3 = A$. Benutzen Sie dabei die Ergebnisse von Aufgabe 3.

5. Es sei $A = \begin{pmatrix} 1 & 2 \\ 0 & -1 \end{pmatrix}$. Welche Gestalt muss eine (2,2)-Matrix X haben, damit sie *mit A kommutiert*, das heißt, dass $A \cdot X = X \cdot A$ ist?

6. Berechnen Sie – falls existent – die Inversen folgender Matrizen:

a) $\begin{pmatrix} 1 & 8 \\ 2 & -4 \end{pmatrix}$ b) $\begin{pmatrix} 3 & -5 \\ -6 & 10 \end{pmatrix}$ c) $\begin{pmatrix} 1 & a & b \\ 0 & 1 & c \\ 0 & 0 & 1 \end{pmatrix}$ d) $\begin{pmatrix} 1 & 0 & 0 \\ 2 & 1 & 0 \\ 0 & 2 & 1 \end{pmatrix}$

7. Es sei $A = \begin{pmatrix} 1 & 1 & 1 & 1 \\ 1 & 2 & 1 & 1 \\ 1 & 1 & 2 & 1 \\ 1 & 1 & 1 & 2 \end{pmatrix}$, $B = \begin{pmatrix} 1 & 0 & 0 & 1 \\ 0 & 1 & 0 & 1 \\ 0 & 0 & 1 & 1 \\ 1 & 0 & 1 & 0 \end{pmatrix}$. Gibt es reelle (4,4)-Matrizen X und Y derart, dass $A \cdot X = B$ und $Y \cdot A = B$ gilt? Bestimmen Sie solche Matrizen A und B gegebenenfalls.

8. Es sei $A = \begin{pmatrix} 1 & 1 \\ 0 & 1 \end{pmatrix}$ und $B = \begin{pmatrix} 2 & 1 \\ 3 & 2 \end{pmatrix}$. Zeigen Sie, dass es keine reguläre Matrix $P = \begin{pmatrix} a & b \\ c & d \end{pmatrix}$ mit $P \cdot A = B \cdot P$ gibt.

2.3 Determinanten

Wir haben bereits in den beiden vorigen Abschnitten festgestellt, dass die Eigenschaft einer quadratischen Matrix A, maximalen Rang zu besitzen, von großer Bedeutung ist: Zum einen war ein A als Koeffizientenmatrix benutzendes LGS – unabhängig von der rechten Seite – stets eindeutig lösbar, zum anderen besitzt A genau dann eine Inverse. Deshalb ist es nahe liegend, sich um eine einfachere Möglichkeit zu bemühen, maximalen Rang bei einer gegebenen (n,n)-Matrix festzustellen. Wir untersuchen dazu zunächst den Fall $n = 2$:

Für $A = \begin{pmatrix} a & b \\ c & d \end{pmatrix}$ führen wir – wie in 2.1 beschrieben – eine Rangbestimmung durch. Dabei stellen wir ziemlich schnell fest, dass wir dazu vier Fälle unterscheiden müssen, nämlich ob a bzw. c gleich oder ungleich 0 ist. Eine einfache Rechnung, die Sie selbst durchführen können, zeigt, dass in den Fällen, wo nicht beide, a und c, gleich 0 sind, der Rang von A genau dann maximal ist, wenn der Ausdruck $ad - bc \neq 0$ ist. Für $a = c = 0$ ist auf jeden Fall rg $A < 2$, der „Prüfausdruck" $ad - bc$ aber auch immer gleich 0. Wir haben also für $n = 2$ gefunden:

$\boxed{\text{rg } A = 2 \Leftrightarrow ad - bc \neq 0}$. Diese Zahl $D = ad - bc$ wollen wir im Folgenden als

Determinante der Matrix $A = \begin{pmatrix} a & b \\ c & d \end{pmatrix}$ bezeichnen, kurz det A oder $\begin{vmatrix} a & b \\ c & d \end{vmatrix}$.

Wir versuchen nun genauso, für eine gegebene $(3,3)$-Matrix $A = (a_{ij})$ einen Ausdruck D zu finden mit der Eigenschaft: $\quad$ rg $A = 3 \Leftrightarrow D \neq 0$. Nach einer sehr mühsamen Rechnung mit vielen Fallunterscheidungen finden wir schließlich, dass

$$D = a_{11} \cdot (a_{22}a_{33} - a_{23}a_{32}) - a_{12} \cdot (a_{21}a_{33} - a_{23}a_{31}) + a_{13} \cdot (a_{21}a_{32} - a_{22}a_{31})$$

diese Anforderung erfüllt. Aber wie soll man sich diesen unübersichtlichen Ausdruck merken? Nach einigem Hinschauen erkennen wir, dass die Faktoren vor den Klammerausdrücken gerade die Elemente der ersten Zeile von A sind, die Klammern selbst können wir als Determinanten von $(2,2)$-Matrizen auffassen, die aus Einträgen der zweiten und dritten Zeile von A gebildet wurden. Wir formulieren zunächst die

Definition:

> Für eine gegebene (n,n)-Matrix A bezeichne $U_{ik}(A)$ diejenige *Untermatrix* der Größe $(n-1, n-1)$, die durch Streichen der i-ten Zeile und k-ten Spalte aus A entsteht.

und können nun D erheblich übersichtlicher darstellen:

$$D = a_{11} \cdot \underbrace{(a_{22}a_{33} - a_{23}a_{32})}_{\det U_{11}(A)} - a_{12} \cdot \underbrace{(a_{21}a_{33} - a_{23}a_{31})}_{\det U_{12}(A)} + a_{13} \cdot \underbrace{(a_{21}a_{32} - a_{22}a_{31})}_{\det U_{13}(A)}$$

$$= \sum_{k=1}^{3} (-1)^{k+1} a_{1k} \cdot \det U_{1k}(A)$$

2.3 Determinanten

Der letzte Ausdruck hat den Vorteil, dass er auch für $n > 3$ sinnvoll berechenbar ist[1]: Ist etwa $n = 4$, so kann mit dieser Formel die Berechnung von D zunächst auf die Berechnung von vier Ausdrücken dieser Art für $n = 3$ zurückgeführt werden, zu deren Auswertung jeweils drei Determinanten von (2,2)-Matrizen ausgerechnet werden müssen. Wir haben hier das erste Beispiel einer so genannten *rekursiven Definition* einer mathematischen Größe:

Definition:

Die *Determinante* einer (n,n)-Matrix A (geschrieben $\det A$ oder $|A|$) ist eine Zahl, die man folgendermaßen berechnet:

(i) für $n = 2$: $\det A = a_{11} \cdot a_{22} - a_{12} \cdot a_{21}$

(ii) für $n \geq 3$: $\det A = \sum_{k=1}^{n} (-1)^{k+1} a_{1k} \cdot \det U_{1k}(A)$

Manchmal ist es aus Konsistenzgründen sinnvoll (wenn auch wenig anschaulich!) quadratische Matrizen der Größe (1,1) zu betrachten. Definiert man für eine solche Matrix $A = (a)$ die Determinante als $|A| = a$, so kann Teil (ii) obiger Definition bereits für $n \geq 2$ benutzt werden.

Wir wollen die rekursive Definition an einem Zahlenbeispiel ausprobieren:

Beispiel:

$$\begin{vmatrix} 1 & 2 & 3 & 4 \\ 0 & 1 & 0 & 1 \\ 1 & 1 & 0 & 2 \\ 2 & 7 & 3 & 5 \end{vmatrix} = 1 \cdot \begin{vmatrix} 1 & 0 & 1 \\ 1 & 0 & 2 \\ 7 & 3 & 5 \end{vmatrix} - 2 \cdot \begin{vmatrix} 0 & 0 & 1 \\ 1 & 0 & 2 \\ 2 & 3 & 5 \end{vmatrix} + 3 \cdot \begin{vmatrix} 0 & 1 & 1 \\ 1 & 1 & 2 \\ 2 & 7 & 5 \end{vmatrix} - 4 \cdot \begin{vmatrix} 0 & 1 & 0 \\ 1 & 1 & 0 \\ 2 & 7 & 3 \end{vmatrix} \quad (*)$$

Genauso müssen nun die vier (3,3)-Determinanten aus (*) auf solche der Größe (2,2) reduziert werden. Für die erste ergibt sich:

$$\begin{vmatrix} 1 & 0 & 1 \\ 1 & 0 & 2 \\ 7 & 3 & 5 \end{vmatrix} = 1 \cdot \begin{vmatrix} 0 & 2 \\ 3 & 5 \end{vmatrix} - 0 \cdot \begin{vmatrix} 1 & 2 \\ 7 & 5 \end{vmatrix} + 1 \cdot \begin{vmatrix} 1 & 0 \\ 7 & 3 \end{vmatrix} = 1 \cdot (-6) - 0 \cdot (-9) + 1 \cdot 3 = -3 \, .$$

Analoge Rechnung für die drei anderen Determinanten sowie Einsetzen der Zwischenergebnisse in (*) ergibt schließlich den Wert 15 für die Determinante, was Sie bitte selbst einmal überprüfen.

---

[1] Ob dieser Ausdruck dann auch die Eigenschaft hat, genau dann ungleich 0 zu sein, wenn die Matrix A maximalen Rang besitzt, bleibt hier zunächst noch offen.

Das Beispiel zeigt, dass wegen der sich ständig wiederholenden Rechengänge diese Form der Determinantenberechnung zwar sehr gut zur Programmierung mit rekursiven Prozeduren[1]) geeignet ist, für das Rechnen von Hand aber schnell zu umfangreich wird.

Die folgenden drei Sätze, auf deren Beweis hier verzichtet werden soll, sind nicht nur für das Verständnis von Determinanten von großer Bedeutung, sondern bieten auch Werkzeuge für das effiziente Berechnen von Determinanten:

LAPLACEscher Entwicklungssatz:

Es sei A eine (n,n)-Matrix, i ein beliebiger fester Index aus $\{1,\cdots,n\}$. Dann gilt:

$$\det A = \sum_{k=1}^{n}(-1)^{i+k} a_{ik} \cdot \det U_{ik}(A) \quad \text{(Entwicklung nach der } i\text{-ten Zeile)}$$

Offensichtlich ist unsere Definition der Spezialfall obiger Aussage für $i = 1$. Man muss also nicht unbedingt nach der ersten Zeile entwickeln, sondern kann jede beliebige Zeile dafür nehmen. In unserem Beispiel würde sich die zweite anbieten, da diese zwei Nullen enthält, man also nur zwei (statt vier) Determinanten von Untermatrizen berechnen muss und somit der Rechenaufwand sofort halbiert wird.

Satz über die Determinante transponierter Matrizen:

Für eine beliebige (n,n)-Matrix A gilt: $\quad \det A^{\mathrm{T}} = \det A$.

Praktisch bedeutet dies, dass alle Sätze, die sich bei Determinanten auf Zeilen beziehen, genauso auch für Spalten interpretiert werden können. So hätte man in unserem obigen Beispiel die Determinantenberechnung auch mit einer Entwicklung nach der dritten Spalte starten können.

Determinantenmultiplikationssatz:

Für zwei (n,n)-Matrizen A und B gilt: $\det(A \cdot B) = (\det A) \cdot (\det B)$

Beachten Sie, dass in obiger Formel der Multiplikationspunkt auf der linken Seite zwischen Matrizen, auf der rechten zwischen Zahlen steht. Für „+" geht so etwas im Allgemeinen nicht!

Mit diesen Sätzen wollen wir jetzt Determinanten für spezielle Matrizen berechnen:

1. Es sei A eine obere Dreiecksmatrix. Dann erhalten wir durch $(n-2)$-maliges Entwickeln nach der jeweils ersten Spalte: $\quad \det A = a_{11} \cdot a_{22} \cdot \ldots \cdot a_{nn}$.

Wegen $\det A^{\mathrm{T}} = \det A$ gilt dies genauso für untere Dreiecksmatrizen. Insgesamt: Bei Dreiecksmatrizen ist die Determinante das Produkt der Hauptdiagonalelemente.

---

[1]) Das sind Unterprogramme, die sich selbst aufrufen können.

2. Dies gilt natürlich erst recht für Diagonalmatrizen, insbesondere: $\det N = 0$ und $\det E = 1$.

3. Besitzt A eine Inverse A^{-1}, so folgt aus $A \cdot A^{-1} = E$ mit dem Determinantenmultiplikationssatz unter Verwendung von **2.**: $1 = \det E = \det A \cdot \det A^{-1}$. Das bedeutet, dass $\det A \neq 0$ für jede reguläre Matrix A ist; außerdem ist $\det A^{-1} = (\det A)^{-1}$.

4. Auch die Determinanten der oben eingeführten Elementarmatrizen lassen sich nun einfach bestimmen:
Bei den Matrizen V_{ij} entwickelt man sukzessive nach allen Zeilen außer der i-ten und j-ten. Bei diesen steht die 1 – als einziger von 0 verschiedener Eintrag – an der „richtigen" Stelle (k, k), was beim Entwickeln stets mit $(-1)^{k+k} = 1$ ein positives Vorzeichen zur Folge hat. Es ist also $\det V_{ij} = 1 \cdot \ldots \cdot 1 \cdot \begin{vmatrix} 0 & 1 \\ 1 & 0 \end{vmatrix} = -1$.

Die Matrizen M_k^λ sind Diagonalmatrizen, die auf der Hauptdiagonalen außer dem Wert λ an k-ter Stelle lauter Einsen haben – damit ist $\det M_k^\lambda = \lambda$.
Schließlich sind die Matrizen S_{ij} (obere oder untere) Dreiecksmatrizen mit lauter Einsen auf der Hauptdiagonalen; gemäß **1.** ist deren Determinante also 1.

Wir können damit feststellen, wie sich der Wert einer Determinanten ändert, wenn man auf die Matrix A die elementaren Zeilenumformungen anwendet: Man kann diese ja als Multiplikation mit einer Elementarmatrix auffassen, die Änderung der Determinanten kann über den Determinantenmultiplikationssatz berechnet werden. Wir erhalten:

Satz:

> **(Z1)** Ergibt sich $\tilde{A}$ aus A durch Vertauschung zweier Zeilen, so ändert sich das Vorzeichen.
>
> **(Z2)** Ergibt sich $\tilde{A}$ aus A durch Multiplikation einer Zeile mit λ, so ändert sich die Determinante um den gleichen Faktor. Insbesondere gilt: Multipliziert man die gesamte Matrix A mit dem Skalar λ, so ändert sich die Determinante um λ^n.
>
> **(Z3)** Ergibt sich $\tilde{A}$ aus A dadurch, dass man ein Vielfaches einer Zeile in eine andere addiert hat, so ändert sich die Determinante nicht.

Wegen $\det A^T = \det A$ gelten alle Aussagen genauso für Spaltenoperationen. Daraus ergibt sich zum bequemen Berechnen größerer Determinanten folgende Vorgehensweise: Durch elementare Zeilen- bzw. Spaltenumformungen wird eine Spalte bzw. Zeile so weit vereinfacht, dass sie möglichst viele Nullen enthält. Dann wird nach dieser die Determinante entwickelt. Dieses Verfahren, das bei mehrfacher Anwendung schließlich auf die Berechnung weniger kleiner Determinanten führt, wollen wir noch einmal an unserem Eingangsbeispiel vorführen:

Beispiel:

Zur Berechnung von $\begin{vmatrix} 1 & 2 & 3 & 4 \\ 0 & 1 & 0 & 1 \\ 1 & 1 & 0 & 2 \\ 2 & 7 & 3 & 5 \end{vmatrix}$ addieren wir das Negative der ersten Zeile in die vierte (dadurch ändert sich der Wert der Determinante nicht); da die dritte Spalte dann drei Nullen aufweist, bietet es sich an, danach zu entwickeln:

$$\begin{vmatrix} 1 & 2 & 3 & 4 \\ 0 & 1 & 0 & 1 \\ 1 & 1 & 0 & 2 \\ 2 & 7 & 3 & 5 \end{vmatrix} = \begin{vmatrix} 1 & 2 & 3 & 4 \\ 0 & 1 & 0 & 1 \\ 1 & 1 & 0 & 2 \\ 1 & 5 & 0 & 1 \end{vmatrix} = (-1)^{1+3} \cdot 3 \cdot \begin{vmatrix} 0 & 1 & 1 \\ 1 & 1 & 2 \\ 1 & 5 & 1 \end{vmatrix} = 3 \cdot \begin{vmatrix} 0 & 1 & 1 \\ 1 & 1 & 2 \\ 0 & 4 & -1 \end{vmatrix}$$

Sie sehen sofort, dass sich der letzte Umformungsschritt durch Subtraktion der zweiten Zeile von der dritten ergeben hat, was den Wert wiederum nicht ändert. Durch Entwicklung nach der ersten Spalte lässt sich nun die ursprünglich gegebene (4,4)-Determinante mittels einer der Größe (2,2) berechnen:

$$\begin{vmatrix} 1 & 2 & 3 & 4 \\ 0 & 1 & 0 & 1 \\ 1 & 1 & 0 & 2 \\ 2 & 7 & 3 & 5 \end{vmatrix} = 3 \cdot \begin{vmatrix} 0 & 1 & 1 \\ 1 & 1 & 2 \\ 0 & 4 & -1 \end{vmatrix} = 3 \cdot (-1)^{2+1} \begin{vmatrix} 1 & 1 \\ 4 & -1 \end{vmatrix} = 15 \qquad \square$$

Mit den oben beschriebenen Methoden zur Berechnung von Determinanten erhalten wir außerdem (hinreichende) Kriterien dafür, dass eine Determinante 0 wird. Wir fassen dies zusammen zum

Satz:

Die Determinante von A ist zum Beispiel dann 0, wenn

(i) A eine Nullzeile besitzt,

(ii) A zwei gleiche Zeilen besitzt,

(iii) eine Zeile von A das Vielfache einer anderen ist,

(iv) sich die k-te Zeile von A als Summe aus dem λ-Fachen der i-ten und μ-Fachen der j-ten Zeile ergibt.

Zusatz: Obige Aussagen gelten analog für Spalten.

2.3 Determinanten

Natürlich kann eine Determinante auch 0 sein, wenn keine der Bedingungen aus obigem Satz erfüllt ist, (i) – (iv) sind nicht notwendig.

Dass die Determinante einer regulären Matrix stets ungleich 0 ist, haben wir bereits weiter oben gesehen. Es gilt aber auch die Umkehrung, wie wir folgendermaßen leicht einsehen können: Ist A nicht regulär, so ist rg $A < n$ (siehe voriger Abschnitt). Bei der durch elementare Zeilenumformungen erreichbaren Staffelform $\tilde{A}$ steht also mindestens eine 0 in der Hauptdiagonalen. Da $\tilde{A}$ eine obere Dreiecksmatrix ist, ist somit ihre Determinante 0; beim Umformen von A auf $\tilde{A}$ hat sich jedoch der Determinantenwert höchstens um einen Faktor $\neq 0$ geändert, also ist auch det $A = 0$.

Wir fassen damit wichtige Ergebnisse von 2.1 bis 2.3 noch einmal zusammen zum

Satz:

Für eine beliebige quadratische Matrix A sind folgende vier Aussagen äquivalent:
- (i) Jedes LGS mit A als Koeffizientenmatrix ist eindeutig lösbar.
- (ii) Der Rang von A ist maximal.
- (iii) A ist regulär, besitzt also eine Inverse.
- (iv) det $A \neq 0$.

In den bisherigen Überlegungen dieses Abschnitts haben wir nur die Frage untersucht, ob die Determinante einer gegebenen Matrix 0 ist oder nicht, der Zahlenwert an sich hat uns dabei nicht interessiert. Für die folgende Definition benötigen wir nun auch den Wert einer Determinante:

Definition:

Für eine gegebene (n,n)-Matrix A bezeichne $U_{ik}(A)$ diejenige *Untermatrix* der Größe $(n-1, n-1)$, die aus Streichen der i-ten Zeile und k-ten Spalte aus A entsteht.

(i) Die Zahl $A_{ik} := (-1)^{i+k} \cdot \det(U_{ik}(A))$ heißt die *Adjunkte* zu a_{ik}.

(ii) Schreibt man die n^2 Adjunkten von A „transponiert" auf, das heißt, das Element A_{ik} steht in der k-ten Zeile und i-ten Spalte, so erhält man eine neue (n,n)-Matrix, die so genannte zu A adjungierte Matrix A_{adj}.

Wir wollen uns diese Definitionen am Beispiel $A = \begin{pmatrix} 1 & 0 & 1 \\ 3 & 0 & 1 \\ 0 & 1 & 0 \end{pmatrix}$ klar machen:

Wir erhalten etwa $A_{32} := (-1)^{3+2} \cdot \det(U_{32}(A)) = -\begin{vmatrix} 1 & 1 \\ 3 & 1 \end{vmatrix} = 2$ und genauso die anderen Adjunkten. Rechnen Sie selbst nach, dass sich damit $A_{\text{adj}} = \begin{pmatrix} -1 & 1 & 0 \\ 0 & 0 & 2 \\ 3 & -1 & 0 \end{pmatrix}$ ergibt.

Wofür man adjungierte Matrizen brauchen kann, zeigt der nächste

Satz:

Für jede beliebige quadratische Matrix A gilt:
(i) $\quad A \cdot A_{\text{adj}} = A_{\text{adj}} \cdot A = (\det A) \cdot E$

(ii) $\quad$ Ist A regulär, so gilt für die Inverse: $\quad A^{-1} = \dfrac{1}{\det A} \cdot A_{\text{adj}}$

Der Beweis von Teil (i) ist nicht schwer; führen Sie ihn einmal selbst zur Übung durch (vgl. Übungsaufgabe 6 am Ende dieses Abschnitts), Teil (ii) ergibt sich dann unmittelbar daraus sowie aus der Tatsache, dass für reguläres A die Determinante $\neq 0$ ist.

Für das weiter oben begonnene Beispiel $A = \begin{pmatrix} 1 & 0 & 1 \\ 3 & 0 & 1 \\ 0 & 1 & 0 \end{pmatrix}$ erhalten wir mit $\det A = 2$

die Inverse $A^{-1} = \dfrac{1}{2} \cdot \begin{pmatrix} -1 & 1 & 0 \\ 0 & 0 & 2 \\ 3 & -1 & 0 \end{pmatrix}$, womit das auf völlig anderem Weg erhaltene

Ergebnis des vorigen Abschnitts bestätigt wird.

Übungsaufgaben:

1. Berechnen Sie folgende Determinanten, indem Sie die Matrizen durch elementare Zeilen- und Spaltentransformationen umformen und dann nach einer passenden Spalte bzw. Zeile entwickeln (bei c) und d) sind a, b, c beliebige reelle Zahlen):

a) $\begin{vmatrix} 0 & 5 & 2 & 8 \\ 2 & 4 & 0 & 8 \\ 3 & 1 & 1 & 4 \\ 1 & 6 & 1 & 4 \end{vmatrix}$ b) $\begin{vmatrix} 2 & 0 & 1 & -3 \\ 1 & 1 & 2 & -4 \\ 3 & 2 & 1 & 6 \\ 0 & 3 & 5 & 1 \end{vmatrix}$ c) $\begin{vmatrix} 1 & 1 & 1 & 1 \\ 1 & a+1 & 1 & 1 \\ 1 & 1 & b+1 & 1 \\ 1 & 1 & 1 & c+1 \end{vmatrix}$ d) $\begin{vmatrix} 1 & a & a^2 \\ 1 & b & b^2 \\ 1 & c & c^2 \end{vmatrix}$

2.3 Determinanten

2. Es seien $a_0, a_1, \cdots, a_n$ beliebige reelle Zahlen. Berechnen Sie in Verallgemeinerung von Aufgabe 1d) die so genannte $(n+1)$-VANDERMONDE-Determinante

$$\begin{vmatrix} a_0^0 & a_0^1 & \cdots & a_0^n \\ a_1^0 & a_1^1 & \cdots & a_1^n \\ \vdots & \vdots & & \vdots \\ a_n^0 & a_n^1 & \cdots & a_n^n \end{vmatrix}.$$

Folgern Sie aus dem Ergebnis, dass die VANDERMONDE-Matrix genau dann regulär ist, wenn alle a_i voneinander verschieden sind.

3. Von der reellen (3,3)-Matrix $A = \begin{pmatrix} a & b & c \\ d & e & f \\ g & h & i \end{pmatrix}$ ist lediglich bekannt, dass det $A = -3$ ist. Geben Sie – mit entsprechender Begründung – die Werte folgender Determinanten an:

a) $\det(3A)$ **b)** $\det(2A^{-1})$ **c)** $\det(5A)^{-1}$ **d)** $\det(A^T A^{-1})$

e) $\det \begin{pmatrix} a & b & c \\ a+d & e+b & f+c \\ g-d & h-e & i-f \end{pmatrix}$ **f)** $\det \begin{pmatrix} a & g & d \\ b & h & e \\ c & i & f \end{pmatrix}$

4. Bestimmen Sie alle $x \in \mathbb{R}$, für die die (4,4)-Matrix $\begin{pmatrix} x & 4 & 1 & 2 \\ 0 & x & 2 & 1 \\ 1 & x & 1 & 1 \\ 0 & x & 0 & x \end{pmatrix}$ keinen maximalen Rang hat.

5. Geben Sie für das in Aufgabe 4 im Abschnitt 2.1 gegebene homogene LGS die Gesamtheit aller Paare $(a,b) \in \mathbb{R}^2$ an, für die es nur die triviale Lösung gibt.

6. Zeigen Sie, dass für jede beliebige quadratische Matrix A gilt:

$$A \cdot A_{\text{adj}} = A_{\text{adj}} \cdot A = (\det A) \cdot E$$

<u>Anleitung</u>: Geben Sie zunächst gemäß Definition der Matrizenmultiplikation und der Adjunkten das Element c_{ik} von $A \cdot A_{\text{adj}}$ an. Beweisen Sie dann durch Fallunterscheidung, dass $c_{ii} = \det A$ und $c_{ik} = \det A'$ (für $i \neq k$) ist; dabei erhalten Sie A' aus A dadurch, dass Sie in A die i-te Zeile auch als k-te hinschreiben.

2.4 Anwendungen der Matrizenrechnung

Zum Abschluss dieses Kapitels wollen wir hier verschiedene Anwendungen der Matrizenrechnung behandeln. Alle beruhen auf der Beobachtung, wie die Matrizenmultiplikation „wirkt":

Dazu betrachten wir eine beliebige (m,n)-Matrix A sowie einen Spaltenvektor $\vec{x}$ der Länge n (wir erinnern uns: das ist nichts anderes als eine $(n,1)$-Matrix, bei deren Einträgen der Einfachheit halber der Spaltenindex weggelassen wird). Damit lässt sich das Matrizenprodukt $A \cdot \vec{x}$ bilden, wir erhalten als Ergebnis eine $(m,1)$-Matrix, also einen Spaltenvektor $\vec{y}$ der Länge m, und zwar:

$$\vec{y} = A \cdot \vec{x} = \begin{pmatrix} a_{11} & \cdots & a_{1n} \\ \vdots & \ddots & \vdots \\ a_{m1} & \cdots & a_{mn} \end{pmatrix} \cdot \begin{pmatrix} x_1 \\ \vdots \\ x_n \end{pmatrix} = \begin{pmatrix} a_{11}x_1 + \cdots + a_{1n}x_n \\ \vdots \\ a_{m1}x_1 + \cdots + a_{mn}x_n \end{pmatrix} \qquad (2.4.1)$$

Die Komponenten von $\vec{y}$ kommen uns bekannt vor – es sind genau die linken Seiten der Gleichungen eines LGS, wie wir es im Abschnitt 2.1 eingeführt haben.

Schreiben wir die rechte Seite des LGS als Spaltenvektor $\vec{b} = \begin{pmatrix} b_1 \\ \vdots \\ b_m \end{pmatrix}$ und berücksichtigen außerdem, dass die zwei Vektoren $\vec{y}$ und $\vec{b}$ genau dann gleich sind, wenn sie in allen Komponenten übereinstimmen, so ist die Gleichung $\vec{y} = \vec{b}$ eine zusammenfassende Beschreibung eines linearen Gleichungssystems, anders formuliert:

Ein LGS mit der Koeffizientenmatrix A und den rechten Seiten $b_1, \cdots, b_m$ lässt sich auch als Matrizengleichung schreiben: $\qquad A \cdot \vec{x} = \vec{b} \qquad (2.4.2)$

Bezeichnet $\vec{0}$ den Spaltenvektor, der aus lauter Nullen besteht, so schreibt man ein homogenes LGS als $A \cdot \vec{x} = \vec{0}$.

Mit dieser Schreibweise eines LGS können wir nun sehr bequem die Lösungsstruktur eines homogenen LGS untersuchen:

2.4 Anwendungen der Matrizenrechnung

Satz:

> Sind $\vec{x}_1$ und $\vec{x}_2$ Lösungen eines homogenen LGS $A \cdot \vec{x} = \vec{0}$, so gilt dies auch für $\vec{x} = \lambda_1 \cdot \vec{x}_1 + \lambda_2 \cdot \vec{x}_2$ mit beliebigen $\lambda_1, \lambda_2 \in \mathbb{R}$; Lösungen eines homogenen LGS lassen sich also zu weiteren Lösungen des gleichen Systems linear kombinieren.[1]

Auch der Zusammenhang zwischen den Lösungen eines inhomogenen Systems und dem zugehörigen homogenen System (das ist dasjenige LGS mit den gleichen linken Seiten, in dem alle rechten Seiten 0 gesetzt sind) lässt sich jetzt leicht beschreiben:

Satz:

> Gegeben sei das inhomogene LGS $A \cdot \vec{x} = \vec{b}$.
>
> (i) Ist $\vec{x}_P$ eine bekannte Lösung des inhomogenen Systems und $\vec{x}_H$ eine beliebige des zugehörigen homogenen Systems, so ist $\vec{x} = \vec{x}_P + \vec{x}_H$ auch Lösung des inhomogenen Systems.
>
> (ii) Sind $\vec{x}_P$ und $\vec{x}_I$ zwei verschiedene Lösungen des gegebenen inhomogenen LGS, so ist $\vec{x} = \vec{x}_P - \vec{x}_I$ eine Lösung des zugehörigen homogenen Systems $A \cdot \vec{x} = \vec{0}$.

Beide Sätze lassen sich sofort aus (2.4.2) unter Benutzung der Rechenregeln für die Matrizenmultiplikation herleiten. Der zweite Satz gibt darüber hinaus einen Lösungsweg zur Lösung eines inhomogenen LGS vor:

In einem ersten Schritt bestimmt man zunächst alle Lösungen $\vec{x}_H$ des homogenen Systems (das ist da meist einfacher als beim inhomogenen System). Dann beschafft man sich (manchmal durch Raten) eine Lösung $\vec{x}_P$ des inhomogenen LGS. Durch Addition von $\vec{x}_P$ zu den $\vec{x}_H$ erhält man alle Lösungen von $A \cdot \vec{x} = \vec{b}$, denn wegen (ii) gibt es keine weiteren. Zur Illustration wiederholen wir aus 2.1 ein

Beispiel:

Wir betrachten das LGS
$$\begin{aligned} 24x_1 + 10x_2 - 13x_3 &= 25 \\ 3x_1 + x_2 - 2x_3 &= 3 \\ -6x_1 - 4x_2 + x_3 &= -7 \end{aligned}.$$

Zur Lösung des zugehörigen homogenen Systems bringen wir die Koeffizientenmatrix durch elementare Zeilenumformungen auf Staffelform:

---

[1] Abstrakt kann man das auch so formulieren: Die Lösungen eines homogenen LGS bilden einen Unterraum des n-dimensionalen Vektorraums $\mathbb{R}^n$.

$$\begin{pmatrix} 24 & 10 & -13 \\ 3 & 1 & -2 \\ -6 & -4 & 1 \end{pmatrix} \text{ geht über in } \begin{pmatrix} 3 & 1 & -2 \\ 0 & 2 & 3 \\ 0 & 0 & 0 \end{pmatrix}.$$ Die Lösung des homogenen LGS mit dieser Koeffizientenmatrix enthält einen frei wählbaren Parameter. Mit der Wahl $x_3 = 2$ erhält man $x_2 = -3$ sowie $x_1 = \frac{7}{3}$. Da nur ein Parameter frei wählbar ist, stellt die Menge aller reellen Vielfachen von $(\frac{7}{3}, -3, 2)$ die Lösungsgesamtheit des homogenen Systems dar. Man kann sich ohne viel Aufwand überlegen, dass $(2, -1, 1)$ <u>eine</u> spezielle Lösung des gegebenen LGS ist; damit ist

$$(x_1, x_2, x_3) = (2, -1, 1) + v \cdot (\tfrac{7}{3}, -3, 2) \quad \text{mit beliebigem } v \in \mathbb{R}$$

die allgemeine Lösung des gegebenen inhomogenen LGS. Setzt man in der in 2.1 erhaltenen Lösung $\mu = 1 + 2v$, so erhält man genau die oben stehende Form. Diese lässt sich im anschaulichen Fall des $\mathbb{R}^3$ auch folgendermaßen interpretieren:

Die Gerade mit dem Richtungsvektor $(\tfrac{7}{3}, -3, 2)$ stellt die Lösungsmenge des homogenen Systems dar, wenn sie durch den Nullpunkt des Koordinatensystems geht; wird sie um den Vektor $(2, -1, 1)$ parallel verschoben, so liegen auf ihr alle Zahlentripel, die das inhomogene System erfüllen.

Für den Spezialfall quadratischer linearer Gleichungssysteme hat die Behandlung als Matrizengleichung $A \cdot \vec{x} = \vec{b}$ weitere Vorteile:

Ist nämlich zusätzlich der Rang von A maximal, besitzt also das LGS eine eindeutig bestimmte Lösung, so lässt sich diese wegen der dann auch existierenden inversen Matrix durch Auflösen der Matrizengleichung sofort angeben:

Aus $A \cdot \vec{x} = \vec{b}$ erhält man nämlich durch Matrizenmultiplikation mit A^{-1} von links unter Ausnutzen des Assoziativgesetzes sofort die Lösung als $\vec{x} = A^{-1} \cdot \vec{b}$. Dies ist besonders dann sinnvoll, wenn man mehrere Systeme mit jeweils gleicher Koeffizientenmatrix und verschiedenen rechten Seiten gegeben hat, wie zum Beispiel in Übungsaufgabe 1.

Des Weiteren lassen sich im Falle quadratischer regulärer Koeffizientenmatrizen die Komponenten des Lösungsvektors einzeln berechnen mit der

CRAMERschen Regel:

> Gegeben sei das inhomogene LGS $A \cdot \vec{x} = \vec{b}$ mit regulärem A. Die i-te Komponente x_i des eindeutig bestimmten Lösungsvektors ergibt sich dann als $x_i = \dfrac{\det \Delta_i}{\det A}$. Dabei bezeichnet Δ_i diejenige (n,n)-Matrix, die man erhält, wenn man in A die i-te Spalte durch $\vec{b}$ ersetzt.

2.4 Anwendungen der Matrizenrechnung

Auf den nicht sehr schwierigen Beweis, den Sie – mit Anleitung – als Übungsaufgabe 2 finden, wollen wir hier verzichten, stattdessen demonstrieren wir die Anwendung der CRAMERschen Regel an einem

Beispiel:

Das durch $\begin{pmatrix} 1 & 0 & 1 \\ 3 & 0 & 1 \\ 0 & 1 & 0 \end{pmatrix} \cdot \begin{pmatrix} x_1 \\ x_2 \\ x_3 \end{pmatrix} = \begin{pmatrix} 2 \\ 4 \\ -6 \end{pmatrix}$ gegebene LGS soll auf eindeutige Lösbarkeit untersucht und ggf. das x_1 dieser Lösung berechnet werden (ohne x_2 und x_3 dabei zu bestimmen!).

Da die Determinante der Koeffizientenmatrix bei der Anwendung der CRAMERschen Regel sowieso benutzt wird, stellen wir die eindeutige Lösbarkeit des LGS am besten über die Determinante fest. Deren Wert haben wir bereits am Ende des vorigen Abschnitts berechnet; wegen $\det A = 2$ ist A regulär, das LGS somit eindeutig lösbar. Weiter ist $\det \Delta_1 = \begin{vmatrix} 2 & 0 & 1 \\ 4 & 0 & 1 \\ -6 & 1 & 0 \end{vmatrix} = -1 \cdot \begin{vmatrix} 2 & 1 \\ 4 & 1 \end{vmatrix} = 2$, woraus wir

$x_1 = \dfrac{\det \Delta_1}{\det A} = 1$ erhalten. □

Wir kehren zurück zu (2.4.1): Die „Anwendung der Matrix A" (das ist die Matrizenmultiplikation mit A) „macht" also aus dem Vektor $\vec{x}$ den Vektor $\vec{y}$, anders gesagt, sie *bildet $\vec{x}$ auf $\vec{y}$ ab*. Wie sieht so etwas aus, wenn im Unterschied zu linearen Gleichungssystemen jetzt $\vec{x}$ gegeben ist und $\vec{y}$ gesucht wird?

Wir nennen nun $\vec{x}$ *Originalvektor* und $\vec{y}$ *Bildvektor von $\vec{x}$ unter A*; die Matrix A heißt jetzt *Abbildungsmatrix*[1].

Wir betrachten zunächst den Fall $m = n = 2$; $\vec{x}$ und $\vec{y}$ sind *ebene* Vektoren.

Ausgeschrieben erscheint dann $A \cdot \vec{x} = \vec{y}$ als

$$\begin{pmatrix} a_{11} & a_{12} \\ a_{21} & a_{22} \end{pmatrix} \begin{pmatrix} x_1 \\ x_2 \end{pmatrix} = \begin{pmatrix} y_1 \\ y_2 \end{pmatrix}. \qquad (2.4.3)$$

Eine wichtige Eigenschaft solcher Matrix-Abbildungen werden wir jetzt gleich sehen: Verwenden Sie den Originalvektor

$$\vec{x} = \vec{p} + t\vec{q} \qquad (2.4.4)$$

---

[1] In der Terminologie von Kapitel 1.1 kann man dies auch so formulieren: Durch die (m,n)-Matrix A ist eine Abbildung (Funktion) von $\mathbb{R}^n$ nach $\mathbb{R}^m$ gegeben.

mit festen gegebenen Vektoren $\vec{p}$ und $\vec{q} \neq \vec{0}$. Nimmt t alle Werte aus $\mathbb{R}$ an, so liegen die Endpunkte von $\vec{x}$ alle auf einer Geraden, denn (2.4.4) ist die Parameterdarstellung einer Geraden g der Ebene in Vektorschreibweise.

Was lässt sich über $\vec{y} = A\vec{x}$ mit gegebener Matrix A sagen?

$$\vec{y} = A(\vec{p} + t\vec{q}) = A\vec{p} + tA\vec{q} \qquad (2.4.5)$$

Im allgemeinen Fall $A\vec{q} \neq \vec{0}$ liegen die Endpunkte der Bildvektoren $\vec{y}$ also auch wieder alle auf einer Geraden, der Bildgeraden $\bar{g}$ von g. Teilverhältnisse von Strecken auf g bleiben dabei erhalten, wie wir unschwer sehen, wenn wir t aus entsprechenden Intervallen wählen. Eine solche Abbildung heißt *Affinität*. Nur im Sonderfall $A\vec{q} = \vec{0}$ wird g auf einen Punkt abgebildet, weil dann für jedes t $\vec{y} = A\vec{p}$ ist.

Durch $\vec{x}_1 = \vec{p} + t\vec{q}$, $\vec{x}_2 = k\vec{p} + t\vec{q}$ mit festem $k \neq 1$ und $\vec{p} \neq \vec{0}$, $\vec{q} \neq \vec{0}$ werden zwei zueinander parallele Geraden dargestellt. Aus (2.4.5) ersehen wir, dass sie im allgemeinen Fall $A\vec{q} \neq \vec{0}$ wiederum zueinander parallele Bildgeraden haben, wenn $A\vec{p} \neq \vec{0}$ ist; wenn dagegen $A\vec{p} = \vec{0}$ ist, fallen sie zusammen. Entsprechend werden sie im Sonderfall $A\vec{q} = \vec{0}$ auf zwei Punkte bzw. einen abgebildet.

Beispiele:

1. $A = \begin{pmatrix} -1 & -2 \\ 0 & 1 \end{pmatrix}$, also $\begin{pmatrix} y_1 \\ y_2 \end{pmatrix} = \begin{pmatrix} -1 & -2 \\ 0 & 1 \end{pmatrix} \cdot \begin{pmatrix} x_1 \\ x_2 \end{pmatrix} = \begin{pmatrix} -x_1 - 2x_2 \\ x_2 \end{pmatrix}$.

Wir suchen die Bilder der Einheitsvektoren $\vec{e}_1 = \begin{pmatrix} 1 \\ 0 \end{pmatrix}$, $\vec{e}_2 = \begin{pmatrix} 0 \\ 1 \end{pmatrix}$, geben sie also nacheinander als Originalvektoren $\vec{x}$ ein. Deren Bildvektoren $\vec{y}$ sind dann $A\vec{e}_1 = \begin{pmatrix} -1 \\ 0 \end{pmatrix}$, $A\vec{e}_2 = \begin{pmatrix} -2 \\ 1 \end{pmatrix}$. Die Gerade g durch die Punkte $(1,0)$, $(0,1)$ wird daher auf die Gerade $\bar{g}$ durch $(-1,0)$, $(-2,1)$, der rechts liegende schraffierte ebene Bereich wird auf den links liegenden abgebildet, s. Bild 2.4.1.

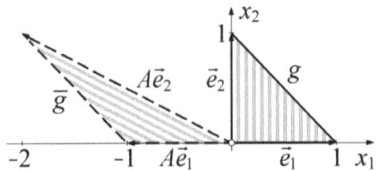
Bild 2.4.1: Matrix-Abbildung aus Beispiel 1

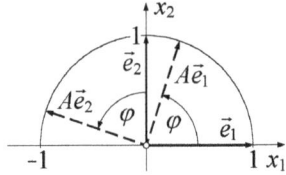
Bild 2.4.2: Drehung aus Beispiel 2

2.4 Anwendungen der Matrizenrechnung

$\vec{y}$ hat also im Allgemeinen nicht einfach die Richtung oder Gegenrichtung von $\vec{x}$, so wie bei Multiplikation von $\vec{x}$ mit einem Skalar. Für bestimmte Vektoren kann dies jedoch vorkommen; hier ist dies wegen $A\vec{e}_1 = -\vec{e}_1$ für $\vec{e}_1$ der Fall, für $\vec{e}_2$ jedoch nicht. □

2. Betrachten Sie nun für festes $\varphi \in\ ]0, \pi[$ die Matrix $A = \begin{pmatrix} \cos\varphi & -\sin\varphi \\ \sin\varphi & \cos\varphi \end{pmatrix}$. Welche Art von Abbildung wird durch sie vermittelt?

Die Einheitsvektoren $\vec{e}_1 = \begin{pmatrix} 1 \\ 0 \end{pmatrix}$ und $\vec{e}_2 = \begin{pmatrix} 0 \\ 1 \end{pmatrix}$ werden auf $A\vec{e}_1 = \begin{pmatrix} \cos\varphi \\ \sin\varphi \end{pmatrix}$ und $A\vec{e}_2 = \begin{pmatrix} -\sin\varphi \\ \cos\varphi \end{pmatrix}$ abgebildet. Jeden dieser Bildvektoren erhalten wir auch – überprüfen Sie das einmal selbst! – wenn wir den jeweiligen Originalvektor mit dem Drehwinkel φ um den Ursprung O drehen.

Was wird aus einem allgemeinen Originalvektor $\vec{x} = \begin{pmatrix} x_1 \\ x_2 \end{pmatrix}$?

Es ist $A\vec{x} = \begin{pmatrix} x_1 \cos\varphi - x_2 \sin\varphi \\ x_1 \sin\varphi + x_2 \cos\varphi \end{pmatrix} = x_1 A\vec{e}_1 + x_2 A\vec{e}_2$. Den Endpunkt von $A\vec{x}$ erhalten wir also, indem wir die Komponenten x_1, x_2 nicht in den Richtungen von $\vec{e}_1$, $\vec{e}_2$ auftragen, sondern in den Richtungen ihrer um den Winkel φ gedrehten Bildvektoren $A\vec{e}_1$, $A\vec{e}_2$. A ist also die Matrix einer *Drehung* um O um den Winkel φ, siehe Bild 2.4.2. Offensichtlich hat bei einem Drehwinkel ungleich 0° oder 180° kein Bildvektor die gleiche Richtung wie der zugehörige Originalvektor. □

Betrachten wir die unterschiedlichen Abbildungsergebnisse der beiden Beispiele, so können wir ganz allgemein fragen, wann $\vec{y} = \lambda \vec{x}$ ist, wann also ein Vektor $\vec{x} \neq \vec{0}$ in seine Richtung oder Gegenrichtung abgebildet wird und wie groß ggf. der Streckfaktor λ ist (für den Nullvektor ist diese Frage unsinnig, da dieser stets auf sich selbst abgebildet wird!). Wir sagen:

Definition:

> Ein Vektor $\vec{x} \neq \vec{0}$ heißt *Eigenvektor von A*, wenn es ein $\lambda \in \mathbb{R}$ gibt, mit dem $A\vec{x} = \lambda\vec{x}$ ist. Die reelle Zahl λ (die auch 0 sein kann!) heißt *Eigenwert von A*.

Aufgrund der Rechenregeln für die Matrizenmultiplikation ist unmittelbar klar, dass für einen gefundenen Eigenvektor $\vec{x} \neq \vec{0}$ auch jedes Vielfache Eigenvektor ist; genauso ist die Summe zweier Eigenvektoren von A wieder ein Eigenvektor.

Um nun Eigenvektoren und Eigenwerte einer gegebenen Matrix A zu bestimmen, betrachten wir obige Eigenvektorgleichung einmal genauer:

$A\vec{x} = \lambda\vec{x}$ lautet für ebene Vektoren ausgeschrieben:

$\begin{pmatrix} a_{11} & a_{12} \\ a_{21} & a_{22} \end{pmatrix} \cdot \begin{pmatrix} x_1 \\ x_2 \end{pmatrix} = \begin{pmatrix} \lambda x_1 \\ \lambda x_2 \end{pmatrix}$, womit sich zur Bestimmung der Eigenvektoren

das folgende homogene(!) (2,2)-LGS ergibt:
$\begin{aligned} (a_{11} - \lambda)x_1 + a_{12}x_2 &= 0 \\ a_{21}x_1 + (a_{22} - \lambda)x_2 &= 0 \end{aligned}$ (2.4.6)

Gesucht sind also solche λ, dass (2.4.6) neben der immer existierenden trivialen Lösung auch vom Nullvektor verschiedene Lösungsvektoren besitzt. Bei der Beantwortung dieser Frage zeigt sich noch einmal, wie praktisch die Matrizenrechnung ist: $\quad A\vec{x} = \lambda\vec{x} \;\Leftrightarrow\; A\vec{x} = (\lambda E)\vec{x} \;\Leftrightarrow\; (A - \lambda E)\vec{x} = \vec{0}$

Der letzte Ausdruck stellt – unschwer zu erkennen! – ein homogenes LGS mit der Koeffizientenmatrix $A - \lambda E$ dar; dieses ist eindeutig – nämlich nur durch die triviale Lösung – lösbar, wenn die Determinante von 0 verschieden ist. Da wir an nichttrivialen Lösungen interessiert sind, muss dafür $\det(A - \lambda E) = 0$ sein – ein Eigenwert λ von A muss also diese – im ebenen Fall quadratische – Gleichung erfüllen. Die so bestimmten Eigenwerte setzt man in das homogene LGS ein und erhält als dessen Lösung die zugehörigen Eigenvektoren. Bevor wir dies an den Beispielen 1 und 2 üben, fassen wir noch einmal unsere Vorgehensweise zusammen:

Bestimmung von Eigenwerten und Eigenvektoren einer gegebenen Matrix A

1. Mit festem unbekannten λ stellen wir die Matrix $A - \lambda E$ auf (indem wir einfach auf der Hauptdiagonalen von A den Wert λ subtrahieren).

2. Wir setzen $\det(A - \lambda E) = 0$ und berechnen die Lösung(en) λ_i dieser Gleichung; dies sind die Eigenwerte von A.

3. Diese setzen wir nacheinander in das homogene LGS $(A - \lambda E)\vec{x} = \vec{0}$ für λ ein und erhalten so die zugehörigen Eigenvektoren.

Es ist unmittelbar einsichtig, dass dieses Verfahren nicht nur für $n = m = 2$ funktioniert, sondern für jede beliebige quadratische Matrix A. Auch wenn dann der Begriff Eigenvektor keine so schöne anschauliche Bedeutung hat wie bei $n = 2$ oder $n = 3$, so sind Eigenvektoren in vielen Bereichen der Mathematik wichtig, z.B. bei der Behandlung von Differentialgleichungssystemen (vgl. Kapitel 9).

Beispiele:

1. Bei $A = \begin{pmatrix} -1 & -2 \\ 0 & 1 \end{pmatrix}$ hatten wir (zufällig) $\vec{x} = \vec{e}_1$ als Eigenvektor zum Eigenwert

2.4 Anwendungen der Matrizenrechnung

$\lambda = -1$ erhalten; wir wollen sehen, ob unsere systematische Rechnung nicht vielleicht noch weitere liefert. Dazu setzen wir

$$0 = \det(A - \lambda E) = \begin{vmatrix} -1-\lambda & -2 \\ 0 & 1-\lambda \end{vmatrix} = -(1+\lambda)(1-\lambda), \text{ also } \lambda_1 = -1 \text{ und } \lambda_2 = 1.$$ Es

gibt also noch einen zweiten Eigenwert $\lambda_2 = 1$. Einen Eigenvektor $\begin{pmatrix} x_1 \\ x_2 \end{pmatrix}$ zu diesem

erhalten wir als Lösung des homogenen LGS $\begin{pmatrix} -1-1 & -2 \\ 0 & 1-1 \end{pmatrix} \cdot \begin{pmatrix} x_1 \\ x_2 \end{pmatrix} = \begin{pmatrix} 0 \\ 0 \end{pmatrix}$,

also der einen Gleichung $-2x_1 - 2x_2 = 0$, die zweite ist immer erfüllt. Der Vektor $\begin{pmatrix} 1 \\ -1 \end{pmatrix}$ und seine Vielfachen sind also Eigenvektoren zum Eigenwert $\lambda_2 = 1$. Den Einheitsvektor $\vec{e}_1$ (und seine Vielfachen) hatten wir bereits früher als solchen zum Eigenwert $\lambda_1 = -1$ erkannt.

2. Bei der eine Drehung um φ darstellenden Matrix $A = \begin{pmatrix} \cos\varphi & -\sin\varphi \\ \sin\varphi & \cos\varphi \end{pmatrix}$ dürften

sich – der Anschauung zufolge – nur bei den „unechten Drehungen" mit $\varphi = 0$ und $\varphi = \pi$ Eigenvektoren ergeben, und zwar zu den Eigenwerten 1 bzw. -1. Wir rechnen wie oben:

$$0 = \det(A - \lambda E) = \begin{vmatrix} \cos\varphi - \lambda & -\sin\varphi \\ \sin\varphi & \cos\varphi - \lambda \end{vmatrix}$$
$$= \cos^2\varphi - 2\lambda\cos\varphi + \lambda^2 + \sin^2\varphi = 1 - 2\lambda\cos\varphi + \lambda^2$$

Gemäß Lösungsansatz ist $\lambda_{1,2} = \cos\varphi \pm \sqrt{\cos^2\varphi - 1}$, womit sich für $\varphi \neq k\pi$ stets ein negativer Wert unter der Wurzel ergibt; es gibt dann also keine Lösung für λ – bei „echten" Drehungen in der Ebene gibt es also keine Eigenvektoren. Ist dagegen $\varphi = 0$ (Identitätsabbildung) oder $\varphi = \pi$ (Spiegelung am Ursprung), so sind alle Vektoren Eigenvektoren zum Eigenwert $\lambda = 1$ bzw. $\lambda = -1$. Rechnen Sie diesen von der Anschauung her offensichtlichen Sachverhalt bitte selbst nach!

3. Um die durch die Matrix $A = \begin{pmatrix} \cos\varphi & \sin\varphi \\ \sin\varphi & -\cos\varphi \end{pmatrix}$ (mit festem φ) beschriebene

Abbildung zu untersuchen, schauen wir uns gleich einmal ihre Eigenwerte und Eigenvektoren an:

Aus $\begin{vmatrix} \cos\varphi - \lambda & \sin\varphi \\ \sin\varphi & -\cos\varphi - \lambda \end{vmatrix} = 0$ folgt $\cos^2\varphi - \lambda^2 + \sin^2\varphi = 0$, also $1 - \lambda^2 = 0$.

Die Eigenwerte sind daher $\lambda_{1,2} = \pm 1$. Wir berechnen die zugehörigen Eigenvektoren für $\varphi \neq k\pi$, $k \in \mathbb{Z}$:

a) $\lambda_1 = 1$: Dass wir in $\begin{pmatrix} \cos\varphi - 1 & \sin\varphi \\ \sin\varphi & -\cos\varphi - 1 \end{pmatrix}$ eine Zeile durch elementare Zeilenoperationen zu einer Nullzeile machen können, ist nicht direkt einsichtig. Aber mit

$$\cos\varphi - 1 = \cos^2\tfrac{\varphi}{2} - \sin^2\tfrac{\varphi}{2} - 1 = -2\sin^2\tfrac{\varphi}{2},$$
$$-\cos\varphi - 1 = -\cos^2\tfrac{\varphi}{2} + \sin^2\tfrac{\varphi}{2} - 1 = -2\cos^2\tfrac{\varphi}{2},$$
$$\sin\varphi = 2\sin\tfrac{\varphi}{2}\cos\tfrac{\varphi}{2} \quad \text{(Additionstheoreme!)}$$

wird daraus $\begin{pmatrix} -2\sin^2\tfrac{\varphi}{2} & 2\sin\tfrac{\varphi}{2}\cos\tfrac{\varphi}{2} \\ 2\sin\tfrac{\varphi}{2}\cos\tfrac{\varphi}{2} & -2\cos^2\tfrac{\varphi}{2} \end{pmatrix} \to \begin{pmatrix} -\sin\tfrac{\varphi}{2} & \cos\tfrac{\varphi}{2} \\ \sin\tfrac{\varphi}{2} & -\cos\tfrac{\varphi}{2} \end{pmatrix}$ (beachten Sie, dass wegen der Wahl von φ sowohl $\sin\tfrac{\varphi}{2}$ als auch $\cos\tfrac{\varphi}{2} \neq 0$ sind); die zweite Zeile ergibt sich aus der ersten jetzt einfach durch Multiplikation mit -1.

Einen Eigenvektor zu $\lambda_1 = 1$ erhalten wir also aus $-\sin\tfrac{\varphi}{2} x_1 + \cos\tfrac{\varphi}{2} x_2 = 0$.

Wählen wir $x_1 = 1$, so ist $x_2 = \tan\tfrac{\varphi}{2}$ und damit $\vec{x}_{\lambda_1} = \begin{pmatrix} 1 \\ \tan\tfrac{\varphi}{2} \end{pmatrix}$ Eigenvektor. Auf der Ursprungsgeraden g mit Steigung $\tan\tfrac{\varphi}{2}$ liegen also die Endpunkte aller Vektoren, die bei Anwendung von A unverändert bleiben (das bedeutet ja gerade „Eigenvektor zum Eigenwert 1").

b) $\lambda_2 = -1$: Auf genau dieselbe Weise lässt sich (bitte rechnen Sie es nach!) hierfür der Eigenvektor $\vec{x}_{\lambda_2} = \begin{pmatrix} -1 \\ \cot\tfrac{\varphi}{2} \end{pmatrix}$ ermitteln. Dieser steht, wie unschwer nachzuprüfen ist, senkrecht auf $\vec{x}_{\lambda_1}$ und wird, da -1 Eigenwert ist, durch die Anwendung von A „herumgedreht". Wenn wir nun einen beliebigen Vektor $\vec{x}$ der Ebene mit Hilfe dieser beiden zueinander senkrechten Eigenvektoren ausdrücken, wird klar, was die Multiplikation mit A geometrisch bedeutet: Da der Anteil von $\vec{x}$ in Richtung der Geraden g übernommen, der dazu senkrechte Anteil jedoch „herumgedreht" wird, ist unsere Abbildung nichts anderes als eine Spiegelung an derjenigen Ursprungsgeraden g, die die x-Achse im Winkel $\tfrac{\varphi}{2}$ schneidet.

Es ist leicht einzusehen, dass sich für die bisher ausgeschlossenen Werte $\varphi = k\pi$ genau dasselbe ergibt, nämlich Spiegelung an der x-Achse für gerade k und an der y-Achse für ungerade k (siehe auch Bild 2.4.3). □

2.4 Anwendungen der Matrizenrechnung 95

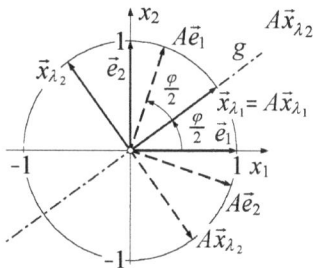

Bild 2.4.3: Spiegelung an der Geraden g

Ganz entsprechend können wir nun auch Abbildungen im dreidimensionalen Raum vornehmen; wir müssen dazu nur $m = 3$, $n = 3$ wählen:

$$\begin{pmatrix} a_{11} & a_{12} & a_{23} \\ a_{21} & a_{22} & a_{23} \\ a_{31} & a_{32} & a_{32} \end{pmatrix} \begin{pmatrix} x_1 \\ x_2 \\ x_3 \end{pmatrix} = \begin{pmatrix} y_1 \\ y_2 \\ y_3 \end{pmatrix} \qquad (2.4.7)$$

Meistens zeigt in räumlichen Koordinatensystemen die x_1-(bzw. y_1-)Achse horizontal nach rechts, die x_2-(bzw. y_2-)Achse horizontal nach hinten, die x_3-(bzw. y_3-)Achse vertikal nach oben.

Damit können wir auch Parallelprojektionen räumlicher Objekte in eine Bildebene erzeugen; wir müssen nur der entsprechenden der drei Koordinaten y_1, y_2, y_3 den Wert 0 zuweisen; die beiden anderen sind dann die Bildkoordinaten in der Ebene. Nur diese müssen berechnet werden, so dass wir hier mit $m = 3$, $n = 2$ arbeiten können, z.B. für Abbildungen in die (y_1, y_2)-Ebene:

$$A = \begin{pmatrix} a_{11} & a_{12} & a_{13} \\ a_{21} & a_{22} & a_{23} \end{pmatrix}, \ \vec{x} = \begin{pmatrix} x_1 \\ x_2 \\ x_3 \end{pmatrix}, \ \vec{y} = A\vec{x} = \begin{pmatrix} y_1 \\ y_2 \end{pmatrix} \qquad (2.4.8)$$

Wollen wir mehrere Originalvektoren durch dieselbe Matrix A abbilden, so fassen wir sie zweckmäßigerweise hinter der Abbildungsmatrix A in einer weiteren Matrix X zusammen. Mit den Bildvektoren machen wir es ebenso; die bilden dann die Resultatmatrix Y. Für p Originalvektoren $\vec{x}_i$, $i = 1, ..., p$, mit

$$\vec{x}_i = \begin{pmatrix} x_{1i} \\ x_{2i} \\ x_{3i} \end{pmatrix}, \ \vec{y}_i = \begin{pmatrix} y_{1i} \\ y_{2i} \end{pmatrix}: \quad \begin{pmatrix} a_{11} & a_{12} & a_{13} \\ a_{21} & a_{22} & a_{23} \end{pmatrix} \begin{pmatrix} x_{11} & x_{12} & \cdots & x_{1p} \\ x_{21} & x_{22} & \cdots & x_{2p} \\ x_{32} & x_{32} & \cdots & x_{3p} \end{pmatrix} = \begin{pmatrix} y_{11} & y_{12} & \cdots & y_{1p} \\ y_{21} & y_{22} & \cdots & y_{2p} \end{pmatrix},$$

oder kurz: $AX = Y$. $\qquad (2.4.9)$

Wir sehen hieran noch einmal, wie wichtig es für Anwendungen ist, die Matrizenmultiplikation in genau dieser zunächst wenig nahe liegend erscheinenden Form zu definieren!

Beispiel:

4. Wir bilden einen Würfel mit den Eckpunkten $O(0,0,0)$, $A(1,0,0)$, $B(1,1,0)$, $C(0,1,0)$, $D(0,0,1)$, $E(1,0,1)$, $F(1,1,1)$, $G(0,1,1)$ in die (y_1,y_3)-Ebene ab. Die 8 Originalvektoren, die zu den 8 Eckpunkten führen, bilden als Spaltenvektoren gemäß (2.4.9) die Matrix X; die 8 Bildvektoren entsprechend Y. Über jedem der Original- und der Bildvektoren steht der Name desjenigen Punktes, zu dem er führt (Bildpunkte durch Querstrich bezeichnet). Die Abbildungsmatrix $A = \begin{pmatrix} 1 & 0.5 & 0 \\ 0 & 0.5 & 1 \end{pmatrix}$ ist so gewählt, dass sich mit $\vec{y} = \begin{pmatrix} y_1 \\ y_3 \end{pmatrix}$ eine Ansicht schräg von vorn in schiefwinkliger Parallelprojektion ergibt.

$$\begin{array}{cc} O\,A\,B\,C\,D\,E\,F\,G & \overline{O}\;\overline{A}\;\overline{B}\;\;\overline{C}\;\overline{D}\,\overline{E}\;\;\overline{F}\;\;\overline{G} \end{array}$$

$$\begin{pmatrix} 1 & 0.5 & 0 \\ 0 & 0.5 & 1 \end{pmatrix} \begin{pmatrix} 0 & 1 & 1 & 0 & 0 & 1 & 1 & 0 \\ 0 & 0 & 1 & 1 & 0 & 0 & 1 & 1 \\ 0 & 0 & 0 & 0 & 1 & 1 & 1 & 1 \end{pmatrix} = \begin{pmatrix} 0 & 1 & 1.5 & 0.5 & 0 & 1 & 1.5 & 0.5 \\ 0 & 0 & 0.5 & 0.5 & 1 & 1 & 1.5 & 1.5 \end{pmatrix}$$

Verbindet man nun noch diejenigen Bildpunkte durch Strecken, deren Originalpunkte durch Würfelkanten verbunden sind, und zeichnet man verdeckte Kanten heller (Bildverarbeitungsprogramme prüfen die Sichtbarkeit mit Hilfe eines Unterprogramms!), so erhält man Bild 2.4.4.

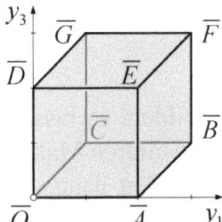

Bild 2.4.4: schiefwinklige Parallelprojektion eines Würfels (Beispiel 4)

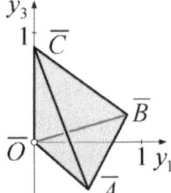

Bild 2.4.5: rechtwinklige Parallelprojektion eines Tetraeders (Beispiel 5)

Besonders häufig wird für Abbildungen räumlicher Objekte in eine Ebene die rechtwinklige Parallelprojektion verwendet. Das Objekt kann vorher im Raum in eine beliebige Lage gedreht werden; so erhält man Ansichten des Objekts aus allen gewünschten Blickwinkeln. Dies ist eine für die geometrische Datenverarbeitung (insbesondere auch für CAD-Verfahren) wichtige Verfahrensweise. Für die Dre-

2.4 Anwendungen der Matrizenrechnung

hung im Raum gibt es verschiedene Methoden; eine recht einfache ist die, dass wir zuerst das Objekt um die x_3-Achse (also in der (x_1, x_2)-Ebene) mit Drehwinkel φ drehen (Matrix A_1), anschließend z.B. um die x_1-Achse (also in der (x_2, x_3)-Ebene) mit Drehwinkel ψ (Matrix A_2).

Weil bei der ersten Drehung x_3 unverändert bleibt, ist nach Beispiel 2 (bitte prüfen Sie es nach!)

$$A_1 = \begin{pmatrix} \cos\varphi & -\sin\varphi & 0 \\ \sin\varphi & \cos\varphi & 0 \\ 0 & 0 & 1 \end{pmatrix},$$

und weil bei der zweiten Drehung x_1 unverändert bleibt, erhalten wir entsprechend

$$A_2 = \begin{pmatrix} 1 & 0 & 0 \\ 0 & \cos\psi & -\sin\psi \\ 0 & \sin\psi & \cos\psi \end{pmatrix}.$$

Insgesamt ergibt sich also für den Bildvektor $\vec{y}$ eines Originalvektors $\vec{x}$ bei Durchführung beider Drehungen in oben genannter Reihenfolge nacheinander nach dem Assoziativgesetz der Matrizenmultiplikation:

$$\vec{y} = A_2(A_1\vec{x}) = (A_2 A_1)\vec{x} \text{ mit}$$

$$A_2 A_1 = \begin{pmatrix} \cos\varphi & -\sin\varphi & 0 \\ \cos\psi \sin\varphi & \cos\psi \cos\varphi & -\sin\psi \\ \sin\psi \sin\varphi & \sin\psi \cos\varphi & \cos\psi \end{pmatrix}.$$

Möchten wir nun z.B. eine Vorderansicht des gedrehten Objektes in der (y_1, y_3)-Ebene erhalten, so setzen wir $y_2 = 0$ und benötigen für die Abbildungsmatrix A die erste und die dritte Zeile von $A_2 A_1$; dann erhalten wir

$$\begin{pmatrix} y_1 \\ y_3 \end{pmatrix} = A\vec{x} = \begin{pmatrix} \cos\varphi & -\sin\varphi & 0 \\ \sin\psi \sin\varphi & \sin\psi \cos\varphi & \cos\psi \end{pmatrix} \begin{pmatrix} x_1 \\ x_2 \\ x_3 \end{pmatrix}.$$

Durch „Einbau" von variablen Parametern φ, ψ kann man in der Ansicht beliebig um das Objekt „herumgehen".

Beispiel:

5. Das Tetraeder mit den Eckpunkten $O(0,0,0)$, $A(1,0,0)$, $B(0,1,0)$, $C(0,0,1)$ soll im Raum mit $\varphi = -60°$, $\psi = 30°$ gedreht und dann rechtwinklig in die (y_1, y_3)-Ebene projiziert werden (Vorderansicht des gedrehten Tetraeders).

Mit $\sin\varphi = -\frac{1}{2}\sqrt{3}$, $\cos\varphi = \frac{1}{2}$, $\sin\psi = \frac{1}{2}$, $\cos\psi = \frac{1}{2}\sqrt{3}$ und mit derselben Schreibweise für die Matrizen der Original- und Bildvektoren wie bei Beispiel 4 ergibt sich also:

$$\underbrace{\begin{pmatrix} \frac{1}{2} & \frac{1}{2}\sqrt{3} & 0 \\ -\frac{1}{4}\sqrt{3} & \frac{1}{4} & \frac{1}{2}\sqrt{3} \end{pmatrix}}_{=A} \overset{O\ A\ B\ C}{\begin{pmatrix} 0 & 1 & 0 & 0 \\ 0 & 0 & 1 & 0 \\ 0 & 0 & 0 & 1 \end{pmatrix}} = \overset{\overline{O}\ \ \overline{A}\ \ \ \ \overline{B}\ \ \ \ \overline{C}}{\begin{pmatrix} 0 & \frac{1}{2} & \frac{1}{2}\sqrt{3} & 0 \\ 0 & -\frac{1}{4}\sqrt{3} & \frac{1}{4} & \frac{1}{2}\sqrt{3} \end{pmatrix}}$$

Werden sichtbare und verdeckte Kanten ebenso dargestellt wie in Bild 2.4.4, so erhält man für das Tetraeder die Darstellung aus Bild 2.4.5. □

Wir kehren noch einmal zu den mittels (2.4.3) bzw. (2.4.7) durch Matrizenmultiplikation beschriebenen Abbildungen von Vektoren in der Ebene bzw. im Raum zurück. Ist diese injektiv, das heißt, dass verschiedene Originalvektoren auf verschiedene Bildvektoren abgebildet werden (wie es etwa bei Drehungen oder Spiegelungen der Fall ist), so muss es dazu eine Umkehrabbildung geben. Wird diese auch durch eine Matrix beschrieben und wie sieht die ggf. aus?

Die Vermutung liegt nahe, dass die inverse Matrix genau die gesuchte ist. Um dies zu begründen, müssen wir uns aber zunächst klar machen, dass bei einer injektiven Abbildung die zugehörige Matrix A regulär ist. Betrachten wir dazu eine beliebige nicht-reguläre Matrix A. Nach einem Satz aus 2.3 darf dann das durch $A \cdot \vec{x} = \vec{0}$ gegebene homogene LGS nicht eindeutig lösbar sein. Die Möglichkeit, dass das LGS unlösbar ist, scheidet hier aus, da nach Abschnitt 2.1 jedes homogene System mindestens den Nullvektor als Lösung besitzt. Es muss also noch eine zweite davon verschiedene Lösung $\vec{x}$ geben. Interpretiert man die Beziehung $A \cdot \vec{x} = \vec{0}$ nun als Abbildungsgleichung, so bedeutet dies nichts anderes als die Tatsache, dass die Originalvektoren $\vec{0}$ und $\vec{x}$ den gleichen Bildvektor, nämlich den Nullvektor besitzen, die betrachtete Abbildung kann also nicht injektiv sein.

Fragen wir nun, welcher Originalvektor $\vec{x}$ auf einen gegebenen Bildvektor $\vec{y}$ abgebildet wird, also die Gleichung $A \cdot \vec{x} = \vec{y}$ erfüllt, so ist die Antwort bei Benutzung der Matrizenrechnung gleich gegeben: $A \cdot \vec{x} = \vec{y} \Rightarrow \vec{x} = A^{-1} \cdot \vec{y}$, also ist die Inverse von A tatsächlich die gesuchte Matrix. Wir betrachten dazu folgende

Beispiele:

6. Bei einer Spiegelung an einer Geraden in der Ebene ist, wie die Anschauung zeigt, die gleiche Spiegelung die gesucht Umkehrabbildung. Gemäß Beispiel 3 wird die Spiegelung an der Ursprungsgeraden mit Steigungswinkel $\frac{\varphi}{2}$ durch die

2.4 Anwendungen der Matrizenrechnung

Matrix $A = \begin{pmatrix} \cos\varphi & \sin\varphi \\ \sin\varphi & -\cos\varphi \end{pmatrix}$ beschrieben. Diese muss also zu sich selbst invers sein, das heißt, es muss $A \cdot A = E$ gelten. Dies ist, wie Sie sich leicht selbst überzeugen können, wegen $\cos^2\varphi + \sin^2\varphi = 1$ der Fall.

7. Betrachten wir im dreidimensionalen Raum etwa die Drehung um $\psi = 60°$ (gegen den Uhrzeigersinn) mit der x_1-Achse als Drehachse, so wird diese nach obigen Überlegungen durch die Matrix $A = \begin{pmatrix} 1 & 0 & 0 \\ 0 & \cos\psi & -\sin\psi \\ 0 & \sin\psi & \cos\psi \end{pmatrix} = \begin{pmatrix} 1 & 0 & 0 \\ 0 & \frac{1}{2} & -\frac{1}{2}\sqrt{3} \\ 0 & \frac{1}{2}\sqrt{3} & \frac{1}{2} \end{pmatrix}$

beschrieben. Deren Inverse ist – rechnen Sie das bitte selbst einmal nach! –
$A^{-1} = \begin{pmatrix} 1 & 0 & 0 \\ 0 & \frac{1}{2} & \frac{1}{2}\sqrt{3} \\ 0 & -\frac{1}{2}\sqrt{3} & \frac{1}{2} \end{pmatrix}$. Dies ist, wie Einsetzen in die allgemeine Form zeigt,

die Matrix für eine Drehung um 60° im Uhrzeigersinn mit der x_1-Achse als Drehachse, entspricht also der Anschauung.

Übungsaufgaben:

1. Lösen Sie Aufgabe 3 aus 2.1 für $U = 10$ V, $U = 25$ V und beliebiges U.

2. Beweisen Sie die CRAMERsche Regel: Benutzen Sie dabei für den eindeutig existierenden Lösungsvektor die Darstellung $\vec{x} = A^{-1} \cdot \vec{b}$ sowie die Möglichkeit, die Inverse mit Hilfe der adjungierten Matrix auszudrücken; schreiben Sie dazu x_i mittels der Definition des Matrizenprodukts hin.

3. Begründen Sie, warum das (4,4)-LGS

$$\begin{aligned} x_1 + x_2 + x_3 + x_4 &= 1 \\ x_1 - x_2 + 2x_3 &= 1 \\ x_1 - x_2 + 2x_4 &= 1 \\ x_1 + x_2 + x_3 - x_4 &= 0 \end{aligned}$$

eindeutig lösbar ist und bestimmen Sie x_2.

4. Warum haben die Matrizen $A = \begin{pmatrix} 5 & -6 & -6 \\ -1 & 4 & 2 \\ 3 & -6 & 4 \end{pmatrix}$ und $B = \begin{pmatrix} -3 & 0 & -2 \\ -9 & -2 & 18 \\ -5 & 0 & 6 \end{pmatrix}$

jeweils mindestens einen Eigenwert? Berechnen Sie alle ihre Eigenwerte und zugehörigen Eigenvektoren. Was fällt Ihnen dabei auf?

5. Verwenden Sie die Abbildungsmatrix A von Beispiel 5, um eine rechtwinklige Parallelprojektion des Würfels von Beispiel 4 zu erzeugen. Ermitteln Sie die Bilder der Eckpunkte und skizzieren Sie das Bild des Würfels.

6. Gegeben ist das Dreieck OAB in der (x_1,x_2)-Ebene mit $A(3,0)$, $B(3,1)$.

a) Wie lautet die Matrix M_1 für die Drehung des Dreiecks um den Ursprung O mit einem Drehwinkel φ in die Lage $O\overline{A}\overline{B}_1$ (siehe Bild 2.4.6)?

b) Spiegeln Sie nun das Dreieck $O\overline{A}\overline{B}_1$ an der Geraden $O\overline{A}$ in die Lage $O\overline{A}\overline{B}_2$. Wie lautet die Spiegelungsmatrix M_2? Ermitteln Sie die Bildpunkte $\overline{A}$, $\overline{B}_1$, $\overline{B}_2$.

c) Skizzieren Sie alle Lagen des Dreiecks für $\varphi = \frac{\pi}{3}$. Wie lässt sich daraus ersehen, dass $O\overline{A}\overline{B}_2$ aus OAB durch eine einzige Abbildung erhältlich ist? Welche Abbildungsmatrix M_3 ergibt sich aus dieser Überlegung direkt? Wie erhalten Sie M_3 aus M_1 und M_2?

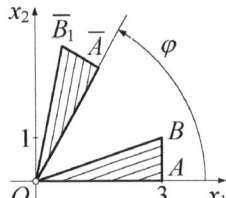
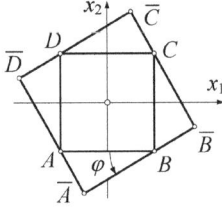

Bild 2.4.6: zu Aufgabe 6   **Bild 2.4.7:** zu Aufgabe 7

7. Eine Drehstreckung nennt man die Zusammensetzung einer Drehung mit einer ähnlichen Vergrößerung. Ist φ der Drehwinkel und k der Streckungsfaktor, so lautet die Abbildungsmatrix hierfür $M = k\begin{pmatrix} \cos\varphi & -\sin\varphi \\ \sin\varphi & \cos\varphi \end{pmatrix}$.

Das Quadrat $ABCD$ mit $A(-1,-1)$, $B(1,-1)$, $C(1,1)$, $D(-1,1)$ soll nun mittels Drehstreckung mit dem Drehwinkel φ und einem solchen Streckungsfaktor k abgebildet werden, dass das Bildquadrat $\overline{ABCD}$ dem Originalquadrat $ABCD$ genau umbeschrieben ist (die Eckpunkte des Originalquadrates liegen also auf den Seiten des Bildquadrates, s. Bild 2.4.7). Ermitteln Sie k, die Abbildungsmatrix M und die Bildpunkte $\overline{A}, \overline{B}, \overline{C}, \overline{D}$.

Denken Sie sich dann für $\varphi = \frac{\pi}{6}$ die Matrix M zwei weitere Male angewandt. Welche Lage und Seitenlänge hat das sich am Schluss ergebende Bildquadrat?

3 Komplexe Zahlen

In diesem Kapitel soll der bisher benutzte Zahlbereich der reellen Zahlen, der sich ja, wie in 1.2 dargelegt, durch sukzessive Erweiterung aus den natürlichen Zahlen ergab, noch einmal vergrößert werden. An zwei Beispielen wird zunächst die Notwendigkeit dafür demonstriert. Aus konkretisierten Anforderungen an eine solche Erweiterung entwickelt sich der Körper $\mathbb{C}$ der komplexen Zahlen dann ganz „natürlich". Die zunächst abstrakt erscheinende Definition wird veranschaulicht, so dass der Umgang mit den Elementaroperationen in $\mathbb{C}$ leichter fällt. Nach einem kurzen, auf das Nötigste beschränkten Abriss über komplexwertige Funktionen werden ingenieurrelevante Anwendungen aufgezeigt.

3.1 Einführung

Befinden sich in einem Stromkreis nicht nur ein rein OHMscher Widerstand (Gleichstromwiderstand), sondern auch eine Kapazität C oder eine Induktivität L (oder eine Kombination aus den dreien), so ergibt sich beim Anlegen einer Wechselspannung eine Phasenverschiebung zwischen der Spannung $u(t)$ und der Stromstärke $i(t)$; wie dies in Bild 3.1.1 dargestellt ist. Dabei ist t die Zeit, u_0 und i_0 sind die Amplituden von $u(t)$ und $i(t)$.

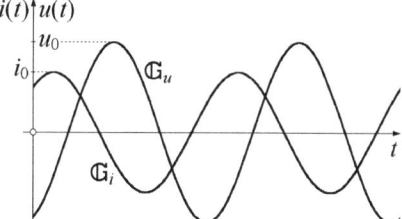

Bild 3.1.1 Spannung und Stromstärke im Wechselstromkreis

Im Gleichstromkreis gilt das OHMsche Gesetz $R = \dfrac{U}{I}$; wir sehen unmittelbar aus Bild 3.1.1, dass ein brauchbarer Zusammenhang dieser Art für den Wechselstromkreis mit reellwertigen Funktionen $u(t)$ und $i(t)$ nicht zur Verfügung steht, da der Quotient bei $u(t) = 0$ den Wert 0 annimmt und bei $i(t) \to 0$ gegen $\pm\infty$ geht.

Dieser Mangel lässt sich reparieren, wenn wir für Spannung und Stromstärke statt der gewohnten *reellen* Werte *komplexe* verwenden; außerdem erhalten wir dann eine übersichtlichere Darstellung der Abhängigkeit zwischen beiden, nämlich in Form eines in einer Ebene um den Ursprung O umlaufenden *Zeigerpaars*. Wir können dann in ganz analoger Weise zum OHMschen Gesetz mit einem *komplexen Widerstand* arbeiten. Um dies zu realisieren, benötigen wir die Menge $\mathbb{C}$ der komplexen Zahlen.

Auf die Notwendigkeit, den Zahlbereich der reellen Zahlen erweitern zu müssen, stößt man auch in einem ganz anderen Zusammenhang:

Schon in der Schule haben wir Beispiele quadratischer Gleichungen kennen gelernt, die keine Lösung hatten, etwa $\quad x^2 - 2x + 2 = 0$. $\hfill(3.1.1)$

Woran es liegt, dass (3.1.1) in $\mathbb{R}$ keine Lösung hat, wird klar, wenn man die allgemeine Lösungsformel für die quadratische Gleichung

$$ax^2 + bx + c = 0 \qquad (3.1.2)$$

heranzieht: Mit der so genannten *Diskriminanten* $D = b^2 - 4ac$ sind

$$x_{1,2} = \frac{1}{2a}\left(-b \pm \sqrt{D}\right) \qquad (3.1.3)$$

die (reellen) Lösungen von (3.1.2).

Mit den Parametern aus (3.1.1) wäre nämlich $x_{1,2} = \dfrac{-b}{2a} \pm \sqrt{\dfrac{D}{(2a)^2}} = \dfrac{2}{2} \pm \sqrt{\dfrac{-4}{4}}$.

Da $\sqrt{-1}$ aber nicht existiert, ergeben sich so also keine Lösungen von (3.1.1). Gäbe es jedoch eine Zahl j mit $j^2 = -1$ (dies kann keine reelle Zahl sein!), mit der man aber wie in $\mathbb{R}$ gewohnt rechnen könnte, so wären $x_{1,2} = 1 \pm j$ Lösungen von (3.1.1), wovon Sie sich durch Einsetzen leicht selbst überzeugen können.

Die Existenz einer solchen Zahl j würde jedoch nicht nur die Gleichung (3.1.1) lösbar machen, sondern jede bisher in $\mathbb{R}$ unlösbare quadratische Gleichung der Gestalt (3.1.2) mit zwei Lösungen versehen: Bekanntlich haben genau die quadratischen Gleichungen mit negativer Diskriminante D keine reelle Lösung. Für negative D ist $-D = 4ac - b^2 > 0$, es existiert also $\sqrt{-D}$. Durch Einsetzen in (3.1.2) können wir nun leicht überprüfen, dass

$$x_{1,2} = \frac{1}{2a}\left(-b \pm j\sqrt{-D}\right) = \frac{1}{2a}\left(-b \pm j\sqrt{4ac - b^2}\right) \qquad (3.1.4)$$

3.1 Einführung

Lösungen dieser quadratischen Gleichung sind (immer vorausgesetzt, dass $j^2 = -1$ ist und man mit j wie mit einer reellen Zahl rechnen kann!). Die Existenz eines solchen j hätte also zur Folge, dass jede quadratische Gleichung lösbar ist.

Wie bereits erwähnt, kann ein solches j keine reelle Zahl sein, da deren Quadrat stets nicht negativ ist, also niemals −1 werden kann. Wir müssen $\mathbb{R}$ also zu einem Zahlbereich $\mathbb{M}$ erweitern, für den folgende Forderungen erfüllt sind:

F1: $\mathbb{R}$ ist in $\mathbb{M}$ enthalten.

F2: In $\mathbb{M}$ gibt es ein Element j mit $j^2 = -1$.

F3: In $\mathbb{M}$ soll man bezüglich der Grundrechenarten genauso rechnen können wie in $\mathbb{R}$; das heißt, dass alle bekannten Rechengesetze weiter gelten, insbesondere, dass Rechenergebnisse in $\mathbb{M}$ für Elemente aus $\mathbb{R}$ die gleichen sind wie bisher in $\mathbb{R}$.

Aus den Forderungen **F1 – F3** lassen sich für das Aussehen der Menge $\mathbb{M}$ verschiedene Konsequenzen ziehen:

(i) Ist $b \in \mathbb{R}$ beliebig, so muss wegen $b \in \mathbb{M}$ (gemäß **F1**) und $j \in \mathbb{M}$ (gemäß **F2**) auch $b \cdot j$ und damit auch $a + b \cdot j$ (für jedes $a \in \mathbb{R}$) in $\mathbb{M}$ liegen, anders formuliert:

$$\mathbb{M}' = \{ a + bj \mid a, b \in \mathbb{R} \} \text{ ist eine Teilmenge von } \mathbb{M}. \tag{3.1.5}$$

(ii) In $\mathbb{M}'$ ist sowohl j (mit $a = 0$ und $b = 1$) als auch ganz $\mathbb{R}$ (mit a beliebig und $b = 0$) enthalten.

(iii) $\mathbb{M}'$ ist bezüglich Addition und Multiplikation abgeschlossen, das heißt für beliebige $a + bj$ und $c + dj$ aus $\mathbb{M}'$ gilt zufolge **F3**:

$$(a+bj)+(c+dj) = (a+c)+(b+d)j \in \mathbb{M}' \tag{3.1.6}$$

$$(a+bj)\cdot(c+dj) = ac + adj + bcj + bd\underbrace{j^2}_{=-1} = (ac-bd)+(ad+bc)j \in \mathbb{M}' \tag{3.1.7}$$

(iv) $a + bj = c + dj \;\Rightarrow\; a = c$ und $b = d$, denn:

$$a+bj=c+dj \;\Rightarrow\; a-c=(d-b)j \;\Rightarrow\; (a-c)^2 = \underbrace{(d-b)^2 j^2}_{-(d-b)^2}$$

Die linke Seite der letzten Gleichung ist stets ≥ 0, die rechte stets ≤ 0, da alle Werte reell sind – Gleichheit gilt demnach nur, wenn beide Seiten = 0 sind, also wenn $a = c$ und $b = d$ ist. Anders formuliert bedeutet das:

Die Elemente von $\mathbb{M}'$ sind durch die Angabe der reellen Zahlen a und b eindeutig bestimmt.

(i) – (iv) zusammen besagen also, dass eine Menge der Gestalt $\mathbb{M}'$ als Erweiterung bereits ausreicht. (iv) legt nahe, dass man $\mathbb{M}'$ einfach als die Menge aller Paare reeller Zahlen definieren kann, wobei das Element $a + b\mathrm{j} \in \mathbb{M}'$ dem Paar $(a, b) \in \mathbb{R}^2$ entspricht. Wie die Rechenoperationen in $\mathbb{R}^2$ aussehen müssen, ist dann durch (iii) festgelegt. Man erhält also die grundlegende

Definition:

Unter der Menge der *komplexen Zahlen* $\mathbb{C}$ versteht man die Menge $\mathbb{R}^2$ aller Paare reeller Zahlen mit folgenden Rechenoperationen:

Addition: $\qquad (a,b) + (c,d) = (a+c, b+d)$ $\qquad$ **(A)**

Multiplikation: $\quad (a,b) \cdot (c,d) = (ac - bd, ad + bc)$ $\qquad$ **(M)**

Für das Rechnen mit den so definierten komplexen Zahlen gelten nun die gleichen Regeln wie bei den reellen Zahlen, etwa Kommutativ-, Assoziativ- und Distributivgesetz (jeweils für Addition und Multiplikation). Am besten rechnen Sie dies zur Übung mit Hilfe von **(A)** und **(M)** sowie den entsprechenden Gesetzen für $\mathbb{R}$ selbst einmal nach.

Außerdem stellt man leicht fest, dass die komplexe Zahl $(0, 0)$ *neutrales Element* bezüglich der Addition ist, das heißt, dass man dieses Element zu jeder anderen komplexen Zahl addieren kann, ohne den Wert zu ändern. Die gleiche Rolle übernimmt $(1, 0)$ bezüglich der Multiplikation.

Auch so genannte *inverse Elemente* sind in $\mathbb{C}$ vorhanden: Ist nämlich (a, b) eine beliebige komplexe Zahl, so lässt sich dazu eine weitere finden, die, zu (a, b) addiert, das neutrale Element $(0, 0)$ ergibt – offensichtlich $(-a, -b)$. Für ein beliebiges $(a, b) \in \mathbb{C}$, $(a, b) \neq (0, 0)$, erfüllt analog $\left(\dfrac{a}{a^2 + b^2}, \dfrac{-b}{a^2 + b^2} \right)$ bezüglich der Multiplikation die Bedingung, das entsprechende neutrale Element $(1, 0)$ zu ergeben.

3.1 Einführung

Da allgemein die Umkehroperationen Subtraktion und Division nichts anderes sind als Addition bzw. Multiplikation der entsprechenden Inversen, sind somit auch Differenz- und Quotientenbildung in $\mathbb{C}$ möglich.

Zusammenfassend sagt man, dass $\mathbb{C}$ bezüglich obiger Operationen einen *Körper* bildet.

Es bleibt die Frage, wie man $\mathbb{R}$ als Teilmenge von $\mathbb{C} = \mathbb{R}^2$ auffassen kann, denn aus der Mengenlehre (vgl. Abschnitt 1.1) ist klar, dass eine beliebige nicht-leere Menge $\mathbb{M}$ nie Teilmenge von $\mathbb{M}^2$ sein kann. Man benutzt hier nun einen Kunstgriff, indem man $\mathbb{R}$ mit einer Teilmenge von $\mathbb{C}$ identifiziert: Mit der – offensichtlich injektiven – Abbildung I wird dabei jedem $a \in \mathbb{R}$ das Element $(a, 0) \in \mathbb{C}$ zugeordnet. Dass diese Identifizierung vernünftig ist, zeigt folgende Überlegung:

Gemäß **F3** müssen Addition und Multiplikation reeller Zahlen das gleiche Resultat liefern, egal, ob man sie als reelle oder komplexe Zahlen miteinander verknüpft. Das bedeutet für die Identifizierung I, dass

$$I(a+b) = I(a) + I(b) \quad \text{und} \quad I(a \cdot b) = I(a) \cdot I(b)$$

sein müssen. Dies zeigt man unter Benutzung der Definition von I sowie von **(A)** und **(M)** wie folgt:

$$I(a+b) = (a+b, 0) = (a, 0) + (b, 0) = I(a) + I(b) \quad \text{sowie}$$

$$I(a \cdot b) = (a \cdot b, 0) = (a \cdot b - 0 \cdot 0, a \cdot 0 + 0 \cdot b) = (a, 0) \cdot (b, 0) = I(a) \cdot I(b).$$

Nun wird auch klar, welches $j \in \mathbb{C}$ die Eigenschaft hat, dass sein Quadrat -1 ist: Gemäß **(M)** ist nämlich $(0, 1) \cdot (0, 1) = (0 \cdot 0 - 1 \cdot 1, 0 \cdot 1 + 1 \cdot 0) = (-1, 0)$. Damit und unter Benutzung obiger Identifizierung I bekommt jetzt auch die oben benutzte Schreibweise $a + bj$ ihren Sinn:

$$a + bj = (a, 0) + (b, 0) \cdot (0, 1) = (a, 0) + (b \cdot 0 - 0 \cdot 1, b \cdot 1 + 0 \cdot 0) = (a, b)$$

Wir erhalten somit die

Definition:

(i) Die komplexe Zahl[1] (0, 1) heißt *imaginäre Einheit* und wird mit j bezeichnet.[2]
(ii) Für eine komplexe Zahl $z = (x, y) = x + jy$ heißen die reellen Zahlen (!) x und y *Real-* bzw. *Imaginärteil* von z und werden mit Re z bzw. Im z bezeichnet.

Damit haben wir vollständig nachgewiesen, dass $\mathbb{C}$ die in **F1** bis **F3** aufgestellten Forderungen für den gesuchten erweiterten Zahlbereich $\mathbb{M}$ erfüllt. Das Rechnen mit Zahlenpaaren und den Operationen (**A**) und (**M**) ist jedoch etwas unbequem; deshalb macht man sich obige Überlegungen bezüglich der Identifizierung wie folgt zunutze:

Man stellt eine komplexe Zahl z als Ausdruck $x + jy$ dar. Damit kann man rechnen wie in $\mathbb{R}$, wobei zusätzlich $j^2 = -1$ gesetzt wird.

Wir empfehlen Ihnen dringend, das Rechnen mit komplexen Zahlen – etwa anhand der am Ende des nächsten Abschnitts angeführten Übungsaufgaben – zu üben, um die nötige Sicherheit zu bekommen!

3.2 Die GAUSSsche Zahlenebene

Wir kehren zurück zu der Vorstellung einer komplexen Zahl z als Paar reeller Zahlen (a, b). Solche Zahlenpaare haben wir bereits in der Schule anschaulich dargestellt: Mit Hilfe eines rechtwinkligen kartesischen Koordinatensystems wurden so die Punkte der Zeichenebene beschrieben. Der Realteil der komplexen Zahl z ist dann die Abszisse, der Imaginärteil die Ordinate des z entsprechenden Punktes P der Ebene, den wir außerdem noch mit demjenigen ebenen Vektor identifizieren wollen, der vom Ursprung des Koordinatensystems nach P zeigt.

---

[1] Man hüte sich jedoch davor, $j = \sqrt{-1}$ zu „definieren", wie es leider oft getan wird: Aus $-1 = j \cdot j = \sqrt{(-1) \cdot (-1)} = \sqrt{1} = 1$ hätten wir dann nämlich „bewiesen", dass $-1 = 1$ ist!

[2] In der Mathematik wird hier meist der Formelbuchstabe i statt j benutzt; da dies bei Anwendungen – insbesondere in der Elektrotechnik – zu Verwechselungen mit der ebenfalls mit i bezeichneten Stromstärke führen kann, haben wir die Bezeichnung j gewählt.

3.2 Die GAUSSsche Zahlenebene

z kann also in der so genannten GAUSS*schen Zahlenebene* oder *komplexen Ebene* dargestellt werden; statt *x*- und *y*-Achse spricht man nun von *reeller* bzw. *imaginärer Achse* (bezeichnet mit Re und Im, siehe Bild 3.2.1). Die in 3.1 besprochene Identifizierung von $\mathbb{R}$ als Teilmenge von $\mathbb{C}$ lässt sich nun auch anschaulich nachvollziehen: Die reellen Zahlen, die man sich – eindimensional – auf der Zahlengeraden angeordnet denkt, werden in die – zweidimensionale – Ebene auf die *x*-Achse „gelegt".

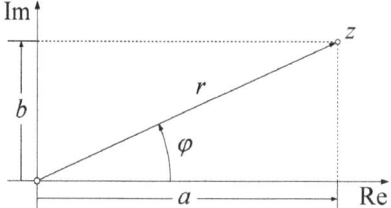

Bild 3.2.1: Komplexe Zahl z in der GAUSSschen Zahlenebene

Punkte der Zeichenebene können aber – außer durch ihre kartesischen Koordinaten – bekanntlich auch durch ihre *Polarkoordinaten* beschrieben werden:

Man zeichnet die Verbindungsstrecke von *P*(*a, b*) zum Ursprung *O* des Koordinatensystems, bezeichnet deren Länge mit *r* sowie den gerichteten Winkel zwischen positiver *x*-Achse und dieser Strecke mit φ. Legt man zusätzlich fest, dass für den Winkel der jeweils kürzeste Weg [1] genommen wird (also für Punkte im 3. und 4. Quadranten im Uhrzeigersinn und damit $\varphi < 0$, für Punkte auf der negativen *x*-Achse mit $\varphi = \pi$), so ist durch die Angabe der Polarkoordinaten $r \in [0, \infty[$ und $\varphi \in \,]-\pi, \pi]$ jeder Punkt *P* eindeutig gegeben (vgl. Bild 3.2.1). Für den Fall, dass *P* auf *O* fällt, ist der Winkel φ nicht bestimmt; die Lage von *P* ist dann jedoch allein durch die Angabe $r = 0$ eindeutig festgelegt.

Bei der Herleitung des Zusammenhangs zwischen kartesischen Koordinaten (*a, b*) und Polarkoordinaten (r, φ) muss beachtet werden, dass *a* und *b* Vorzeichen behaftete Größen sind, also nicht unbedingt – wie in Bild 3.2.1 – den sie darstellenden Längen in der Zeichnung entsprechen.

---

[1] Manchmal findet man an dieser Stelle auch andere Festsetzungen: Wird hier zum Beispiel für den Winkel nur die mathematisch positive Drehrichtung zugelassen, so ist $\varphi \in [0, 2\pi[$. Die nachfolgenden Umrechnungsformeln ändern sich entsprechend.

Eine Fallunterscheidung für die vier Quadranten sowie die Koordinatenachsen ergibt mittels elementarer Trigonometrie:

$$\boxed{\varphi = \arctan \frac{b}{a} + \kappa}$$

wobei der „Korrekturwinkel" κ folgendermaßen vom jeweiligen Quadranten abhängt:
$$\kappa = \begin{cases} 0 & \text{für } a > 0 \text{ (1. und 4. Quadrant)} \\ \pi & \text{für } a < 0 \text{ und } b \geq 0 \text{ (2. Quadrant incl. neg. } x\text{-Achse)} \\ -\pi & \text{für } a < 0 \text{ und } b < 0 \text{ (3. Quadrant)} \end{cases}$$

Für $a = 0$ – also Punkte auf der y-Achse – wird φ je nachdem, ob b positiv oder negativ ist, auf $\frac{\pi}{2}$ oder $-\frac{\pi}{2}$ festgesetzt.

In allen vier Quadranten und auf den Achsen ist $\boxed{r = \sqrt{a^2 + b^2}}$.

Für den Übergang von Polar- zu kartesischen Koordinaten ist ebenfalls keine Fallunterscheidung für die Quadranten erforderlich. Überall ist

$$\boxed{a = r\cos\varphi \text{ und } b = r\sin\varphi}.$$

Die Polarkoordinaten komplexer Zahlen werden in besonderer Weise bezeichnet:

Definition:

Die r-Koordinate einer komplexen Zahl z heißt der *Betrag* von z und wird mit $|z|$ bezeichnet; es ist also
$$|z| = \sqrt{(\operatorname{Re} z)^2 + (\operatorname{Im} z)^2}. \qquad (3.2.1)$$

Die φ-Koordinate einer komplexen Zahl z heißt das *Argument* von z und wird mit $\arg z$ bezeichnet; es ist also
$$\arg z = \arctan \frac{\operatorname{Im} z}{\operatorname{Re} z} + \kappa \quad (\kappa \text{ wie oben}). \qquad (3.2.2)$$

Der Betragsbegriff gemäß obiger Definition stellt, wie Sie leicht selbst nachrechnen können, eine Erweiterung des in $\mathbb{R}$ definierten Absolutbetrags auf den Körper $\mathbb{C}$ dar, das heißt: Für jede beliebige reelle Zahl x ergibt sich für den Betrag dasselbe, egal, ob man x als reelle oder komplexe Zahl auffasst; die Verwendung des gleichen Symbols $|\cdots|$ kann also nicht zu Missverständnissen führen.

3.2 Die GAUSSsche Zahlenebene

Neben der üblichen Darstellung einer komplexen Zahl mittels Real- und Imaginärteil, etwa $z = a + bj$, haben wir nun eine weitere, die so genannte *trigonometrische Darstellung* unter Benutzung von Betrag und Argument, hergeleitet, es ist nämlich
$$z = a + bj = r\cos\varphi + jr\sin\varphi = r(\cos\varphi + j\sin\varphi) = |z| \cdot (\cos(\arg z) + j\sin(\arg z)) \ .$$
Wir werden dafür etwas später noch eine „handlichere" Schreibweise einführen.

Mit der Vorstellung komplexer Zahlen als Punkte bzw. Vektoren in der GAUSSschen Zahlenebene können wir nun die arithmetischen Verknüpfungen anschaulich interpretieren:

Betrachtet man die durch (**A**) gegebene Addition, so sieht man, dass dies genau der anschaulichen **Vektoraddition in der Ebene** entspricht (vgl. Bild 3.2.2).

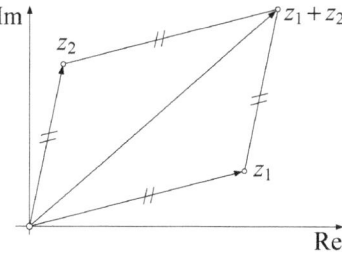

Bild 3.2.2: Die Addition komplexer Zahlen als Vektoraddition

Die durch (**M**) gegebene Multiplikation dagegen lässt in dieser Form keine so offensichtliche Interpretation zu. Wir betrachten deshalb die zu multiplizierenden komplexen Zahlen z_1 und z_2 in ihrer oben eingeführten trigonometrischen Darstellung. Mit $|z_i| = r_i$ und $\arg z_i = \varphi_i$ (mit $i = 1$ oder 2) erhält man:

$$\begin{aligned}
z_1 \cdot z_2 &= r_1(\cos\varphi_1 + j\sin\varphi_1) \cdot r_2(\cos\varphi_2 + j\sin\varphi_2) \\
&= r_1 r_2 \left(\cos\varphi_1 \cos\varphi_2 + j\cos\varphi_1 \sin\varphi_2 + j\sin\varphi_1 \cos\varphi_2 + j^2 \sin\varphi_1 \sin\varphi_2\right) \\
&= r_1 r_2 \left((\cos\varphi_1 \cos\varphi_2 - \sin\varphi_1 \sin\varphi_2) + j(\cos\varphi_1 \sin\varphi_2 + \sin\varphi_1 \cos\varphi_2)\right) \\
&= r_1 r_2 \left(\cos(\varphi_1 + \varphi_2) + j\sin(\varphi_1 + \varphi_2)\right) \quad \text{(nach den Additionstheoremen)}
\end{aligned}$$

Da $|\cos(\varphi_1 + \varphi_2) + j\sin(\varphi_1 + \varphi_2)| = 1$, ist die letzte Zeile die trigonometrische Darstellung der komplexen Zahl $z_1 \cdot z_2$, es gilt also:

Merkregel:

Betrag des Produktes	=	Produkt der Beträge
Argument des Produktes	=	Summe der Argumente

Anschaulich kann somit die Multiplikation der komplexen Zahlen z_1 und z_2 wie folgt interpretiert werden:

Man dreht den z_1 darstellenden Vektor um den Winkel φ_2 – je nach Vorzeichen gegen bzw. im Uhrzeigersinn – und streckt (bzw. verkürzt) diesen dann um r_2. Die Multiplikation komplexer Zahlen stellt geometrisch also eine so genannte *Drehstreckung* dar (vgl. Bild 3.2.3).

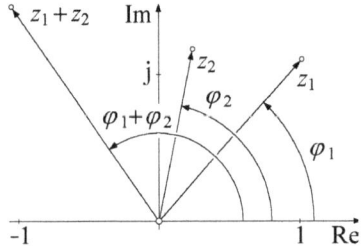

Bild 3.2.3: Die Multiplikation komplexer Zahlen als Drehstreckung

Beispiel:

Es soll derjenige ebene Vektor (a, b) berechnet werden, den man aus dem Vektor $(2, 3)$ durch Streckung auf das $\sqrt{2}$-fache seiner Länge und Drehung um 135° gegen den Uhrzeigersinn erhält.

Neben einer geometrischen Lösung kann man auch obige Interpretation der komplexen Multiplikation anwenden: Dazu interpretiert man den Vektor $(2, 3)$ als komplexe Zahl $z_1 = 2 + 3j$ und bestimmt $z_2 \in \mathbb{C}$ mit $|z_2| = \sqrt{2}$ und $\arg z_2 = \frac{3}{4}\pi = 135°$. Es ist

$$z_2 = |z_2|(\cos(\arg z_2) + j\sin(\arg z_2)) = \sqrt{2}\left(\cos\frac{3}{4}\pi + j\sin\frac{3}{4}\pi\right)$$
$$= \sqrt{2}\left(-\tfrac{1}{2}\sqrt{2} + j\tfrac{1}{2}\sqrt{2}\right) = -1 + j.$$

3.2 Die GAUSSsche Zahlenebene

Damit ist $a + bj = (2 + 3j)\cdot(-1 + j) = (-2 - 3) + (2 - 3)j$, also ist $(-5, -1)$ der gesuchte Vektor. □

Insbesondere für die Division komplexer Zahlen ist wichtig:

Definition:

Für jedes $z = x + jy \in \mathbb{C}$ heißt das durch $\bar{z} = x - jy$ definierte Element die *zu z konjugiert komplexe Zahl*. Statt $\bar{z}$ wird manchmal auch z^* geschrieben.

Direkt aus der Definition ergeben sich für konjugiert komplexe Zahlen folgende

Eigenschaften:

(i) Anschaulich entspricht der Übergang von z zu $\bar{z}$ einer Spiegelung an der reellen Achse in der GAUSSschen Zahlenebene (vgl. Bild 3.2.4). Es gilt demnach:

$\text{Re}\,\bar{z} = \text{Re}\,z$ und $\text{Im}\,\bar{z} = -\text{Im}\,z$ sowie $|\bar{z}| = |z|$ und $\arg \bar{z} = -\arg z$.

Außerdem ist $\bar{z} = z$ dann und nur dann möglich, wenn z eine reelle Zahl ist.

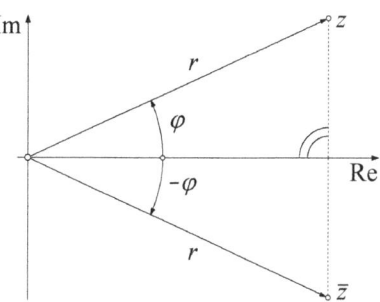

Bild 3.2.4: Komplexe Zahl z und ihre konjugiert komplexe Zahl $\bar{z}$

(ii) Die Ausdrücke $z + \bar{z}$, $j\cdot(\bar{z} - z)$ und $z \cdot \bar{z}$ sind stets reell, im Einzelnen ist
$\text{Re}\,z = \tfrac{1}{2}(z + \bar{z})$, $\text{Im}\,z = \tfrac{1}{2}j(\bar{z} - z)$ und $|z| = \sqrt{z \cdot \bar{z}}$.

(iii) Für das Rechnen mit konjugiert komplexen Zahlen gelten die folgenden Regeln:

$\overline{z_1 \pm z_2} = \bar{z_1} \pm \bar{z_2}$, $\overline{z_1 \cdot z_2} = \bar{z_1} \cdot \bar{z_2}$ und $\overline{\left(\dfrac{z_1}{z_2}\right)} = \dfrac{\bar{z_1}}{\bar{z_2}}$ (für $z_2 \neq 0$).

Die Tatsache, dass $z \cdot \bar{z} = |z|^2$ ist, wird zum so genannten „Reell-Machen des Nenners" durch Erweitern mit der konjugiert komplexen Zahl benutzt.

Beispiel:

$$\frac{26-7j}{5+2j} = \frac{(26-7j)(5-2j)}{(5+2j)(5-2j)} = \frac{(130-14)+j(-52-35)}{5^2+2^2} = \frac{116-87j}{29} = 4-3j \quad \square$$

Auf die gleiche Weise erhält man analog zum Produkt eine Aussage über die trigonometrische Darstellung des Quotienten von z_1 und z_2:

Merkregel:

Betrag des Quotienten	=	Quotient der Beträge
Argument des Quotienten	=	Differenz der Argumente

Wir wollen nun noch eine „griffigere" Schreibweise für die oben definierte trigonometrische Darstellung einer komplexen Zahl einführen:

Wir benutzen dabei ohne Beweis, dass Funktionswerte komplexer Variablen nach den selben Regeln differenziert werden können, wie wir das für Funktionswerte reeller Variablen gewohnt sind. Darauf genauer einzugehen, würde hier zu weit führen, diese Thematik wird in der so genannten Funktionentheorie behandelt.

Wir betrachten den Bruch $\dfrac{e^{j\varphi}}{\cos\varphi + j\sin\varphi}$ mit einer reellen Variablen φ und suchen seine Ableitung nach φ. Nach der Quotientenregel ergibt sich:

$$\frac{d}{d\varphi}\left(\frac{e^{j\varphi}}{\cos\varphi + j\sin\varphi}\right) = \frac{je^{j\varphi}(\cos\varphi + j\sin\varphi) - e^{j\varphi}(-\sin\varphi + j\cos\varphi)}{(\cos\varphi + j\sin\varphi)^2} \,.$$

Wegen $j^2 = -1$ ist der Zähler 0 für alle φ. Der Nenner ist $\neq 0$; da sonst $\cos\varphi$ und $\sin\varphi$ eine gemeinsame Nullstelle hätten. Also ist der Ableitungswert 0 für alle φ.

Damit ist $\dfrac{e^{j\varphi}}{\cos\varphi + j\sin\varphi} = C = \text{const}$ für alle φ.

3.2 Die GAUSSsche Zahlenebene

Für $\varphi = 0$ erhalten wir den Wert $C = 1$; da aber C (als Konstante!) für alle φ denselben Wert hat, ergibt sich für alle φ die folgende wichtige EULERsche Formel:

$$e^{j\varphi} = \cos\varphi + j\sin\varphi \qquad (3.2.3)$$

[Wenn übrigens der Kehrwert des oben verwendeten Bruches differenziert würde, ergäbe die Anwendung der Quotientenregel natürlich den einfacheren Nenner $(e^{j\varphi})^2$; da wir darüber aber noch gar nichts wissen, könnten wir uns auch nicht darauf verlassen, dass er stets $\neq 0$ sei. Darauf sind wir aber bei der Herleitung angewiesen.]

Mit (3.2.3) lässt sich nun die oben behandelte trigonometrische Darstellung einer komplexen Zahl z noch einfacher formulieren:

$$z = |z| \cdot e^{j\varphi} \text{ mit } \varphi = \arg z \qquad (3.2.4)$$

Diese so genannte EULERsche Darstellung ist auch insofern besonders praktisch, dass sie in suggestiver Weise das Verhalten der Argumente komplexer Zahlen bei Multiplikation und Division, wie es in obigen Merkregeln beschrieben ist, wiedergibt:

Die Tatsache nämlich, dass die Argumente addiert bzw. subtrahiert werden, entspricht genau dem Verhalten der e-Funktion bei Produkt- bzw. Quotientenbildung.

Übungsaufgaben:

1. Stellen Sie die komplexen Zahlen $z_1 = 3(1+j) + 4(1-j) + 2(1+2j)^2$,

$$z_2 = \frac{2j + (3-2j)^4 - j^2}{59}, \qquad z_3 = \frac{1-j}{1+2j} + \frac{1+3j}{1-2j},$$

$$z_4 = \frac{3+j}{2-j} - \tfrac{1}{2}(1+j)^2, \qquad z_5 = \frac{(41+41j)(1-2j)(3+7j)}{(4-5j)(1+3j)^2}$$

möglichst einfach dar.

2. Geben Sie die EULERsche Darstellung der komplexen Zahlen

$z_1 = 3 + 4j$, $\qquad z_2 = 3 - \sqrt{3} \cdot j$ $\qquad$ und $\qquad z_3 = z_1 \cdot z_2$ $\qquad$ an.

3. Geben Sie für die komplexen Zahlen $z_1 = 6e^{\frac{\pi}{3}j}$, $z_2 = 4e^{-\frac{3\pi}{4}j}$ und $z_3 = e^j$ die übliche Darstellung in Real- und Imaginärteil an.

4. Lösen Sie die komplexen Gleichungen   a) $\dfrac{z-1}{z-2} = \dfrac{1+j}{2-j}$,

b) $\dfrac{1}{z+1} = 3-j$,   **c)** $\dfrac{z}{z-1} = 1-3j$,   **d)** $\dfrac{17+19j}{z-2j} + \dfrac{65-5j}{z+2j} = \dfrac{64z+28j}{z^2+4}$.

5. Lösen Sie die komplexen Gleichungen

a) $\dfrac{1}{z-j} - \dfrac{1}{z-1} = 1+j$,   **b)** $\dfrac{2}{z} + z = j$,   **c)** $2j - \dfrac{6j}{z} - jz = 2z + 1 + \dfrac{12}{z}$.

6. Bestimmen Sie alle Lösungen der folgenden komplexen Gleichungen, indem Sie die durch Einsetzen von $z = x + jy$ entstehenden reellen Gleichungen lösen:

a) $z \cdot (\bar{z} - 1) = 9 + 3j$ **b)** $z \cdot \bar{z} = 5$ und $\dfrac{z}{\bar{z}} = \dfrac{3+4j}{5}$ gleichzeitig.

7. Wie muss die reelle Zahl a gewählt werden, damit die Gleichung
$2\sin x = j(e^{-jx} + a)$ reelle Lösungen für x besitzt, und wie sehen diese aus?

8. Bestimmen und skizzieren Sie in der GAUSSschen Zahlenebene jeweils die Menge aller komplexen Zahlen z, die die folgenden Ungleichungen erfüllen:

a) $0 < \operatorname{Re} z + \operatorname{Im} z < 2$,   b) $|z-2| < |2z-1|$,

c) $|z+1-3j| \geq 2 \cdot |z+1|$,   d) $|z-3| < |z+j|$.

3.3 Potenzen und „Wurzeln" komplexer Zahlen

Mittels (3.2.4) lässt sich die im vorigen Abschnitt gefundene Merkregel zur Multiplikation komplexer Zahlen ohne Schwierigkeiten zu einer für Potenzen erweitern:

Satz von MOIVRE:

> Es sei $z \in \mathbb{C}$ in EULERscher Darstellung $z = |z| \cdot e^{j\varphi}$ gegeben.
> Dann gilt für alle $n \in \mathbb{Z}$: $z^n = |z|^n \cdot e^{jn\varphi}$ (3.3.1)

Wie vorteilhaft dieser Satz beim praktischen Rechnen ist, sieht man etwa am

3.3 Potenzen und „Wurzeln" komplexer Zahlen

Beispiel:

$z = \dfrac{2^{11}}{\left(1 + j\sqrt{3}\right)^{10}}$ soll in der Form $\text{Re}(z) + j \cdot \text{Im}(z)$ dargestellt werden.

Den Nenner nach dem binomischen Satz auszurechnen, wäre enorm stressig. Doch mit $\left|1 + j\sqrt{3}\right| = 2$ und $\arg\left(1 + j\sqrt{3}\right) = \dfrac{\pi}{3}$ ergibt sich leicht: $\left(1 + j\sqrt{3}\right)^{10} = 2^{10} e^{\frac{10\pi}{3}j}$.

Also ist $z = \dfrac{2^{11}}{2^{10}} e^{-\frac{10\pi}{3}j} = 2 \cdot e^{\frac{2\pi}{3}j} = 2\left(\cos\frac{2\pi}{3} + j\sin\frac{2\pi}{3}\right) = -1 - j\sqrt{3}$. □

Der Satz von MOIVRE ist aber auch beim so genannten „Wurzelziehen" nützlich. Bevor wir darauf zu sprechen kommen, sollen aber zunächst die „ " erläutert werden: Dazu erinnern wir uns daran, wie etwa $\sqrt{a}$ in $\mathbb{R}$ definiert war – nämlich als diejenige eindeutig bestimmte nicht-negative reelle Zahl, deren Quadrat a ist. Die zugrunde liegende Gleichung $x^2 = a$ besitzt für positive a bekanntlich zwei verschiedene Lösungen, die Heraushebung von $\sqrt{a}$ ist nur durch die zusätzliche Bedingung, größer als 0 zu sein, möglich. Da es aber in $\mathbb{C}$ keine Ordnung, also kein „> 0", gibt, kann keine der möglichen Lösungen gegenüber den anderen herausgehoben werden, einen Wurzelbegriff im strengen Sinne der reellen Zahlen gibt es in $\mathbb{C}$ also nicht. Wir präzisieren die Aufgabenstellung also dahingehend, dass wir für gegebenes $n \in \mathbb{N}^+$ und $q \in \mathbb{C}$ die Menge aller Lösungen z der Gleichung

$$z^n = q \qquad (3.3.2)$$

bestimmen wollen. Diese heißen dann die *n-ten komplexen Wurzeln* von q.

Ist $q = r \cdot e^{j\varphi}$ in der EULERschen Darstellung gegeben, so stellt man unmittelbar mittels (3.3.1) fest, dass $z_0 = \sqrt[n]{r} \, e^{j\frac{\varphi}{n}}$ eine Lösung von (3.3.2) ist.

Genauso ist aber auch $z_1 = \sqrt[n]{r} \, e^{j\frac{\varphi + 2\pi}{n}}$ eine Lösung von (3.3.2), denn nach dem Satz von MOIVRE ist $z_1^n = \left(\sqrt[n]{r}\right)^n e^{j\frac{\varphi + 2\pi}{n} \cdot n} = r \, e^{j(\varphi + 2\pi)} = r \, e^{j\varphi} = q$.

Aus dem gleichen Grund ist $z_k = \sqrt[n]{r}\, e^{j\frac{\varphi+2\pi k}{n}} = \sqrt[n]{r}\, e^{j\left(\frac{\varphi}{n}+k\cdot\frac{2\pi}{n}\right)}$ für jedes $k \in \mathbb{N}$ eine Lösung von (3.3.2). Allerdings ist für $k = n$ der sich ergebenden Winkel um 2π, also einen Vollwinkel größer als der bei z_0, es ist also $z_n = z_0$; analog ist $z_{n+1} = z_1$, usw.

Für die $k \in \{0,\cdots,n-1\}$ jedoch ergeben sich lauter voneinander verschiedene Lösungen z_k, da die größtmögliche Winkeldifferenz für unterschiedliche k den Wert $\frac{n-1}{n} \cdot 2\pi$ ergibt, also kleiner als ein Vollwinkel ist. Es gibt also genau n verschiedene n-te Wurzeln von q.

Zusammenfassung:

Es gibt genau n verschiedene n-te Wurzeln von q, das sind Lösungen der Gleichung $z^n = q$, nämlich (mit $q = re^{j\varphi}$):

$$z_k = \sqrt[n]{r}\, e^{j\left(\frac{\varphi}{n}+k\cdot\frac{2\pi}{n}\right)} \quad \text{mit } k \in \{0,\cdots,n-1\} \tag{3.3.3}$$

Beispiel:

Gesucht sind die drei komplexen 3. Wurzeln von $q = 8$. (Eine davon muss die schon bekannte reelle Wurzel, nämlich 2 sein!)

Es ist $r = |q| = 8$ und $\varphi = \arg q = 0$, folglich ist $\sqrt[3]{r} = 2$. Damit ist gemäß (3.3.3)

$z_0 = 2(\cos 0 + j\sin 0) = 2$,

$z_1 = 2(\cos\frac{2\pi}{3} + j\sin\frac{2\pi}{3}) = -1 + j\sqrt{3}$ und

$z_2 = 2(\cos\frac{4\pi}{3} + j\sin\frac{4\pi}{3}) = -1 - j\sqrt{3}$.

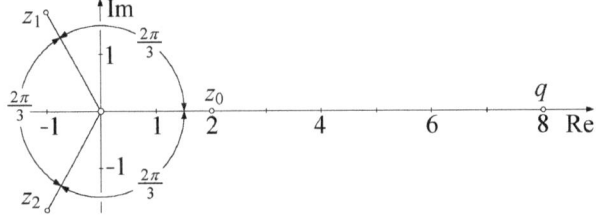

Bild 3.3.1: Die dritten komplexen Wurzeln z_k der reellen Zahl $q = 8$

3.3 Potenzen und „Wurzeln" komplexer Zahlen

Die drei komplexen Wurzeln von $q = 8$ sind in Bild 3.3.1 dargestellt. Rechnen Sie bitte nach, dass tatsächlich $z_0^3 = z_1^3 = z_2^3 = 8$ ist. □

Aus obiger Zusammenfassung sowie dem anschließenden Beispiel wird klar, wie man sich die Lage der n-ten komplexen Wurzeln von q in der GAUSSschen Zahlenebene vorstellen kann:

Da alle z_k den gleichen Betrag haben, liegen alle Wurzeln auf dem Kreis mit Radius $\sqrt[n]{|q|}$ um den Nullpunkt. Die Wurzel z_0 erhält man nun, indem man das Argument von q – unter Beachtung der Orientierung des Winkels – durch n teilt. Diesen so gewonnenen z_0 darstellenden „Zeiger" dreht man nun jeweils um den n-ten Teil eines Vollwinkels gegen den Uhrzeigersinn weiter, um nacheinander z_1 bis z_{n-1} zu erhalten (vgl. Bild 3.3.2).

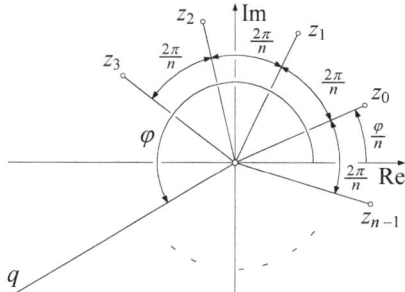

Bild 3.3.2: Die n-ten komplexen Wurzeln von $q \in \mathbb{C}$

Übungsaufgaben:

1. Berechnen Sie $(1 + j)^6$ direkt und mit dem Satz von MOIVRE.

2. Bestimmen Sie alle $z \in \mathbb{C}$ mit a) $z^3 = 125$, b) $z^4 = -16$.

3. Lösen Sie die komplexe Gleichung $z^3 = 32 \cdot (1 + j)^2$.

3.4 Komplexe Funktionen

In diesem Abschnitt wollen wir kurz auf komplexe Funktionen zu sprechen kommen. Wir wollen uns dabei auf das für elementare ingenieurmäßige Anwendungen Nötigste beschränken; weitere – speziell in der Elektrotechnik wichtige – Einzelheiten solcher Funktionen werden in der so genannten Funktionentheorie behandelt. Es kommt uns nun zugute, dass wir Funktionen abstrakt als eindeutige Zuordnungsvorschriften zwischen zwei Mengen eingeführt haben und den Graphen einer Funktion lediglich als unterstützendes Darstellungshilfsmittel für den Spezialfall von Funktionen einer reellen Veränderlichen benutzt haben. Bei Funktionen von $\mathbb{C}$ nach $\mathbb{C}$ lässt sich nämlich der Graph nicht darstellen, da man dazu ja einen vierdimensionalen Darstellungsraum brauchen würde, weil Definitions- und Zielbereich je zweidimensional sind!

In 3.1 haben wir in $\mathbb{C}$ – analog zu $\mathbb{R}$ – die arithmetischen Operationen Addition und Multiplikation eingeführt. Benutzt man diese, so kann man – wie in 1.3 für $\mathbb{R}$ geschehen – nun Polynome in $\mathbb{C}$ einführen.

Definition:

Eine Funktion $p: \mathbb{C} \to \mathbb{C}$, gegeben durch $z \mapsto p(z) = \sum_{k=0}^{n} a_k z^k$ mit $a_k \in \mathbb{C}, a_n \neq 0$, heißt komplexes Polynom vom Grade n.

Somit ist z.B. durch $p(z) = (2 + j)z^2 - jz + 5$ (mit $z \in \mathbb{C}$) ein komplexes Polynom vom Grade 2 gegeben. Aber auch jedes reelle Polynom q kann, da $\mathbb{R} \subseteq \mathbb{C}$ ist, als komplexes Polynom aufgefasst werden; man beachte, dass dann zwar die Koeffizienten reell sind, die Variable aber komplex ist.

Nullstellen komplexer Funktionen sind – so banal es klingen mag! – Stellen, an denen die Funktion den Wert 0 annimmt – die (liebgewordene) Vorstellung des Schnittpunkts mit der x-Achse muss aus bekanntem Grunde aufgegeben werden! Da man aber die arithmetischen Operationen (wie zum Beispiel eine Polynomdivision) in $\mathbb{C}$ genauso wie in $\mathbb{R}$ gewohnt durchführen kann, ist es nicht verwunderlich, dass auch für eine Nullstelle b eines komplexen Polynoms p gilt, dass sich p ohne Rest durch $z - b$ dividieren lässt. Man kann also wie bei reellen Polynomen (vgl. 1.3) diese Linearfaktoren sukzessive durchdividieren. Anders als im Reellen jedoch stößt man nicht auf quadratisch unzerlegbare Terme. Genau dies besagt der

3.4 Komplexe Funktionen

Fundamentalsatz der Algebra:

Jedes komplexe Polynom p mit Grad mindestens 1 hat in $\mathbb{C}$ eine Nullstelle.

Anders formuliert: Jedes komplexe Polynom vom Grade n ($n \geq 1$) zerfällt vollständig in Linearfaktoren, das heißt, es hat genau n (nicht unbedingt voneinander verschiedene!) Nullstellen.

Dies gilt, da $\mathbb{R} \subseteq \mathbb{C}$ ist, natürlich auch für reelle Polynome und scheint auf den ersten Blick dem Zerlegungssatz aus (1.3) zu widersprechen – man muss jedoch beachten, dass bei dieser Aussage die komplexen Nullstellen mitzuzählen sind!

Die komplexen Nullstellen eines reellen Polynoms haben eine interessante Eigenschaft, es gilt nämlich der

Satz:

Es sei q eine komplexe Nullstelle des reellen Polynoms $p(x) = \sum_{k=0}^{n} a_k x^k$. Dann ist auch $\overline{q}$ eine Nullstelle von p.

<u>Beweis</u>: Da q eine Nullstelle des gegebenen Polynoms ist, muss $\sum_{k=0}^{n} a_k q^k = 0$ sein. Der Übergang zum konjugiert komplexen Ausdruck auf jeder Seite dieser Gleichung ergibt nach schrittweiser Anwendung der Rechenregeln für konjugiert komplexe Zahlen: $\overline{\left(\sum_{k=0}^{n} a_k q^k\right)} = \overline{0} \;\Rightarrow\; \sum_{k=0}^{n} \overline{\left(a_k q^k\right)} = \overline{0} \;\Rightarrow\; \sum_{k=0}^{n} \overline{a}_k \overline{q}^k = \overline{0}$

Die a_k sind aber alle aus $\mathbb{R}$ (reelles Polynom!), also muss $\overline{a}_k = a_k$ und $\overline{0} = 0$ gelten. Die letzte Gleichung lautet damit $\sum_{k=0}^{n} a_k \overline{q}^k = 0$, was bedeutet, dass $\overline{q}$ eine Nullstelle von p ist.

Die beiden Linearfaktoren, die aus den zueinander konjugiert komplexen Nullstellen q und $\overline{q}$ resultieren, ergeben zusammengefasst genau ein quadratisch unzerlegbares Polynom in der reellen Polynomzerlegung von p, wovon Sie sich durch eine einfache Rechnung selbst überzeugen können.

Außerdem kann man auf diese Weise leicht schließen, dass ein *reelles Polynom ungeraden Grades* mindestens eine reelle Nullstelle haben muss: Nach obigem Satz treten nämlich komplexe Nullstellen eines reellen Polynoms p stets paarweise auf, die Gesamtzahl solcher Nullstellen muss also gerade sein. Da nach dem Fundamentalsatz der Algebra p aber so viele Nullstellen hat, wie der Grad ist, muss mindestens eine reelle Nullstelle vorliegen.

Wir wollen nun andere vom Reellen her bekannte elementare Funktionen (vgl. §1) auf $\mathbb{C}$ erweitern. Dabei ist es wichtig, dass die auf einen komplexen Definitionsbereich erweiterte Funktion $f_\mathbb{C}$ für reelle Argumente die gleichen Werte ergibt wie die vom Reellen her bereits bekannte Funktion $f_\mathbb{R}$.

Als erstes soll eine komplexe Exponentialfunktion eingeführt werden. Wir haben in (3.2.3) bereits einen Ausdruck für $e^{j\varphi}$ hergeleitet. Nahe liegend ist daher die

Definition:

> Für jedes $z \in \mathbb{C}$, $z = x + jy$, definiert man die *komplexe e-Funktion* als
> $$e^z = e^{x+jy} = e^x(\cos y + j\sin y) \qquad (3.4.1)$$
> (Dabei sind auf der rechten Seite der Gleichung die vom Reellen her bekannten elementaren Funktionen gemeint.)

Es ist unmittelbar klar, dass für $z \in \mathbb{R}$, also $y = 0$, (3.4.1) mit der reellen e-Funktion übereinstimmt. Sie können sich außerdem leicht selbst davon überzeugen, dass auch die komplexe e-Funktion keine Nullstelle hat (obwohl Real- oder Imaginärteil durchaus 0 sein können!) und dass auch für alle $z_1, z_2 \in \mathbb{C}$ die Beziehung $e^{z_1+z_2} = e^{z_1} \cdot e^{z_2}$ gilt.

Im Gegensatz zur reellen Exponentialfunktion ist die komplexe jedoch offensichtlich nicht injektiv (für Argumente mit gleichem Realteil und um Vielfache von 2π verschiedene Imaginärteile ergeben sich die gleichen Funktionswerte!), es gibt also keine auf ganz $\mathbb{C}$ definierte Umkehrfunktion, wie sie der natürliche Logarithmus im Reellen darstellt – trotzdem wollen wir weiter unten eine komplexe Logarithmusfunktion einführen!

Mit Hilfe der komplexen Exponentialfunktion erhält man auf $\mathbb{C}$ weitere Funktionen:

3.4 Komplexe Funktionen

Definition:

Für jedes $z \in \mathbb{C}$ definiert man die *komplexen hyperbolischen* und *trigonometrischen Funktionen* durch:

$$\cosh z = \tfrac{1}{2}\left(e^z + e^{-z}\right) \qquad \sinh z = \tfrac{1}{2}\left(e^z - e^{-z}\right)$$

$$\cos z = \tfrac{1}{2}\left(e^{jz} + e^{-jz}\right) \qquad \sin z = \tfrac{1}{2j}\left(e^{jz} - e^{-jz}\right)$$

Durch eine einfache Rechnung können Sie sich selbst davon überzeugen, dass auch diese Funktionen Erweiterungen der entsprechenden elementaren reellen Funktionen sind. Auch die von $\mathbb{R}$ her bekannten Regeln $\cosh^2 z - \sinh^2 z = 1$ sowie $\cos^2 z + \sin^2 z = 1$ gelten offensichtlich für alle $z \in \mathbb{C}$.

Bemerkenswert ist, dass sich hier erstmals – anders als in $\mathbb{R}$ – die vom Namen her sehr enge Beziehung zwischen hyperbolischer und trigonometrischer Funktion auch formelmäßig ausdrücken lässt. So gilt für alle $z \in \mathbb{C}$:

$$\cosh(jz) = \cos z \quad \text{und} \quad \sinh(jz) = j \cdot \sin z \qquad (3.4.2)$$

Aus (3.4.2) und der Tatsache, dass die behandelten Funktionen auf $\mathbb{R}$ mit den entsprechenden reellen Funktionen übereinstimmen, folgt unmittelbar, dass $\cosh z$ in $\mathbb{C}$ sehr wohl Nullstellen besitzt und dass die komplexen trigonometrischen Funktionen – anders als die reellen – betragsmäßig unbeschränkt sind. Weitere Eigenschaften dieser Funktionen werden in den untenstehenden Übungsaufgaben angesprochen.

Definition:

Für alle $z \in \mathbb{C} \setminus\,]-\infty, 0]$ definiert man die *komplexe Logarithmusfunktion* log durch:

$$\log z = \ln |z| + j \cdot \arg z \qquad (3.4.3)$$

Man beachte, dass wegen der Wahl des Definitionsbereichs stets $\arg z \in\,]-\pi, \pi[$ und $|z| > 0$ ist. Wie der natürliche Logarithmus ln ist auch der komplexe Logarithmus log für negative reelle Zahlen nicht definiert, auf $\mathbb{R}^+$ jedoch stimmen log und ln überein. Auf dem gesamten Definitionsbereich von log gilt zwar die Gleichung

$e^{\log z} = z$, die Umkehrung $\log e^z = z$ gilt jedoch nicht allgemein – kein Wunder, denn sonst besäße die komplexe Exponentialfunktion ja eine Umkehrfunktion, nämlich die komplexe Logarithmusfunktion!

Genauso ist die vom Reellen her bekannte Rechenregel $\ln(a \cdot b) = \ln a + \ln b$ für log nicht allgemeingültig, sondern nur dann richtig, wenn die Summe der Winkel von a und b nicht über π oder unter $-\pi$ hinausgeht.

Mit komplexer Exponential- und Logarithmusfunktion kann man nun – analog zum Reellen – auch *Potenzen mit komplexen Exponenten* erklären:

Definition:

Für $w \in \mathbb{C} \setminus \,]-\infty, 0]$ und $z \in \mathbb{C}$ ist $\quad w^z = e^{z \cdot \log w}$ (3.4.4)

Dies soll an einem Beispiel demonstriert werden:

Um j^j zu berechnen, benötigen wir gemäß (3.4.4) zunächst $\log j$. Wegen (3.4.3) ist

$$\log j = \ln |j| + j \cdot \arg j = \ln 1 + j \cdot \frac{\pi}{2} = j \cdot \frac{\pi}{2}.$$

Damit ist $j^j = e^{j \cdot \log j} = e^{-\frac{\pi}{2}} \approx 0.208$, also eine reelle Zahl. □

Bei vielen Anwendungen werden – wie zum Beispiel im nächsten Abschnitt – Funktionen betrachtet, deren Definitionsbereich in $\mathbb{R}$ liegt (zum Beispiel ein Intervall ist) und deren Werte komplex sind. Wie man solche Funktionen anschaulich darstellen kann (man zeichnet den Wertebereich, nicht den Graphen!), betrachten wir später in §6, denn formal entsprechen sie ebenen Kurven. Auf die Frage, wie diese differenziert und integriert werden können, soll – unter Vorgriff auf die Regeln aus §4 und §5 – hier kurz eingegangen werden:

Jede komplexwertige Funktion $f: \mathbb{D} \to \mathbb{C}$ (mit $\mathbb{D} \subseteq \mathbb{R}$) zerfällt „in natürlicher Weise" in zwei reellwertige Funktionen $u: \mathbb{D} \to \mathbb{R}$ und $v: \mathbb{D} \to \mathbb{R}$, nämlich $u = \mathrm{Re}\,f$ und $v = \mathrm{Im}\,f$, so dass also $f(t) = u(t) + j \cdot v(t)$ für alle $t \in \mathbb{D}$ gilt. Als Differenzierbarkeit bzw. Integrierbarkeit für f fordert man nun per Definition die entsprechende Eigenschaft für beide reellen Funktionen u und v. Differentiation und Integration werden in den Kapiteln 4 und 5 noch ausführlich behandelt. Für das Arbeiten mit komplexen Funktionen brauchen wir im Moment davon nur das, was Sie von der Schule her kennen.

3.4 Komplexe Funktionen

Definition:

Ist $f(t) = u(t) + j \cdot v(t)$ (mit $t \in \mathbb{D}$), so definiert man *Ableitung* und *Integral* im Komplexen durch:

$$f'(t) = u'(t) + jv'(t) \quad \text{sowie} \quad \int_a^b f(t)dt = \int_a^b u(t)dt + j \cdot \int_a^b v(t)dt$$

Formal bedeutet dies, dass man die imaginäre Einheit j wie eine reelle Konstante beim Differenzieren und Integrieren behandelt. Dies ist aber nicht etwa Inhalt einer beweisbaren Rechenregel, sondern der Definition!

Beispiel:

Zur Übung wollen wir die durch $f(t) = Ce^{\omega t}$ auf ganz $\mathbb{R}$ definierte Funktion ableiten. Wären C und ω reelle Zahlen, so könnte man das Ergebnis unter Benutzung der von der Schule her bekannten Ableitungsregeln (vgl. auch §4) sofort angeben, nämlich: $f'(t) = C\omega \cdot e^{\omega t}$.

Hier sollen C und ω nun komplexe Zahlen sein, etwa $C = a + jb$ und $\omega = \gamma + j\delta$. Demnach ist

$$f(t) = Ce^{\omega t} = (a+jb)e^{(\gamma+j\delta)t} = (a+jb)e^{\gamma t}(\cos\delta t + j\sin\delta t)$$
$$= \underbrace{e^{\gamma t}(a\cos\delta t - b\sin\delta t)}_{u(t)} + j\underbrace{e^{\gamma t}(a\sin\delta t + b\cos\delta t)}_{v(t)}$$

Nach mehrfacher Anwendung der Produktregel folgt hieraus:

$$f'(t) = u'(t) + jv'(t) = e^{\gamma t}(a\gamma\cos\delta t - a\delta\sin\delta t - b\gamma\sin\delta t - b\delta\cos\delta t)$$
$$+ je^{\gamma t}(a\gamma\sin\delta t + a\delta\cos\delta t + b\gamma\cos\delta t - b\delta\sin\delta t)$$
$$= e^{\gamma t}\big((a\gamma - b\delta)\cos\delta t - (a\delta + b\gamma)\sin\delta t\big) + je^{\gamma t}\big((a\gamma - b\delta)\sin\delta t + (a\delta + b\gamma)\cos\delta t\big)$$
$$= e^{\gamma t}(a\gamma - b\delta)(\cos\delta t + j\sin\delta t) + je^{\gamma t}(a\delta + b\gamma)(\cos\delta t + j\sin\delta t)$$
$$= e^{\gamma t}(\cos\delta t + j\sin\delta t)\big[(a\gamma - b\delta) + j(a\delta + b\gamma)\big]$$
$$= e^{\gamma t + j\delta t}(a + bj)(\gamma + \delta j)$$
$$= C\omega\, e^{\omega t}$$

Die komplexe e-Funktion verhält sich also beim Differenzieren genauso wie die reelle.

Übungsaufgaben:

1 Geben Sie ein reelles Polynom 4. Grades $p(x) = a_4 x^4 + a_3 x^3 + \cdots a_0$ an, das die Zahl $b_1 = 1 + j$ als komplexe sowie $b_2 = 2$ als einzige reelle Nullstelle hat.

2. Beweisen Sie mit Hilfe der Definitionen sowie der bekannten Rechenregeln aus $\mathbb{R}$ die für alle $z_1, z_2 \in \mathbb{C}$ gültigen Beziehungen

a) $e^{z_1+z_2} = e^{z_1} \cdot e^{z_2}$ und b) $\sin(z_1 + z_2) = \sin z_1 \cos z_2 + \cos z_1 \sin z_2$.

3. Zeigen Sie, dass die komplexe Sinus- und Kosinusfunktion über die vom Reellen her bekannten Nullstellen hinaus keine weiteren hat.

4. Berechnen Sie alle Nullstellen der komplexen cosh-Funktion.

5. Gibt es komplexe Zahlen z mit $\sin z = 2$? Wenn ja, welche?

6. Für welche reellen Zahlen a gibt es rein-imaginäre q mit $\cos q = a$? Geben Sie – in Abhängigkeit von a – solche Lösungen q an!

3.5 Anwendungen in der Technik

Die Benutzung komplexer Zahlen bzw. komplexer Funktionen ist vor allem bei der Beschreibung und Lösung von Schwingungsproblemen sehr hilfreich, egal, ob es sich dabei um mechanische oder elektrische Schwingungen (Wechselstromtechnik) handelt. Die einfache Idee dabei ist immer dieselbe: Hat die betreffende Funktion etwa die Gestalt $f(t) = A\cos(\omega t + \varphi)$ oder $f(t) = A\sin(\omega t + \varphi)$ (mit Amplitude A, Kreisfrequenz ω, Phasenverschiebung $\varphi \in \mathbb{R}$, konstant), so betrachtet man stattdessen die komplexe Funktion $\underline{f}(t) = A \cdot e^{j(\omega t + \varphi)}$, deren Real- bzw. Imaginärteil die reelle Funktion $f(t)$ ist. Zur besseren Unterscheidung werden in diesem Zusammenhang komplexe Größen üblicherweise durch Unterstreichen gekennzeichnet.

Bei der ungestörten Überlagerung (*Superposition*) zweier gleichfrequenter Schwingungen ist die resultierende Schwingungsgröße in der Form $s(t) = A\sin(\omega t + \varphi)$ gesucht. Liegen die beiden gegebenen Schwingungen in der

3.5 Anwendungen in der Technik

gleichen Form vor, etwa $s_1(t) = A_1 \sin(\omega t + \varphi_1)$ und $s_2(t) = A_2 \sin(\omega t + \varphi_2)$, so muss nun die Summe $s(t) = s_1(t) + s_2(t)$ gebildet und in die gewünschte Form umgerechnet werden. Dazu gehen wir zur komplexen Darstellung über:

Mit $\underline{s}(t) = A \cdot e^{j(\omega t + \varphi)}$ ist $s(t) = \text{Im}\,\underline{s}(t)$; Entsprechendes gilt für $s_1(t)$ und $s_2(t)$. Damit ist $\text{Im}\,\underline{s}(t) = s(t) = s_1(t) + s_2(t) = \text{Im}\,\underline{s}_1(t) + \text{Im}\,\underline{s}_2(t) = \text{Im}(\underline{s}_1(t) + \underline{s}_2(t))$.

Die Summe der komplexen Schwingungsgrößen lässt sich aber nun wegen der e-Funktion leicht berechnen:

$$\underline{s}_1(t) + \underline{s}_2(t) = A_1 e^{j(\omega t + \varphi_1)} + A_2 e^{j(\omega t + \varphi_2)} = \underbrace{A_1 e^{j\varphi_1}}_{\underline{A}_1} e^{j\omega t} + \underbrace{A_2 e^{j\varphi_2}}_{\underline{A}_2} e^{j\omega t} = (\underline{A}_1 + \underline{A}_2) \cdot e^{j\omega t}$$

Andererseits ist $\underline{s}(t) = A \cdot e^{j(\omega t + \varphi)} = A e^{j\varphi} e^{j\omega t} = \underline{A} \cdot e^{j\omega t}$. Daraus folgt, dass die gesuchten Größen Amplitude A und Phasenverschiebung φ der sich durch Überlagerung ergebenden Schwingung nichts anderes sind als Betrag und Argument der komplexen Größe $\underline{A} = \underline{A}_1 + \underline{A}_2$. Machen Sie sich die Vorteile dieser Vorgehensweise an untenstehender Übungsaufgabe 1 selbst klar!

Ganz ähnlich geht man bei der so genannten „symbolischen Rechnung" der Wechselstromlehre vor. Strom und Spannung, die in ihrer Zeitabhängigkeit im Reellen durch $i(t) = i_m \cos(\omega t + \varphi_i)$ bzw. $u(t) = u_m \cos(\omega t + \varphi_u)$ (mit $i_m, u_m \in \mathbb{R}^+$) beschrieben werden können, lassen sich als Realteile komplexer Funktionen $\underline{i}(t)$ bzw. $\underline{u}(t)$ auffassen, wobei

$$\underline{i}(t) = i_m e^{j\varphi_i} e^{j\omega t} = \underline{I} \cdot e^{j\omega t} \tag{3.5.1}$$

$$\text{und} \quad \underline{u}(t) = u_m e^{j\varphi_u} e^{j\omega t} = \underline{U} \cdot e^{j\omega t} \tag{3.5.2}$$

ist. Beachten Sie, dass die komplexen Größen $\underline{I}$ und $\underline{U}$, die sowohl Amplitude als auch Phase von Wechselstrom bzw. -spannung beinhalten, Konstante sind, die gesamte Zeitabhängigkeit wird durch den „Zeiger" $e^{j\omega t}$ ausgedrückt. Da $|e^{j\omega t}| = 1$ ist, gilt für alle $t \in \mathbb{R}$ $|\underline{i}(t)| = |\underline{I}| = i_m$ sowie $|\underline{u}(t)| = |\underline{U}| = u_m$. Die Funktionswerte $\underline{i}(t)$ und $\underline{u}(t)$ liegen in der GAUSSschen Zahlenebene also auf Kreisen um den Nullpunkt mit Radien i_m bzw. u_m. Die zeitliche Entwicklung der Funktionswerte $\underline{i}(t)$ und $\underline{u}(t)$ kann also durch „Zeiger" dargestellt werden, deren Spitzen auf den beschriebenen Kreisen liegen und die im konstanten Winkelabstand $\Delta\varphi = \varphi_u - \varphi_i$ um den Nullpunkt rotieren (vgl. Bild 3.5.1).

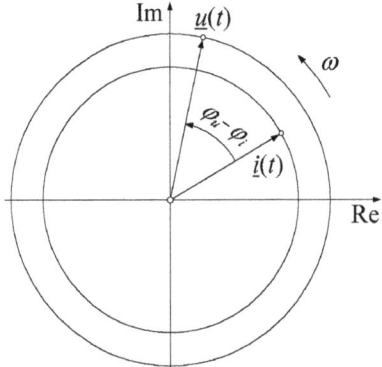

Bild 3.5.1: Zeigerdiagramm für Wechselstrom und -spannung

Nun übertragen wir den Zusammenhang zwischen Strom und Spannung bei einigen idealen Bauelementen in die komplexe Schreibweise. Es gelten die folgenden Beziehungen

a) bei einem Ohmschen Widerstand R: $\quad u(t) = R \cdot i(t)$,

b) bei einer Induktivität L: $\quad u(t) = L \cdot \dfrac{di}{dt}$,

c) bei einer Kapazität C: $\quad i(t) = C \cdot \dfrac{du}{dt}$.

Da R, L und C physikalische Konstanten, also reelle Zahlen, sind, lauten die entsprechenden Beziehungen bei Übertragung in komplexe Schreibweise ganz genauso. Im Einzelnen ergibt sich beim Einsetzen von (3.5.1) und (3.5.2) und unter Benutzung der Ableitungsregeln für die komplexe e-Funktion (vgl. 3.4):

a) $\underline{u}(t) = R \cdot \underline{i}(t) \quad \Rightarrow \quad \underline{U} e^{j\omega t} = R \cdot \underline{I} e^{j\omega t} \quad \Rightarrow \quad \boxed{\underline{U} = R \cdot \underline{I}} \quad (3.5.3)$

b) $\underline{u}(t) = L \cdot \underline{\dot{i}}(t) \quad \Rightarrow \quad \underline{U} e^{j\omega t} = Lj\omega \cdot \underline{I} e^{j\omega t} \quad \Rightarrow \quad \boxed{\underline{U} = j\omega L \cdot \underline{I}} \quad (3.5.4)$

c) $\underline{i}(t) = C \cdot \underline{\dot{u}}(t) \quad \Rightarrow \quad \underline{I} e^{j\omega t} = Cj\omega \cdot \underline{U} e^{j\omega t} \quad \Rightarrow \quad \boxed{\underline{U} = \dfrac{1}{j\omega C} \cdot \underline{I}} \quad (3.5.5)$

Im Komplexen haben also alle drei Beziehungen die Gestalt des OHMschen Gesetzes, nämlich „Spannung = Konstante · Strom", kurz $\quad \boxed{\underline{U} = \underline{Z} \cdot \underline{I}}. \quad (3.5.6)$

3.5 Anwendungen in der Technik

Demzufolge heißt die Konstante $\underline{Z}$ *komplexer Widerstand* oder *Scheinwiderstand*; ihr Realteil, mit R bezeichnet, heißt *Wirkwiderstand*; ihr Imaginärteil, für den häufig X verwandt wird, ist der *Blindwiderstand*.

Auch die „Phasensprünge" an Widerstand, Induktivität und Kapazität lassen sich nun leicht beschreiben:

a) Aus (3.5.3) folgt durch Einsetzen von $\underline{U}$ und $\underline{I}$ (vgl. (3.5.2) und (3.5.1)):

$$u_m \mathrm{e}^{\mathrm{j}\varphi_u} = R \cdot i_m \mathrm{e}^{\mathrm{j}\varphi_i} \Rightarrow \quad \mathrm{e}^{\mathrm{j}(\varphi_u - \varphi_i)} = \frac{R i_m}{u_m}$$

Da die rechte Seite dieser Gleichung immer ein Wert aus $\mathbb{R}^+$ ist und die linke immer auf dem Einheitskreis der komplexen Ebene liegt, muss sich 1 ergeben, das heißt, $\Delta\varphi = \varphi_u - \varphi_i = 0$; es tritt also keine Phasenverschiebung auf.

b) Analog folgt aus (3.5.4): $u_m \mathrm{e}^{\mathrm{j}\varphi_u} = \omega L \cdot i_m \mathrm{e}^{\mathrm{j}\varphi_i} \underbrace{\mathrm{e}^{\mathrm{j}\frac{\pi}{2}}}_{\mathrm{j}} \Rightarrow \quad \mathrm{e}^{\mathrm{j}\left(\varphi_u - \varphi_i - \frac{\pi}{2}\right)} = \frac{\omega L i_m}{u_m}$

Mit der gleichen Argumentation wie bei a) erhält man nun die Phasendifferenz $\Delta\varphi = \frac{\pi}{2}$.

c) Aus (3.5.5) erhält man schließlich $\Delta\varphi = -\frac{\pi}{2}$ bei einem Kondensator.

Wie im Reellen addieren sich auch bei Serienschaltung mehrerer komplexer Widerstände diese zum Gesamt-Scheinwiderstand; bei Parallelschaltung gilt Entsprechendes für deren Kehrwerte, die so genannten *(komplexen) Leitwerte*. Wir wollen damit zum Schluss unserer Anwendungen den Wirkwiderstand von parallel geschaltetem Widerstand R, Induktivität L und Kapazität C berechnen.

Bezeichnet $\underline{Z}$ den Gesamtwiderstand, so folgt für die Parallelschaltung aus (3.5.3) – (3.5.5):

$$\frac{1}{\underline{Z}} = \frac{1}{R} + \frac{1}{\mathrm{j}\omega L} + \mathrm{j}\omega C = \frac{1}{R} + \mathrm{j}\left(\omega C - \frac{1}{\omega L}\right)$$

Kehrwertbildung und Reellmachen des Nenners ergeben:

$$\underline{Z} = \frac{1}{\frac{1}{R} + \mathrm{j}\left(\omega C - \frac{1}{\omega L}\right)} = \frac{\frac{1}{R} - \mathrm{j}\left(\omega C - \frac{1}{\omega L}\right)}{\left(\frac{1}{R}\right)^2 + \left(\omega C - \frac{1}{\omega L}\right)^2} = \frac{R - \mathrm{j}R^2\left(\omega C - \frac{1}{\omega L}\right)}{1 + R^2\left(\omega C - \frac{1}{\omega L}\right)^2}$$

Für den Wirkwiderstand, den Realteil des Scheinwiderstands, folgt somit:

$$\operatorname{Re}\underline{Z} = \frac{R}{1 + R^2 \left(\omega C - \dfrac{1}{\omega L}\right)^2}$$

Da der Nenner mindestens gleich 1 ist, ist der Wirkwiderstand hier höchstens gleich dem OHMschen Widerstand R. Bei $\left(\omega C - \dfrac{1}{\omega L}\right)^2 = 0$ ergibt sich dieser Maximalwert R. Dies ist bei gegebenen C und L für die Frequenz $f = \dfrac{\omega}{2\pi} = \dfrac{1}{2\pi}\sqrt{\dfrac{1}{CL}}$ der Fall (*Thomson-Gleichung*).

Übungsaufgaben:

1. Welche Schwingung resultiert aus der ungestörten Überlagerung der beiden mechanischen Schwingungen $y_1 = 3\sin(5t)$ und $y_2 = \sqrt{2}\cos\left(5t - \frac{\pi}{4}\right)$ (Zeit in s, Längen in cm)?

2. Gegeben sind die beiden Schaltungen in Bild 3.5.2. Es wird jeweils eine Wechselspannung mit der Kreisfrequenz $\omega = \dfrac{R}{L}$ angelegt. Wie groß sind die komplexen Widerstände $\underline{Z}_1$, $\underline{Z}_2$ und die Phasenverschiebung $(\varphi_u - \varphi_i)_1$, $(\varphi_u - \varphi_i)_2$? Ermitteln Sie außerdem $|\underline{Z}_1|$, $|\underline{Z}_2|$ und $\dfrac{|\underline{Z}_1|}{|\underline{Z}_2|}$.

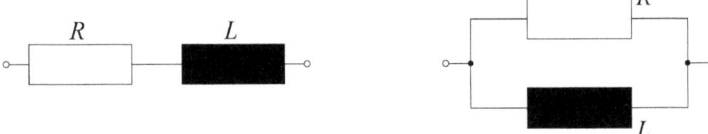

Bild 3.5.2: Zu Übungsaufgabe 2

4 Differentialrechnung

In der Differentialrechnung befassen wir uns mit *Ableitungen von Funktionen*. Sie werden verwendet, wenn nicht nur *Funktionswerte* zu betrachten sind, sondern deren *Änderungsverhalten* an bestimmten Stellen bzw. zu bestimmten Zeitpunkten (z.B. eines zurückgelegten Weges in Abhängigkeit von der Zeit, des Luftdrucks in Abhängigkeit von der Höhe, der y-Koordinaten von Kurvenpunkten in Abhängigkeit von x). Dabei ergibt sich auch die Möglichkeit, Extremwerte einer Veränderlichen in Abhängigkeit von einer anderen zu ermitteln.

Ist z.B. die Wegstrecke s, die ein Fahrzeug zurücklegt (am Kilometerzähler ablesbar), als Funktionswert der Zeit t gegeben, und registrieren wir, *wie schnell* sich während der Fahrt die Anzeige des Kilometerzählers (unabhängig vom Anfangswert!) ändert, erhalten wir die Anzeige des Tachometers – und das ist die jeweils gefahrene Geschwindigkeit v. Der Zusammenhang zwischen t (unabhängige Variable) und s (abhängige Variable) ist in Bild 4.1 dargestellt („Weg-Zeit-Diagramm"); $\mathfrak{G}_f$, der Graph von f, hat also die Gleichung $s = f(t)$. Was kann man – rein von der Anschauung her – daraus ablesen?

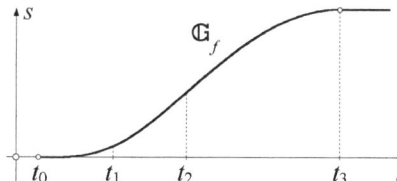

Bild 4.1: Weg-Zeit-Diagramm

Von $t = t_0$ bis $t = t_3$ wird die Strecke von $s = 0$ bis $s = f(t_3)$ durchfahren. Dabei werden in gleichen Zeitintervallen Δt

- von $t = t_0$ bis $t = t_2$ zunehmend größere Wegintervalle Δs durchfahren: die Geschwindigkeit nimmt zu (positive Beschleunigung: $\mathfrak{G}_f$ steigt an der Stelle $t = t_2$ stärker als bei t_1, $s = f(t)$ nimmt bei $t = t_2$ stärker zu als bei t_1),
- von $t = t_2$ bis $t = t_3$ zunehmend kleinere Δs durchfahren: die Geschwindigkeit nimmt ab (Abbremsung = negative Beschleunigung),

Bei t_2 fährt das Fahrzeug also am schnellsten; $\mathfrak{G}_f$ hat dort einen Wendepunkt. Von t_3 ab ändert sich s mit zunehmender Zeit t nicht mehr; das Fahrzeug steht.

Wenn wir Genaueres über die auftretenden Geschwindigkeiten und Beschleunigungen wissen wollen, müssen wir *Differentialrechnung* anwenden: Die Ableitung des Weges s nach der Zeit t ist die Geschwindigkeit $v = f'(t)$; die Ableitung der Geschwindigkeit v nach der Zeit t, also die zweite Ableitung des Weges s nach der Zeit t ist die Beschleunigung $a = f''(t)$. Nach dem folgenden Überblick über das dazu nötige Werkzeug kommen wir hierauf zurück.

4.1 Differenzierbarkeit

Zunächst müssen wir Aussagen wie

„An der Stelle x_P steigt bzw. fällt der Graph $\mathbb{G}_f$ stärker bzw. schwächer als an der Stelle x_Q" (gleichbedeutend mit „An der Stelle x_P nimmt der Funktionswert $f(x)$ stärker bzw. schwächer zu bzw. ab als an der Stelle x_Q")

oder ähnliche mathematisch korrekt begründen, also ein *Maß für das Änderungsverhalten eines Funktionswertes* an einer Stelle x_P des Definitionsbereichs finden. Genau dies ist die Aufgabe der *Differentialrechnung*.

Gegeben sei eine stetige Funktion $f: x \mapsto y = f(x)$ mit $x \in \mathbb{D}_f$, $y \in \mathbb{W}_f$.
x_P sei ein festgewählter (innerer) Punkt von $\mathbb{D}_f$. Wie stark nimmt $f(x)$ bei zunehmenden Eingabewerten x (also beim Durchlaufen des Graphs $\mathbb{G}_f$ von links nach rechts) an der Stelle x_P zu bzw. ab (Bild 4.1.1)?

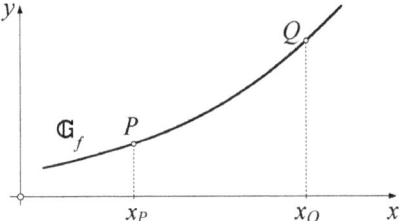
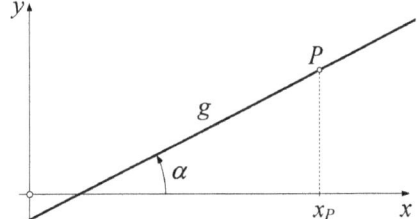

Bild 4.1.1: Zunahme von $f(x)$ an der Stelle x_P **Bild 4.1.2:** Steigung einer Geraden

Ist g eine Gerade mit der Gleichung $y = mx + b$ ($m, b \in \mathbb{R}$, const), so ist aus der Schule bekannt, wie man den Anstieg von g (etwa im Vergleich zu einer anderen Geraden) quantifiziert: Der Winkel α zwischen g und der positiven x-Achse ist offensichtlich ein Maß für die Steilheit von g (Bild 4.1.2); bekanntlich ist $m = \tan \alpha$ die sogenannte *Steigung* der Geraden. Während eine Gerade an jeder Stelle x_P dieselbe Steigung hat, gilt dies für allgemeines $\mathbb{G}_f$ offensichtlich nicht. Um nun einen Steigungsbegriff für den Graph $\mathbb{G}_f$ einer beliebigen Funktion f an der Stelle x_P zu erhalten, soll der von Geraden her bekannte Steigungsbegriff auf eine solche Gerade angewandt werden, die $\mathbb{G}_f$ in der Umgebung des Punktes

4.1 Differenzierbarkeit

$P(x_P, y_P)$ „möglichst gut" annähert. Weil P auf $\mathfrak{G}_f$ liegt, ist $y_P = f(x_P)$. Wie sieht die Gleichung einer solchen Geraden aus; was bedeutet insbesondere „möglichst gut"?

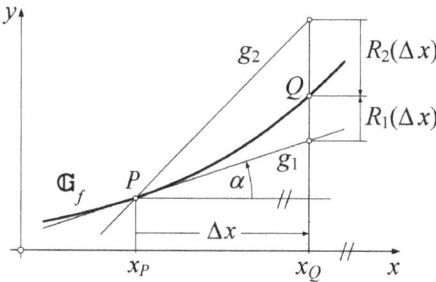

Bild 4.1.3: Möglichst gute Annäherung von $\mathfrak{G}_f$

Die Geraden g_i mit den Gleichungen $y = y_P + m_i(x - x_P)$ (mit beliebigen Werten $m_i \in \mathbb{R}$) gehen alle durch den Punkt P. Welche davon nähert $\mathfrak{G}_f$ „möglichst gut" an? Wodurch unterscheidet sich in Bild 4.1.3 die Gerade g_1 (anschaulich: „geeignet") von der Geraden g_2 (offensichtlich „ungeeignet")?

Den Unterschied beschreibt die Größe $R_i(\Delta x)$:

$$R_i(\Delta x) = f(x_P + \Delta x) - (y_P + m_i \Delta x).$$

Aus der Stetigkeit von f an der Stelle x_P folgt, dass für $\Delta x \to 0$ sowohl $R_1(\Delta x)$ als auch $R_2(\Delta x)$ gegen 0 gehen. Geht aber der Unterschied $R_1(\Delta x)$ schneller gegen 0 als jedes andere $R_i(\Delta x)$, auch schneller als Δx selbst, so dass gilt

$$\lim_{\Delta x \to 0} \frac{R_1(\Delta x)}{\Delta x} = 0, \tag{4.1.1}$$

so heißt die Gerade g_1 *Tangente* an den Graph $\mathfrak{G}_f$ an der Stelle x_P. Für deren Existenz gilt der folgende wichtige

Satz:

> $\mathfrak{G}_f$ besitzt bei x_P eine Tangente mit der Steigung m,
> wenn $\lim\limits_{\Delta x \to 0} \dfrac{f(x_P + \Delta x) - f(x_P)}{\Delta x} = m \in \mathbb{R}$ ist.

Beweis: $\mathfrak{G}_f$ habe im Punkt $P(x_P, y_P)$ die Tangente t mit der Gleichung
$y = y_P + m(x - x_P)$; dabei ist ist $y_P = f(x_P)$.
An der Stelle $x = x_P + \Delta x$ ist auf t also $y = y_P + m \Delta x$. Wegen

$$\frac{R_1(\Delta x)}{\Delta x} = \frac{f(x_P + \Delta x) - (y_P + m \Delta x)}{\Delta x} = \frac{f(x_P + \Delta x) - f(x_P)}{\Delta x} - m \quad \text{folgt aus (4.1.1):}$$

$$\lim_{\Delta x \to 0} \frac{f(x_P + \Delta x) - f(x_P)}{\Delta x} = m. \tag{4.1.2}$$

Anschaulich interpretieren wir dies so: Die Tangente t an $\mathbb{G}_f$ in P ist Grenzlage der Sekante PQ, wenn Q nach P wandert, also für $\Delta x \to 0$ (Bild 4.1.4).

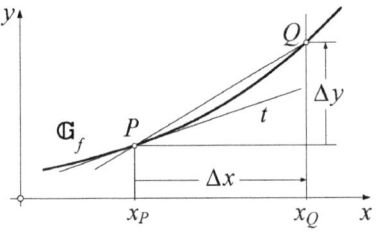

Bild 4.1.4: Tangente als Grenzlage der Sekante

Umgekehrt gilt: Ist $\lim\limits_{\Delta x \to 0} \dfrac{f(x_P + \Delta x) - f(x_P)}{\Delta x} = m \in \mathbb{R}$, so hat $\mathbb{G}_f$ im Punkt $P(x_P, y_P)$ die Tangente t mit der Gleichung $y = y_P + m(x - x_P)$, wie die Umkehrung der obigen Rechnung zeigt. Damit formulieren wir die folgende

Definition:

> f heißt genau dann differenzierbar an der Stelle $x_P \in \mathbb{D}_f$,
> wenn $\lim\limits_{\Delta x \to 0} \dfrac{f(x_P + \Delta x) - f(x_P)}{\Delta x} = m \in \mathbb{R}$ gleich einer reellen Zahl m ist.

Dieser Grenzwert heißt *(erste) Ableitung* von $f(x)$ an der Stelle x_P und wird mit $f'(x_P)$ bezeichnet. $f'(x_P)$ ist die Steigung der Tangente an $\mathbb{G}_f$ (kurz: die Steigung von $\mathbb{G}_f$) bei $x = x_P$. Daraus ersehen wir unmittelbar den

Satz:

> Ist g eine gerade Funktion, also $g(-x) = g(x)$, so ist g' eine ungerade Funktion, ist u eine ungerade Funktion, also $u(-x) = -u(x)$, so ist u' eine gerade Funktion.

Die Werte x, für die f differenzierbar ist, bilden eine Menge $\mathbb{D}_{f'} \subseteq \mathbb{D}_f$; durch die Zuordnung $x \mapsto f'(x)$ ist also eine Abbildung von $\mathbb{D}_{f'}$ nach $\mathbb{R}$ definiert, die so genannte *(erste) Ableitungsfunktion* f'.

Hat $\mathbb{G}_f$ in einem Punkt eine Tangente parallel zur y-Achse, so ist dort dieser Grenzwert nicht endlich; $\tan \alpha$ geht gegen $+\infty$ bzw. $-\infty$. An einer *Knickstelle* von $\mathbb{G}_f$ existiert kein eindeutig bestimmter Grenzwert für $\tan \alpha$, sondern nur der linksseitige (Δx geht von negativen Werten her gegen 0) und der von ihm verschiedene rechtsseitige Grenzwert (Δx geht von positiven Werten her gegen 0). Sie werden geschrieben als links- bzw. rechtsseitige Steigung

4.1 Differenzierbarkeit

$$\lim_{\Delta x \to 0-} \frac{\Delta y}{\Delta x} \quad \text{bzw.} \quad \lim_{\Delta x \to 0+} \frac{\Delta y}{\Delta x}. \tag{4.1.3}$$

An allen Stellen x, an denen f *differenzierbar* ist und der Graph $\mathfrak{G}_f$ daher als glatte Kurve verläuft, ist $\mathfrak{G}_{f'}$ ebenfalls glatt oder hat schlimmstenfalls Knickstellen; an Knickstellen von $\mathfrak{G}_f$ hat $\mathfrak{G}_{f'}$ jedoch Sprungstellen.

Beachten Sie jedoch: Ist $\lim_{x \to x_P} f'(x) = +\infty$ oder $-\infty$, so kann $\mathfrak{G}_f$ dort durchaus glatt sein; f ist aber bei x_P nicht differenzierbar. $\mathfrak{G}_{f'}$ hat dort eine Asymptote parallel zur y-Achse (Grenzlage der Tangente an $\mathfrak{G}_{f'}$, wenn $x \to x_P$ geht).

Statt $f'(x)$ ist auch die Schreibweise als *Differentialquotient* $\frac{df(x)}{dx}$ üblich (nach LEIBNIZ). Es ist kein eigentlicher Quotient, sondern Grenzwert eines Quotienten:

$$\frac{df(x)}{dx} = \lim_{\Delta x \to 0} \frac{\Delta f(x)}{\Delta x} = f'(x). \tag{4.1.4}$$

Führen wir aber $df(x)$ als y-Differenz auf der Tangente ein, die zur x-Differenz dx gehört, so ist der Differentialquotient tatsächlich der Quotient von $df(x)$ und dx. Diese Differenzen heißen einander zugeordnete *Differentiale*.

Ist $y = f(x)$, so schreibt man die Ableitung nach x auch kurz als y' oder $\frac{dy}{dx}$.

Wird y speziell nach der Zeit t abgeleitet, so ist in Physik und Technik hierfür die Schreibweise $\dot{y}$ üblich.

Die Ableitung $f'(x)$ sollte man nicht nur mit dem Begriff Tangentensteigung verknüpfen! Wir halten uns stets an den folgenden

Merksatz:

$f'(x)$ gibt an, in welchem Maß sich $f(x)$ von einer Stelle x aus für zunehmende Werte von x ändert.

Bei $f'(x) > 0$ nimmt $f(x)$ für zunehmende x zu, bei $f'(x) < 0$ ab. Hat $f(x)$ an einer Stelle x ein Extremum (Maximum oder Minimum), und ist f dort differenzierbar, so ist also dort $f'(x) = 0$. Daraus ergibt sich der

Satz von ROLLE:

Ist $f(x_O) = f(x_P)$, f auf $[x_P, x_O]$ stetig und auf $]x_P, x_O[$ differenzierbar, so gibt es in diesem Intervall mindestens eine Stelle ξ mit $f'(\xi) = 0$.

Denn entweder ist $f(x) = \text{const} = f(x_P) = f(x_Q)$, oder $f(x)$ nimmt irgendwo von $f(x_P)$ aus zu (bzw. ab), dann nimmt es aber, um wieder nach $f(x_Q)$ zu kommen, anderswo wieder ab (bzw. zu). Dazwischen liegt also mindestens ein Extremum.

Sehr brauchbar ist bei Kurvendiskussionen oft der folgende

Nullstellensatz:

> Ist f differenzierbar und nicht konstant 0 in einer Umgebung von a, $f'(x)$ stetig in a und sind $f(a)$ und $f'(a)$ beide gleich 0, so ist $\lim\limits_{x\to a}\dfrac{f(x)}{f'(x)} = 0$.

Auf den Beweis, der elementare Grenzwertüberlegungen sowie wesentlich die Tatsache $f(a) = f'(a) = 0$ benutzt, wollen wir hier verzichten.

Anschaulich besagt der Satz: $\mathfrak{G}_f$ geht „schneller" zur Nullstelle bei $x = a$ als $\mathfrak{G}_{f'}$.

Durch elementare Grenzwertbestimmung erhält man folgende aus der Schule bekannten Formeln:

$f(x)$	$f'(x)$
$c = \text{const}$	0
x^n	nx^{n-1} für $n \in \mathbb{R}$
$\sin x$	$\cos x$
$\cos x$	$-\sin x$
e^x	e^x
$\ln|x|$	$\dfrac{1}{x}$

Weitere Differentiationsformeln finden wir in der Formelsammlung.

Beispiele:

1. Für $f(x) = \sqrt{x} = x^{\frac{1}{2}}$ erhalten wir $f'(x) = \frac{1}{2}x^{-\frac{1}{2}} = \dfrac{1}{2\sqrt{x}}$ ($x \in \mathbb{R}^+$).

2. Ist $f(x) = |\ln x|$, so ist $\mathbb{D}_f = \mathbb{R}^+$, f aber nur für $x \in \mathbb{D}_{f'} = \mathbb{R}^+ \setminus \{1\}$ differenzierbar, $f'(x) = \dfrac{1}{x}\operatorname{sgn}(x-1)$. Für $x = 1$ existiert $\lim\limits_{\Delta x \to 0}\dfrac{f(x+\Delta x) - f(x)}{\Delta x}$ nicht; es gibt also keine Tangente an $\mathfrak{G}_f$ bei $x = 1$, wie dem Graph sofort anzusehen ist („Knickstelle" in Bild 4.1.5). Die linksseitige Steigung ist -1, die rechtsseitige $+1$; vgl. (4.1.3). Wir beachten besonders, dass trotzdem f bei $x = 1$ stetig ist! Stetigkeit hat also nicht automatisch die Differenzierbarkeit zur Folge, umgekehrt ist aber jede bei x_P differenzierbare Funktion dort auch stetig, was unmittelbar aus der Definition der Differenzierbarkeit folgt.

3. $f(x) = \frac{1}{2}x \cdot |x|$ (Bild 4.1.6) ist überall differenzierbar; $f'(x) = |x|$. $\mathfrak{G}_{f'}$ hat bei $x = 0$ eine Knickstelle; f' ist dort nicht differenzierbar. □

4.2 Differentiationsregeln

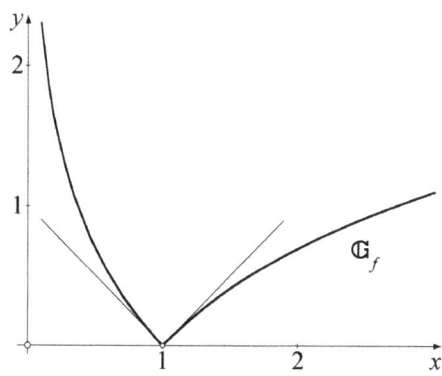
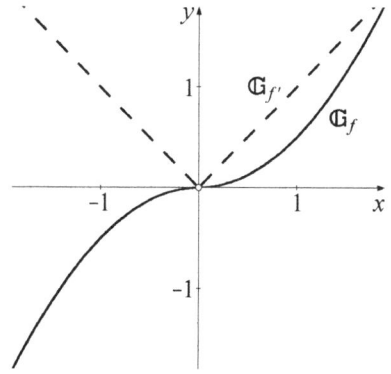

Bild 4.1.5: Einseitige Steigungen bei $x = 1$ **Bild 4.1.6:** Knickstelle von $\mathfrak{G}_{f'}$

Übungsaufgaben:

1. Ermitteln Sie die einseitigen Steigungen von $\mathfrak{G}_f$ an den Knickstellen
a) für $y = f(x) = \frac{1}{2}x + |x|$, b) für $y = f(x) = |x^2 - 1|$.

2. Gegeben ist $f(x) = |x^3|$. Sind f und f' bei $x = 0$ differenzierbar?

3. Ist $y = f(x) = \tanh \frac{1}{x-1}$ bei $x = 1$ differenzierbar?

4.2 Differentiationsregeln

Aus der Definition der Ableitung lassen sich unmittelbar die elementaren Ableitungsregeln herleiten. Setzen wir zur Abkürzung $u = g(x)$, $v = h(x)$, also $u' = g'(x)$, $v' = h'(x)$, so gelten die folgenden von der Schule her bekannten

Differentiationsregeln:

$(u \pm v)' = u' \pm v'$ (Gliedweise Differentiation von Summen und Differenzen)
$(u \pm c)' = u'$ für $c = \text{const} \in \mathbb{R}$ (Verschwinden eines konstanten Summanden)
$(cu)' = cu'$ für $c = \text{const} \in \mathbb{R}$ (Herausziehen eines konstanten Faktors)
$(u \cdot v)' = u'v + uv'$ (Produktregel)
$\left(\dfrac{u}{v}\right)' = \dfrac{u'v - uv'}{v^2}$ für $v \neq 0$ (Quotientenregel)

Beispiel:

1. Gesucht ist die Ableitung von $f(x) = \tan x$:

Nach Definition gilt für alle $x \neq (k + \frac{1}{2})\pi$ mit $k \in \mathbb{Z}$: $\tan x = \dfrac{\sin x}{\cos x}$, also ist

$$\frac{d\tan x}{dx} = \frac{\cos x \cdot \cos x - \sin x \cdot (-\sin x)}{\cos^2 x} = \frac{1}{\cos^2 x} = 1 + \tan^2 x.$$ □

Besondere Aufmerksamkeit ist bei der Anwendung der **Kettenregel** angebracht. Sind die Ableitungsfunktionen f' und g' bekannt, und ist die Ableitung $\frac{df[g(x)]}{dx}$ gesucht, so können wir folgendermaßen vorgehen:

Wir substituieren $u = g(x)$ und haben also nun $\frac{df(u)}{dx}$ zu berechnen.

Merkregel: $f(u)$ würden wir lieber nach u differenzieren als nach x. Weil aber $\frac{df(u)}{du}$ etwas anderes ist als $\frac{df(u)}{dx}$, müssen wir $\frac{df(u)}{du}$ so „reparieren", dass $\frac{df(u)}{dx}$ daraus wird:

$$\frac{df(u)}{dx} = \frac{df(u)}{du} \cdot \frac{du}{dx} \ . \tag{4.2.1}$$

Die „Reparatur" vollzieht sich also formal so, wie wir es von der Bruchrechnung her gewohnt sind. (Auch wenn Differentialquotienten ja Grenzwerte von Brüchen sind, zeigt die Grenzwertberechnung, dass ein so erhaltenes Ergebnis stimmt).
Nach der Differentiation muss nur noch u wieder durch $g(x)$ ersetzt werden (Rücksubstitution).

Dieser Prozess kann in mehreren Stufen nötig werden, wenn nämlich mehr Funktionen „verschachtelt" sind:

Ist $\frac{df\{g[h(x)]\}}{dx}$ gesucht, so können wir $h(x) = u$ setzen und $g[h(x)] = g(u) = v$; somit ergibt sich:

$$\frac{df\{g[h(x)]\}}{dx} = \frac{df(v)}{dv} \cdot \frac{dv}{du} \cdot \frac{du}{dx} \ .$$

Nach der Differentiation wird durch Rücksubstitution wieder alles in x ausgedrückt.

Beispiel:

2. Gesucht ist die Ableitung von $y = \sin\sqrt{1 + x^2}$.

Mit $u = 1 + x^2$, $v = \sqrt{u}$, also $y = \sin v$ ergibt sich

$$\frac{dy}{dx} = \frac{dy}{dv} \cdot \frac{dv}{du} \cdot \frac{du}{dx} = \cos v \cdot \frac{1}{2\sqrt{u}} \cdot 2x = \frac{x\cos\sqrt{1+x^2}}{\sqrt{1+x^2}}.$$ □

4.2 Differentiationsregeln

Mit etwas weniger Aufwand lässt sich die Kettenregel anwenden, wenn man die Substitutionen nicht explizit anschreibt, sondern sie nur durch Einrahmung kennzeichnet; die zu substituierenden Ausdrücke werden in „Kästen" gesteckt:

$$\frac{d\sin\sqrt{1+x^2}}{dx} = \frac{d\sin\boxed{}}{d\boxed{}} \cdot \frac{d\sqrt{\boxed{}}}{d\boxed{}} \cdot \frac{d\boxed{}}{dx} = \cos\boxed{} \cdot \frac{1}{2\sqrt{\boxed{}}} \cdot 2x$$

Denn stets ist $\dfrac{d\sin\boxed{\text{Kasten}}}{d\boxed{\text{Kasten}}} = \cos\boxed{\text{Kasten}}$ und $\dfrac{d\sqrt{\boxed{\text{Kasten}}}}{d\boxed{\text{Kasten}}} = \dfrac{1}{2\sqrt{\boxed{\text{Kasten}}}}$

völlig unabhängig vom Kasteninhalt. Sowie nach einem Kasten differenziert wurde, wird der Kasteninhalt nach dem nächsten Kasten „nachdifferenziert", bzw. beim letzten Schritt nach x. So erhalten wir wie vorhin:

$$\frac{d\sin\sqrt{1+x^2}}{dx} = \cos\sqrt{1+x^2} \cdot \frac{1}{2\sqrt{1+x^2}} \cdot 2x = \frac{x\cos\sqrt{1+x^2}}{\sqrt{1+x^2}}.$$

Bei einfacheren Ausdrücken kann man sich die Kästen sparen.

Beispiel:

3. Gesucht ist die Ableitung von $y = f(x) = x^2 \cdot \cos\dfrac{1}{x}$.

$$f'(x) = 2x \cdot \cos\frac{1}{x} + x^2 \cdot \left(-\sin\frac{1}{x}\right) \cdot \left(-\frac{1}{x^2}\right) = 2x \cdot \cos\frac{1}{x} + \sin\frac{1}{x} \qquad \square$$

Das ist im Zusammenhang mit den Erläuterungen zu Bild 4.1.5 beachtlich: Weil $\mathbb{W}_{\cos} = [-1, 1]$ ist, pendelt $f(x)$ immer zwischen $-x^2$ und x^2 hin und her. Bei $x = 0$ ist f stetig, aber nicht differenzierbar, und es existiert dort nicht einmal eine links- oder rechtsseitige Steigung. Dem Graph sieht man das nicht an (Bild 4.2.1). Je näher wir an $x = 0$ sind, desto „schneller" schwingt eben der Cosinus.

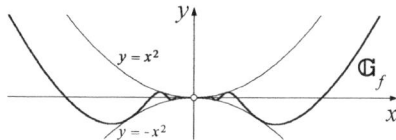

Bild 4.2.1: Keine Steigung bei $x = 0$ definiert

Bisher hatten wir uns nur mit der 1. Ableitung $f'(x)$ von $f(x)$ befasst. Oft benötigen wir aber auch das Maß, in dem sich $f'(x)$ ändert; dies führt uns zu höheren Ableitungen (Existenz jeweils vorausgesetzt):

Wird $f'(x)$ nach x differenziert, so erhalten wir die 1. Ableitung von $f'(x)$, das ist die 2. *Ableitung* $f''(x)$ von $f(x)$ – usw.: die 1. Ableitung von $f''(x)$ ist die *3. Ableitung* $f'''(x)$ von $f(x)$. Differenzieren wir $f(x)$ n mal nach x ($n > 0$, ganz), so erhalten wir die *n-te Ableitung* (oder *Ableitung der Ordnung n*) $f^{(n)}(x)$ von $f(x)$; sie ist freilich wieder die 1. Ableitung der $(n-1)$-te Ableitung $f^{(n-1)}(x)$. Sie gibt das Maß an, in dem sich $f^{(n-1)}(x)$ für zunehmende x ändert.

Ist also $f(x) = \sin x$, so ist $f'(x) = \cos x$, $f''(x) = -\sin x$, $f'''(x) = -\cos x$, $f^{(4)}(x) = \sin x$, usw.

Als Differentialquotienten sehen die höheren Ableitungen so aus:

Für $f''(x) = \dfrac{d}{dx}\left(\dfrac{df(x)}{dx}\right)$ schreiben wir $\dfrac{d^2 f(x)}{dx^2}$,

für $f^{(n)}(x) = \dfrac{d}{dx}\left(\dfrac{df^{(n-1)}(x)}{dx^{n-1}}\right)$ entsprechend $\dfrac{df^n(x)}{dx^n}$.

Übungsaufgaben:

1. Differenzieren Sie (mit b = const > 0) die folgenden Ausdrücke nach x:

$x^2 \cdot e^{6x}$, $\dfrac{x^2}{e^{6x}}$, $(x^2 + 4x)^5$, $\sqrt{x^2 + 4}$, $\left(\dfrac{1}{\cos x}\right)^3$, $\tan(e^x)$, $e^{\tan x}$, $b^{\operatorname{ar\,sinh} x}$, $x^{\cos b}$,

$b^{\cos x}$, $x^{\cos x}$, $\ln[\cos(e^x)]$, $\arcsin(\sinh x)$, $\operatorname{ar\,tanh}[\cot(x^2)]$, $\arctan(\sinh x)$.

2. Gegeben sind $f(x) = 2\sin x - x\cos x$, $g(x) = \sqrt{a^2 - x^2}$, $h(x) = (ax + b)^n$. Ermitteln Sie $f''(x)$, $g''(x)$, $h^{(n)}(x)$ ($a, b = \text{const}$, $n \in \mathbb{N} \setminus \{0\}$).

3. Für welches n haben die Kurven $y = e^{ax}$ ($a \in \mathbb{R}$) und $y = x^n$ einen Berührpunkt B? Wo liegt er? Sonderfälle: $a = 1$ und $a = e^{-1}$ (mit Zeichnung!).

4.3 Kurvendiskussionen und Extremwerte

In der Schule haben Sie sich bereits intensiv mit Kurvengleichungen $y = f(x)$ beschäftigt; Sie erinnern sich an die Methoden der *Kurvendiskussion*:

- Nullstellen werden als Lösung(en) der Gleichung $f(x) = 0$ ermittelt, ggf. mittels numerischer Näherung),
- Symmetrien: Symmetrie zur y-Achse liegt vor, wenn $f(-x) = f(x)$ für alle $x \in \mathbb{D}_f$ gilt, Punktsymmetrie zum Ursprung bei $f(-x) = -f(x)$.
- Extrema von $f(x)$: Dort ist nach dem Satz von ROLLE $f'(x) = 0$, falls f dort differenzierbar ist. Hinreichend für ein Extremum ist ein Vorzeichenwechsel von $f'(x)$, und zwar liegt bei Abnahme von $f'(x)$ ($f''(x) < 0$, falls vorhanden), dort ein Maximum, bei Zunahme ($f''(x) > 0$, falls vorhanden) ein Minimum.

4.3 Kurvendiskussionen und Extremwerte

Ist dort auch $f''(x) = 0$, so liegt, falls $f'''(x) \neq 0$ ist, ein Terrassenpunkt vor (Wendepunkt mit Tangente $\parallel$ x-Achse). Extrema an Stellen, an denen f nicht differenzierbar ist bzw. am Rand von $\mathbb{D}_f$ erfordern gesonderte Untersuchungen.

- Wendepunkte von $\mathbb{G}_f$: Weil hier die Steigung ein Extremum annimmt, erhält man Wendepunkte an Stellen, an denen f' differenzierbar ist, aus $f''(x) = 0$, falls $f''(x)$ dort das Vorzeichen wechselt ($f'''(x) \neq 0$, falls vorhanden).
- Flachpunkte: Hierbei ist $f''(x) = 0$ und $f'''(x) = 0$. Ist $f^{(n)}(x)$ mit $n > 1$ die niedrigste der von 0 verschiedenen höheren Ableitungen, so tritt bei ungeradem n wieder ein Wendepunkt auf, bei geradem n ein Extremum, und zwar ein Maximum bei $f^{(n+1)}(x) < 0$, ein Minimum bei $f^{(n+1)}(x) > 0$.
- Asymptoten parallel zu Koordinatenachsen: Eine Asymptote von $\mathbb{G}_f$ ist die Grenzlage einer Tangente an $\mathbb{G}_f$, wenn eine ihrer Berührpunktskoordinaten $\to +\infty$ bzw. $-\infty$ geht.

Ist $\lim\limits_{x \to \infty} f(x) = b$ oder $\lim\limits_{x \to -\infty} f(x) = b$ mit $b \in \mathbb{R}$,

so hat $\mathbb{G}_f$ eine Asymptote $\parallel$ x-Achse bei $y = b$,

ist $\lim\limits_{x \to a} f(x) = \infty$ oder $\lim\limits_{x \to a} f(x) = -\infty$ (der Grenzwert kann auch einseitig sein),

so hat $\mathbb{G}_f$ eine Asymptote $\parallel$ y-Achse bei $x = a$.

Beispiele:

1. $y = f(x) = 2\left(\dfrac{x}{1+x}\right)^2$; Bild 4.3.1. Nullstelle bei $x = 0$. Keine Symmetrie.

$y' = 4\dfrac{x}{1+x} \cdot \dfrac{1+x-x}{(1+x)^2} = 4\dfrac{x}{(1+x)^3}$, $\quad y'' = 4\dfrac{(1+x)^3 - x \cdot 3(1+x)^2}{(1+x)^6} = 4\dfrac{1-2x}{(1+x)^4}$.

$y' = 0$ bei $x = 0$; dort ist $y'' > 0$, also hat $\mathbb{G}_f$ im Ursprung O sein Minimum.

$y'' = 0$ bei $x = x_W = \frac{1}{2}$; $y_W = f(x_W) = 2\left(\dfrac{1}{2+1}\right)^2 = \frac{2}{9} \approx 0.22$.

Da y'' dort das Vorzeichen wechselt, ist $W(x_W, y_W)$ Wendepunkt von $\mathbb{G}_f$.

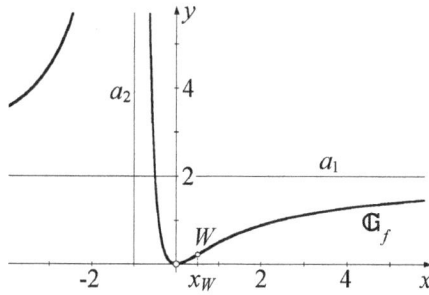

Bild 4.3.1: Kurvendiskussion, Beispiel 1

$\lim\limits_{x \to \pm\infty} f(x) = 2$, also hat $\mathbb{G}_f$ eine Asymptote $a_1 \parallel x$-Achse bei $y = 2$;

$\lim\limits_{x \to -1} f(x) = \infty$, also hat $\mathbb{G}_f$ eine Asymptote $a_2 \parallel y$-Achse bei $x = -1$.

2. Eine gedämpfte Schwingung ist durch $y = f(t) = e^{-\delta t} \cos(\omega t)$ beschrieben. t ist die Zeit, y die Auslenkung. c, δ, ω sind Konstanten > 0; dabei ist ω die Kreisfrequenz der Schwingung, δ die Abklingkonstante und c die Amplitude der ungedämpften Schwingung (wenn also $\delta = 0$ wäre); Bild 4.3.2 .

Nullstellen: $t = \left(k + \dfrac{1}{2}\right)\dfrac{\pi}{\omega}$, $k \in \mathbb{Z}$. $\mathbb{G}_f$ hat keine Symmetrie. Bei $t = \dfrac{k\pi}{\omega}$ hat $\mathbb{G}_f$ Berührpunkte mit den Kurven $y = ce^{-\delta t}$ und $y = -ce^{-\delta t}$ (B in Bild 4.3.2).

Extrema (Punkte E in Bild 4.3.2): $\dot y = ce^{-\delta t}[-\delta \cos(\omega t) - \omega \sin(\omega t)]$;

$\dot y = 0$ bei $\tan(\omega t) = -\dfrac{\delta}{\omega}$, für $t = \dfrac{1}{\omega}\left(k\pi - \arctan\dfrac{\delta}{\omega}\right)$ mit $k \in \mathbb{Z}$.

Für gerade k ist $y > 0$ (Maxima von y), für ungerade k ist $y < 0$ (Minima).

Sind y_1 und y_2 zwei benachbarte Maxima, so ist $\dfrac{y_1}{y_2} = \dfrac{e^{-\delta t_1}}{e^{-\delta t_2}} = e^{\delta(t_2 - t_1)}$;

daraus folgt wegen $\omega t_2 = \omega t_1 + 2\pi$ das konstante(!) Verhältnis $\dfrac{y_1}{y_2} = e^{\frac{2\pi\delta}{\omega}}$.

$\ln \dfrac{y_1}{y_2} = \dfrac{2\pi\delta}{\omega}$ heißt in der Schwingungslehre das „logarithmische Dekrement".

Wendepunkte (W in Bild 4.3.2): $\ddot y = ce^{-\delta t}[(\delta^2 - \omega^2)\cos(\omega t) + 2\delta\omega \sin(\omega t)]$;

$\ddot y = 0$ für $\tan(\omega t) = \dfrac{\omega^2 - \delta^2}{2\delta\omega}$, also $t = \dfrac{1}{\omega}\left(k\pi + \arctan\dfrac{\omega^2 - \delta^2}{2\delta\omega}\right)$ mit $k \in \mathbb{Z}$.

$\lim\limits_{t \to \infty} y = 0$, also ist die t-Achse Asymptote von $\mathbb{G}_f$. □

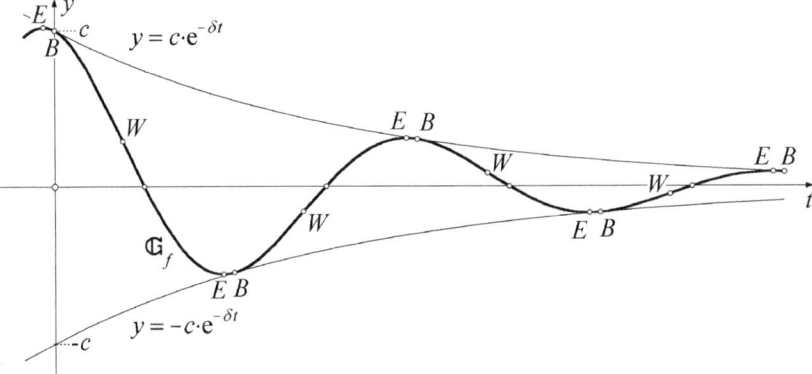

Bild 4.3.2: Gedämpfte Schwingung

4.3 Kurvendiskussionen und Extremwerte

Zurück zum Weg-Zeit-Diagramm von Bild 4.1 für $s = f(t)$: In Bild 4.3.3 ist es zusammengefasst mit dem dazugehörigen Geschwindigkeits-Zeit- bzw. Beschleunigungs-Zeit-Diagramm (Geschwindigkeit v bzw. Beschleunigung a in Abhängigkeit von der Zeit t dargestellt).

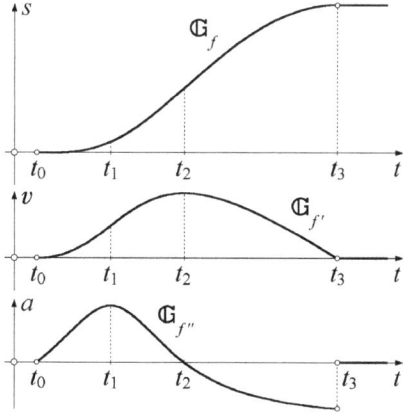

Bild 4.3.3: s, v und a als Funktionswerte der Zeit t

An jeder Stelle t, an der f differenzierbar ist, gibt die 1. Ableitung von s nach t das Maß an, in dem sich der zurückgelegte Weg bei zunehmender Zeit ändert, also die Geschwindigkeit $v = f'(t)$. An jeder Stelle t, an der f' differenzierbar ist, gibt die 1. Ableitung der Geschwindigkeit v nach t das Maß an, in dem sich v mit zunehmender Zeit ändert, also die Beschleunigung $a = f''(t)$. Hier ist deutlich die praktische Bedeutung des Merksatzes von 4.1 zu sehen. Bei t_2 ist die Steigung von $\mathfrak{G}_f$ am größten; die Geschwindigkeit v hat dort ihr Maximum. Von t_2 bis t_3 wird die Fahrt abgebremst; die Beschleunigung a ist daher dort negativ. Auch die Bedeutung des Zeitpunktes t_1 ist jetzt noch genauer fassbar: Hier nimmt die Geschwindigkeit am stärksten zu; die Beschleunigung a hat ein Maximum. Bei $t = t_3$ ist f' nicht differenzierbar; $\lim\limits_{\Delta t \to -0} \frac{\Delta v}{\Delta t}$ und $\lim\limits_{\Delta t \to +0} \frac{\Delta v}{\Delta t} = 0$ (links- und rechtsseitiger Grenzwert) sind verschieden.

f'' ist bei t_3 nicht stetig, $\mathfrak{G}_{f''}$ hat eine Sprungstelle mit endlicher Sprunghöhe. Die Beschleunigung a springt von dem negativen Wert $f''(t_3)$ plötzlich auf 0.

Beispiel:

3. Gegeben ist $s = f(t) = p[1 - \cos(qt)]$ mit $p = 5$ m und $q = 0.25 \, \pi \, \text{s}^{-1}$ für $0 \le t \le 4$ s. Welcher Weg s ist bei $t = 4$ s zurückgelegt? Wie verlaufen Geschwindigkeit $v = f'(t)$ und Beschleunigung $a = f''(t)$?

Bei $t = 0$ ist $s = 0$, bei $t = 4$ s ist $s = 2p = 10$ m.
$v = f'(t) = pq \sin(qt)$, $a = f''(t) = pq^2 \cos(qt)$; bei $t = 0$ und $t = 4$ s ist $v = 0$; bei $t = 2$ s tritt als maximale Geschwindigkeit $v = pq = 1.25 \, \pi \, \text{ms}^{-1} \approx 3.93 \, \text{ms}^{-1}$ auf.

Dort ist $a = 0$. Bei $t = 0$ tritt als maximale Beschleunigung
$a = pq^2 = 0.3125\pi^2$ ms$^{-2} \approx 3.08$ ms^{-2} auf, ihr Minimum $-pq^2 \approx -3.08$ ms^{-2} liegt
bei $t = 4$ s (maximale Abbremsung). □

Was ist aus dem folgenden Weg-Zeit-Diagramm (Bild 4.3.4) zu ersehen?
Wieder ist $s = f(t)$. Von $t = t_0$ bis $t = t_1$ nimmt die Geschwindigkeit ständig zu;
aber bei $t = t_1$ steht das Fahrzeug plötzlich, aus voller Fahrt heraus. f ist bei $t = t_1$
nicht differenzierbar; $\mathfrak{G}_f$ hat eine Knickstelle. f' ist unstetig bei $t = t_1$: Die Geschwindigkeit $v = f'(t)$ fällt plötzlich auf 0 – vielleicht war eine Betonwand im Weg.

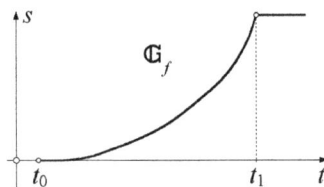

Bild 4.3.4: Weg-Zeit-Diagramm mit Knickstelle von $\mathfrak{G}_f$

Freilich zeigt sich bei genauem Hinsehen, dass diese Knickstelle von $\mathfrak{G}_f$ den tatsächlichen Ablauf nur näherungsweise wiedergibt: In Wirklichkeit erfährt $\mathfrak{G}_f$ bei t_1 eine Ausrundung; v fällt dort nicht schlagartig auf den Wert 0, sondern während eines kleinen Zeitintervalls Δt (hier findet die *Formänderungsarbeit* statt – Eindrücken der „Knautschzone").

Die Suche nach optimalen Gestaltungs- bzw. Verfahrensweisen bei technischen Anwendungen führt oft auf die oben dargelegte Ermittlung von Extremwerten.

Beispiele:

4. Eine Aktionsgruppe hat an einem Industrieschornstein ein Transparent angebracht; in Bild 4.3.5 ist sein unteres Ende bei A in der Höhe a über der horizontalen Geraden g, sein oberes vertikal darüber bei B im Abstand h von A. Ein Pressephotograph steht im Punkt P von g. Wie groß muss er den Abstand s von der Geraden AB wählen, damit er das Transparent möglichst groß ins Bild bekommt, damit also der Winkel φ in Bild 4.3.5 ein Maximum annimmt?

Mit $\alpha = \sphericalangle(PA, \varepsilon)$, $\beta = \sphericalangle(PB, \varepsilon)$ ist $\varphi = \beta - \alpha$, ferner (Additionstheoreme!)
$\tan(\beta - \alpha) = \dfrac{\tan\beta - \tan\alpha}{1 + \tan\beta\tan\alpha}$, $\tan\alpha = \dfrac{a}{s}$, $\tan\beta = \dfrac{h+a}{s}$, also $\tan\varphi = \dfrac{hs}{s^2 + a(h+a)}$.

Sicher ist $0 < \varphi < \frac{\pi}{2}$; das Maximum von $\tan\varphi$ liegt beim selben Wert von s wie das Maximum von φ. Daher differenzieren wir $\tan\varphi$ nach s:

$\dfrac{d\tan\varphi}{ds} = h\dfrac{s^2 + a(h+a) - 2s^2}{[s^2 + a(h+a)]^2} = h\dfrac{a(h+a) - s^2}{[s^2 + a(h+a)]^2}$. Diese Ableitung wird 0 bei

4.3 Kurvendiskussionen und Extremwerte

$s = \sqrt{a(h+a)}$; hier ist der optimale Aufnahmestandort. Eine Nachprüfung mittels der 2. Ableitung ist nicht nötig, weil ohne Rechnung zu sehen ist, dass für genügend kleines bzw. großes s der Winkel φ beliebig nahe an 0 liegt. Für andere s ist φ jedoch größer. Da nur an einer Stelle die Ableitung verschwindet, tritt hier das Maximum von φ auf.

Bemerkenswert ist hier noch eine rein planimetrische Lösung der Aufgabe, die keinerlei Differentialrechnung erfordert: Der Kreis durch die Punkte A und B mit Radius $\frac{1}{2}h + a$ berührt g im gesuchten Punkt P. Denn für jeden von P verschiedenen Punkt Q von g gilt nach dem *Satz vom Peripheriewinkel*: $\sphericalangle AQB < \sphericalangle APB$. Der Sehnentangentensatz liefert dann sofort $s^2 = a(h+a)$, Bild 4.3.6. Geometrische Methoden sind oft viel eleganter als rechnerische, dafür muss man bisweilen gedanklich mehr investieren.

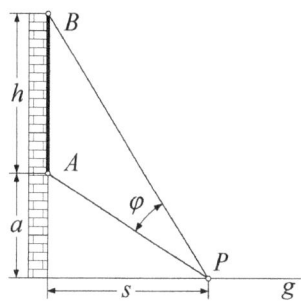
Bild 4.3.5: Maximum von φ

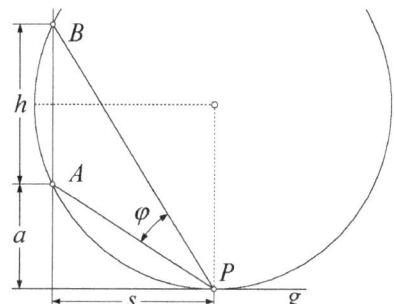
Bild 4.3.6: Lösung nach Sehnentangentensatz

5. Bei Extremwertaufgaben aus der Ingenieurpraxis muss man sich oft intensiver mit der Bedeutung der beteiligten Größen auseinandersetzen als bei reinen Kurvendiskussionen, z.B. auch hier: Die Geschwindigkeit eines Fahrzeugs sei v, sein von v abhängiger Verbrauch in kg/h sei $b(v) = \alpha + \beta v^{2.5}$ mit $\alpha = 1.5$ kg/h und $\beta = 25 \cdot 10^{-6}$ kg h$^{1.5}$ km$^{-2.5}$. Mit welcher Geschwindigkeit fährt es am sparsamsten? Wir machen einen Versuch:

$b'(v) = 2.5\beta v^{1.5}$; und aus $b'(v) = 0$ ergibt sich $v = 0$. Der Spruch „Mein Auto steht, sooft es geht" beschreibt zweifellos ein ganz wichtiges Prinzip im Umgang mit diesem Gerät, aber die Aufgabe zielt auf etwas anderes. Aus $b(0) = \alpha$ sehen wir, dass der Motor läuft (Leerlaufverbrauch). Doch ist offenbar vorgesehen, mit dem Fahrzeug eine Strecke s zurückzulegen, und zwar mit einer solchen Geschwindigkeit v, dass der Verbrauch $B(v)$ in kg/km ein Minimum annimmt. Für minimalen Verbrauch soll v konstant eingehalten werden; dann ergibt sich aus $v = \frac{s}{t}$ die Fahrzeit $t = \frac{s}{v}$. Also ist der Gesamtverbrauch $t \cdot b(v) = \frac{s}{v} \cdot b(v)$ während der Fahrzeit t. Somit ist der Verbrauch in kg/km: $B(v) = \dfrac{b(v)}{v} = \dfrac{\alpha}{v} + \beta v^{1.5}$. Davon suchen wir das Minimum, *nicht* von $b(v)$!

$B'(v) = -\dfrac{\alpha}{v^2} + 1.5 \beta v^{0.5}$; aus $B'(v) = 0$ erhalten wir $v^{2.5} = \dfrac{\alpha}{1.5\beta}$, also

$v = \left(\dfrac{\alpha}{1.5\beta}\right)^{0.4} \approx 69$ km/h. Hierfür ist $B(v) \approx 0.036$ kg/km. Weil $\lim\limits_{v \to 0} B(v) = \infty$ und $\lim\limits_{v \to \infty} B(v) = \infty$ ist, können wir nach der entsprechenden Überlegung wie vorhin sofort schließen, dass hier das gesuchte Minimum von $B(v)$ auftritt. □

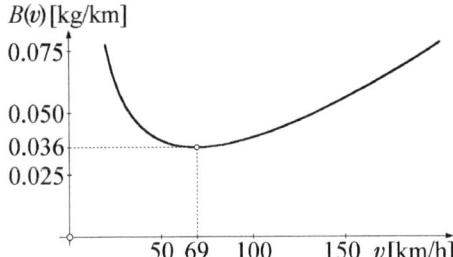

Bild 4.3.7: Verbrauchsminimum

Implizite Differentiation

Noch nicht für alle Anwendungsfälle in der Praxis genügen die bisher bekannten Differentiationsregeln. Gelegentlich wird die Tangentensteigung y' einer Kurve C in einem ihrer Punkte benötigt, wobei jedoch C nicht wie bisher durch eine Gleichung $y = f(x)$ gegeben ist, sondern durch eine *implizite* Kurvengleichung $F(x,y) = 0$. Ein einfaches Beispiel dafür ist die Kreisgleichung $x^2 + y^2 - r^2 = 0$. Wir können diese Gleichung nicht nach x oder y auflösen, ohne von dem vollständigen Kreis etwas abzuschneiden. Beschränken wir uns auf $y \geq 0$, so erhalten wir $y = \sqrt{r^2 - x^2}$, für $y < 0$ benötigen wir $y = -\sqrt{r^2 - x^2}$.

Oft ist das Auflösen von $F(x,y) = 0$ nach einer der beiden Variablen überhaupt nicht möglich. Dann verwenden wir *implizite Differentiation* zur Ermittlung von $y' = \dfrac{dy}{dx}$: $F(x,y) = 0$ wird gliedweise nach den bekannten Regeln und Formeln nach x differenziert. Ausdrücke in y werden dabei folgendermaßen behandelt:

$$\dfrac{dg(y)}{dx} = \dfrac{dg(y)}{dy} \cdot \dfrac{dy}{dx} = \dfrac{dg(y)}{dy} \cdot y' \qquad (4.3.1)$$

Die Terme der differenzierten Gleichungszeile, die dann den Faktor y' mit sich tragen, fassen wir zusammen und klammern y' aus. Dann wird nach y' aufgelöst.

4.3 Kurvendiskussionen und Extremwerte

Beispiel:

6. $e^{x-y} + x^2 + 2y^2 - 8 = 0$ ist die implizite Gleichung einer Kurve C. Welche Steigung y' hat die Tangente t im Kurvenpunkt $P(1.271\,929\,884, -0.5)$ (Bild 4.3.8)?

$e^{x-y}(1-y') + 2x + 4yy' = 0$, $y'(e^{x-y} - 4y) = e^{x-y} + 2x$, also $y' = \dfrac{e^{x-y} + 2x}{e^{x-y} - 4y}$

Das Resultat enthält hierbei also beide Variablen x und y – anders als bei der Ermittlung von $f'(x)$. Um die Tangentensteigung y' im Kurvenpunkt $P(x_P, y_P)$ zu ermitteln, müssen also nach der Differentiation *beide* Punktkoordinaten x_P und y_P eingesetzt werden. Für die Berechnung von y_P aus vorgegebenem x_P gibt es numerische Näherungsverfahren. Die *regula falsi* ist für solche Zwecke bereits von der Schule her bekannt, ein sehr leistungsfähiges anderes Verfahren (NEWTON-*sches Näherungsverfahren*) wird weiter unten vorgestellt. Prüfen Sie vorerst lediglich nach, dass P wirklich auf C liegt (mit Rechnergenauigkeit, nur deswegen ist x_P mit dieser hohen Stellenzahl angegeben).
Wir setzen also $x_P = 1.271\,929\,884$ und $y_P = -0.5$ ein und erhalten für die Steigung der Tangente t in P: $y' \approx 1.069$ (auf Tausendstel gerundet). □

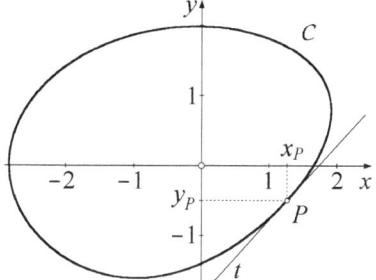

Bild 4.3.8: Implizite Differentiation

Eine Differentiationstechnik sehen wir uns noch kurz an, mit der man die Ableitung einer Umkehrfunktion erhält:
Wenn zu einer Funktion f mit bekannter Ableitungsfunktion f' die Umkehrfunktion f^{-1} ebenfalls bekannt ist, die Ableitungsfunktion $(f^{-1})'$ jedoch erst gesucht, kann man folgendermaßen vorgehen:
Mit $y = f^{-1}(x)$ ist $x = f(y)$;

dann ist $(f^{-1})'(x) = \dfrac{dy}{dx} = \dfrac{1}{\dfrac{dx}{dy}} = \dfrac{1}{f'(y)}$. (4.3.2)

Die Umformung geschieht also wieder (wie vorhin bei der Kettenregel) rein formal nach den Regeln der Bruchrechnung, obwohl es sich bei den Differentialquotienten um Grenzwerte von Brüchen handelt. Nach der Differentiation muss lediglich noch $f'(y)$ wieder mittels der Variablen x ausgedrückt werden.

Beispiel:

7. Gesucht ist die Ableitung von $y = \arcsin(x)$.

Die Funktion arcsin ist Umkehrfunktion der Funktion sin, also sind durch $y = \arcsin(x)$ dieselben Werte x und y miteinander verknüpft wie durch $x = \sin y$, solange wir nur die y aus dem Wertebereich der Funktion arcsin nehmen, also $y \in \mathbb{W}_{\arcsin} = [-\frac{\pi}{2}, \frac{\pi}{2}]$.

Somit ist $\dfrac{d \arcsin x}{dx} = \dfrac{dy}{dx} = \dfrac{1}{\frac{dx}{dy}} = \dfrac{1}{\cos y}$.

Aus $\sin^2 y + \cos^2 y = 1$ folgt $\cos y = \pm \sqrt{1 - \sin^2 y}$;
wegen $y \in [-\frac{\pi}{2}, \frac{\pi}{2}]$ ist aber $\cos y \geq 0$, somit entfällt das Minuszeichen vor der Wurzel, und da $\sin y = x$ ist, ergibt sich schließlich:

$\dfrac{d \arcsin x}{dx} = \dfrac{dy}{dx} = \dfrac{1}{\frac{dx}{dy}} = \dfrac{1}{\cos y} = \dfrac{1}{\sqrt{1 - \sin^2 y}} = \dfrac{1}{\sqrt{1 - x^2}}$. □

Auf entsprechende Weise erhält man z.B. die Ableitungen auch aller anderen zyklometrischen Funktionen.

Übungsaufgaben:

1. Die folgenden Kurvengleichungen sind gegeben:

a) $y = \dfrac{x}{2x - 2}$; gesucht: Kurvenart, Asymptoten;

b) $y = x^3 - 3ax$; gesucht: Extrema in Abhängigkeit von $a = \text{const.}$;

c) $y = \dfrac{1}{1 + x^2}$; gesucht: Extremum, Wendepunkte, Asymptote;

d) $y = \dfrac{2x}{1 + 4x^2}$; gesucht: Extrema, Wendepunkte, Asymptote;

e) $y = \sin x \cdot \sin(2x)$; gesucht: Extrema, Wendepunkte, Berührpunkte mit den Kurven $y = \sin x$ und $y = -\sin x$ für $0 \leq x < 2\pi$.

Skizzieren Sie jede der Kurven.

2. Einem Drehkegel mit Basiskreisradius R und Höhe H ist ein koaxialer Drehzylinder mit Radius r und Höhe h von maximalem Volumen V einzubeschreiben. Drücken Sie r, h und V durch R und H aus.

3. Im Unterschied zu 2. wird jetzt ein Drehzylinder von maximalem Oberflächeninhalt A (Zylindermantel und abschließende Kreisscheiben!) einbeschrieben. Welche Beziehung muss zwischen R und H gelten? Schätzen Sie r und h für $R = 9$ cm, $H = 19$ cm. Berechnen Sie dann r, h und A aus R und H.

4.4 Näherungen und Grenzwerte

4. Einer Kugel mit Radius R ist ein Drehkegel mit Radius r und Höhe h von minimalem Volumen V umzubeschreiben. Drücken Sie h, r und V durch R aus.

5. Der Ellipse $\frac{x^2}{a^2} + \frac{y^2}{b^2} = 1$ ist ein Rechteck mit Seitenlängen p, q

a) von maximalem Flächeninhalt A, **b)** von maximalem Umfang u einzubeschreiben. Drücken Sie jeweils p, q und A bzw. u durch a und b aus (auch für den Sonderfall $b = a$: Kreis).

6. Gegeben sind die Parabel $\mathcal{P}$ mit der Gleichung $y = x^2$ und die Gerade g mit der Gleichung $y = 2x - 4$. Welcher Punkt P von $\mathcal{P}$ liegt g am nächsten und welcher Punkt G von g liegt $\mathcal{P}$ am nächsten; welchen Abstand hat P von g? Zeichnen Sie $\mathcal{P}, g, P$ und G.

7. Ein Lichtstrahl geht von $P_1(0, y_1)$ im Medium 1 (Lichtgeschwindigkeit c_1) zum Punkt $P_2(x_2, y_2)$ im Medium 2 (Lichtgeschwindigkeit c_2). Wie verhält sich $\sin \alpha_1$ zu $\sin \alpha_2$, wenn α_1 und α_2 die Winkel des einfallenden und des gebrochenen Strahls gegen das Einfallslot n sind und das Licht in möglichst kurzer Zeit t von P_1 nach P_2 gelangt? Tipp: Legen Sie die Mediengrenze auf die x-Achse; betrachten Sie t als Funktionswert des Abstandes x zwischen n und der y-Achse.

8. Leiten Sie die Ableitung von $\ln x$ aus der Ableitung der e-Funktion her.

9. Durch $\frac{x^2}{a^2} + \frac{y^2}{b^2} = 1$ ist eine Ellipse $\mathcal{E}$ beschrieben, durch $\frac{x^2}{a^2} - \frac{y^2}{b^2} = 1$ eine Hyperbel $\mathcal{H}$ (jeweils mit Halbachsen a, b). Gesucht ist die Gleichung einer Tangente an $\mathcal{E}$ bzw. $\mathcal{H}$ in einem Kurvenpunkt $P(x_P, y_P)$ in der Form $Ax + By = 1$.

Drücken Sie bei $\mathcal{H}$ die Koordinate $y_P > 0$ durch x_P aus und ermitteln Sie die Asymptoten von $\mathcal{H}$ als Grenzlagen der Tangente für $x_P \to \pm \infty$.

4.4 Näherungen und Grenzwerte

Näherung zur Vermeidung des Auslöschungsfehlers

$f(a)$ und $f(b)$ seien als gerundete Zahlenwerte gegeben, mit $b = a + \Delta x$. $\Delta f(x) = f(b) - f(a)$ soll berechnet werden, wobei Δx so klein sein soll, dass sich $f(a)$ und $f(b)$ nur wenig voneinander unterscheiden. Hier droht Gefahr! Denken wir uns $f(a) = 1000.2 \pm 0.2$ und $f(b) = 1000.4 \pm 0.2$ gegeben. 1000.2 und 1000.4 seien die Sollwerte; die möglichen Abweichungen ± 0.2 seien infolge von Messungenauigkeiten oder Produktionstoleranzen technischer Größen entstanden. Im Allgemeinen sind hierin auch Rundungsfehler von vorausgegangenen Rechenschritten enthalten. Bei beiden Zahlen ist die mögliche prozentuale Abweichung kleiner als $\pm 0.02\,\%$; für viele technische Anwendungen reicht dies völlig aus.

Aus $1000.0 \leq f(a) \leq 1000.4$ und $1000.2 \leq f(b) \leq 1000.6$ errechnen wir $-0.2 \leq \Delta f(x) \leq 0.6$, d.h., $\Delta f(x) = 0.2 \pm 0.4$. Das bedeutet eine mögliche prozentuale Abweichung von satten $\pm 200\%$ des Sollwertes 0.2 für $\Delta f(x)$! Dieses katastrophale Emporschnellen des prozentualen Fehlers bei $\Delta f(x)$ entsteht dadurch, dass vier „führende Stellen" von $f(a)$ und $f(b)$ (beginnend von links mit der ersten von 0 verschiedenen Stelle) übereinstimmen und bei der Differenzbildung ausgelöscht werden. Deswegen heißt der so entstandene Fehler *Auslöschungsfehler*. Er kann, wie die Rechnung zeigt, bei der Differenzbildung von nur wenig voneinander verschiedenen Werten sehr hart zuschlagen. Der Rechner verarbeitet zwar mehr als die hier angegebenen Stellen, aber irgendwo muss auch er runden. Der Taschenrechner zeigt 10 Stellen im Display; um Rundungsfehler aufzufangen, arbeitet er intern mit weiteren „Schutzstellen", die jedoch nicht immer ausreichen, wenn der Auslöschungsfehler zu groß ist. Mit Hilfe der Differentialrechnung legen wir uns jetzt ein Näherungsverfahren zurecht, das ihn vermeidet. Liegt Δx schon so nahe an 0, dass sich $\mathfrak{G}_f$ über dem Intervall Δx nur entsprechend wenig von der Tangente bei a abhebt (siehe Bild 4.1.4), verwenden wir

$$\frac{\Delta f(x)}{\Delta x} \approx f'(a), \text{ also } \Delta f(x) \approx f'(a) \cdot \Delta x \tag{4.4.1}$$

Da hier kein Auslöschungsfehler auftritt, kann der so ermittelte Näherungswert für $\Delta f(x)$ numerisch genauer sein als der durch direkte Differenzbildung ermittelte.

Beispiel:

1. Ein drehzylindrischer Flüssigkeitstank (Radius $r = 2$ m, Länge $l = 10$ m) ist mit horizontaler Achse aufgestellt. Das Volumen $V(h)$ der enthaltenen Flüssigkeit ist aus der Füllhöhe h so erhältlich:

$$V(h) = lr^2 \left[\pi - \arccos\frac{h-r}{r} + \frac{h-r}{r}\sqrt{1 - \left(\frac{h-r}{r}\right)^2} \right]$$

(Nachrechnung sehr empfehlenswert! Die Formel für den Flächeninhalt eines Kreissegmentes ist dazu geeignet.)

Wieviel Flüssigkeit muss in den Tank gefüllt werden, damit h von $h_1 = 250$ cm auf $h_2 = 250.1$ cm, also um 1 mm zunimmt?

4.4 Näherungen und Grenzwerte

Aus

$$V'(h) = lr^2 \left[\frac{\frac{1}{r}}{\sqrt{1-\left(\frac{h-r}{r}\right)^2}} + \frac{1}{r}\sqrt{1-\left(\frac{h-r}{r}\right)^2} - \frac{h-r}{r} \cdot \frac{\frac{h-r}{r} \cdot \frac{1}{r}}{\sqrt{1-\left(\frac{h-r}{r}\right)^2}} \right] =$$

$$= 2lr\sqrt{1-\left(\frac{h-r}{r}\right)^2} = 2l\sqrt{r^2-(h-r)^2} = 2l\sqrt{h(2r-h)}$$

erhalten wir mit $h = h_1 = 250$ cm und $\Delta h = 0.1$ cm:

$\Delta V(h) \approx 2l\sqrt{h_1(2r-h_1)} \cdot \Delta h \approx 0.0387 \text{m}^3$ (auf drei gültige Stellen gerundet, das sind die sicheren Stellen einer Zahl, vor denen nicht lauter Stellen 0 stehen).

Berechnen wir $\Delta V(h)$ durch direkte Differenzbildung, so müssen wir von $V(h_1)$ und $V(h_2)$ sechs gültige Stellen kennen, um dieselbe Genauigkeit des Ergebnisses zu erzielen: $V(h_2) - V(h_1) \approx (82.6602 - 82.6215) \text{ m}^3 = 0.0387 \text{ m}^3$. □

Freilich erhebt sich die Frage, weshalb denn in (4.4.1) die Ableitung am Anfang des Δx-Intervalls genommen werden sollte. Wäre nicht $f'(b)$ ebensogut brauchbar wie $f'(a)$? Oder sollten wir $f'[\frac{1}{2}(a+b)]$ verwenden? Beides ergibt eine gute Kontrolle unserer Näherung, und $f'(x)$ in der Intervallmitte kann tatsächlich die Näherung (4.4.1) u.U. verbessern. Um dies genauer zu sehen, betrachten wir jetzt den folgenden

Mittelwertsatz der Differentialrechnung (s. Bild 4.4.1):

Ist f stetig auf $[a,b]$ und differenzierbar auf $]a,b[$, so gibt es mindestens ein $\xi \in\,]a,b[$, so dass die Tangente t an $\mathbb{G}_f$ bei $x = \xi$ dieselbe Steigung hat wie die Sekante s von $\mathbb{G}_f$ durch die Punkte $P(a, f(a))$ und $Q(b, f(b))$.

$$f'(\xi) = \frac{f(b)-f(a)}{b-a} \qquad (4.4.2)$$

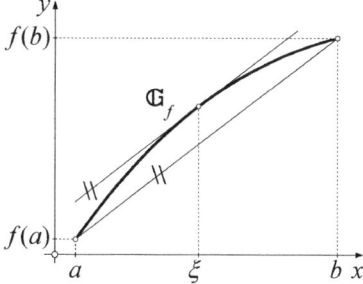

Bild 4.4.1: Mittelwertsatz

Anschaulich ist der Satz sofort plausibel, denn wenn die Steigung von $\mathbb{G}_f$ an irgendwelchen Stellen x kleiner als die von s ist, muss sie dafür an anderen Stellen größer sein, damit sich $\mathbb{G}_f$ und s in P und Q treffen können. Deswegen sind irgendwo dazwischen beide Steigungen gleich, da ja f als differenzierbar vorausgesetzt ist.

Freilich lässt sich das Ergebnis auch berechnen: Mit $m = \dfrac{f(b) - f(a)}{b-a}$ hat s die Gleichung $y = f(a) + m(x-a)$, somit tritt bei jedem x zwischen den Punkten von s und $\mathbb{G}_f$ die y-Differenz $\varphi(x) = f(x) - m(x-a)$ auf. Nun ist $\varphi(a) = \varphi(b) = 0$; entweder gilt $\varphi(x) = 0$ für alle $x \in [a,b]$, oder es gibt mindestens eine Stelle $\xi \in [a,b]$, an der sie nach dem Satz von ROLLE ein Extremum hat, also $\varphi'(\xi) = f'(\xi) - m = 0$ ist.

Ist das Intervall genügend klein, so dass bei der vorherigen Näherungsrechnung a, b bzw. (oft am besten) $\frac{1}{2}(a+b)$ genügend nahe an ξ liegen, können wir eine hohe Genauigkeit der Näherung erzielen. Was „genügend" klein ist, hängt freilich vom Verhalten von $f(x)$ im Intervall und von den Genauigkeitsanforderungen ab. Bei einer Strecke vom Sollmaß 1 m bewirkt eine Abeichung von ± 1 mm einen prozentualen Fehler von $\pm 0.1\,\%$. Dagegen brächte beim Sollmaß 5 mm dieselbe Abweichung einen Fehler von $\pm 20\,\%$; die Genauigkeit wäre relativ weit geringer. Wenn sich $f'(x)$ auf kleinem Intervall stark ändert, handeln wir uns größere Fehler ein als andernfalls.

Grenzwerte

Oft müssen wir Grenzwerte von Brüchen berechnen, bei denen Zähler und Nenner beide gegen 0 oder ∞ gehen. Solche Formen „$\frac{0}{0}$" sind unbestimmt; wir benötigen ein Instrument, um sie zu behandeln. Dazu betrachten wir als erstes eine Verallgemeinerung des Mittelwertsatzes, nämlich den

Satz von CAUCHY:

> Sind f und g stetig auf $[a,b]$ und differenzierbar auf $]a,b[$, ist außerdem dort $g'(x) \neq 0$ (also auch $g(b) - g(a) \neq 0$), so gibt es mindestens ein $\xi \in [a,b]$ mit
> $$\frac{f(b) - f(a)}{g(b) - g(a)} = \frac{f'(\xi)}{g'(\xi)}.$$

Bauen wir nämlich jetzt aus den Funktionswerten $f(x)$ und $g(x)$ den neuen Funktionswert $\varphi(x) = f(x) - \dfrac{f(b) - f(a)}{g(b) - g(a)} \cdot [g(x) - g(a)] - f(a)$, so ist wieder $\varphi(a) = \varphi(b) = 0$; also gibt es nach dem Satz von ROLLE mindestens ein $\xi \in [a,b]$ mit $\varphi'(\xi) = 0$. Daraus folgt unmittelbar der obige Satz.

4.4 Näherungen und Grenzwerte

Gilt zusätzlich zu den bisherigen Voraussetzungen $f(a) = g(a) = 0$ und schreiben wir noch x statt b, so ergibt sich mit $\xi \in [a,x]$ aus dem Satz von CAUCHY:

$$\frac{f(x)}{g(x)} = \frac{f'(\xi)}{g'(\xi)} \tag{4.4.3}$$

Geht nun $x \to a$, so geht, weil ja ξ zwischen a und x liegt, auch $\xi \to a$, und wir erhalten die folgende

Regel von BERNOULLI und de l'HOSPITAL:

> Ist $f(a) = g(a) = 0$, und gibt es ein $\delta \neq 0$ mit $g'(x) \neq 0$ für alle $x \in]a, \delta[$, so ist, wenn $\lim\limits_{x \to a} \dfrac{f'(x)}{g'(x)}$ existiert,
>
> $$\lim_{x \to a} \frac{f(x)}{g(x)} = \lim_{x \to a} \frac{f'(x)}{g'(x)}. \tag{4.4.4}$$

Es kommt vor, dass der erste Grenzwert existiert, der zweite jedoch nicht. Dann müssen wir uns etwas anderes einfallen lassen (s. Beispiel 9). Übrigens funktioniert die Regel auch, wenn ∞ als Grenzwert auftritt. Außerdem kann man sie in gleicher Weise anwenden, wenn $\lim\limits_{x \to a} f(x) = \pm\infty$ und $\lim\limits_{x \to a} g(x) = \pm\infty$ ist (unbestimmte Form „$\frac{\infty}{\infty}$").

Erscheint nach Anwendung der Regel wieder eine unbestimmte Form („$\frac{0}{0}$" oder „$\frac{\infty}{\infty}$"), so kann man sie auch mehrmals hintereinander anwenden.

Beachten Sie genau: Im Unterschied zur Quotientenregel der Differentiation wird nicht der ganze Bruch differenziert, sondern nur der Zähler für sich und der Nenner für sich!

Auch wenn $\lim\limits_{x \to a} f(x) \cdot g(x)$ gesucht ist, mit $\lim\limits_{x \to a} f(x) = 0$, $\lim\limits_{x \to a} g(x) = \pm\infty$ (unbestimmte Form „$0 \cdot \infty$"), hilft uns diese Regel: Wir setzen $v(x) = [g(x)]^{-1}$ und behandeln $\dfrac{f(x)}{v(x)}$ nach (4.4.4).

Ist $\lim\limits_{x \to a}[f(x) - g(x)]$ gesucht, wobei $\lim\limits_{x \to a} f(x) = \pm\infty$ und $\lim\limits_{x \to a} g(x) = \pm\infty$ ist, so kann man, wenn keine günstigere Umformung in Sicht ist, mit $u(x) = [f(x)]^{-1}$ und $v(x) = [g(x)]^{-1}$ die Umformung $f(x) - g(x) = \dfrac{v(x) - u(x)}{u(x) \cdot v(x)}$ vornehmen und auf diesen Bruch wieder (4.4.4) anwenden.

Auch $f(x) = [u(x)]^{v(x)}$ kann zu unbestimmten Formen führen, nämlich diesen: „0^0", „∞^0", „0^∞", „1^∞". Hier formen wir so um: $\ln[f(x)] = v(x) \cdot \ln[u(x)]$. Ergibt sich dafür der Grenzwert L, so hat folglich $f(x)$ den Grenzwert e^L.

Beispiele:

2. $\lim\limits_{x\to\pi} \dfrac{x+1-\pi+\cos x}{\sin(2x)} = \lim\limits_{x\to\pi} \dfrac{1-\sin x}{2\cos(2x)} = \dfrac{1}{2}$

3. $\lim\limits_{x\to 0} \dfrac{e^x-1-x}{\cos x-1} = \lim\limits_{x\to 0} \dfrac{e^x-1}{\sin x} = \lim\limits_{x\to 0} \dfrac{e^x}{\cos x} = 1$

4. $\lim\limits_{x\to\infty} \dfrac{e^x}{x} = \lim\limits_{x\to\infty} \dfrac{e^x}{1} = \infty$,   5. $\lim\limits_{x\to\infty} \dfrac{\ln x}{x} = \lim\limits_{x\to\infty} \dfrac{1}{x} = 0$

6. $\lim\limits_{x\to 0}(x \cdot \ln x) = \lim\limits_{x\to 0} \dfrac{\ln x}{x^{-1}} = \lim\limits_{x\to\infty} \dfrac{x^{-1}}{-x^{-2}} = -\lim\limits_{x\to 0} \dfrac{x^2}{x} = -\lim\limits_{x\to 0} x = 0$

7. $\lim\limits_{x\to\pi/2}(\tan x - \dfrac{2x}{\pi\cos x}) = \lim\limits_{x\to\pi/2} \dfrac{\pi\sin x - 2x}{\pi\cos x} = \lim\limits_{x\to\pi/2} \dfrac{\pi\cos x - 2}{-\pi\sin x} = \dfrac{2}{\pi}$

8. $f(x) = (1+\dfrac{1}{x})^x$: $\lim\limits_{x\to 0}[x \cdot \ln(1+x^{-1})] = \lim\limits_{x\to 0} \dfrac{\ln(1+x^{-1})}{x^{-1}} = \lim\limits_{x\to 0} \dfrac{\dfrac{1}{1+x^{-1}} \cdot (-x^{-2})}{-x^{-2}} = 1$,

also ist $\lim\limits_{x\to 0} f(x) = e^1 = e$. (Klar, das wissen wir von 1.7 her!)

9. $f(x) = x^2 \cos\dfrac{1}{x}$, $g(x) = x$: $\lim\limits_{x\to 0} \dfrac{f'(x)}{g'(x)} = \lim\limits_{x\to 0} \dfrac{2x\cos\dfrac{1}{x} + \sin\dfrac{1}{x}}{1} = \lim\limits_{x\to 0} \sin\dfrac{1}{x}$; dies ist nicht definiert (vgl. Bild 4.2.1). Wohl aber ist $\lim\limits_{x\to 0} \dfrac{f(x)}{g(x)} = \lim\limits_{x\to 0} x\cos\dfrac{1}{x} = 0$. □

Das NEWTONsche Iterationsverfahren

Für die Kurve C von Bild 4.3.8 hatten wir keine Gleichung $y = f(x)$, sondern nur die implizite Gleichung $e^{x-y} + x^2 + 2y^2 - 8 = 0$. Wenn etwa zu $y = -0.5$ ein x gesucht ist, sehen wir in Bild 4.3.8, dass wir die Auswahl zwischen zwei x-Werten haben. Eine Bestimmungsgleichung ergibt sich aus der gegebenen impliziten Gleichung, wenn wir dort $y = -0.5$ einsetzen. Aber wir können sie nicht nach x auflösen. Eine sehr leistungsfähige Methode, um in solchen Fällen trotzdem Lösungen zu erhalten, ist das NEWTONsche Iterationsverfahren; es funktioniert so:

Für eine Näherungslösung einer nicht nach x auflösbaren Gleichung $f(x) = 0$ suchen wir zuerst einen Startwert x_0 (z.B. graphisch oder durch Überschlagsrechnung) nahe an der gesuchten Nullstelle von G_f. Wir berechnen $y_0 = f(x_0)$ und betrachten die Tangente t_0 an G_f im Punkt $P_0(x_0, y_0)$, s. Bild 4.4.2. Sie schneidet die x-Achse bei x_1. t_0 hat die Steigung $f'(x_0) = \tan\alpha_0 = \dfrac{y_0}{x_0 - x_1}$, also gilt:

4.4 Näherungen und Grenzwerte

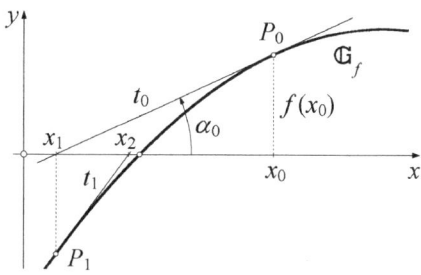

Bild 4.4.2: NEWTONsches Iterationsverfahren

$$x_0 - x_1 = \frac{f(x_0)}{f'(x_0)} \text{; daher erhält man } x_1 \text{ aus } x_0 \text{ so: } x_1 = x_0 - \frac{f(x_0)}{f'(x_0)}.$$

Nun führen wir mit x_1 dieselbe Prozedur durch wie vorhin mit x_0, erhalten also y_1, t_1 und x_2, daraus y_2, t_2 und x_3, usw., allgemein y_n, t_n und x_{n+1} aus x_n:

$$x_{n+1} = x_n - \frac{f(x_n)}{f'(x_n)} \tag{4.4.5}$$

Das nennt man eine „Iteration", weil das Ergebnis jedes Prozedurdurchlaufs als Eingangswert für die nächste der ständig wiederholten Prozeduren verwendet wird (lat. „iterum" = „wieder"). In Bild 4.4.2 liegt x_2 schon sehr nahe an der gesuchten Nullstelle von $\mathbb{G}_f$; allgemein kann man zeigen, dass die Folge der x_n gegen die gesuchte Nullstelle konvergiert, wenn für jedes der x_n folgende Bedingung gilt:

$$\left| \frac{f(x) \cdot f''(x)}{[f'(x)]^2} \right| < 1 \tag{4.4.6}$$

Dies ist bei jedem Iterationsschritt überprüfbar. Sich darauf zu verlassen, dass die Iteration zur richtigen Nullstelle hinläuft, wenn sich die x_n immer weniger voneinander unterscheiden und schließlich (mit Rechnergenauigkeit) die Iteration „steht", d.h., die Rechneranzeige sich von x_n zu x_{n+1} nicht mehr ändert, ist oft *gefährlich*!

Beispiel:

10. Bei unserer impliziten Gleichung $e^{x-y} + x^2 + 2y^2 - 8 = 0$ für die Kurve C von Bild 4.3.8 ermitteln wir mit dem NEWTONschen Iterationsverfahren den positiven der beiden zu $y = -0.5$ gehörenden x-Werte.
Einsetzen von $y = -0.5$ in die Kurvengleichung liefert $e^{x+0,5} + x^2 - 7.5 = 0$.
Mit $f(x) = e^{x+0.5} + x^2 - 7.5$, $f'(x) = e^{x+0.5} + 2x$ erhalten wir nach (4.4.5):

$$x_{n+1} = x_n - \frac{e^{x_n + 0.5} + x_n^2 - 7.5}{e^{x_n + 0.5} + 2x_n}$$

Um zu einem Startwert x_0 zu kommen, könnten wir $\mathfrak{G}_f$ skizzieren und die positive Nullstelle näherungsweise ablesen. Praktischer ist es, $f(x) = 0$ umzuschreiben in $e^{x+0.5} = 7.5 - x^2$, dann müssen wir nur mit $g(x) = e^{x+0.5}$ und $h(x) = 7.5 - x^2$ die Graphen $\mathfrak{G}_g$ und $\mathfrak{G}_h$ skizzieren. Das sind bekannte Kurven; $\mathfrak{G}_g$ ist der um 0.5 nach links verschobene Graph der e-Funktion, $\mathfrak{G}_h$ ist eine Parabel. Beim rechten Schnittpunkt der Kurven lesen wir x_0 ab, s. Bild 4.4.3; $x_0 = 1$ ist gut genug.

Mit (4.4.5) erhalten wir dann die Folge

$x_0 = 1$ $\qquad\qquad\qquad x_3 = 1.271\ 930\ 124$
$x_1 = 1.311\ 386\ 750$ $\qquad x_4 = 1.271\ 929\ 884$
$x_2 = 1.272\ 645\ 748$ $\qquad x_5 = 1.271\ 929\ 884$

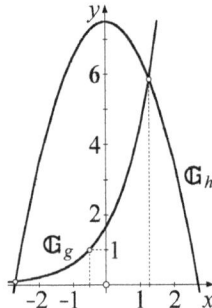

Bild 4.4.3: Ermittlung von x_0

Nach $n = 4$ kommt also die Iteration bereits zum Stehen. Sie sehen die Übereinstimmung mit $P(1.271\ 929\ 884, -0.5)$ auf der Kurve C von Bild 4.3.8. □

Übungsaufgaben:

1. Ermitteln Sie **a)** $\lim\limits_{t\to\infty}(t - \ln t)$, **b)** $\lim\limits_{u\to\infty}(e^u - u^n)$ mit $n \in \mathbb{R}$, **c)** $\lim\limits_{t\to\infty}\dfrac{2(t - \ln t)}{\sqrt{1 + 2t^2}}$,

d) $\lim\limits_{x\to 0}\left(x \cdot \dfrac{x - \arctan x}{1 - \cos(x^2)}\right)$, **e)** $\lim\limits_{x\to 1}\tanh\dfrac{1}{x - 1}$ (ggf. einseitige Grenzwerte!).

2. Bestätigen Sie den Nullstellensatz aus 4.2 an folgenden Beispielen:
a) $y = e^x - x - 1$, **b)** $y = 1 - \sin x$.

3. Welche Lösung $x < 0$ hat $e^{x-y} + x^2 + 2y^2 - 8 = 0$ (Bild 4.4.3) für $y = -0.5$?

4. Wo liegen für $x \in [-2\pi, 2\pi]$ Maxima und Minima von $y = x \sin x$ (Taschenrechnergenauigkeit)?

5. Die Gleichung $x^a - a^x = c$ soll für gegebene Konstanten $a > 0$, c näherungsweise gelöst werden. Wie lautet die Iterationsformel dafür? Ermitteln Sie x-Werte für $a = 2$, $c = 1$.

6. Welche Schnittpunkte haben die Kurven $y = e^x$ und $y = x^{10}$ für $x > 0$?

5 Integralrechnung

In der Integralrechnung kehren wir die Vorgehensweise der Differentialrechnung um: Anders als im vorigen Kapitel soll nun von *Ableitungswerten* auf *Funktionswerte* geschlossen werden. Ist z.B. während einer Fahrt die Anzeige des Tachometers als Funktionswert der Zeit t gegeben, d.h. die Geschwindigkeit $v = f(t)$, so ist jetzt die Anzeige s des Kilometerzählers gesucht. Da v durch Differentiation von s nach t erhalten wurde, benötigen wir daher zur Ermittlung von s aus v die *Umkehroperation* der Differentiation: Das ist die Integration.

5.1 Unbestimmtes Integral

Ist zum Beispiel $v = at$ ($a > 0$, const) gegeben, so benötigen wir für s einen Ausdruck, dessen Ableitung nach t gleich diesem gegebenen Wert von v ist. $s = \frac{1}{2}at^2$ würde dieser Forderung genügen, aber ebenso tut dies $\frac{1}{2}at^2 + C$ mit einem konstanten Summanden C unbestimmter Größe, denn dessen Ableitung nach t ist ja in jedem Fall 0. Daher heißt das Resultat ein *unbestimmtes Integral*; wir schreiben es folgendermaßen:

$$\int v \, dt = s + C.$$

Diese Unbestimmtheit lässt sich bei unserem Tachometerbeispiel leicht veranschaulichen: Ist während der Fahrt zu jedem Zeitpunkt die Geschwindigkeit v bekannt, so ist dadurch lediglich die während der Fahrt zurückgelegte Streckenlänge bestimmt, aber nicht der Endstand des Kilometerzählers. Der ergibt sich erst durch deren Addition zum Anfangsstand bei Beginn der Fahrt. Dies führt uns zur

Definition:

> Jede Funktion F, für die $F'(x) = f(x)$ gilt, heißt *Stammfunktion* von f. Bei gegebenem $f(x)$ ist $F(x)$ nur bis auf die *unbestimmte Integrationskonstante* C bestimmt. Dies wird ausgedrückt durch das unbestimmte Integral:
>
> $$\int f(x) \, dx = F(x) + C. \qquad (5.1.1)$$

Folgende Formeln ergeben sich daraus:

$f(x)$	$\int f(x)dx = F(x) + C$
x^n	$\frac{x^{n+1}}{n+1} + C$ für $n \in \mathbb{R}\setminus\{-1\}$
$\frac{1}{x}$	$\ln|x| + C$
e^x	$e^x + C$
$\sin x$	$\cos x + C$
$\frac{1}{\cos^2 x}$	$\tan x + C$
$\frac{1}{\sin^2 x}$	$-\cot x + C$
$\frac{1}{\sqrt{1-x^2}}$	$\arcsin x + C$

Zum Training sollten Sie jetzt bei jeder dieser Formeln $F'(x) = f(x)$ überprüfen. Viele weitere Integrationsformeln enthält die Formelsammlung.

Folgende Regeln gelten für die unbestimmte Integration:

$$\int [f(x) + g(x)] dx = \int f(x) dx + \int g(x) dx, \qquad (5.1.2)$$

Summen werden gliedweise integriert;

$$\int k f(x) dx = k \int f(x) dx \qquad \text{für } k = \text{const.}, \qquad (5.1.3)$$

ein konstanter Faktor kann aus dem Integral herausgezogen werden (*keinesfalls* aber ein Funktionswert von x).

Übungsaufgabe:

Berechnen Sie $\int \sin^2 x \, dx + \int \cos^2 x \, dx$, $\int \cosh^2 x \, dx - \int \sinh^2 x \, dx$, $\int \sqrt{x} \, dx$, $\int (3x^2) dx$, $\int \sin(\tfrac{1}{2}x) \cdot \cos(\tfrac{1}{2}x) dx$.

5.2 Bestimmtes Integral

Suchen wir bei dem Tachometerbeispiel oben nicht einen Ausdruck für den Endstand des Kilometerzählers, sondern nur die Länge l der während eines Zeitintervalls von $t = t_0$ bis $t = t_1$ mit einer vorgegebenen von t abhängigen Geschwindigkeit $v = f(t)$ zurückgelegten Fahrstrecke, so ist die im Unterschied zu vorhin jetzt eindeutig bestimmt; es tritt keine unbestimmte Integrationskonstante mehr auf.

5.2 Bestimmtes Integral

Statt des *unbestimmten* benötigen wir daher ein *bestimmtes Integral*; aus dem unbestimmten Integral $\int f(x)dx$ bilden wir es folgendermaßen:

$$\int_a^b f(x)dx = [F(x)]_a^b = F(b) - F(a) \tag{5.2.1}$$

Dies gilt für *jede* Stammfunktion von f, weil stets $[F(x)+C]_a^b = F(b) - F(a)$ ist. Die Schreibweise $[F(x)]_a^b$ ist bei einfachen Rechnungen nicht nötig, aber sie macht die Aufeinanderfolge der beiden Einzelschritte besser überschaubar: 1. Ermittlung eines Stammfunktionswertes $F(x)$, 2. Einsetzen der Grenzen.

Beispiele:

1. $\int_2^3 x\,dx = \frac{1}{2}[x^2]_2^3 = \frac{1}{2}(9-4) = \frac{5}{2}$;

2. $\int_0^1 \sqrt{1-x^2}\,dx = \left[\frac{1}{2}x\sqrt{1-x^2} + \frac{1}{2}\arcsin x\right]_0^1 = \frac{1}{2}\arcsin 1 = \frac{\pi}{4}$. □

Folgende Rechenregeln gelten für bestimmte Integrale:

$$\int_a^b f(x)dx + \int_b^c f(x)dx = \int_a^c f(x)dx, \tag{5.2.2}$$

denn $[F(b)-F(a)] + [F(c)-F(b)] = F(c) - F(a)$. Entsprechend ergibt sich

$$\int_a^b f(x)dx = -\int_b^a f(x)dx \quad \text{und} \quad \int_a^a f(x)dx = 0 \tag{5.2.3}$$

Ist g eine gerade, u eine ungerade Funktion, so gilt nach dem Satz über deren Ableitungen in 3.1 ($\mathfrak{G}_g$ symmetrisch zur y-Achse, $\mathfrak{G}_u$ punktsymmetrisch zu O):

$$\int_{-a}^a g(x)dx = 2\int_0^a g(x)dx \quad \text{und} \quad \int_{-a}^a u(x)dx = 0. \tag{5.2.4}$$

Denken wir uns die untere Grenze a fest und die obere Grenze b variabel, so ist $\int_a^b f(x)dx$ Funktionswert von b, und wir erhalten:

$$\frac{d}{db}\int_a^b f(x)dx = \frac{d}{db}[F(b)-F(a)] = f(b) \tag{5.2.5}$$

Es gilt also der wichtige

Satz:

> Die Ableitung eines bestimmten Integrals nach seiner oberen Grenze b ergibt den Wert des Integranden an der Stelle b.

Damit $\int\limits_a^b f(x)\,dx$ existiert, müssen wir nicht voraussetzen, dass f in $[a, b]$ überall stetig sei. Wir verlangen zunächst nur, dass f *abschnittweise stetig* in $[a, b]$ ist, d.h., $f(x)$ darf eine endliche Anzahl von Sprungstellen mit endlicher Sprunghöhe haben. („Nicht endliche Sprunghöhen" werden uns bei den *uneigentlichen Integralen* in 5.6 begegnen.)

Hat $f(x)$ nämlich Sprungstellen bei $\xi_1, \xi_2, \ldots, \xi_m \in [a, b]$, so ist

$$\int_a^b f(x)\,dx = \int_a^{\xi_1} f(x)\,dx + \int_{\xi_1}^{\xi_2} f(x)\,dx + \ldots + \int_{\xi_m}^b f(x)\,dx \qquad (5.2.6)$$

Übungsaufgabe:

Berechnen Sie $\int\limits_{-2}^{2} |x^2 - 1|\,dx$, $\int\limits_{-25}^{-5} \frac{dx}{x}$, $\int\limits_0^{0.5} \frac{dx}{\sqrt{1-x^2}}$.

5.3 Methoden zur geschlossenen Integration

Eine Funktion f nennt man „geschlossen integrierbar", wenn eine Stammfunktion F zu f durch eine endliche Anzahl unserer Standardfunktionsanwendungen darstellbar ist. Darin steckt die unangenehme Botschaft, dass es auch Integrationen gibt, bei denen eine solche endliche Zahl nicht mehr genügt! Hier helfen uns dann Näherungsverfahren weiter. Auch bei geschlossener Integrierbarkeit reichen die in 5.1 genannten Integrationsformeln oft nicht aus. Wir legen uns daher noch geeignete weitere Methoden zurecht:

Integration durch Substitution

Hier hat man es im Integranden mit Funktionswerten $f[g(x)]$ zu tun (also Ausdrücken wie bei der Differentiation nach der Kettenregel).

Beispiel:

1. Gesucht ist $\int \cos(5x - 2)\,dx$. Zwar ist $\int \cos x\,dx = \sin x + C$; daraus darf man jedoch keinesfalls für das Ergebnis unserer Integration auf $\sin(5x - 2) + C$ „schließen", denn dies hätte nach der Kettenregel die Ableitung $\cos(5x - 2) \cdot 5$, und das ist nicht unser Integrand.

5.3 Methoden zur geschlossenen Integration

Offenbar ist $\int \cos(5x-2) \cdot 5\,dx = \sin(5x-2) + C$ und daher

$$\int \cos(5x-2)\,dx = \tfrac{1}{5}\sin(5x-2) + C \qquad \square$$

Welchen Sinn der Faktor 5 im Integranden der vorletzten Zeile hat, sagt uns die

Substitutionsregel:

Lässt sich ein Integral auf die Form $\int f[g(x)]g'(x)dx$ bringen, so erhält man mit der Substitution $u = g(x)$, daher $\frac{du}{dx} = g'(x)$ und $du = g'(x)dx$:

$$\int f[g(x)]g'(x)dx = \int f(u)du \qquad (5.3.1)$$

Nach der Integration nimmt man die Rücksubstitution vor, d.h., man ersetzt u wieder durch $g(x)$.

Ist F Stammfunktion zu f, so ergibt sich also

$$\int f[g(x)]g'(x)\,dx = F[g(x)] + C \qquad (5.3.2)$$

Bei unserem Beispiel oben ist $u = 5x - 2$, $\frac{du}{dx} = 5$, also $du = 5dx$ und

$$\int \cos(5x-2)\,dx = \tfrac{1}{5}\int \cos u\,du = \tfrac{1}{5}\sin u + C = \tfrac{1}{5}\sin(5x-2) + C \qquad \square$$

Ist $g(x) = \alpha x + \beta$, mit $\alpha, \beta = $ const, so ergibt sich mit $g'(x) = \alpha$:
$\int f(\alpha x + \beta)dx = \frac{1}{\alpha}\int f(\alpha x + \beta)\cdot \alpha\,dx$; daraus erhalten wir mit (5.3.2) folgende sehr häufig verwendete Formel:

$$\int f(\alpha x + \beta)dx = \tfrac{1}{\alpha} F(\alpha x + \beta) + C \qquad (5.3.3)$$

Streng muss beachtet werden, dass (5.1.3) nur für *konstante* Faktoren gilt, daher können wir nur bei $g(x) = \alpha x + \beta$ so einfach mit $g'(x)$ umgehen. Andere Fälle verursachen bisweilen erheblich mehr Mühe (siehe nachfolgendes Beispiel 3), falls nicht ohnehin jeder Substitutionsversuch scheitert.

Beispiele:

2. Gesucht ist $I_1 = \int x\cos(3x^2)dx$. Substitution: $u = 3x^2$, $\frac{du}{dx} = 6x$, $du = 6x\,dx$.

$I_1 = \tfrac{1}{6}\int \cos(3x^2)\cdot 6x\,dx = \tfrac{1}{6}\int \cos u\,du = \tfrac{1}{6}\sin u + C = \tfrac{1}{6}\sin(3x^2) + C$

3. Gesucht ist $I_2 = \int \cos^5 x \, dx$. Wir machen einen Versuch mit der Substitution $u = \cos x$, also wäre dann $\frac{du}{dx} = \sin x$ und $du = \sin x \, dx$. Ein Faktor $g'(x) = \sin x$ lässt sich aber im Integranden durch keine zulässige Umformung herbeiführen. Also sind wir auf einen anderen Faktor $g'(x)$ angewiesen. Dazu schreiben wir I_2 so: $I_2 = \int \cos^4 x \cdot \cos x \, dx$.

Wenn wir nun $\frac{du}{dx} = g'(x) = \cos x$ verwenden wollen, dann ist dies mit $u = \sin x$ realisierbar. $\cos^4 x$ macht das Spiel mit, denn aus $\cos^2 x = 1 - \sin^2 x = 1 - u^2$ folgt $\cos^4 x = (1 - u^2)^2$ und somit

$$I_2 = \int (1 - 2u^2 + u^4) \, du = u - \tfrac{2}{3} u^3 + \tfrac{1}{5} u^5 + C = \sin x - \tfrac{2}{3} \sin^3 x + \tfrac{1}{5} \sin^5 x + C \quad \square$$

Die Suche nach einer geeigneten Substitution wird je nach Bauart des Integranden erleichtert durch einschlägige Empfehlungen der Formelsammlung (siehe z.B. dort: quadratische, trigonometrische, hyperbolische Substitution). Beachten Sie aber, dass bei einer *nicht geschlossen integrierbaren* Funktion jeder Substitutionsversuch vergeblich ist.

Bei der Integration von Brüchen ist oft ein Sonderfall der Integration durch Substitution anwendbar, die sog. „logarithmische Integration":

Gesucht ist $\int \frac{g'(x)}{g(x)} dx$. Substitution: $u = g(x)$, $\frac{du}{dx} = g'(x)$, $du = g'(x) dx$.

Also ist $\int \frac{g'(x)}{g(x)} dx = \int \frac{du}{u} = \ln|u| + C = \ln|g(x)| + C$ \hfill (5.3.4)

Beispiel:

4. $\tan x = \frac{\sin x}{\cos x}$, also erhalten wir mit $u = \cos x$: $\int \tan x \, dx = \ln|\cos x| + C$ \hfill $\square$

Wird Integration durch Substitution auf ein bestimmtes Integral $\int_a^b f[g(x)] g'(x) \, dx$ angewandt, so haben wir für die Behandlung der Grenzen zwei Möglichkeiten:

a) Wir ermitteln den Stammfunktionswert $F[g(x)]$ nach (5.3.2) (also einschließlich Rücksubstitution!) und setzen dann die Grenzen in x ein:

b) Weniger Schreibarbeit macht es, wenn wir die Grenzen mitsubstituieren. Zu $x = a$ gehört der Wert $u = g(a)$, zu $x = b$ der Wert $u = g(b)$. Somit ist

$$\int_{x=a}^{b} f[g(x)] g'(x) \, dx = \int_{u=g(a)}^{g(b)} f(u) \, du \quad (5.3.5)$$

5.3 Methoden zur geschlossenen Integration

Um Verwechslungen vorzubeugen, ist der Name der jeweiligen Integrationsvariablen bei der unteren Grenze mit angegeben.

Beispiel:

5. Gesucht ist $\int_0^r \frac{x}{\sqrt{x^2+r^2}} dx$. Substitution: $u = x^2 + r^2$, $\frac{du}{dx} = 2x$, $du = 2x dx$;

Grenzen: $x = 0: u = r^2$, $\qquad x = r: u = 2r^2$.

$$\int_{x=0}^r \frac{x}{\sqrt{x^2+r^2}} dx = \tfrac{1}{2} \int_{u=r^2}^{2r^2} \frac{du}{\sqrt{u}} = \tfrac{1}{2} \cdot 2 \left[\sqrt{u}\right]_{r^2}^{2r^2} = r(\sqrt{2}-1)$$ □

Produktintegration (Partielle Integration)

Besteht der Integrand aus zwei geeigneten Faktoren, so kann man ein Integral bisweilen durch Umkehrung der Produktregel der Differentiation berechnen oder wenigstens vereinfachen. Integrieren wir beide Seiten der Produktregel $(uv)' = u'v + uv'$ (mit $u = g(x)$, $v = h(x)$, $u' = g'(x)$, $v' = h'(x)$) nach x, so erhalten wir links nur uv, weil die Integration die Umkehroperation zur Differentiation ist. Eine Integrationskonstante braucht man dabei nicht anzuschreiben, weil ohnehin anschließend unbestimmt integriert wird. Also ergibt sich

$uv = \int u'v\,dx + \int uv'\,dx$ und daraus die Formel für die Produktintegration:

$$\int u'v\,dx = uv - \int uv'\,dx . \tag{5.3.6}$$

Identifizieren wir nun die Faktoren des Integranden mit u' und v, so ist die Produktintegration brauchbar, wenn das auf der rechten Seite noch verbleibende Integral leichter zu berechnen ist als das ursprünglich gegebene (außer bei Ausdrücken wie z.B. in Übungsaufgabe 3 unten!). Demgemäß verteilen wir die Faktoren des gegebenen Integranden auf u' und v. Manchmal ist das Verfahren mehrmals hintereinander anzuwenden.

Beispiel:

6. $\int x^2 \cos x\,dx = x^2 \sin x - 2\int x \sin x\,dx$;

1. Schritt mit $u' = \cos x$, $v = x^2$, also $u = \sin x$, $v' = 2x$:

$\int x \sin x\,dx = -x \cos x + \int \cos x\,dx$;

2. Schritt mit $u' = \sin x$, $v = x$, also $u = -\cos x$, $v' = 1$, also insgesamt:

$\int x^2 \cos x\,dx = x^2 \sin x - 2(-x\cos x + \sin x) + C = x^2 \sin x + 2x \cos x - 2 \sin x + C$.

Zur Nachprüfung empfohlen: Die Ableitung des Resultates ist der Integrand. Kein Wunder, dass die Produktregel der Differentiation hierzu gut taugt! □

Integration nach Partialbruchzerlegung

Sie ist manchmal die einzige Möglichkeit, um $\int \frac{P(x)}{Q(x)} dx$ mit Polynomen $P(x)$ und $Q(x)$ geschlossen berechnen zu können. Der Bruch wird dabei nach der Methode der Partialbruchzerlegung von 1.3 behandelt.

Beispiel:

7. Gesucht ist $I = \int \frac{2x^2 + 10x + 27}{x^2 + 7x + 10} dx$.

1. Polynomdivision:
$$(2x^2 + 10x + 27) : (x^2 + 7x + 10) = 2 \text{ Rest } (-4x + 7).$$
$$\underline{2x^2 + 14x + 20}$$
$$-4x + 7$$

2. Also ist $\frac{2x^2 + 10x + 27}{x^2 + 7x + 10} = 2 + \frac{-4x + 7}{x^2 + 7x + 10}$.

3. $x^2 + 7x + 10 = (x + 2)(x + 5)$.

4. $\frac{-4x + 7}{x^2 + 7x + 10} = \frac{A}{x + 2} + \frac{B}{x + 5} = \frac{Ax + 5A + Bx + 2B}{(x + 2)(x + 5)}$;

5. Koeffizientenvergleich im Zähler für x^1: $-4 = A + B$
   für x^0: $7 = 5A + 2B$,
   also $A = 5$, $B = -9$,

$$I = \int \left(2 + \frac{5}{x + 2} - \frac{9}{x + 5}\right) dx = 2x + 5\ln|x + 2| - 9\ln|x + 5| + C. \quad \square$$

Übungsaufgaben:

1. Ermitteln Sie $\int \sqrt{5x + 7} dx$, $\int \frac{\sin^3 x}{\cos^5 x} dx$, $\int_0^\pi \sin^2 x dx$, $\int \frac{e^x}{1 + e^{2x}} dx$,

$4\pi \int_{a-b}^{a+b} x\sqrt{b^2 - (x - a)^2} dx$ mit $a, b = \text{const} > 0$ (vgl. 5.4, Beispiel 10!).

2. Leiten Sie mittels Produktintegration die Formel für $\int \ln x dx$ her (Tipp: Wenn Sie den zweiten Faktor vermissen, verwenden Sie „1" dafür!).

3. Wie kann man $I_1 = \int e^{ax} \sin bx dx$ und $I_2 = \int e^{ax} \cos bx dx$ mit Hilfe der Produktintegration berechnen, obwohl keine Vereinfachung der Integranden erzielt wird?

4. Berechnen Sie $\int \frac{2x^4 + x^2 - 1}{x^3 - x} dx$.

5.4 Praktische Anwendungen

I. Weg und Geschwindigkeit

In 5.2 hatten wir die Länge l der mit einer Geschwindigkeit $v = f(t)$ durchfahrenen Strecke gesucht. Beginnt die Fahrt bei $t = t_0$ und endet sie bei $t = t_1$, so gilt nach dem vorigen:

$$l = \int_{t_0}^{t_1} v\,dt = \int_{t_0}^{t_1} f(t)\,dt = F(t_1) - F(t_0) \tag{5.4.1}$$

Ist $s_0 = F(t_0)$ der Kilometerstand zu Beginn der Fahrt, so erhält man den Stand $s_1 = F(t_1)$ aus l als $s_1 = s_0 + l$, also

$$s_1 = s_0 + \int_{t_0}^{t_1} v\,dt \tag{5.4.2}$$

Ebenso können wir die Geschwindigkeit v_1 zu einem Zeitpunkt t_1 aus der Beschleunigung a berechnen, wenn a als Funktionswert der Zeit t gegeben ist. Ist v_0 die Anfangsgeschwindigkeit zum Zeitpunkt t_0, so gilt analog zu (5.4.2)

$$v_1 = v_0 + \int_{t_0}^{t_1} a\,dt \tag{5.4.3}$$

Beispiel:

1. Beim freien Fall ohne Luftwiderstand unterliegt ein fallendes Objekt nur der Erdbeschleunigung $a = g \approx 9.81\ \text{ms}^{-2}$. Beginnt der Fall zur Zeit $t = 0$ mit der Anfangsgeschwindigkeit 0, so beträgt die Geschwindigkeit zum Zeitpunkt t_1

$v_1 = \int_0^{t_1} g\,dt = gt_1$. Zu einer beliebigen Zeit t ist also $v = gt$. Von $t = 0$ bis $t = t_1$ ist

daher die Fallstrecke $s_1 = \int_0^{t_1} v\,dt = g\int_0^{t_1} t\,dt = \tfrac{1}{2}gt_1^2$. Zu einer beliebigen Zeit t hat also

das Objekt die Fallstrecke $s = \tfrac{1}{2}gt^2$ zurückgelegt. □

Die Formeln (5.4.1) und (5.4.3) bilden die Grundlage der sogenannten Trägheitsnavigation: Beschleunigungen in den Richtungen der drei Raumkoordinaten werden in einem bewegten Objekt laufend durch Messung der durch sie verursachten Trägheitskräfte ermittelt. Durch Integration nach (5.4.3) erhält man so zu jedem Zeitpunkt die Geschwindigkeitskomponenten in diesen Richtungen. Durch nachfolgende Integration nach (5.4.1) sind wiederum zu jedem Zeitpunkt die zurückgelegten Wegkomponenten erhältlich. Freilich liefern die Messungen keine Formelausdrücke für a und v als Funktionswerte der Zeit. Hier helfen Methoden der näherungsweisen numerischen Integration, siehe 5.5.

II. Maßgrößen der Geometrie

Flächeninhalt eines ebenen Standardbereichs

1. Für $a \leq x \leq b$ sei $f(x) \geq 0$ und stetig. Den zwischen $\mathbb{G}_f$, der x-Achse und den beiden Parallelen zur y-Achse bei $x = a$ und $x = b$ eingeschlossenen Bereich $\mathbb{B}$ der (x, y)-Ebene nennen wir *Standardbereich* oder *Normalbereich*, Bild 5.4.1.

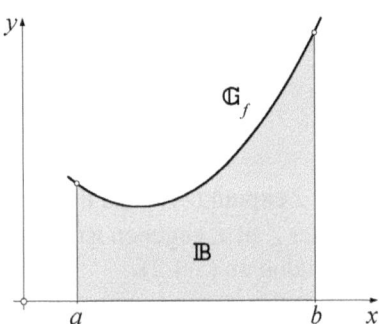
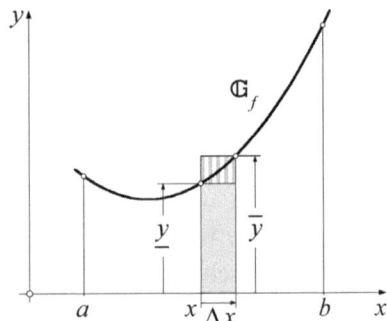

Bild 5.4.1: Standardbereich der (x, y)-Ebene   **Bild 5.4.2:** Näherung für ΔA

Aus der Schule ist bekannt, wie man den Flächeninhalt A dieses Bereichs berechnet. Weil die Vorgehensweise aber für viele andere Anwendungen typisch ist, stellen wir sie noch einmal (in kurzer Form) vor:

Von $x = a$ aus gehen wir zunächst nur bis zu einer Stelle $x < b$ und sehen nach, um welchen Wert ΔA sich dort der Flächeninhalt des eingeschlossenen Bereichs ändert, wenn x um Δx zunimmt (Bild 5.4.2). Über dem Intervall Δx nähern wir ΔA durch den Flächeninhalt des Rechtecks mit der Basislänge Δx und der Höhe $y = f(\xi)$ mit $\xi \in [x, x + \Delta x]$ an:

$$\Delta A \approx y \cdot \Delta x \tag{5.4.4}$$

Die Stelle ξ können wir nur schätzen; sind aber $\underline{y}$ und $\overline{y}$ kleinster und größter Funktionswert über dem Intervall Δx, so gilt sicher

$$\underline{y} \cdot \Delta x \leq \Delta A \leq \overline{y} \cdot \Delta x, \tag{5.4.5}$$

also $\quad \underline{y} \leq \dfrac{\Delta A}{\Delta x} \leq \overline{y}.$

5.4 Praktische Anwendungen

Bilden wir nun den Grenzwert dieses Differenzenquotienten für $\Delta x \to 0$, so fallen $\underline{y}$ und $\overline{y}$ in $y = f(x)$ an der Stelle x zusammen, und es ergibt sich

$$\frac{dA}{dx} = f(x) \tag{5.4.6}$$

Mit den in 4.1 eingeführten Differentialen schreiben wir daher für (5.4.5) auch
$$dA = f(x)\,dx \tag{5.4.7}$$
Gehen wir jetzt bis $x = b$ und wollen wir speziell das Änderungsmaß von A wissen, wenn wir b noch ändern würden, müssen wir nur in (5.4.6) $x = b$ einsetzen:

$$\frac{dA}{db} = f(b), \tag{5.4.8}$$

also folgt aus (5.2.5): $A = F(b) + C$ mit F als Stammfunktion zu f.
Wenn wir $b = a$ wählen, ist sicher $A = 0$, so dass sich $C = -F(a)$ ergibt, also gilt $A = F(b) - F(a)$. Daraus sehen wir jetzt mit (5.2.1):

$$A = \int_a^b f(x)\,dx \tag{5.4.9}$$

Dies trifft sich mit einem anderen bekannten Zugang zum bestimmten Integral: Das Intervall $[a, b]$ der x-Achse wird in n Intervalle mit Längen Δx_i unterteilt, so wie Sie es in Bild 5.4.2 für *ein* Intervall Δx sehen. Über jedem solchen Intervall nähern wir jetzt den Flächeninhalt ΔA_i des dazugehörigen Bereichsteils unter $\mathfrak{G}_f$ wie in (5.4.5) an und summieren über die Rechteckflächeninhalte:

$$\sum_{i=1}^{n} \underline{y_i} \cdot \Delta x_i \leq A \leq \sum_{i=1}^{n} \overline{y_i} \cdot \Delta x_i \ ; \tag{5.4.10}$$

der gesuchte Flächeninhalt A ist zwischen *Untersumme* (links) und *Obersumme* (rechts) eingeschlossen. Je feiner die Unterteilung wird (durch Verkleinerung der Δx_i und entsprechende Vergrößerung von n), desto weniger unterscheiden sie sich. Als gemeinsamer Grenzwert beider Summen für $n \to \infty$ und damit $\Delta x_i \to 0$ ergibt sich daraus der gesuchte Flächeninhalt wie in (5.4.9) (historisch ist aus dieser Summendarstellung die Integralschreibweise entstanden).
Falls im Integrationsintervall $[a, b]$ auch $f(x) < 0$ vorkommt, ist

$$A = \int_a^b |f(x)|\,dx \tag{5.4.11}$$

Ist also $f(x) \geq 0$ für $a \leq x \leq \xi$, dagegen $f(x) < 0$ für $\xi < x \leq b$, so berechnen wir A folgendermaßen:

$$A = \int_a^b |f(x)| dx = \int_a^\xi f(x) dx - \int_\xi^b f(x) dx \qquad (5.4.12)$$

oder, mit F als Stammfunktion zu f: $\quad A = 2F(\xi) - F(a) - F(b)$

$\int_a^b f(x) dx$ ergäbe hier $A_1 - A_2$, wobei A_1 bzw. A_2 der Flächeninhalt des über bzw. unter der x-Achse liegenden Teilbereichs ist. Dagegen liefert (5.4.12) $A_1 + A_2$. Je nach Anwendung ist genau zu beachten, was wirklich verlangt ist.
In Bild 5.4.3 ist $g(x) < f(x)$ für $a \leq x \leq b$. Der zwischen $\mathfrak{G}_g$, $\mathfrak{G}_f$ und den Geraden $x = a$, $x = b$ eingeschlossene Bereich hat dann nach (5.1.1) den Flächeninhalt

$$A = \int_a^b [f(x) - g(x)] dx \qquad (5.4.13)$$

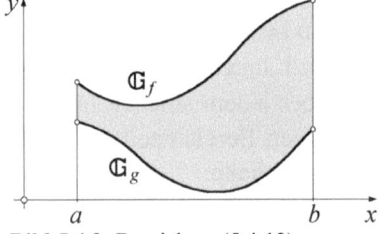

Bild 5.4.3: Bereich zu (5.4.13)

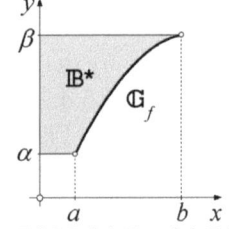

Bild 5.4.4: Bereich $\mathbb{B}^*$

2. Vertauschen wir gegenüber 1. die x- mit der y-Achse, so ist der Bereich, den wir jetzt $\mathbb{B}^*$ nennen, gegen die y-Achse abgestützt, s. Bild 5.4.4. Sein Flächeninhalt A^* ist gesucht. Wir setzen $0 \leq a \leq x \leq b$ voraus, ferner, dass f dort monoton ist und daher eine Umkehrfunktion f^{-1} hat. Dann ist $x = f^{-1}(y)$. $f(a)$ bezeichnen wir mit α, $f(b)$ mit β, und es sei $\alpha < \beta$; also ist $f'(x) \geq 0$ für $a \leq x \leq b$. Also ist

$$A^* = \int_\alpha^\beta f^{-1}(y) dy, \text{ analog zu (5.4.9).}$$

Dieses Integral wird auf die Integrationsvariable x umgeschrieben:

$$A^* = \int_a^b x \frac{dy}{dx} dx = \int_a^b x f'(x) dx.$$

5.4 Praktische Anwendungen

Vorsicht: Ist y Integrationsvariable, so sind die Grenzen des Integrals in Werten der Variablen y anzugeben; steigen wir aber auf die Integrationsvariable x um, so sind die Grenzen natürlich wieder die zu den y-Grenzen gehörenden Werte von x.

Ist $f'(x) \leq 0$ für $a \leq x \leq b$, so bedeutet dies mit den Bezeichnungen von oben $\alpha > \beta$; die dadurch bewirkte Vorzeichenumkehr des Integrals wird dadurch kompensiert, dass wir $|f'(x)|$ statt $f'(x)$ schreiben. Somit gilt, falls f monoton ist (steigend oder fallend) für den Flächeninhalt A^* des Bereichs $\mathbb{B}^*$ in Bild 5.4.4:

$$A^* = \int_a^b x|f'(x)|\,\mathrm{d}x \qquad (5.4.14)$$

Beispiele:

2. Gegeben ist $y = f(x) = 3x(x-2)(x-3)$. $\mathbb{G}_f$ schneidet die x-Achse bei $x = 0$, $x = 2$, $x = 3$; siehe Bild 5.4.5. Wir berechnen den Flächeninhalt A des von $x = 0$ bis $x = 3$ zwischen $\mathbb{G}_f$ und der x-Achse eingeschlossenen Bereichs der (x, y)-Ebene. Er besteht aus den beiden ausgefüllten Teilbereichen.

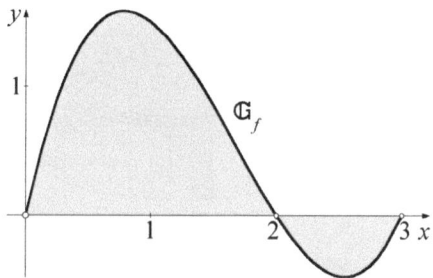

Bild 5.4.5: Teilbereiche

Aus $y = f(x) = 3(x^3 - 5x^2 + 6x)$: $F(x) = 3(\frac{1}{4}x^4 - \frac{5}{3}x^3 + 3x^2) = x^2(\frac{3}{4}x^2 - 5x + 9)$
und somit $F(0) = 0$, $F(2) = 8$, $F(3) = 6.75$. Also ist nach (5.4.11):

$$A = \int_0^3 |f(x)|\,\mathrm{d}x = \int_0^2 f(x)\,\mathrm{d}x - \int_2^3 f(x)\,\mathrm{d}x = 2F(2) - F(3) - F(0) = 9.25\,.$$

Sind die Koordinatenwerte Längen in cm, so ergibt sich A in cm^2.

3. Mit t, v und a seien momentan *nur die Maßzahlen* der Zeit, der Geschwindigkeit und der Beschleunigung bezeichnet. Ein Fahrzeug startet bei $t = 0$ mit der Geschwindigkeit $v_0 = 0$ und unterliegt von $t = 0$ bis $t = 3$ einer Beschleunigung $a = f(t) = 3(t^3 - 5t^2 + 6t)$. Die Geschwindigkeit v in Fahrtrichtung nimmt bei $a > 0$ zu, sie nimmt bei $a < 0$ ab (Abbremsung). Bei $t = 3$ hat das Fahrzeug die

Geschwindigkeit $\quad v = \int_0^3 f(t)\,dt = F(3) - F(0) = 6.75$.

Wird t in s gemessen, a in ms^{-2}, so ergibt sich v in ms^{-1}.
Hier wäre es also falsch, über $|f(t)|$ zu integrieren! □

Volumen eines Drehkörpers:

1. Der Standardbereich $\mathbb{B}$ überstreicht bei Rotation um die x-Achse einen Drehkörper ①, siehe Bild 5.4.6. Um dessen Volumen V_x zu erhalten, nehmen wir dieselbe Unterteilung des ebenen Bereichs $\mathbb{B}$ in Rechteckbereiche vor wie oben. Rotiert ein solches Rechteck mit Basislänge Δx (zur Vereinfachung lassen wir jetzt die Indices weg) und Höhe $f(x)$ um die x-Achse, überstreicht es eine drehzylindrische Scheibe, deren Volumen analog zu oben eine Näherung für das Volumen ΔV_x des dazugehörigen Teils des Drehkörpers ist: $\Delta V_x \approx \pi [f(x)]^2 \Delta x$.
Analog zu (5.4.7) schreibt man $dV_x = \pi [f(x)]^2 dx$.

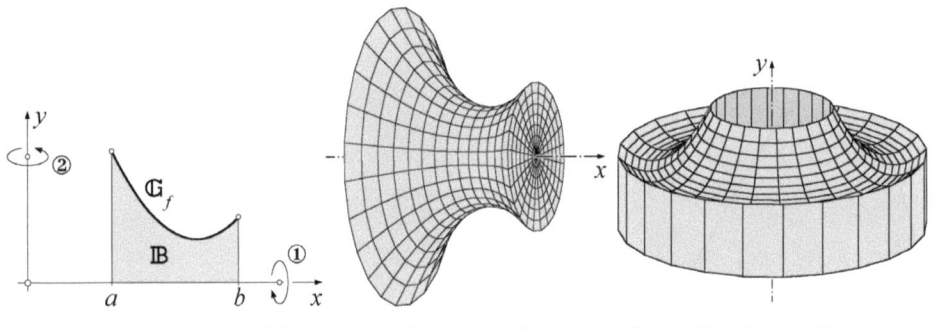

Bild 5.4.6: Rotierender Bereich $\mathbb{B}$ mit   Drehkörper ①   und   Drehkörper ②

Wie vorhin können wir nun Obersumme und Untersumme bilden und erhalten als gemeinsamen Grenzwert das gesuchte Volumen dieses Drehkörpers ①:

$$V_x = \pi \int_a^b [f(x)]^2 dx \qquad (5.4.15)$$

Weil im Integranden das Quadrat von $f(x)$ steht, kann man hier sogar die Einschränkung $f(x) \geq 0$ für $0 \leq x \leq b$ fallen lassen.

2. Wir verwenden wieder den Standardbereich $\mathbb{B}$ der (x, y)-Ebene von Bild 5.4.4. Wenn $\mathbb{B}$ um die y-Achse rotiert, wird ein anderer Drehkörper als bei 1. überstrichen. Damit er sich nicht selber überschneidet, setzen wir jetzt ausdrücklich noch $0 \leq a \leq x \leq b$ voraus. Wir ermitteln sein Volumen V_y. Rotiert dasselbe Rechteck wie vorhin um die y-Achse, so überstreicht es einen Hohlzylinder, dessen Volumen eine Näherung für das Volumen ΔV_y des dazugehörigen Teils des Drehkörpers ist.

5.4 Praktische Anwendungen

Ist x irgendeine Stelle der Rechtecksbasis Δx, so können wir den Hohlzylinder näherungsweise aus einem rechteckigen Blechstück von der Breite $2\pi x$, der Höhe $f(x)$ und der Dicke Δx biegen; also ist $\Delta V_y \approx 2\pi x f(x)\Delta x$. Die entsprechenden weiteren Überlegungen wie oben führen zum Volumen dieses Drehkörpers ②:

$$V_y = 2\pi \int_a^b x f(x)\,dx \tag{5.4.16}$$

3. Vertauschen wir bei 1. die x- mit der y-Achse, so ist der rotierende ebene Bereich $\mathbb{B}^*$ wie in Bild 5.4.4 gegen die y-Achse abgestützt, und $\mathbb{B}^*$ rotiert um die y-Achse, Bild 5.4.7.

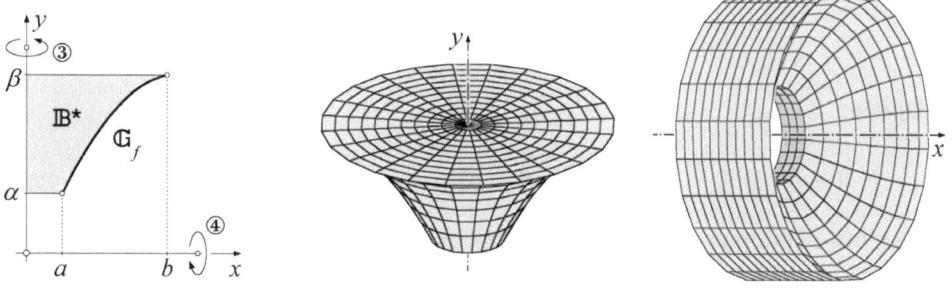

Bild 5.4.7: Rotierender Bereich $\mathbb{B}^*$ mit Drehkörper ③ und Drehkörper ④

Wie bei Bild 5.4.4 ist $0 \leq a \leq x \leq b$, f monoton mit Umkehrfunktion f^{-1}, also $x = f^{-1}(y)$. $f(a) = \alpha$, $f(b) = \beta$, wie oben mit $\alpha < \beta$; also $f'(x) \geq 0$ für $a \leq x \leq b$.

$\mathbb{B}^*$ rotiert um die y-Achse und überstreicht einen Drehkörper ③. Sein Volumen V_y^* unterscheidet sich von V_y nach (5.4.16). Wir erhalten aus (5.4.15), wenn wir dort die Rollen von x und y vertauschen:

$$V_y^* = \pi \int_\alpha^\beta [f^{-1}(y)]^2\,dy \ . \tag{5.4.17}$$

Dieses Integral wird auf die Integrationsvariable x umgeschrieben:

$$V_y^* = \pi \int_\alpha^\beta x^2\,dy = \pi \int_a^b x^2 \frac{dy}{dx}\,dx = \pi \int_a^b x^2 f'(x)\,dx$$

Vorsicht: Ist y Integrationsvariable, so sind die Grenzen des Integrals in Werten der Variablen y anzugeben; steigen wir aber auf die Integrationsvariable x um, so sind die Grenzen natürlich wieder die zu den y-Grenzen gehörenden Werte von x.

Ist $f'(x) \leq 0$ für $a \leq x \leq b$, so bedeutet dies mit den Bezeichnungen von oben $\alpha > \beta$; die dadurch bewirkte Vorzeichenumkehr des Integrals wird dadurch kompensiert, dass wir $|f'(x)|$ statt $f'(x)$ schreiben. Somit gilt, falls f monoton ist (steigend oder fallend) für das Volumen $V_y{}^*$ des Drehkörpers ③:

$$V_y{}^* = \pi \int_a^b x^2 |f'(x)| dx \qquad (5.4.18)$$

4. Auf ganz entsprechende Weise erhält man schließlich das Volumen $V_x{}^*$ des Drehkörpers ④, der bei Rotation des gegen die y-Achse abgestützten Bereichs $\mathbb{B}^*$ in Bild 5.4.7 um die x-Achse überstrichen wird:

$$V_x{}^* = 2\pi \int_a^b x f(x) |f'(x)| dx \qquad (5.4.19)$$

Beispiele:

4. $y = b\sqrt{1 - \dfrac{x^2}{a^2}}$ mit $a, b = \text{const} > 0$, $|x| \leq a$, beschreibt die obere Hälfte einer Ellipse mit Mittelpunkt in O und Halbachsen a, b. Durch Quadrieren ist ja die Standardgleichung einer Ellipse erhältlich: $\dfrac{x^2}{a^2} + \dfrac{y^2}{b^2} = 1$. Der von der Halbellipse und der x-Achse eingeschlossene Bereich beschreibt bei Rotation um die x-Achse einen Drehkörper, Bild 5.4.8. Wie groß ist sein Volumen V_x?
Wir wenden (5.4.15) an und berücksichtigen dabei (5.2.4):

$$V_x = \pi b^2 \int_{-a}^{a} \left(1 - \frac{x^2}{a^2}\right) dx = 2\pi b^2 \int_0^a \left(1 - \frac{x^2}{a^2}\right) dx = 2\pi b^2 \left[x - \frac{x^3}{3a^2} \right]_0^a = \tfrac{4\pi}{3} ab^2 .$$

Der Körper ist ein (massives) Drehellipsoid; für $b = a$ wird aus ihm eine Kugel vom Radius a, und V_x geht in das bekannte Kugelvolumen $\tfrac{4\pi}{3} a^3$ über.

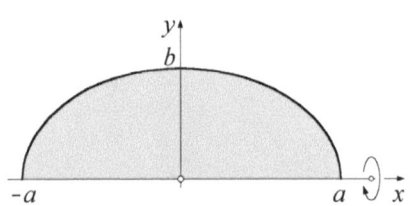 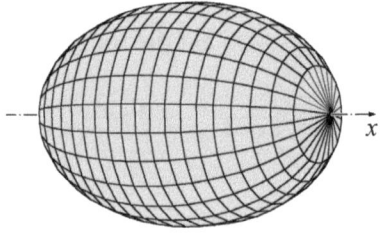

Bild 5.4.8: Beispiel 4, Rotierender Bereich und Drehellipsoid

5.4 Praktische Anwendungen

5. Gegeben ist $y = f(x) = b\sin\frac{x}{a}$. Der für $2\pi a \leq x \leq 3\pi a$ zwischen $\mathfrak{G}_f$ und der x-Achse eingeschlossene Bereich überstreicht bei seiner Rotation um die y-Achse einen Drehkörper, s. Bild 5.4.9. Wie groß ist sein Volumen V_y?
Jetzt benützen wir (5.4.16):

$$V_y = 2\pi b \int_{2\pi a}^{3\pi a} x\sin\frac{x}{a}\,dx = 2\pi ab\left[-x\cos\frac{x}{a} + a\sin\frac{x}{a}\right]_{2\pi a}^{3\pi a} = 2\pi ab(3\pi a + 2\pi a) = 10\pi^2 ab.$$

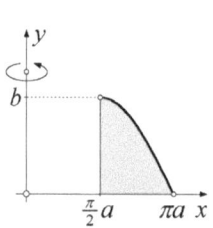
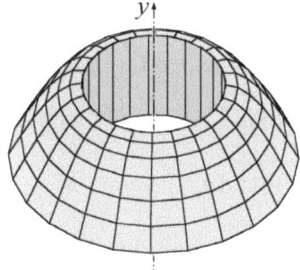

Bild 5.4.9: Beispiel 5, Rotierender Bereich   und   Drehkörper

Bogenlänge

f sei differenzierbar für $a \leq x \leq b$. Für dieses Intervall wird die Bogenlänge s von $\mathfrak{G}_f$ ermittelt. Zu diesem Zweck betrachten wir über einem Intervall der x-Achse von der Länge Δx das dazugehörige Bogenstück von $\mathfrak{G}_f$ und suchen eine Näherung für seine Länge Δs, Bild 5.4.10.

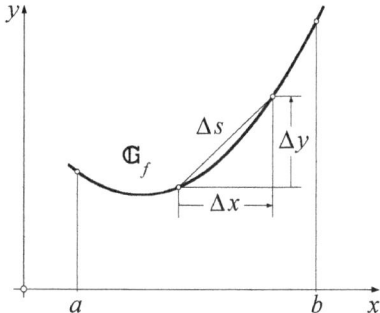

Bild 5.4.10: Näherung für Δs

Hierfür ist die Länge der Sehne von $\mathfrak{G}_f$ über diesem Intervall geeignet, also (mit Δy als y-Differenz ihrer Endpunkte):

$$\Delta s \approx \sqrt{(\Delta x)^2 + (\Delta y)^2} = \sqrt{1 + \left(\frac{\Delta y}{\Delta x}\right)^2}\,\Delta x. \tag{5.4.20}$$

Nähern wir $\mathfrak{G}_f$ für $a \le x \le b$ durch eine Anzahl solcher Sehnen an, so ergibt die Summe ihrer Längen (Gesamtlänge des Sehnenpolygons) eine Untersumme für s. Als Obersumme dient die Gesamtlänge eines Tangentenpolygons; über dem Intervall Δx erhält man dafür

$$\Delta s \approx \sqrt{1+[f'(x)]^2}\, \Delta x \tag{5.4.21}$$

Somit ist $\quad \sum \sqrt{1+\left(\dfrac{\Delta y}{\Delta x}\right)^2} \le \Delta s \le \sum \sqrt{1+[f'(x)]^2}\, \Delta x$

Beide Summen haben denselben Grenzwert für $\Delta x \to 0$, denn $\lim\limits_{\Delta x \to 0} \dfrac{\Delta y}{\Delta x} = f'(x)$

In der Schreibweise von (5.4.7) ergibt sich also

$$\mathrm{d}s = \sqrt{1+[f'(x)]^2}\, \mathrm{d}x \tag{5.4.22}$$

für die gesuchte Bogenlänge erhalten wir

$$s = \int_a^b \sqrt{1+[f'(x)]^2}\, \mathrm{d}x \tag{5.4.23}$$

Aus (5.4.21) bilden wir für später (Krümmung, kommt in 5.1):

$$\frac{\mathrm{d}s}{\mathrm{d}x} = \sqrt{1+[f'(x)]^2} \tag{5.4.24}$$

Beispiele:

6. $y = \cosh x$ ist die Gleichung einer Kettenlinie. Wie groß ist ihre Bogenlänge s vom tiefsten Punkt $P_1(0, 1)$ bis $P_2(a, \cosh a)$ mit $a > 0$?

$$y' = \sinh x,\ s = \int_0^a \sqrt{1+\sinh^2 x}\, \mathrm{d}x = \int_0^a \cosh x\, \mathrm{d}x = \left[\sinh x\right]_0^a = \sinh a.$$

An jeder Stelle $x > 0$ ist also die y-Koordinate von $\mathfrak{G}_{\sinh}$ gleich der Bogenlänge auf $\mathfrak{G}_{\cosh}$ vom tiefsten Punkt bis zu dieser Stelle x, Bild 5.4.11.

7. Gegeben ist $y = f(x) = \sqrt{a^2 - x^2}$. Welche Bogenlänge s hat $\mathfrak{G}_f$ von $x = 0$ bis $x = a$?

$$f'(x) = -\frac{x}{\sqrt{a^2-x^2}};\ s = \int_0^a \sqrt{1+\frac{x^2}{a^2-x^2}}\, \mathrm{d}x = \int_0^a \frac{a}{\sqrt{a^2-x^2}}\, \mathrm{d}x = a\left[\arcsin\frac{x}{a}\right]_0^a = a\cdot\frac{\pi}{2}.$$

Neu ist das nicht, denn $\mathfrak{G}_f$ ist ein Viertelkreisbogen mit Radius a, Bild 5.4.12. Durch Quadrieren der gegebenen Gleichung erhalten wir ja die Kreisgleichung $x^2 + y^2 = a$. Der Umfang des ganzen Kreises ist eben $4s = 2\pi a$. $\quad\square$

5.4 Praktische Anwendungen

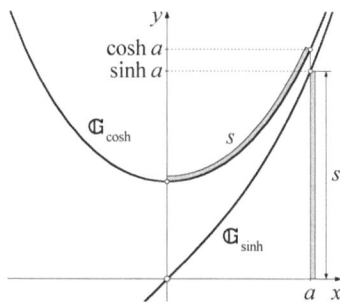

Bild 5.4.11: Beispiel 6, Kettenlinie

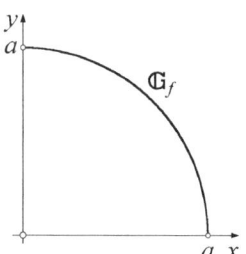

Bild 5.4.12: Beispiel 7, Viertelkreisbogen

Mantelflächeninhalt einer Drehfläche

1. Rotiert der Bogen $\mathfrak{G}_f$ von Bild 5.4.13 um die x-Achse, so überstreicht er eine Drehfläche ①. Um Begriffsverwirrungen vorzubeugen, betonen wir ausdrücklich, dass in der Mathematik eine *Fläche* ein geometrisches Gebilde ist (anschaulich: eine „Haut" von der Dicke 0), ein *Flächeninhalt* dagegen eine Maßgröße (die z.B. in cm^2 angegeben ist). Wenn es gelegentlich heißt, „Die Fläche eines Quadrates der Seitenlänge a ist a^2", so ist damit genau genommen der Fläche*ninhalt* gemeint (in der englischen Sprache tut man sich da leichter: Fläche heißt „surface", Flächeninhalt heißt „area"). Wir halten die Begriffe streng auseinander.

Nun ermitteln wir den *Mantelflächeninhalt* A_x dieser Drehfläche. *Mantelflächeninhalt* bedeutet, dass Flächeninhalte etwa vorhandener abschließender Kreisscheiben des Objekts unberücksichtigt bleiben. Rotiert die Tangentenstrecke von (5.4.21) um die x-Achse, so überstreicht sie den Mantel eines Drehkegelstumpfes. In der Stereometrie wurde dessen Mantelflächeninhalt berechnet; mit r_m als mittlerem Radius und l als Mantellinienlänge ist er $2\pi r_m l$. Also gilt für den Mantelflächeninhalt ΔA_x des zum Intervall Δx gehörenden Teils der Drehfläche ①:

$$\Delta A_x \approx 2\pi f(x)\sqrt{1+[f'(x)]^2}\,\Delta x$$

Statt der Tangentenstrecke könnten wir auch wieder die Sehnenstrecke verwenden. Auf bereits gewohnte Weise erhalten wir daraus für die Drehfläche ①:

$$A_x = 2\pi \int_a^b f(x)\sqrt{1+[f'(x)]^2}\,dx \tag{5.4.25}$$

2. Rotiert derselbe Bogen um die y-Achse, so überstreicht er eine Drehfläche ② vom Mantelflächeninhalt A_y. Der Drehkegelstumpf hat den mittleren Radius x und dieselbe Mantellinienlänge wie bei 1. Damit ergibt sich für die Drehfläche ②:

$$A_y = 2\pi \int_a^b x\sqrt{1+[f'(x)]^2}\,dx \tag{5.4.26}$$

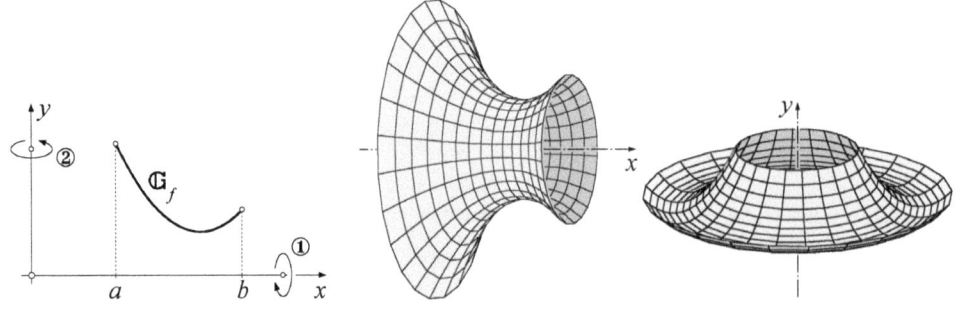

Bild 5.4.13: Rotierender Bogen $\mathfrak{G}_f$ mit Drehfläche ① und Drehfläche ②

Beispiel:

8. Gegeben ist $y = f(x) = \frac{1}{3}(3-x)\sqrt{x} = x^{\frac{1}{2}} - \frac{1}{3}x^{\frac{3}{2}}$ für $x \in [0, 3]$. $\mathfrak{G}_f$ rotiert im angegebenen Intervall um die x-Achse und überstreicht dabei die Oberfläche eines Stromlinienkörpers. Wie groß ist ihr Mantelflächeninhalt A_x?

$f'(x) = \frac{1}{2}x^{-\frac{1}{2}} - \frac{1}{2}x^{\frac{1}{2}} = \frac{1-x}{2\sqrt{x}}$. Daraus ersehen wir zunächst $\lim\limits_{x \to 0} f'(x) = \infty$,

$f'(1) = 0$, $\lim\limits_{x \to 0} f'(3) = -\frac{1}{\sqrt{3}} \approx -0.577$. Mit $f(0) = f(3) = 0$, $f(1) = \frac{2}{3}$ ist hieraus schon die aerodynamische Tropfenform des Körpers zu erkennen, Bild 5.4.14.
Die Formel (5.4.25) bringt

$$A_x = 2\pi \int_0^3 \tfrac{1}{3}(3-x)\sqrt{x}\sqrt{1 + \frac{(1-x)^2}{4x}}\,dx = \tfrac{2\pi}{3}\int_0^3 (3-x)\sqrt{x}\,\frac{1+x}{2\sqrt{x}}\,dx =$$

$$= \tfrac{\pi}{3}\int_0^3 (3-x)(1+x)\,dx = \tfrac{\pi}{3}\int_0^3 (3+2x-x^2)\,dx = \tfrac{\pi}{3}\left[3x + x^2 - \tfrac{1}{3}x^3\right]_0^3 = 3\pi \quad \square$$

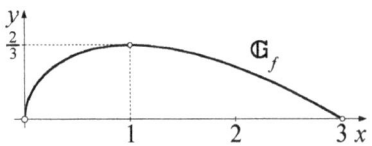 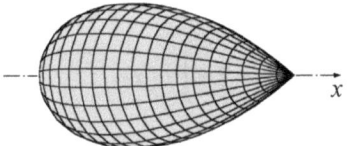

Bild 5.4.14: Beispiel 8, Rotierender Bogen und Oberfläche eines Stromlinienkörpers

III. Schwerpunkte

Zur Vorbereitung erinnern wir uns an die Lage des Schwerpunktes $S(x_S, y_S)$ eines Systems von zwei Massenpunkten m_1 bei (x_1, y_1), m_2 bei (x_2, y_2), Bild 5.4.15.

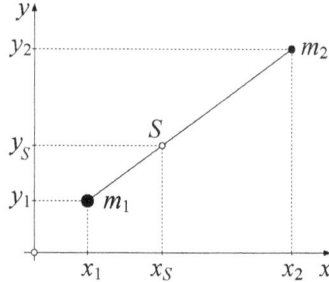

Bild 5.4.15: Schwerpunkt zweier Massenpunkte

S ist der Punkt des Systems, in dem man es unterstützen muss, damit es bei beliebiger Richtung des Erdbeschleunigungsvektors $\vec{g}$ stets im indifferenten Gleichgewicht bleibt. Ist $\vec{g}$ parallel zur y-Achse, so gilt daher

$(x_S - x_1)m_1 g = (x_2 - x_S)m_2 g$, nach Division durch g:

$x_S m_1 - x_1 m_1 = x_2 m_2 - x_S m_2$; entsprechendes gilt für die y-Koordinaten.

Also: $x_S = \dfrac{x_1 m_1 + x_2 m_2}{m_1 + m_2}$, ebenso $y_S = \dfrac{y_1 m_1 + y_2 m_2}{m_1 + m_2}$

Besteht das System aus n Massenpunkten, so gilt in Verallgemeinerung dessen:

$$x_S = \frac{\sum x_i m_i}{\sum m_i}, \quad y_S = \frac{\sum y_i m_i}{\sum m_i} \tag{5.4.27}$$

Summiert wird dabei und in den folgenden entsprechenden Formeln von 1 bis n. Beachten Sie, dass im Nenner als *charakteristische Maßgröße* des Systems die Gesamtmasse steht! Dies wird sich als durchgängiges Prinzip bei allen weiteren Schwerpunktsformeln erweisen.

Statt der Massenpunkte nehmen wir jetzt n Bereiche der (x, y)-Ebene mit Einzelflächeninhalten ΔA_i und Einzelschwerpunkten (x_i, y_i) (Bild 5.4.16 für zwei Rechteckbereiche). Denken wir uns die Bereiche homogen mit Masse belegt, so sind die ΔA_i proportional zu den Einzelmassen m_i, und somit erhalten wir für den Gesamtschwerpunkt $S(x_S, y_S)$ des Systems dieser n ebenen Bereiche:

$$x_S = \frac{\sum x_i \Delta A_i}{\sum \Delta A_i}, \quad y_S = \frac{\sum y_i \Delta A_i}{\sum \Delta A_i} \tag{5.4.28}$$

Charakteristische Maßgröße im Nenner ist der Gesamtflächeninhalt $A = \sum \Delta A_i$.

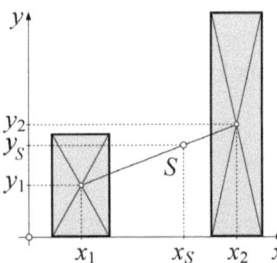

Bild 5.4.16: Schwerpunkt zweier Rechteckbereiche

Wir suchen den Schwerpunkt $S(x_S, y_S)$ des Standardbereichs $\mathbb{B}$, Bild 5.4.17. Über einem Intervall der x-Achse von der Länge Δx_i mit Mittelpunkt x_i nähern wir den dazugehörigen Teil von $\mathbb{B}$ durch das wohlbekannte Rechteck an. Wieder ist $\Delta A_i \approx f(x_i)\Delta x_i$. Die Koordinaten des Rechteckschwerpunktes, der ja im Mittelpunkt des Rechtecks liegt, sind x_i und $\tfrac{1}{2}f(x_i)$; somit ergibt sich mit (5.4.28):

$$x_S \approx \frac{\sum x_i f(x_i)\Delta x_i}{\sum f(x_i)\Delta x_i}, \quad y_S \approx \frac{\sum \tfrac{1}{2}f(x_i)f(x_i)\Delta x_i}{\sum f(x_i)\Delta x_i} = \frac{\sum [f(x_i)]^2 \Delta x_i}{2\sum f(x_i)\Delta x_i} \qquad (5.4.29)$$

Die Fehler der Näherungen kann man wie gewohnt verkleinern, wenn man die Δx_i verkleinert (und damit natürlich wieder ihre Anzahl erhöht). Es lässt sich zeigen, dass für $n \to \infty$, $\Delta x_i \to 0$ die Fehler gegen 0 gehen; aus den Summen werden wieder Integrale.

Im Nenner ergibt sich $\int_a^b f(x)\,dx$, also der Flächeninhalt A des Bereichs. Somit ist

$$x_S = \frac{1}{A}\int_a^b x f(x)\,dx, \quad y_S = \frac{1}{2A}\int_a^b [f(x)]^2\,dx \qquad (5.4.30)$$

Dies gilt für $f(x) \geq 0$. Kommt in $[a, b]$ auch $f(x) < 0$ vor, so ist statt $f(x)$ überall dort, wo es in (5.4.30) die Rechteckshöhe bezeichnet, $|f(x)|$ einzusetzen, nicht jedoch dort, wo es von der Höhe des Einzelschwerpunkts herrührt. Also:

$$x_S = \frac{1}{A}\int_a^b x|f(x)|\,dx, \quad y_S = \frac{1}{2A}\int_a^b f(x)|f(x)|\,dx \qquad (5.4.31)$$

mit $A = \int_a^b |f(x)|\,dx$

Beispiel:

9. Gegeben ist $y = f(x) = x^2$. Gesucht ist der Schwerpunkt $S(x_S, y_S)$ des von $\mathfrak{G}_f$, der x-Achse und den Geraden $y = -1$ und $y = 2$ begrenzten Bereichs, Bild 5.4.18.

5.4 Praktische Anwendungen   177

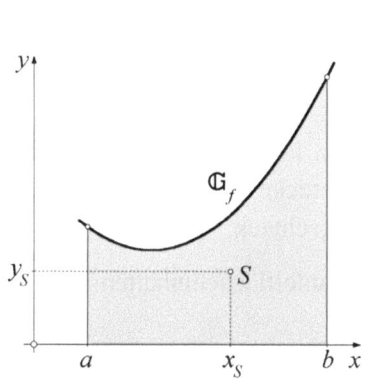
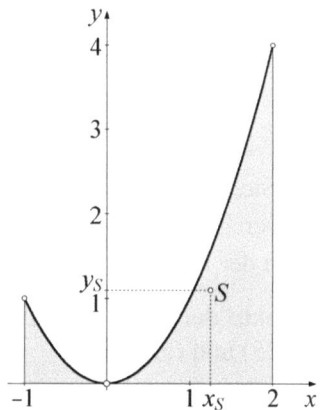

Bild 5.4.17: Schwerpunkt eines Standardbereichs   **Bild 5.4.18**: Beispiel 9, Bereichsschwerpunkt

Wir erhalten $A = \int_{-1}^{2} x^2 \, dx = [\frac{1}{3}x^3]_{-1}^{2} = \frac{8+1}{3} = 3$;

$x_S = \frac{1}{3}\int_a^b x^3 \, dx = \frac{1}{3}[\frac{1}{4}x^4]_{-1}^{2} = \frac{16-1}{12} = 1.25$; $y_S = \frac{1}{6}\int_a^b x^4 \, dx = \frac{1}{6}[\frac{1}{5}x^5]_{-1}^{2} = \frac{32+1}{30} = 1.1$

Der Schwerpunkt liegt also noch knapp innerhalb des Bereichs, denn es ist
$1.25^2 = 1.5625 > 1.1$.   □

Auf ganz entsprechende Weise erhält man die Schwerpunkte der anderen oben behandelten geometrischen Objekte:

Schwerpunkte der Drehkörper ① bis ④ mit den Volumina V_x, V_y, V_y^*, V_x^* nach (5.4.15) bis (5.4.19):

Drehkörper ①: $x_S = \frac{\pi}{V_x} \int_a^b x[f(x)]^2 \, dx$, $y_S = 0$ (5.4.32)

Drehkörper ②: $x_S = 0$, $y_S = \frac{\pi}{V_y} \int_a^b x[f(x)]^2 \, dx$ (5.4.33)

Drehkörper ③: $x_S = 0$, $y_S = \frac{\pi}{V_y^*} \int_a^b x^2 f(x) f'(x) \, dx$ (5.4.34)

Drehkörper ④: $x_S = \frac{\pi}{V_x^*} \int_a^b x^2 f(x) |f'(x)| \, dx$, $y_S = 0$ (5.4.35)

Schwerpunkt eines Kurvenbogens mit der Bogenlänge s nach (5.4.23):

$$x_S = \frac{1}{s}\int_a^b x\sqrt{1+[f'(x)]^2}\,\mathrm{d}x, \quad y_S = \frac{1}{s}\int_a^b f(x)\sqrt{1+[f'(x)]^2}\,\mathrm{d}x \qquad (5.4.36)$$

Beachten Sie, dass im Nenner der Formel für y_S kein Faktor 2 steht, so wie bei (5.4.30). Der Einzelschwerpunkt eines kleinen Bogenstückes Δs_i liegt eben auch ungefähr in der Höhe $f(x_i)$, nicht $\frac{1}{2}f(x_i)$ wie beim Rechteck.

Schwerpunkte der Drehflächen ① und ② mit den Mantelflächeninhalten A_x, A_y nach (5.4.25) und (5.4.26):

Drehfläche ①: $x_S = \dfrac{2\pi}{A_x}\int_a^b x\,f(x)\sqrt{1+[f'(x)]^2}\,\mathrm{d}x$, $y_S = 0$ \qquad (5.4.37)

Drehfläche ②: $x_S = 0$, $y_S = \dfrac{2\pi}{A_y}\int_a^b x\,f(x)\sqrt{1+[f'(x)]^2}\,\mathrm{d}x$ \qquad (5.4.38)

Schwerpunktskoordinaten 0 ergeben sich in diesen Formeln aus der jeweils vorliegenden Rotationssymmetrie.

Bei all diesen Formeln fällt auf: Im Nenner steht immer die charakteristische Maßgröße des Objekts, zu dem der jeweilige Schwerpunkt gehört: Das ist beim ebenen Bereich der Flächeninhalt, beim Kurvenbogen die Bogenlänge, bei einem Drehkörper das Drehkörpervolumen und bei einer Drehfläche der Mantelflächeninhalt. Der Integrand einer Formel für x_S bzw. y_S ergibt sich, wenn der Integrand der jeweiligen Maßgröße mit x bzw. y multipliziert wird. Wenn Sie stets auf diese Sachverhalte achten, schützen Sie sich dadurch vor Verwechslungen.

Die GULDINschen Regeln

Vergleicht man (5.4.30) mit (5.4.15), (5.4.16), so fallen dort die paarweise gleichen Integralausdrücke auf. Wir schließen daraus: Überstreicht der ebene Bereich $\mathbb{B}$ der (x, y)-Ebene mit Flächeninhalt A und Schwerpunkt $S(x_S, y_S)$ bei Rotation um die x- bzw. y-Achse einen Drehkörper vom Volumen V_x bzw. V_y, so gilt

$$V_x = A\cdot 2\pi y_S, \quad V_y = A\cdot 2\pi x_S \qquad (5.4.39)$$

Dies hat eine sehr anschauliche Bedeutung: Das Volumen des Drehkörpers erhalten wir, wenn wir den Flächeninhalt des rotierenden Bereichs mit der Weglänge multiplizieren, die der Schwerpunkt des ebenen Bereichs bei einer vollen Umdrehung zurücklegt. Man kann zeigen, dass dieser Satz auch für Anordnungen wie in Bild 5.4.19 gilt: Ein Bereich $\mathbb{B}$ vom Flächeninhalt A liegt zusammen mit der Achse p in einer Ebene; sein Schwerpunkt hat den Abstand r_S von p. Der bei Rotation von $\mathbb{B}$ um p überstrichene Drehkörper hat das Volumen

5.4 Praktische Anwendungen

$$V_p = A \cdot 2\pi r_S \tag{5.4.40}$$

In jedem Fall ist darauf zu achten, dass der rotierende Bereich *nur auf einer Seite* der Drehachse liegt (also nicht durch sie in verschiedene Teile getrennt wird)!

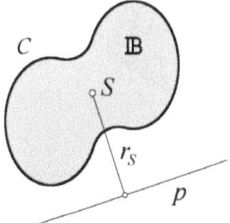

Bild 5.4.19: Zur GULDINschen Regel

Ganz analog schließen wir aus dem Vergleich von (5.4.39) mit (5.4.25), (5.4.30):
Überstreicht ein Bogen von $\mathfrak{G}_f$ mit Bogenlänge s und Schwerpunkt $S(x_S, y_S)$ bei Rotation um die x- bzw. y-Achse eine Drehfläche vom Mantelflächeninhalt A_x bzw. A_y, so gilt

$$A_x = s \cdot 2\pi y_S \;,\; A_y = s \cdot 2\pi x_S \tag{5.4.41}$$

Den Mantelflächeninhalt der Drehfläche erhalten wir also durch Multiplikation der Bogenlänge des rotierenden Bogens mit der Weglänge, die der Schwerpunkt des Bogens bei einer vollen Umdrehung zurücklegt. Wieder kann man zeigen, dass der Satz auch für Anordnungen wie in Bild 5.4.19 gilt:
Ein Kurvenbogen C mit der Bogenlänge s liegt zusammen mit der Achse p in einer Ebene; sein Schwerpunkt hat den Abstand r_S von p. Die bei Rotation von C um p überstrichene Drehfläche hat den Mantelflächeninhalt

$$A_p = s \cdot 2\pi r_S \tag{5.4.42}$$

Entsprechend ist hier zu beachten, dass der rotierende Bogen nur auf *einer* Seite der Drehachse liegt (also nicht durch sie in verschiedene Teile getrennt wird).

Beispiel:

10. Der Kreis mit Mittelpunkt $(a, 0)$ und Radius b überstreicht bei Rotation um die y-Achse einen Torus, Bild 5.4.20. Gesucht ist sein Oberflächeninhalt A_y. Bei Rotation der Kreis*scheibe* wird ein *massiver* Torus überstrichen. Gesucht ist sein Volumen V_y. Der Torus als Drehfläche ist also die Außenhaut dieses Drehkörpers.
Der Schwerpunkt des Kreises hat von der y-Achse den Abstand a, der Kreisumfang hat die Länge $s = 2\pi b$. Also ist $A_y = 2\pi b \cdot 2\pi a = 4\pi^2 ab$.
Die Kreisscheibe hat denselben Schwerpunkt wie der Kreis, ihr Flächeninhalt ist $A = \pi b^2$. Also ist $V_y = \pi b^2 \cdot 2\pi a = 2\pi^2 ab^2$. □

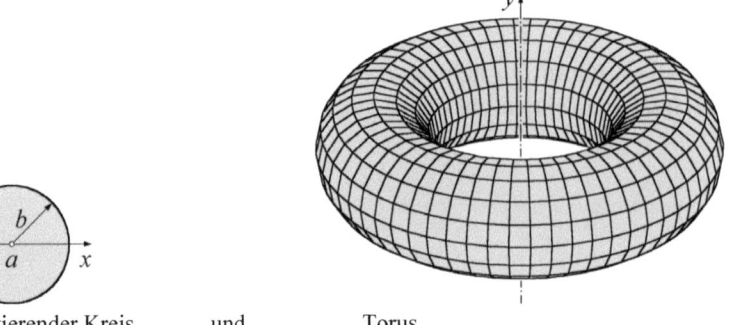

Bild 5.4.20: Rotierender Kreis   und   Torus

IV. Arbeitsintegrale

Wirkt eine konstante Kraft F^* in Richtung eines Weges s von s_0 bis s_1, so wird, wie wir aus der Physik wissen, die Arbeit $W = F^* \cdot (s_1 - s_0)$ verrichtet. Im Kraft-Weg-Diagramm von Bild 5.4.21 erscheint W als Flächeninhalt des Rechtecks mit den Seiten F^* und $s_1 - s_0$. Wie erhalten wir die Arbeit W, wenn zwar wieder die Kraft in Richtung des Weges s wirkt, aber nicht mehr konstant, sondern wie in Bild 5.4.22 Funktionswert F des Weges ist?

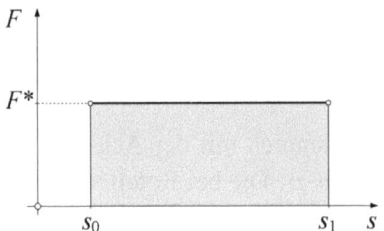
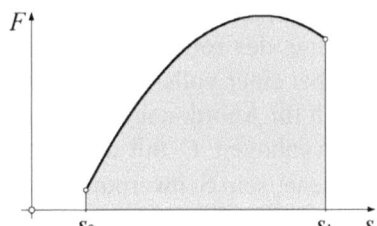

Bild 5.4.21: Arbeit bei konstanter Kraft   **Bild 5.4.22:** Arbeit bei variabler Kraft

Ein Vergleich mit der Ermittlung des Flächeninhaltes eines Standardbereichs der (x, y)-Ebene (Bild 5.4.1) lässt sofort die völlige Analogie erkennen, wenn wir dort nur x, y, a, b, A durch s, F, s_0, s_1, W ersetzen. Dies führt unmittelbar zu

$$W = \int_{s_0}^{s_1} F \, ds \tag{5.4.43}$$

Beispiel:

11. Gegeben ist die Kraft $F = F^* \cdot [1 - \cos(qs)]$ mit $F^* = 5\,\text{N}$, $q = 0{,}2\pi\,\text{m}^{-1}$. Welche Arbeit W verrichtet sie, wenn sie entlang s von $s_0 = 0$ bis $s_1 = 10\,\text{m}$ wirkt?

$$W = F^* \int_0^{10\,\text{m}} [1 - \cos(qs)] \, ds = F^* \left[s - \tfrac{1}{q}\sin(qs) \right]_0^{10\,\text{m}} = 50\,\text{Nm}. \qquad \square$$

5.4 Praktische Anwendungen

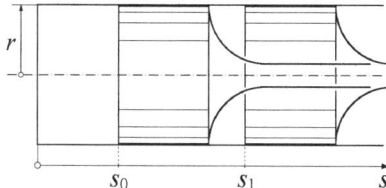

Bild 5.4.23: Expandierendes Gas

Ist die Arbeit W gesucht, die ein mit variablem Druck p expandierendes Gas in einem Zylinder am Kolben verrichtet (Bild 5.4.23), so müssen wir hierfür (5.4.43) noch ein wenig umbauen. Mit A als Querschnittflächeninhalt des Kolbens ist die beim Druck p auf ihn wirkende Kraft $F = p \cdot A$. Nimmt s um Δs zu, so nimmt das im Zylinder eingeschlossene Volumen V um $\Delta V = A \Delta s$ zu. In der Schreibweise mit Differentialen von (5.4.7) ist daher $F\,\mathrm{d}s = pA\,\mathrm{d}s = p\,\mathrm{d}V$.
Aus (5.4.43) ergibt sich also:

$$W = \int_{V_0}^{V_1} p\,\mathrm{d}V \qquad (5.4.44)$$

Weil nach V integriert wird, sind die Grenzen Werte von V, mit V_0 als Anfangs- und V_1 als Endvolumen. p benötigen wir natürlich als Funktionswert von V, um integrieren zu können (siehe Beispiel 12).

Beispiel:

12. Ein expandierendes Gas vom Anfangsdruck p_0 drückt einen Kolben vom Radius r *isotherm* (d.h. bei vollständigem Temperaturausgleich, also stets konstanter Temperatur) aus der Ausgangslage bei $s = s_0$ in die Endlage bei $s = s_1$.
Wie groß ist die am Kolben verrichtete Arbeit W?
Das Anfangsvolumen ist $V_0 = \pi r^2 s_0$, das Endvolumen $V_1 = \pi r^2 s_1$. Bei konstanter Temperatur gilt das BOYLE-MARIOTTEsche Gesetz $p \cdot V = p_0 \cdot V_0 = \text{const}$.
Daraus ergibt sich der während der Expansion variable Druck als Funktionswert von V, nämlich $p = \dfrac{p_0 V_0}{V}$. Somit ist

$$W = p_0 V_0 \int_{V_0}^{V_1} \frac{\mathrm{d}V}{V} = p_0 V_0 \bigl[\ln|V|\bigr]_{V_0}^{V_1} = p_0 V_0 \ln \frac{V_1}{V_0} = \pi r^2 s_0 p_0 \ln \frac{s_1}{s_0}. \qquad \square$$

V. Lineare Mittelwerte

Bild 4.3.3 zeigt den Verlauf der Geschwindigkeit v in Abhängigkeit von der Zeit t. Welche „mittlere" Geschwindigkeit $\bar{v}$ hat das Fahrzeug während der Fahrt? Gemeint ist damit die *konstante* Geschwindigkeit, mit der es fahren müsste, um im selben Zeitraum von t_0 bis t_1 dieselbe Strecke von s_0 bis s_1 zurückzulegen, also $\bar{v} = \dfrac{s_1 - s_0}{t_1 - t_0}$. Mit (5.4.2) erhalten wir daher:

$$\bar{v} = \dfrac{1}{t_1 - t_0} \int_{t_0}^{t_1} v\,\mathrm{d}t \qquad (5.4.45)$$

$\bar{v}$ heißt der *lineare Mittelwert* von v über dem Intervall $[t_0, t_1]$. Allgemein ist

$$\bar{y} = \dfrac{1}{b-a} \int_a^b f(x)\,\mathrm{d}x \qquad (5.4.46)$$

der lineare Mittelwert von $y = f(x)$ über dem Intervall $[a, b]$. Mit A als Flächeninhalt des Standardbereichs der (x, y)-Ebene nach (5.4.9) ist also $\bar{y}$ die Höhe des Rechtecks mit der Basislänge $b - a$, das denselben Flächeninhalt A wie der Standardbereich hat, Bild 5.4.24.

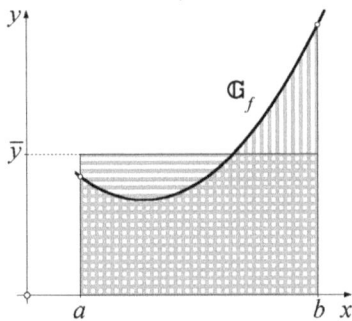
Bild 5.4.24: Linearer Mittelwert

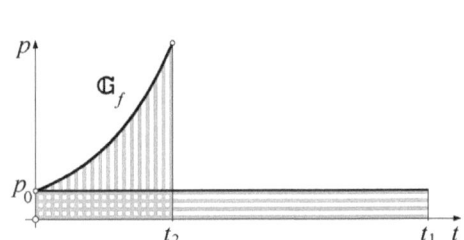
Bild 5.4.25: Verbrauch eines Rohstoffvorrates

VI. Weitere Anwendungen

In vielen weiteren Anwendungsgebieten führen Überlegungen, die zu den bisher gemachten analog sind, zu Integralausdrücken. Dies ist z.B. auch so, wenn Momentanwerte in ihrem zeitlichen Verlauf sich zu einer Gesamtgröße zusammenfügen. Wie wir konkret damit umgehen, sehen wir an folgendem

Beispiel:

13. V sei ein Rohstoffvorrat, p der Rohstoffverbrauch pro Jahr. Zur Zeit $t = 0$ (mit willkürlich gewähltem Nullpunkt) habe p den Anfangswert p_0.

Für die Zeit t_1, nach der bei jährlich *konstantem* Verbrauch $p = p_0 = $ const der Vorrat V verbraucht ist, gilt also $V = p_0 \cdot t_1$, Bild 5.4.25; V erscheint dort als Flächeninhalt des Rechtecks mit Seitenlängen t_1 und p_0 (vgl. Bild 5.4.21).

Besitzt p dagegen eine *konstante jährliche Zuwachsrate* b (z.B. $b = 5\,\%$), so ist zur Zeit t der jährliche Verbrauch $p = f(t) = p_0 \cdot (1 + b)^t$.

Jetzt erscheint in Bild 5.4.25 V als Flächeninhalt des Standardbereichs unter $\mathfrak{G}_f$.

5.4 Praktische Anwendungen

Für die Zeit t_2, nach der jetzt der Vorrat V bereits verbraucht ist, gilt also
$$V = p_0 \int_0^{t_2} (1+b)^t\, dt.$$

a) Wie können wir t_2 aus t_1 berechnen?
b) Nach welcher Zeit t^* (in Jahren) verdoppelt sich jeweils der jährliche Verbrauch p bei einer jährlichen Zuwachsrate von $b = 5\%$?
c) Nach wieviel Jahren ist dabei ein Rohstoffvorrat aufgebraucht, der bei jährlich konstantem Verbrauch für 500 Jahre reichen würde?

Zu **a)** Aus den Ausdrücken für V folgt:
$$t_1 = \int_0^{t_2}(1+b)^t\,dt = \left[\frac{(1+b)^t}{\ln(1+b)}\right]_0^{t_2} = \frac{(1+b)^{t_2}-1}{\ln(1+b)}, \text{ also } (1+b)^{t_2} = 1 + t_1 \ln(1+b) \text{ und}$$
daher $t_2 = \dfrac{\ln[1+t_1\ln(1+b)]}{\ln(1+b)}$.

Zu **b)** $(1+b)^{t^*} = 2$, also $t^* = \dfrac{\ln 2}{\ln(1+b)}$; bei $b = 5\%$: $t^* = \dfrac{\ln 2}{\ln 1.05} \approx 14$. Ungefähr alle 14 Jahre verdoppelt sich der Verbrauch.

Zu **c)** Für $t_1 = 500$ und $b = 5\%$ ist nach a): $t_2 = \dfrac{\ln[1+500\cdot\ln 1.05]}{\ln 1.05} \approx 66$. Der Rohstoffvorrat, der bei jährlich konstantem Verbrauch *500 Jahre* reichen würde, ist bei einer jährlichen Wachstumsrate von 5 % bereits nach *66 Jahren* verbraucht!

An dieser Stelle sind Gedanken über die Chancen rechtzeitigen Auffindens von Ersatzstoffen innerhalb von 500 bzw. nur 66 Jahren, über die bestehende Überlastung der Dauertragfähigkeit des Ökosystems und über die Notwendigkeit der Selbstbeschränkung der Menschheit hinsichtlich ihrer Anzahl und ihres Konsumverhaltens angebracht. □

Übungsaufgaben:

1. Skizzieren Sie den zwischen der Parabel $y = \frac{1}{2}x^2$ und der Geraden $y = \frac{1}{2}x+1$ eingeschlossenen Bereich und ermitteln Sie seinen Flächeninhalt A.

2. Wie lässt sich (5.4.14) direkt aus (5.4.9) mittels Produktintegration herleiten?
Tipp: Setzen Sie den $\mathbb{B}^*$ von Bild 5.4.4 mit $\mathbb{B}$ von Bild 5.4.1 zu einer Differenz von Rechteckbereichen zusammen. Wie geht die Überlegung für $f'(x) \leq 0$?

3. Stellen Sie ΔV_y für die Herleitung von (5.4.16) als Hohlzylindervolumen dar.

4. $y = f(x) = e^{-x}$ ist gegeben. $\mathbb{G}_f$ schließt mit den Geraden $y = 0$, $x = 1$, $x = 2$ einen Bereich $\mathbb{B}$ ein, mit den Geraden $x = 0$, $y = e^{-2}$, $y = e^{-1}$ einen Bereich $\mathbb{B}^*$. $\mathbb{B}$ und $\mathbb{B}^*$ rotieren um die x- und um die y-Achse. Welche Volumina haben die vier dabei entstehenden Drehkörper?

5. Von zwei Kurvenbögen sind die Längen gesucht:
a) $y = \frac{4}{3}\sqrt{x}^3$ für $0 \le x \le 2$, **b)** $y = \frac{1}{4}(x^2 - 2\ln x)$ für $1 \le x \le e$.

6. Folgende Kurvenbögen rotieren um die jeweils angegebene Drehachse:
a) $y = 2\sqrt{x}$ mit $0 \le x \le 15$, x-Achse; **b)** $y = \cos x$ mit $0 \le x \le \frac{2\pi}{3}$, x-Achse;
c) $y = x^2$ mit $0 \le x \le 1$, y-Achse; **d)** $y = f(x) = 1 + \sqrt{a^2 - x^2}$ mit $-a \le x \le a$, Gerade $y = 1$. Welche Mantelflächeninhalte haben die erzeugten Drehflächen?

7. $y = f(x) = \sqrt{a^2 - x^2}$ mit $-a \le x \le a$ ist gegeben. Ermitteln Sie ohne Integration die Schwerpunkte von $\mathbb{G}_f$ und des von $\mathbb{G}_f$ und der x-Achse eingeschlossenen ebenen Bereichs $\mathbb{B}$ mit der GULDINschen Regel.

8. In Richtung des Weges s wirkt von $s = 0$ bis $s = s^* > 0$ die Kraft
$F = a\left(1 - \cos\frac{2\pi s}{s^*}\right)$ mit a = const > 0. Welche Arbeit W verrichtet sie?

9. Gesucht ist der lineare Mittelwert **a)** von $y = \sin^2 x$ im Intervall $[0, \pi]$,
b) von $y = h\left(1 - \frac{4x^2}{a^2}\right)$ im Intervall $\left[-\frac{a}{2}, \frac{a}{2}\right]$. Skizzieren Sie die Ergebnisse.

5.5 Numerische Integration

Oft ist ein bestimmtes Integral $I = \int_a^b y\,dx$ gesucht; aber für den Integranden liegt kein Formelausdruck vor, sondern nur eine Tabelle von Messwertpaaren x, y (z.B. bei einem Zugversuch für die Kraft in Abhängigkeit von der Zugstrecke). Sie ist das Ausgangsmaterial für numerische Integration. Das gesamte Integrationsintervall von a bis b wird dabei in n gleiche Teile der Länge $h = \frac{b-a}{n}$ zerlegt; dabei wird n zunächst geradzahlig vorausgesetzt. Mit $x_i = x_0 + i \cdot h$, also $x_0 = a$, $x_n = b$ liege folgende Tabelle vor:

x	x_0	x_1	x_2	...	x_n
y	y_0	y_1	y_2	...	y_n

Auch in Fällen, in denen $f(x)$ zwar formelmäßig gegeben ist, aber nicht geschlossen nach x integriert werden kann (in denen also eine Stammfunktion *nicht* durch eine endliche Anzahl von Standardfunktionsanwendungen erhältlich ist, siehe Einleitung zu 5.3), lässt sich leicht eine Tabelle aus Wertepaaren x, $f(x)$ herstellen, ebenso durch Ablesen von Koordinatenwerten, wenn $\mathbb{G}_f$ eine von einem Gerät aufgezeichnete Kurve ist, ohne dass für $y = f(x)$ ein Formelausdruck vorliegt. Der

5.5 Numerische Integration

Graph $\mathfrak{G}_f$ (egal, ob er gezeichnet vorliegt oder wir nur die Punkte $P_i(x_i, y_i)$ davon kennen) wird nun durch Parabelbögen angenähert; der erste geht durch P_0, P_1, P_2, der zweite durch P_2, P_3, P_4, usw., der letzte durch P_{n-1}, P_{n-2}, P_n, s. Bild 5.5.1.

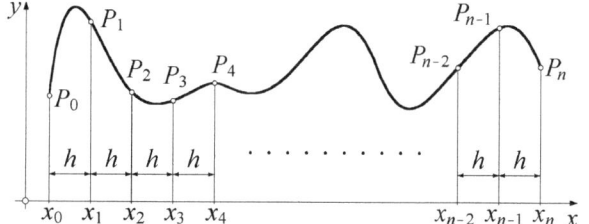

Bild 5.5.1: SIMPSONsche Regel

Damit diese Einteilung aufgeht, wurde oben n geradzahlig gewählt. Wir betrachten zuerst nur einen dieser Parabelbögen; um unnötige Rechenarbeit zu vermeiden, wählen wir $x_0 = -h$, $x_1 = 0$, $x_2 = h$. Die Gleichung der Parabel durch $P_0(-h, y_0)$, $P_1(0, y_1)$, $P_2(h, y_2)$ wird als Näherung für $y = f(x)$ verwendet:

$$y \approx \alpha + \beta x + \gamma x^2 \text{ mit } \alpha = y_1, \ \beta = \frac{y_2 - y_0}{2h}, \ \gamma = \frac{y_2 - 2y_1 + y_0}{2h^2}$$

(Nachprüfung durch Einsetzen!). Dann ist

$$\int_{x_0}^{x_2} y\,dx \approx \left[\alpha x + \frac{\beta}{2}x^2 + \frac{\gamma}{3}x^3\right]_{-h}^{h} = \alpha \cdot 2h + \frac{\gamma}{3}\cdot 2h^3 = \frac{h}{3}(y_0 + 4y_1 + y_2)$$

(KEPLERsche Fassregel). Verschiebt man die Anordnung entlang der x-Achse, um zum jeweiligen Startwert x_i zu kommen, so ergibt sich analog

$$\int_{x_2}^{x_4} y\,dx \approx \frac{h}{3}(y_2 + 4y_3 + y_4), \text{ usw. bis } \int_{x_{n-2}}^{x_n} y\,dx \approx \frac{h}{3}(y_{n-2} + 4y_{n-1} + y_n).$$

Durch Addition aller dieser Einzelintegrale erhalten wir die

SIMPSONsche Regel:

$$\int_{x_0}^{x_n} y\,dx \approx \frac{h}{3}[(y_0 + y_n) + 2(y_2 + y_4 + \ldots + y_{n-2}) + 4(y_1 + y_3 + \ldots + y_{n-1})], \quad (5.5.1)$$

falls n so groß ist, dass es alle angeschriebenen Glieder auch wirklich gibt. So ist

für $n = 4$: $\displaystyle\int_{x_0}^{x_4} y\,dx \approx \frac{h}{3}[(y_0 + y_4) + 2y_2 + 4(y_1 + y_3)]$,

für $n = 6$: $\displaystyle\int_{x_0}^{x_6} y\,dx \approx \frac{h}{3}[(y_0 + y_6) + 2(y_2 + y_4) + 4(y_1 + y_3 + y_5)]$

Ist n ungerade, so kombiniert man die SIMPSONsche Regel mit einem Schritt der **„3/8-Regel" von NEWTON**:

$$\int_{x_0}^{x_3} y\,dx \approx \frac{3h}{8}(y_0 + 3y_1 + 3y_2 + y_3)$$

Beispiel:

1. Mit der SIMPSONschen Regel ist $I = \int_{1}^{5} \frac{dx}{x}$ näherungsweise zu berechnen.

Wir wählen $n = 4$; dann ist $h = 1$, und wir erhalten folgende Tabelle:

i	0	1	2	3	4
x_i	1	2	3	4	5
y_i	1	1/2	1/3	1/4	1/5

Also ist $I \approx \frac{1}{3}[(1+\frac{1}{5}) + 2 \cdot \frac{1}{3} + 4(\frac{1}{2}+\frac{1}{4})] \approx 1.62$.

Freilich wäre hier die SIMPSONsche Regel nicht nötig gewesen, weil man geschlossen integrieren kann: $I = [\ln x]_1^5 = \ln 5 \approx 1.61$. Aber so sehen wir, dass trotz der recht groben Einteilung die Näherung gar nicht schlecht ist. □

Für den Fehler ΔI, der bei der Näherung eines Integralwertes I nach der SIMPSONschen Regel auftritt, gilt $|\Delta I| \leq \frac{b-a}{180} h^4 \cdot \max_{a \leq x \leq b} |f^{(4)}(x)|$. Das beweisen wir jetzt nicht, merken nur folgendes an: Ist $f(x)$ ein Polynom vom Grad ≤ 2, so arbeitet hierfür die SIMPSONsche Regel gemäß ihrer Herleitung fehlerfrei. Dies tut sie aber sogar noch, wenn $f(x)$ ein Polynom vom Grad 3 ist, denn dessen 4. Ableitung $f^{(4)}(x)$ ist ja überall 0. Erhöht man n, so wird h und damit zunächst $|\Delta I|$ kleiner. Dies geht aber nicht grenzenlos gut, denn bei Vergrößerung von n erhöht sich die Zahl der Summanden in (5.5.1); die auflaufenden Rundungsfehler können das Ergebnis dann sogar verschlechtern. Ist zweifelhaft, ob das Integrationsintervall genügend fein unterteilt ist, kann man mit der Fehlerabschätzung (sie erfasst *nicht* die Rundungsfehler!) und ggf. mit doppelter Anzahl n arbeiten (also h halbieren) und die Ergebnisse vergleichen. Sie sollten nicht zu sehr voneinander abweichen, wenn die erste Teilung bereits gut genug war, s. Übungsaufgabe 1.

Übungsaufgaben:

1. Welche Näherung ergibt die SIMPSONsche Regel für $I = \int_{1}^{5} \frac{dx}{x}$ mit $h = 0.5$?

2. Gegeben ist $y = f(x) = \frac{1}{3}x^3$, Bild 5.5.2. Das Integral für die Bogenlänge s von $\mathbb{G}_f$ von $x = 0$ bis $x = 1$ lässt sich nicht geschlossen ausrechnen.

5.6 Uneigentliche Integrale

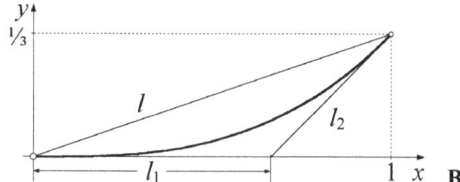

Bild 5.5.2: Zu Aufgabe 2.

Ermitteln Sie folgende Näherungen für s:
a) Länge l der Sehne des Bogens, **b)** Länge $l_1 + l_2$ des aus den Tangenten in beiden Endpunkten gebildeten Streckenzuges, **c)** nach der SIMPSONschen Regel mit $h = 0.25$. (Eine weitere sehr brauchbare Näherung ist mit Hilfe einer Reihenentwicklung erhältlich; dies wird in Kapitel 7 behandelt.)

5.6 Uneigentliche Integrale

Welche Arbeit W ist nötig, um ein Objekt der Masse m von der Erdoberfläche aus dem Gravitationsfeld der Erde hinauszutransportieren? Einflüsse anderer Himmelskörper auf das Objekt sollen unberücksichtigt bleiben. Das Arbeitsintegral (5.4.43) steht uns zur Verfügung, aber beim Einsetzen der Größen stoßen wir auf eine Schwierigkeit: F nimmt zwar ständig ab, wenn wir uns von der Erde entfernen, wird aber für noch so große Entfernung x nicht 0. Gibt es also überhaupt eine Arbeit W, die für das Vorhaben „ausreicht"? Müssten wir etwa beim Arbeitsintegral „bis zur oberen Grenze ∞" integrieren? So etwas ist in unseren Definitionen noch nicht enthalten; daher folgendes Grundsätzliche dazu:

Gegeben sei $y = f(x)$, für alle $x > a$ integrierbar (also abschnittweise stetig), und es gelte $\lim_{x \to \infty} f(x) = 0$. $\mathfrak{G}_f$ hat also die x-Achse als Asymptote.

Wir betrachten $\int_a^b f(x)dx$ mit $b > a$. Falls wie in Bild 5.6.1 $f(x) > 0$ für $x \in [a, b]$ ist, so ist das der Flächeninhalt A des bekannten Standardbereichs. Halten wir nun die untere Grenze a fest, vergrößern aber die obere Grenze b, so verändert sich im Allgemeinen der Integralwert (bei $f(x) > 0$ nimmt er sicher zu). Wir untersuchen nun $\lim_{b \to \infty} \int_a^b f(x)dx$. Das ist ein *uneigentliches Integral 1. Art*.

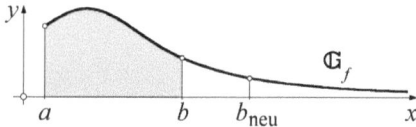

Bild 5.6.1: $b \to \infty$: Uneigentliches Integral 1. Art

Existiert der Grenzwert (endlich, eindeutig bestimmt), heißt es konvergent, sonst divergent. Zur Konvergenz ist $\lim_{x\to\infty} f(x) = 0$ notwendig, aber nicht hinreichend.

Folgende Schreibweise ist dafür üblich: $\lim_{b\to\infty} \int_a^b f(x)dx = \int_a^\infty f(x)dx$.

Mit F als Stammfunktion zu f erhalten wir also:

$$\int_a^\infty f(x)dx = \lim_{b\to\infty} \int_a^b f(x)dx = \lim_{b\to\infty}[F(b)-F(a)]_a^b = \lim_{b\to\infty} F(b) - F(a). \qquad (5.6.1)$$

Statt $b \to \infty$ kann ebensogut $a \to -\infty$ auftreten, oder beides. Genaue Nachrechnung ist empfohlen, was dann aus (5.6.1) wird. Tritt beides auf, so existiert das uneigentliche Integral nur, wenn von einer endlichen Grenze aus jeder der beiden dann benötigten Grenzwerte existiert.

Beispiele:

1. $\int_1^\infty \frac{dx}{x^2} = \lim_{b\to\infty} \int_1^b \frac{dx}{x^2} = \lim_{b\to\infty}\left[-\frac{1}{x}\right]_1^b = \lim_{b\to\infty}\left(-\frac{1}{b}\right) + 1 = 1$, konvergent;

2. $\int_1^\infty \frac{dx}{x} = \lim_{b\to\infty} \int_1^b \frac{dx}{x} = \lim_{b\to\infty}[\ln|x|]_1^b = \lim_{b\to\infty}(\ln|b|) - 0 = \infty$, divergent.

(Offenbar geht $\frac{1}{x^2}$ „genügend schnell" gegen 0, damit Konvergenz besteht, $\frac{1}{x}$ dagegen nicht.)

3. $\int_{-\infty}^\infty \frac{dx}{1+x^2} = \lim_{b\to\infty}(\arctan b) - \lim_{a\to-\infty}(\arctan a) = \pi$, konvergent. □

Nun sei $f(x)$ abschnittweise stetig in $[a, b[$, und es gehe nicht eine Integrationsgrenze gegen $+\infty$ oder $-\infty$, sondern der Integrand $f(x)$: $\lim_{x\to b} f(x) = +\infty$ oder $-\infty$.

$\mathbb{G}_f$ hat also eine Asymptote parallel zur y-Achse bei $x = b$, Bild 5.6.2.

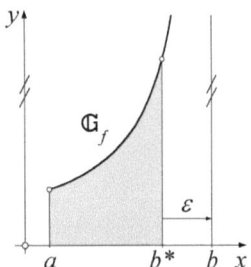

Bild 5.6.2: $f(x) \to \infty$: Uneigentliches Integral 2. Art

5.6 Uneigentliche Integrale

Wir integrieren zuerst von a bis $b^* = b - \varepsilon$ (mit $\varepsilon > 0$, also $b^* < b$) und peilen dann den linksseitigen Grenzwert $\lim\limits_{b^* \to b-} \int\limits_a^{b^*} f(x)\,dx$ an.

Das ist ein *uneigentliches Integral 2. Art*.

Folgende Schreibweise ist dafür üblich: $\lim\limits_{b^* \to b-} \int\limits_a^{b^*} f(x)\,dx = \int\limits_a^b f(x)\,dx$

Mit F als Stammfunktion zu f erhalten wir also:

$$\int_a^b f(x)\,dx = \lim_{b^* \to b-} \int_a^{b^*} f(x)\,dx = \lim_{b^* \to b-} [F(b^*) - F(a)] = \lim_{b^* \to b-} F(b^*) - F(a) \quad (5.6.2)$$

$f(x) \to +\infty$ bzw. $-\infty$ kann ebensogut bei a statt bei b auftreten. Nachrechnung ist empfohlen, was dann aus (5.6.2) wird. Tritt es bei a und b auf, so existiert das uneigentliche Integral nur, wenn von einer zwischen a und b liegenden Grenze aus jeder der beiden dann benötigten Grenzwerte existiert. Wegen der vorausgesetzten abschnittsweisen Stetigkeit bleibt $f(x)$ an jeder Stelle $x \in [a, b[$ des Integrationsweges endlich, sonst wäre dort dieselbe Untersuchung (5.6.2) fällig.

Beispiele:

4. $\int\limits_0^1 \dfrac{dx}{\sqrt{1-x^2}} = \lim\limits_{b^* \to 1-} \int\limits_0^{b^*} \dfrac{dx}{\sqrt{1-x^2}} = \lim\limits_{b^* \to 1-} [\arcsin x]_0^{b^*} = \lim\limits_{b^* \to 1-} (\arcsin b^*) = \dfrac{\pi}{2}$, konvergent;

5. $\int\limits_0^1 \dfrac{dx}{x} = \lim\limits_{a^* \to 0+} \int\limits_{a^*}^1 \dfrac{dx}{x} = \lim\limits_{a^* \to 0+} [\ln|x|]_{a^*}^1 = 0 - \lim\limits_{a^* \to 0+} (\ln|a^*|) = \infty$, divergent;

6. $\int\limits_0^1 \dfrac{dx}{\sqrt{x}} = \lim\limits_{a^* \to 0+} \int\limits_{a^*}^1 \dfrac{dx}{\sqrt{x}} = \lim\limits_{a^* \to 0+} [2\sqrt{x}]_{a^*}^1 = 2 - \lim\limits_{a^* \to 0+} (2\sqrt{a^*}) = 2$, konvergent. □

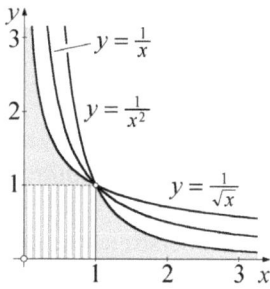

Bild 5.6.3: Flächeninhalte

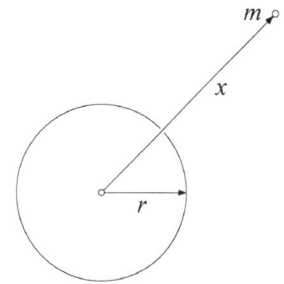

Bild 5.6.4: Transport $x \to \infty$

Auf die Ergebnisse von 5. und 6. kann man auch rein geometrisch aus den Ergebnissen von 1. und 2. schließen: Bei 5. nähert sich $\mathfrak{G}_f$ in gleicher Weise an die y-Achse an wie bei 2. an die x-Achse, bei 6. in gleicher Weise wie bei 1., nur kommt bei 6. von $x = 0$ bis 1 noch der Flächeninhalt des Quadrates mit der Seitenlänge 1 hinzu (Bild 5.6.3). Die folgenden Regeln lassen sich leicht nachrechnen:

1. Art: $\int_a^\infty \dfrac{\mathrm{d}x}{x^p}$ mit $a > 0$ ist konvergent für $p > 1$ und divergent für $p \leq 1$,

2. Art: $\int_0^b \dfrac{\mathrm{d}x}{x^p}$ mit $b > 0$ ist konvergent für $p < 1$ und divergent für $p \geq 1$.

Nun ist das eingangs gestellte Problem lösbar: Ist r der Erdradius, g die Gravitationsbeschleunigung an der Erdoberfäche und x die Entfernung des Objekts vom Gravitationszentrum, also vom Erdmittelpunkt (Bild 5.6.4), dann zieht die Erde das Objekt mit der Gravitationskraft $F = mg\dfrac{r^2}{x^2}$ an. Der Transport von der Erdoberfläche weg aus dem Gravitationsfeld der Erde hinaus benötigt somit die Arbeit

$$W = mgr^2 \int_r^\infty \dfrac{\mathrm{d}x}{x^2} = mgr^2 \cdot \lim_{b \to \infty} \int_r^b \dfrac{\mathrm{d}x}{x^2} = mgr^2 \cdot \lim_{b \to \infty}\left[-\dfrac{1}{x}\right]_r^b = mgr . \qquad \square$$

Übungsaufgaben:

1. Ein Objekt bewegt sich auf der s-Achse mit der Geschwindigkeit $v = v_0 \mathrm{e}^{-ct}$; $c > 0$, const. Zur Zeit $t = 0$ sei $s = 0$. Wie weit kommt es maximal?

2. $y = f(x) = \mathrm{e}^{-x}$. Der für $x \geq 0$ zwischen $\mathfrak{G}_f$ und der x-Achse liegende Bereich rotiert a) um die x-Achse, b) um die y-Achse. Wie groß sind die Grenzwerte der Volumina V_x, V_y der überstrichenen Drehkörper?

3. $y = f(x) = \ln(x)$. Welchen Grenzwert hat der Flächeninhalt A des für $x \leq 1$ zwischen $\mathfrak{G}_f$ und der y-Achse liegenden Bereichs?

4. Gegeben ist $y = f(x) = \mathrm{e}^{-x^2}$, $x \in \mathbb{R}$.

a) Ermitteln Sie die Asymptote von $\mathfrak{G}_f$. Skizzieren Sie $\mathfrak{G}_f$.

b) Der Flächeninhalt A des ebenen Bereichs zwischen $\mathfrak{G}_f$ und den Geraden $y = 0$, $x = 0$, $x = b > 0$ lässt sich nicht durch geschlossene Integration ermitteln; verwenden Sie für $b = 1$ die SIMPSONsche Regel mit $n = 4$. Siehe auch Verfahren mittels Entwicklung in eine TAYLOR-Reihe in Kapitel 7!

c) Der in b) beschriebene Bereich rotiert um die y-Achse und überstreicht einen Drehkörper. Berechnen Sie sein Volumen V_y (jetzt mit geschlossener Integration). Was ergibt sich dabei für $b \to \infty$?

6 Ebene und räumliche Kurven

Für die Untersuchung von Kurveneigenschaften in der technischen Anwendung reichen die bisher behandelten Methoden oft nicht aus. Wir müssen uns für Kurvengleichungen $y = f(x)$ zwei weitere Details zurechtlegen; außerdem benötigen wir später noch andere Arten der Kurvendarstellung.

6.1 Ergänzungen zur Kurvendiskussion

Allgemeine Asymptoten

Bei Reibung in Gasen tritt, wie in der Physik gezeigt wird, eine mit guter Näherung zum Quadrat der Geschwindigkeit proportionale Reibungskraft auf. Der Proportionalitätsfaktor c („Widerstandsbeiwert") ist von der Art des Gases und der Form des Objekts abhängig. Beim freien Fall mit Luftwiderstand wird also mit zunehmender Fallgeschwindigkeit die Reibungskraft laufend größer und nähert sich dadurch immer mehr der Größe der Schwerkraft an; die resultierende Beschleunigung a geht gegen 0. Die Fallgeschwindigkeit v nähert sich daher mit zunehmender Fallzeit immer genauer einem konstanten Wert, der sogenannten „Grenzgeschwindigkeit" $v_\infty = \lim\limits_{t \to \infty} v$ an. Beginnt der Fall bei $t = 0$ mit der Anfangsgeschwindigkeit 0, so gilt, wie wir später (in 9.2) ausrechnen:

$$v = f(t) = \sqrt{\frac{mg}{c}} \tanh\left(\sqrt{\frac{cg}{m}}\, t\right) \qquad (6.1.1)$$

m ist die Masse des fallenden Objekts, $g \approx 9.81\,\text{ms}^{-2}$ die Erdbeschleunigung.

Daraus berechnen wir $v_\infty = \lim\limits_{t \to \infty} v = \sqrt{\frac{mg}{c}}$.

$\mathbb{G}_f$ hat also bei $v = \sqrt{\frac{mg}{c}}$ eine zur t-Achse parallele Asymptote, s. Bild 6.1.1.

Zum Vergleich ist der Verlauf der Fallgeschwindigkeit ohne Luftwiderstand ($v = g\,t$) mit eingezeichnet.

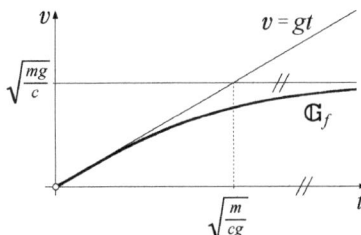

Bild 6.1.1: Fallgeschwindigkeit

Die Fallstrecke s seit Fallbeginn (also mit $s = 0$ bei $t = 0$ erhalten wir durch Integration von (6.1.1):

$$s = F(t) = \frac{m}{c} \ln\left[\cosh\left(\sqrt{\frac{cg}{m}}\,t\right)\right] \qquad (6.1.2)$$

(Nachrechnung sehr empfohlen!).
Je mehr die resultierende Beschleunigung a gegen 0 geht, desto weniger ändert sich die Geschwindigkeit v. Sie liefert aber die Steigung von $\mathfrak{G}_F$, daher ist anschaulich klar, dass $\mathfrak{G}_F$ sich immer genauer an eine Gerade annähert. Diese Gerade ist Asymptote von $\mathfrak{G}_F$ (vgl. Kapitel 4: Grenzlage der Tangente). v_∞ ist offenbar ihre Steigung. Aber wo liegt die Gerade im (t, s)-Koordinatensystem? Um dies zu erfahren, müssen wir also außer den bereits bekannten Asymptoten parallel zu einer Koordinatenachse auch allgemeine Asymptoten von beliebiger Steigung ermitteln können.

Nun sei wieder die Kurvengleichung $y = f(x)$ gegeben. Ist

$$\lim_{x\to+\infty}\frac{f(x)}{x} = m \quad \text{und} \quad \lim_{x\to+\infty}[f(x) - mx] = b \quad \text{mit } m,b \in \mathbb{R}, \qquad (6.1.3)$$

so hat $\mathfrak{G}_f$ eine Asymptote mit der Gleichung $y = mx + b$ (s. Bild 6.1.2). Gleichbedeutend mit der ersten Gleichung von (6.1.3) ist $\lim\limits_{x\to+\infty} f'(x) = m$

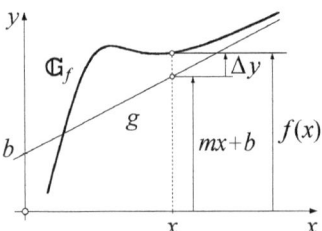

Bild 6.1.2: Allgemeine Asymptote

6.1 Ergänzungen zur Kurvendiskussion

Anschaulich erklären wir uns (6.1.3) so:
Ist Δy die y-Differenz zwischen $\mathfrak{G}_f$ und der Asymptote an einer Stelle x, so ist $\lim\limits_{x\to+\infty} \Delta y = 0$, also $\lim\limits_{x\to+\infty}[f(x)-(mx+b)]=0$. Daraus folgt unmittelbar die Formel für b in (6.1.3). Division durch x ergibt $\lim\limits_{x\to+\infty}\dfrac{f(x)-(mx+b)}{x}=0$ und somit die Formel für m in (6.1.3). Die zweite Formel für m folgt aus der Eigenschaft der Asymptote als Grenzlage der Tangente.

Dieselbe Untersuchung wie für $x\to+\infty$ ist auch für $x\to-\infty$ durchzuführen. Folgendes kann eintreten: $\mathfrak{G}_f$ hat weder für $x\to+\infty$ noch für $x\to-\infty$ eine Asymptote, oder nur für einen dieser Fälle, oder für $x\to+\infty$ und $x\to-\infty$ dieselbe Asymptote oder zwei verschiedene Asymptoten.

Beispiele:

Gegeben ist jeweils $f(x)$, gesucht sind Asymptoten von $\mathfrak{G}_f$.

1. $y = f(x) = \tfrac{1}{2}x + \tanh x$ (Bild 6.1.3); $\quad x \to +\infty:\ \lim\limits_{x\to+\infty} \dfrac{\tfrac{1}{2}x + \tanh x}{x} = \tfrac{1}{2} = m_1$,

$\lim\limits_{x\to+\infty}[\tfrac{1}{2}x + \tanh x - \tfrac{1}{2}x] = 1 = b_1$; Asymptote a_1 für $x\to+\infty$: $y = \tfrac{1}{2}x + 1$.

$x \to -\infty:\ \lim\limits_{x\to-\infty}\dfrac{\tfrac{1}{2}x + \tanh x}{x} = \tfrac{1}{2} = m_2,\quad \lim\limits_{x\to-\infty}[\tfrac{1}{2}x + \tanh x - \tfrac{1}{2}x] = -1 = b_2$,

Asymptote a_2 für $x\to-\infty$: $y = \tfrac{1}{2}x - 1$.

2. $y = f(x) = x\cdot \tanh x$ (Bild 6.1.4); $\quad x\to+\infty:\ \lim\limits_{x\to+\infty}\dfrac{x\cdot \tanh x}{x} = 1 = m_1$,

$\lim\limits_{x\to+\infty}[x\cdot\tanh x - x] = \lim\limits_{x\to+\infty} x\cdot\left(\dfrac{e^x - e^{-x}}{e^x + e^{-x}} - 1\right) = \lim\limits_{x\to+\infty}\dfrac{-2xe^{-x}}{e^x + e^{-x}} = 0 = b_1$

Asymptote a_1 für $x\to+\infty$: $y = x$.

$x\to-\infty:\ \lim\limits_{x\to-\infty}\dfrac{x\cdot\tanh x}{x} = -1 = m_2,\quad \lim\limits_{x\to-\infty}[x\cdot\tanh x - x] = 0 = b_2$,

Asymptote a_2 für $x\to-\infty$: $y = -x$

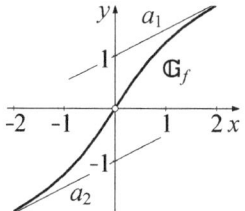

Bild 6.1.3: Beispiel 1

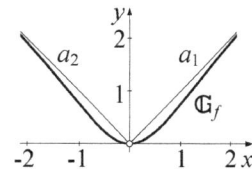

Bild 6.1.4: Beispiel 2

3. $y = F(x) = p \cdot \ln[\cosh(qx)]$ mit $p, q = \text{const}$;

$$x \to +\infty: \lim_{x \to +\infty} \frac{p \cdot \ln[\cosh(qx)]}{x} = p \cdot \lim_{x \to +\infty} \frac{\sinh(qx) \cdot q}{\cosh(qx)} = pq = m_1,$$

$$\lim_{x \to +\infty} \{p \cdot \ln[\cosh(qx)] - pqx\} = p \cdot \lim_{x \to +\infty} \left\{ \ln \frac{e^{qx} + e^{-qx}}{2} - qx \right\} =$$

$$= p \cdot \lim_{x \to +\infty} \left\{ \ln\left[\frac{e^{qx}}{2}(1 + e^{-2qx})\right] - qx \right\} = p \cdot \lim_{x \to +\infty} \{qx - \ln 2 + \ln(1 + e^{-2qx}) - qx\} =$$

$$= -p \cdot \ln 2 = b_1, \qquad \text{Asymptote } a_1 \text{ für } x \to +\infty: y = pqx - p\ln 2.$$

$$x \to -\infty: \lim_{x \to -\infty} \frac{p \cdot \ln[\cosh(qx)]}{x} = -pq = m_2,$$

$$\lim_{x \to -\infty} \{p \cdot \ln[\cosh(qx)] - pqx\} = -p \cdot \ln 2 = b_2, \text{ (Rechenschritte wie bei } x \to +\infty),$$

$$\text{Asymptote } a_2 \text{ für } x \to -\infty: y = -pqx - p\ln 2 \qquad \square$$

Zurück zu unserer Fallstrecke s beim freien Fall mit Luftwiderstand: Dazu müssen wir bei der soeben vorgenommenen Asymptotenbestimmung in 3. nur y durch s und x durch t ersetzen, ferner p durch $\frac{m}{c}$ und q durch $\sqrt{\frac{cg}{m}}$.

Jetzt ist natürlich nur $t \to +\infty$ interessant; aus der Gleichung der Asymptote a_1 wird nach der Umformung

$$s = \sqrt{\frac{mg}{c}} t - \frac{m}{c} \ln 2 . \tag{6.1.4}$$

Je längere Zeit also seit Fallbeginn bei $t = 0$ verstrichen ist, desto genauer nähert sich während des Falls die Fallstrecke s von (6.1.2) diesem Wert an, Bild 6.1.5.

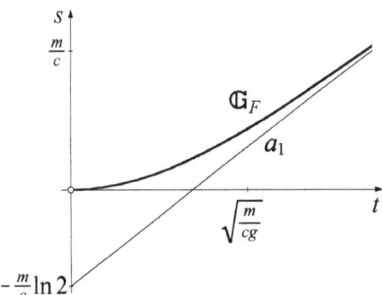

Bild 6.1.5: Fallstrecke s

Krümmung

Ein Fahrzeug durchfährt eine Kurve. Welche Maximalgeschwindigkeit ist erlaubt, damit die Zentrifugalbeschleunigung a_Z eine vorgegebene Obergrenze nicht überschreitet, z.B. um zu verhindern, dass das Fahrzeug kippt oder aus der Kurve hinausgetragen wird, oder dass die Ladung wegrutscht?

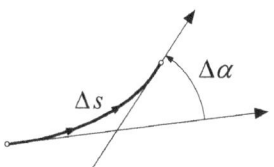

Bild 6.1.6: Neigung in der Kurve   **Bild 6.1.7:** Zur Krümmung κ

Je stärker gekrümmt die Bahn ist, desto größer ist (bei gegebener Geschwindigkeit v) a_Z im Verhältnis zur Erdbeschleunigung g, und desto stärker müssen wir uns z.B. auf dem Fahrrad „in die Kurve legen", um nicht nach außen zu kippen (die resultierende Beschleunigung a_{res} geht durch die Fahrspur, Bild 6.1.6). Je stärker wir an irgendeinem Punkt der Fahrt den Lenker einschlagen müssen, desto „stärker gekrümmt" ist dort die Kurve. Desto stärker ändern wir aber bei einer Fahrt in der (x, y)-Ebene den Steigungswinkel α, bezogen auf die Änderung der durchfahrenen Bogenlänge der Kurve. Dies führt uns direkt zum mathematischen Begriff der Kurvenkrümmung – wir bezeichnen sie mit κ:

$$\kappa = \lim_{\Delta s \to 0} \frac{\Delta \alpha}{\Delta s}, \quad \text{also} \quad \kappa = \frac{d\alpha}{ds} \tag{6.1.5}$$

Den Grenzwert bilden wir, weil uns die Krümmung in irgendeinem *Punkt* der Kurve interessiert (aktueller Lenkereinschlag!) und nicht die Änderung von α auf einer mehr oder weniger langen Wegstrecke.

Wie aber sollen wir α nach s differenzieren, obwohl es gar nicht als Funktionswert von s vorliegt? Weil $\tan \alpha = f'(x)$ ist, also $\alpha = \arctan f'(x)$ ($\mathbb{W}_{\arctan}$ enthält genau die für $\mathbb{G}_f$ möglichen Steigungswinkel α), können wir α nach x differenzieren (Kettenregel!):

$$\frac{d\alpha}{dx} = \frac{f''(x)}{1 + [f'(x)]^2}$$

Nun erinnern wir uns an (4.4.24) aus Kapitel 4.4:

$$\frac{ds}{dx} = \sqrt{1 + [f'(x)]^2}$$

Aus diesen beiden Ableitungen ergibt sich

$$\kappa = \frac{d\alpha}{ds} = \frac{d\alpha}{dx} \cdot \frac{dx}{ds} = \frac{d\alpha}{dx} \bigg/ \frac{ds}{dx}, \text{ also}$$

$$\kappa = \frac{f''(x)}{\sqrt{1+[f'(x)]^2}^3}, \quad \text{oder kurz} \quad \kappa = \frac{y''}{\sqrt{1+(y')^2}^3} \tag{6.1.6}$$

Die Krümmung in einem Punkt $P(x_P, y_P)$ von $\mathfrak{G}_f$ existiert also, wenn dort f zweimal differenzierbar ist. Man erhält sie durch Einsetzen von $x = x_P$ in (6.1.6). Aus (6.1.6) sehen wir, dass κ stets dasselbe Vorzeichen hat wie $f''(x)$. Nimmt also für wachsende x die Steigung $f'(x)$ zu (Lenkereinschlag nach links), so ist $\kappa > 0$, nimmt $f'(x)$ ab (Lenkereinschlag nach rechts), so ist $\kappa < 0$. $\kappa = 0$ erhalten wir bei $f''(x) = 0$ (Lenker in Geradeaus-Stellung); ist dort $f'(x) \neq 0$, so befinden wir uns in einem Wendepunkt von $\mathfrak{G}_f$ (Bild 6.1.8).

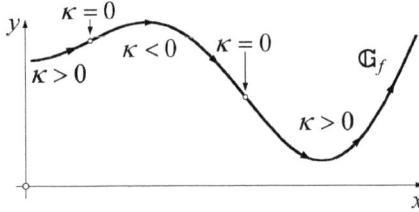

Bild 6.1.8: Vorzeichen von κ **Bild 6.1.9:** Krümmungsradius

Krümmungskreis von $\mathfrak{G}_f$ in P heißt der Kreis, der $\mathfrak{G}_f$ in P berührt und dort dieselbe Krümmung besitzt wie $\mathfrak{G}_f$. Sein Radius heißt *Krümmungsradius* ρ von $\mathfrak{G}_f$ in P. Für den Kreisbogen mit Radius ρ in Bild 6.1.9 ist $\Delta s = \rho \cdot \Delta \alpha$ (Bogenlänge = Radius · Zentriwinkel), somit gilt für ihn: $\kappa = \lim\limits_{\Delta s \to 0} \frac{\Delta \alpha}{\Delta s} = \frac{1}{\rho}$.

Also ist $\rho = \frac{1}{\kappa}$, wenn $\kappa > 0$ ist, wie in Bild 6.1.9. Damit auch $\kappa < 0$ erfasst wird, erhalten wir allgemein für $\kappa \neq 0$:

$$\rho = \frac{1}{|\kappa|} \tag{6.1.7}$$

Wenn κ in einem Punkt P von $\mathfrak{G}_f$ nicht gerade ein Extremum hat, durchdringt $\mathfrak{G}_f$ den Krümmungskreis $\mathcal{K}$ in P, s. Bild 6.1.10. Der Mittelpunkt M von $\mathcal{K}$ (kurz: Krümmungmittelpunkt von $\mathfrak{G}_f$) liegt auf der Normalen zu $\mathfrak{G}_f$ durch P, da ja $\mathcal{K}$ und die Tangente t an $\mathfrak{G}_f$ in P dieselbe Steigung haben. Ein Kurvenpunkt, in dem κ ein Extremum annimmt, heißt *Scheitel*. Dort passt sich der Krümmungskreis besonders gut an $\mathfrak{G}_f$ an. Ein Kurvenpunkt auf einer Symmetrieachse von $\mathfrak{G}_f$ ist

6.1 Ergänzungen zur Kurvendiskussion

ein Scheitel, wenn y'' dort existiert (z.B. wie in Bild 6.1.11). In einem Wende- oder Flachpunkt artet der Krümmungskreis in die Wende- bzw. Flachpunktstangente aus (Bild 6.1.12).

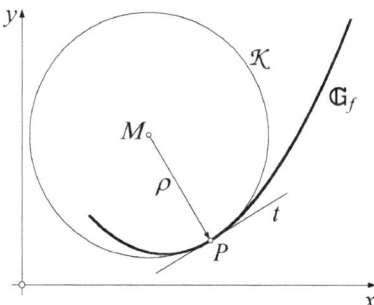

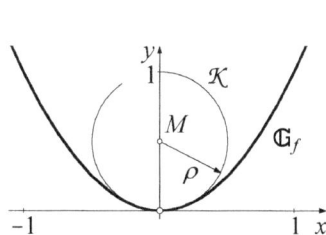

Bild 6.1.10: $\mathcal{K}$ durchdringt $\mathfrak{G}_f$

Bild 6.1.11: Scheitelkrümmungskreis der Parabel

Beispiele:

4. $y = f(x) = x^2$ ist die Gleichung einer Parabel, Bild 6.1.11. Gesucht ist der Krümmungskreis $\mathcal{K}$ im Scheitel (= Ursprung O; die y-Achse ist Symmetrieachse). $y' = 2x$, $y'' = 2$. $y' = 0$ bei $x = 0$; nach (6.1.6) ist also dort $\kappa = 2$ und $\rho = \frac{1}{2}$. Der Krümmungsmittelpunkt ist $M(0, \frac{1}{2})$.

5. $y = \sin x$ ist gegeben. Im Ursprung O hat $\mathfrak{G}_{\sin}$ einen Wendepunkt. $y' = \cos x$, $y'' = -\sin x$. $y' = 1$, $y'' = 0$ bei $x = 0$; also ist dort $\kappa = 0$. Der Krümmungskreis in O artet in die Wendetangente $y = x$ aus, Bild 6.1.12.

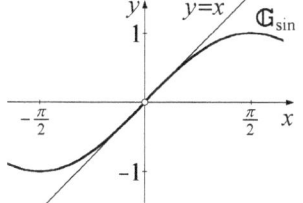

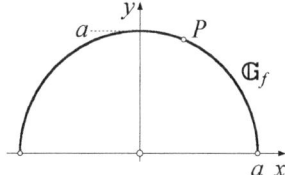

Bild 6.1.12: $\mathcal{K}$ artet in Wendetangente aus

Bild 6.1.13: Zu Beispiel 3.

6. $y = f(x) = \sqrt{a^2 - x^2}$ ist gegeben. Gesucht ist die Krümmung κ im Punkt $P(x_P, y_P)$ von $\mathfrak{G}_f$.

$$y' = -\frac{2x}{2\sqrt{a^2 - x^2}} = -\frac{x}{\sqrt{a^2 - x^2}}, \quad \sqrt{1 + (y')^2} = \sqrt{1 + \frac{x^2}{a^2 - x^2}} = \frac{a}{\sqrt{a^2 - x^2}},$$

$$y'' = -\frac{\sqrt{a^2-x^2} - x\left(-x/\sqrt{a^2-x^2}\right)}{a^2-x^2} = -\frac{a^2}{\sqrt{a^2-x^2}^3}, \quad \text{also ist } \kappa = -\frac{1}{a},$$

unabhängig davon, wo P auf $\mathfrak{G}_f$ liegt. Das ist kein Wunder, denn die gegebene Kurvengleichung beschreibt die obere Hälfte ($y \geq 0$) eines Kreises mit Radius a, Bild 6.1.13. Natürlich ist daher auch $\rho = \frac{1}{|\kappa|} = a$, jeder Kreis ist ja sein eigener Krümmungskreis. Beachten Sie $\kappa < 0$: für zunehmende x fahren wir ja auf dem Halbkreis eine Rechtskurve. □

Um die eingangs gestellte Frage nach der Maximalgeschwindigkeit zu beantworten, müssen wir nur noch folgenden Satz aus der Physik benützen: Bewegt sich ein Objekt mit der Geschwindigkeit v auf einem Kreis vom Radius ρ, so erfährt es eine vom Kreismittelpunkt nach außen gerichtete Zentrifugalbeschleunigung $a_Z = \frac{1}{\rho}v^2$; siehe auch (6.2.7). Daraus ergibt sich $v = \sqrt{\rho a_Z}$. Dies gilt auch bei Bewegung eines Objekts auf anderen Kurven; für ρ ist dann der Krümmungsradius für den Kurvenpunkt einzusetzen, der gerade durchfahren wird. Ist also a_Z die maximal zulässige Zentrifugalbeschleunigung, ρ der Krümmungsradius an der am stärksten gekrümmten Stelle der Kurve (also das Minimum von ρ), so darf dort v den durch die obige Formel bestimmten Wert nicht überschreiten.

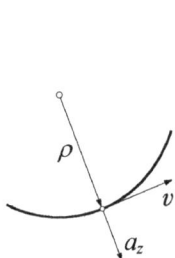
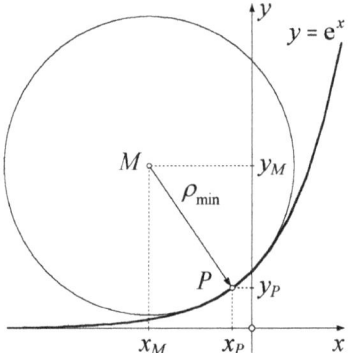

Bild 6.1.14: Zentrifugalbeschleunigung   **Bild 6.1.15:** Maximalgeschwindigkeit

Beispiel:

7. Gegeben ist $y = f(x) = e^x$. Gesucht ist der Krümmungsradius ρ von $\mathfrak{G}_f$ in Abhängigkeit von x. In welchem Punkt $P(x_P, y_P)$ tritt das Minimum $\rho_{\min}$ von ρ auf, und wie groß ist es (Bild 6.1.15)? Welche Maximalgeschwindigkeit $v_{\max}$ ist dort erlaubt, wenn die Längen in m gemessen werden und die Zentrifugalbeschleuni-

gung a_Z ein Viertel der Erdbeschleunigung $g \approx 9.81$ ms^{-2} nicht übersteigen soll? Wo liegt der Krümmungsmittelpunkt $M(x_M, y_M)$?

$$f'(x) = e^x, \; f''(x) = e^x, \; \rho = \frac{1}{|\kappa|} = \frac{\sqrt{1+e^{2x}}^3}{e^x},$$

$$\frac{d\rho}{dx} = \frac{\frac{3}{2}\sqrt{1+e^{2x}} \cdot e^{2x} \cdot 2e^x - \sqrt{1+e^{2x}}^3 \cdot e^x}{e^x} = \sqrt{1+e^{2x}} \cdot \left[3e^{2x} - (1+e^{2x})\right],$$

$\frac{d\rho}{dx} = 0$ bei $2e^{2x} = 1$, $x = x_P = -\tfrac{1}{2}\ln 2$, $y_P = \tfrac{1}{2}\sqrt{2}$. Dort ist $\rho = \rho_{\min} = \tfrac{3}{2}\sqrt{3}$.

Mit ρ in m ergibt sich $v_{\max} = \sqrt{\rho a_Z} = \sqrt{\tfrac{3\sqrt{3}}{2}\text{m} \cdot \tfrac{g}{4}} \approx 2.52$ ms$^{-1} \approx 9.1$ km/h.

Die Steigung von $\mathfrak{G}_f$ in P ist $\tan\alpha = f'(x_P) = e^{x_P} = \tfrac{1}{2}\sqrt{2}$,

die Steigung der Kurvennormalen in P also $\tan(\alpha + \tfrac{\pi}{2}) = -\dfrac{1}{f'(x_P)} = -\sqrt{2}$.

Also ist $x_P - x_M = \rho_{\min} \sin\alpha = \tfrac{1}{\sqrt{3}}\rho_{\min}$, $y_M - y_P = \rho_{\min}\cos\alpha = \tfrac{\sqrt{2}}{\sqrt{3}}\rho_{\min}$ (Bild 6.1.16) und $x_M = -\tfrac{1}{2}\ln 2 - \tfrac{3}{2} = -\tfrac{1}{2}(\ln 2 + 3)$, $y_M = \tfrac{1}{2}\sqrt{2} + \tfrac{3}{2}\sqrt{2} = 2\sqrt{2}$. □

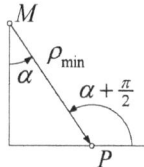

Bild 6.1.16: Krümmungsmittelpunkt M

In der Praxis sind Krümmungskreise und Asymptoten wichtige geometrische Elemente, um Kurvenverläufe anzunähern.

Übungsaufgaben:

1. $y = f(x) = x \cdot \arctan(x)$; $x \in \mathbb{R}$. Gesucht: Asymptoten a_1, a_2 von $\mathfrak{G}_f$, Radius ρ des Krümmungskreises $\mathcal{K}$ bei $x = 0$. Skizzieren Sie $\mathfrak{G}_f$ mit $a_1, a_2, \mathcal{K}$.

2. $y = f(x) = x - \dfrac{x}{\sqrt{1+x^2}}$. Welche Art von Symmetrie besitzt $\mathfrak{G}_f$? Kann man Steigung y' und Krümmung κ von $\mathfrak{G}_f$ bei $x = 0$ angeben, ohne zu differenzieren? Ermitteln Sie die Asymptoten a_1, a_2 von $\mathfrak{G}_f$; skizzieren Sie $\mathfrak{G}_f$ mit a_1, a_2. □

Für viele Anwendungszwecke reichen die bisher bekannten expliziten Kurvengleichungen der Art $y = f(x)$ nicht aus. Bahnkurven von Punkten bei Bewegungen, wie sie z.B. in der Getriebelehre zu untersuchen sind, lassen sich auf diese Weise oft nicht erfassen. Die bekannte Kreisgleichung $x^2 + y^2 - r^2 = 0$ ist ein Beispiel dafür, denn es treten ja immer wieder x-Werte auf, zu denen mehr als ein y-Wert gehört. Dies ist oft der Fall bei impliziten Kurvengleichungen $F(x,y) = 0$, die ja nicht nach einer der Variablen x, y aufgelöst sind. Aber viele wichtige Kurven der Technik können auch damit nicht beschrieben werden. Daher benötigen wir weitere Darstellungsmöglichkeiten für (zunächst ebene, später auch räumliche) Kurven.

6.2 Parameterdarstellung einer ebenen Kurve

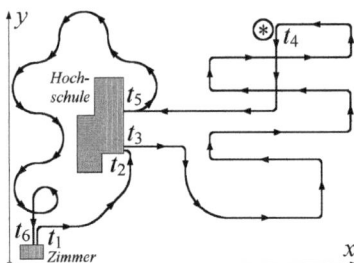

Bild 6.2.1: Eine „Bahnkurve"

Ein Student verlässt morgens zur Zeit t_1 sein Zimmer und macht sich auf den Weg in die Hochschule. Auf dem Stadtplan-Ausschnitt in Bild 6.2.1 ist der Wegverlauf zu sehen (Koordinaten x und y: geographische Länge und Breite). Zur Zeit t_2 ist er am Ziel. Er ergattert einen Platz im Hörsaal und muss sich lange Zeit stark konzentrieren. Nach Vorlesungsende zum Zeitpunkt t_3 sprintet er zum Ausgleich kreuz und quer durch die Straßen der Nachbarschaft. Da, zur Sternstunde t_4, erblickt er auf der anderen Straßenseite *sie*: die Frau seiner Träume! Er folgt ihr – und wo geht die Schöne hin? In die Hochschule! Aber er kann nicht mit in ihre Laborgruppe; so verabreden sie sich, als die Uhr schon t_5 zeigt, schnell noch fürs Wochenende. Beschwingt geht er nach Hause; als es t_6 ist, kommt er daheim an.

Der „Bahnkurve" des Studenten während dieses denkwürdigen Tages sehen wir sofort an, dass wir mit einer Kurvengleichung $y = f(x)$ keine Chance haben. Auch zu einer impliziten Gleichung $F(x,y) = 0$ führt kein Weg. Aber wir sehen folgendes: Während des ganzen Verlaufs sind die x- und die y-Koordinate seines jeweiligen Ortes *Funktionswerte* der Zeit t. Also gilt für $t_1 \leq t \leq t_6$:

$$\left. \begin{array}{l} x = g_1(t) \\ y = g_2(t) \end{array} \right\} \tag{6.2.1}$$

Denn zu jedem Zeitpunkt t gibt es auf dem Stadtplan *genau eine* x-Koordinate und *genau eine* y-Koordinate des Punktes, an dem er sich gerade aufhält. (Gäbe es für irgendein t *keine* oder *mehr als eine* x- oder y-Koordinate, so wäre dies ein Thema für Science Fiction, aber nicht für die technisch angewandte Mathematik!).

Ein solches Gleichungspaar für die Darstellung einer Kurve C nennt man eine *Parameterdarstellung*; die Koordinatenwerte x und y sind dabei *abhängige Variable*, denn sie sind Funktionswerte der *unabhängigen Variablen* t; sie wird als

6.2 Parameterdarstellung einer ebenen Kurve

Parameter bezeichnet. Nicht immer ist der Parameter die Zeit (sie bietet sich natürlich als unabhängige Variable bei der mathematischen Erfassung von Bewegungsabläufen an); auch variable geometrische Größen (Winkel, Längen) sind oft als Parameter sehr brauchbar; sie müssen dann auch nicht t heißen.

Häufig wird die Parameterdarstellung einer Kurve C so geschrieben:

$$\vec{r} = \begin{pmatrix} g_1(t) \\ g_2(t) \end{pmatrix} . \tag{6.2.2}$$

$\vec{r}$ ist der variable (weil von t abhängige) vom Koordinatenursprung O zu einem Kurvenpunkt P gehende Vektor $\overrightarrow{OP}$. Freilich existiert er nur, wenn $t \in \mathbb{D}_{g_1} \cap \mathbb{D}_{g_2}$ ist. Dies wird im Folgenden stets vorausgesetzt.

Manchmal lässt sich der Parameter t eliminieren: Falls g_1^{-1} existiert, ist $t = g_1^{-1}(x)$ und $y = g_2[g_1^{-1}(x)]$; dies ist wieder ein Funktionswert $f(x)$. Fallweise gibt es auch andere Eliminationsmöglichkeiten, die zu einer impliziten Kurvengleichung $F(x,y) = 0$ führen. Stets geht aber dadurch die Information verloren, wie die Kurvenpunkte in Abhängigkeit vom Parameter durchlaufen werden.

Beispiel:

1. Gegeben ist die Parameterdarstellung

$$\left. \begin{matrix} x = \rho \cos\varphi \\ y = \rho \sin\varphi \end{matrix} \right\} \text{ mit } \rho = \text{const} > 0 ; \tag{6.2.3}$$

durch Quadrieren und Addieren der Zeilen erhalten wir $x^2 + y^2 = \rho^2$.

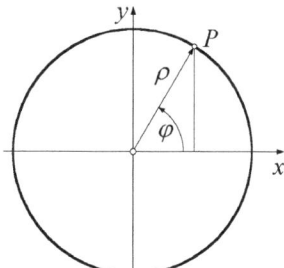

Bild 6.2.2: Kreisbewegung

(6.2.3) ist also die Parameterdarstellung eines Kreises um O mit Radius ρ. Der Parameter φ ist der Winkel des Vektors $\overrightarrow{OP}$ gegen die positive x-Achse. In Abhängigkeit davon bewegt sich P auf dem Kreis. Für $0 \leq \varphi < 2\pi$ wird jeder Punkt des Kreises genau einmal erfasst, Bild 6.2.2. □

Bewegt sich ein Punkt auf der durch (6.2.1) bzw. (6.2.2) bestimmten Kurve C, so stellen sich in den Anwendungen oft folgende Fragen: In welche Richtung bewegt er sich aus einer bestimmten Lage P mit dem Parameterwert t_P? Welchen Weg legt er auf C bis zu einem Punkt Q zurück? Um solche Fragen, wie sie z.B. in Dynamik und Getriebelehre auftreten, beantworten zu können, benötigen wir

Differential- und Integralrechnung bei Parameterdarstellungen

Im Folgenden setzen wir voraus, dass alle benötigten Ableitungen existieren und stetig sind, alle Integranden abschnittweise stetig.

Steigung

y haben wir nicht als Funktionswert von x, wohl aber x und y als Funktionswerte von t. Also liefert die Anwendung der Kettenregel die Steigung:

$$\frac{dy}{dx} = \frac{dy}{dt} \cdot \frac{dt}{dx} = \frac{dy}{dt} \Big/ \frac{dx}{dt} \quad \text{(für } \frac{dx}{dt} \neq 0\text{)} \tag{6.2.4}$$

Ableitungen nach dem Parameter kennzeichnet man durch Punkte, die man über die jeweils differenzierten Größen setzt:

$\frac{dx}{dt} = \dot{x}$, $\frac{dy}{dt} = \dot{y}$, $\frac{d^2x}{dt^2} = \ddot{x}$, $\frac{d^2y}{dt^2} = \ddot{y}$, usw. Daher schreiben wir (6.2.4) so:

$$\frac{dy}{dx} = \frac{\dot{y}}{\dot{x}} \quad \text{(für } \dot{x} \neq 0\text{)} \tag{6.2.5}$$

Um die Steigung im Kurvenpunkt P mit $t = t_P$ zu erhalten, müssen wir nur in $\dot{x} = \dot{g}_1(t)$ und $\dot{y} = \dot{g}_2(t)$ noch $t = t_P$ einsetzen, falls dort $\dot{x} \neq 0$ ist. Bei $\dot{x} = 0$, aber $\dot{y} \neq 0$ geht die Steigung gegen $+\infty$ oder $-\infty$ (Tangente $\parallel$ y-Achse); bei $\dot{x} = 0$ und $\dot{y} = 0$ ist eine Grenzwertberechnung fällig, ggf. nach (4.4.4).

Der Vektor mit den Komponenten $\dot{x}$ und $\dot{y}$ (falls nicht beide zugleich 0 sind!) hat wegen (6.2.5) in jedem Kurvenpunkt die Richtung der Kurventangente; er ist ein *Tangentenvektor*. Wir erhalten ihn aus dem Vektor $\vec{r}$ von (6.2.2), indem wir jede seiner Komponenten nach t ableiten. Daher wird der Tangentenvektor als Ableitung des Vektors $\vec{r}$ nach t bezeichnet:

$$\dot{\vec{r}} = \frac{d\vec{r}}{dt} = \begin{pmatrix} \dot{x} \\ \dot{y} \end{pmatrix} = \begin{pmatrix} \dot{g}_1(t) \\ \dot{g}_2(t) \end{pmatrix}. \tag{6.2.6}$$

Anfangspunkt des Tangentenvektors ist stets der jeweilige Kurvenpunkt P. In Bild 6.2.3 gibt der Pfeil bei t die Richtung zunehmender Parameterwerte an. Daraus ist z.B. dort $\dot{x} > 0$ und $\dot{y} > 0$ im Punkt P zu ersehen.

6.2 Parameterdarstellung einer ebenen Kurve

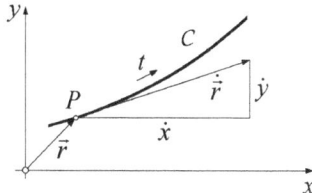

Bild 6.2.3: Tangentenvektor

Ist t die Zeit, so ist $\dot{\vec{r}}$ der *Geschwindigkeitsvektor* $\vec{v}$ des entlang C bewegten Punktes P. Seine Komponenten sind die Geschwindigkeitskomponenten von P in x- bzw. y-Richtung. Geschwindigkeit ist ja eine vektorielle Größe, da sie einen Betrag und (für $\vec{v} \neq \vec{o}$) eine Richtung hat. Dies trifft auch für die Beschleunigung zu: Wirkt sie in Bahnrichtung, so vergrößert sie den Betrag von $\vec{v}$, in Gegenrichtung verringert sie ihn (Abbremsung). Eine Zentrifugalbeschleunigung wirkt rechtwinklig zur Bahn (siehe 6.1, Krümmung). Wir haben die Bahnbeschleunigung schon als Ableitung der Geschwindigkeit kennengelernt (s. Bild 4.3.3). Was ergibt jetzt die Ableitung des *Vektors* $\vec{v}$ nach der Zeit t? Um dies zu sehen, betrachten wir zunächst einen Sonderfall: Wir setzen in (6.2.3) für die Kreisbewegung $\varphi = \omega t$ ein mit $\omega = \text{const} > 0$ als Winkelgeschwindigkeit und t als Zeit:

$$\vec{r} = \begin{pmatrix} \rho\cos(\omega t) \\ \rho\sin(\omega t) \end{pmatrix}, \text{ also } \vec{v} = \dot{\vec{r}} = \omega \begin{pmatrix} -\rho\sin(\omega t) \\ \rho\cos(\omega t) \end{pmatrix} \text{ und } \dot{\vec{v}} = \ddot{\vec{r}} = -\omega^2 \begin{pmatrix} \rho\cos(\omega t) \\ \rho\sin(\omega t) \end{pmatrix}. \quad (6.2.7)$$

Für jedes t hat $\vec{v}$ die Richtung der Bahntangente und den Betrag $v = \omega\rho$ (*Bahngeschwindigkeit*); $\dot{\vec{v}} = \ddot{\vec{r}}$ hat die Gegenrichtung des Ortsvektors $\vec{r} = \overrightarrow{OP}$ und den Betrag $\rho\omega^2 = \dfrac{1}{\rho}v^2$. Dies ist der Betrag der Zentrifugalbeschleunigung a_Z von 6.1 (s. dort Beispiel 7). $\ddot{\vec{r}}$ ist also der Zentri*fugal*beschleunigung genau entgegengesetzt und heißt daher Zentri*petal*beschleunigung, s. Bild 6.2.4.

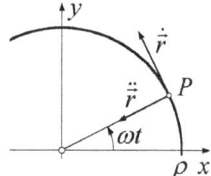   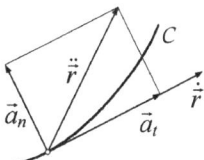

Bild 6.2.4: Sonderfall für $\dot{\vec{r}}$ und $\ddot{\vec{r}}$ **Bild 6.2.5:** Allgemeiner Fall für $\dot{\vec{r}}$ und $\ddot{\vec{r}}$

Ist ω nicht konstant bzw. liegt eine allgemeine Parameterdarstellung (6.2.2) für eine Bahnkurve C vor, so hat $\ddot{\vec{r}}$ im Allgemeinen nicht nur eine Komponente $\vec{a}_n$ in Richtung der Bahnnormalen, sondern auch eine Komponente $\vec{a}_t$ in Richtung der

Bahntangente, die *Bahnbeschleunigung*, s. Bild 6.2.5. $\ddot{\vec{r}}$ heißt *Beschleunigungsvektor* $\vec{a}$; mit der Zeit t als Parameter gilt also dann insgesamt:

$$\vec{v} = \dot{\vec{r}}, \quad \vec{a} = \dot{\vec{v}} = \ddot{\vec{r}} \tag{6.2.8}$$

Krümmung

Für $f'(x)$ in der Formel (6.1.6) für die Kurvenkrümmung κ liegt die Umformung nach (6.2.5) vor, sie wird noch für $f''(x)$ benötigt. Für $\dot{x} \neq 0$ ist

$$\frac{d^2 y}{dx^2} = \frac{d\left(\frac{dy}{dx}\right)}{dx} = \frac{d\left(\frac{\dot{y}}{\dot{x}}\right)}{dx} = \frac{d\left(\frac{\dot{y}}{\dot{x}}\right)}{dt} \cdot \frac{dt}{dx} = \frac{\ddot{y}\dot{x} - \dot{y}\ddot{x}}{\dot{x}^2} \cdot \frac{1}{\dot{x}} = \frac{\dot{x}\ddot{y} - \ddot{x}\dot{y}}{\dot{x}^3} \tag{6.2.9}$$

Damit und mit (6.2.5) ergibt sich für die Krümmung, falls $\dot{x}^2 + \dot{y}^2 > 0$ ist:

$$\kappa = \frac{\dot{x}\ddot{y} - \ddot{x}\dot{y}}{\sqrt{\dot{x}^2 + \dot{y}^2}^3} \tag{6.2.10}$$

Vorsicht: Beim genauen Nachrechnen stellen wir fest, dass sich aus (6.1.6) hierfür bei $\dot{x} < 0$ (Bewegung auf der Kurve mit abnehmendem x, also nach links) eine Vorzeichenumkehr ergäbe. Die wird jedoch nicht vorgenommen. Das hat den Vorteil, dass $\kappa > 0$ in Linkskurven, $\kappa < 0$ in Rechtskurven auch bei $\dot{x} < 0$ in gleicher Weise gilt, wie wir es in 6.1 erarbeitet hatten, s. Bild 6.2.6 (auf C nimmt t in Pfeilrichtung zu). Wieder ist in Wendepunkten $\kappa = 0$.

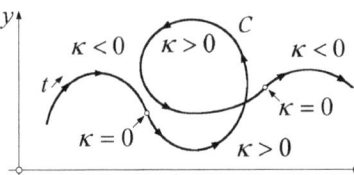

Bild 6.2.6: Krümmung κ

$\dot{x}^2 + \dot{y}^2 = 0$ tritt nur bei $\dot{x} = 0$ und zugleich $\dot{y} = 0$ auf. Ist dies für ein t der Fall, so hat κ dort den Grenzwert $+\infty$ bzw. $-\infty$ (wenn nicht der Zähler von (6.2.10) auch 0 wird; dann ist eine Grenzwertbestimmung fällig). Ist t die Zeit, so ist in solchen Punkten die Bahngeschwindigkeit 0. $\kappa \to \pm \infty$ bedeutet $\rho \to 0$; dies begegnet uns bald in *Spitzpunkten* von Kurven.

Asymptoten

Bei Asymptoten parallel zu Koordinatenachsen geht eine Koordinate gegen $+\infty$ bzw. $-\infty$, die andere gegen einen konstanten endlichen Wert. Es müssen also in der

6.2 Parameterdarstellung einer ebenen Kurve

gegebenen Parameterdarstellung einer Kurve C Parameterwerte t gefunden werden, für die das eintritt.

Gibt es ein t^* mit $\lim\limits_{t \to t^*} g_1(t) = \pm\infty$, $\lim\limits_{t \to t^*} g_2(t) = y_a$,

dann hat C eine Asymptote parallel zur y-Achse bei $y = y_a$.

Gibt es ein t^* mit $\lim\limits_{t \to t^*} g_2(t) = \pm\infty$, $\lim\limits_{t \to t^*} g_1(t) = x_a$,

dann hat C eine Asymptote parallel zur x-Achse bei $x = x_a$.

Entsprechend gehen wir bei allgemeinen Asymptoten nach (6.1.3) vor:
Gibt es ein t^* mit $\lim\limits_{t \to t^*} g_1(t) = \pm\infty$, $\lim\limits_{t \to t^*} g_2(t) = \pm\infty$, außerdem

$$\lim_{t \to t^*} \frac{g_2(t)}{g_1(t)} = m \quad \text{und} \quad \lim_{t \to t^*}[g_2(t) - m g_1(t)] = b \quad \text{mit } m, b \in \mathbb{R}, \qquad (6.2.11)$$

dann hat C eine Asymptote mit der Gleichung $y = mx + b$. Gibt es mehrere derartige t^*, können sie zu gleichen oder verschiedenen Asymptoten führen.

Beispiel:

2. Durch $x = g_1(t) = \ln t - t$, $y = g_2(t) = \ln t + t + 1$ mit $t \in \mathbb{R}^+$ ist eine Kurve C bestimmt. Für $t \to \infty$ und $t \to 0$ gehen $g_1(t)$ und $g_2(t)$ gegen $+\infty$ bzw. $-\infty$.

$t \to \infty$: $\lim\limits_{t \to \infty} \dfrac{g_2(t)}{g_1(t)} = \lim\limits_{t \to \infty} \dfrac{\ln t + t + 1}{\ln t - t} = \lim\limits_{t \to \infty} \dfrac{t^{-1} + 1}{t^{-1} - 1} = -1 = m_1$,

$\lim\limits_{t \to \infty}[g_2(t) - m_1 g_1(t)] = \lim\limits_{t \to \infty}[\ln t + t + 1 + \ln t - t] = \lim\limits_{t \to \infty}[2\ln t + 1] = \infty$; also gibt es keine Asymptote für $t \to \infty$, weil dafür der Grenzwert $b \in \mathbb{R}$ existieren müsste.

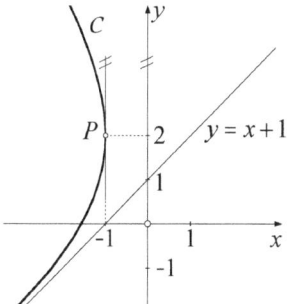

Bild 6.2.7: Kurve C mit Asymptote

$t \to 0$: $\lim\limits_{t \to 0} \dfrac{g_2(t)}{g_1(t)} = \lim\limits_{t \to 0} \dfrac{\ln t + t + 1}{\ln t - t} = \lim\limits_{t \to \infty} \dfrac{t^{-1} + 1}{t^{-1} - 1} = \lim\limits_{t \to \infty} \dfrac{1 + t}{1 - t} = 1 = m_2$,

$\lim\limits_{t \to 0}[g_2(t) - m_1 g_1(t)] = \lim\limits_{t \to 0}[\ln t + t + 1 - \ln t + t] = \lim\limits_{t \to 0}[2t + 1] = 1 = b_2$,

also erhalten wir für $t \to 0$ die Asymptote $y = x + 1$, Bild 6.2.7.
Zum Zeichnen von C nützen wir: Bei $t = 1$ ist $\dot{x} = 0$, $\dot{y} = 2$; daher ist in $P(-1, 2)$ die Tangente parallel zur y-Achse. □

Flächeninhalt

Wir setzen $y = g_2(t) \geq 0$ und $\dot{x} = \dot{g}_1(t) \geq 0$ für $t_1 \leq t \leq t_2$ voraus.
Dann lässt sich Formel (5.4.7) für den Flächeninhalt A des Standardbereichs für die Parameterdarstellung übersetzen: Ist $g_1(t_1) = x_1$, $g_1(t_2) = x_2 > x_1$ (Bild 6.2.8), dann erhalten wir aus (5.4.7), wenn wir noch dx durch $\dot{x}dt$ ersetzen (weil ja jetzt t unabhängige Variable ist und wir daher nach t integrieren müssen):

$$A = \int_{t_1}^{t_2} y\dot{x}dt = \int_{t_1}^{t_2} g_2(t)\dot{g}_1(t)dt \qquad (6.2.12)$$

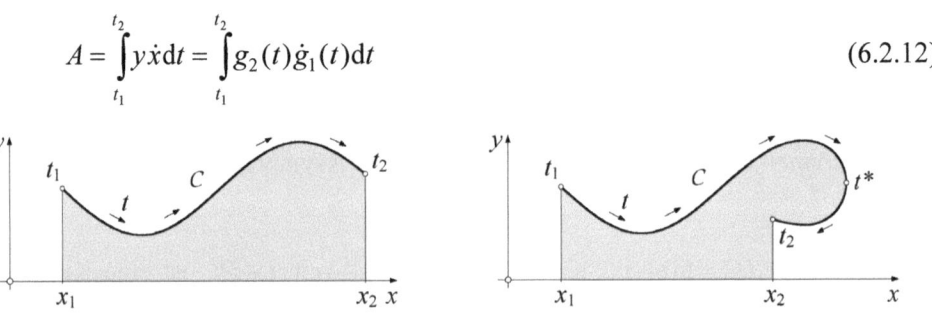

Bild 6.2.8: Standardbereich, $\dot{x} \geq 0$ **Bild 6.2.9:** Restbereich

Wenn im Integrationsintervall auch $\dot{x} < 0$ vorkommt, nimmt x für zunehmende t ab; die dx in (5.4.8) sind dann negativ, und die betreffenden Flächeninhaltsteile gehen mit negativem Vorzeichen in die Rechnung ein. Daher wird beim Bereich von Bild 6.2.9 der Inhalt des Bereichsteils von t^* bis t_2 (abnehmende x) von dem bei der Integration von t_1 bis t^* erhaltenen Standardbereich-Flächeninhalt abgezogen, so dass (6.2.12) dort den Flächeninhalt des hervorgehobenen Restbereichs ergibt (von t^* bis t_2 muss C dabei unterhalb des Bogens für $t < t^*$ liegen). Ist $x_2 < x_1$, erhält man $-A$ aus (6.2.12) (umgekehrte Durchlaufrichtung).

Tauschen x und y die Rollen, so erhält man analog zum Bereich von Bild 6.2.9 den von Bild 6.2.10: Sein Flächeninhalt ist entsprechend zu (6.2.12):

$$A = \int_{t_1}^{t_2} x\dot{y}dt = \int_{t_1}^{t_2} g_1(t)\dot{g}_2(t)dt \qquad (6.2.13)$$

6.2 Parameterdarstellung einer ebenen Kurve

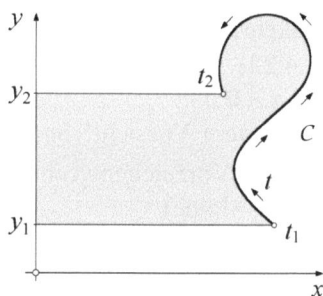

Bild 6.2.10: Restbereich

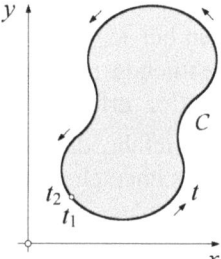

Bild 6.2.11: Geschlossene Kurve

Wenn sich für t_1 und t_2 derselbe Kurvenpunkt ergibt, also $g_1(t_1) = g_1(t_2)$ und $g_2(t_1) = g_2(t_2)$ ist, nennt man die Kurve *geschlossen*, Bild 6.2.11. Wird sie für zunehmende t so durchlaufen, dass der eingeschlossene Bereich stets *links* von ihr liegt, so erhalten wir seinen Flächeninhalt A aus (6.2.13); wir müssen ja nur in Bild 6.2.10 den Endpunkt bei t_2 zum Anfangspunkt bei t_1 hinunterziehen. (6.2.12) ist auch verwendbar, nur müssen wir dabei die Durchlaufrichtung von Bild 6.2.9 umkehren, erhalten also aus (6.2.11) wegen der dadurch bedingten Vorzeichenumkehr:

$$A = -\int_{t_1}^{t_2} y\dot{x}\,dt = -\int_{t_1}^{t_2} g_2(t)\dot{g}_1(t)\,dt \ .$$

Weil das derselbe Flächeninhalt wie bei (6.2.13) ist, gilt auch die

LEIBNIZsche Sektorformel:

$$A = \tfrac{1}{2}\int_{t_1}^{t_2}(x\dot{y} - \dot{x}y)\,dt \qquad (6.2.14)$$

Mit ihr kann man den Flächeninhalt eines Bereichs innerhalb einer geschlossenen Kurve C oft angenehmer berechnen als mit den anderen Formeln. Für zunehmende Parameterwerte t muss der Bereich dabei links von C liegen; liegt er rechts davon, erhält man $-A$. (Weshalb diese Formel „Sektorformel" heißt, wird sich später in Abschnitt 6.3 zeigen.)

Bogenlänge

Aus (5.4.23) erhalten wir mit (6.2.5) und $dx = \dot{x}\,dt$ für $\dot{x} \geq 0$:

$$s = \int_{t_1}^{t_2}\sqrt{\dot{x}^2 + \dot{y}^2}\,dt = \int_{t_1}^{t_2}\sqrt{[\dot{g}_1(t)]^2 + [\dot{g}_2(t)]^2}\,dt \qquad (6.2.15)$$

Beim Einsetzen von $\dot{x} < 0$ ergäbe sich eine Vorzeichenumkehr, die wir aber (ebenso wie oben bei κ) vermeiden, denn sonst würde nach (5.4.22) s abnehmen, wenn x für zunehmende t abnimmt. Daher gilt (6.2.15) auch für $\dot{x} < 0$.

Die Integration erfordert an Stellen mit $\dot{x} = 0$, $\dot{y} = 0$ besondere Vorsicht! Sonst besteht die Gefahr, dass bei Ausrechnung der Wurzel dort ein Vorzeichenwechsel des Resultats übersehen wird (s. unten Beispiel 5, Gespitzte Zykloide).

Beispiele:

3. $\quad x = a\cos t$, $y = b\sin t$ mit $a,b = \text{const} > 0$, $0 \le t < 2\pi$ \hfill (6.2.16)

ist Parameterdarstellung einer Kurve $\mathcal{E}$. Wir wählen $b < a$. In Abhängigkeit von t ergeben sich dieselben x-Koordinaten von Kurvenpunkten wie in der Parameterdarstellung eines Kreises mit Radius a (vgl. (6.2.3), die y-Koordinaten sind dagegen alle im Maßstab b/a verkleinert. $\mathcal{E}$ ist eine *Ellipse* (Bild 6.2.12), a ist ihre *große*, b ihre *kleine Halbachse*. Die Koordinatenachsen sind Symmetrieachsen von $\mathcal{E}$, ihre darauf liegenden Punkte A_1 $(a;0)$, B_1 $(0;b)$, A_2 $(-a;0)$, B_2 $(0;-b)$ (bei $t = 0; \frac{\pi}{2}; \pi; \frac{3\pi}{2}$) sind die Scheitel der Ellipse.

Wir berechnen die Radien ρ_A, ρ_B ihrer Scheitelkrümmungskreise: Aus (6.2.16) ergibt sich $\dot{x} = -a\sin t$, $\dot{y} = b\cos t$, $\ddot{x} = -a\cos t$, $\ddot{y} = -a\sin t$. Für A_1 ($t = 0$) ist dann $\dot{x} = 0, \dot{y} = b, \ddot{x} = -a, \ddot{y} = 0$. Nach (6.2.10) ist daher in A_1 (ebenso in A_2)

$\kappa_A = \dfrac{ab}{b^3} = \dfrac{a}{b^2}$, also $\rho_A = \dfrac{b^2}{a}$. Für B_1 und B_2 ergibt sich entsprechend $\rho_B = \dfrac{a^2}{b}$.

Der Flächeninhalt des von $\mathcal{E}$ umschlossenen ebenen Bereichs ist nach (6.2.14)

$$A = \tfrac{1}{2}\int_0^{2\pi}(x\dot{y} - \dot{x}y)\mathrm{d}t = \tfrac{1}{2}\int_0^{2\pi}(ab\cos^2 t + ab\sin^2 t)\mathrm{d}t = \tfrac{1}{2}ab[t]_0^{2\pi} = \pi ab \ .$$

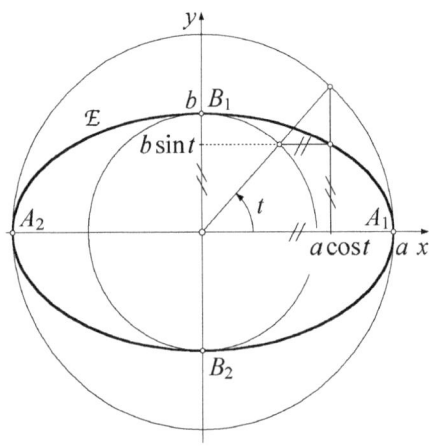

Bild 6.2.12: Ellipse

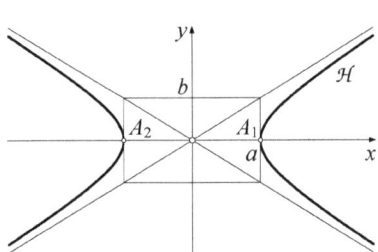

Bild 6.2.13: Hyperbel

Der Parameter t lässt sich aus (6.2.16) leicht eliminieren: $\frac{x}{a} = \cos t$, $\frac{y}{b} = \sin t$; damit ergibt sich die bekannte implizite Gleichung der *Ellipse*:

$$\frac{x^2}{a^2} + \frac{y^2}{b^2} = 1 \qquad (6.2.17)$$

4. $x = a \cosh t$, $x = b \sinh t$ mit $a, b = \text{const} > 0$, $t \in \mathbb{R}$,   (6.2.18)

ist Parameterdarstellung einer Kurve $\mathcal{H}$. Beim Ersetzen von t durch $-t$ bleibt x gleich; y ändert nur das Vorzeichen. Also ist die x-Achse Symmetrieachse von $\mathcal{H}$. $A_1(a;0)$ (für $t = 0$) ist daher Scheitel von $\mathcal{H}$. Dort hat nach der entsprechenden Rechnung wie im Beispiel 3 der Scheitelkrümmungskreis den Radius $\rho_A = \frac{b^2}{a}$.

Asymptoten werden nach (6.1.3) ermittelt:

$t \to \infty$: $\lim_{t \to \infty} x = \infty$, $\lim_{t \to \infty} y = \infty$, $\lim_{t \to \infty} \frac{y}{x} = \frac{b}{a} = m_1$, $\lim_{t \to \infty}[y - m_1 x] = 0 = b_1$,

$t \to -\infty$: $\lim_{t \to -\infty} x = \infty$, $\lim_{t \to -\infty} y = -\infty$, $\lim_{t \to -\infty} \frac{y}{x} = -\frac{b}{a} = m_2$, $\lim_{t \to -\infty}[y - m_2 x] = 0 = b_2$,

also hat $\mathcal{H}$ die Asymptoten $a_1: y = \frac{b}{a} x$ und $a_2: y = -\frac{b}{a} x$.   □

Kann man auch aus (6.2.18) den Parameter t eliminieren? Nach (1.6.3) ist $\cosh^2 t - \sinh^2 t = 1$; damit ergibt sich wieder eine implizite Gleichung:

$$\frac{x^2}{a^2} - \frac{y^2}{b^2} = 1 \qquad (6.2.19)$$

Aber Vorsicht: In (6.2.18) kommen keine $x < 0$ vor, in (6.2.19) durchaus! Dies ist die Gleichung einer *Hyperbel*, die Kurve $\mathcal{H}$ von (6.2.18) ist der rechte Ast davon. Die ganze Hyperbel hat die x- und die y-Achse als Symmetrieachsen; ihre Scheitel sind $A_1(a,0)$ und $A_2(-a,0)$, s. Bild 6.2.13. Die Asymptoten bleiben dieselben wie oben.

Ersetzen wir in $\cosh t$ und $\sinh t$ von (6.2.18) e^t durch u, so wird daraus $x = \frac{1}{2}a(u + u^{-1})$, $y = \frac{1}{2}b(u - u^{-1})$. Für $u \in \mathbb{R} \setminus \{0\}$ wird nun die ganze Hyperbel beschrieben, weil u im Unterschied zu e^t auch negativ sein kann.

Ellipse (mit Sonderfall Kreis für $b = a$) und Hyperbel bilden zusammen mit der Parabel 2. Ordnung die *Kegelschnitte*; sie treten als Schnittkurven eines Drehkegels mit einer nicht durch die Kegelspitze gehenden Ebene ε auf, Bild 6.2.14: Bei der Ellipse $\mathcal{E}$ ist ε zu keiner Kegelmantellinie parallel, bei der Parabel $\mathcal{P}$ zu genau einer Mantellinie m, bei der Hyperbel $\mathcal{H}$ zu zwei Mantellinien m_1, m_2. Die Asymptoten a_1, a_2 von $\mathcal{H}$ gehen parallel zu m_1, m_2 durch den Hyperbelmittelpunkt.

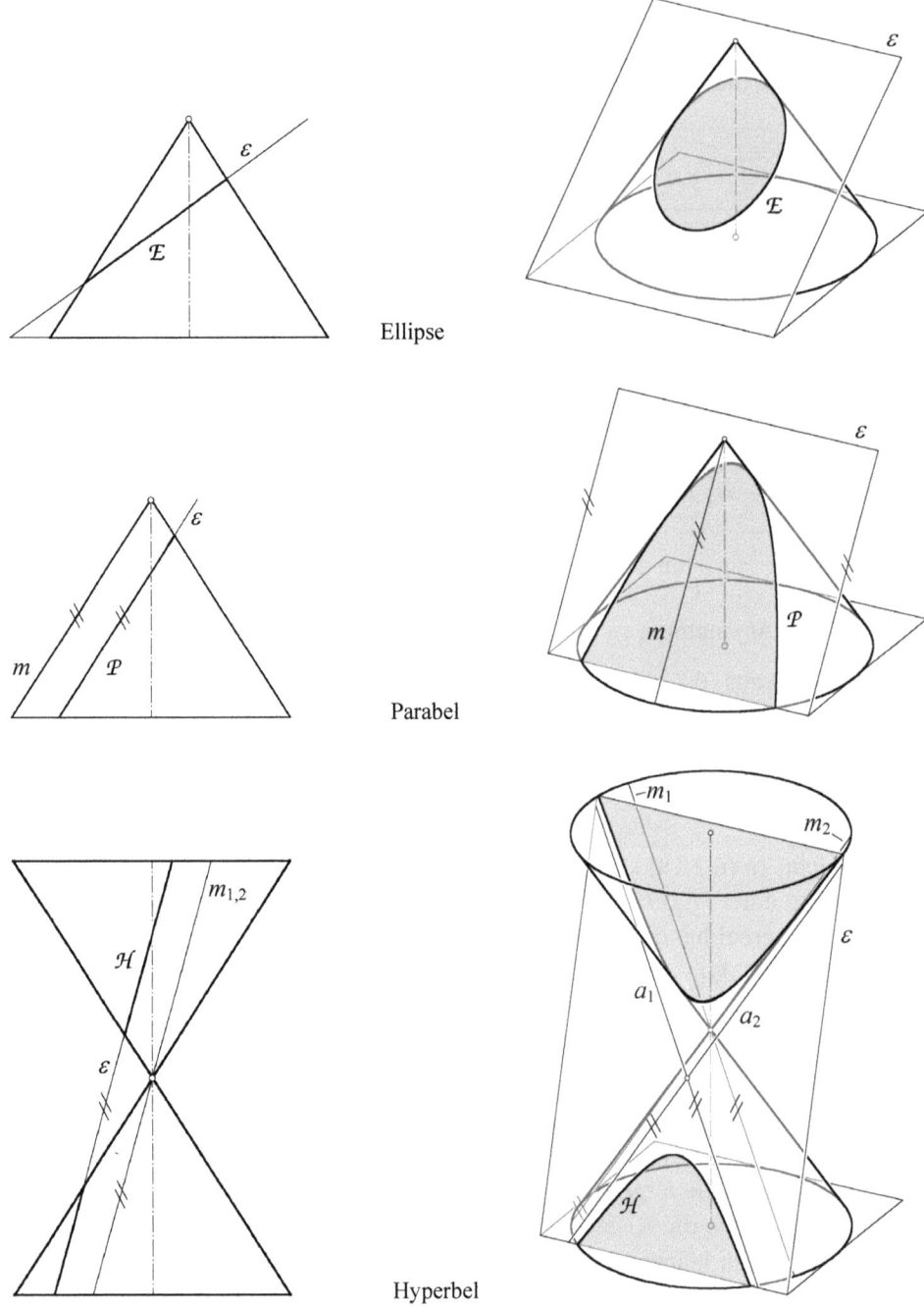

Ellipse

Parabel

Hyperbel

Bild 6.2.14: Kegelschnitte

Ermittlung von Parameterdarstellungen

Ein Objekt – z.B. ein Getriebeteil – führe eine ebene Bewegung aus; für die Bahnkurve eines Objektpunktes P suchen wir eine Parameterdarstellung. Soll die Bewegung im Verlauf der Zeit untersucht werden, verwenden wir sie als Parameter t. Ist nur die Geometrie der Bahnkurve von Interesse, verwenden wir eine geeignete geometrische Größe als Parameter. Grundsätzlich beachten wir dabei die

Regel:

> Zuerst geht man vom Ursprung O aus zu einem möglichst leicht erreichbaren Punkt des bewegten Objekts, dann von diesem zum Punkt P, für dessen Bahnkurve die Parameterdarstellung gesucht ist.

Zykloiden

Auf einer festen Geraden g rollt ein Kreis $\mathcal{K}$ vom Radius r ab, ohne zu gleiten. Ein fest mit $\mathcal{K}$ verbundener Punkt P im Abstand a vom Kreismittelpunkt M beschreibt eine Zykloide. Drei Fälle sind zu unterscheiden (Bild 6.2.15):

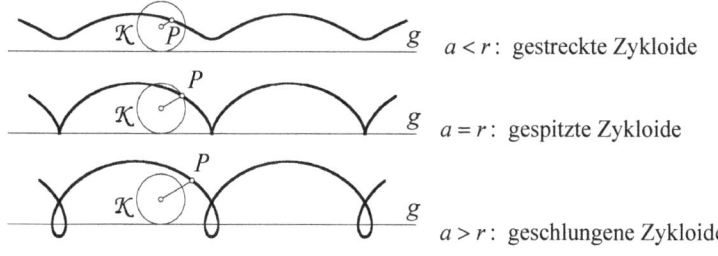

$a < r$: gestreckte Zykloide

$a = r$: gespitzte Zykloide

$a > r$: geschlungene Zykloide

Bild 6.2.15: Arten von Zykloiden

Beachten Sie bei der gespitzten Zykloide die Spitzpunkte, in denen P jeweils auf g aufsitzt, und bei der geschlungenen Zykloide die *Doppelpunkte*: So heißen Schnittpunkte einer Kurve mit sich selbst.

Wir suchen die Parameterdarstellung einer Zykloide $\mathcal{Z}$. Die Gerade g sei dabei die x-Achse. Ausgangslage von $\mathcal{K}$ ist $\mathcal{K}_0$ mit Mittelpunkt M_0 auf der y-Achse; P hat seine Ausgangslage P_0 genau unter M_0. $\mathcal{K}$ rollt auf der x-Achse ab; als Parameter t verwenden wir den Rollwinkel des Kreises. Weil das Rollen ohne Gleiten erfolgt, hat der von $\mathcal{K}$ abgerollte Bogen stets dieselbe Länge rt wie die auf der x-Achse dabei überrollte Strecke. Von O nach P gelangt man nach obiger Regel am besten so: zuerst von O nach M, dann von M nach P.

Also: $\overrightarrow{OP} = \overrightarrow{OM} + \overrightarrow{MP}$; in Bild 6.2.16 ist dann für die Komponenten zu sehen:

$$\begin{aligned} x &= rt - a\sin t \\ y &= r - \cos t \end{aligned} \qquad (6.2.20)$$

Das ist die gesuchte Parameterdarstellung der Zykloide Z. Sie gilt für alle drei Zykloidenarten. Die Minuszeichen bei den Komponenten von $\overrightarrow{MP}$ gelten nicht nur für die im Bild dargestellte Lage von $\mathcal{K}$, sondern auch für alle anderen; die Vorzeichen von $\sin t$ und $\cos t$ machen das von selber richtig. Prüfen Sie das bitte z.B. auch für größere Werte von t nach!

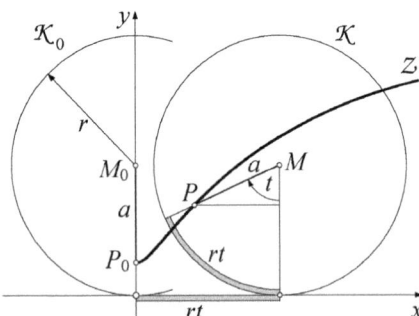

Bild 6.2.16: Erzeugung der Zykloide

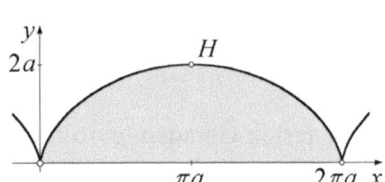

Bild 6.2.17: Gespitzte Zykloide

Beispiel:

5. Eine gespitzte Zykloide Z (Bild 6.2.17) hat nach (6.2.20) die Parameterdarstellung
$$x = a(t - \sin t),$$
$$y = a(1 - \cos t).$$

Gesucht ist die Länge s des Bogens von Z zwischen zwei benachbarten Spitzpunkten, der Flächeninhalt A des zwischen diesem Bogen und der x-Achse eingeschlossenen Bereichs und der Krümmungsradius ρ_H im höchsten Punkt H des Bogens. In den Spitzpunkten ist $y = 0$, also treten sie bei $t = 2k\pi$ auf (k ganz).

Die benötigten Ableitungen sind: $\quad \dot{x} = a(1 - \cos t) \quad \ddot{x} = a \sin t$
$\dot{y} = a \sin t \quad \ddot{y} = a \cos t$

Beachten Sie: In den Spitzpunkten ist $\dot{x} = 0$ und $\dot{y} = 0$. Übrigens gibt in jedem Punkt von Z die y-Koordinate das Maß an, in dem sich x bei fortschreitendem t ändert. Benachbarte Spitzpunkte sind z.B. bei $t = 0$ ($x = 0$) und $t = 2\pi$ ($x = 2\pi a$).

Zuerst wird in der Formel (6.2.15) für die Bogenlänge s der Radikand vorbereitet:
$\dot{x}^2 + \dot{y}^2 = a^2(1 - 2\cos t + \cos^2 t + \sin^2 t) = 2a^2(1 - \cos t) = 4a^2 \sin^2 \frac{t}{2}$; die letzte
Umformung folgt aus $\cos 2\alpha = 1 - 2\sin^2 \alpha$ (Additionstheorem) für $2\alpha = t$. Also:

$$s = \int_0^{2\pi} \sqrt{\dot{x}^2 + \dot{y}^2}\, dt = 2a \int_0^{2\pi} \sqrt{\sin^2 \frac{t}{2}}\, dt = 2a \int_0^{2\pi} |\sin \frac{t}{2}|\, dt\, ; \text{ wegen } \sin \frac{t}{2} \geq 0 \text{ für } t \in [0, 2\pi]$$

6.2 Parameterdarstellung einer ebenen Kurve

ist also mit Benützung von (5.3.3) $s = 2a \int_0^{2\pi} \sin\frac{t}{2} dt = -4a \left[\cos\frac{t}{2}\right]_0^{2\pi} = 8a$

Hier achten wir genau auf die Bemerkung nach (5.2.15): Ist die Bogenlänge von $t = 0$ bis $t = 3\pi$ gesucht, so ist bei $t = 2\pi$ ($\dot{x} = 0$, $\dot{y} = 0$!) der Vorzeichenwechsel von $\sin\frac{t}{2}$ zu berücksichtigen; von $t = 2\pi$ bis $t = 3\pi$ ist $|\sin\frac{t}{2}| = -\sin\frac{t}{2}$.

Der gesuchte Flächeninhalt wird nach (6.2.12) berechnet:

$$A = \int_0^{2\pi} y\dot{x} dt = a^2 \int_0^{2\pi} (1 - 2\cos t + \cos^2 t) dt = a^2 \left[t - 2\sin t + \tfrac{1}{2}(t + \sin t \cos t)\right]_0^{2\pi} = 3\pi a^2 ;$$

das ist der dreifache Flächeninhalt des abrollenden Kreises.

Für $t \in [0, 2\pi]$ nimmt y das Maximum bei $t = \pi$ an, dort liegt $H(\pi a, 2a)$ mit $\dot{x} = 2a$, $\dot{y} = 0$, $\ddot{x} = 0$, $\ddot{y} = -a$, nach (6.2.10) $\kappa_H = \frac{-2a^2}{8a^3}$, $\rho_H = \frac{1}{|\kappa_H|} = 4a$. □

Trochoiden

Ein Rollkreis $\mathcal{K}$ (Mittelpunkt M, Radius r) rollt auf einem Festkreis $\mathcal{F}$ (Mittelpunkt O, Radius R) ab, ohne zu gleiten. OM geht stets durch den Berührpunkt B beider Kreise. Ein fest mit $\mathcal{K}$ verbundener Punkt P (Abstand a von M) beschreibt eine *Trochoide*. Rollt $\mathcal{K}$ *außen* an $\mathcal{F}$ ab, heißt sie *Epitrochoide*, rollt $\mathcal{K}$ *innen* an $\mathcal{F}$ ab, heißt sie *Hypotrochoide*. Beide sind stets voneinander verschieden,

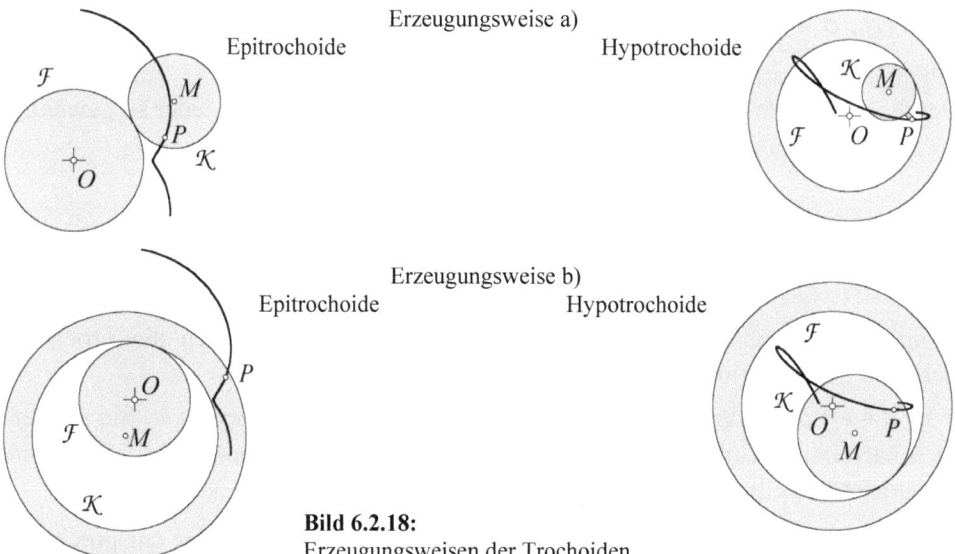

Bild 6.2.18: Erzeugungsweisen der Trochoiden

aber jede Trochoide kann auf eine Weise a) erzeugt werden, bei der der Mittelpunkt von $\mathcal{F}$ außerhalb von $\mathcal{K}$ liegt, und auf eine Weise b), bei der er innerhalb von $\mathcal{K}$ liegt, siehe Bild 6.2.18. Trochoiden mit $a = r$ haben Spitzpunkte.

Für eine Epitrochoide $\mathcal{E}$ nach Erzeugungsweise a) verschaffen wir uns eine Parameterdarstellung. Als Parameter könnte wie bei den Zykloiden der Rollwinkel von $\mathcal{K}$ dienen, besser zu überblicken ist die Anordnung jedoch mit t als Winkel von OM gegen die x-Achse. Ausgangslage von $\mathcal{K}$ ist $\mathcal{K}_0$ mit B_0 auf der positiven x-Achse, P_0 links von M_0. Weil das Rollen ohne Gleiten erfolgt, hat der von $\mathcal{K}$ abgerollte Bogen stets dieselbe Länge wie der auf $\mathcal{F}$ überrollte Bogen. Ist σ der Rollwinkel von $\mathcal{K}$, so gilt also (s. Bild 6.2.19):

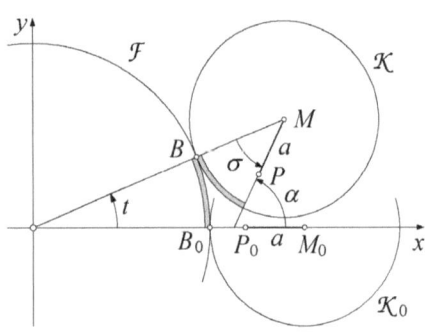 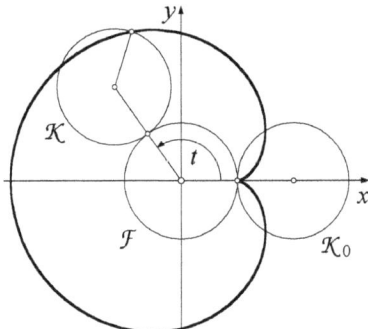

Bild 6.2.19: Epitrochoide **Bild 6.2.20:** Kardioide

$Rt = r\sigma$, $\sigma = \dfrac{R}{r}t$. Der Winkel von PM gegen die x-Achse ist $\alpha = \sigma + t = \dfrac{R+r}{r}t$ (Planimetrie, Satz vom Außenwinkel). Der Weg vom Ursprung O zum Punkt P, der die Trochoide beschreibt, wird gemäß der bekannten Regel wieder so gewählt:

$\overrightarrow{OP} = \overrightarrow{OM} + \overrightarrow{MP}$; aus Bild 6.2.19 ist dann zu ersehen:

$$x = (R+r)\cos t - a\cos\left(\frac{R+r}{r}t\right)$$
$$y = (R+r)\sin t - a\sin\left(\frac{R+r}{r}t\right) \tag{6.2.21}$$

Vom Radienverhältnis hängt es ab, nach wieviel Umläufen sich die Trochoide schließt. Ist es irrational, schließt sie sich überhaupt nicht.

Für $R = r = a$ entsteht als Sonderfall der Epitrochoide die *Kardioide*. Sie schließt sich nach einem Umlauf ($t = 0$ bis 2π) und hat einen Spitzpunkt, Bild 6.2.20. Ihre Parameterdarstellung ist $x = a[2\cos t - \cos(2t)]$, $y = a[2\sin t - \sin(2t)]$.

Eine Parameterdarstellung einer Hypotrochoide $\mathcal{H}$ lässt sich auf entsprechende Weise herleiten. Damit $\mathcal{K}$ innen an $\mathcal{F}$ abrollen kann, muss jetzt $r < R$ sein. Bei der

6.2 Parameterdarstellung einer ebenen Kurve

Ausgangslage $\mathcal{K}_0$ des Rollkreises ist wie vorhin B_0 auf der positiven x-Achse, P_0 aber rechts von M_0. Dann ergibt sich (s. Bild 6.2.21):

$$\begin{aligned} x &= (R-r)\cos t + a\cos\left(\frac{R-r}{r}t\right) \\ y &= (R-r)\sin t - a\sin\left(\frac{R-r}{r}t\right) \end{aligned} \qquad (6.2.22)$$

Für den Sonderfall $R = 2r$ liefert (6.2.22): $x = (r+a)\cos t$, $y = (r-a)\sin t$. Nach (6.2.16) beschreibt P dabei eine Ellipse mit den Halbachsen $(r+a)$ und $(r-a)$; daher heißt dieser Sonderfall die *Elliptische Bewegung*.

Gilt zusätzlich zu $R = 2r$ noch $a = r$, so ist $x = 2r\cos t$, $y = 0$; bei der Abrollbewegung läuft also der Punkt nur auf der x-Achse zwischen $(-R, 0)$ und $(R, 0)$ hin und her. In der Technik heißt dies eine *Geradführung*. Diese Bewegung vollführt bei der Elliptischen Bewegung auch der eine Endpunkt X des Rollkreisdurchmessers, auf dem P liegt, der andere Endpunkt Y läuft analog auf der y-Achse zwischen $(0, -R)$ und $(0, R)$ hin und her. Daraus folgt die *Papierstreifenkonstruktion* der Ellipse: Markieren Sie auf der Kante eines Papierstreifens drei Punkte X, Y und Punkt P. Bewegen Sie ihn nun so, dass X stets auf der x-Achse gleitet, Y stets auf der y-Achse, dann bewegt sich P auf einer Ellipse.

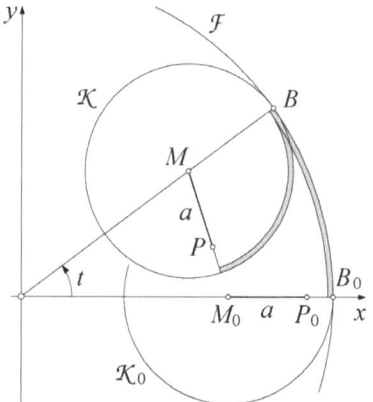
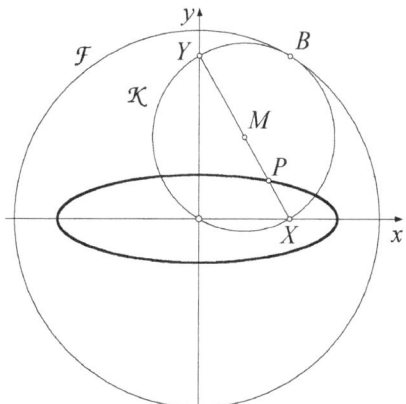

Bild 6.2.21: Hypotrochoide   **Bild 6.2.22:** Elliptische Bewegung

Einen für die Getriebelehre besonders wichtigen Sachverhalt beschreibt der

Satz vom Momentanpol:

> Rollt eine Kurve $\mathcal{K}$ an einer festen Kurve $\mathcal{F}$ ab, ohne zu gleiten, und beschreibt ein fest mit $\mathcal{K}$ verbundener Punkt P eine Bahnkurve C, so geht die Bahnnormale in P stets durch den Momentanpol B (Berührpunkt von $\mathcal{K}$ mit $\mathcal{F}$).

Wir überprüfen den Satz für die Kardioide. Ihre Parameterdarstellung kennen wir bereits als Sonderfall von (6.2.21):

$$r = a\begin{pmatrix} 2\cos t - \cos(2t) \\ 2\sin t - \sin(2t) \end{pmatrix}; \text{ also } \dot{\vec{r}} = 2a\begin{pmatrix} -\sin t + \sin(2t) \\ \cos t - \cos(2t) \end{pmatrix}. \text{ Mit } \vec{OB} = a\begin{pmatrix} \cos t \\ \sin t \end{pmatrix}, \text{ somit}$$

$\vec{BP} = a\begin{pmatrix} \cos t - \cos(2t) \\ \sin t - \sin(2t) \end{pmatrix}$ erhalten wir $\dot{\vec{r}} \cdot \vec{BP} = 0$. Für $\dot{\vec{r}} \neq \vec{o}$, $\vec{BP} \neq \vec{o}$ gilt also $\dot{\vec{r}} \perp \vec{BP}$.

Mit etwas mehr Rechenaufwand lässt er sich allgemein für Trochoiden bestätigen; er gilt aber auch, wenn $\mathcal{K}$ und $\mathcal{F}$ nicht Kreise, sondern andere Kurven sind.

Kreisevolvente

Eine Gerade g rollt an einem festen Kreis $\mathcal{F}$ (Mittelpunkt O, Radius R) ab, ohne zu gleiten (*Umkehrbewegung* zur Zykloidenbewegung, bei der die Gerade fest und der Kreis beweglich ist). Ein auf g liegender Punkt P beschreibt eine *Kreisevolvente*. Die Ausgangslage g_0 von g berührt $\mathcal{F}$ in $B_0(R, 0)$; diese Ausgangslage des Berührpunktes B von g mit $\mathcal{F}$ ist zugleich Ausgangslage P_0 von P. Als Parameter t für die Parameterdarstellung der von P beschriebenen Kreisevolvente $\mathcal{E}$ wird der Winkel von OB gegen die positive x-Achse verwendet. Weil das Rollen ohne Gleiten erfolgt, hat die von g abgerollte Strecke stets dieselbe Länge wie der auf $\mathcal{F}$ überrollte Bogen s, s. Bild 6.2.23. Je größer t wird, desto mehr entfernt sich P vom Ursprung O, umrundet ihn aber ständig; die Kreisevolvente ist daher eine *Spirale*, Bild 6.2.24.

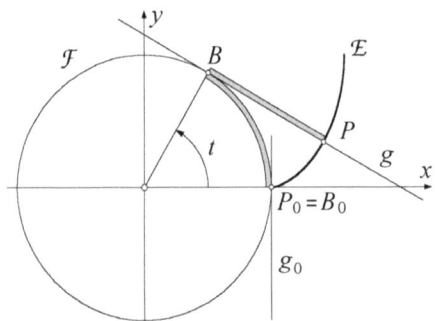
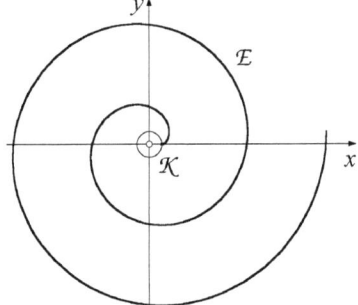

Bild 6.2.23: Erzeugung der Kreisevolvente   **Bild 6.2.24:** Kreisevolvente: eine Spirale

Von O aus gelangen wir zum Punkt P nach unserer Regel so:

$$\vec{OP} = \vec{OB} + \vec{BP}; \quad \text{aus Bild 6.2.23 ist dann zu ersehen:}$$

$$\begin{aligned} x &= R\cos t + Rt\sin t \\ y &= R\sin t - Rt\cos t \end{aligned} \quad ; \quad \text{also} \quad \begin{aligned} x &= R(\cos t + t\sin t) \\ y &= R(\sin t - t\cos t) \end{aligned} \tag{6.2.23}$$

6.2 Parameterdarstellung einer ebenen Kurve

Dass BP Normale von $\mathcal{E}$ in P ist, folgt aus dem Satz vom Momentanpol. Also liegt auf BP der Mittelpunkt des Krümmungskreises von $\mathcal{E}$ in P. Wie groß ist der Krümmungsradius ρ? Aus

$$\dot{x} = R(-\sin t + \sin t + t\cos t) = Rt\cos t, \qquad \ddot{x} = R(\cos t - t\sin t)$$
$$\dot{y} = R(\cos t - \cos t + t\sin t) = Rt\sin t, \qquad \ddot{y} = R(\sin t + t\cos t)$$

folgt $\kappa = \dfrac{\dot{x}\ddot{y} - \ddot{x}\dot{y}}{\sqrt{\dot{x}^2 + \dot{y}^2}^3} = \dfrac{R^2 t^2}{\sqrt{R^2 t^2}^3} = \dfrac{1}{Rt}$, somit $\rho = Rt$; das ist die Streckenlänge $|PB|$.

Also ist der Momentanpol B der Mittelpunkt des Krümmungskreises in P. Verzahnungen, deren Zahnprofile Teile von Kreisevolventen sind, zeichnen sich durch besonders angenehme Eigenschaften aus, die in der Getriebelehre behandelt werden (Satzradeigenschaft, Unempfindlichkeit gegen kleine Schwankungen des Achsabstandes der Zahnräder).

Der Name „Evolvente" kommt von folgender Vorstellung: Denken Sie sich den Kreis $\mathcal{F}$ als (ebene) Fadenspule. Nun markieren Sie einen Punkt P auf dem Faden und wickeln den Faden von $\mathcal{F}$ ab. P beschreibt dann eine Kreisevolvente. Das lateinische Verbum „evolvere" heißt „auswickeln". Die Evolvente ist „die Auswickelnde"; die Kurve, die dabei ausgewickelt wird (in unserem Fall der Kreis $\mathcal{F}$), heißt *Evolute* (= „die Ausgewickelte"). Beachten Sie besonders: $\mathcal{F}$ ist der geometrische Ort der Krümmungsmittelpunkte von $\mathcal{E}$. Die Normalen von $\mathcal{E}$ sind Tangenten an $\mathcal{D}$; sie *hüllen $\mathcal{D}$ ein*. Deswegen nennt man $\mathcal{D}$ ihre *Hüllkurve*.

Allgemeine Evoluten

An welcher Kurve muss man eine Gerade abrollen lassen, damit einer ihrer Punkte eine gegebene Kurve C beschreibt? Gesucht ist also die Evolute $\mathcal{D}$ von C. Der Zusammenhang zwischen $\mathcal{D}$ und C ist derselbe wie eben zwischen $\mathcal{F}$ und $\mathcal{E}$. Man kann zeigen, dass der dort beobachtete Sachverhalt allgemein gilt: Die Evolute $\mathcal{D}$ von C ist der geometrische Ort der Krümmungsmittelpunkte von C, also wieder die Hüllkurve der Normalen von C, s. Bild 6.2.25.

Parameterdarstellung für C sei $x = g_1(t)$, $y = g_2(t)$. Wir kürzen $g_1(t)$ mit x_C, $g_2(t)$ mit y_C ab, um Punktkoordinaten von C und $\mathcal{D}$ zu unterscheiden. $P(x_C, y_C)$ ist ein allgemeiner Punkt von C, $M(x, y)$ der Mittelpunkt des Krümmungskreises von C in P, also ein allgemeiner Punkt von $\mathcal{D}$. In P sei zunächst $\dot{x}_C > 0$, $\dot{y}_C > 0$ und die Krümmung $\kappa > 0$, wie in Bild 6.2.26. ρ ist der Radius des Krümmungskreises.

Vom Ursprung O kommen wir nach M so:

$\overrightarrow{OM} = \overrightarrow{OP} + \overrightarrow{PM}$; mit α als Steigungswinkel von C in P ist dann

$$\begin{aligned} x &= x_C - \rho \sin\alpha \\ y &= y_C + \rho \cos\alpha \end{aligned} \qquad (6.2.24)$$

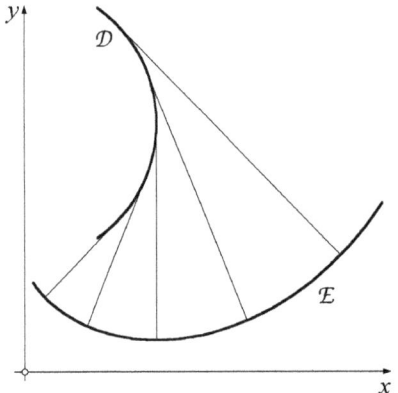
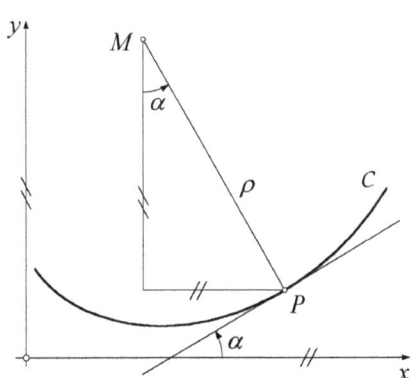

Bild 6.2.25: Evolute $\mathcal{D}$ als Hüllkurve

Bild 6.2.26: Krümmungsradius ρ

Wegen $\kappa > 0$ und $\tan\alpha = \dfrac{\dot{y}_C}{\dot{x}_C}$ ist dabei in Bild 6.2.26 $\rho = \dfrac{1}{\kappa} = \dfrac{\sqrt{\dot{x}_C^2 + \dot{y}_C^2}^3}{\dot{x}_C\ddot{y}_C - \ddot{x}_C\dot{y}_C}$,

$\sin\alpha = \dfrac{\tan\alpha}{\sqrt{1+\tan^2\alpha}} = \dfrac{\dot{y}_C}{\sqrt{\dot{x}_C^2 + \dot{y}_C^2}}$, $\cos\alpha = \dfrac{1}{\sqrt{1+\tan^2\alpha}} = \dfrac{\dot{x}_C}{\sqrt{\dot{x}_C^2 + \dot{y}_C^2}}$. Also ist

$$x = x_C - \dfrac{\dot{x}_C^2 + \dot{y}_C^2}{\dot{x}_C\ddot{y}_C - \ddot{x}_C\dot{y}_C}\dot{y}_C, \quad y = y_C + \dfrac{\dot{x}_C^2 + \dot{y}_C^2}{\dot{x}_C\ddot{y}_C - \ddot{x}_C\dot{y}_C}\dot{x}_C \quad (6.2.25)$$

Mit $x_C = g_1(t)$, $y_C = g_2(t)$ ist dies die gesuchte Parameterdarstellung für die Evolute $\mathcal{D}$; es lässt sich leicht nachkontrollieren, dass sie nicht nur für $\dot{x}_C > 0$, $\dot{y}_C > 0$, $\kappa > 0$ (wie in Bild 6.2.25) gilt, sondern bei beliebigen Vorzeichen dieser Größen (Hilfestellung: Ist $\kappa < 0$, so liegt M auf der anderen Seite von C; in (6.2.24) werden vor ρ tatsächlich die Vorzeichen vertauscht. Bei $\dot{y}_C < 0$ ändert die x-Differenz zwischen P und M das Vorzeichen, bei $\dot{x}_C < 0$ die y-Differenz).

In einem Punkt von C mit $\kappa = 0$ ist die Normale von C Asymptote von $\mathcal{D}$, weil ja dort $\rho \to \infty$ geht. Ein Spitzpunkt von C ist zugleich Punkt von $\mathcal{D}$, und für einen Spitzpunkt von $\mathcal{D}$ tritt bei C ein Scheitel auf.

Beispiel:

6. $x = x_C = a\cos t$, $y = y_C = b\sin t$ ist Parameterdarstellung einer Ellipse C mit Halbachsen a und b. Gesucht ist ihre Evolute $\mathcal{D}$ (Bild 6.2.27).
Mit $\dot{x}_C = -a\sin t$, $\dot{y}_C = b\cos t$, $\ddot{x}_C = -a\cos t$, $\ddot{y}_C = -b\sin t$ ergibt sich
$\dot{x}_C^2 + \dot{y}_C^2 = a^2\sin^2 t + b^2\cos^2 t$, $\dot{x}_C\ddot{y}_C - \ddot{x}_C\dot{y}_C = ab(\sin^2 t + \cos^2 t) = ab$ und daher

6.2 Parameterdarstellung einer ebenen Kurve

$$x = a\cos t - \frac{a^2 \sin^2 t + b^2 \cos^2 t}{ab} \cdot b\cos t = a\cos t - a\sin^2 t \cos t - \frac{b^2}{a}\cos^3 t$$

$$y = b\sin t + \frac{a^2 \sin^2 t + b^2 \cos^2 t}{ab} \cdot (-a\sin t) = b\sin t - \frac{a^2}{b}\sin^3 t - b\cos^2 t \sin t \ ;$$

also gilt schließlich für die Evolute $\mathcal{D}$: $x = \frac{a^2 - b^2}{a}\cos^3 t$, $y = -\frac{a^2 - b^2}{b}\sin^3 t$.

Deutlich ist zu sehen: Spitzpunkte von $\mathcal{D}$ gehören zu den Scheiteln von C. □

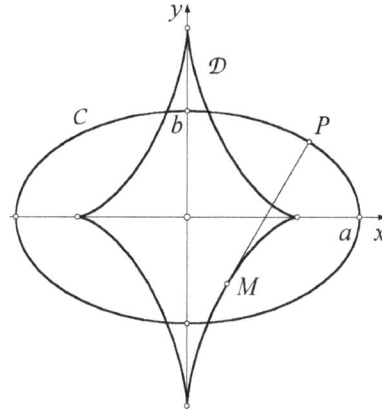

Bild 6.2.27: Evolute der Ellipse

Ist für C eine Gleichung $y = f(x)$ gegeben, so lässt sich, um (6.2.25) zu nutzen, daraus leicht eine Parameterdarstellung machen: Wir setzen $x = x_C = t$, $y = y_C = f(t)$; somit ist $\dot{x}_C = 1$, $\ddot{x}_C = 0$, $\dot{y}_C = f'(x_C)$, $\ddot{y}_C = f''(x_C)$. Damit wird aus (6.2.25) die Parameterdarstellung der Evolute $\mathcal{D}$ von $C = \mathbb{G}_f$:

$$x = x_C - \frac{1 + f'^2(x_C)}{f''(x_C)} f'(x_C), \ y = f(x_C) + \frac{1 + f'^2(x_C)}{f''(x_C)} \quad (6.2.26)$$

Parameter ist jetzt die x-Koordinate auf C.

Beispiele:

7. Durch $y = f(x) = x^2$ ist eine Parabel C gegeben. Einsetzen von $f(x_C) = x_C^2$, $f'(x_C) = 2x_C$, $f''(x_C) = 2$ in (6.2.26) ergibt für ihre Evolute $\mathcal{D}$:

$$x = x_C - \frac{1 + 4x_C^2}{2} \cdot 2x_C, \ y = x_C^2 + \frac{1 + 4x_C^2}{2}, \ \text{also} \ \ x = -4x_C^3, \ y = \tfrac{1}{2} + 3x_C^2.$$

$\mathcal{D}$ ist eine „NEILsche Parabel" (Bild 6.2.28). Der Parameter x_C ist eliminierbar:

$$x_C^2 = \sqrt[3]{\frac{x^2}{4^2}} = \frac{1}{2\sqrt{2}}\sqrt[3]{x^2} \ , \ \text{also} \ y = \tfrac{1}{2} + \frac{3}{2\sqrt{2}}\sqrt[3]{x^2}.$$ Wir sehen aber, dass dadurch Information verlorengeht: Der Zusammenhang zwischen Parabel- und

Evolutenpunkten ist in der Parameterdarstellung erkennbar, in der letzten Gleichung nicht mehr.

8. $y = f(x) = \sin x$ beschreibt eine Sinuskurve C. Einsetzen von $f(x_C) = \cos x_C$, $f'(x_C) = -\sin x_C$, $f''(x_C) = -\cos x_C$ in (6.2.26) ergibt für ihre Evolute $\mathcal{D}$:

$$x = x_C - \frac{1+\cos^2 x_C}{-\sin x_C} \cdot \cos x_C, \quad y = \sin x_C + \frac{1+\cos^2 x_C}{-\sin x_C}, \text{ also}$$

$$x = x_C + (1+\cos^2 x_C)\cot x_C, \quad y = -2\cos x_C \cot x_C.$$

Wir betrachten nur $x_C \in [0,\pi]$: Für $x_C \to 0$ und $x_C \to \pi$ (Wendepunkte von $\mathfrak{G}_f$) gehen x und y gegen $\pm\infty$, $\mathcal{D}$ hat dort Asymptoten, die wir nach (6.2.11) finden: $x_C \to 0$: Asymptote $y = -x$, $x_C \to \pi$: Asymptote $y = x - \pi$; bitte nachrechnen!
Für $x_C = \frac{\pi}{2}$ (Scheitel von $\mathfrak{G}_f$!) hat $\mathcal{D}$ den Spitzpunkt $(\frac{\pi}{2}, 0)$, Bild 6.2.29. □

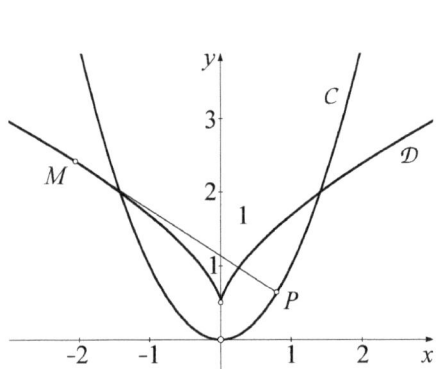

Bild 6.2.28: Evolute der Parabel

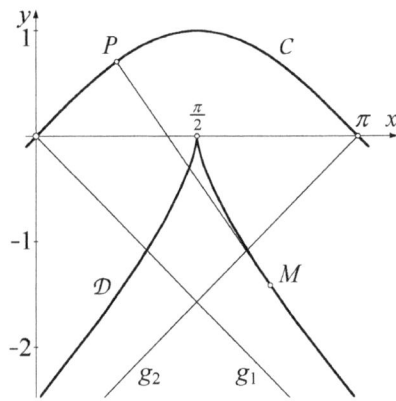

Bild 6.2.29: Evolute der Sinuskurve

Übungsaufgaben:

1. Durch $x = 2t - \sin t$, $y = 2 - \cos t$ ist eine Kurve C beschrieben.
a) Geben Sie Kurvenart und Bestimmungsstücke von C an. Für welche t hat C höchste bzw. tiefste Punkte $H(x_H, y_H)$, $T(x_T, y_T)$? Wie groß sind x_H, y_H, x_T, y_T?
b) Ermitteln Sie die Krümmung κ von C in einem allgemeinen Kurvenpunkt und die Krümmungsradien ρ_H, ρ_T in den Punkten H, T. Für welche t hat C Wendepunkte $W(x_W, y_W)$? Wie groß sind x_W, y_W? Welche Steigungen $m_{1,2}$ hat C dort? Skizzieren Sie C für $x \in [0, 2\pi]$ mit $H, T_{1,2}, W_{1,2}$ samt Wendetangenten w_1, w_2.

2. Prüfen Sie nach: Die Parameterdarstellung einer Epitrochoide nach Erzeugungsweise b) erhält man, wenn man in die Parameterdarstellung der Hypotrochoide lediglich $r > R$ einbaut und $\mathcal{K}_0$ als Ausgangslage von $\mathcal{K}$ mit B_0 auf der positiven x-Achse und P_0 rechts von M_0 wählt.

6.2 Parameterdarstellung einer ebenen Kurve

3. Wie erhält man bei Epi- und Hypotrochoiden aus t, a, r, R von Erzeugungsweise a) die entsprechenden Größen t^*, a^*, r^*, R^* für Erzeugungsweise b)?

4. Gesucht ist die Parameterdarstellung einer Epitrochoide C mit $R = r = 1, a = 2$.
a) Skizzieren Sie C und ermitteln Sie Parameterwerte t_1, t_2 und Koordinaten x_D, y_D für den Doppelpunkt D von C (wegen der Symmetrie arbeiten Sie am besten mit $-\pi \le t \le \pi$). **b)** In welchen Punkten hat C Tangenten parallel zur x- bzw. y-Achse? **c)** Wie groß ist der Flächeninhalt A der inneren Schlinge von C?

5. Durch $x = t^2$, $y = (1-t)^2$ ist eine Kurve C gegeben.
a) Welche Kurvenpunkte P_0, P_1 ergeben sich für $t_0 = 0$, $t_1 = 1$? Der zwischen P_0 und P_1 liegende Bogen von C schließt mit den Koordinatenachsen einen ebenen Bereich ein. Wie groß ist sein Flächeninhalt A?
b) Welche Krümmung κ hat C für allgemeines t? Wo nimmt κ sein Maximum κ_{max} an, und wie groß ist κ_{max}?
c) Ermitteln Sie die Tangente g an C im Kurvenpunkt P mit $t = a$. In welchen Punkten P_x, P_y schneidet sie die Koordinatenachsen? Mit welcher einfachen rein geometrischen Konstruktion (ohne Rechnung!) erhält man also Tangenten an C? Zeichnen Sie C als Hüllkurve der Tangenten.

6. $x = \cos t + t \sin t$, $y = \sin t - t \cos t$ mit $0 \le t \le \frac{\pi}{2}$ stellt eine Kurve $\mathcal{D}$ dar.
a) In welchen Punkten P_x, P_y hat $\mathcal{D}$ Tangenten in Richtung der x- bzw. y-Achse?
b) Ermitteln Sie die Evolute $\mathcal{E}$ von $\mathcal{D}$ (Kurvenart?) und skizzieren Sie $\mathcal{E}$ und $\mathcal{D}$.
c) Wie groß ist die Bogenlänge s von $\mathcal{D}$ zwischen den Punkten $P_1(t=0)$ und $P_2(t=T>0)$, wie groß der Flächeninhalt A des von OP_1, OP_2 und $\mathcal{D}$ begrenzten Sektors?

7. Mit dem Stab XY (Länge $2c$) ist in X der dazu rechtwinklige Stab XP (Länge c) fest verbunden. X gleitet auf der x-Achse, Y auf der y-Achse. Gesucht:
a) eine Parameterdarstellung der Bahnkurve C des Punktes P,
b) Extrema p_{max}, p_{min} des Abstandes p von O und P samt dazugehörigen Werten $t \in [0, 2\pi]$, $\gamma = \sphericalangle(OP, x\text{-Achse})$ für $p = p_{max}$ bei $x > 0$, $y > 0$,
c) der Flächeninhalt A des von C umschlossenen ebenen Bereichs,
d) Art von C (Skizze!) und (nach Elimination von t) Gleichung in x und y.

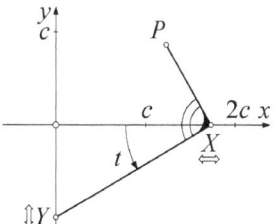

Bild 6.2.30: Zu Aufgabe 7

8. $x = \ln t$, $y = \dfrac{1}{2t}(t-1)^2$ mit $t \in \mathbb{R}^+$ stellt eine Kurve C dar.

a) Gesucht ist die Steigung $\dfrac{dy}{dx}$ von C sowie ihre Bogenlänge s zwischen den Punkten $P_1\,(t=1)$ und $P_b\,(t=b>1)$ und der Flächeninhalt A des von C und den Geraden $y=0$, $x=0$, $x=\ln b$ eingeschlossenen ebenen Bereichs.

b) Eliminieren Sie t aus der Parameterdarstellung und drücken Sie die in a) ermittelten Größen durch x bzw. x_b (x-Koordinate von P_b) aus.

6.3 Kurvengleichungen in Polarkoordinaten

Die Bahnkurve $\mathcal{P}$ eines Objektes P liege mit dem Beobachtungspunkt O in einer Ebene. Von O aus wird die Entfernung $r = |OP|$ in Abhängigkeit von dem Winkel φ gemessen, unter dem P von O aus gegen eine feste Bezugsrichtung erscheint, s. Bild 6.3.1. Von welcher Kurvenart ist $\mathcal{P}$, wenn die Messung $r = \dfrac{p}{1-\cos\varphi}$ mit konstantem $p > 0$ ergibt?

Offensichtlich wird durch diese Gleichung die Kurve $\mathcal{P}$ beschrieben, aber nicht in einer uns bisher gewohnten Art. r und φ sind *Polarkoordinaten* der Ebene. Sie sind Ihnen schon in 3.2 (GAUSSsche Zahlenebene) begegnet. Wir müssen sie nur noch in Bezug zum kartesischen (x,y)-Koordinatensystem bringen; hauptsächlich ändern sich dabei die Bezeichnungen. r heißt jetzt *Radiusvektor* (obwohl es kein Vektor ist; der Name hat historische Gründe); φ heißt *Polarwinkel*. Der Ursprung O wird meist als *Pol* bezeichnet, die Achse mit der festen Bezugsrichtung heißt *Polarachse* (abgekürzt *P.A.*). Stets ist $r \geq 0$.

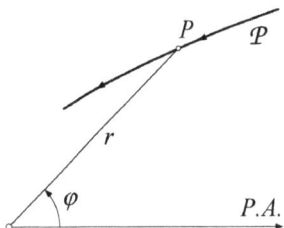

Bild 6.3.1: Bahnkurve von P

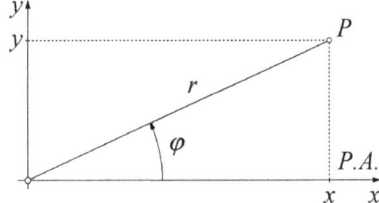

Bild 6.3.2: Polarkoordinaten r, φ

Legt man die Polarachse auf die x-Achse eines kartesischen Koordinatensystems, so ergeben sich x und y leicht aus r und φ (Bild 6.3.2):

$$x = r\cos\varphi, \quad y = r\sin\varphi \tag{6.3.1}$$

6.3 Kurvengleichungen in Polarkoordinaten

Benötigt man r und φ aus x und y, so verwendet man

$$r = \sqrt{x^2 + y^2}, \quad \varphi = \arccos\frac{x}{r} \text{ für } y \geq 0, \quad \varphi = -\arccos\frac{x}{r} \text{ für } y < 0 \qquad (6.3.2)$$

Zu beachten ist aber, dass für gegebene x und y der Polarwinkel φ nur bis auf ganze Vielfache von 2π bestimmt ist. Ändert man φ um 2π, gelangt man ja von O aus wieder in dieselbe Richtung der Ebene. Gerade deswegen sind Polarkoordinaten z.B. bei der Darstellung von Spiralkurven besonders praktisch. Auch

$$\tan\varphi = \frac{y}{x} \qquad (6.3.3)$$

ist für Umformungen oft sehr handlich.

Allgemein hat die Gleichung einer Kurve C in Polarkoordinaten die Gestalt

$$r = f(\varphi) \text{ mit } \varphi \in \mathbb{D}_f \qquad (6.3.4)$$

Beispiele:

1. $r = a\varphi$ mit $a = \text{const} > 0$ und $\mathbb{D}_f = \mathbb{R}_0^+$ ist die Gleichung der *Archimedischen Spirale*, Bild 6.3.3.

2. $r = \dfrac{p}{1-\cos\varphi}$ mit $p = \text{const} > 0$ und $\mathbb{D}_f =]0, 2\pi[\qquad (6.3.5)$

beschreibt die Kurve $\mathcal{P}$ oben. Aus $r - r\cos\varphi = p$ erhalten wir $\sqrt{x^2 + y^2} = x + p$ und schließlich

$$x = \frac{1}{2c}(y^2 - p^2);$$

das ist die Gleichung einer Parabel mit der Achse auf der x-Achse und Scheitel $(-\frac{1}{2}p, 0)$, Bild 6.3.4. Bei $x = 0$ ist $y = \pm p$.

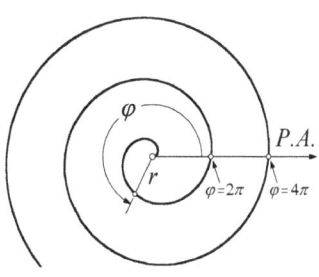

Bild 6.3.3: Archimedische Spirale

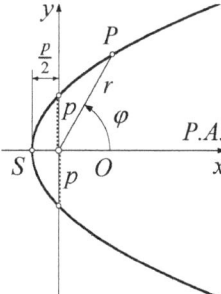

Bild 6.3.4: Parabel

3. $r = \dfrac{p}{1 - \varepsilon \cos\varphi}$ mit $p = \text{const} > 0$, $\varepsilon = \text{const} \geq 0$ \hfill (6.3.6)

ist die gemeinsame Gleichung von Kegelschnitten. Für $\varepsilon = 0$ ergibt sich ein Kreis mit Radius p um O, für $\varepsilon = 1$ die Parabel von (6.3.5). Also sei jetzt $\varepsilon \neq 1$:

Aus $\quad r - \varepsilon r \cos\varphi = p \quad$ erhalten wir
$$\sqrt{x^2 + y^2} = \varepsilon x + p,$$
$$x^2 + y^2 = \varepsilon^2 x^2 + 2\varepsilon p x + p^2,$$
$$x^2(1 - \varepsilon^2) - 2\varepsilon p x + y^2 = p^2,$$
$$x^2 - 2\frac{\varepsilon p}{1 - \varepsilon^2} x - \frac{y^2}{1 - \varepsilon^2} = \frac{p^2}{1 - \varepsilon^2}, \text{ also}$$
$$\left(x - \frac{\varepsilon p}{1 - \varepsilon^2}\right)^2 + \frac{y^2}{1 - \varepsilon^2} = \frac{p^2}{(1 - \varepsilon^2)^2}.$$

Für $0 < \varepsilon < 1$: Mit $m = \dfrac{\varepsilon p}{1 - \varepsilon^2}$, $a = \dfrac{p}{1 - \varepsilon^2}$, $b = \dfrac{p}{\sqrt{1 - \varepsilon^2}}$ erhalten wir daraus
$$\frac{(x-m)^2}{a^2} + \frac{y^2}{b^2} = 1;$$

das ist die Gleichung einer Ellipse mit Mittelpunkt $M(m, 0)$ und Halbachsen a, b (Bild 6.3.5). A_1, A_2, B_1, B_2 sind ihre Scheitel. Beachten Sie dabei
$$b^2 = ap. \hfill (6.3.7)$$

Für $\varepsilon > 1$: Mit $m = \dfrac{\varepsilon p}{\varepsilon^2 - 1}$, $a = \dfrac{p}{\varepsilon^2 - 1}$, $b = \dfrac{p}{\sqrt{\varepsilon^2 - 1}}$ erhalten wir
$$\frac{(x+m)^2}{a^2} - \frac{y^2}{b^2} = 1;$$

jetzt ergibt sich eine Hyperbel mit Mittelpunkt $M(-m, 0)$ und Halbachsen a, b.

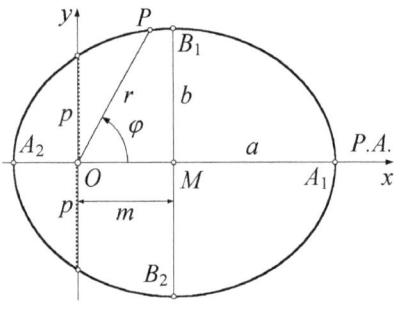

Bild 6.3.5: Ellipse

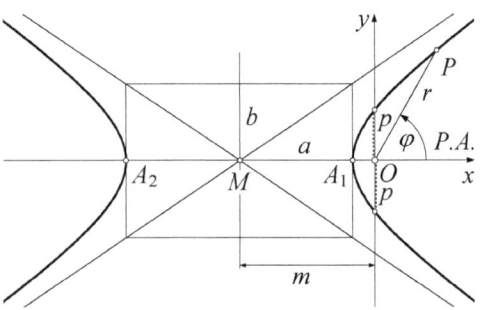

Bild 6.3.6: Hyperbel

6.3 Kurvengleichungen in Polarkoordinaten

Weil ja $1 - \varepsilon\cos\varphi > 0$ sein muss, gilt für φ: $\cos\varphi < \frac{1}{\varepsilon}$, also $\varphi \in\,]\varphi^*, 2\pi - \varphi^*[$

mit $\varphi^* = \arccos\frac{1}{\varepsilon}$. Wegen des Quadrierens der Wurzel in der 3. Zeile wird die ganze Hyperbel (Bild 6.3.6) nur durch die obige Gleichung in x und y erfasst. Aus $r \geq 0$ lässt sich schließen, dass die gegebene Gleichung in Polarkoordinaten nur den rechten Ast der Hyperbel beschreibt. Für den linken gilt die Gleichung

$$r = \frac{-p}{1 + \varepsilon\cos\varphi} \text{ mit } \varphi \in\,]\pi - \varphi^*, \pi + \varphi^*[\quad (\varphi^* \text{ wie oben}). \tag{6.3.8}$$

Wie wir weiter unten sehen werden (Bild 6.3.12), sind φ^* und $2\pi - \varphi^*$ die Winkel der Asymptoten gegen die Polarachse; ihre Steigungen ergeben sich aus $\cos\varphi^* = \frac{1}{\varepsilon}$: $\tan\varphi^* = \sqrt{\varepsilon^2 - 1}$, $\tan(2\pi - \varphi^*) = -\sqrt{\varepsilon^2 - 1}$. Dies erhält man auch aus dem Verhältnis der Halbachsen $\frac{b}{a} = \sqrt{\varepsilon^2 - 1}$.

Alle Schnittpunkte dieser Kegelschnitte mit der y-Achse haben den Abstand p von O, denn dort ist in jedem Fall $\cos\varphi = 0$, unabhängig von ε. □

Aus denselben Gründen wie im Abschnitt 6.2 benötigen wir jetzt

Differential- und Integralrechnung bei Gleichungen in Polarkoordinaten

(6.3.1) macht aus jeder Gleichung $r = f(\varphi)$ für eine Kurve C sofort eine Parameterdarstellung mit dem Parameter φ:

$$x = f(\varphi)\cos\varphi, \; y = f(\varphi)\sin\varphi. \tag{6.3.9}$$

Damit können wir alles nützen, was wir uns in 6.2 zurechtgelegt hatten. Mit $r = f(\varphi)$ verwenden wir die Bezeichnungen $r' = f'(\varphi)$, $r'' = f''(\varphi)$.

Steigung

$\frac{dy}{dx} = \frac{dy}{d\varphi} \Big/ \frac{dx}{d\varphi}$; also gilt, falls der Nenner $\neq 0$ ist,

$$\frac{dy}{dx} = \frac{r'\sin\varphi + r\cos\varphi}{r'\cos\varphi - r\sin\varphi} \tag{6.3.10}$$

Statt dieser Steigung gegen die positive x-Achse ist bei Polarkoordinaten meist $\tan\psi$ praktischer, wobei ψ der Winkel der Tangente t von C in P gegen die Richtung des Radiusvektors ist. Für genügend kleine $\Delta\varphi$ sehen wir in Bild 6.3.7:

$\tan\psi \approx \frac{r\Delta\varphi}{\Delta r}$. Nun ist ja $\lim_{\Delta\varphi \to 0} \frac{\Delta r}{\Delta\varphi} = \frac{dr}{d\varphi} = r'$, außerdem geht für $\Delta\varphi \to 0$ der

Fehler der Näherung gegen 0, wie man nachrechnen kann. Somit ist für $r' \neq 0$:

$$\tan \psi = \frac{r}{r'} \tag{6.3.11}$$

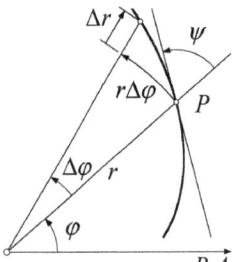

P.A.   **Bild 6.3.7:** $\tan \psi$

Bei $r' = 0$ und $r \neq 0$ ist $\psi = \frac{\pi}{2}$. Ist $r = 0$ für $\varphi = \varphi_0$, so ist nach dem Nullstellensatz von 4.1 dort $\tan \psi = 0$; die Tangente geht unter dem Winkel φ_0 gegen die Polarachse durch O.

Beispiel:

4. Im Pol O befinde sich eine punktförmige Lichtquelle. Die von ihr in der (r, φ)-Ebene ausgehenden Lichtstrahlen sollen an einem durch (6.3.6)

$$r = \frac{p}{1 - \varepsilon \cos \varphi} \quad \text{mit } p = \text{const} > 0, \ \varepsilon = \text{const} \geq 0$$

gegebenen Kegelschnitt reflektiert werden. Bei $x = n$ schneide ein reflektierter Strahl (der ja auch in der (r, φ)-Ebene verläuft) die Polarachse, Bild 6.3.8. Wie groß ist n?

Zum Kurvenpunkt P gehöre der Polarwinkel φ. Der Strahl OP bildet gegen die Kurventangente t in P den Winkel ψ, für den (6.3.11) gilt. Aus (6.3.6) folgt:

$$r' = -\frac{p \varepsilon \sin \varphi}{(1 - \varepsilon \cos \varphi)^2}; \quad \text{also ist} \quad \tan \psi = \frac{r}{r'} = -\frac{1 - \varepsilon \cos \varphi}{\varepsilon \sin \varphi}.$$

Für $\vartheta = \pi - \psi$ gilt daher $\quad \tan \vartheta = \dfrac{1 - \varepsilon \cos \varphi}{\varepsilon \sin \varphi}$.

Der Winkel, unter dem der reflektierte Strahl die Polarachse schneidet, ist $\eta = 2\vartheta - \varphi$ (Winkelsumme im Dreieck), und nach dem Sinussatz gilt

$$\frac{r}{n} = \frac{\sin \eta}{\sin(\pi - 2\vartheta)}.$$

Mit $\sin \eta = \sin 2\vartheta \cos \varphi - \cos 2\vartheta \sin \varphi$ und $\sin(\pi - 2\vartheta) = \sin 2\vartheta$ führt dies zu

6.3 Kurvengleichungen in Polarkoordinaten

$$\frac{r}{n} = \frac{\sin 2\vartheta \cos\varphi - \cos 2\vartheta \sin\varphi}{\sin 2\vartheta} = \cos\varphi - \cot 2\vartheta \sin\varphi$$

Nun ist ja $\cot 2\vartheta = \tfrac{1}{2}(\cot\vartheta - \tan\vartheta)$; mit r und $\tan\vartheta$ von oben ergibt sich dann

$$\frac{p}{n(1-\varepsilon\cos\varphi)} = \cos\varphi - \tfrac{1}{2}\Big(\frac{\varepsilon\sin\varphi}{1-\varepsilon\cos\varphi} - \frac{1-\varepsilon\cos\varphi}{\varepsilon\sin\varphi}\Big)\sin\varphi,$$

$$\frac{p}{n} = \cos\varphi - \varepsilon\cos^2\varphi - \tfrac{1}{2}\Big[\varepsilon\sin^2\varphi - \frac{1}{\varepsilon}(1-2\varepsilon\cos\varphi + \varepsilon^2\cos^2\varphi)\Big] = \frac{1}{2\varepsilon} - \frac{\varepsilon}{2}; \text{ also}$$

$$n = \frac{2p\varepsilon}{1-\varepsilon^2}.$$

n ist also von φ unabhängig! Für $0 < \varepsilon < 1$ (Ellipse, Bild 6.3.9) laufen alle von O ausgehenden Strahlen nach der Reflexion durch denselben Punkt F_2 mit $x = n$, $y = 0$. Er ist einer der beiden *Brennpunkte* der Ellipse, der andere ist $O = F_1$. Jeder ist bei der Reflexion *reeller Bildpunkt* des anderen. Wegen $n = 2m$ (siehe oben, Beispiel 3) liegen F_1 und F_2 symmetrisch zum Mittelpunkt M. ($\varepsilon = 0$ gilt für den Sonderfall des Kreises um O; jeder von O ausgehende Strahl wird am Kreis in sich zurückreflektiert.)

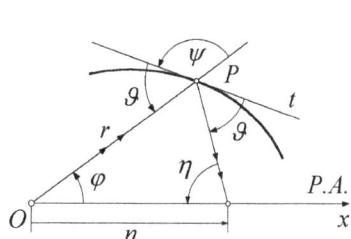

Bild 6.3.8: Reflexion am Kegelschnitt

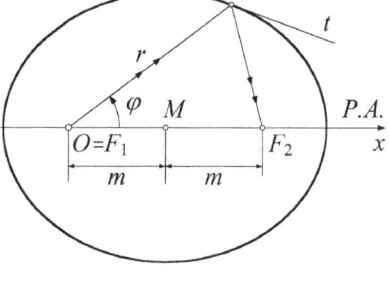

Bild 6.3.9: Brennpunkte der Ellipse

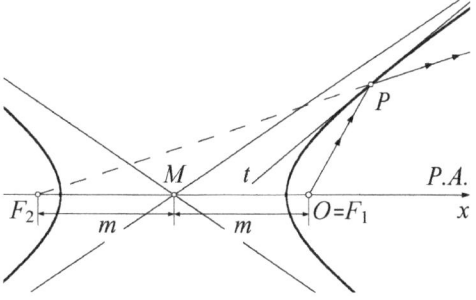

Bild 6.3.10: Brennpunkte der Hyperbel

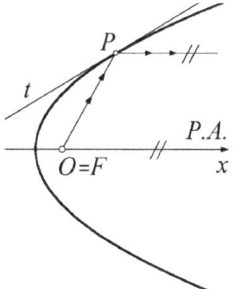

Bild 6.3.11: Brennpunkt der Parabel

Für $\varepsilon > 1$ (Hyperbel) ist n negativ; der Brennpunkt F_2 liegt links vom Brennpunkt $O = F_1$. Wegen $|n| = 2m$ liegen auch hier F_1 und F_2 symmetrisch zum Mittelpunkt M. Alle von $O = F_1$ ausgehenden Strahlen, die die Hyperbel treffen, werden nicht real nach F_2 reflektiert, sondern scheinen nach der Reflexion von F_2 herzukommen (jeder dieser Punkte ist *virtueller Bildpunkt* des anderen).Dies gilt für *beide* Hyperbeläste, auch den linken durch (6.3.8) beschriebenen. Bei der Parabel ist $\varepsilon = 1$; also geht $n \to \infty$. Alle vom Brennpunkt $O = F$ ausgehenden Strahlen verlaufen nach der Reflexion parallel zur Achse; umgekehrt werden alle achsenparallel von rechts her einfallenden Strahlen in den Brennpunkt reflektiert (Prinzip der Parabolantenne). □

Krümmung

Aus (6.2.10) für die Krümmung κ bei Parameterdarstellung kann man ausrechnen:

$$\kappa = \frac{r^2 + 2(r')^2 - rr''}{\sqrt{r^2 + (r')^2}^{\,3}} \tag{6.3.12}$$

Wieder ist $\kappa > 0$ bei Linkskrümmung (in Richtung zunehmender φ), $\kappa < 0$ bei Rechtskrümmung, $\kappa = 0$ in Wendepunkten.

Asymptoten

Mit (6.3.9) ergeben sie sich nach (6.2.11). Einfacher erhalten wir sie aber so:
Die durch $r = f(\varphi)$ gegebene Kurve C hat eine Asymptote a mit dem Winkel φ^* gegen die Polarachse, wenn es einen Winkel φ^* mit $\lim\limits_{\varphi \to \varphi^*} r = \infty$ gibt, Bild 6.3.12.

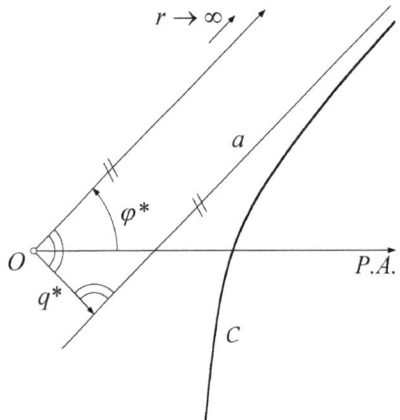
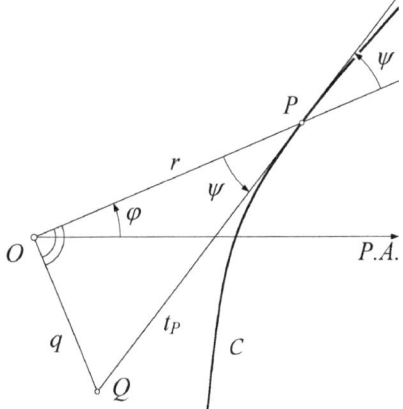

Bild 6.3.12: Asymptote   **Bild 6.3.13:** Zum Abstand p

6.3 Kurvengleichungen in Polarkoordinaten

a hat vom Pol O einen Abstand q^*; der ist noch zu bestimmen. In Bild 6.3.13 ist t_P die Tangente an C in P. Das Lot durch O zu r schneidet t_P in Q im Abstand q von O. In P gilt (6.3.11) für $\tan\psi$, außerdem ist im Dreieck OQP $\tan\psi = \dfrac{q}{r}$. Somit ist $\dfrac{r}{r'} = \dfrac{q}{r}$, also $q = \dfrac{r^2}{r'}$. Wenn $\varphi \to \varphi^*$ geht, geht t_P gegen a. Das Lot durch O zu r ist dann auch Lot zu a, also geht q gegen q^* für $\varphi \to \varphi^*$:

$$q^* = \lim_{\varphi \to \varphi^*} \frac{r^2}{r'} \tag{6.3.13}$$

Beachten Sie: In Bild 6.3.13 ist $r' > 0$, also $q^* > 0$; dies ist der Fall, wenn sich C für zunehmende φ an a annähert; bei $r' < 0$, also $q^* < 0$ tut sie dies für abnehmende φ. Davon hängt es ab, nach welcher Seite von O aus q^* abzutragen ist. Die Gleichung der Asymptote a in Koordinaten x, y ist dann

$$y = x \tan\varphi^* - \frac{q^*}{\cos\varphi^*} \tag{6.3.14}$$

Sektorflächeninhalt

Auch für Flächeninhalte könnten wir Formeln der Parameterdarstellung übertragen. Einfacher ist es, auf einen *Sektorflächeninhalt* zu zielen:

In Bild 6.3.14 schließt der von P_1 und P_2 begrenzte Bogen von C mit OP_1 und OP_2 einen solchen Sektorbereich ein. Für ein Intervall $\Delta\varphi$ wird der dazugehörige Sektor durch einen Kreissektor angenähert; somit erhalten wir für den Flächeninhalt des zu $\Delta\varphi$ gehörenden Bereichsteils: $\Delta A \approx \tfrac{1}{2} r^2 \Delta\varphi$. Nun kann man Obersumme und Untersumme bilden wie beim Flächeninhalt des Standardbereichs in Kapitel 4.4; ihr gemeinsamer Grenzwert für $\Delta\varphi \to 0$ ist der Sektorflächeninhalt:

$$A = \tfrac{1}{2} \int_{\varphi_1}^{\varphi_2} r^2 \, d\varphi \tag{6.3.15}$$

Bogenlänge

Formel (6.2.15) ergibt für die Länge des Bogens $P_1 P_2$ von C in Bild 6.3.14

$$s = \int_{\varphi_1}^{\varphi_2} \sqrt{r^2 + (r')^2} \, d\varphi \tag{6.3.16}$$

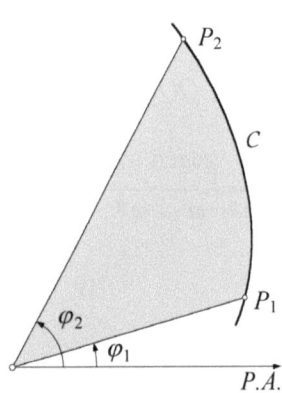
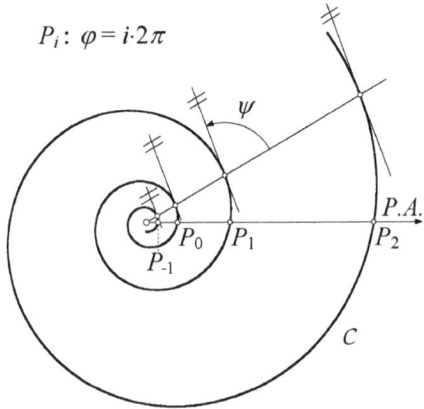

Bild 6.3.14: Sektorbereich   **Bild 6.3.15:** Logarithmische Spirale

Beispiele:

5. Durch $r = f(\varphi) = a \cdot e^{b\varphi}$ mit $a, b = \text{const} > 0$, $\mathbb{D}_f = \mathbb{R}$, ist eine *Logarithmische Spirale* C bestimmt. Gesucht ist $\tan \psi$ im Kurvenpunkt P_1 mit $\varphi = \varphi_1$, die Länge s des Bogens von P_1 bis P_2 mit $\varphi = \varphi_2 > \varphi_1$ sowie der Grenzwert von s für $\varphi_1 \to -\infty$ und $\varphi_2 = 0$ (Bild 6.3.15).

$r' = ab \cdot e^{b\varphi}$, also ist $\tan \psi = \dfrac{1}{b} = \text{const}$, unabhängig von φ_1. In allen Punkten der Logarithmischen Spirale bildet also die Tangente denselben Winkel gegen r. (Verwendet man daher Logarithmische Spiralen als Profilkurven für Turbinenschaufeln, so führt dies zu konstantem Anströmwinkel während der Rotation.)

Die gesuchte Bogenlänge ist $s = a \int\limits_{\varphi_1}^{\varphi_2} e^{b\varphi} \sqrt{1+b^2}\, d\varphi = \dfrac{a}{b}\sqrt{1+b^2}\left(e^{b\varphi_2} - e^{b\varphi_1}\right)$.

Nimmt φ immer weiter ab, so kommt C dabei dem Pol O immer näher, erreicht ihn aber für endliches φ nicht, stets bleibt $r > 0$. Aber es ist $\lim\limits_{\varphi_1 \to -\infty} r = 0$; deswegen heißt O ein *Asymptotischer Punkt* von C.

Für $\varphi_2 = 0$ ist $\lim\limits_{\varphi_1 \to -\infty} s = \dfrac{a}{b}\sqrt{1+b^2}$ ein endlicher Grenzwert, obwohl die Anzahl der Umrundungen von O dabei nicht endlich bleibt.

6. $r = f(\varphi) = a\sqrt{\cos(2\varphi)}$ mit $a = \text{const} > 0$, $\mathbb{D}_f = [-\tfrac{\pi}{4}, \tfrac{\pi}{4}] \cup [\tfrac{3\pi}{4}, \tfrac{5\pi}{4}]$, ist die Gleichung einer *Lemniskate* L, Bild 6.3.16. Gesucht sind
a) ihre Scheitel S_1, S_2,
b) ihre Tangenten in O,
c) Punkte $P_1, ..., P_4$ mit Tangenten $\parallel$ x-Achse (= Polarachse),

6.3 Kurvengleichungen in Polarkoordinaten

d) der Radius ρ der Scheitelkrümmungskreise und
e) der Flächeninhalt A des von L umschlossenen Bereichs.

$\mathbb{D}_f$ verdient eine genauere Betrachtung:. Wegen der Periodizität des Cosinus genügt eine vollständige Überdeckung der Ebene durch $0 \le \varphi < 2\pi$. Sicher muss aber $\cos(2\varphi) \ge 0$ sein; dies würde zu $\varphi \in [0,\frac{\pi}{4}] \cup [\frac{3\pi}{4},\frac{5\pi}{4}] \cup [\frac{7\pi}{4},0[$ führen. $\mathbb{D}_f$ oben erfasst denselben Bereich ($-\frac{\pi}{4} + 2\pi = \frac{7\pi}{4}$), ist aber einfacher.

Zu a): Wegen der Symmetrie liegen S_1 und S_2 bei $\varphi = 0, r = a$ und $\varphi = \pi, r = a$. Hier nimmt r den Maximalwert a an.

Zu b): Bei $\varphi = -\frac{\pi}{4}, \frac{\pi}{4}, \frac{3\pi}{4}, \frac{5\pi}{4}$ ist $r = 0$; L hat in O Tangenten unter diesen Winkeln gegen die x-Achse.

Zu c): $r' = -\dfrac{a\sin(2\varphi)}{\sqrt{\cos(2\varphi)}}$, also ist $\tan\psi = -\cot(2\varphi)$. Für Tangenten parallel zur x-Achse ist $\varphi + \psi = k\pi$, also $\tan\varphi = -\tan\psi$ und daher $\tan\varphi = \cot(2\varphi)$. Dies ist auch aus $\dfrac{dy}{d\varphi} = r'\sin\varphi + r\cos\varphi = 0$ zu erhalten. $P_1, ..., P_4$ liegen also bei $\varphi = -\frac{\pi}{6}, \frac{\pi}{6}, \frac{5\pi}{6}, \frac{7\pi}{6}$, überall mit $r = \frac{1}{2}a\sqrt{2}$.

Zu d): $r'' = -\dfrac{a}{\cos(2\varphi)}\left(2\cos(2\varphi)\cdot\sqrt{\cos(2\varphi)} + \sin(2\varphi)\cdot\dfrac{\sin(2\varphi)}{\sqrt{\cos(2\varphi)}}\right)$; in S_1 und S_2 ($\varphi = 0$ und $\varphi = \pi$) ist $r' = 0$, $r'' = -2a$, also $\kappa = \dfrac{a^2 + 2a^2}{a^3} = \dfrac{3}{a}$, $\rho = \dfrac{a}{3}$.

Zu e): Wegen der Symmetrie gilt $A = 4 \cdot \dfrac{a^2}{2} \int\limits_0^{\pi/4} \cos(2\varphi)d\varphi = 2a^2\left[\frac{1}{2}\sin(2\varphi)\right]_0^{\pi/4} = a^2$

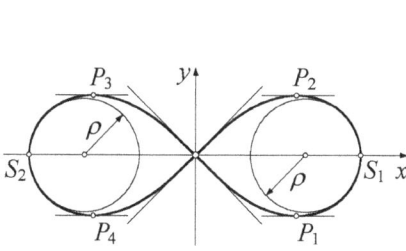

Bild 6.3.16: Lemniskate

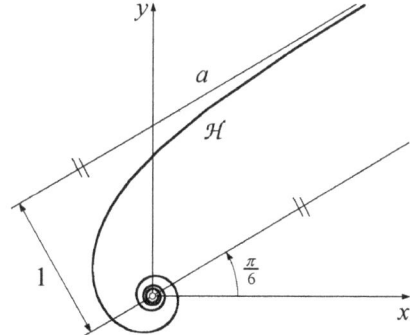

Bild 6.3.17: Hyperbolische Spirale

7. $r = f(\varphi) = (\varphi - \frac{\pi}{4})^{-1}$ mit $\mathbb{D}_f =]\frac{\pi}{4}, \infty[$ ist die Gleichung einer *Hyperbolischen Spirale* $\mathcal{H}$, Bild 6.3.17. Ihre Asymptote a ist gesucht.

$\lim\limits_{\varphi \to \frac{\pi}{4}} r = \infty$, also ist $\varphi^* = \frac{\pi}{4}$. $r' = -(\varphi - \frac{\pi}{4})^{-2}$. $p = \lim\limits_{\varphi \to \frac{\pi}{4}} \frac{r^2}{r'} = -1$; a hat in kartesischen Koordinaten die Gleichung $y = x + \sqrt{2}$. O ist asymptotischer Punkt. □

Gibt es eine Formel wie (6.3.15) für den Sektorflächeninhalt auch dann, wenn eine Kurve C nicht durch eine Gleichung in Polarkoordinaten, sondern durch eine Parameterdarstellung $x = g_1(t)$, $y = g_2(t)$ gegeben ist? Wir machen einen Versuch: x und y sind Funktionswerte von t. Um daher nach t integrieren zu können, müssten wir noch eine brauchbare Beziehung zwischen dt und $d\varphi$ aufspüren. Dies gelingt uns, wenn wir (6.3.3) implizit nach t differenzieren:

Aus $\dfrac{d \tan \varphi}{dt} = \dfrac{d \tan \varphi}{d\varphi} \cdot \dfrac{d\varphi}{dt} = \dfrac{1}{\cos^2 \varphi} \cdot \dfrac{d\varphi}{dt}$ und $\dfrac{d}{dt}\left(\dfrac{y}{x}\right) = \dfrac{\dot{y}x - y\dot{x}}{x^2}$ erhalten wir

$d\varphi = \dfrac{\dot{y}x - y\dot{x}}{x^2} \cdot \cos^2 \varphi \, dt$. Einsetzen in (6.3.15) ergibt wegen $r \cos \varphi = x$:

$$A = \tfrac{1}{2} \int\limits_{t_1}^{t_2} (x\dot{y} - \dot{x}y) dt \,,$$

und das ist wieder die LEIBNIZsche Sektorformel (6.2.14)! Analog zu den Bildern 6.2.9 und 6.2.10 gilt sie demnach auch für Sektor-Restbereiche wie den von Bild 6.3.18. (Freilich lässt sich hier die Kurve C nicht durch $r = f(\varphi)$ darstellen.)

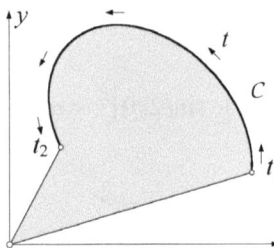

Bild 6.3.18: Sektor-Restbereich

Übungsaufgaben:

1. Zeigen Sie: Ersetzt man in (6.3.6) „–" durch „+", so führt dies zu einer Spiegelung der durch (6.3.6) beschriebenen Kegelschnitte am Pol O.

2. Wie lässt sich bei Ellipse und Hyperbel der Abstand m des Mittelpunkts von einem Brennpunkt durch die Halbachsenlängen a, b ausdrücken?

3. Welche Kurven werden durch $r = \dfrac{p}{1 - \varepsilon \cos(\varphi - \vartheta)}$ mit $\vartheta = $ const beschrieben?

Welche Art von Gleichungen ergibt sich dabei in x und y?

4. $r = f(\varphi) = [\cos(\frac{2}{5}\varphi)]^{-1}$ mit $\mathbb{D}_f =]-\frac{5\pi}{4}, \frac{5\pi}{4}[$ ist die Gleichung einer Kurve C.
Gesucht sind das Minimum $r_{\min}$ von r, der Krümmungsradius ρ im dazugehörigen Punkt S von C, der Doppelpunkt D von C sowie die Asymptoten a_1, a_2 von C. Skizzieren Sie C samt Krümmungskreis in S und Asymptoten.

5. $r = f(\varphi) = a\varphi^{-\frac{1}{4}}$ mit $a > 0$, $\mathbb{D}_f = \mathbb{R}^+$ ist die Gleichung einer Kurve C.
a) Welche besondere Rolle spielt der Pol O für C? Welche Asymptote a hat C?
b) Die Tangente t_P im Punkt P sei um den Winkel $\psi = 135°$ gegen den Radiusvektor geneigt. Wie groß sind dort φ und r? Skizzieren Sie C für $a = 2$ cm.
c) Der zwischen den Punkten P_1, P_2 mit Polarwinkeln φ_1, φ_2 liegende Bogen von C ($0 < \varphi_2 - \varphi_1 < 2\pi$) schließt mit OP_1 und OP_2 einen Sektor ein. Gesucht ist sein Flächeninhalt A. Wie groß ist $\lim_{\varphi_1 \to 0} A$ für $\varphi_2 = 2\pi$? Was bedeutet das Ergebnis?

6. Ermitteln Sie von dem Hyperbelast (6.3.6) mit $\varepsilon > 1$ die Asymptoten nach (6.3.14). Wie hängt ihre Steigung von a und b ab? Wo schneiden sie sich?

7. $r = [\ln(2\varphi)]^{-1}$ mit $\varphi > 1$ beschreibt eine Kurve L. Ermitteln Sie φ^* und q^* für die Asymptote a von L; skizzieren Sie L samt a. Welche Bedeutung hat O?

8. $r = 2\sin(\frac{1}{3}\varphi)$ mit $0 \le \varphi \le 3\pi$ ist die Gleichung einer Kurve C. Gesucht ist
a) der Kurvenpunkt für $\varphi = 0$ und für $\varphi = 3\pi$,
b) der Doppelpunkt D von C und der Schnittwinkel β der Tangenten t_1, t_2 in D,
c) das Maximum $r_{\max}$ von r samt dazugehörigem Polarwinkel φ,
d) der Flächeninhalt A des von den Radiusvektoren bedeckten Bereichs der Ebene.
Skizzieren Sie C.

6.4 Parameterdarstellung einer Raumkurve

Vollzieht sich ein Bewegungsablauf nicht in der (x, y)-Ebene, sondern im dreidimensionalen (x, y, z)-Raum, so müssen wir nur zusätzlich zu x und y noch die vertikal über der horizontalen (x, y)-Ebene aufgebaute z-Koordinate in ihrer Abhängigkeit vom Parameter t erfassen. Damit ergibt sich nach (6.2.1) bzw. (6.2.2) die Parameterdarstellung einer *Raumkurve* C:

$$\begin{array}{l} x = g_1(t) \\ y = g_2(t) \\ z = g_3(t) \end{array} \quad \text{bzw.} \quad \vec{r} = \begin{pmatrix} g_1(t) \\ g_2(t) \\ g_3(t) \end{pmatrix} \qquad (6.4.1)$$

Analog zu (6.2.6) erhalten wir auch sofort den Tangentenvektor

$$\dot{\vec{r}} = \begin{pmatrix} \dot{g}_1(t) \\ \dot{g}_2(t) \\ \dot{g}_3(t) \end{pmatrix}, \tag{6.4.2}$$

falls nicht alle Komponenten 0 sind. Ist t die Zeit, so ist $\dot{\vec{r}}$ der *Geschwindigkeitsvektor* $\vec{v}$ des entlang C bewegten Punktes P. Seine Komponenten sind die Geschwindigkeitskomponenten von P in x-, y- bzw. z-Richtung. $\vec{a} = \dot{\vec{v}} = \ddot{\vec{r}}$ ist wie in (6.2.8) dann wieder der Beschleunigungsvektor.

Die Bogenlänge einer Raumkurve ergibt sich analog zu (6.2.15):

$$s = \int_{t_1}^{t_2} \sqrt{\dot{x}^2 + \dot{y}^2 + \dot{z}^2}\, dt = \int_{t_1}^{t_2} \sqrt{[\dot{g}_1(t)]^2 + [\dot{g}_2(t)]^2 + [\dot{g}_3(t)]^2}\, dt \tag{6.4.3}$$

Beispiele:

1. $x = t$, $y = t^2$, $z = t^3$ ist die Parameterdarstellung einer Raumkurve C, deren rechtwinklige Parallelprojektionen in die Koordinatenebenen folgende einfache Kurven sind:
Rechtwinklige Parallelprojektion in die (x, y)-Ebene (Grundriss): Parabel $y = x^2$,
in die (x, z)-Ebene (Aufriss): Kubische Parabel $z = x^3$,
in die (y, z)-Ebene (Kreuzriss): NEILsche Parabel $y = \sqrt[3]{z^2}$.
In Bild 6.4.1 ist die Kurve C von $t = -1$ bis $t = 1$ samt ihrer Projektion in die horizontale Ebene $z = -1$ (Grundriss, nach unten verschoben) dargestellt. Der besseren räumlichen Anschaulichkeit wegen ist sie in einen Quader mit Kanten parallel zu den Koordinatenachsen eingebettet.
Für $t = 0$ ist $\dot{x} = 1$, $\dot{y} = 0$, $\dot{z} = 0$, also liegt die Tangente in O auf der x-Achse.

2. *Schraubenlinien* gehören in den technischen Anwendungen zu den besonders häufig vorkommenden Raumkurven. Eine Schraubenlinie kann ohne Verbiegung *in sich* verschoben werden (Gewinde!); nur zwei weitere Kurven haben noch diese Eigenschaft: Kreis und Gerade. Eine Schraubenlinie S entsteht als Bahnkurve eines Punktes, der zusätzlich zu der Kreisbewegung von (6.2.3) einen Vorschub proportional zum Drehwinkel φ in Richtung der Drehachse (Gerade durch den Kreismittelpunkt O senkrecht zur Kreisebene) erfährt. Mit h^* als Proportionalitätsfaktor führt dies zu der Parameterdarstellung

$$x = \rho\cos\varphi,\ y = \rho\sin\varphi,\ z = h^*\varphi \quad \text{mit } \rho = \text{const} > 0. \tag{6.4.4}$$

Ist $h^* > 0$, so erscheint bei Betrachtung in Vorschubrichtung die Drehung als Rechtsdrehung; die Schraube heißt dann Rechtsschraube (Bild 6.4.2). Bei $h^* < 0$

6.4 Parameterdarstellung einer Raumkurve

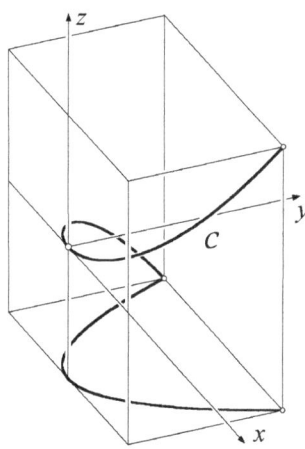

Bild 6.4.1: Raumkurve C, Beispiel 1

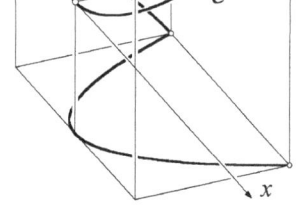

Bild 6.4.2: Schraubenlinie

sehen wir indessen eine Linksdrehung und erhalten daher eine Linksschraube.
Bei $\varphi = 0$ ist $x = \rho$, $y = 0$, $z = 0$. Wächst φ von 0 auf 2π, so entspricht dies genau einer Umdrehung auf dem Basiskreis; x und y haben dieselben Werte wie bei $\varphi = 0$, aber nun ist $z = 2\pi h^*$. Dieser Wert ist die *Ganghöhe* h der Schraubung. h^* heißt *reduzierte Ganghöhe*.

Wir gehen folgenden Fragen nach: Welchen Winkel bildet der Tangentenvektor $\dot{\vec{r}}$ in irgendeinem Punkt von S gegen die (x, y)-Ebene, die „Standebene" der Schraube? Welchen Betrag hat er? Welche Bogenlänge hat S im Verlauf einer ganzen Ganghöhe h?

Der Tangentenvektor ist $\dot{\vec{r}} = \begin{pmatrix} -\rho\sin\varphi \\ \rho\cos\varphi \\ h^* \end{pmatrix}$.

Die Horizontalkomponente von $\dot{\vec{r}}$ hat die Länge $\sqrt{\dot{x}^2 + \dot{y}^2} = \rho$; die Vertikalkomponente die Länge h^*, also ist $\tan\alpha = \dfrac{h^*}{\rho} = \text{const}$ und $\alpha = \arctan\dfrac{h^*}{\rho}$.

Der Vorschub beträgt eine ganze Ganghöhe, wenn φ z.B. von 0 bis 2π läuft; hierfür ergibt sich die Bogenlänge

$$s = \int_0^{2\pi}\sqrt{\dot{x}^2 + \dot{y}^2 + \dot{z}^2}\,dt = \int_0^{2\pi}\sqrt{\rho^2 + h^{*2}}\,dt = 2\pi\sqrt{\rho^2 + h^{*2}}.$$

3. Auf der Schraubenlinie von Beispiel 2 bewege sich jetzt ein Punkt so, dass $\varphi = \omega t$ ist, mit ω als Winkelgeschwindigkeit der Drehung auf dem Basiskreis und t als Zeit. Mit welcher Geschwindigkeit $\vec{v}$ bewegt sich ein Punkt auf S, und welcher Beschleunigung $\vec{a}$ ist er unterworfen? Welche Beträge haben $\vec{v}$ und $\vec{a}$?

Mit t als Parameter lautet also jetzt die Parameterdarstellung
$x = \rho \cos \omega t$, $y = \rho \sin \omega t$, $z = h^* \omega t$. Damit ergibt sich (beachten Sie bei $\vec{r}$ den Unterschied zu Beispiel 2!)

$$\vec{v} = \dot{\vec{r}} = \omega \begin{pmatrix} -\rho \sin \omega t \\ \rho \cos \omega t \\ h^* \end{pmatrix}, \vec{a} = \ddot{\vec{r}} = \rho \omega^2 \begin{pmatrix} -\cos \omega t \\ -\sin \omega t \\ 0 \end{pmatrix}, \text{ also } |\vec{v}| = \omega \sqrt{\rho^2 + h^{*2}}, |\vec{a}| = \rho \omega^2;$$

dies ist genau die Zentripetalbeschleunigung der Kreisbewegung (6.2.7).
Interessant ist noch: $\vec{v} \cdot \vec{a} = \rho \omega^3 (\rho \sin \omega t \cos \omega t - \rho \cos \omega t \sin \omega t) = 0$. Daraus schließen wir, dass stets $\vec{a} \perp \vec{v}$ ist; es tritt *keine* Bahnbeschleunigung auf. □

Krümmung und *Torsion* einer Raumkurve sind Größen, zu deren Behandlung man etwas tiefer in die räumliche Differentialgeometrie einsteigen muss, als wir es hier vorhaben. Nur so viel dazu: Auch Raumkurven haben Krümmungskreise. Die Krümmungskreisebene bleibt aber nicht konstant, sonst käme ja die Kurve nie aus dieser Ebene heraus und wäre somit keine *räumliche* Kurve. Vielmehr dreht sich beim Fortschreiten auf der Raumkurve die Krümmungskreisebene um die Tangente. Das Maß für diese Drehung ist die *Torsion* („Verwindung").

Übungsaufgaben:

1. $x = \cos \varphi$, $y = \sin \varphi$, $z = \sin(2\varphi)$ ist die Parameterdarstellung einer Raumkurve C. Gesucht ist der Tangentenvektor, ferner für $\varphi = \omega t$ (t = Zeit) der Geschwindigkeits- und der Beschleunigungsvektor samt ihren Beträgen. Einen räumlichen Eindruck von C erhalten Sie in Bild 7.1.12: Die Randkurve der dargestellten Fläche hat diese Gestalt.

2. Die Parameterdarstellung $x = 2 \cos t$, $y = 2 \cos t \sin t$, $z = 2 \sin^2 t$, $0 \leq t < 2\pi$, beschreibt eine Raumkurve $\mathcal{V}$. Welchen Abstand a_1 haben die Kurvenpunkte vom Ursprung O, welchen Abstand a_2 von der zur x-Achse parallelen Geraden g bei $y = 0, z = 1$? Skizzieren Sie $\mathcal{V}$.
Hilfestellung: $a_1^2 = x^2 + y^2 + z^2$, $a_2^2 = y^2 + (z-1)^2$. Aus dem Resultat können Sie schließen, dass $\mathcal{V}$ auf der Kugel um O mit Radius 2 und auf dem Drehzylinder mit Achse g und Radius 1 liegt, also die Schnittkurve von Kugel und Zylinder ist. Dies erleichtert die anschauliche Darstellung erheblich!
$\mathcal{V}$ ist das „*Vivianische Fenster*"; seiner Gestalt sehen Sie die Verwendung für runde Fensteröffnungen in kugelförmigen Kuppeln an. VIVIANI war ein Mitarbeiter GALILEIS. Wegen der behandelten Abstandseigenschaften begegnen Sie $\mathcal{V}$ auch als Bahnkurve bei bestimmten räumlichen Getrieben (ein Stab mit Kugelgelenk in O, ein zweiter Stab um g drehbar und entlang g verschiebbar; beide Stäbe durch Kugelgelenk miteinander verbunden; der gemeinsame Punkt wandert auf $\mathcal{V}$).

7 Reihen

In diesem Kapitel werden so genannte Reihen („unendliche Summen") behandelt. Dabei knüpfen wir an die Behandlung von Folgen in Abschnitt 1.7 an.

Nach der Einführung der grundlegenden Begriffe und Bezeichnungsweisen werden zunächst wichtige Kriterien für die Konvergenz von Reihen vorgestellt. Diese werden dann auf so genannte Potenzreihen angewandt, die zur näherungsweisen Darstellung gegebener differenzierbarer Funktionen benutzt werden können. Zum Abschluss werden FOURIER-Reihen periodischer Funktionen besprochen.

7.1 Grundbegriffe

Wir nehmen noch einmal das Beispiel vom Zerfall von Masseteilen auf, das wir bei der Einführung der Folgenkonvergenz in Abschnitt 1.7 betrachtet haben. Wir interessieren uns nun jedoch für die Summen der Masseteile, die zu den Zeitpunkten t_i zerfallen sind:

Nach t_1 sind $S_1 = a_1 = m \cdot \frac{1}{2}$ zerfallen,

nach t_2: $S_2 = a_1 + a_2 = m \cdot \left(\frac{1}{2} + \frac{1}{4}\right)$,

nach t_3: $S_3 = a_1 + a_2 + a_3 = m \cdot \left(\frac{1}{2} + \frac{1}{4} + \frac{1}{8}\right)$, und weiter

nach t_n: $S_n = a_1 + a_2 + a_3 + \ldots + a_n = m \cdot \left(\frac{1}{2} + \frac{1}{4} + \frac{1}{8} + \ldots + \frac{1}{2^n}\right)$, also:

$$S_n = \sum_{k=1}^{n} a_k = m \cdot \sum_{k=1}^{n} \left(\frac{1}{2}\right)^k \;. \tag{7.1.1}$$

Setzt man dies beliebig fort, so entsteht aus der ursprünglich gegebenen Folge der a_k durch Aufsummieren eine zweite Folge $S_1, S_2, S_3 \cdots$ aus den so genannten *Teil-*

summen. Auch hier kann man fragen, ob diese konvergent und wie groß ggf. ihr Grenzwert $S = \lim\limits_{n\to\infty} S_n$ ist.

Anschaulich ist bei diesem Beispiel sofort klar, dass „dann" die gesamte Masse zerfallen ist, also muss $S = \lim\limits_{n\to\infty} S_n = \lim\limits_{n\to\infty} \sum\limits_{i=1}^{n} a_i = m$ sein.

Eine analoge Fragestellung begegnet uns auch bei folgendem Problem:

Aus lauter gleichartigen quaderförmigen Ziegelsteinen der Länge $2l$ soll durch bloßes versetztes Aufeinanderstapeln ein Brückenbogen gebaut werden (vgl. Bild 7.1.1). Welche Flussbreite kann auf diese Weise höchstens überwunden werden, wenn der Steinvorrat unbegrenzt ist und die Brücke beliebig hoch werden darf?

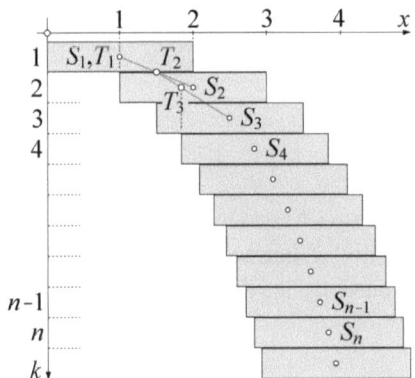

Bild 7.1.1: Brückenbau aus beliebig vielen losen Ziegeln der Länge 2

Zur Lösung dieser Aufgabe betrachte man die Fragestellung „entgegengesetzt" zur realen Bauweise: Man geht davon aus, dass bereits n Steine – von oben beginnend mit 1 bis n durchnummeriert – aufgeschichtet sind und berechnet, wo ein $(n+1)$-ter Stein unter den bereits aufgebauten Stapel platziert werden kann, ohne dass dieser umfällt.

Dazu verwenden wir folgende Bezeichnungen (vgl. Bild 7.1.1), wobei alle Größen x-Koordinaten in einem Koordinatensystem seien, dessen y-Achse durch die linke Kante des ersten (obersten) Steins verläuft:

x_k lokalisiere die Lage der linken Kante und s_k diejenige des Schwerpunkts S_k des k-ten Steins; t_k sei die Koordinate des Gesamtschwerpunkts T_k des Stapels aus den ersten k Steinen.

Es ist $x_1 = 0$ und $\quad s_k = x_k + l$. \hfill (1)

7.1 Grundbegriffe

Damit der Stapel nicht umkippt, muss der Gesamtschwerpunkt der ersten k Steine über dem $(k+1)$-ten Stein liegen, im äußersten Fall genau über dessen linker Kante, also:
$$x_{k+1} = t_k \qquad (2)$$

Die x-Koordinate von T_k ergibt sich als gewichtetes Mittel aus dem des Stapels aus den ersten $k-1$ Steinen, also t_{k-1}, und dem k-ten, s_k, zu

$t_k = \frac{1}{k}\big((k-1)t_{k-1} + s_k\big)$. Unter Benutzung von (2) und (1) folgt daraus:

$$x_{k+1} = \frac{1}{k}\big((k-1)t_{k-1} + s_k\big) = \frac{1}{k}\big((k-1)x_k + x_k + l\big) = x_k + \frac{l}{k}. \qquad (3)$$

(3) stellt – zusammen mit dem Startwert $x_1 = 0$ – eine Rekursionsformel für die Folge der x_k dar. Im Einzelnen ist demnach

$x_1 = 0$, $x_2 = x_1 + l = l$, $x_3 = x_2 + \frac{l}{2} = l\big(1 + \frac{1}{2}\big)$, $x_4 = x_3 + \frac{l}{3} = l\big(1 + \frac{1}{2} + \frac{1}{3}\big)$ usw.,

allgemein also $x_{n+1} = l \cdot \sum_{k=1}^{n} \frac{1}{k}$. Für die Lösung unserer Aufgabe, die größtmögliche Spannbreite zu bestimmen, heißt dies also, dass $\lim_{n \to \infty} x_{n+1}$ gesucht ist – falls dieser existiert. Diese Frage wird weiter unten behandelt. □

Beide Beispiele haben gemeinsam, dass Grenzwerte von Summen gesucht sind, wenn die Anzahl der Summanden immer größer wird, also „gegen ∞ geht". Verallgemeinernd führt dies zu folgender

Definition:

Gegeben sei eine beliebige Folge reeller Zahlen $a_0, a_1, a_2, \cdots$

(i) Durch Summation erhält man daraus eine zweite Folge $S_0, S_1, S_2, \cdots$ die Folge der *Teil-* oder *Partialsummen*, nämlich:

$S_0 = a_0$, $S_1 = a_0 + a_1$, $S_2 = a_0 + a_1 + a_2$, allgemein: $S_n = \sum_{k=0}^{n} a_k$.

Diese heißt *Reihe* oder *unendliche Summe* der a_k und wird mit $\sum_{k=0}^{\infty} a_k$ bezeichnet.

(ii) Ist die Folge der Partialsummen S_n konvergent in $\mathbb{R}$ (gemäß Abschnitt 1.7), so heißt die Reihe *konvergent*, anderenfalls *divergent*. Im Falle der Konvergenz der Reihe wird auch der Grenzwert $S = \lim_{n \to \infty} S_n = \lim_{n \to \infty} \sum_{k=0}^{n} a_k$ der Partialsummenfolge mit $\sum_{k=0}^{\infty} a_k$ bezeichnet.

Bitte beachten Sie, dass in manchen Fällen – wie etwa in den einführenden Beispielen – die Folge der a_k erst mit 1 oder 2 o.ä. beginnend indiziert wird. Demgemäß wird die Reihe dann auch als $\sum_{k=1}^{\infty} a_k$ bzw. $\sum_{k=2}^{\infty} a_k$ o.ä. geschrieben. Die damit zusammenhängenden Begriffe, insbesondere die Fragen zur Konvergenz, sind dann völlig analog zu betrachten, lediglich bei der Berechnung des Grenzwertes selbst muss man aufpassen, ob die Reihe bei 0 oder 1 o.ä. beginnt.

Beispiele:

1. Der oben betrachtete Zerfall von Teilchen führte zur Untersuchung der Reihe $\sum_{k=1}^{\infty} a_k = m \cdot \sum_{k=1}^{\infty} \left(\frac{1}{2}\right)^k$, die ein Spezialfall des folgenden allgemeineren Typs ist:

Mit festen a und q aus $\mathbb{R}^*$ betrachte man die Folge $a_k = aq^k$. Die daraus gewonnene Reihe $\sum_{k=0}^{\infty} a_k = \sum_{k=0}^{\infty} aq^k$ heißt *geometrische Reihe* mit *Anfangsglied a* und *Quotient q*.

Diese soll nun auf Konvergenz untersucht werden:

Für festes $n \in \mathbb{N}$ ist $S_n = \sum_{k=0}^{n} aq^k$, also $qS_n = \sum_{k=0}^{n} aq^{k+1}$. Damit ergibt sich

$$S_{n+1} - qS_n = \sum_{k=0}^{n+1} aq^k - \sum_{k=0}^{n} aq^{k+1} = a + aq + \cdots + aq^{n+1} - \left(aq + \cdots + aq^{n+1}\right) = a \ . \quad (1)$$

Andererseits ist gemäß Definition $S_{n+1} = \sum_{k=0}^{n+1} aq^k = S_n + aq^{n+1}$. Einsetzen in (1) liefert $S_n + aq^{n+1} - qS_n = a$, also $\quad (1-q)S_n = a\left(1 - q^{n+1}\right).$ \hfill (2)

Für $q \neq 1$ lässt sich (2) nach S_n auflösen: $\quad S_n = a\dfrac{1 - q^{n+1}}{1 - q}$ \hfill (7.1.2)

Für die Konvergenz der geometrischen Reihe muss untersucht werden, wann $\lim_{n \to \infty} S_n$ existiert. Betrachtet man den Zähler von (7.1.2) – nur hier kommt n vor! – so ist unschwer festzustellen, dass $\lim_{n \to \infty} S_n$ dann und nur dann existieren kann, wenn $|q| < 1$ ist; dann ist $\lim_{n \to \infty} S_n = \dfrac{a}{1 - q}$.

7.1 Grundbegriffe

Für den oben ausgeschlossenen Fall $q = 1$ stellt man durch Einsetzen in die geometrische Reihe sofort fest, dass auch hier Divergenz vorliegt. Insgesamt gilt somit:

Die geometrische Reihe $\sum_{k=0}^{\infty} aq^k$ ist genau dann konvergent, wenn $|q| < 1$ ist.

Ihr Grenzwert ist dann $\lim_{n \to \infty} S_n = \dfrac{a}{1-q}$. [1)] \hfill (7.1.3)

Dieses allgemeine Resultat lässt sich nun wie folgt auf die Reihe $m \cdot \sum_{k=1}^{\infty} \left(\dfrac{1}{2}\right)^k$ anwenden: $m \cdot \sum_{k=1}^{\infty} \left(\dfrac{1}{2}\right)^k = \sum_{k=1}^{\infty} m \cdot \dfrac{1}{2} \cdot \left(\dfrac{1}{2}\right)^{k-1} = \sum_{l=0}^{\infty} \left(m \cdot \dfrac{1}{2}\right)\left(\dfrac{1}{2}\right)^l$ (mit $l = k - 1$). Diese geometrische Reihe mit $a = m \cdot \dfrac{1}{2}$ und $q = \dfrac{1}{2}$ ist also konvergent mit dem Grenzwert

$$\dfrac{a}{1-q} = \dfrac{\dfrac{m}{2}}{1-\dfrac{1}{2}} = m.$$

2. Wie oben hergeleitet, ist für die Frage nach der maximalen Spannweite einer Brücke aus losen Steinen die Reihe $\sum_{k=1}^{\infty} \dfrac{1}{k}$ zu untersuchen, das heißt, es ist die Konvergenz von $S_n = \sum_{k=1}^{n} \dfrac{1}{k}$ bei n gegen ∞ zu überprüfen. Dazu sei zunächst festgestellt, dass sich jedes feste $n \in \mathbb{N}$ eindeutig zwischen zwei aufeinander folgende Zweierpotenzen einordnen lässt, also ist $2^l \leq n < 2^{l+1}$ ($l \in \mathbb{N}$ eindeutig bestimmt). Damit ist

$$S_n \geq S_{2^l} = \sum_{k=1}^{2^l} \dfrac{1}{k} = 1 + \dfrac{1}{2} + \underbrace{\dfrac{1}{3} + \dfrac{1}{4}}_{\geq 2 \cdot \frac{1}{4}} + \underbrace{\dfrac{1}{5} + \cdots + \dfrac{1}{8}}_{\geq 4 \cdot \frac{1}{8}} + \underbrace{\dfrac{1}{9} + \cdots + \dfrac{1}{16}}_{\geq 8 \cdot \frac{1}{16}} + \cdots + \underbrace{\dfrac{1}{2^{l-1}+1} + \cdots + \dfrac{1}{2^l}}_{\geq 2^{l-1} \cdot \frac{1}{2^l}}$$

$$\geq 1 + \dfrac{1}{2} + (l-1) \cdot \dfrac{1}{2} = 1 + \dfrac{l}{2}$$

[1)] Dieser Sachverhalt gilt übrigens wörtlich genauso, wenn die geometrische Reihe eine solche mit komplexen Summanden, also mit a und q aus $\mathbb{C}$, ist.

Mit n geht auch l gegen ∞. Da dann auch $1+\dfrac{l}{2} \to \infty$ geht, wächst der wegen obiger Ungleichung noch größere Wert S_n für $n \to \infty$ über alle Grenzen, die so genannte *harmonische* Reihe $\sum\limits_{k=1}^{\infty}\dfrac{1}{k}$ ist also divergent. Dieses auf den ersten Blick überraschende Resultat bedeutet also, dass mit der oben beschriebenen Stapelbauweise – theoretisch – beliebig breite Flüsse überbrückt werden können.

3. Von besonderem Interesse – nicht nur für den nächsten Abschnitt – ist auch die Untersuchung der Reihe $\sum\limits_{k=1}^{\infty}\dfrac{1}{k(k+1)} = \dfrac{1}{1\cdot 2}+\dfrac{1}{2\cdot 3}+\dfrac{1}{3\cdot 4}+\cdots$ auf Konvergenz:

Vom Prinzip her geht man genauso vor wie in den beiden ersten Beispielen, indem man nämlich die Partialsumme S_n in „geschlossener" Form darstellt, anhand der dann die Grenzbetrachtung durchgeführt wird. Die dabei verwendete Technik – der Summand wird mittels Partialbruchzerlegung vereinfacht – führt auch in ähnlich gelagerten Beispielen zum Erfolg.

Es ist nicht schwer, jeden Summanden der Reihe mittels Partialbruchzerlegung als $\dfrac{1}{k(k+1)} = \dfrac{1}{k} - \dfrac{1}{k+1}$ darzustellen.

Für festes $n \in \mathbb{N}$ ergibt sich somit die Teilsumme

$$S_n = \sum_{k=1}^{n}\dfrac{1}{k(k+1)} = \sum_{k=1}^{n}\dfrac{1}{k} - \sum_{k=1}^{n}\dfrac{1}{k+1} = \left(1+\cdots+\dfrac{1}{n}\right) - \left(\dfrac{1}{2}+\cdots+\dfrac{1}{n+1}\right) = 1 - \dfrac{1}{n+1}\ .$$

Hieraus lässt sich sofort der Grenzwert der Reihe ablesen:

$$\sum_{k=1}^{\infty}\dfrac{1}{k(k+1)} = \lim_{n\to\infty} S_n = 1.$$

7.2 Konvergenzkriterien

Mit den in diesem Abschnitt behandelten Kriterien kann mit relativ geringem Aufwand entschieden werden, ob eine gegebene Reihe $\sum\limits_{k=0}^{\infty} a_k$ konvergent oder divergent ist – ein gegebenenfalls existierender Grenzwert der Reihe lässt sich hiermit nicht berechnen, dies ist oft aber auch nicht erforderlich! Dabei ist die Tatsache

7.2 Konvergenzkriterien

besonders zu beachten, dass keines der folgenden Kriterien hinreichend und notwendig zugleich ist.

Notwendiges Kriterium:

> Damit die Reihe $\sum_{k=0}^{\infty} a_k$ konvergent ist, muss die Folge der a_k eine Nullfolge sein.

Beweis: Voraussetzungsgemäß existiert der Grenzwert der Reihe $\sum_{k=0}^{\infty} a_k$, er werde mit S bezeichnet. Damit gilt: $S = \lim_{n \to \infty} S_n = \lim_{n \to \infty} S_{n+1}$

Nach Definition der Partialsumme S_n ist $a_{n+1} = S_{n+1} - S_n$, woraus sich durch Grenzwertbildung ergibt:

$\lim_{n \to \infty} a_n = \lim_{n \to \infty} a_{n+1} = \lim_{n \to \infty} (S_{n+1} - S_n) = \lim_{n \to \infty} S_{n+1} - \lim_{n \to \infty} S_n = S - S = 0$.

Also muss die Folge der Summanden eine Nullfolge sein.

Mit diesem notwendigen Kriterium kann man also nicht die Konvergenz einer Reihe nachweisen, wohl aber auf einfache Weise überprüfen, ob eine gegebene Reihe überhaupt konvergent sein kann. So muss zum Beispiel $\sum_{k=1}^{\infty} \sqrt[k]{k}$ divergieren, da die Folge der Summanden $\sqrt[k]{k}$ keine Nullfolge ist (ihr Grenzwert ist bekanntlich 1). Andererseits ist obiges Kriterium im Allgemeinen nicht hinreichend: Die harmonische Reihe $\sum_{k=1}^{\infty} \frac{1}{k}$ etwa ist, wie im vorigen Abschnitt gezeigt wurde, nicht konvergent, obwohl die Summandenfolge $\frac{1}{k}$ eine Nullfolge ist.

Bevor im Folgenden nun einige hinreichende Kriterien für die Konvergenz bzw. Divergenz einer gegebenen Reihe $\sum_{k=0}^{\infty} a_k$ behandelt werden, muss noch ein neuer Begriff eingeführt werden.

Definition:

> Die Reihe $\sum_{k=0}^{\infty} a_k$ heißt *absolut konvergent* $\Leftrightarrow$ Die Reihe $\sum_{k=0}^{\infty} |a_k|$ ist konvergent .

Haben alle Summanden einer Reihe das gleiche Vorzeichen, so bedeutet absolute Konvergenz also das gleiche wie Konvergenz. Im Allgemeinen ist jedoch die absolute Konvergenz „stärker"; man kann mit dem folgenden Vergleichskriterium zeigen, dass jede absolut konvergente Reihe auch konvergent ist. Die Umkehrung gilt jedoch im Allgemeinen nicht: So ist die Reihe $\sum_{k=1}^{\infty} \frac{(-1)^k}{k}$, die so genannte *alternierende harmonische Reihe,* nach dem weiter unten behandelten LEIBNIZ-Kriterium konvergent, sie ist jedoch nicht absolut konvergent, da die Absolutbeträge der Summanden die im vorigen Abschnitt als divergent erkannte harmonische Reihe ergeben.

Alle für die Konvergenz bzw. Divergenz einer Reihe nun zu besprechenden Kriterien basieren auf den folgenden

Vergleichskriterien:

(i) *Majorantenkriterium:* Gibt es eine konvergente Reihe $\sum_{k=0}^{\infty} c_k$ mit $|a_k| \leq c_k$ für jedes $k \in \mathbb{N}$, so ist auch die Reihe $\sum_{k=0}^{\infty} a_k$ konvergent (sogar absolut konvergent).

(ii) *Minorantenkriterium:* Gibt es eine gegen ∞ divergente Reihe $\sum_{k=0}^{\infty} d_k$ mit $|d_k| \leq a_k$ für jedes $k \in \mathbb{N}$, so ist auch die Reihe $\sum_{k=0}^{\infty} a_k$ divergent.

Beispiele:

1. Es ist zu prüfen, ob die Reihe $\sum_{k=1}^{\infty} \frac{1}{k^2}$ konvergent ist. Es genügt dafür offensichtlich, $\sum_{k=2}^{\infty} \frac{1}{k^2}$ zu untersuchen, da im Falle deren Konvergenz die gegebene Reihe einen um 1, den Wert des ersten Summanden, größeren Grenzwert haben muss. Im Beispiel 3 des vorigen Abschnitts wurde gezeigt, dass die Reihe $\sum_{k=1}^{\infty} \frac{1}{k(k+1)}$ konvergiert. Deshalb ist auch $\sum_{k=2}^{\infty} \frac{1}{k(k-1)}$ – was nur eine andere Schreibweise der gleichen Reihe ist! – konvergent. Diese Reihe übernimmt nun die Rolle von

$\sum_{k=2}^{\infty} c_k$ aus dem Majorantenkriterium, da $\frac{1}{k^2} \leq \frac{1}{k(k-1)}$ ist. Also ist auch $\sum_{k=2}^{\infty} \frac{1}{k^2}$ konvergent.

Durch Vergleich mit der als konvergent erkannten Reihe $\sum_{k=1}^{\infty} \frac{1}{k^2}$ erhält man darüber hinaus für jedes $\alpha \in \mathbb{R}$ mit $\alpha \geq 2$: $\sum_{k=1}^{\infty} \frac{1}{k^\alpha}$ ist konvergent, da dann $\frac{1}{k^\alpha} \leq \frac{1}{k^2}$ ist.

2. Um die Reihe $\sum_{k=1}^{\infty} \frac{1}{\sqrt{k}}$ auf Konvergenz zu überprüfen, wendet man das Minorantenkriterium an: Es ist $\frac{1}{k} \leq \frac{1}{\sqrt{k}}$ für alle $k \geq 1$, womit die harmonische Reihe eine gegen ∞ divergente Minorante der gegebenen Reihe ist; $\sum_{k=1}^{\infty} \frac{1}{\sqrt{k}}$ ist also divergent.

Genauso zeigt man, dass $\sum_{k=1}^{\infty} \frac{1}{k^\alpha}$ für alle $\alpha \in \mathbb{R}$ mit $\alpha \leq 1$ divergent ist. $\square$

Lösen Sie am besten gleich die Übungsaufgabe 1 vom Ende dieses Abschnitts, d.h. überprüfen Sie die Konvergenz von $\sum_{k=1}^{\infty} \frac{1}{k^\alpha}$ für $\alpha \in]1, 2[$. Zusammengefasst ergibt sich das für viele Anwendungen der Vergleichskriterien wichtige Resultat:

$$\sum_{k=1}^{\infty} \frac{1}{k^\alpha} \text{ ist konvergent} \Leftrightarrow \alpha > 1 \qquad (7.2.1)$$

Beispiel:

3. Es ist $\sum_{k=1}^{\infty} \frac{\sqrt{4k-1}}{\sqrt[4]{10k^7 - k^2 + 1}}$ auf Konvergenz zu prüfen. Um (7.2.1) anwenden zu können, sollen Zähler und Nenner durch möglichst einfache Ausdrücke abgeschätzt werden:

Es ist $\sqrt{4k-1} \leq \sqrt{4k} = 2 \cdot k^{\frac{1}{2}}$ sowie

$$\sqrt[4]{10k^7 - k^2 + 1} = \sqrt[4]{9k^7 + (k^7 - k^2 + 1)} \geq \sqrt[4]{9k^7} = \sqrt{3} \cdot k^{\frac{7}{4}}, \quad \text{insgesamt} \quad \text{also}$$

$$\frac{\sqrt{4k-1}}{\sqrt[4]{10k^7 - k^2 + 1}} \leq \frac{2 \cdot k^{\frac{1}{2}}}{\sqrt{3} \cdot k^{\frac{7}{4}}} = \frac{2}{\sqrt{3}} \cdot \frac{1}{k^{\frac{5}{4}}} =: c_k \text{ für alle } k \in \mathbb{N}^+. \text{ Diese Reihe } \sum_{k=1}^{\infty} c_k \text{ ist}$$

aber wie $\sum_{k=1}^{\infty} \frac{1}{k^\alpha}$ mit $\alpha = \frac{5}{4}$ nach (7.1.2) konvergent. Damit ist auch die gegebene Reihe nach dem Majorantenkriterium konvergent. □

Durch Anwendung der Vergleichskriterien auf eine geometrische Reihe erhält man zwei wichtige und leicht handhabbare hinreichende Kriterien für die Konvergenz bzw. Divergenz einer gegebenen Reihe $\sum_{k=0}^{\infty} a_k$:

Quotientenkriterium:

Gegeben sei die Reihe $\sum_{k=0}^{\infty} a_k$ mit $a_k \neq 0 \ \forall k \in \mathbb{N}$.

(i) Lässt sich ein $\delta < 1$ finden, so dass für alle k – zumindest von einem Index k_0 an – die Quotienten aufeinander folgender Summanden betraglich höchstens gleich δ sind, also
$$\left|\frac{a_{k+1}}{a_k}\right| \leq \delta < 1 \quad \forall k \geq k_0, \tag{7.2.2}$$

so ist die Reihe $\sum_{k=0}^{\infty} a_k$ absolut konvergent.

Zusatz: Die Bedingung (7.2.2) ist auf jeden Fall dann erfüllt, wenn $\lim_{n \to \infty} \left|\frac{a_{k+1}}{a_k}\right|$ existiert und kleiner als 1 ist.

(ii) Lässt sich ein $\delta > 1$ finden, so dass für alle k – zumindest von einem Index k_0 an – die Quotienten aufeinander folgender Summanden betraglich mindestens gleich δ sind, also
$$\left|\frac{a_{k+1}}{a_k}\right| \geq \delta > 1 \quad \forall k \geq k_0, \tag{7.2.3}$$

so ist die Reihe $\sum_{k=0}^{\infty} a_k$ divergent.

Zusatz: Die Bedingung (7.2.3) ist auf jeden Fall dann erfüllt, wenn $\lim_{n \to \infty} \left|\frac{a_{k+1}}{a_k}\right|$ existiert und größer als 1 ist.

7.2 Konvergenzkriterien

Achtung: Bei $\lim\limits_{n\to\infty}\left|\dfrac{a_{k+1}}{a_k}\right| = 1$ versagt das Quotientenkriterium, es ist im Allgemeinen keine Aussage möglich. So ist für die harmonische Reihe $\sum\limits_{k=1}^{\infty}\dfrac{1}{k}$ zwar $\left|\dfrac{a_{k+1}}{a_k}\right| = \dfrac{k}{k+1} < 1$, jedoch ist $\lim\limits_{n\to\infty}\left|\dfrac{a_{k+1}}{a_k}\right| = 1$; die harmonische Reihe ist bekanntlich divergent. Andererseits gelten für die alternierende harmonische Reihe $\sum\limits_{k=1}^{\infty}\dfrac{(-1)^k}{k}$ genau die gleichen Beziehungen; diese ist jedoch, wie oben bereits erwähnt wurde, konvergent.

Beispiele (zur Anwendung des Quotientenkriteriums):

4. Die Reihe $\sum\limits_{k=0}^{\infty}\dfrac{(k+1)^3}{3^{k+1}}$ ist auf Konvergenz zu prüfen. Dazu bildet man

$\left|\dfrac{a_{k+1}}{a_k}\right| = \dfrac{(k+2)^3 \cdot 3^{k+1}}{3^{k+2} \cdot (k+1)^3} = \dfrac{1}{3}\cdot\left(\dfrac{k+2}{k+1}\right)^3 = \dfrac{1}{3}\cdot\left(1+\dfrac{1}{k+1}\right)^3$. Der Ausdruck in der letzten Klammer geht bei $k \to \infty$ offensichtlich gegen 1. Damit ist $\lim\limits_{k\to\infty}\left|\dfrac{a_{k+1}}{a_k}\right| = \dfrac{1}{3}$, also kleiner als 1, womit die gegebene Reihe (absolut) konvergent ist.

5. Die Reihe $\sum\limits_{k=1}^{\infty}\dfrac{5^{k+1}}{3^k \cdot k^4}$ ist auf Konvergenz zu prüfen. Wie oben bildet man

$\left|\dfrac{a_{k+1}}{a_k}\right| = \dfrac{5^{k+2} \cdot 3^k \cdot k^4}{3^{k+1}\cdot(k+1)^4 \cdot 5^{k+1}} = \dfrac{5}{3}\cdot\left(\dfrac{k}{k+1}\right)^4$. Da $\lim\limits_{k\to\infty}\left|\dfrac{a_{k+1}}{a_k}\right| = \dfrac{5}{3}$, also größer als 1 ist, ist die gegebene Reihe divergent.

6. Dass zur Anwendung des Quotientenkriteriums $\lim\limits_{k\to\infty}\left|\dfrac{a_{k+1}}{a_k}\right|$ nicht unbedingt existieren muss, sieht man an der Reihe $\sum\limits_{k=0}^{\infty}a_k = 1 + \dfrac{1}{2} + \dfrac{1}{8} + \dfrac{1}{16} + \dfrac{1}{64} + \dfrac{1}{128} + \cdots$: Hier nimmt $\left|\dfrac{a_{k+1}}{a_k}\right|$ abwechselnd die Werte $\dfrac{1}{2}$ und $\dfrac{1}{4}$ an, $\lim\limits_{k\to\infty}\left|\dfrac{a_{k+1}}{a_k}\right|$ existiert also nicht.

Jedoch ist mit $\delta = \frac{1}{2}$ die Beziehung (7.2.2) für alle $k \in \mathbb{N}$ erfüllt, womit die gegebene Reihe absolut konvergent ist. □

Mit einem anderen „Testausdruck" – sonst aber völlig analog – ergibt sich das

Wurzelkriterium:

Gegeben sei die Reihe $\sum_{k=0}^{\infty} a_k$.

(i) Lässt sich ein $\delta < 1$ finden, so dass für alle k – zumindest von einem Index k_0 an – die k-te Wurzel aus dem Betrag des k-ten Summanden höchstens gleich δ ist, also

$$\sqrt[k]{|a_k|} \leq \delta < 1 \forall k \geq k_0, \tag{7.2.4}$$

so ist die Reihe $\sum_{k=0}^{\infty} a_k$ absolut konvergent.

Zusatz: Die Bedingung (7.2.4) ist auf jeden Fall dann erfüllt, wenn $\lim_{k \to \infty} \sqrt[k]{|a_k|}$ existiert und kleiner als 1 ist.

(ii) Lässt sich ein $\delta > 1$ finden, so dass für alle k – zumindest von einem Index k_0 an – die k-te Wurzel aus dem Betrag des k-ten Summanden mindestens gleich δ ist, also

$$\sqrt[k]{|a_k|} \geq \delta > 1 \quad \forall k \geq k_0, \tag{7.2.5}$$

so ist die Reihe $\sum_{k=0}^{\infty} a_k$ divergent.

Zusatz: Die Bedingung (7.2.5) ist auf jeden Fall dann erfüllt, wenn $\lim_{k \to \infty} \sqrt[k]{|a_k|}$ existiert und größer als 1 ist.

Achtung: Wie das Quotientenkriterium versagt bei $\lim_{n \to \infty} \sqrt[k]{|a_k|} = 1$ auch das Wurzelkriterium, es ist also im Allgemeinen keine Aussage möglich (Beispiel: harmonische bzw. alternierende harmonische Reihe!).

7.2 Konvergenzkriterien

Beispiele (zur Anwendung des Wurzelkriteriums):

7. Die Reihe $\sum_{k=0}^{\infty} \dfrac{k}{(k+1)^{2k}}$ ist auf Konvergenz zu prüfen. Dazu bildet man $\sqrt[k]{|a_k|} = \dfrac{\sqrt[k]{k}}{(k+1)^2}$. Für $k \to \infty$ geht der Zähler bekanntlich gegen 1, ist also beschränkt. Da $\dfrac{1}{(k+1)^2}$ eine Nullfolge ist, ist $\lim_{k \to \infty} \sqrt[k]{|a_k|} = 0 < 1$, also ist die gegebene Reihe absolut konvergent.

8. Die Reihe $\sum_{k=0}^{\infty} a_k = 1 + \dfrac{1}{2} + \dfrac{1}{3^2} + \dfrac{1}{2^3} + \dfrac{1}{3^4} + \dfrac{1}{2^5} + \cdots$ ist auf Konvergenz zu untersuchen. Es ist also $a_k = \begin{cases} \dfrac{1}{3^k} & \text{für } k \text{ gerade} \\ \dfrac{1}{2^k} & \text{für } k \text{ ungerade} \end{cases}$. Deshalb ergibt sich bei Anwendung des Quotientenkriteriums:

$\left| \dfrac{a_{k+1}}{a_k} \right| = \begin{cases} \dfrac{3^k}{2^{k+1}} = \tfrac{1}{2} \cdot \left(\tfrac{3}{2}\right)^k & \text{für } k \text{ gerade} \\ \dfrac{2^k}{3^{k+1}} = \tfrac{1}{3} \cdot \left(\tfrac{2}{3}\right)^k & \text{für } k \text{ ungerade} \end{cases}$. Für gerade k geht der letzte Ausdruck bei $k \to \infty$ offensichtlich gegen ∞, für ungerade k gegen 0. Es ist also weder (7.2.2) noch (7.2.3) erfüllt, mit dem Quotientenkriterium ist also keine Konvergenzentscheidung möglich.

Benutzt man jedoch das Wurzelkriterium, so ist $\sqrt[k]{|a_k|} = \begin{cases} \tfrac{1}{3} & \text{für } k \text{ gerade} \\ \tfrac{1}{2} & \text{für } k \text{ ungerade} \end{cases}$, mit $\delta = \tfrac{1}{2}$ ist also (7.2.4) erfüllt, die gegebene Reihe damit absolut konvergent. $\square$

Die absolute Konvergenz einer Reihe ist wichtige Voraussetzung dafür, dass man bei der Bestimmung des Grenzwerts die Summanden beliebig vertauschen und zusammenfassen darf. Diese Operationen, die bei endlichen Summen selbstverständlich sind, sind bei Reihen (das sind unendliche Summen!) im Allgemeinen nicht erlaubt, wie folgende einfache Überlegung zeigt:

Die Reihe $\sum_{k=0}^{\infty}(-1)^k$ hätte bei Klammern von je zwei aufeinander folgenden Summanden die Form $(1-1)+(1-1)+(1-1)+\cdots$, wäre also konvergent mit Grenzwert 0. Andererseits bilden die Summanden $(-1)^k$ keine Nullfolge, womit das notwendige Kriterium für die Reihenkonvergenz nicht erfüllt ist. Es gilt der folgende

Umordnungssatz:

> Ist eine Reihe <u>absolut</u> konvergent, so dürfen die Summanden beliebig in ihrer Reihenfolge vertauscht sowie zu Teilsummen zusammengefasst werden.

Mit diesem Satz soll der Grenzwert von $\sum_{k=0}^{\infty} a_k = 1 + \frac{1}{2} + \frac{1}{3^2} + \frac{1}{2^3} + \frac{1}{3^4} + \frac{1}{2^5} + \cdots$ bestimmt werden. Im letzten Beispiel wurde gezeigt, dass diese Reihe absolut konvergent ist, wir berechnen ihren Grenzwert $S = S_g + S_u$ mit Hilfe der beiden Teilsummen $S_g = \sum_{k \text{ gerade}} a_k$ und $S_u = \sum_{k \text{ ungerade}} a_k$, die man durch Vertauschung und Zusammenfassung entsprechender Summanden erhält. Es ist

$$S_g = \sum_{k \text{ gerade}} \frac{1}{3^k} = \sum_{l=0}^{\infty} \frac{1}{3^{2l}} = \sum_{l=0}^{\infty} \left(\frac{1}{9}\right)^l \text{ sowie } S_u = \sum_{k \text{ ungerade}} \frac{1}{2^k} = \sum_{l=0}^{\infty} \frac{1}{2^{2l+1}} = \frac{1}{2} \sum_{l=0}^{\infty} \left(\frac{1}{4}\right)^l.$$

Beides sind also geometrische Reihen, deren Grenzwerte sich als $S_g = \frac{1}{1-\frac{1}{9}} = \frac{9}{8}$ bzw. $S_u = \frac{1}{2} \cdot \frac{1}{1-\frac{1}{4}} = \frac{2}{3}$ berechnen lassen. Damit ist $S = \frac{9}{8} + \frac{2}{3} = \frac{43}{24} \approx 1.79$. □

Aber **Vorsicht:** Weiß man von einer Reihe nur, dass sie konvergent, aber nicht absolut konvergent ist, so kann die Umordnung der Reihenglieder zur Berechnung des Grenzwerts zu Fehlern führen, wie das folgende Beispiel zeigt:

Die alternierende harmonische Reihe $\sum_{k=1}^{\infty} \frac{(-1)^{k+1}}{k}$ ist bekanntlich konvergent, aber nicht absolut konvergent. Ihr Grenzwert S ist, wie leicht einzusehen ist, positiv. Unter der – falschen – Annahme, dass jede beliebige Umordnung der Summanden erlaubt ist, könnte man nun auf ein positives Reihenglied stets zwei negative folgen lassen, es ergäbe sich also:

7.2 Konvergenzkriterien

$$S = 1 - \tfrac{1}{2} + \tfrac{1}{3} - \tfrac{1}{4} + \cdots = 1 - \tfrac{1}{2} - \tfrac{1}{4} + \tfrac{1}{3} - \tfrac{1}{6} - \tfrac{1}{8} + \cdots = (1 - \tfrac{1}{2}) - \tfrac{1}{4} + (\tfrac{1}{3} - \tfrac{1}{6}) - \tfrac{1}{8} + \cdots$$
$$= \tfrac{1}{2} - \tfrac{1}{4} + \tfrac{1}{6} - \tfrac{1}{8} + \cdots = \tfrac{1}{2} \cdot (1 - \tfrac{1}{2} + \tfrac{1}{3} - \tfrac{1}{4} + \cdots) = \tfrac{1}{2} S, \text{ woraus } S = 0 \text{ folgt.}$$

Dies steht im Widerspruch dazu, dass S positiv ist.

Wir wollen nun die Konvergenz solcher Reihen, wie im letzten Beispiel behandelt, genauer untersuchen. Bei diesen so genannten *alternierenden Reihen* findet von jedem Term zum nächsten ein Vorzeichenwechsel statt.

Dies wird häufig durch einen Faktor $(-1)^k$ oder ähnlich ausgedrückt, kann aber bisweilen auch „versteckt" sein – man mache sich zum Beispiel klar, dass auch $\binom{-\tfrac{1}{2}}{k}$ alterniert!

Für die Konvergenz solcher alternierender Reihen gilt das leicht anwendbare

LEIBNIZ-Kriterium:

> Bilden die Absolutbeträge $|a_k|$ der Summanden einer alternierenden Reihe $\sum_{k=0}^{\infty} a_k$ eine streng monoton fallende Nullfolge, so gilt:
>
> (i) Die Reihe $\sum_{k=0}^{\infty} a_k$ ist konvergent (aber nicht unbedingt absolut konvergent!).
>
> (ii) Für den Grenzwert S der Reihe gilt: $|S - S_n| < |a_{n+1}|$ für alle $n \in \mathbb{N}$.

Das LEIBNIZ-Kriterium bietet also eine Möglichkeit, den Grenzwert einer alternierenden Reihe beliebig genau anzunähern: Wird eine Genauigkeitsschranke ε für den Grenzwert vorgegeben, so bestimmt man denjenigen Summanden a_{n+1}, dessen Betrag als erster kleiner als ε ist, die Summe $\sum_{k=0}^{n} a_k$ weicht vom Grenzwert um weniger als ε ab. So kann man zum Beispiel später – mit anderen Mitteln – zeigen, dass die Reihe $\sum_{k=0}^{\infty} \dfrac{4 \cdot (-1)^k}{2k+1} = 4 - \tfrac{4}{3} + \tfrac{4}{5} - \tfrac{4}{7} + \cdots$, die offensichtlich das LEIBNIZ-Kriterium erfüllt, gegen π konvergiert. Will man nun den Wert von π nur mit elementaren Rechenoperationen etwa mit einem Fehler von höchstens 0.01 berechnen, so muss man wegen $\dfrac{4}{401} < \dfrac{1}{100}$ den Wert der Partialsumme bis $n = 199$ ermitteln.

Dies ist zwar kein besonders effizientes Verfahren zur Ermittlung von π, es zeigt aber, wie man den Grenzwert einer alternierenden Reihe mittels LEIBNIZ-Kriterium beliebig genau approximieren kann.

Übungsaufgaben:

1. Zeigen Sie, dass die Reihe $\sum_{k=1}^{\infty} \frac{1}{k^{\alpha}}$ für $\alpha \in \,]1, 2[$ konvergent ist. Betrachten Sie dazu die auf $\mathbb{R}^+$ definierte Funktion $f(x) = \frac{1}{x^{\alpha}}$ und zeigen Sie, dass $\int_{1}^{\infty} f(x)\,dx$ existiert. Zeigen Sie dann, dass dieses uneigentliche Integral eine Summe von solchen Rechteckflächen majorisiert, deren Kanten an allen ganzzahligen Stellen auf die x-Achse treffen.

2. Prüfen Sie folgende Reihen auf Konvergenz:

a) $\sum_{k=1}^{\infty} \frac{\sqrt{(k^2-1)^3}}{\sqrt[4]{(k^4+2k^2+1)^5}}$
b) $\sum_{k=1}^{\infty} \frac{(k-1)!}{k^{k-1}}$
c) $\sum_{k=1}^{\infty} \frac{(k+2)^k}{k^{k+0.5}}$

d) $\sum_{k=1}^{\infty} (2k)^k \sin^k\left(\frac{2}{k}\right)$
e) $\sum_{k=1}^{\infty} \left(\frac{k-1}{k}\right)^{3k}$
f) $\sum_{k=1}^{\infty} \frac{7^k}{5^k \cdot \arctan^k(2k)}$

3. Berechnen Sie – analog zu Beispiel 3 aus 7.1 – die Grenzwerte der Reihen

a) $\sum_{k=1}^{\infty} (-1)^{k-1} \frac{4k+6}{k(k+3)}$
b) $\sum_{k=2}^{\infty} \frac{k-1}{k!}$

4. Zeigen Sie, dass die Reihe $\sum_{k=4}^{\infty} (-1)^k \frac{k}{(k+1)(k+2)}$ konvergiert und bestimmen Sie einen Näherungswert, der um weniger als 0.1 vom Grenzwert der Reihe abweicht.

7.3 Potenzreihen

In diesem Abschnitt sollen nun so genannte *Potenzreihen*, das sind Reihen der Form $\sum_{k=0}^{\infty} b_k x^k$, betrachtet werden. Dabei bilden die b_k eine beliebige – nicht

7.3 Potenzreihen

notwendigerweise konvergente – Folge reeller Zahlen, x ist eine reelle Variable. Die Summanden a_k aus den früheren Abschnitten haben also die Gestalt $b_k x^k$, wobei insbesondere die aufsteigenden Potenzen von x zu beachten sind. Bei der Konvergenzuntersuchung solcher Potenzreihen stehen im Wesentlichen zwei Fragen im Vordergrund:

1. Für welche $x \in \mathbb{R}$ ist die gegebene Potenzreihe konvergent? Diese x bilden den so genannten *Konvergenzbereich* bzw. die *Konvergenzpunktmenge* der Potenzreihe.

2. Was ergibt sich im Falle der Konvergenz für den Grenzwert der Reihe? Dieser ist natürlich von x abhängig; durch die Zuordnungsvorschrift „$x \mapsto$ Grenzwert der Potenzreihe für dieses x" wird also auf dem Konvergenzbereich der Potenzreihe eine reellwertige Funktion definiert, *die durch die Potenzreihe gegebene Funktion* $f(x)$.

Zur Beantwortung dieser Fragen werden die Ergebnisse aus dem vorigen Abschnitt herangezogen:

Zunächst stellt man fest, dass für $x = 0$ jede beliebige Potenzreihe konvergiert, denn Einsetzen von 0 in die Potenzreihe ergibt $\sum_{k=0}^{\infty} b_k x^k = b_0 + b_1 x + b_2 x^2 + \cdots = b_0$ als Grenzwert. Im Folgenden kann also stets $x \neq 0$ vorausgesetzt werden. Sind außerdem alle $b_k \neq 0$, so kann zur Konvergenzuntersuchung für festes $x \neq 0$ das Quotientenkriterium angewendet werden:

$$\left|\frac{a_{k+1}}{a_k}\right| = \left|\frac{b_{k+1} x^{k+1}}{b_k x^k}\right| = \left|\frac{b_{k+1}}{b_k}\right| \cdot |x| \tag{7.3.1}$$

Setzt man ferner voraus, dass – was häufig der Fall ist – $\lim_{k \to \infty} \left|\frac{b_{k+1}}{b_k}\right| = b$ in $\mathbb{R}$ existiert, so folgt aus (7.3.1), dass $\lim_{k \to \infty} \left|\frac{a_{k+1}}{a_k}\right| = b \cdot |x|$ ist. Gemäß Quotientenkriterium liegt Konvergenz der Reihe vor, wenn dieser Grenzwert kleiner als 1 ist, also für alle x mit $|x| < \frac{1}{b}$; ist $b = 0$, so gilt dies für alle $x \in \mathbb{R}$. Umgekehrt ist die Potenzreihe divergent, wenn obiger Grenzwert größer als 1 ist, also für alle x mit $|x| > \frac{1}{b}$. Für $|x| = \frac{1}{b}$, also $x = \pm \frac{1}{b}$, ist der Grenzwert 1, das Quotientenkriterium lässt in diesem Fall keine Entscheidung über die Konvergenz zu.

Bei der Anwendung des Wurzelkriteriums betrachtet man statt (7.3.1) den Ausdruck $\sqrt[k]{|a_k|} = \sqrt[k]{|b_k|} \cdot |x|$, woraus sich mit $b = \lim\limits_{k \to \infty} \sqrt[k]{|b_k|}$ genau das gleiche Resultat ergibt. Der wichtige Term $\frac{1}{b}$, wobei b einer der beiden obigen Grenzwerte ist, heißt der *Konvergenzradius*[1] der Potenzreihe und wird üblicherweise mit ρ bezeichnet. Definiert man für die Sonderfälle $b = 0$ und $b = +\infty$ für ρ die Werte $+\infty$ bzw. 0, so lassen sich die obigen Ergebnisse folgendermaßen zusammenfassen:

Konvergenzaussagen für Potenzreihen:

1. Jede Potenzreihe $\sum\limits_{k=0}^{\infty} b_k x^k$ ist (mindestens) für $x = 0$ konvergent.

2. Ist $\rho \in [0, +\infty]$ der Konvergenzradius von $\sum\limits_{k=0}^{\infty} b_k x^k$, so ist die Potenzreihe für alle $x \in]-\rho, \rho[$ konvergent, für alle x, die außerhalb von $[-\rho, \rho]$ liegen, divergent.

3. Für $x = \pm \rho$ ist keine allgemeine Aussage möglich; es kann sowohl Konvergenz als auch Divergenz vorliegen – hier muss in jedem konkreten Fall eine Einzeluntersuchung durchgeführt werden.

Zur Anwendung dieser Konvergenzaussagen betrachten wir folgende

Beispiele:

Für die folgenden Potenzreihen $\sum\limits_{k=0}^{\infty} b_k x^k$ sind jeweils der Konvergenzradius und der Konvergenzbereich zu bestimmen:

1. $\sum\limits_{k=0}^{\infty} 2^k x^k$: Es ist $\left|\dfrac{b_{k+1}}{b_k}\right| = \dfrac{2^{k+1}}{2^k} = 2$, also auch $\lim\limits_{k \to \infty} \left|\dfrac{b_{k+1}}{b_k}\right| = 2$ und damit $\rho = \tfrac{1}{2}$.

Also konvergiert die Potenzreihe zumindest im offenen Intervall $]-\tfrac{1}{2}, \tfrac{1}{2}[$ und divergiert außerhalb des abgeschlossenen Intervalls $[-\tfrac{1}{2}, \tfrac{1}{2}]$. Was für $x = \pm \tfrac{1}{2}$ passiert, zeigt folgende Zusatzüberlegung:

---

[1] Die Bezeichnung Konvergenz*radius* wird erst klar, wenn man – völlig analog – Konvergenzbereiche komplexer Potenzreihen in der GAUSSschen Zahlenebene betrachtet. Diese sind nämlich Kreise mit dem Radius ρ.

Schreibt man die Summanden der gegebenen Potenzreihe anders, nämlich als $(2x)^k$, so sieht man, dass die Reihe eine geometrische Reihe mit $q = 2x$ ist. Diese ist genau dann konvergent, wenn q betraglich kleiner als 1, also $|x| < \frac{1}{2}$, ist. Für $x = \pm \frac{1}{2}$ konvergiert die Potenzreihe also nicht; ihr Konvergenzbereich besteht somit aus dem offenen Intervall $]-\frac{1}{2}, \frac{1}{2}[$.

2. $\sum_{k=1}^{\infty} \frac{(-1)^k}{k} x^k$: Es ist $\left|\frac{b_{k+1}}{b_k}\right| = \left|\frac{(-1)^{k+1} k}{(-1)^k (k+1)}\right| = \frac{k}{k+1}$, also $\lim_{k \to \infty} \left|\frac{b_{k+1}}{b_k}\right| = 1$ und damit $\rho = 1$. Also konvergiert die Potenzreihe zumindest im offenen Intervall $]-1, 1[$.

Der Intervalleckpunkt $x = 1$ ergibt beim Einsetzen gerade die alternierende harmonische Reihe, die nach dem LEIBNIZ-Kriterium konvergent ist. Für $x = -1$ ergibt sich wegen $\frac{(-1)^k}{k} (-1)^k = \frac{1}{k}$ gerade die – divergente – harmonische Reihe. Der Konvergenzbereich der gegebenen Potenzreihe besteht also aus dem halboffenen Intervall $]-1, 1]$.

3. $\sum_{k=1}^{\infty} \frac{1}{3^k k^2} x^k$: Es ist $\left|\frac{b_{k+1}}{b_k}\right| = \left|\frac{3^k k^2}{3^{k+1}(k+1)^2}\right| = \frac{1}{3}\left(\frac{k}{k+1}\right)^2$, also $\lim_{k \to \infty} \left|\frac{b_{k+1}}{b_k}\right| = \frac{1}{3}$ und damit $\rho = 3$. Also konvergiert die Potenzreihe zumindest im offenen Intervall $]-3, 3[$. Einsetzen von $x = 3$ ergibt nach Kürzen im Summanden gerade die Reihe $\sum_{k=1}^{\infty} \frac{1}{k^2}$, die bekanntlich konvergent ist (vgl. Beispiel aus dem vorigen Abschnitt). Deshalb ist auch die für $x = -3$ sich ergebende Reihe $\sum_{k=1}^{\infty} \frac{(-1)^k}{k^2}$ absolut konvergent, also erst recht konvergent. Die gegebene Potenzreihe konvergiert also in beiden Eckpunkten des Konvergenzintervalls, ihr Konvergenzbereich ist also $[-3, 3]$.

4. $\sum_{k=0}^{\infty} \frac{1}{k!} x^k$: Es ist $\left|\frac{b_{k+1}}{b_k}\right| = \left|\frac{k!}{(k+1)!}\right| = \frac{1}{k+1}$, also $\lim_{k \to \infty} \left|\frac{b_{k+1}}{b_k}\right| = 0$ und damit $\rho = \infty$.

Also konvergiert die Potenzreihe auf $]-\infty, \infty[$, das heißt für alle $x \in \mathbb{R}$.

5. $\sum_{k=1}^{\infty} k^k x^k$: Zur Berechnung des Konvergenzradius bietet sich hier das Wurzelkriterium an, womit sich aus $\lim_{k \to \infty} \sqrt[k]{|b_k|} = \lim_{k \to \infty} k = \infty$ für ρ der Wert 0 ergibt. Die Po-

tenzreihe ist also außerhalb des abgeschlossenen Intervalls [−0, 0] divergent, das heißt, sie ist nur für $x = 0$ konvergent. □

Zusammengefasst lässt sich anhand obiger Beispiele feststellen, dass für den Konvergenzbereich einer Potenzreihe jede Form (offen, abgeschlossen oder halboffen) eines Intervalls, dessen Mittelpunkt 0 ist, möglich ist – einschließlich der Sonderfälle $\{0\}$ und $\mathbb{R}$.

Es ist jedoch zu beachten, dass obiges Verfahren zur Bestimmung des Konvergenzradius nur dann zum richtigen Ergebnis führt, wenn in der gegebenen Potenzreihe $\sum_{k=0}^{\infty} b_k x^k$ alle Potenzen von x tatsächlich vorkommen, das heißt, dass alle $b_k \neq 0$ sind. Ansonsten müssen wir unser Vorgehen leicht modifizieren, wie an einer Potenzreihe mit nur ungeraden Potenzen erläutert werden soll:

Eine solche Potenzreihe lässt sich stets in der Form $\sum_{k=0}^{\infty} b_k x^{2k+1}$ schreiben. Elementare Umformungen ergeben

$$\sum_{k=0}^{\infty} b_k x^{2k+1} = x \cdot \sum_{k=0}^{\infty} b_k x^{2k} = x \cdot \sum_{k=0}^{\infty} b_k \left(x^2\right)^k = x \cdot \sum_{k=0}^{\infty} b_k t^k \text{ mit } t = x^2.$$

Die letzte Reihe ist eine Potenzreihe mit der Variablen t, bei der nun alle Potenzen vorkommen – man kann also wie in obigen Beispielen deren Konvergenzradius ρ_t bestimmen. Damit liegt also Konvergenz für alle t mit $-\rho_t < t < \rho_t$ vor. Wegen $t = x^2$ bedeutet dies, dass die Potenzreihe für alle x mit $-\sqrt{\rho_t} < x < \sqrt{\rho_t}$ konvergiert. Der Konvergenzradius der gegebenen Reihe ist also die Wurzel aus dem Konvergenzradius der durch Umformung erhaltenen „t-Reihe".

Machen Sie sich zur Übung mittels analoger Argumentation selbst klar, dass die Potenzreihe $\sum_{k=1}^{\infty} \frac{1}{3^k k^2} x^{3k}$ den Konvergenzradius $\rho = \sqrt[3]{3}$ besitzt.

Wir wollen uns nun mit der durch eine Potenzreihe gegebenen Funktion etwas genauer befassen. Dazu sei für die Potenzreihe $\sum_{k=0}^{\infty} b_k x^k$ der Konvergenzradius ρ bekannt, und es gelte $\rho > 0$. (Damit wird der Trivialfall ausgeschlossen, dass die Potenzreihe nur an der Stelle $x = 0$ konvergiert.) Für alle $x \in\,]-\rho, \rho[$ existiert also der – eindeutig bestimmte und von x abhängige – Grenzwert von $\sum_{k=0}^{\infty} b_k x^k$, etwa mit $f(x)$ bezeichnet. Durch die Zuordnung „$x \mapsto f(x)$" wird also auf $]-\rho, \rho[$ eine reellwertige Funktion definiert. Man schreibt für diesen Sachverhalt auch kurz:

$f(x) = \sum_{k=0}^{\infty} b_k x^k$ für alle $x \in]-\rho, \rho[$. Eine elementare Eigenschaft dieser Funktion beschreibt der

Satz über die gliedweise Differentiation von Potenzreihen:

Die Potenzreihe $\sum_{k=0}^{\infty} b_k x^k$ habe den Konvergenzradius $\rho > 0$,

es sei $f(x) = \sum_{k=0}^{\infty} b_k x^k$ auf $]-\rho, \rho[$. Dann gilt:

(i) Die durch *gliedweise Differentiation* entstehende Potenzreihe $\sum_{k=1}^{\infty} k b_k x^{k-1}$ hat ebenfalls den Konvergenzradius ρ [1].

(ii) Die Funktion $f(x)$ ist auf $]-\rho, \rho[$ differenzierbar; ihre Ableitungsfunktion $f'(x)$ ist durch die Potenzreihe aus (i) gegeben.

Dieser sehr wichtige Satz lässt sich folgendermaßen leicht merken:

$\left(\sum_{k=0}^{\infty} b_k x^k\right)' = \sum_{k=0}^{\infty} \left(b_k x^k\right)' = \sum_{k=1}^{\infty} k b_k x^{k-1}$. Formal wird also die Reihenfolge von Summation und Differentiation einfach vertauscht. Dass dies, was bei endlichen Summen gemäß der elementaren Ableitungsregeln selbstverständlich ist, auch für Reihen, also unendliche Summen, gilt, ist ein tief liegender Sachverhalt, da hier die Reihenfolge zweier Grenzwertbildungen vertauscht wird: Im links stehenden Ausdruck wird nämlich zunächst im Konvergenzbereich der Grenzwert der Reihe gebildet (also $k \to \infty$) und dann differenziert (also $\Delta x \to 0$), im mittleren Ausdruck ist es genau umgekehrt. Man beachte ferner, dass bei dem rechten Term die Summation erst bei 1 beginnt, denn bei der gliedweisen Differentiation verschwindet die Ableitung des Summanden für $k = 0$, da dieser die Konstante b_0 ist. Ansonsten

---

[1] Am Rand des Konvergenzbereichs kann sich das Konvergenzverhalten jedoch ändern! In einem Randpunkt, in dem die gegebene Reihe noch konvergiert, kann die differenzierte Reihe bereits divergieren.

würde man bei der Verringerung des Exponenten von x um 1 als Startsummanden x^{-1} erhalten, also insgesamt keine Potenzreihe mehr!

Aus dem Satz über die gliedweise Differentiation erhält man noch einige wichtige

Folgerungen:

(i) Da jede differenzierbare Funktion stetig ist, ist jede durch eine Potenzreihe gegebene Funktion $f(x) = \sum_{k=0}^{\infty} b_k x^k$ auch stetig auf ihrem Konvergenzbereich.

(ii) Da nach obigem Satz $f'(x)$ wieder durch eine Potenzreihe darstellbar ist, muss auch $f'(x)$ differenzierbar und deren Ableitungsfunktion, also $f''(x)$, wieder eine Potenzreihe sein. Durch fortgesetzte Wiederholung dieser Argumentation erhält man also: Jede durch eine Potenzreihe gegebene Funktion ist beliebig oft differenzierbar; für die auf $]-\rho, \rho[$ definierten Ableitungsfunktionen von $f(x) = \sum_{k=0}^{\infty} b_k x^k$ gilt:

$$f'(x) = \sum_{k=1}^{\infty} k b_k x^{k-1}, \quad f''(x) = \sum_{k=2}^{\infty} k(k-1) b_k x^{k-2} \text{ oder allgemein}$$

für beliebiges $m \in \mathbb{N}$: $f^{(m)}(x) = \sum_{k=m}^{\infty} k(k-1)\cdots(k-m+1) b_k x^{k-m}$. \hfill (7.3.2)

(iii) Durch Umkehren der Differentiation erhält man analog den *Satz über die gliedweise Integration von Potenzreihen*:

als unbestimmtes Integral $\int \left(\sum_{k=0}^{\infty} b_k x^k \right) dx = \sum_{k=0}^{\infty} \left(\int b_k x^k dx \right) + C = \sum_{k=0}^{\infty} \frac{b_k}{k+1} x^{k+1} + C$

mit einer beliebigen reellen Konstanten C, die als der in der Potenzreihe fehlende konstante Term aufgefasst werden kann,

bzw. als bestimmtes Integral $\int_a^b \left(\sum_{k=0}^{\infty} b_k x^k \right) dx = \sum_{k=0}^{\infty} \frac{b_k}{k+1} \left(b^{k+1} - a^{k+1} \right)$. \hfill (7.3.3)

Der Konvergenzradius ρ ändert sich dabei nicht.[1]

Dass dieser Satz nicht nur von theoretischem Interesse, sondern auch sehr praktisch bei der Bestimmung des Grenzwertes von Potenzreihen ist, zeigen folgende

---

[1] Am Rand des Konvergenzbereichs kann die integrierte Reihe konvergieren, auch wenn die gegebene Reihe dort divergiert; vgl. Fußnote auf der vorigen Seite.

7.3 Potenzreihen

Beispiele:

6. Von der Potenzreihe $\sum_{k=0}^{\infty} k \cdot 2^k x^{k+1}$ ist der Konvergenzradius ρ sowie diejenige Funktion $f(x)$ zu bestimmen, gegen die diese auf $]-\rho, \rho[$ konvergiert:

Es ist $\left|\dfrac{b_{k+1}}{b_k}\right| = \dfrac{2^{k+1}(k+1)}{2^k k} = 2\dfrac{k+1}{k}$, also $\lim\limits_{k \to \infty}\left|\dfrac{b_{k+1}}{b_k}\right| = 2$ und damit $\rho = \tfrac{1}{2}$.

Bei der Bestimmung von $f(x)$ legt der Faktor k in jedem Summand der Reihe die Idee nahe, dass es sich hier um eine erste Ableitung einer anderen Potenzreihe handeln könnte. Berücksichtigt man ferner, dass mit $k = 0$ der erste Summand der Reihe sowieso verschwindet, so erhält man nach Ausklammern durch gliedweise Differentiation:

$$\sum_{k=0}^{\infty} k \cdot 2^k x^{k+1} = \sum_{k=1}^{\infty} k \cdot 2^k x^{k+1} = x^2 \sum_{k=1}^{\infty} k \cdot 2^k x^{k-1} = x^2 \left(\sum_{k=0}^{\infty} 2^k x^k\right)'$$

Die letzte Summe ist aber gerade eine geometrische Reihe mit $q = 2x$, die bekanntlich auf $\left]-\tfrac{1}{2}, \tfrac{1}{2}\right[$ gegen $\dfrac{1}{1-2x}$ konvergiert. Damit ergibt sich insgesamt:

$$f(x) = \sum_{k=0}^{\infty} k \cdot 2^k x^{k+1} = x^2 \left(\sum_{k=0}^{\infty} 2^k x^k\right)' = x^2 \cdot \left(\dfrac{1}{1-2x}\right)' = \dfrac{2x^2}{(1-2x)^2} \text{ für } x \in \left]-\tfrac{1}{2}, \tfrac{1}{2}\right[.$$

7. Für alle $t \in]-1, 1[$ ergibt sich (geometrische Reihe mit $q = t^2$):

$$\dfrac{1}{1+t^2} = \dfrac{1}{1-(-t^2)} = \sum_{k=0}^{\infty} (-t^2)^k = \sum_{k=0}^{\infty} (-1)^k t^{2k} \qquad (1)$$

Für beliebiges $x \in]-1, 1[$ integriere man nun den ersten und den letzten Term von (1) im Intervall von 0 bis x. Es ergibt sich

mittels elementarem Grundintegral: $\displaystyle\int_0^x \dfrac{1}{1+t^2} dt = [\arctan t]_0^x = \arctan x$

sowie gemäß (7.3.3): $\displaystyle\int_0^x \sum_{k=0}^{\infty} (-1)^k t^{2k} dt = \sum_{k=0}^{\infty} \dfrac{(-1)^k}{2k+1} x^{2k+1}$.

Also konvergiert die Reihe $\sum_{k=0}^{\infty} \frac{(-1)^k}{2k+1} x^{2k+1} = x - \frac{1}{3}x^3 + \frac{1}{5}x^5 - \cdots +$ auf $]-1, 1[$ gegen $\arctan x$. □

Wir haben bereits einige Parallelen zwischen Polynomen und Potenzreihen festgestellt: Neben der formalen Ähnlichkeit der Summanden (bei Polynomen sind es lediglich endlich viele!) verhalten sie sich bei Differentiation und Integration („gliedweise") identisch. Wie für Polynome gibt es auch einen

Identitätssatz für Potenzreihen:

> Gegeben seien zwei Potenzreihen $\sum_{k=0}^{\infty} a_k x^k$ und $\sum_{k=0}^{\infty} b_k x^k$, die auf einem offenen 0 enthaltenden Intervall I gegen die gleiche Funktion $f(x)$ konvergieren. Dann muss $a_k = b_k$ für alle $k \in \mathbb{N}$ sein.
> Anders formuliert: Haben zwei Potenzreihen auf einem offenen 0 enthaltenden Intervall jeweils den gleichen Grenzwert, dann müssen sie in allen entsprechenden Koeffizienten übereinstimmen, also gleich aussehen.

Wie bei Polynomen ist dieser Satz die Grundlage eines *Koeffizientenvergleichs*, der etwa bei der Lösung von Differentialgleichungen (vgl. Kapitel 9) angewandt werden kann. Außerdem beinhaltet dieser Satz auch die Tatsache, dass es für eine gegebene Funktion $f(x)$ höchstens eine Potenzreihe geben kann, die – auf einem bestimmten Intervall – gegen $f(x)$ konvergiert.

Damit haben wir bereits das nächste Thema angesprochen: Wie erhält man – falls dies überhaupt möglich ist – eine Potenzreihe $\sum_{k=0}^{\infty} b_k x^k$, die eine gegebene Funktion $f(x)$ als Grenzwert hat? Wofür so etwas nützlich ist, können Sie sich einfach mittels folgender Überlegung klarmachen: Häufig haben Funktionen, die einen technischen Vorgang oder ein physikalisches Phänomen beschreiben, eine komplizierte und unhandliche Form. Oft ist es aber auch ausreichend, im Rahmen der gewünschten Genauigkeit die komplizierte exakte Funktion durch eine mathematisch einfachere anzunähern. Dazu kann ggf. die Potenzreihe, die gegen diese exakte Funktion konvergiert, verwendet und nach endlich vielen Summanden abgebrochen werden – man erhält so ein Polynom, welches die Funktion approximiert. Polynome sind jedoch mathematisch sehr leicht zu behandelnde Funktionen! Konkretere Anwendungen dieser Idee können wir erst nach Behandlung der Theorie vorstellen.

7.3 Potenzreihen

Zunächst müssen wir unseren Potenzreihenbegriff ein wenig verallgemeinern:

Definition:

Es sei $a \in \mathbb{R}$ fest. Eine Reihe der Gestalt $\sum_{k=0}^{\infty} b_k (x-a)^k$ (mit der Variablen x) heißt *Potenzreihe mit Entwicklungspunkt a*.

Potenzreihen, die wir bisher behandelt haben, waren also solche mit Entwicklungspunkt 0. Durch die einfache Koordinatenverschiebung $s = x - a$ erhält man aber im neuen Koordinatensystem für die Variable s eine Potenzreihe mit Entwicklungspunkt 0, auf die sämtliche Ergebnisse und Verfahren dieses Abschnitts angewendet werden können. Durch Rücktransformation $x = s + a$ erhält man daraus für eine Potenzreihe mit Entwicklungspunkt a völlig analoge Resultate, wobei nun die reelle Zahl a die Rolle der 0 übernimmt, etwa: Eine Potenzreihe mit Entwicklungspunkt a ist mindestens an der Stelle a konvergent; das Konvergenzintervall hat die Gestalt $]a-\rho, a+\rho[$, wobei der Konvergenzradius ρ wie bisher aus den b_k berechnet wird; usw.

Um nun die weiter oben aufgeworfene Frage zu beantworten, wie man für eine gegebene Funktion $f(x)$ eine Potenzreihe $\sum_{k=0}^{\infty} b_k (x-a)^k$ (wir benutzen ab jetzt gleich die allgemeinere Form mit beliebigem Entwicklungspunkt a!) erhält, die gegen $f(x)$ konvergiert, wollen wir zunächst andersherum eine Beziehung zwischen den Koeffizienten b_k einer Potenzreihe und Ableitungswerten der dadurch dargestellten Funktion f herleiten:

Auf $]a-\rho, a+\rho[$ konvergiere die Potenzreihe $\sum_{k=0}^{\infty} b_k (x-a)^k$ gegen $f(x)$. Einsetzen von a für die Variable x ergibt: $f(a) = \sum_{k=0}^{\infty} b_k (a-a)^k = b_0$, da für $k \geq 1$ jeder Summand der Reihe 0 ist.

Durch gliedweise Differentiation erhält man – ebenfalls auf $]a-\rho, a+\rho[$:

$f'(x) = \sum_{k=1}^{\infty} k b_k (x-a)^{k-1}$. Setzt man hierin wiederum $x = a$, so verschwinden für $k \geq 2$ alle Summanden, man bekommt $f'(a) = b_1$.

Für festes $m \in \mathbb{N}$, $m \geq 2$, erhält man auf $]a-\rho, a+\rho[$ analog zu (7.3.2):

$f^{(m)}(x) = \sum_{k=m}^{\infty} k(k-1)\cdots(k-m+1)b_k(x-a)^{k-m}$. Beim Einsetzen von $x = a$ bleibt auch hier nur der erste Summand, also der mit $k = m$, übrig. Deshalb ist

$f^{(m)}(a) = m(m-1)\cdots(m-m+1)b_m = m!\,b_m$.

Wegen $0! = 1! = 1$ gilt diese Formel nach obigen Einzelherleitungen auch für $m = 0$ und $m = 1$. Man hat also

$$\boxed{b_m = \frac{f^{(m)}(a)}{m!}} \quad \text{für alle } m \in \mathbb{N}. \tag{7.3.4}$$

Diese Formel zeigt nun umgekehrt auf, wie der m-te Koeffizient einer Potenzreihe aussehen muss, damit diese die gegebene Funktion f als Grenzwert haben kann: Da man die m-te Ableitung von f an der Stelle a dabei benötigt, muss also sichergestellt sein, dass diese existiert. Man erhält damit folgende

Definition:

Es sei $f: \mathbb{D}_f \to \mathbb{R}$ gegeben, es sei f in einer Umgebung von $a \in \mathbb{D}_f$ beliebig oft differenzierbar, es sei $n \in \mathbb{N}$.

(i) Das Polynom (höchstens) n-ten Grades $p_n(x) = \sum_{k=0}^{n} \frac{f^{(k)}(a)}{k!} \cdot (x-a)^k$ heißt das n-te TAYLOR-*Polynom von f bezüglich a*.

(ii) Die Potenzreihe $\sum_{k=0}^{\infty} \frac{f^{(k)}(a)}{k!} \cdot (x-a)^k$ heißt die TAYLOR-*Reihe von f bezüglich a*.

Zusatz: Ist speziell $a = 0$ (dieser Fall kommt häufig vor!), so sagt man einfach „n-tes TAYLOR-*Polynom*" bzw. „TAYLOR-*Reihe*" (ohne „*bezüglich 0*"), dafür ist auch der Terminus „n-tes MCLAURIN-*Polynom*" bzw. „MCLAURIN-*Reihe*" gebräuchlich.

TAYLOR-*Polynom* bzw. TAYLOR-*Reihe* einer gegebenen Funktion f lassen sich also immer dann angeben, wenn die entsprechenden Ableitungen von f existieren, welche Eigenschaften diese jedoch im Hinblick auf f haben, ist damit noch nicht gesagt. Durch Einsetzen von $x = a$ erkennt man ohne großen Aufwand, dass das n-te TAYLOR-Polynom bezüglich a dasjenige Polynom höchstens n-ten Grades ist, das mit f in jeder Ableitung (von der 0-ten bis zur n-ten) an der Stelle a übereinstimmt.

Wir wollen nun folgende wichtige **Fragen** untersuchen:

7.3 Potenzreihen

1. Wie groß ist der Fehler, wenn man $f(x)$ durch das n-te TAYLOR-Polynom ersetzt?

2. Wo konvergiert die TAYLOR-Reihe einer gegebenen Funktion?

3. Unter welcher Bedingung konvergiert die TAYLOR-Reihe – auf ihrem Konvergenzbereich – tatsächlich gegen die Ausgangsfunktion und nicht gegen irgend etwas anderes?

Die zweite Frage lässt sich relativ leicht mit den in diesem Abschnitt besprochenen Techniken für Potenzreihen beantworten, wie etwa in folgendem

Beispiel:

8. Für die Funktion $f(x) = \ln x$ soll die TAYLOR-Reihe bezüglich $a = 1$ angegeben sowie ihr Konvergenzverhalten untersucht werden:

Offensichtlich ist f auf seinem Definitionsbereich $\mathbb{R}^+$ beliebig oft differenzierbar, also lässt sich $f^{(k)}(1)$ für jedes $k \in \mathbb{N}$ berechnen.

Es gilt nun für beliebiges $x \in \mathbb{R}^+$:

$$f'(x) = \frac{1}{x},\ f''(x) = \frac{-1}{x^2},\ f'''(x) = \frac{(-1)(-2)}{x^3} = \frac{2}{x^3},$$

also allgemein für alle $k \geq 1$: $f^{(k)}(x) = \frac{(-1)^{k-1}(k-1)!}{x^k}$.

Einsetzen von $x = 1$ ergibt hieraus für alle $k \geq 1$ den Wert $f^{(k)}(1) = (-1)^{k-1}(k-1)!$ sowie für $k = 0$ $\quad f^{(0)}(1) = \ln 1 = 0$.

Deshalb lautet die TAYLOR-Reihe von $f(x) = \ln x$ bezüglich $a = 1$ gemäß obiger Definition:

$$\sum_{k=0}^{\infty} \frac{f^{(k)}(1)}{k!} \cdot (x-1)^k = \sum_{k=1}^{\infty} \frac{(-1)^{k-1}(k-1)!}{k!} \cdot (x-1)^k = \sum_{k=1}^{\infty} \frac{(-1)^{k-1}}{k} \cdot (x-1)^k$$

Der Konvergenzradius dieser Potenzreihe lässt sich leicht – etwa mittels Quotientenkriterium – als $\rho = 1$ bestimmen. Also ist die TAYLOR-Reihe von $f(x) = \ln x$ zumindest auf $]1 - \rho, 1 + \rho[\ =\ ]0, 2[$ konvergent, außerhalb von $[0, 2]$ aber divergent. Bei Einsetzen von $x = 0$ ergibt sich wegen $(-1)^{2k-1} = -1$ das Negative der – nicht konvergenten – harmonischen Reihe, bei $x = 2$ ergibt sich die – konvergente – alternierende harmonische Reihe.

Insgesamt ist also die TAYLOR-Reihe von $f(x) = \ln x$ bezüglich 1 auf $]0, 2]$ konvergent, also nicht auf dem gesamten Definitionsbereich der Funktion.

Dass die TAYLOR-Reihe von $\ln x$ auf $]0, 2[$ tatsächlich gegen $\ln x$ konvergiert, sieht man etwa folgendermaßen:

Für $q \in]-1, 1[$ ist (geometrische Reihe!) $\dfrac{1}{1-q} = \sum_{l=0}^{\infty} q^l$. Setzt man darin $q = 1 - t$ (mit $t \in]0, 2[$, dem Konvergenzbereich der entstehenden Potenzreihe!) ein, so erhält man: $\dfrac{1}{t} = \sum_{l=0}^{\infty}(1-t)^l = \sum_{l=0}^{\infty}(-1)^l(t-1)^l$. Für festes $x \in]0, 2[$ ergibt sich daraus durch gliedweise Integration der rechten Seite (analog (7.3.3)):

$$\int_1^x \frac{1}{t} dt = \sum_{l=0}^{\infty}\left[\frac{(-1)^l}{l+1}(t-1)^{l+1}\right]_1^x = \sum_{l=0}^{\infty} \frac{(-1)^l}{l+1}(x-1)^{l+1} = \sum_{k=1}^{\infty} \frac{(-1)^{k-1}}{k}(x-1)^k$$

(mit $k = l + 1$)

Elementare Integration der linken Seite ergibt schließlich:

$\ln x = \sum_{k=1}^{\infty} \dfrac{(-1)^{k-1}}{k}(x-1)^k$. Da aber, wie oben erwähnt, die Potenzreihe auch für $x = 2$ konvergent ist und die Grenzfunktion $\ln x$ hier stetig ist, gilt obige Beziehung sogar auf dem Intervall $]0, 2]$. Für $x = 2$ erhält man somit „nebenbei" den Wert $\ln 2$ als Grenzwert der alternierenden harmonischen Reihe.

Obige Reihenentwicklung für die Logarithmusfunktion findet man häufig auch mit der Variablen $s = x - 1$:

$$\ln(1+s) = \sum_{k=1}^{\infty} \frac{(-1)^{k-1}}{k} s^k = s - \tfrac{1}{2}s^2 + \tfrac{1}{3}s^3 - \cdots + \cdots \qquad \text{für alle } s \in]-1, 1]. \quad \square$$

Wir kehren nun zurück zu der mit der Einführung von TAYLOR-Polynom und TAYLOR-Reihe aufgeworfenen ersten und dritten Frage. Beide hängen eng zusammen und werden beantwortet im

Satz von TAYLOR:

> Es sei $f: \mathbb{D}_f \to \mathbb{R}$ gegeben, $a \in \mathbb{D}_f$ und $n \in \mathbb{N}$ fest gewählt. Ferner sei f „genügend oft" (das heißt bei (i) $(n + 1)$-mal, bei (ii) unendlich oft) auf $\mathbb{D}_f$ differenzierbar. Dann gilt:
>
> (i) $f(x) = \sum_{k=0}^{n} \dfrac{f^{(k)}(a)}{k!} \cdot (x-a)^k + \dfrac{f^{(n+1)}(\xi)}{(n+1)!}(x-a)^{n+1}$ für alle $x \in \mathbb{D}_f$; dabei ist ξ ein Wert zwischen x und a.

7.3 Potenzreihen

> (ii) Ist die TAYLOR-Reihe $\sum_{k=0}^{\infty} \frac{f^{(k)}(a)}{k!} \cdot (x-a)^k$ von f bezüglich a konvergent in $x \in \mathbb{D}_f$, so ist dieser Grenzwert genau dann der Funktionswert $f(x)$, wenn $\lim_{n \to \infty} \frac{f^{(n+1)}(\xi)}{(n+1)!}(x-a)^{n+1} = 0$ für jedes ξ zwischen x und a ist.

Die wesentliche Aussage bei (i) besteht darin, dass man – zumindest theoretisch – den Fehler angeben kann, der bei Ersetzen des wahren Funktionswerts $f(x)$ durch den Näherungswert des n-ten TAYLOR-Polynoms entsteht. Das so genannte Restglied $\frac{f^{(n+1)}(\xi)}{(n+1)!}(x-a)^{n+1}$ lässt sich, da man den Wert ξ natürlich im Allgemeinen nicht kennt, nicht exakt berechnen, wohl lässt sich aber aus der Tatsache, dass ξ zwischen a und x liegen muss, eine Abschätzung für den maximalen Betrag des in Frage kommenden Ableitungswerts erhalten. Diese so genannte LAGRANGE-*Darstellung des Restglieds* zeigt darüber hinaus, dass eine desto kleinere Abweichung vom wahren Funktionswert zu erwarten ist, je enger x und a zusammenliegen.

Die Aussage in (ii) ist unmittelbar einsichtig, wenn man sich die Definition der Reihenkonvergenz in Erinnerung ruft: Wenn nämlich für $n \to \infty$ das Restglied gegen 0 geht, so muss dann gemäß (i) die Folge der Partialsummen (das sind ja gerade die TAYLOR-Polynome!) gegen $f(x)$ konvergieren. Bei der Restgliedunter-suchung ist besonders darauf zu achten, dass der Wert von ξ natürlich für jedes $n \in \mathbb{N}$ ein anderer sein kann.

Beispiele:

9. Für die Funktion $f(x) = \tan x$ soll das dritte TAYLOR-Polynom $p_3(x)$ (bezüglich 0) angegeben werden; außerdem ist der Fehler abzuschätzen, den man macht, wenn man auf dem Intervall $\left[-\frac{1}{2}, \frac{1}{2}\right]$ $f(x)$ durch $p_3(x)$ ersetzt:

Zur Berechnung von $p_3(x)$ sowie des Restglieds benötigt man die Ableitungen von $f(x)$ bis zur 4. Ordnung. Es ist

$$f(x) = \tan x \qquad \Rightarrow \qquad f(0) = 0;$$
$$f'(x) = 1 + \tan^2 x \qquad \Rightarrow \qquad f'(0) = 1;$$
$$f''(x) = 2\tan x + 2\tan^3 x \qquad \Rightarrow \qquad f''(0) = 0;$$
$$f'''(x) = 2 + 8\tan^2 x + 6\tan^4 x \qquad \Rightarrow \qquad f'''(0) = 2;$$
$$f^{(4)}(x) = 16\tan x + 40\tan^3 x + 24\tan^5 x \quad .$$

Damit ergibt sich nach Definition des dritten TAYLOR-Polynoms:

$$p_3(x) = \sum_{k=0}^{3} \frac{f^{(k)}(0)}{k!} x^k = 0 + x + 0 + \frac{2}{3!} x^3 = x + \tfrac{1}{3} x^3$$

Um die Güte der Approximation der Tangensfunktion durch ihr drittes TAYLOR-Polynom abzuschätzen, betrachte man zunächst $x \in [0, \tfrac{1}{2}]$. Für das Restglied R ergibt sich in LAGRANGE-Darstellung:

$$R = \frac{f^{(4)}(\xi)}{4!} x^4 = \frac{16 \tan \xi + 40 \tan^3 \xi + 24 \tan^5 \xi}{24} x^4. \qquad (1)$$

Nach dem Satz von TAYLOR ist $\xi \in]0, x[$, also $0 < \xi < \tfrac{1}{2}$. Damit ist wegen des strengen monotonen Wachstums der Tangensfunktion auf diesem Bereich auch $\tan \xi < \tan \tfrac{1}{2} < 0.55$. Mit $x \leq \tfrac{1}{2}$ folgt somit aus (1):

$$0 \leq R \leq \frac{16 \cdot 0.55 + 40 \cdot 0.55^3 + 24 \cdot 0.55^5}{24} \cdot \left(\tfrac{1}{2}\right)^4 \approx 0.044 \,.$$ Da die Tangensfunktion ungerade ist, ergibt sich völlig analog für $x \in [-\tfrac{1}{2}, 0]$: $0 \geq R \geq -0.044$. Insgesamt ist der Approximationsfehler auf dem Intervall $[-\tfrac{1}{2}, \tfrac{1}{2}]$ beträglich also höchstens gleich 0.044.

10. Für die Funktion $f(x) = e^x$ soll die TAYLOR-Reihe angegeben sowie deren Konvergenzverhalten untersucht werden:

Bekanntlich ist $f^{(k)}(x) = e^x$ für jedes $k \in \mathbb{N}$, also $f^{(k)}(0) = 1$. Damit ist die TAYLOR-Reihe $\sum_{k=0}^{\infty} \frac{f^{(k)}(0)}{k!} x^k = \sum \frac{x^k}{k!}$. Den Konvergenzradius dieser Potenzreihe haben wir bereits in einem früheren Beispiel als $\rho = \infty$ bestimmt. Die TAYLOR-Reihe von $f(x) = e^x$ konvergiert demnach auf ganz $\mathbb{R}$, also dem gesamten Definitionsbereich der Funktion. Für $x = 0$ konvergiert die Potenzreihe gegen $b_0 = 1$, also gegen $f(0)$. Dass sie auch für beliebige $x \neq 0$ gegen die e-Funktion konvergiert, zeigt eine Untersuchung des Restglieds:

Für festes $n \in \mathbb{N}$ und $x \in \mathbb{R}^*$ ist $R = \frac{f^{(n+1)}(\xi)}{(n+1)!} x^{n+1} = e^\xi \frac{x^{n+1}}{(n+1)!}$. Ist x positiv, so gilt wegen $0 < \xi < x$ stets $1 < e^\xi < e^x$, ist x negativ, so gilt wegen $0 > \xi > x$ nun $e^\xi < 1$; mit $C = \max\{1, e^x\}$ hat man in jedem Falle eine von ξ unabhängige Größe C, mit der gilt: $0 \leq |R| \leq C \frac{|x|^{n+1}}{(n+1)!}$. Der Ausdruck $\frac{|x|^{n+1}}{(n+1)!}$ geht aber (vgl. Beispiel 4

7.3 Potenzreihen

in Abschnitt 1.7) für $n \to \infty$ gegen 0. Also ist $\lim\limits_{n\to\infty} R = 0$, und zwar für alle $x \in \mathbb{R}$, woraus die Behauptung folgt.

Mit Hilfe der TAYLOR-Polynome der Exponentialfunktion kann man nun den Wert der EULERschen Zahl e mittels elementarer Rechnung beliebig genau bestimmen:

Aus obiger Rechnung weiß man, dass für $x = 1$ die TAYLOR-Reihe gegen $f(1) = e$ konvergiert. Den Fehler R, den man beim Abbruch dieser Reihe nach dem n-ten Summanden macht, kann man wie oben angeben als $R = e^{\xi} \dfrac{1^{n+1}}{(n+1)!}$. Da ξ zwischen 0 und 1 liegt, muss $e^{\xi} < e^1$ sein, von dem wir nach einer früheren elementaren Abschätzung wissen, dass es kleiner als 3 ist (vgl. Kapitel 1). Damit ist $|R| < \dfrac{3}{(n+1)!}$.

Soll nun e mit einem Fehler, der kleiner als ein vorgegebenes ε sein soll, bestimmt werden, so berechnet man aus $\dfrac{3}{(n+1)!} \leq \varepsilon$ denjenigen Wert für n, für den diese Ungleichung erstmals erfüllt ist – wegen der Fakultät im Nenner muss n im Allgemeinen nicht sehr groß sein. $\sum\limits_{k=0}^{n} \dfrac{1}{k!}$ ist dann ein Näherungswert für e, der um weniger als ε vom wahren Wert abweicht.

11. Analog zum Beispiel 10 wollen wir TAYLOR-Polynome und TAYLOR-Reihe für $f(x) = \sin x$ bestimmen. Bekanntlich ist

$$f'(x) = \cos x \, , \ f''(x) = -\sin x \, , \ f'''(x) = -\cos x \, , \ f^{(4)}(x) = \sin x = f^{(0)}(x) \text{ usw.}$$

Setzt man $x = 0$ ein, so sieht man sofort, dass jeder Koeffizient mit geradem Index in der TAYLOR-Reihe wegfällt; für ungerades k ist $\dfrac{f^{(k)}(0)}{k!} = \dfrac{\pm 1}{k!}$. Benutzen wir nun die für ungerade Indices übliche Notation $k = 2l + 1$ und beachten den Vorzeichenwechsel der Koeffizienten, so lässt sich die TAYLOR-Reihe von $f(x) = \sin x$ bequem schreiben als $\sum\limits_{k=0}^{\infty} \dfrac{f^{(k)}(0)}{k!} x^k = \sum\limits_{l=0}^{\infty} \dfrac{(-1)^l}{(2l+1)!} x^{2l+1}$.

Der Konvergenzradius, der sich ähnlich leicht wie im vorigen Beispiel bestimmen lässt, ist ∞. Um festzustellen, wo obige Reihe gegen $\sin x$ konvergiert, untersuchen wir das Restglied in der LAGRANGE-Darstellung:

$$0 \le |R| = \left| \frac{f^{(n+1)}(\xi)}{(n+1)!} x^{n+1} \right| \le \frac{|x|^{n+1}}{(n+1)!} \tag{7.3.5}$$

Der letzte Schritt in (7.3.5) ergibt sich daraus, dass $f^{(n+1)}(\xi)$ für beliebiges n und ξ als Kosinus- bzw. Sinusausdruck betraglich höchstens 1 ist. Da der letzte Ausdruck in (7.3.5) für jedes x gegen 0 geht[1], gilt dies auch für R; die TAYLOR-Reihe konvergiert also überall gegen sin x, als Formel: $\quad \sin x = \sum_{l=0}^{\infty} \frac{(-1)^l}{(2l+1)!} x^{2l+1} \quad \forall x \in \mathbb{R}$.

Was dies anschaulich bedeutet, sieht man besonders schön an den Graphen der TAYLOR-Polynome $p_n(x)$ von $f(x)$, die auch *Schmiegungsparabeln der Ordnung n* von $\mathbb{G}_f$ genannt werden. Dazu skizzieren wir in Bild 7.3.1 $\mathbb{G}_{\sin}$ samt Schmiegungsparabeln bis einschließlich Ordnung 9 auf dem Intervall $-\frac{7\pi}{2} \le x \le \frac{7\pi}{2}$. Es ist

$p_1(x) = x$, $p_3(x) = x - \frac{1}{3!}x^3$, $p_5(x) = x - \frac{1}{3!}x^3 + \frac{1}{5!}x^5$,
$p_7(x) = x - \frac{1}{3!}x^3 + \frac{1}{5!}x^5 - \frac{1}{7!}x^7$, $p_9(x) = x - \frac{1}{3!}x^3 + \frac{1}{5!}x^5 - \frac{1}{7!}x^7 + \frac{1}{9!}x^9$.

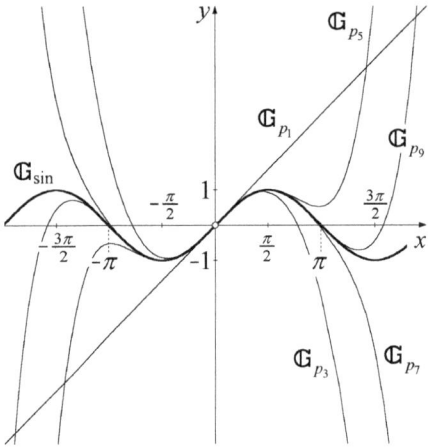

Bild 7.3.1 $\mathbb{G}_{\sin}$ mit Schmiegungsparabeln (Beispiel 11)

Deutlich ist daran zu sehen, wie das Intervall, in dem eine ausreichend genaue Näherung erzielt wird, größer wird, wenn man die Ordnung n genügend weit erhöht. Dies sehen Sie besonders gut an den Stellen $x = \frac{\pi}{2}, \frac{3\pi}{4}, \pi, \frac{5\pi}{4}$, wo Sie die Abweichungen $\Delta_n = p_n(x) - \sin x$ für $n = 1, 3, 5, 7, 9$ einmal berechnen sollten.

---

[1] siehe Beispiel 4 von Abschnitt 1.7

7.3 Potenzreihen

12. Dass die TAYLOR-Reihe einer Funktion im Falle der Konvergenz nicht unbedingt gegen die Funktion selbst konvergieren muss, zeigt etwa das Beispiel der

Funktion $f(x) = \begin{cases} e^{-\frac{1}{x^2}} & \text{für } x \neq 0 \\ 0 & \text{für } x = 0 \end{cases}$.

Diese Funktion ist nämlich nicht nur auf $\mathbb{R}^*$, sondern, wie sich unter Benutzung der Ableitungsdefinition durch vollständige Induktion beweisen lässt, auch in $x = 0$ beliebig oft differenzierbar. Es lässt sich dabei zeigen, dass $f^{(k)}(0) = 0$ für jedes $k \in \mathbb{N}$ ist. In der TAYLOR-Reihe von $f(x)$ sind also alle Koeffizienten gleich 0; die Reihe konvergiert folglich für alle $x \in \mathbb{R}$ gegen die Nullfunktion. Diese ist jedoch verschieden von der Ausgangsfunktion $f(x)$. Eine genaue Analyse des Restglieds würde auch zeigen, dass dieses – wie es nach dem Satz von TAYLOR hinreichend und notwendig wäre – nicht gegen 0 konvergiert. □

Für viele elementare Funktionen konvergiert – zumindest auf einer Teilmenge des Definitionsbereichs – die TAYLOR-Reihe gegen die Ausgangsfunktion. So können Sie analog zu Beispiel 11 leicht selbst zeigen, dass sich $\sum_{k=0}^{\infty}(-1)^k \frac{x^{2k}}{(2k)!}$ als TAYLOR-Reihe von $f(x) = \cos x$ ergibt und diese auf ihrem gesamten Konvergenzbereich – nämlich ganz $\mathbb{R}$ – gegen $\cos x$ konvergiert. Weitere TAYLOR-Entwicklungen elementarer Funktionen unter Angabe des jeweiligen Konvergenzbereichs finden sich in allen einschlägigen Formelsammlungen. Wir erinnern Sie daran, dass wegen des Identitätssatzes für Potenzreihen die TAYLOR-Reihe bezüglich a die einzige Potenzreihe mit Entwicklungspunkt a ist, die gegen die Ausgangsfunktion f konvergieren kann – nicht muss! Demgemäß gibt es keine Potenzreihe mit Entwicklungspunkt 0, die die in Beispiel 12 betrachtete Funktion als Grenzwert hat.

Wie die Tatsache, dass eine gegebene Funktion f Grenzwert einer Potenzreihe ist, sich also durch ihr TAYLOR-Polynom approximieren lässt, für die Lösung verschiedenartiger Probleme angewendet werden kann, zeigen die folgenden

Beispiele:

13. Gesucht sind – falls vorhanden – Schnittpunkte im ersten Quadranten der Graphen von $f(x) = \cos x$ und $g(x) = x^2$. Elementare Überlegungen bezüglich des Verlaufs der beiden Graphen (g ist auf $\mathbb{R}^+$ streng monoton wachsend, f auf $[0, \pi]$ streng monoton fallend, beide Funktionen sind stetig) zeigen, dass es genau eine Stelle x_0 geben muss, wo beide Graphen sich schneiden; x_0 muss zwischen 0 und 1 liegen. Die durch Gleichsetzen erhaltene Gleichung $\cos x = x^2$ (1) ist aber offensichtlich nicht nach x auflösbar. Die TAYLOR-Reihe von $\cos x$ konvergiert (vgl. Formelsammlung) auf ganz $\mathbb{R}$ gegen $\cos x$. Es gilt also für alle $x \in \mathbb{R}$:

$$\cos x = \sum_{k=0}^{\infty}(-1)^k \frac{x^{2k}}{(2k)!} = 1 - \frac{x^2}{2} + \frac{x^4}{24} - \cdots + \cdots$$

Ersetzt man in (1) nun $\cos x$ durch das zweite TAYLOR-Polynom, so erhält man zur Bestimmung von x_0 die rein-quadratische Gleichung $1 - \frac{x^2}{2} = x^2$, woraus sich $x_0 \approx 0.8164$ ergibt.

Um die Genauigkeit zu erhöhen, ersetzt man nun in (1) $\cos x$ durch das vierte TAYLOR-Polynom. Man erhält somit die Gleichung 4. Grades $x^2 = 1 - \frac{x^2}{2} + \frac{x^4}{24}$, die, da sie nur gerade Potenzen enthält, durch die Substitution $y = x^2$ zu einer gemischt-quadratischen Gleichung wird. Von deren beiden positiven reellen Lösungen kommt aber wegen $x_0 < 1$ (s.o.) nur diejenige in Frage, die betraglich kleiner als 1 ist. Deren Quadratwurzel ergibt schließlich $x_0 \approx 0.8243$. Zum Vergleich sei erwähnt, dass ein viel aufwendigeres Iterationsverfahren für die zu (1) äquivalente Gleichung $x = \sqrt{\cos x}$ den Wert $x_0 \approx 0.8241$ ergeben hätte.

14. Die auf $\mathbb{R}^*$ definierte und stetige Funktion $f(x) = \frac{x - \sin x}{x^3}$ kann wegen $\lim_{x \to 0} f(x) = \frac{1}{6}$ (etwa mit der Regel von de l'HOSPITAL) zu einer auf ganz $\mathbb{R}$ stetigen Funktion fortgesetzt werden, die im Folgenden der Einfachheit halber auch mit f bezeichnet werden soll. Wegen der Stetigkeit muss f eine Stammfunktion F mit $F(0) = 0$ besitzen, die sich nach den Regeln der Integralrechnung (theoretisch) als

$$F(x) = \int_0^x \frac{t - \sin t}{t^3} dt$$

angeben lässt. Man stellt jedoch schnell fest, dass sich obiges Integral nicht elementar berechnen lässt. Deshalb gibt man sich damit zufrieden, ein Polynom $p(x)$ mit kleinstmöglichem Grad anzugeben, dessen Funktionswerte auf $[-3, 3]$ um höchstens 0.001 von $F(x)$ abweichen.

Um dieses zu bestimmen, soll der Integrand zunächst einmal als Potenzreihe dargestellt werden:

7.3 Potenzreihen

Für alle $t \in \mathbb{R}$ ist laut Formelsammlung

$$\sin t = \sum_{k=0}^{\infty}(-1)^k \frac{t^{2k+1}}{(2k+1)!} = t - \frac{t^3}{6} + \frac{t^5}{120} - \cdots, \text{ also}$$

$$t - \sin t = \sum_{k=1}^{\infty}(-1)^{k+1}\frac{t^{2k+1}}{(2k+1)!} = \frac{t^3}{6} - \frac{t^5}{120} + \frac{t^7}{5040}\cdots.$$

Die Summanden in der letzten Summe enthalten alle zumindest t^3, so dass für $t \neq 0$ Division durch t^3 möglich ist:

$$\frac{t - \sin t}{t^3} = \sum_{k=1}^{\infty}(-1)^{k+1}\frac{t^{2k-21}}{(2k+1)!} = \sum_{l=0}^{\infty}(-1)^l \frac{t^{2l}}{(2l+3)!} = \frac{1}{6} - \frac{t^2}{120} + \frac{t^4}{5040}\cdots.$$

Aber auch für $t = 0$ ist $f(0)$ gleich dem Wert obiger Potenzreihe, nämlich $\frac{1}{6}$. Damit erhält man durch gliedweise Integration der Potenzreihe:

$$F(x) = \int_0^x \left(\sum_{l=0}^{\infty}(-1)^l \frac{t^{2l}}{(2l+3)!}\right) dt = \sum_{l=0}^{\infty}(-1)^l \frac{x^{2l+1}}{(2l+1)\cdot(2l+3)!}.$$

Diese Potenzreihe konvergiert also für alle $x \in \mathbb{R}$ gegen die gesuchte Stammfunktion $F(x)$ und ist offensichtlich für jedes feste $x \in \mathbb{R}$ alternierend. Nach dem LEIBNIZ-Kriterium ist der Fehler, verursacht durch Abbruch der Summe nach n Summanden, kleiner als der Betrag des nächsten, also (mit $l = n + 1$)

$$|a_{n+1}| = \left|(-1)^{n+1}\frac{x^{2n+3}}{(2n+3)\cdot(2n+5)!}\right|.$$

Wegen $x \in [-3, 3]$ muss also n durch Probieren so bestimmt werden, dass
$$\frac{3^{2n+3}}{(2n+3)\cdot(2n+5)!} < 0{,}001 \text{ wird. Dies ist schon ab } n = 2 \text{ der Fall.}$$

Das gesuchte Polynom $p(x)$ ergibt sich also durch Abbruch der Reihe bei $n = 2$, das heißt
$$p(x) = \sum_{l=0}^{2}(-1)^l \frac{x^{2l+1}}{(2l+1)\cdot(2l+3)!} = \tfrac{1}{6}x - \tfrac{1}{360}x^3 + \tfrac{1}{25200}x^5.$$

Übungsaufgaben:

1. Auf $\mathbb{R}^*$ sei $f(x) = \dfrac{(x^2+1) \cdot \sin x}{x}$ gegeben. Man zeige zunächst, dass sich $f(x)$ auf ganz $\mathbb{R}$ stetig fortsetzen lässt und gebe dann eine Potenzreihe mit Entwicklungspunkt 0 an, die gegen $f(x)$ konvergiert (incl. Konvergenzbereich!). Wie drückt sich die Symmetrieeigenschaft von $f(x)$ in der Form der Potenzreihe aus?

2. Geben Sie eine Potenzreihenentwicklung um 0 der stetigen Fortsetzung von $f(x) = \dfrac{1}{x} \cdot \ln \dfrac{1+x^2}{e^{x^2}}$ und deren Konvergenzradius an.

3. Geben Sie die TAYLOR-Reihe von $f(x) = e^{-x^2}$ und deren Konvergenzradius an. Berechnen Sie damit $\int_0^1 e^{-x^2} dx$ näherungsweise mit einem Fehler, der höchstens gleich 0.001 ist.

4. Für die für $x \neq -2$ definierte Funktion $f(x) = \dfrac{8x^4}{8+x^3}$ sollen die TAYLOR-Reihe und deren Konvergenzbereich angegeben werden. Berechnen Sie damit $\int_0^1 f(x)\,dx$ näherungsweise mit einem Fehler ≤ 0.001.

5. Berechnen Sie den Konvergenzradius von $\sum\limits_{k=0}^{\infty} 3 \cdot (-1)^k 2^{2k} x^{2k+3}$ und bestimmen Sie diejenige Funktion $f(x)$, die durch diese Potenzreihe dargestellt wird.

6. Für welche $x \in \mathbb{R}$ ist die Reihe $\sum\limits_{k=0}^{\infty} (\sin x) e^{-2kx}$ konvergent? Geben Sie für diese x den Grenzwert der Reihe an.

7.4 FOURIER-Reihen

In diesem Abschnitt wollen wir uns mit einer Reihendarstellung speziell für P-periodische Funktionen[1] beschäftigen. Neben der Periodizität der betrachteten Funktion f wollen wir außerdem fordern, dass f auf einem beliebigen Intervall der Länge P *stückweise* (bzw. *abschnittsweise*) *stetig*[2] ist, das bedeutet:

Definition:

> Eine Funktion $f(x)$ heißt *stückweise stetig* auf dem Intervall $[a, b]$, wenn $f(x)$ auf $[a, b]$ höchstens endlich viele Unstetigkeitsstellen x_i $(i = 1,\cdots,n)$ besitzt und die „Sprünge" in allen Unstetigkeitsstellen endlich sind, das heißt, dass $\lim\limits_{x \to x_i-} f(x)$ und $\lim\limits_{x \to x_i+} f(x)$ in $\mathbb{R}$ existieren, also insbesondere nicht $+\infty$ oder $-\infty$ sind.

Es ist unmittelbar klar, dass alle auf einem Intervall $[a, b]$ stetigen Funktionen dort natürlich auch stückweise stetig sind, da sie ja überhaupt keine Unstetigkeitsstellen besitzen. Die stetigen Funktionen allein reichen jedoch für die Beschreibung aller ingenieurmäßigen Aufgaben, insbesondere in der Elektrotechnik, nicht aus (vgl. etwa die später behandelte *Kippschwingung*). Andererseits ließe sich die Theorie der FOURIER-Entwicklung auf einer noch größeren – abstrakten – Funktionenklasse abhandeln. Da für unsere Anwendungszwecke die Menge aller stückweise stetigen Funktionen immer ausreicht, wollen wir diese Eigenschaft für f nun stets voraussetzen. Beachten Sie, dass für eine auf einem Intervall $[a, b]$ stückweise stetige Funktion das Integral $\int_a^b f(x)dx$ existiert (vgl. Abschnitt 5.6).

Eine wichtige, anschaulich unmittelbar einleuchtende Eigenschaft P-periodischer Funktionen ist, dass man das Integral über eine ganze Periode an jeder beliebigen Stelle beginnen kann, als Formel[3]:
$$\int_0^P f(x)dx = \int_a^{a+P} f(x)dx \quad \forall\, a \in \mathbb{R} \qquad (7.4.1)$$

Des Weiteren lässt sich jede P-periodische Funktion durch eine einfache Variablentransformation in eine 2π-periodische Funktion verwandeln (und umgekehrt).

---

[1] Zur Definition P-periodischer Funktionen siehe Abschnitt 1.2, S. 24
[2] Wir wiederholen hier wegen ihrer Wichtigkeit die Definition von S. 158.
[3] Den Beweis dieser Formel, der im Wesentlichen die Substitutionsregel benutzt, empfehlen wir Ihnen als gute Wiederholung elementarer Integrationstechniken!

Es gilt nämlich: Ist f P-periodisch, so ist die durch $g(x) = f\left(\dfrac{P}{2\pi}x\right)$ definierte Funktion g 2π-periodisch; hat umgekehrt g die Periode 2π, so hat die durch $f(x) = g\left(\dfrac{2\pi}{P}x\right)$ definierte Funktion f die Periode P. Wir können uns also bei der Weiterentwicklung der Theorie zunächst auf 2π-periodische Funktionen beschränken, insbesondere auch deshalb, da wir hier mit Sinus- und Kosinusfunktion bereits konkrete Beispiele kennen; die Übertragung auf beliebige Perioden P erfolgt dann einfach durch Benutzung obiger Transformationsformeln.

Wie $\sin x$ ist – mit beliebigem $k \in \mathbb{N}$ – auch $\sin kx$ 2π-periodisch; Entsprechendes gilt genauso für die Kosinusfunktion. Da Linearkombinationen 2π-periodischer Funktionen wieder solche ergeben, erhält man somit eine ganze Klasse 2π-periodischer Funktionen durch die folgende

Definition:

> Es seien $n \in \mathbb{N}$ und $a_0, a_1, \cdots, a_n, b_1, \cdots, b_n \in \mathbb{R}$ gegeben.
>
> Eine Funktion der Gestalt $p(x) = \dfrac{a_0}{2} + \sum_{k=1}^{n} (a_k \cos kx + b_k \sin kx)$ heißt *trigonometrisches Polynom*.

Beachten Sie hier besonders die Form $\dfrac{a_0}{2}$ des konstanten Gliedes! Dass nicht die näher liegende Form a_0 gewählt wurde, hat zur Folge, dass später einige Formeln ein einheitlicheres Aussehen haben [1].

Dass sich nicht jede stückweise stetige 2π-periodische Funktion als trigonometrisches Polynom darstellen lassen kann, ist schon deshalb einsichtig, da diese – wegen der Stetigkeit von Sinus- und Kosinusfunktion – automatisch überall stetig sind, es aber durchaus nicht überall stetige 2π-periodische Funktionen gibt (siehe auch untenstehende Beispiele und Übungsaufgaben, etwa die Sägezahnkurve). Es stellt sich aber nun – ähnlich wie bei TAYLOR-Polynomen! – die Frage, wie ein trigonometrisches Polynom $p(x)$ aussehen muss, damit es eine gegebene 2π-periodische Funktion $f(x)$ „möglichst gut" approximiert. Bevor wir jedoch dieser Frage nachgehen können, muss zunächst präzisiert werden, was „möglichst gut" hier bedeuten soll.

---

[1] Verschiedentlich findet man hier auch a_0; bei der Berechnung der FOURIER-Koeffizienten muss man dann jedoch mehr Aufwand treiben.

7.4 FOURIER-Reihen

Um dies zu tun, muss man sich zunächst ein Maß Δ überlegen, mit dem die Größe der Gesamtabweichung zwischen zwei 2π-periodischen Funktionen $f(x)$ und $p(x)$ sinnvoll dargestellt werden kann. Bestünde der gemeinsame Definitionsbereich der beiden Funktionen nur aus endlich vielen Elementen $x_1, \cdots, x_n$, so wäre es nahe liegend, die Beträge der Funktionsdifferenzen an allen Stellen aufzuaddieren: $\sum_{i=1}^{n}|f(x_i) - p(x_i)|$. Statt des Absolutbetrages könnte man auch das Quadrat der Differenz nehmen, da sich dies im Allgemeinen besser rechnerisch handhaben lässt: $\sum_{i=1}^{n}(f(x_i) - p(x_i))^2$. Da aber der Definitionsbereich ein Intervall ist, wird die Summe durch ein Integral ersetzt: $\Delta = \int_0^{2\pi}(f(x) - p(x))^2 dx$.

Für eine feste gegebene Funktion $f(x)$ wird also ein trigonometrisches Polynom $p(x)$ derart gesucht, dass Δ möglichst klein wird. Bei festem n sind dazu in $p(x)$ die Koeffizienten $a_0, a_1, \cdots, a_n, b_1, \cdots, b_n \in \mathbb{R}$ unabhängig voneinander veränderlich, Δ ist also eine Funktion der $2n+1$ reellen Veränderlichen $a_0, a_1, \cdots, a_n, b_1, \cdots, b_n$. Solche Funktionen werden wir in Kapitel 8 noch detaillierter besprechen; es stellt sich dort heraus, dass es wie bei einer Veränderlichen Verfahren zur Bestimmung von Extremwerten gibt. In Abschnitt 8.4 werden wir als Beispiel ausführlich die Rechnung vorführen, deren Ergebnis wir hier schon einmal vorwegnehmen wollen:

Satz:

> Von allen trigonometrischen Polynomen $p(x) = \dfrac{a_0}{2} + \sum_{k=1}^{n}(a_k \cos kx + b_k \sin kx)$ (mit festem $n \in \mathbb{N}$) approximiert dasjenige eine gegebene 2π-periodische Funktion $f(x)$ am besten, dessen Koeffizienten durch
>
> $$a_m = \frac{1}{\pi}\int_0^{2\pi} f(x)\cos mx\, dx \qquad \text{(für } m \in \{0, \ldots, n\}\text{)} \qquad (7.4.2)$$
>
> und $\quad b_m = \dfrac{1}{\pi}\int_0^{2\pi} f(x)\sin mx\, dx \qquad \text{(für } m \in \{0, \ldots, n\}\text{)} \qquad (7.4.3)$
>
> gegeben sind.

Nun wird also klar, warum wir die Konstante $\frac{a_0}{2}$ und nicht a_0 genannt haben: man müsste sich sonst nämlich für a_0 und a_m verschiedene Formeln merken! Die a_m und b_m lassen sich offensichtlich für jedes $m \in \mathbb{N}$ bestimmen; man erhält die

Definition:

Es sei $f(x)$ eine beliebige 2π-periodische Funktion. Dann heißen die durch

$$a_m = \frac{1}{\pi} \int_0^{2\pi} f(x) \cos mx\, dx \text{ (für } m \in \mathbb{N}\text{)} \text{ und } b_m = \frac{1}{\pi} \int_0^{2\pi} f(x) \sin mx\, dx \text{ (für } m \in \mathbb{N}^+\text{)}$$

gegebenen reellen Zahlen die FOURIER-*Koeffizienten* der Funktion $f(x)$.

Wir verallgemeinern nun unsere Überlegungen auf eine beliebige P-periodische Funktion $f(x)$:

Die daraus erhaltene Funktion $g(x) = f\left(\frac{P}{2\pi}x\right)$ ist 2π-periodisch; es gibt demnach ein trigonometrisches Polynom $q(x) = \frac{a_0}{2} + \sum_{k=1}^n (a_k \cos kx + b_k \sin kx)$, welches $g(x)$ bestmöglich approximiert. Durch die Rücktransformation $x \mapsto \frac{2\pi}{P}x$ ergibt sich daraus das gesuchte trigonometrische Polynom $p(x)$ für die Ausgangsfunktion $f(x)$ – nun mit der Periode P – zu $p(x) = \frac{a_0}{2} + \sum_{k=1}^n \left[a_k \cos\left(k\frac{2\pi}{P}x\right) + b_k \sin\left(k\frac{2\pi}{P}x\right)\right]$.

Dabei sind die a_k und b_k die FOURIER-Koeffizienten der 2π-periodischen Funktion $g(x)$ gemäß obiger Definition. Sinnvollerweise sollen sie nun durch einen Ausdruck, der die Ausgangsfunktion $f(x)$ enthält, dargestellt werden. Man erhält mittels Substitutionsregel:

$$a_m = \frac{1}{\pi} \int_0^{2\pi} g(x) \cos mx\, dx = \frac{1}{\pi} \int_0^{2\pi} f\left(\frac{P}{2\pi}x\right) \cos mx\, dx = \frac{2}{P} \int_0^P f(x) \cos\left(m\frac{2\pi}{P}x\right) dx$$

bzw. $b_m = \frac{2}{P} \int_0^P f(x) \sin\left(m\frac{2\pi}{P}x\right) dx$.

7.4 FOURIER-Reihen

Es ergibt sich als

Zusammenfassung:

Von allen trigonometrischen Polynomen der Form

$p(x) = \dfrac{a_0}{2} + \sum_{k=1}^{n}\left[a_k \cos\left(k\dfrac{2\pi}{P}x\right) + b_k \sin\left(k\dfrac{2\pi}{P}x\right)\right]$ (mit festem $n \in \mathbb{N}$) approximiert dasjenige eine gegebene P-periodische Funktion $f(x)$ am besten, bei dem die a_m und b_m die FOURIER-Koeffizienten der P-periodische Funktion $f(x)$ sind, also:

$$a_m = \frac{2}{P}\int_0^P f(x)\cos\left(m\frac{2\pi}{P}x\right)dx \quad \text{(mit } m \in \mathbb{N}) \tag{7.4.4}$$

und $\quad b_m = \dfrac{2}{P}\displaystyle\int_0^P f(x)\sin\left(m\dfrac{2\pi}{P}x\right)dx \quad$ (mit $m \in \mathbb{N}^+$) $\qquad$ (7.4.5).

Die Berechnung der FOURIER-Koeffizienten vereinfacht sich wesentlich, wenn die betrachteten Funktionen $f(x)$ Symmetrien besitzen. Es gilt nämlich:

Satz:

Es sei f eine beliebige P-periodische Funktion, a_m und b_m ihre FOURIER-Koeffizienten. Dann gilt [1]:

(i) Ist f gerade, so sind alle $b_m = 0$ und $a_m = \dfrac{4}{P}\displaystyle\int_0^{\frac{P}{2}} f(x)\cos\left(m\dfrac{2\pi}{P}x\right)dx$. (7.4.6)

(ii) Ist f ungerade, so sind alle $a_m = 0$ und $b_m = \dfrac{4}{P}\displaystyle\int_0^{\frac{P}{2}} f(x)\sin\left(m\dfrac{2\pi}{P}x\right)dx$. (7.4.7)

Zur Anwendung dieses Satzes betrachten wir nun zunächst folgendes

Beispiel:

1. Mit einer beliebigen Konstanten $C \in \mathbb{R}$ sei $f(x)$ die Gleichung der folgenden *Sägezahnkurve* mit Periode $P = 2$ (vgl. Bild 7.4.1):

---

[1] Der Satz gilt auch, wenn die entsprechende Symmetriebedingung für f an endlich vielen Stellen des Definitionsbereichs nicht erfüllt ist. Dies tritt gerade an Intervalleckpunkten öfter ein (vgl. das folgende Beispiel der Sägezahnkurve).

$$f(x) = \begin{cases} Cx & \text{für } x \in [-1,1[\\ \text{mit Periode 2 fortgesetzt sonst} \end{cases}.$$

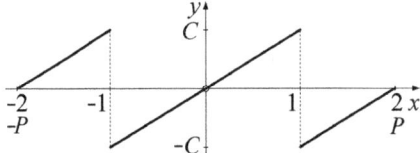

Bild 7.4.1: Sägezahnkurve mit $P = 2$

Da f ungerade ist (bis auf die Stelle $x = 1$ im gegebenen Periodizitätsintervall), sind alle $a_m = 0$. Für die b_m gilt mit (7.4.7):

$$b_m = \frac{4}{P}\int_0^{\frac{P}{2}} f(x)\sin\left(m\frac{2\pi}{P}x\right)dx = \frac{4}{2}\int_0^1 Cx\sin(m\pi x)dx = 2C\left[\frac{\sin(\pi m x)}{\pi^2 m^2} - \frac{x\cos(\pi m x)}{\pi m}\right]_0^1$$

$$= 2C\left[\underbrace{\frac{\sin(\pi m)}{\pi^2 m^2}}_{=0} - \frac{\cos(\pi m)}{\pi m} - 0 + 0\right] = \frac{2C}{\pi}\cdot\frac{(-1)^{m+1}}{m}$$

Für festes $n \in \mathbb{N}$ lässt sich nun das trigonometrische Polynom $p(x)$ angeben, das die Sägezahnkurve bestmöglich approximiert. Es ergibt sich mit den oben berechneten FOURIER-Koeffizienten

$$p(x) = \underbrace{\frac{a_0}{2}}_{=0} + \sum_{k=1}^n\left[\underbrace{a_k}_{=0}\cos\left(k\frac{2\pi}{2}x\right) + b_k\sin\left(k\frac{2\pi}{2}x\right)\right]$$

$$= \sum_{k=1}^n \frac{2C}{\pi}\cdot\frac{(-1)^{k+1}}{k}\sin(k\pi x)$$

$$= \frac{2C}{\pi}\left[\sin(\pi x) - \tfrac{1}{2}\sin(2\pi x) + \tfrac{1}{3}\sin(3\pi x) - \cdots + \frac{(-1)^{n+1}}{n}\sin(n\pi x)\right]$$

7.4 FOURIER-Reihen

In Bild (7.4.2) sind die Graphen dieser trigonometrischen Polynome für die Werte 2, 5, 10 und 20 für n dargestellt. □

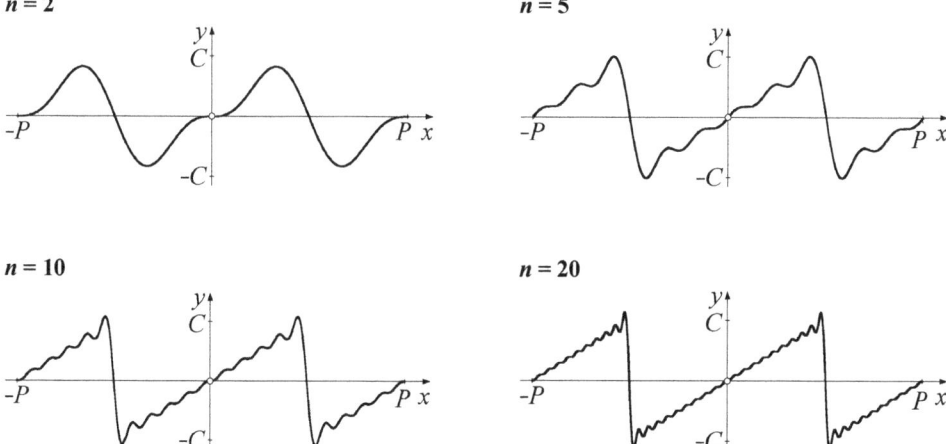

Bild 7.4.2: Trigonometrische Polynome der Sägezahnkurve aus jeweils n Summanden

Wir haben bisher das trigonometrische Polynom mit den FOURIER-Koeffizienten der gegebenen Funktion $f(x)$ als bestmögliche Approximation erkannt, wenn $n \in \mathbb{N}$ fest gewählt ist. Bild (7.4.2) zeigt, dass die Graphen der trigonometrischen Polynome mit wachsendem n dem Verlauf der Sägezahnkurve immer ähnlicher werden.

Die Frage ist nun – völlig analog zur Situation bei der TAYLOR-Entwicklung! – nahe liegend, ob sich die Approximation von $f(x)$ mit wachsendem n beliebig verbessern lässt, anders formuliert: Konvergieren obige trigonometrischen Polynome für $n \to \infty$ gegen die Ausgangsfunktion? Zunächst formulieren wir die

Definition:

Für eine beliebige P-periodische Funktion $f(x)$ heißt
$$S(x) = \frac{a_0}{2} + \sum_{k=1}^{\infty}\left[a_k \cos\left(k\frac{2\pi}{P}x\right) + b_k \sin\left(k\frac{2\pi}{P}x\right)\right]$$
die FOURIER-*Reihe* von $f(x)$; dabei sind die a_m und b_m die gemäß (7.4.4) und (7.4.5) definierten FOURIER-Koeffizienten der gegebenen Funktion.

Für welche $x \in \mathbb{R}$ die FOURIER-Reihe einer gegebenen P-periodischen Funktion $f(x)$ überhaupt konvergiert und ob sie ggf. gegen den Funktionswert $f(x)$ konvergiert, muss noch genauer untersucht werden. Hierzu gibt es verschiedene tief liegende Resultate. Dabei werden Bedingungen für die Funktion $f(x)$ formuliert, die weniger einschränkend – aber auch schwerer überprüfbar – sind als die unten genannten. Die für unsere Anwendungszwecke vollauf ausreichenden Eigenschaften, die eine Funktion erfüllen muss, heißen

DIRICHLETsche Bedingungen:

Es sei $f(x)$ eine P-periodische Funktion, für die gelte:

1. Auf $[0, P]$ ist $f(x)$ stückweise stetig und

2. neben den eventuell vorhandenen Unstetigkeitsstellen x_i gibt es in $[0, P]$ höchstens endlich viele weitere Stellen, in denen $f'(x)$ nicht stetig ist („Knickstellen").

Dann konvergiert die FOURIER-Reihe $S(x)$ für jedes $x \in \mathbb{R}$, und zwar

a) gegen $f(x)$ in allen Stetigkeitsstellen sowie

b) gegen $\frac{1}{2}\left[\lim\limits_{x \to x_i-} f(x) + \lim\limits_{x \to x_i+} f(x)\right]$ (das arithmetische Mittel der beiden einseitigen Limites!) an allen Unstetigkeitsstellen x_i.

Wir wollen diesen Satz auf zwei Beispiele anwenden:

Beispiele:

1. Wir betrachten noch einmal die in Beispiel 1 besprochene *Sägezahnkurve* mit

$$f(x) = \begin{cases} Cx & \text{für } x \in [-1, 1[\\ \text{mit Periode 2 fortgesetzt sonst} \end{cases}.$$

Auf $[0, P]$ hat f nur die beiden Unstetigkeitsstellen -1 und $+1$; überall sonst ist $f'(x) = C$, was als konstante Funktion natürlich stetig ist. Die DIRICHLETschen Bedingungen sind also erfüllt; $S(x)$ konvergiert somit auf ganz $\mathbb{R}$, und zwar an jeder Stetigkeitsstelle gegen $f(x)$. An den Unstetigkeitsstellen, also für $x_i =$ ungerade Zahl, konvergiert die FOURIER-Reihe gegen

$$\frac{1}{2}\left[\lim_{x \to x_i-} f(x) + \lim_{x \to x_i+} f(x)\right] = -C + C = 0 .$$

Nach unserer bereits durchgeführten Rechnung sind in $S(x)$

$$\text{alle } a_m = 0 \quad \text{und} \quad b_m = \frac{2C}{\pi} \cdot \frac{(-1)^{m+1}}{m} .$$

7.4 FOURIER-Reihen

Also ist

$$S(x) = \underbrace{\frac{a_0}{2}}_{=0} + \sum_{k=1}^{\infty}\left[\underbrace{a_k}_{=0}\cos\left(k\frac{2\pi}{P}x\right) + b_k\sin\left(k\frac{2\pi}{P}x\right)\right]$$

$$= \frac{2C}{\pi}\sum_{k=1}^{\infty}\frac{(-1)^{k+1}}{k}\sin(k\pi x)$$

$$= \frac{2C}{\pi}\left[\sin(\pi x) - \tfrac{1}{2}\sin(2\pi x) + \tfrac{1}{3}\sin(3\pi x) - \cdots\right]$$

Die Konvergenz der FOURIER-Reihe $S(x)$ an jeder Stelle $x \in \mathbb{R}$ kann man hier auch noch folgendermaßen ausnutzen:

Setzt man in obige Form $x = \tfrac{1}{2}$ ein, so erhält man $S(\tfrac{1}{2}) = \frac{2C}{\pi}\sum_{l=0}^{\infty}\frac{(-1)^l}{2l+1}$.

Andererseits ist $x = \tfrac{1}{2}$ eine Stetigkeitsstelle von f, weshalb $S(\tfrac{1}{2}) = f(\tfrac{1}{2}) = \frac{C}{2}$ ist.

Insgesamt ergibt sich damit: $\pi = \sum_{l=0}^{\infty}\frac{4\cdot(-1)^l}{2l+1}$, ein Resultat, auf das wir in Zusammenhang mit der Behandlung von LEIBNIZ-Reihen bereits ohne Beweis hingewiesen haben. □

2. Ein Wechselstrom kann (unter Vernachlässigung einer konstanten Amplitude) durch $y = \sin \omega t$ beschrieben werden. Dabei ist ω die Kreisfrequenz und t die Zeit, (Bild 7.4.3). Wird dieser durch einen Zweiweg-Gleichrichter geschickt, so entsteht der in Bild 7.4.4 dargestellte Graph, der mathematisch dem Übergang zum Absolutbetrag der Funktion entspricht. Gesucht ist nun die FOURIER-Reihe für diesen gleichgerichteten Wechselstrom.

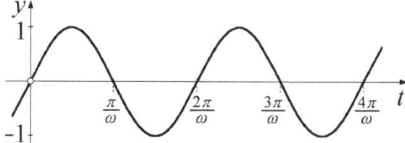

Bild 7.4.3: Wechselstrom

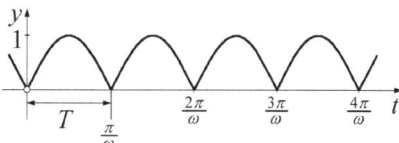

Bild 7.4.4: Gleichgerichteter Wechselstrom

Nach der Gleichrichtung haben wir für $0 \le t \le \frac{\pi}{\omega}$ die Funktion $y = f(t) = \sin \omega t$, die periodisch mit der Periodenlänge $T = \frac{\pi}{\omega}$ (Schwingungsdauer) fortgesetzt wird. Da $f(t)$ gerade ist, sind alle $b_m = 0$; für die a_m erhalten wir mit (7.4.6):

$$a_m = \frac{4\omega}{\pi} \int_0^{\frac{\pi}{2\omega}} \sin(\omega t)\cos\left(m\frac{2\pi\omega}{\pi}t\right)dt = \frac{4\omega}{\pi}\int_0^{\frac{\pi}{2}} \frac{1}{\omega}\sin(x)\cos(2mx)dx$$

$$= \frac{2}{\pi}\left[-\frac{\cos(1-2m)x}{1-2m} - \frac{\cos(1+2m)x}{1+2m}\right]_0^{\frac{\pi}{2}} = -\frac{4}{\pi}\cdot\frac{1}{(2m-1)(2m+1)}$$

Damit ergibt sich die FOURIER-Reihe für $f(t)$ zu

$$S(t) = \frac{2}{\pi} - \frac{4}{\pi}\sum_{k=1}^{\infty} \frac{\cos(2k\omega t)}{(2k-1)(2k+1)} = \frac{2}{\pi} - \frac{4}{\pi}\left(\frac{\cos 2\omega t}{1\cdot 3} + \frac{\cos 4\omega t}{3\cdot 5} + \frac{\cos 6\omega t}{5\cdot 7} + \ldots\right)$$

Da $f(t)$ überall stetig und nur für ganzzahlige Vielfache von T nicht differenzierbar ist, sind die DIRICHLETschen Bedingungen erfüllt – $S(t)$ konvergiert also überall gegen $f(t)$. Speziell für $t = 0$ ergibt sich somit:

$$0 = f(0) = S(0) = \frac{2}{\pi} - \frac{4}{\pi}\sum_{k=1}^{\infty} \frac{\cos(0)}{(2k-1)(2k+1)},$$ woraus wir $\frac{1}{2}$ als Grenzwert der Reihe $\sum_{k=1}^{\infty} \frac{1}{(2k-1)(2k+1)} = \frac{1}{1\cdot 3} + \frac{1}{3\cdot 5} + \frac{1}{5\cdot 7} + \cdots$ erhalten. □

Übungsaufgaben:

1. Geben Sie die FOURIER-Reihe der Funktion $f(x)$ an, die sich als die 2π-periodische Fortsetzung der auf $[-\pi, \pi[$ durch $f(x) = x\sin x$ gegebenen Funktion darstellen lässt und untersuchen Sie ihr Konvergenzverhalten.

2. Führen Sie die gleichen Untersuchungen wie in Aufgabe 1 für die π-periodische Fortsetzung der auf $[0, \pi[$ durch $f(x) = -x$ gegebenen Funktion durch.

3. Führen Sie die gleichen Untersuchungen wie in Aufgabe 1 für die 2π-periodische Fortsetzung der auf $[-\pi, \pi[$ durch $f(x) = e^{-|x|}$ gegebenen Funktion durch.

8 Funktionen mehrerer Variabler

In die linke vordere Fußbodenecke des Hörsaals legen wir den Ursprung O eines rechtwinkligen räumlichen Koordinatensystems. Die x- und die y-Achse liegen auf beiden Fußbodenkanten, die z-Achse vertikal auf der Wandkante. Jeder Punkt des Raums ist dann durch Vorgabe seiner Koordinaten x, y, z eindeutig bestimmt. Wir nehmen an, dass die Heizung in Betrieb ist, um uns möglichst gut die unterschiedliche Verteilung der Temperatur ϑ an verschiedenen Stellen des Hörsaals vorstellen zu können. Von jedem Punkt des Raums aus lässt sich jetzt jede der drei Koordinaten unabhängig von den anderen verändern; so gelangen wir zu irgendwelchen anderen Punkten – mit anderen Temperaturen, denn sicher ist ϑ nicht überall im Raum konstant. Wählen wir das Koordinatentripel (x, y, z) so, dass es zu einem Punkt direkt auf der Heizkörperoberfläche gehört, so hat ϑ dort bestimmt einen höheren Wert als in der gegenüberliegenden Ecke des Fußbodens. Gehen wir von dort aus nach oben (x und y bleiben also gleich, z nimmt zu) wird ϑ wieder größer, weil die Wärme nach oben steigt. Nachdem an jedem Punkt des Raums *genau eine* Temperatur herrscht, schließen wir: ϑ ist ein Funktionswert der *drei* unabhängigen Variablen x, y, z : $\vartheta = f(x, y, z)$, s. Bild 8.1.

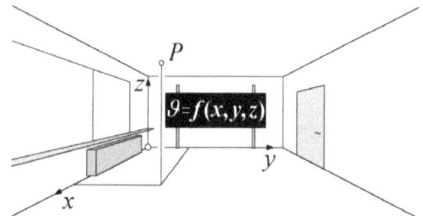

Bild 8.1: Temperatur ϑ

Überlegen Sie nun selbst, ob aus ϑ vielleicht ganz schnell ein Funktionswert von *vier* unabhängigen Variablen (statt nur von *drei*) werden könnte: Wodurch könnte ϑ noch verändert werden, wenn wir am selben Punkt bleiben, also x, y, z nicht ändern?

Richtig: Wir müssten unsere Untersuchung lediglich während der Aufheiz- oder Abkühlungsphase des Heizkörpers machen. Dann wird ϑ auch noch abhängig von der Zeit t, und wir kommen zu $\vartheta = g(x, y, z, t)$.

Egal, wie groß die Anzahl der unabhängigen Variablen ist, stets haben wir es mit *einer* abhängigen Variablen zu tun, dem Funktionswert. Ein Funktionswert von n unabhängigen Variablen sieht dann so aus:

$$y = f(x_1, x_2, ..., x_n)$$

$x_1, x_2, ..., x_n$ sind die n unabhängigen Variablen, y ist als Resultatwert die eine abhängige Variable. Der Definitionsbereich $\mathbb{D}_f$ besteht aus den n-*Tupeln* $(x_1, x_2, ..., x_n)$, die als Eingabewerte auftreten können. Demgemäß ist $\mathbb{D}_f \subseteq \mathbb{R}^n$ und eine Funktion von n reellen Veränderlichen genau genommen eine Funktion, deren Argument jeweils <u>ein</u> Vektor/Punkt des n-dimensionalen Raumes ist. Diese Betrachtungsweise ist wichtig, damit die Konsistenz mit dem allgemeinen Funktionsbegriff, wie er im ersten Kapitel formuliert wurde, erhalten bleibt, nämlich, dass jedem – einzelnen – Element des Definitionsbereichs eindeutig ein Element aus dem Zielbereich $\mathbb{R}$ zugeordnet wird.

Mit dieser Betrachtungsweise fällt es nun nicht schwer, den *Stetigkeitsbegriff* von Funktionen einer reellen Veränderlichen auf unsere Situation, in der der Definitionsbereich von f eine Menge von Punkten des $\mathbb{R}^n$ ist, zu übertragen, wenn wir vorher definieren, was man unter der Konvergenz einer Punktfolge versteht:

Definition:

> Es sei $P_1^*, P_2^*, ..., P_k^*, ...$ eine Folge von Punkten im $\mathbb{R}^n$, wobei jedes P_k^* durch sein Koordinaten-n-Tupel $\left(x_1^{(k)}, x_2^{(k)}, \cdots, x_n^{(k)}\right)$ dargestellt werde; ferner sei $Q^* \in \mathbb{R}^n$ als $(q_1, q_2, \cdots, q_n)$ gegeben.
>
> Dann *konvergiert die Folge der P_k^* im $\mathbb{R}^n$ gegen Q^** (geschrieben: $\lim\limits_{k \to \infty} P_k^* = Q^*$), wenn für alle $i = 1, 2, ..., n$ $\quad \lim\limits_{k \to \infty} x_i^{(k)} = q_i$ (im Sinne von Abschnitt 1.7) ist.

Der Grenzwert einer Folge von Punkten des n-dimensionalen Raums lässt sich also durch Berechnung der Grenzwerte von n Zahlenfolgen angeben (*koordinatenweise Konvergenz*)[1].

---

[1] In vielen Büchern zur Ingenieurmathematik findet man einen scheinbar anderen Konvergenzbegriff im Mehrdimensionalen (*Konvergenz bezüglich der Norm*). Für endlichdimensionale Vektorräume – und nur diese interessieren uns hier! – ist dieser Begriff jedoch zu dem viel handlicheren der koordinatenweisen Konvergenz äquivalent.

Beispiel:

Stellt die Zahlenfolge t_k eine beliebige Nullfolge dar (z.B. $t_k = \dfrac{1}{k}$ oder $t_k = \dfrac{1}{\sqrt{k}}$ oder $t_k = \dfrac{k-1}{k^2+5}$ o.ä.), so konvergieren die Folgen $P_k^* = (t_k, t_k)$, $R_k^* = (t_k, 0)$ und $S_k^* = (t_k, t_k^2)$ alle gegen $Q^* = (0,0)$, da die einzelnen Koordinatenfolgen 0, t_k bzw. t_k^2 Nullfolgen sind. Veranschaulicht man sich die Definitionen der Punktfolgen in der (x, y)-Ebene, so stellt man unschwer fest, dass sich die P_k^* über die erste Winkelhalbierende, die R_k^* über die x-Achse und die S_k^* über die Normalparabel an den Nullpunkt annähern. □

Wir sind nun in der Lage, völlig analog zu Funktionen einer Veränderlichen zu formulieren:

Definition:

Es sei $f: \mathbb{D}_f \to \mathbb{R}$ ($\mathbb{D}_f \subseteq \mathbb{R}^n$) eine Funktion von n Veränderlichen, $Q^* \in \mathbb{D}_f$.

f heißt *stetig* in Q^*, wenn für <u>alle</u> Folgen P_k^* in $\mathbb{D}_f$ mit $\lim\limits_{k \to \infty} P_k^* = Q^*$ stets $\lim\limits_{k \to \infty} f(P_k^*) = f(Q^*)$ gilt.

Beispiele stetiger Funktionen werden im nächsten Abschnitt vorgestellt.

Der Graph $\mathbb{G}_f$ einer Funktion von n Veränderlichen ist nach Definition nun eine Teilmenge von $\mathbb{R}^n \times \mathbb{R}$, nämlich

$$\mathbb{G}_f = \{(x_1, x_2, ..., x_n, x_{n+1}) \in \mathbb{R}^{n+1} \mid (x_1, x_2, ..., x_n) \in \mathbb{D}_f \text{ und } x_{n+1} = f(x_1, x_2, ..., x_n)\}.$$

Für $n > 2$ lässt sich somit ein Graph in unserer dreidimensionalen Vorstellungswelt nicht darstellen. Als Graphen von Funktionen *einer* unabhängigen Variablen haben wir *Kurven* in der Ebene kennengelernt, als Graphen von Funktionen *zweier* unabhängiger Variabler werden wir es jetzt mit *Flächen* im Raum zu tun bekommen.

8.1 Darstellungen von Flächen im Raum

Eine Fläche Φ im Raum kann durch eine *explizite* Gleichung

$$z = f(x, y) \tag{8.1.1}$$

oder eine *implizite* Gleichung

$$F(x, y, z) = 0 \tag{8.1.2}$$

bestimmt sein, analog zu den Gleichungen, die wir von ebenen Kurven her kennen.

Bei der expliziten Gleichung ist jedem Wertepaar $(x, y) \in \mathbb{D}_f$ genau ein z zugeordnet. Wir tragen also von den betreffenden Punkten der (x, y)-Ebene aus Funktionswerte $z = f(x, y)$ als z-Koordinaten ab, nach oben bzw. unten, je nach ihrem Vorzeichen.

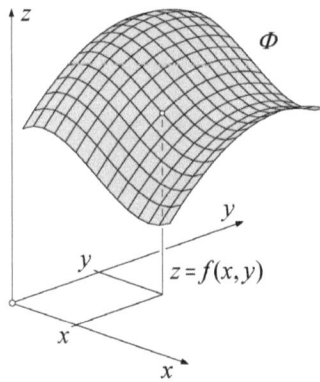

Bild 8.1.1: Fläche Φ als geometrischer Ort

Die Fläche Φ ist dann der geometrische Ort aller so entstandener Raumpunkte, s. Bild 8.1.1.

Bei der impliziten Gleichung besteht die Fläche aus Raumpunkten, für die $(x, y, z) \in \mathbb{D}_F$ gilt; hierbei können zu einem Wertepaar (x, y) ohne weiteres auch mehrere z-Werte gehören; entsprechendes sind wir ja von Kurven gewohnt.

Jede explizite Gleichung (8.1.1) lässt sich sofort in eine implizite umschreiben: $f(x, y) - z = 0$; dies ist ein Sonderfall von (8.1.2). Um uns ein möglichst allgemein verwendbares Instrument für die Untersuchung von Flächen zurechtzulegen, gehen wir daher im Folgenden von der impliziten Gleichung (8.1.2) aus.

Als erstes untersuchen wir die Schnittkurven S_{xy}, S_{xz}, S_{yz} von Φ mit den Koordinatenebenen – falls solche auftreten:

8.1 Darstellungen von Flächen im Raum

$S_{xy} = \Phi \cap (x, y)$-Ebene: $z = 0$, $F(x, y, 0) = 0$;

$S_{xz} = \Phi \cap (x, z)$-Ebene: $y = 0$, $F(x, 0, z) = 0$;

$S_{yz} = \Phi \cap (y, z)$-Ebene: $x = 0$, $F(0, y, z) = 0$; s. Bild 8.1.2.

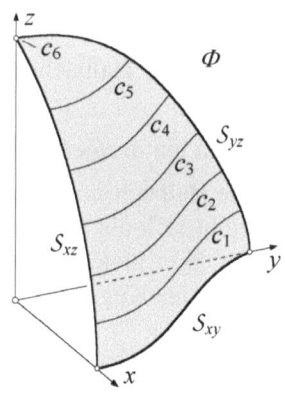
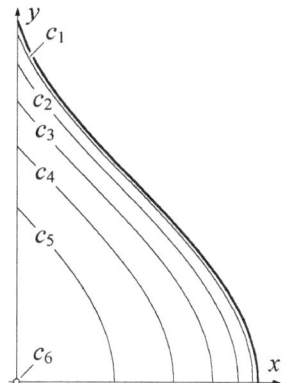

Bild 8.1.2: Schnittkurven mit den Koordinatenebenen   **Bild 8.1.3:** Höhenlinien

Ergibt sich hieraus zu wenig Information, so bringt die Untersuchung der *Höhenlinien* genaueren Aufschluss: Dazu schneiden wir Φ mit Ebenen parallel zur (x, y)-Ebene. In jeder ist z konstant, also gilt für jede Höhenlinie:

$z = c = $ const., $F(x, y, c) = 0$, s. Bild 8.1.3 . Diese Höhenlinien werden dann (mit Höhenangabe) rechtwinklig in die (x, y)-Ebene projiziert; so erhalten wir ihren Grundriss. Die Bergsteiger unter Ihnen wissen damit gut umzugehen: Aus den Höhenlinien der Wanderkarte lässt sich die Gestalt des Geländes ablesen. Wo die Höhenlinien im Grundriss eng aneinander erscheinen, ist es steil, wo sie weit auseinander gezogen sind, sanft. Statt der Höhenlinien sind auch Schnitte parallel zur (x, z)- oder (y, z)-Ebene oft sehr brauchbar.

Beispiele:

Gleichungen von Flächen sind gegeben; gesucht sind die Schnittkurven mit den Koordinatenebenen (falls vorhanden) und Höhenlinien (außer bei 6.).

1. $\Phi: \dfrac{x^2}{25} + \dfrac{y^2}{16} + \dfrac{z^2}{9} - 1 = 0$;

$S_{xy} = \Phi \cap (x, y)$-Ebene: $z = 0$, $\dfrac{x^2}{25} + \dfrac{y^2}{16} = 1$, Ellipse mit Halbachsen 5 und 4;

$S_{xz} = \Phi \cap (x, z)$-Ebene: $y = 0$, $\dfrac{x^2}{25} + \dfrac{z^2}{9} = 1$, Ellipse mit Halbachsen 5 und 3;

$S_{yz} = \Phi \cap (y, z)$-Ebene: $x = 0$, $\dfrac{y^2}{16} + \dfrac{z^2}{9} = 1$, Ellipse mit Halbachsen 4 und 3.

Höhenlinien: $z = c$, $\dfrac{x^2}{25} + \dfrac{y^2}{16} = 1 - \dfrac{c^2}{9}$; für $c = \pm 3$ ergeben sich hieraus nur die beiden Punkte $(0, 0, \pm 3)$. Da für $|c| > 3$ keine Lösungen der Gleichung existieren, sind sie also der höchste und der tiefste Punkt der Fläche. Für $|c| < 3$ ergibt sich $\dfrac{x^2}{\frac{25}{9}(9-c^2)} + \dfrac{y^2}{\frac{16}{9}(9-c^2)} = 1$, somit sind die Höhenlinien Ellipsen mit Halbachsen $\frac{5}{3}\sqrt{9-c^2}$ und $\frac{4}{3}\sqrt{9-c^2}$, s. Bild 8.1.4. Die dargestellte Fläche ist ein *dreiachsiges Ellipsoid*. Dreiachsig heißt es deswegen, weil drei verschiedene Halbachsenlängen vorkommen: 5, 4 und 3. Sind zwei Halbachsen gleichlang, ergibt sich als Sonderfall ein *Drehellipsoid* (eine Drehfläche, vgl. Abschnitt 5.4), bei drei gleichlangen Halbachsen sind alle Ellipsen Kreise, und aus dem Ellipsoid wird eine Kugel.

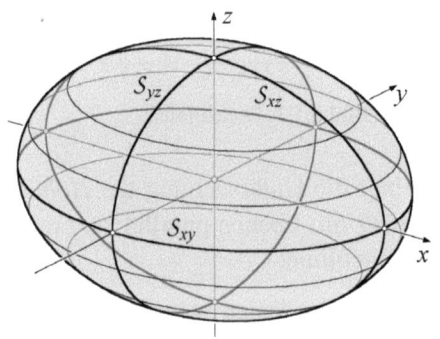
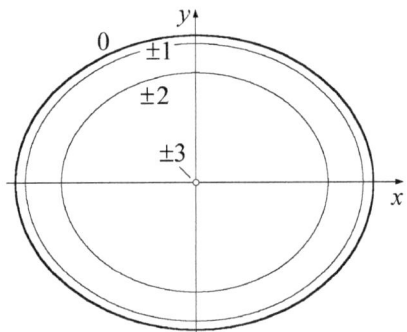

Bild 8.1.4: Ellipsoid

Bild 8.1.5: Höhenlinien des Ellipsoids

2. Φ: $\alpha x + \beta y + \gamma z - 1 = 0$; mit $\alpha, \beta, \gamma = \text{const} \neq 0$

$S_{xy} = \Phi \cap (x, y)$-Ebene: $z = 0$, $\alpha x + \beta y = 1$, Gerade mit Achsabschnitten α^{-1}, β^{-1};

$S_{xz} = \Phi \cap (x, z)$-Ebene: $y = 0$, $\alpha x + \gamma z = 1$, Gerade mit Achsabschnitten α^{-1}, γ^{-1};

$S_{yz} = \Phi \cap (y, z)$-Ebene: $x = 0$, $\beta y + \gamma z = 1$, Gerade mit Achsabschnitten β^{-1}, γ^{-1}.

Da liegt es nahe, in Φ eine Ebene zu vermuten. Aber ist es ganz sicher, dass sich Φ nicht irgendwo wölbt, obwohl diese drei Geraden darauf liegen? Sehen wir uns also die Höhenlinien an: $z = c$, $\alpha x + \beta y = 1 - \gamma c$; das sind nun zweifellos lauter Geraden parallel zur Schnittgeraden mit der (x, y)-Ebene; also ist Φ wirklich eine Ebene (vgl. Bild 8.1.6).

8.1 Darstellungen von Flächen im Raum

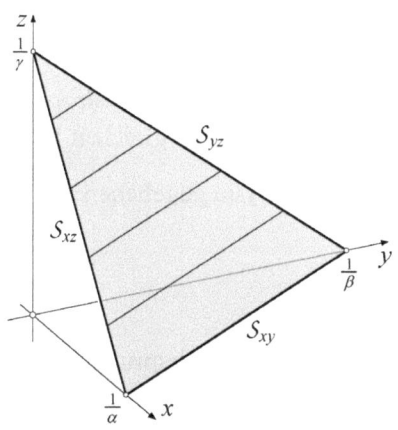

Bild 8.1.6: Ebene

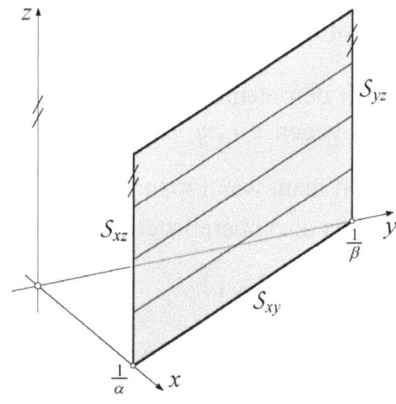

Bild 8.1.7: Ebene parallel zur z-Achse

Wird nun doch, anders als vorausgesetzt, eine der Konstanten 0, etwa γ, so geht γ^{-1} gegen ∞; die Ebene $\alpha x + \beta y - 1 = 0$ ist parallel zur z-Achse (vgl. Bild 8.1.7). Sind zwei der Konstanten 0, etwa α und β, gehen die Achsabschnitte auf der x- und der y-Achse gegen ∞; die Ebene $\gamma z - 1 = 0$ ist parallel zur (x, y)-Ebene. Sehen Sie bitte nach, was passiert, wenn andere als die eben genannten Konstanten 0 werden.

Setzt man in obiger impliziter Form der Ebenengleichung $\gamma \neq 0$ voraus, so kann man nach z auflösen:

Mit den Konstanten $c = \dfrac{1}{\gamma}$, $a = -\dfrac{\alpha}{\gamma}$ und $b = -\dfrac{\beta}{\gamma}$ erhält man damit alle Ebenen, die nicht auf der (x, y)-Ebene senkrecht stehen, in expliziter Form, nämlich als Graph der Funktion $\quad z = f(x, y) = c + ax + by$.

Wir wollen zeigen, dass diese Funktion $f(x, y)$ an jeder Stelle $Q^* = (q_1, q_2)$ des Definitionsbereichs $\mathbb{R}^2$ stetig ist.

Dazu sei $P_k^* = \left(x^{(k)}, y^{(k)}\right)$ eine beliebige Folge von Punkten des $\mathbb{R}^2$, von der lediglich vorausgesetzt ist, dass sie gegen Q^* konvergiert. Gemäß Definition muss also $\lim\limits_{k \to \infty} x^{(k)} = q_1$ und $\lim\limits_{k \to \infty} y^{(k)} = q_2$ sein.

Damit ist $f(P_k^*) = f(x^{(k)}, y^{(k)}) = c + ax^{(k)} + by^{(k)}$.

Nach den elementaren Grenzwertsätzen konvergiert der letzte Ausdruck für $k \to \infty$ stets gegen $c + aq_1 + bq_2$. Damit ist $\lim\limits_{k \to \infty} f(P_k^*) = c + aq_1 + bq_2$; den gleichen Wert erhält man, wenn man $f(Q^*)$ direkt durch Einsetzen bildet. Die gegebene Funktion f ist also überall stetig.

3. $\Phi: z = x^2 + y^2$;

$S_{xy} = \Phi \cap (x, y)$-Ebene: $z = 0$, $x^2 + y^2 = 0$, keine Schnittkurve; nur Ursprung O.

$S_{xz} = \Phi \cap (x, z)$-Ebene: $y = 0$, $z = x^2$, Parabel, nach oben offen, Scheitel in O;

$S_{yz} = \Phi \cap (y, z)$-Ebene: $x = 0$, $z = y^2$, Parabel, nach oben offen, Scheitel in O.

Höhenlinien: $z = c$, $x^2 + y^2 = c$: Lösungen gibt es nur für $c \geq 0$. $c = 0$ ist bereits erledigt; für $c > 0$ erhalten wir Kreise mit Radien $\sqrt{c}$. Φ ist ein *Drehparaboloid*, Bild 8.1.8.

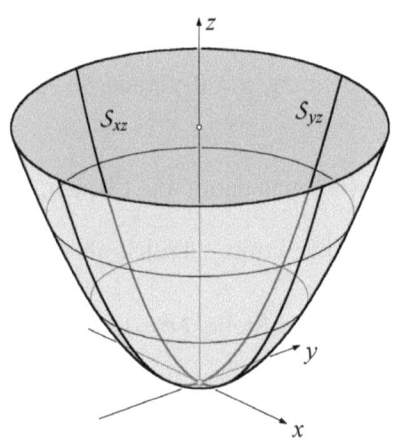
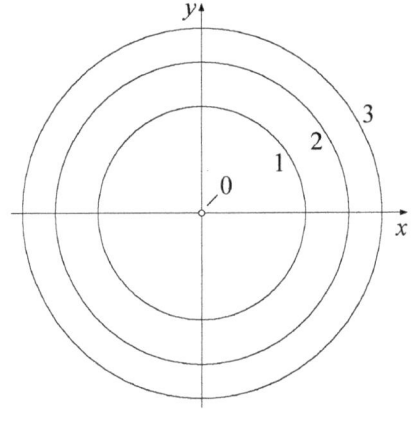

Bild 8.1.8: Drehparaboloid   **Bild 8.1.9:** Höhenlinien des Drehparaboloids

Haben x^2 und y^2 in obiger Gleichung für z verschiedene positive Faktoren, erhalten wir für S_{xz} und S_{yz}, die hier kongruent sind, zwei verschiedene Parabeln und statt der Kreise Ellipsen. Die Fläche ist dann ein *Elliptisches Paraboloid*. Zum Training sollte es untersucht werden.

Überzeugen Sie sich wie im vorigen Beispiel selber davon, dass die Funktion $z = f(x, y) = x^2 + y^2$, deren Graph das Drehparaboloid ist, überall stetig ist.

8.1 Darstellungen von Flächen im Raum

4. $\Phi: z = x^2 - y^2$; gegenüber 3. nur ein „–" statt „+", mit „dramatischen" Folgen!

$S_{xy} = \Phi \cap (x,y)$-Ebene: $z = 0$, $x^2 - y^2 = 0$, Geradenpaar $y = \pm x$;

$S_{xz} = \Phi \cap (x,z)$-Ebene: $y = 0$, $z = x^2$, Parabel, nach oben offen, Scheitel in O;

$S_{yz} = \Phi \cap (y,z)$-Ebene: $x = 0$, $z = -y^2$, Parabel, nach unten offen, Scheitel in O.

Höhenlinien: $z = c$, $x^2 - y^2 = c$; $c = 0$ ist bereits erledigt. Für $c \neq 0$ erhalten wir gleichseitige Hyperbeln: $\dfrac{x^2}{c} - \dfrac{y^2}{c} = 1$ bei $c > 0$ und $\dfrac{y^2}{|c|} - \dfrac{x^2}{|c|} = 1$ bei $c < 0$

(also $c = -|c|$). Scheitel bei $c > 0$: $(\pm\sqrt{c}, 0, c)$, bei $c < 0$: $(0, \pm\sqrt{|c|}, c)$.

Von O aus geht es auf S_{xz} beidseitig nach oben, auf S_{yz} beidseitig nach unten: O ist ein *Sattelpunkt*. Φ heißt *Hyperbolisches Paraboloid*, Bild 8.1.10.

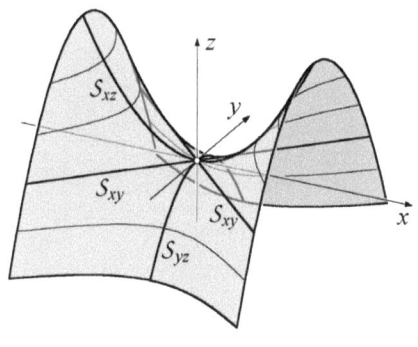 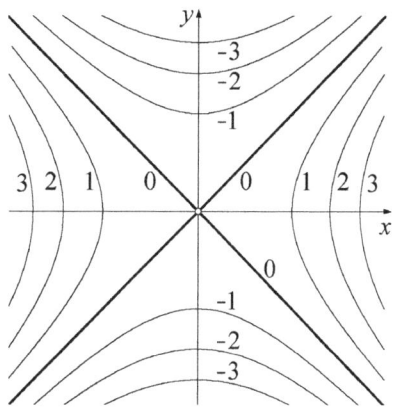

Bild 8.1.10: Hyperbolisches Paraboloid   **Bild 8.1.11:** Höhenlinien des Hyperbolischen Paraboloids

Auch hier ist die Funktion $z = f(x,y) = x^2 - y^2$ wieder stetig auf ganz $\mathbb{R}^2$, wovon Sie sich leicht selbst überzeugen können.

5. $\Phi: z = f(x,y) = \begin{cases} \dfrac{2xy}{x^2 + y^2} & \text{für } (x,y) \neq (0,0) \\ 0 & \text{für } (x,y) = (0,0) \end{cases}$.

Um diesen Graphen, ein so genanntes *Zylindroid*, zu skizzieren, gehen wir in $\mathbb{R}^2\setminus\{(0,0)\}$ zu Polarkoordinaten über (vgl. Abschnitt 3.2):
Einsetzen von $x = r\cos\varphi$ und $y = r\sin\varphi$ ergibt nämlich:

$$z = \frac{2r^2 \cos\varphi \sin\varphi}{r^2\left(\cos^2\varphi + \sin^2\varphi\right)} = \sin(2\varphi)$$

Der Funktionswert z hängt also nicht von r, dem Abstand vom Nullpunkt, ab, er ist vielmehr auf jeder Ursprungsgeraden in der (x, y)-Ebene konstant und nimmt für die verschiedenen φ alle Werte von -1 bis 1 an. Insbesondere ergibt sich auf der x-Achse ($\varphi = 0$ bzw. $\varphi = \pi$) sowie auf der y-Achse ($\varphi = \frac{\pi}{2}$ bzw. $\varphi = -\frac{\pi}{2}$) überall der Wert 0 für z (vgl. Bild 8.1.12 und Bild 8.1.13).

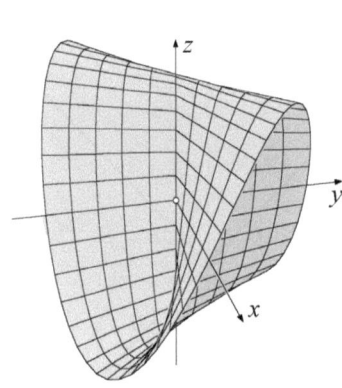
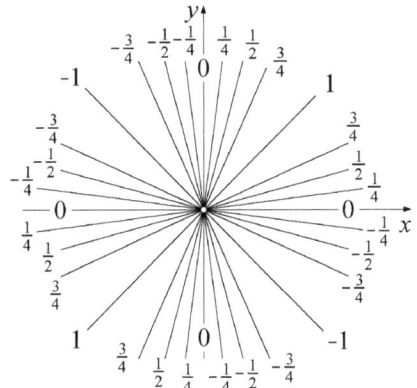

Bild 8.1.12: Zylindroid **Bild 8.1.13:** Höhenlinien des Zylindroids

Wollen wir nun $f(x, y)$ auf Stetigkeit in Q^* untersuchen, so müssen wir zwischen $Q^* \neq (0,0)$ und $Q^* = (0,0)$ unterscheiden. Im ersten Fall führen wie in den bisherigen Beispielen elementare Grenzwertbetrachtungen zu dem Ergebnis, dass f außerhalb von $(0,0)$ stetig sein muss.

Für $Q^* = (0,0)$ wähle man etwa die Folge $P_k^* = \left(\frac{1}{k}, \frac{1}{k}\right)$, die offensichtlich mit $k \to \infty$ gegen Q^* konvergiert. Es ist jedoch

$f(P_k^*) = \dfrac{2\frac{1}{k}\cdot\frac{1}{k}}{\left(\frac{1}{k}\right)^2 + \left(\frac{1}{k}\right)^2} = 1$ für alle $k \in \mathbb{N}$, womit auch $\lim\limits_{k\to\infty} f(P_k^*) = 1$, also ungleich $f(0,0) = 0$ ist. Deshalb ist f nicht stetig in $(0,0)$, eine Tatsache, die uns in den nächsten Abschnitten noch einige Male beschäftigen wird.

8.1 Darstellungen von Flächen im Raum

6. Φ: $z = f(x,y) = x^y - y^x$ für $x > 0$, $y > 0$: Hier untersuchen wir die Schnitte mit den Ebenen ε_1 und ε_2 bei $x = 1$ und $y = 1$ und der (x,y)-Ebene.

$S_1 = \Phi \cap \varepsilon_1$: $x = 1$, $z = 1 - y$; Gerade;
$S_2 = \Phi \cap \varepsilon_2$: $y = 1$, $z = x - 1$; Gerade;
$S_{xy} = \Phi \cap (x,y)$-Ebene: $x^y = y^x$. Vorsicht! $y = x$, die Gleichung einer Geraden g, ist *nicht* die einzige Lösung, wie wir an $2^4 = 4^2$ unmittelbar erkennen. Besteht also S_{xy} aus g und den Punkten $(2;4)$, $(4;2)$; oder kommt noch mehr hinzu, vielleicht eine ganze weitere Kurve C? Wir suchen eine Parameterdarstellung, die der impliziten Gleichung $x^y = y^x$ genügt, und weil links und rechts die beiden gleich strukturierten Potenzen stehen, versuchen wir es mit dem Ansatz (a, b nicht unbedingt konstant)

$$x = t^a, \; y = t^b .$$

Logarithmieren von $x^y = y^x$ ergibt $y \ln x = x \ln y$, also $t^b \cdot a \ln t = t^a \cdot b \ln t$, somit
$$\frac{t^b}{t^a} = \frac{b}{a} \text{ oder } t^{b-a} = \frac{b}{a}.$$

Mit zwei Konstanten a und b kommen wir sicher nicht zum Ziel, aber vielleicht bringt $b = at$ Erfolg? $t^{a(t-1)} = t$ liefert $a(t-1) = 1$, also

$$a = \frac{1}{t-1}, \; b = \frac{t}{t-1} \quad \text{und somit} \quad x = t^{\frac{1}{t-1}}, \; y = t^{\frac{t}{t-1}} \quad \text{für die Kurve } C.$$

Dies ist tatsächlich eine geeignete Parameterdarstellung, denn für alle $t \in \mathbb{R}^+ \setminus \{1\}$ erhalten wir damit $y \ln x = t^{\frac{t}{t-1}} \cdot \frac{1}{t-1} \ln t$, $x \ln y = t^{\frac{1}{t-1}} \cdot \frac{t}{t-1} \ln t$, und weil
$t^{\frac{1}{t-1}} \cdot t = t^{\left(\frac{1}{t-1}+1\right)} = t^{\frac{t}{t-1}}$ ist, sind beide Ausdrücke gleich, also auch $x^y = y^x$. [1]

Wir setzen einige Werte von t in die Parameterdarstellung ein:

t	2	$\frac{1}{2}$	3	$\frac{1}{3}$	4	$\frac{1}{4}$	$\frac{3}{2}$	$\frac{2}{3}$
x	2	4	$\sqrt{3}$	$3\sqrt{3}$	$\sqrt[3]{4}$	$4\sqrt[3]{4}$	$\frac{9}{4}$	$\frac{27}{8}$
y	4	2	$3\sqrt{3}$	$\sqrt{3}$	$4\sqrt[3]{4}$	$\sqrt[3]{4}$	$\frac{27}{8}$	$\frac{9}{4}$

---

[1] Hüten wir uns aber vor der Annahme, zu jeder durch eine implizite Gleichung bestimmten Kurve könne man eine Parameterdarstellung finden. Leider ist das nicht so!

Was geschieht, wenn sich t immer mehr dem Wert 1 nähert? Mit $t = 1 + \frac{1}{u}$ wird aus der obigen Parameterdarstellung: $x = \left(1 + \frac{1}{u}\right)^u$, $y = \left(1 + \frac{1}{u}\right)^{u+1}$;

$t \to 1$ bedeutet $u \to \infty$; und $\lim\limits_{u \to \infty} x = \lim\limits_{u \to \infty} \left(1 + \frac{1}{u}\right)^u = e$, $\lim\limits_{u \to \infty} y = \lim\limits_{u \to \infty} \left(1 + \frac{1}{u}\right)^{u+1} = e$
(s. Beispiel 7 zu (4.4.4)!).

Also ist $S_{xy} = C \cup g$ mit Schnittpunkt von C und g bei $(e, e, 0)$, Bild 8.1.14 (einige Höhenlinien sind im rechten Bild mit eingezeichnet; s. NEWTON-Iteration (3.4.5).
□

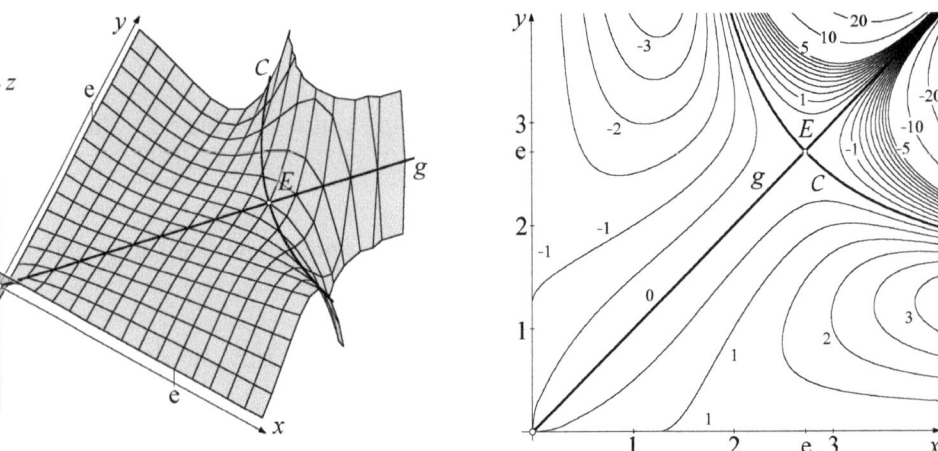

Bild 8.1.14: zu Beispiel 6: Fläche und Höhenlinien

Lassen sich x und y aus der Gleichung einer Fläche Φ vollständig mittels $\rho^2 = x^2 + y^2$ eliminieren, so ist Φ eine Drehfläche mit der z-Achse als Drehachse. ρ gibt als Radiusvektor wie r in (5.3.2) die Abstände der Flächenpunkte von der Drehachse an. Aus der resultierenden Gleichung in ρ und z erhält man den *Meridian* von Φ, die Kurve in der (ρ, z)-Ebene, durch deren Rotation um die z-Achse Φ überstrichen wird. Entsprechendes gilt für Drehflächen mit der x- oder der y-Achse als Drehachse, wenn man die Koordinaten geeignet vertauscht.

8.1 Darstellungen von Flächen im Raum

Beispiele:

Die durch die Gleichungen bestimmten Drehflächen sind gesucht.

7. $\Phi_1: x^2 + y^2 - z^2 = 0$; $\Phi_2: x^2 + y^2 - z^2 - 1 = 0$; $\Phi_3: x^2 + y^2 - z^2 + 1 = 0$.

Alle drei Flächen haben die z-Achse als Drehachse. Mit $\rho^2 = x^2 + y^2$ ist

- bei $\Phi_1: \rho^2 - z^2 = 0$; $z = \pm \rho$. Jede dieser beiden Geraden ist Meridian; Φ_1 ist ein *Drehkegel* mit halbem Öffnungswinkel 45°, Bild 8.1.15.
- bei $\Phi_2: \rho^2 - z^2 = 1$. Das ist eine gleichseitige Hyperbel mit Scheiteln auf der r-Achse; Φ_2 ist ein *einschaliges Drehhyperboloid*, Bild 8.1.16.
- bei $\Phi_3: z^2 - \rho^2 = 1$. das ist eine gleichseitige Hyperbel mit Scheiteln auf der z-Achse; Φ_3 ist ein *zweischaliges Drehhyperboloid*, Bild 8.1.17.

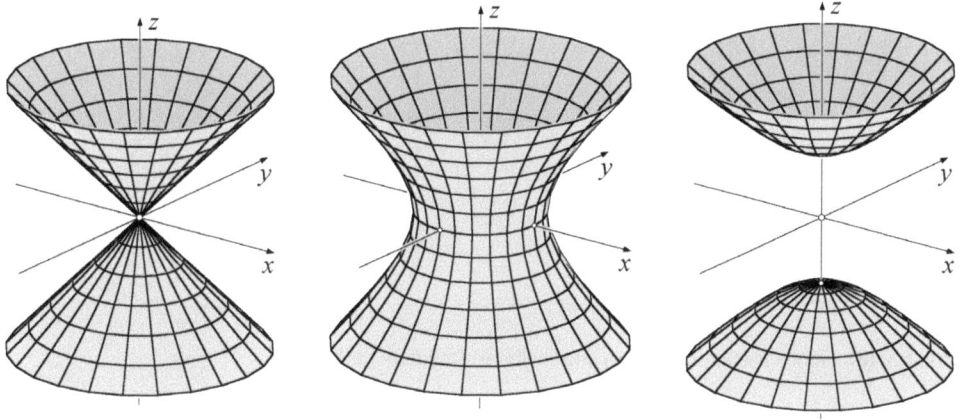

Bild 8.1.15: Drehkegel **Bild 8.1.16:** Einschaliges Drehhyperboloid **Bild 8.1.17:** Zweischaliges Drehhyperboloid

Der Schnitt des einschaligen Drehhyperboloids Φ_2 mit der Ebene $y = 1$ ist bemerkenswert: Dort erhalten wir $x^2 - z^2 = 0$, also $z = \pm x$. Das ist ein Geradenpaar mit Schnittpunkt (0, 1, 0). Wegen der Rotationssymmetrie von Φ_2 bezüglich der z-Achse kann Φ_2 also auch durch Rotation jeder dieser beiden Geraden um die z-Achse erzeugt werden. Auf Φ_2 liegen also die beiden so erhaltenen Geradenscharen, Bild 8.1.18. Das ist von großer Bedeutung in der Getriebelehre (Hyperboloidräder, Paare von Zahnrädern mit zueinander windschiefen Drehachsen).

8. $\left(\sqrt{x^2+y^2}-a\right)^2+z^2=b^2$; mit $\rho^2=x^2+y^2$ ist $(\rho-a)^2+z^2=b^2$.

Drehachse ist die z-Achse. Der Meridian ist ein Kreis vom Radius b; sein Mittelpunkt hat den Abstand a von der z-Achse. Die Fläche ist ein Torus (Bild 5.4.20).

9. $9(y^2+z^2)=x(3-x)^2$ für $x \in [0, 3]$; mit $\rho^2=y^2+z^2$ ist $\rho=\tfrac{1}{3}(3-x)\sqrt{x}$.

Drehachse ist die x-Achse. Der Meridian ist die Kurve, durch deren Rotation die Oberfläche des Rotationskörpers in Bild 5.4.14 erzeugt wurde. □

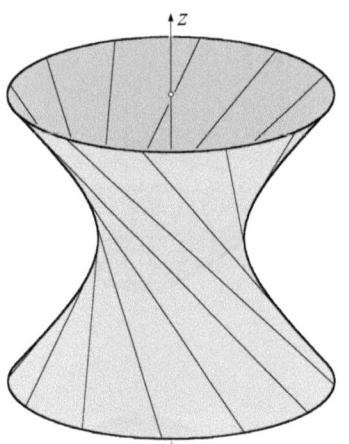
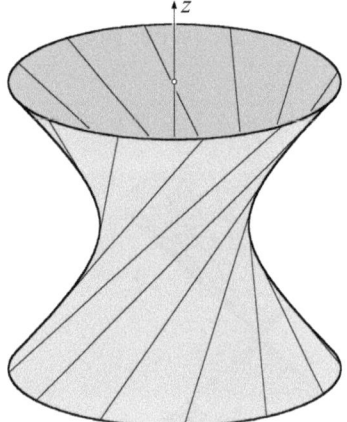

Bild 8.1.18: Geradenscharen auf dem einschaligen Drehhyperboloid

In Umkehrung der oben beschriebenen Ermittlung des Meridians aus der Flächengleichung kann man natürlich aus der Meridiangleichung in ρ und z die Gleichung der Drehfläche mit der z-Achse als Drehachse erhalten, indem wir ρ^2 durch x^2+y^2 ersetzen.

Als sehr leistungsfähiges Werkzeug zur Beschreibung von Kurven hatten wir die Parameterdarstellung kennengelernt. Nehmen wir an, ein Meridian einer Drehfläche Φ mit der z-Achse als Drehachse sei durch eine Parameterdarstellung $\rho=g_1(t)$, $z=g_2(t)$ gegeben. Wie finden wir dann eine Darstellung für Φ? Nach (5.3.1) ist $x=\rho\cos\varphi$, $y=\rho\sin\varphi$; somit erhalten wir für Φ:

8.1 Darstellungen von Flächen im Raum

$$\begin{aligned} x &= g_1(t)\cos\varphi \\ y &= g_1(t)\sin\varphi \\ z &= g_2(t) \end{aligned} \quad \text{bzw.} \quad \vec{r} = \begin{pmatrix} g_1(t)\cos\varphi \\ g_1(t)\sin\varphi \\ g_2(t) \end{pmatrix} \quad (8.1.3)$$

Jetzt hat sich eine Parameterdarstellung für eine Drehfläche mit der z-Achse als Drehachse ergeben. Im Unterschied zur Parameterdarstellung einer Kurve ist unbedingt zu beachten, dass nun *zwei* voneinander unabhängige Variable als Parameter auftreten, nämlich t und der Polarwinkel φ. (Um ohne Missverständnisgefahr mit $\vec{r}$ wieder den Ortsvektor von O zu einem Flächenpunkt P bezeichnen zu können, wurde oben für den Radiusvektor die Bezeichnung ρ statt r verwendet.)

Beispiel:

10. Durch $x = (a + b\cos t)\cos\varphi$, $y = (a + b\cos t)\sin\varphi$, $z = b\sin t$
ist der Torus vom Beispiel 8 (Bild 5.4.20) dargestellt.

$\rho = (a + b\cos t)$, $z = b\sin t$ beschreibt den Meridiankreis in der (ρ, z)-Ebene, φ ist der Winkel, um den sich die Meridiankreisebene von der (x, z)-Ebene aus um die z-Achse dreht. □

Als Verallgemeinerung ergibt sich die Parameterdarstellung einer Fläche Φ

$$\begin{aligned} x &= g_1(u,v) \\ y &= g_2(u,v) \\ z &= g_3(u,v) \end{aligned} \quad \text{bzw.} \quad \vec{r} = \begin{pmatrix} g_1(u,v) \\ g_2(u,v) \\ g_3(u,v) \end{pmatrix} \quad (8.1.4)$$

mit den beiden unabhängigen Variablen u, v als Parametern.

Kurven auf Φ mit $u = $ const bzw. $v = $ const heißen *Parameterlinien*.

Beispiele:

11. $x = 5\cos v \cos u$, $y = 4\cos v \sin u$, $z = 3\sin v$ mit Parametern $u \in [0, 2\pi]$, $v \in [0, 2\pi]$ ist eine Parameterdarstellung des Ellipsoids von Bild 8.1.4. Die dort angegebene Flächengleichung lässt sich leicht aus der Parameterdarstellung herleiten. Parameterlinien $v = $ const sind Höhenlinien, Parameterlinien $u = $ const sind Ellipsen in Ebenen durch die z-Achse, Bild 8.1.19.

12. Wird nicht nur ein Punkt verschraubt wie bei (6.4.3), sondern eine Kurve, so erhält man eine *Schraubenfläche* statt einer Schraubenlinie. Wird eine Gerade bzw. eine Strecke verschraubt, spricht man von einer *Regelschraubenfläche* (lat. „regula" ≅ „Latte", „Lineal"). Wählen wir im Unterschied zu (6.4.3) jetzt also ρ nicht konstant, sondern als Variable, so stellt $z = k\rho$ mit k = const eine Gerade g der (ρ, z)-Ebene von der Steigung k durch O dar.

$$x = \rho \cos \varphi, y = \rho \sin \varphi, z = k\rho + h^*\varphi \qquad (8.1.5)$$

mit Parametern $\rho, \varphi \in \mathbb{R}$ ist also die Parameterdarstellung der von g überstrichenen Schraubenfläche Φ. Parameterlinien φ = const sind die Lagen der verschraubten Geraden (man nennt sie die *Erzeugenden* von Φ), Parameterlinien ρ = const sind Schraubenlinien auf Φ. Grenzen wir ρ z.B. durch $\rho \in [0,1]$ ein, so wird nur die entsprechende auf g liegende Strecke verschraubt, Bild 8.1.20.

□

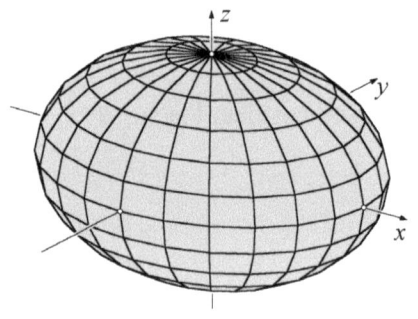 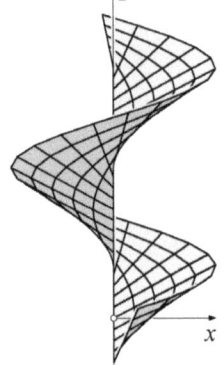

Bild 8.1.19: Ellipsoid mit Parameterlinien   **Bild 8.1.20:** Schraubenfläche mit Parameterlinien

Um sich räumlich anschauliche Bilder von Flächen zu machen, muss man sich eventuell auftretende *Umrisse* verschaffen. Sie entstehen als Bilder von Kurven auf den Flächen, in denen diese von den abbildenden Projektionsstrahlen gerade berührt werden. Näheres dazu wird im Abschnitt 7.8 dieses Kapitels erarbeitet. Um dies nämlich genau zu fassen, wird vorher noch Differentialrechnung für Funktionen mehrerer Veränderlicher benötigt.

Übungsaufgaben:

1. Durch $z = \frac{1}{ab}(b^2 - y^2)(a-x)$ mit $a, b =$ const ist eine Fläche Φ gegeben. Es gelte $0 \le x \le a$, $0 \le |y| \le b$. Ermitteln Sie die Schnittkurven S_{xy}, S_{xz}, S_{yz} von Φ mit den Koordinatenebenen und C_1, C_2 mit den Ebenen $y = c_1$, $x = c_2$; geben Sie die Kurvenarten an und skizzieren Sie Φ.

2. $z = 1 - \frac{1}{4}(x+1)y^2$ beschreibt eine Fläche Φ. Es gelte $z \ge 0$ und $0 \le x \le 3$. Ermitteln Sie die Schnittkurven C_1, C_2 von Φ mit Ebenen $y = c_1$ (Sonderfall: $y = 0$) und $x = c_2$ (Sonderfall: $x = 0$). Um welche Kurvenarten handelt es sich? Bestimmen Sie außerdem $S_{xy} = \Phi \cap (x,y)$-Ebene. Skizzieren Sie Φ.

3. Durch $z = g(x,y) = \frac{y}{x} - \ln x$ ist eine Fläche Φ bestimmt. Es gelte $x > 0$, $y \le 0$, $z \ge 0$. Ermitteln und skizzieren Sie die Schnittkurven S_{xy}, S_{xz} von Φ mit der (x,y)- bzw. (x,z)-Ebene, eine Höhenlinie C bei $z = c$ und den Schnitt g mit einer Ebene $x = \hat{c} > 0$; skizzieren Sie Φ für $z \ge 0$, $0 \le x \le 1$.

4. Von der durch $z = x^y - y^x$ bestimmten Fläche sind Punkte von Höhenlinien in gegebener Höhe z zu finden. Welche x-Werte ergeben sich für $z = 1$, $y = 2$?

8.2 Partielle Ableitungen

Bei der Einführung der Differentialrechnung für Funktionen mehrerer Veränderlicher wollen wir natürlich die Überlegungen, die wir bei Funktionen einer Veränderlichen angestellt haben, möglichst weitgehend verallgemeinern. Dazu rufen wir uns noch einmal in Erinnerung, was in Kapitel 4 – ganz pauschal gesprochen – als Zweck der Differentialrechnung erkannt wurde: Zur Untersuchung des Wachstumsverhaltens einer gegebenen Funktion f in der Umgebung eines inneren Punktes $x_P \in \mathbb{D}_f$ genügt die Kenntnis des Ableitungswertes $f'(x_P)$, etwa: Damit ein lokaler Extremwert vorliegen kann, muss, falls f dort differenzierbar ist, $f'(x_P) = 0$ sein; ist $f'(x_P) > 0$, so wächst f in einer Umgebung von x_P streng monoton usw.

Schon beim Versuch, die Aussage „Die gegebene Funktion wächst" auf Funktionen von zwei Veränderlichen sinnvoll zu übertragen, stößt man auf Schwierigkeiten: Es wird nämlich nicht gesagt, in welche Richtung im Definitionsbereich die Argumente „laufen" sollen, wenn das Änderungsverhalten der Funktionswerte untersucht wird. Bei Funktionen einer Veränderlichen war dies unausgesprochen jedermann klar: Eine Funktion wächst, wenn bei wachsenden Argumenten auch die Funktionswerte immer größer werden. Da hier nämlich $\mathbb{D}_f$ eine Teilmenge von $\mathbb{R}$ und $\mathbb{R}$ wohlgeordnet ist (vgl. Abschnitt 1.2), gibt es von vornherein eine ausgezeichnete Richtung, nämlich die der anwachsenden Argumente, was bei $\mathbb{R}^n$ für $n \geq 2$ nicht der Fall ist. Man kann sich diese Schwierigkeit an folgendem einfachen Beispiel leicht klarmachen:

Das Satteldach eines Hauses kann man sich in offensichtlicher Weise als Graph der Funktion von zwei Veränderlichen „Haushöhe z in Abhängigkeit von Grundrisspunkt (x, y)" vorstellen. Die Frage, ob diese Funktion an einer festen Stelle (x_P, y_P) wächst oder fällt, ist in jede Richtung anders zu beantworten: Läuft man nämlich auf den Dachfirst zu, so wachsen die Funktionswerte, und zwar am stärksten, wenn man senkrecht auf den First zuläuft; in die entgegen gesetzten Richtungen fallen die Höhen; bewegt man sich parallel zur Regenrinne, so bleibt der Funktionswert konstant.

Diese einfachen Überlegungen zeigen bereits, dass der für die Differentialrechnung einer Veränderlichen zentrale Begriff *Ableitung* kein direktes Analogon für mehrere Veränderliche besitzt. Es zeigt sich, dass alle wesentlichen Unterschiede zwischen Funktionen einer und mehrerer Veränderlicher bereits bei $n = 2$ zutage treten. Deshalb und vor allem wegen der Tatsache, dass man sich den Graphen einer Funktion von zwei Veränderlichen noch als Fläche im $\mathbb{R}^3$ vorstellen kann, werden wir im Folgenden alle neuen Begriffe und Sachverhalte zunächst für zwei Veränderliche einführen, die Übertragung auf beliebige n fällt im Anschluss daran meist nicht schwer.

Gegeben sei also eine Funktion von zwei Veränderlichen, $z = f(x, y)$. Um diese Funktion in der Umgebung einer festen Stelle (x_P, y_P) zu studieren, halten wir zunächst die zweite Variable $y = y_P$ fest und untersuchen nur den Einfluss der Veränderlichen x auf die Werte von z. Wir führen also (vgl. Abschnitt 8.1) einen vertikalen Schnitt parallel zur (x, z)-Ebene im Abstand y_P durch. Als Schnittfigur mit dem Graphen $\mathbb{G}_f$ entsteht eine Kurve C_1, und zwar der Graph der Funktion einer Veränderlichen $x \mapsto f(x, y_P)$. Auf diese lassen sich nun die Überlegungen aus Kapitel 4 anwenden – man kann insbesondere fragen, ob diese differenzierbar ist und ggf. ihre Ableitung bestimmen. Entsprechende Überlegungen kann man auch bei festgehaltenem $x = x_P$ für die Funktion $y \mapsto f(x_P, y)$ anstellen. Man erhält die

8.2 Partielle Ableitungen

Definition:

(i) Eine Funktion $z = f(x, y)$ heißt *in (x_P, y_P) partiell differenzierbar nach x*

$\Leftrightarrow \lim\limits_{\Delta x \to 0} \dfrac{f(x_P + \Delta x, y_P) - f(x_P, y_P)}{\Delta x}$ existiert in $\mathbb{R}$.

Ist dies der Fall, so heißt der Grenzwert *die (erste) partielle Ableitung* von f nach x an der Stelle (x_P, y_P) und wird mit $\dfrac{\partial f}{\partial x}(x_P, y_P)$ oder mit $f_x(x_P, y_P)$ bezeichnet.

(ii) Analog wird die *partielle Differenzierbarkeit* nach y über die Existenz von $\lim\limits_{\Delta y \to 0} \dfrac{f(x_P, y_P + \Delta y) - f(x_P, y_P)}{\Delta y}$ in $\mathbb{R}$ definiert; *die (erste) partielle Ableitung* von f nach y an der Stelle (x_P, y_P) und wird demgemäß mit $\dfrac{\partial f}{\partial y}(x_P, y_P)$ oder mit $f_y(x_P, y_P)$ bezeichnet.

$\dfrac{\partial f}{\partial x}(x_P, y_P)$ ist also die Tangentensteigung gegen die x-Richtung (in Bild 8.2.1 mit $\tan \alpha_1$ bezeichnet), $\dfrac{\partial f}{\partial y}(x_P, y_P) = \tan \alpha_2$ ist diejenige gegen die y-Richtung.

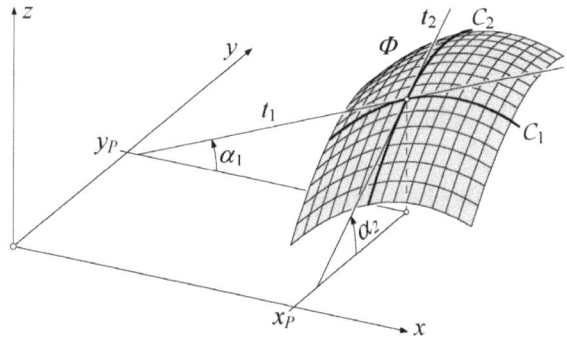

Bild 8.2.1: Partielle Ableitungen als Steigungen entsprechender Schnittkurven

Diese Definition macht unmittelbar klar, wie man die partielle Differenzierbarkeit nach x prüft bzw. die entsprechende partielle Ableitung berechnet:

Man behandle die Variable y wie eine Konstante und leite mit den Regeln aus Abschnitt 4 wie gewohnt nach x ab. Entsprechendes gilt umgekehrt für die partielle Ableitung nach y. Die folgenden Beispiele sollen dies verdeutlichen:

Beispiele:

1. Gemäß Beispiel 2 aus Abschnitt 8.1 beschreibt die Funktion $z = f(x, y) = 5 + \sqrt{3}\,x - y$ eine schiefe Ebene im Raum, die im Punkt $(0, 0, 5)$ die z-Achse schneidet. Es ist unmittelbar klar, dass $\frac{\partial f}{\partial x}(x_P, y_P) = \sqrt{3}$ und $\frac{\partial f}{\partial y}(x_P, y_P) = -1$ für jedes $(x_P, y_P) \in \mathbb{R}^2$ gilt. Dies bedeutet nach Definition der partiellen Ableitung, dass die schiefe Ebene an jeder Stelle in positiver x-Richtung mit dem Winkel 60° (wegen $\arctan\sqrt{3} = \frac{\pi}{3}$) steigt und in positiver y-Richtung mit dem Winkel 45° fällt.

2. In Anlehnung an Beispiel 3 aus dem vorigen Abschnitt betrachten wir die offensichtlich auf ganz $\mathbb{R}^2$ definierte Funktion $z = f(x,y) = \sqrt{x^2 + y^2}$. Überlegen Sie sich selber einmal, wie sich das Bild des Graphen nun im Vergleich zu Bild 8.1.8 ändert: Es entsteht nun durch die Wurzel ein Drehkegel, dessen Spitze im Nullpunkt liegt und der mit einem rechten Winkel nach oben geöffnet ist.

Zur Berechnung von $\frac{\partial z}{\partial x}$ muss bei Anwendung der Kettenregel als äußere Funktion eine Wurzel differenziert werden, was bekanntlich nur möglich ist, wenn der Radikand $x^2 + y^2$ positiv ist, also überall außerhalb von $(0, 0)$. Es ergibt sich folglich $\frac{\partial z}{\partial x} = \frac{2x}{2\sqrt{x^2 + y^2}} = \frac{x}{\sqrt{x^2 + y^2}}$ und völlig analog $\frac{\partial z}{\partial y} = \frac{y}{\sqrt{x^2 + y^2}}$ – beides außerhalb von $(0, 0)$. In $(0, 0)$ existieren aus oben genannten Gründen beide partiellen Ableitungen nicht, was man sich anschaulich auch so klarmachen kann: Partielle Differenzierbarkeit nach x an einer Stelle $(x_P, y_P) \in \mathbb{D}_f$ bedeutet gemäß Definition, dass man die sich durch den vertikalen Schnitt mit $y = y_P$ ergebende Funktion einer Veränderlichen $f(x, y_P) = \sqrt{x^2 + y_P{}^2}$ auf Existenz einer Tangenten in x_P untersucht. Für $y_P \neq 0$ ist dies, da der Radikand stets positiv ist, kein Problem, der Graph ist überall „glatt"; für $y_P = 0$ jedoch besitzt der Graph von $f(x,0) = \sqrt{x^2} = |x|$ bei $x_P = 0$ bekanntlich keine Tangente, der Schnitt führt genau durch die Kegelspitze.

8.2 Partielle Ableitungen

3. Wir betrachten nun noch einmal die das Zylindroid darstellende Funktion (vgl. Beispiel 5 und Bilder 8.1.12 und 8.1.13 im vorigen Abschnitt), die also auf $\mathbb{R}^2$ folgendermaßen definiert ist:

$$f(x,y) = \begin{cases} \dfrac{2xy}{x^2 + y^2} & \text{für } (x,y) \neq (0,0) \\ 0 & \text{für } (x,y) = (0,0) \end{cases}.$$

Wir erinnern daran, dass f auf $\mathbb{R}^2 \setminus \{(0,0)\}$ stetig, in $(0,0)$ aber nicht stetig ist.

Beim Bilden der partiellen Ableitungen $\dfrac{\partial f}{\partial x}(x_P, y_P)$ und $\dfrac{\partial f}{\partial y}(x_P, y_P)$ muss wegen der unterschiedlichen Definition nun auch zwischen $(x_P, y_P) \neq (0,0)$ und $(x_P, y_P) = (0,0)$ unterschieden werden.

<u>1. Fall</u>: $(x_P, y_P) \neq (0,0)$

Die partiellen Ableitungen können mittels Quotientenregel aus der ersten Zeile der Funktionsvorschrift berechnet werden. Prüfen Sie zur Übung selbst nach, dass

$$\frac{\partial f}{\partial x}(x_P, y_P) = \frac{2y_P\left(y_P^2 - x_P^2\right)}{\left(x_P^2 + y_P^2\right)^2} \text{ bzw. } \frac{\partial f}{\partial y}(x_P, y_P) = \frac{2x_P\left(x_P^2 - y_P^2\right)}{\left(x_P^2 + y_P^2\right)^2}$$

ist.

<u>2. Fall</u>: $(x_P, y_P) = (0,0)$

Hier muss – wohl oder übel! – die partielle Ableitung „zu Fuß" mit dem Grenzwert aus der Definition berechnet werden. Für die partielle Differenzierbarkeit nach x ergibt sich mit $\Delta x \neq 0$:

$$\frac{f(x_P + \Delta x, y_P) - f(x_P, y_P)}{\Delta x} = \frac{f(\Delta x, 0) - f(0,0)}{\Delta x} = \frac{\dfrac{2\Delta x \cdot 0}{\Delta x^2 + 0^2} - 0}{\Delta x} = 0,$$

also für den Grenzwert $\Delta x \to 0$ auch 0. Die gegebene Funktion ist also auch im Nullpunkt partiell differenzierbar nach x mit $\dfrac{\partial f}{\partial x}(0,0) = 0$.

Völlig analog ergibt sich das gleiche Resultat für die partielle Differenzierbarkeit nach y. f ist also bei (0,0) partiell differenzierbar nach beiden Variablen, ohne dort stetig zu sein! □

Die obigen Beispiele zeigen, dass die partiellen Ableitungen nach x und y im allgemeinen selbst wieder Funktionen von x und y sind. Man kann also – analog zum eindimensionalen Fall – wiederum die Frage nach der partiellen Differenzierbarkeit der partiellen Ableitungen – jeweils nach x und y – stellen. Man erhält so im Falle der Existenz die *zweiten partiellen Ableitungen*, im Einzelnen

aus $\dfrac{\partial f}{\partial x}$: $\quad \dfrac{\partial}{\partial x}\left(\dfrac{\partial f}{\partial x}\right) = \dfrac{\partial^2 f}{\partial x^2} = f_{xx}\quad$ sowie $\quad \dfrac{\partial}{\partial y}\left(\dfrac{\partial f}{\partial x}\right) = \dfrac{\partial^2 f}{\partial y \partial x} = f_{xy}\quad$ und

aus $\dfrac{\partial f}{\partial y}$: $\quad \dfrac{\partial}{\partial x}\left(\dfrac{\partial f}{\partial y}\right) = \dfrac{\partial^2 f}{\partial x \partial y} = f_{yx}\quad$ sowie $\quad \dfrac{\partial}{\partial y}\left(\dfrac{\partial f}{\partial y}\right) = \dfrac{\partial^2 f}{\partial y^2} = f_{yy}$.

Beachten Sie, dass die Differentiationsreihenfolge in den beiden Alternativschreibweisen unterschiedlich ausgedrückt wird!

Beispiel:

Um die zweiten partiellen Ableitungen von

$$z = f(x,y) = e^{x^2} \cos(2y)$$

zu bestimmen, leitet man zunächst nach x und y ab. Es ergeben sich

$$\frac{\partial z}{\partial x} = 2xe^{x^2}\cos(2y) \quad \text{und} \quad \frac{\partial z}{\partial y} = -2e^{x^2}\sin(2y).$$

Daraus erhält man einerseits

$$\frac{\partial^2 z}{\partial x^2} = \frac{\partial}{\partial x}\left(2xe^{x^2}\cos(2y)\right) = \left(2e^{x^2} + 4x^2 e^{x^2}\right)\cos(2y) \quad \text{und}$$

$$\frac{\partial^2 z}{\partial y \partial x} = \frac{\partial}{\partial y}\left(2xe^{x^2}\cos(2y)\right) = -4xe^{x^2}\sin(2y)$$

sowie andererseits

$$\frac{\partial^2 z}{\partial x \partial y} = \frac{\partial}{\partial x}\left(-2e^{x^2}\sin(2y)\right) = -4xe^{x^2}\sin(2y) \quad \text{und}$$

$$\frac{\partial^2 z}{\partial y^2} = \frac{\partial}{\partial y}\left(-2e^{x^2}\sin(2y)\right) = -4e^{x^2}\cos(2y).$$ □

Man stellt fest, dass $\frac{\partial^2 z}{\partial x \partial y} = \frac{\partial^2 z}{\partial y \partial x}$ ist, obwohl, wie die Zwischenergebnisse zeigen, diese beiden *gemischten partiellen Ableitungen* auf ganz unterschiedlichen Wegen berechnet werden. Dies ist kein Zufall, vielmehr gilt allgemein der

Satz von SCHWARZ:

> Sind die gemischten partiellen Ableitungen stetig, so stimmen sie überein, es gilt dann also die sogenannte *Vertauschbarkeit der zweiten partiellen Ableitungen*
> $$\frac{\partial^2 f}{\partial x \partial y} = \frac{\partial^2 f}{\partial y \partial x}.$$ (8.2.1)

Den Beweis durch Betrachtung der betreffenden Grenzwerte schenken wir uns. Es sei darauf hingewiesen, dass in den meisten uns interessierenden Fällen die obige Stetigkeitsvoraussetzung erfüllt ist, insbesondere dann, wenn der Funktionsausdruck $f(x, y)$ aus „elementaren Funktionen", die ja meist beliebig oft differenzierbar sind, zusammengesetzt ist. Dass jedoch (8.2.1) nicht „automatisch" gilt, zeigt etwa die Übungsaufgabe 2 am Ende des nächsten Abschnitts.

Zum Abschluss dieses Abschnitts soll der Begriff *partielle Differenzierbarkeit* auf Funktionen mit n Veränderlichen übertragen werden:

Wollen wir die Funktion $f(x_1, x_2, \ldots, x_n)$ an einer festen Stelle $(p_1, p_2, \ldots, p_n) \in \mathbb{D}_f$ auf *partielle Differenzierbarkeit nach* x_k ($k \in \{1,\ldots,n\}$) überprüfen und ggf. die *partielle Ableitung nach* x_k berechnen, so werden wie bei zwei Veränderlichen alle Variablen bis auf x_k festgehalten und die entstehende Funktion einer Veränderlichen $x_k \mapsto f(p_1, \cdots, x_k, \cdots, p_n)$ gemäß den Regeln aus Kapitel 4 differenziert. Dies gilt entsprechend auch beim Bilden der zweiten partiellen Ableitung nach einer beliebigen Veränderlichen x_i. Schließlich sei noch festgestellt, dass ein Analogon des Satzes von SCHWARZ auch für mehr als zwei Variable richtig ist.

Summa summarum stellen wir also fest, dass das Berechnen partieller Ableitungen nicht schwieriger ist als das Differenzieren einer Funktion einer Veränderlichen.

8.3 Vollständige Differenzierbarkeit

Bisher scheint die Erweiterung von einer auf mehrere Veränderliche bei der Differentialrechnung außer einem Mehr an Rechenarbeit – man muss schließlich in jedem Differentiationsschritt n partielle Ableitungen berechnen! – keine besonderen Schwierigkeiten zu beinhalten. Das Beispiel 3 des Zylindroids aus dem letzten Abschnitt gibt jedoch Anlass zu Skepsis: Es gibt also tatsächlich Funktionen, die in jede Richtung partiell differenzierbar sind, ohne stetig zu sein. So etwas ist für Funktionen einer Veränderlichen nicht möglich, da bei diesen die Differenzierbarkeit an einer Stelle x_0 automatisch deren Stetigkeit dort zur Folge hat. Es drängt sich also die Befürchtung auf, dass partielle Differenzierbarkeit einer Funktion „noch nicht alles" ist; um ein Analogon zur Differentiation bei einer Veränderlichen zu erhalten, müssen wir noch detailliertere Untersuchungen anstellen. Dies soll im Folgenden geschehen.

Wir betrachten eine Funktion $z = f(x,y)$ von zwei Veränderlichen; dabei sei (x_P, y_P) ein fester Punkt im Innern – das heißt nicht auf dem Rand – von $\mathbb{D}_f$, es sei $z_P = f(x_P, y_P)$. Wir wollen die sehr anschauliche Idee aus Abschnitt 3.1, dass bei Funktionen einer Veränderlichen die Differenzierbarkeit an einer Stelle x_P der Existenz einer Tangenten an dieser Stelle entspricht, auf unsere Situation übertragen. Da der Graph von f hier aber eine Fläche statt einer Kurve ist, benötigen wir jetzt zur Berührung auch etwas Zweidimensionales, eine „Tangentialebene". Was soll man nun aber vernünftigerweise darunter verstehen?

Sinnvoll ist sicher folgende **Forderung**: Betrachtet man eine beliebige Ebene, die den Berührpunkt (x_P, y_P, z_P) enthält und senkrecht auf der (x, y)-Ebene steht, so ist die Schnittfigur mit dem Graphen von f eine Kurve C, die mit der Tangentialebene eine Gerade. Diese Gerade soll nun Tangente im Sinne von 4.1 an C sein. Man fordert also, dass die Tangentialebene alle Tangenten der oben beschriebenen Schnittkurven enthalten soll. **(F1)**

Die Tangentialebene an einen Graphen darf nicht senkrecht auf der (x, y)-Ebene stehen, da sonst die beschriebenen Schnitte zu vertikalen Tangenten führen würden, was dem Differenzierbarkeitsbegriff im Eindimensionalen widerspräche. Nach Beispiel 2 aus 8.1 lässt sich eine solche Ebene explizit beschreiben als

$$z = T(x,y) = c + ax + by \ .$$

Außerdem geht diese Ebene durch den Berührpunkt (x_P, y_P, z_P), es ist also

8.3 Vollständige Differenzierbarkeit

$$T(x_P, y_P) = z_P.$$

Deshalb ergibt sich als allgemeine Form der Tangentialebene τ

$$z = T(x,y) = z_P + d(x - x_P) + e(y - y_P) \text{ mit reellen Konstanten } d \text{ und } e. \qquad \text{(F2)}$$

Um nun das „Berühren" des Graphen durch die Tangentialebene arithmetisch zu fassen (jede nichtvertikale Ebene durch (x_P, y_P, z_P) genügt ja der Form (F2)!), verallgemeinern wir die Überlegungen für die Existenz einer Tangente im eindimensionalen Fall auf die hier vorliegende Situation: Früher ließ sich die zentrale Forderung, dass der Unterschied zwischen Funktions- und Tangentenwert bei beliebiger Annäherung an die Berührstelle x_P schneller gegen 0 geht als die Annäherung an x_P stattfindet, folgendermaßen einfach ausdrücken:

Für jede beliebige Folge x_k mit $\lim\limits_{k \to \infty} x_k = x_P$ muss $\lim\limits_{k \to \infty} \dfrac{|f(x_k) - t(x_k)|}{|x_k - x_P|} = 0$ sein.

Dies lässt sich nun wie folgt auf zwei Veränderliche verallgemeinern:

$(x^{(k)}, y^{(k)})$ sei eine beliebige Folge von Punkten, die in $\mathbb{D}_f$ gegen (x_P, y_P) konvergiert.

Dann muss $\lim\limits_{k \to \infty} \dfrac{\left|f\left(x^{(k)}, y^{(k)}\right) - T\left(x^{(k)}, y^{(k)}\right)\right|}{\left\|\left(x^{(k)}, y^{(k)}\right) - (x_P, y_P)\right\|} = 0$ sein. \qquad (F3)

Dabei bezeichne $\|(a,b)\| = \sqrt{a^2 + b^2}$ die übliche Länge von Vektoren im $\mathbb{R}^2$.

Durch Einsetzen von (F2) lässt sich der Zähler von (F3) noch umformen:

$$f\left(x^{(k)}, y^{(k)}\right) - T\left(x^{(k)}, y^{(k)}\right) = f\left(x^{(k)}, y^{(k)}\right) - f(x_P, y_P) - d\left(x^{(k)} - x_P\right) - e\left(y^{(k)} - y_P\right)$$

Analog zum Eindimensionalen wollen wir eine Funktion $f(x, y)$ (vollständig) differenzierbar nennen, wenn eine Tangentialebene existiert; wir erhalten somit die folgende

Definition:

> Eine Funktion $f(x,y)$ heißt *(vollständig) differenzierbar* in $(x_P, y_P) \in \mathbb{D}_f$, wenn sich $d, e \in \mathbb{R}$ finden lassen, so dass für jede beliebige Folge $\left(x^{(k)}, y^{(k)}\right)$ von Punkten, die in $\mathbb{D}_f$ gegen P^* konvergieren,
>
> $$\lim_{k \to \infty} \frac{\left|f\left(x^{(k)}, y^{(k)}\right) - f(x_P, y_P) - d \cdot \left(x^{(k)} - x_P\right) - e \cdot \left(y^{(k)} - y_P\right)\right|}{\left\|\left(x^{(k)}, y^{(k)}\right) - (x_P, y_P)\right\|} = 0 \qquad (8.3.1)$$
>
> ist.

Ist nun f in obigem Sinne in $(x_P, y_P) \in \mathbb{D}_f$ vollständig differenzierbar, so zeigt die folgende Überlegung, wie die zu bestimmenden reellen Konstanten d und e aussehen müssen:

Da (8.3.1) für <u>jede</u> beliebige Annäherung an (x_P, y_P) gelten muss, wählen wir eine solche, die nur in der zur (x, z)-Ebene parallelen Ebene durch (x_P, y_P, z_P) stattfindet (vertikaler Schnitt), für die also stets $y^{(k)} = y_P$ ist. Für diese lautet (8.3.1) dann:

$$\lim_{k \to \infty} \frac{\left|f\left(x^{(k)}, y_P\right) - f(x_P, y_P) - d \cdot \left(x^{(k)} - x_P\right) - e \cdot (y_P - y_P)\right|}{\left\|\left(x^{(k)}, y_P\right) - (x_P, y_P)\right\|} = 0$$

$$\Rightarrow \quad \lim_{k \to \infty} \frac{\left|f\left(x^{(k)}, y_P\right) - f(x_P, y_P) - d \cdot \left(x^{(k)} - x_P\right)\right|}{\left|x^{(k)} - x_P\right|} = 0$$

$$\Rightarrow \quad \lim_{k \to \infty} \frac{f\left(x^{(k)}, y_P\right) - f(x_P, y_P) - d \cdot \left(x^{(k)} - x_P\right)}{x^{(k)} - x_P} = 0$$

$$\Rightarrow \quad \lim_{k \to \infty} \frac{f\left(x^{(k)}, y_P\right) - f(x_P, y_P)}{x^{(k)} - x_P} = d$$

Der Grenzwert in der letzten Gleichung ist aber gerade die partielle Ableitung $f_x(x_P, y_P)$, wie sie im vorigen Abschnitt definiert wurde. Da Entsprechendes auch für Schnitte mit festgehaltenem $x = x_P$ gilt, haben wir damit folgenden wichtigen Zusammenhang zwischen partieller und vollständiger Differenzierbarkeit bewiesen:

Satz:

8.3 Vollständige Differenzierbarkeit

> Damit eine Funktion $f(x,y)$ in $(x_P, y_P) \in \mathbb{D}_f$ vollständig differenzierbar ist, muss sie dort partiell nach x und y differenzierbar sein. Die in (8.3.1) vorkommenden reellen Konstanten d und e sind dabei die partiellen Ableitungen nach x und y.

Der Begriff der vollständigen Differenzierbarkeit ist also stärker als der der partiellen. Dass nämlich umgekehrt nicht jede partiell differenzierbare Funktion auch vollständig differenzierbar ist, zeigt folgendes

Beispiel:

Nach Beispiel 3 aus 8.2 ist die das Zylindroid beschreibende Funktion

$$f(x,y) = \begin{cases} \dfrac{2xy}{x^2 + y^2} & \text{für } (x,y) \neq (0,0) \\ 0 & \text{für } (x,y) = (0,0) \end{cases}$$

auch in $(0,0)$ partiell differenzierbar mit $\dfrac{\partial f}{\partial x}(0,0) = \dfrac{\partial f}{\partial y}(0,0) = 0$. Wäre nun f in $(0,0)$ vollständig differenzierbar, so müsste (8.3.1) für jede gegen den Nullpunkt laufende Folge, also auch für $P^*\left(\frac{1}{k}, \frac{1}{k}\right)$ (mit $k \in \mathbb{N}^+$), erfüllt sein. Da nach obigem Satz für die Konstanten d und e nur der Wert 0 in Frage kommt (partielle Ableitungen!), müsste

$$\frac{\left|f\left(x^{(k)}, y^{(k)}\right) - f(x_P, y_P) - d\cdot\left(x^{(k)} - x_P\right) - e\cdot\left(y^{(k)} - y_P\right)\right|}{\left\|\left(x^{(k)}, y^{(k)}\right) - (x_P, y_P)\right\|}$$

$$= \frac{\dfrac{2\frac{1}{k}\cdot\frac{1}{k}}{\left(\frac{1}{k}\right)^2 + \left(\frac{1}{k}\right)^2} - 0 - 0\cdot\frac{1}{k} - 0\cdot\frac{1}{k}}{\sqrt{\left(\frac{1}{k}\right)^2 + \left(\frac{1}{k}\right)^2}} = \frac{\dfrac{2\left(\frac{1}{k}\right)^2}{2\left(\frac{1}{k}\right)^2}}{\frac{1}{k}\cdot\sqrt{2}} = \frac{k}{\sqrt{2}}$$

gegen 0 konvergieren, was offensichtlich nicht der Fall ist. Ruft man sich das Aussehen eines Zylindroids in Erinnerung (vgl. Bild 8.1.12), so wird auch anschaulich schnell klar, dass bei $(0,0)$ keine Tangentialebene existieren kann, das heißt, dass f dort nicht vollständig differenzierbar ist. □

Gemäß (F2) und obigem Satz ist klar, wie im Falle der Existenz die **Gleichung der Tangentialebene** im Punkte $P(x_P, y_P, z_P)$ aussehen muss, nämlich:

$$z = T(x,y) = f(x_P, y_P) + \frac{\partial f}{\partial x}(x_P, y_P) \cdot (x - x_P) + \frac{\partial f}{\partial y}(x_P, y_P) \cdot (y - y_P) \qquad (8.3.2)$$

Aber Vorsicht: Das letzte Beispiel zeigt, dass die Existenz der partiellen Ableitungen allein, also die Möglichkeit, (8.3.2) überhaupt hinschreiben zu können, nicht für die Existenz der Tangentialebene ausreicht!

Nun ist die Berechnung des in (8.3.1) genannten Grenzwerts im Allgemeinen sehr unhandlich, um die Existenz einer Tangentialebene zu überprüfen. Für praktische Anwendungen ist da der folgende Satz geeignet, der zwar nur eine hinreichende Bedingung enthält, für die uns interessierenden Fälle aber vollauf genügt:

Satz:

Wenn in einer offenen Umgebung von $P^* \in \mathbb{D}_f$ die partiellen Ableitungen existieren und in P^* stetig sind, so ist f in P^* vollständig differenzierbar.

Damit lässt sich zum Beispiel ohne Schwierigkeiten sofort nachweisen, dass etwa $f_1(x,y) = \ln(x^2 + y^2 + 1)$ oder $f_2(x,y) = e^{5x-y} \cos^2(x-y)$ auf ihrem gesamten Definitionsbereich vollständig differenzierbar sind, da die zur Bildung der partiellen Ableitung nötigen Ausdrücke als Funktionen einer Veränderlichen überall beliebig oft und damit stetig differenzierbar sind.

Bei Funktionen einer reellen Veränderlichen hatten wir den Begriff des *Differentials* bereits kennen gelernt: Bei $y = f(x)$ gibt dy an, um welchen Wert sich y auf der Tangente an $\mathbb{G}_f$ an einer Stelle x_P ändert, wenn sich das Argument um dx verändert. Es ist dabei d$y = f'(x_P) \cdot dx$. Dieser Begriff lässt sich nun sofort sinngemäß auf zwei Veränderliche übertragen, wenn man beachtet, dass dabei Änderungen in beiden Argumenten x und y zu berücksichtigen sind. Setzt man nämlich

$$\mathrm{d}x = x - x_P \qquad \text{und} \qquad \mathrm{d}y = y - y_P,$$

so liefert (8.3.2) die folgende

8.3 Vollständige Differenzierbarkeit

Definition:

Es sei $z = f(x,y)$ in (x_P, y_P) vollständig differenzierbar. Dann ist durch

$$dz = \frac{\partial f}{\partial x}(x_P, y_P) \cdot dx + \frac{\partial f}{\partial y}(x_P, y_P) \cdot dy \qquad (8.3.3)$$

das *vollständige* (bzw. *totale*) *Differential* von f in (x_P, y_P) gegeben.

Das vollständige Differential, das auch mit df bezeichnet wird, gibt also an, welchen Höhenzuwachs bzw. -verlust man hat, wenn man auf der Tangentialebene in (x_P, y_P, z_P) um dx in x- und um dy in y-Richtung weiterläuft (vgl. Bild 8.3.1). Das Differential ist also an jeder festen Stelle (x_P, y_P) eine Funktion der beiden reellen Veränderlichen dx und dy. Beachten Sie, dass diese alle Werte, insbesondere auch negative, annehmen können.

Für betraglich kleine Werte von dx und dy wird aufgrund der Herleitung die *Approximationseigenschaft des vollständigen Differentials* klar:

Für kleine $|dx|, |dy|$ gilt: $dz \approx \Delta z = f(x_P + dx, y_P + dy) - f(x_P, y_P)$

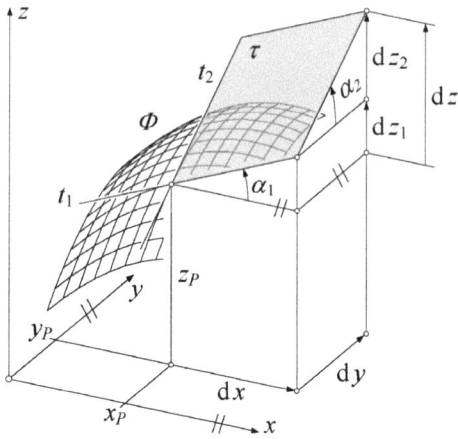

Bild 8.3.1: Das totale Differential dz einer Funktion $z = f(x, y)$

Diese Approximationseigenschaft ist auch der Schlüssel für die praktische Anwendung des Differentials bei der so genannten *Fehlerfortpflanzung*:

Häufig kommt es in der technischen oder auch sonstigen Anwendung vor, dass man zwei (oder mehr) Größen x und y messen muss, um daraus aufgrund eines funktionalen Zusammenhangs $z = f(x, y)$ zu berechnen (einfaches Beispiel: Man misst Radius und Höhe eines geraden Kreiszylinders, um sein Volumen oder seine Oberfläche zu bestimmen.). Üblicherweise sind die Messwerte x_P und y_P mit Fehlern behaftet, deren betragliche Maximalwerte Δx und Δy vom Messgerät bzw. -verfahren abhängen und im Allgemeinen bekannt sind. Sie müssen außerdem betraglich klein gegenüber den Messwerten sein, da sonst die gesamte Messung unbrauchbar ist.

Man ist nun daran interessiert, wie sich diese Messfehler schlimmstenfalls auf den zu berechnenden Wert von z auswirken. Dazu macht man sich klar, dass die wahren Werte von x und y nicht x_P und y_P, sondern $x_P + dx$ und $y_P + dy$ sind. Dabei können die Fehler dx und dy positiv oder negativ sein, sie dürfen aber aufgrund der Vorgaben betraglich höchstens gleich Δx bzw. Δy sein, sind also selbst auch kleine Werte. Der Fehler, der demnach durch Verwendung obiger Messwerte gemacht wird, ist $\Delta z = f(x_P + dx, y_P + dy) - f(x_P, y_P)$, an dessen Betrag wir hier interessiert sind. Da man naturgemäß dx und dy nicht kennt (sonst könnte ja man gleich die wahren Werte in die Formel für z einsetzen!), muss man sich um eine Näherung für $|\Delta z|$ bemühen. Dabei ist die Approximationseigenschaft des Differentials von Nutzen.

$$|\Delta z| \approx |dz| = \left| \frac{\partial f}{\partial x}(x_P, y_P) \cdot dx + \frac{\partial f}{\partial y}(x_P, y_P) \cdot dy \right|$$

$$\leq \left| \frac{\partial f}{\partial x}(x_P, y_P) \right| \cdot |dx| + \left| \frac{\partial f}{\partial y}(x_P, y_P) \right| \cdot |dy|$$

$$\leq \left| \frac{\partial f}{\partial x}(x_P, y_P) \right| \cdot \Delta x + \left| \frac{\partial f}{\partial y}(x_P, y_P) \right| \cdot \Delta y$$

Der letzte Ausdruck, der eine leicht berechenbare Obergrenze für den Betrag des Gesamtfehlers [1] darstellt, heißt *maximaler Fehler* („*pessimistische Fehlerannahme*") und soll mit Δz_{pess} bezeichnet werden. Es ist also

$$\Delta z_{\text{pess}} = \left| \frac{\partial f}{\partial x}(x_P, y_P) \right| \cdot \Delta x + \left| \frac{\partial f}{\partial y}(x_P, y_P) \right| \cdot \Delta y \quad (8.3.4)$$

---

[1] Wie bei Funktionen einer Veränderlichen wird durch diese Näherung nicht nur bei der Fehlerrechnung die Gefahr des Auslöschungsfehlers vermieden.

8.3 Vollständige Differenzierbarkeit

Beispiel:

Bekanntlich gilt beim freien Fall (ohne Berücksichtigung der Luftreibung) die Beziehung $s = \frac{1}{2}gt^2$, wobei s die in der Zeit t zurückgelegte Strecke und g die Erdbeschleunigung ist. Diese Formel soll zur Bestimmung von g benutzt werden. Bei einem Fallversuch wird für eine Strecke $s_0 = 8.930$ m eine Fallzeit $t_0 = 1.35$ s gemessen. Die Streckenmessung erfolgt mit einem Fehler $\Delta s = \pm 0.001$ m, die Zeitmessung mit $\Delta t = \pm 0.005$ s. Der maximale Fehler Δg_{pess} ist gesucht.

Nach oben zitiertem Fallgesetz ist $g = f(s,t) = \dfrac{2s}{t^2}$, zur Bestimmung von Δg_{pess} wird (8.3.4) benutzt. Die benötigten partiellen Ableitungen ergeben sich zu

$$\frac{\partial f}{\partial s}(s,t) = \frac{2}{t^2} \quad \text{und} \quad \frac{\partial f}{\partial t}(s,t) = \frac{-4s}{t^3}.$$

(8.3.4) lautet in unserem Fall nun

$$\Delta g_{\text{pess}} = \left|\frac{\partial f}{\partial s}(s_0,t_0)\right| \cdot \Delta s + \left|\frac{\partial f}{\partial t}(s_0,t_0)\right| \cdot \Delta t = \frac{2}{(1.35\,\text{s})^2} \cdot 0.001\,\text{m} + \frac{4 \cdot 8.93\,\text{m}}{(1.35\,\text{s})^3} \cdot 0.005\,\text{s}$$

$$= (0.0011 + 0.0726)\frac{\text{m}}{\text{s}^2} = 0.0737\,\frac{\text{m}}{\text{s}^2}$$

Der aus obigen Messwerten errechnete Wert von g ist (auf drei Nachkommastellen gerundet) $9.800\,\dfrac{\text{m}}{\text{s}^2}$. Das Messergebnis wird also mit $g = (9.800 \pm 0.074)\,\dfrac{\text{m}}{\text{s}^2}$ angegeben.

Im vorletzten Schritt der Fehlerrechnung sieht man auch deutlich, wie unterschiedlich die einzelnen Messfehlereinflüsse sind: Der Zeitmessfehler geht fast siebzig Mal so stark in das Gesamtergebnis ein wie der Streckenmessfehler; für eine etwaige Verbesserung sollte man also die Zeit und nicht die Strecke genauer messen!

□

Zum Abschluss dieses Abschnitts weisen wir darauf hin, dass sich alle Begriffe und Resultate nun ohne Schwierigkeiten von 2 auf n Veränderliche übertragen lassen. Auf die explizite Durchführung, insbesondere die Angabe der (8.3.1) bis (8.3.4) entsprechenden Formeln, soll hier verzichtet werden. Wir merken bloß noch an, dass es für $n > 2$ eine der durch (8.3.2) gegebenen Tangentialebene entsprechende Tangentialhyperebene gibt, die sich allerdings der anschaulichen Vorstellung entzieht.

Übungsaufgaben:

1. Begründen Sie, warum $z = f(x,y) = x^3 - 3x^2 y + y^2$ überall in $\mathbb{D}_f = \mathbb{R}^2$ vollständig differenzierbar ist und geben Sie die Gleichung der Tangentialebene an der Stelle (1,2) an. Welche Bedingung muss erfüllt sein, damit die Tangentialebene an einer Stelle $(x_0, y_0) \in \mathbb{D}_f$ waagerecht ist? Bestimmen Sie alle solche Stellen für f.

2. Begründen Sie, warum die auf $\mathbb{R}^2$ durch

$$z = f(x,y) = \begin{cases} \dfrac{xy^3 - x^3 y}{x^2 + y^2} & \text{für } (x,y) \neq (0,0) \\ 0 & \text{für } (x,y) = (0,0) \end{cases}$$

definierte Funktion überall vollständig differenzierbar ist. Berechnen Sie dazu $f_x(0, y)$ und $f_y(x, 0)$ für beliebige x und y. Folgern Sie daraus, dass für $(0,0)$ $f_{xy} = f_{yx}$ nicht gilt. Warum?

3. In einem Gleichstromkreis ist der Widerstand R_1 zu den in Serie geschalteten Widerständen R_2 und R_3 parallel geschaltet. Geben Sie (mit Fehler) den Gesamtwiderstand R an, wenn $R_1 = (200 \pm 5)\,\Omega$, $R_2 = (300 \pm 3)\,\Omega$, $R_3 = (500 \pm 5)\,\Omega$ ist.

4. Um den Innendurchmesser d eines dünnen Rohres der Länge l zu bestimmen, geht man folgendermaßen vor: Man füllt das Rohr mit Quecksilber der Dichte ρ, bestimmt dann durch Wiegen die Masse des benötigten Quecksilbers und berechnet daraus den Durchmesser. Folgende Werte (mit den zugehörigen Fehlern) werden gemessen: $l = (10.2 \pm 0.1)$ cm, $m = (6.3 \pm 0.1)$ g, $\rho = (13.6 \pm 0.1)\,\dfrac{\text{g}}{\text{cm}^3}$; der Fehler des Taschenrechnerwerts für π kann vernachlässigt werden. Welcher Wert mit welchem Fehler ergibt sich für d?

8.4 Extremwerte

Wir betrachten noch einmal die beiden Paraboloide von Bild 8.1.8 und 8.1.10:

Beim Drehparaboloid gibt es einen Extremwert von z, nämlich das Minimum $z = 0$ bei $x = 0$, $y = 0$. Beim hyperbolischen Paraboloid tritt kein solches Extremum von z auf; dort ist bei $x = 0$, $y = 0$ ein *Sattelpunkt*. Wir wollen nun untersuchen, wie sich diese Phänomene rechnerisch behandeln lassen, um auch in schwierigeren Fällen Extrem- bzw. Sattelpunkte zu finden.

Durch $z = f(x, y)$ ist eine Fläche Φ bestimmt. Wir untersuchen, wann in einem Punkt $E(x_E, y_E, z_E)$, in dem Φ eine Tangentialebene τ besitzt, ein Extremum von z auftritt (f wird also dort als vollständig differenzierbar vorausgesetzt; ist es dies nicht, so ist dort für die Extremwertermittlung ohnehin eine gesonderte Untersuchung nötig).

Notwendige Voraussetzung für ein Extremum von z in E ist, dass dort die Tangentialebene τ parallel zur (x, y)-Ebene ist, damit sich der Graph von f in einer Umgebung von E nur oberhalb oder nur unterhalb von τ befindet. Die τ beschreibende Funktion $T(x, y)$ muss also konstant sein. Aus (8.3.2) folgt damit unmittelbar, dass für das Vorliegen eines Extremwerts in (x_E, y_E) die Bedingungen

$$\frac{\partial f}{\partial x}(x_E, y_E) = 0 \text{ und } \frac{\partial f}{\partial y}(x_E, y_E) = 0 \tag{8.4.1}$$

erfüllt sein müssen.

Dies ist jedoch noch nicht *hinreichend*; denn dies ist z.B. auch beim hyperbolischen Paraboloid in O erfüllt; aus (8.4.1) erhalten wir nur mögliche Kandidaten für E.

Wenn f dort zweimal differenzierbar ist, bilden wir jetzt

$$D = \left[\frac{\partial^2 f}{\partial x^2} \cdot \frac{\partial^2 f}{\partial y^2} - \left(\frac{\partial^2 f}{\partial x \partial y} \right)^2 \right] (x_E, y_E)\ ^{[1)}, \tag{8.4.2}$$

die Determinante der so genannten HESSE-*Matrix der zweiten partiellen Ableitungen*. Damit lässt sich nun Folgendes zeigen:

[1)] Diese Schreibweise bedeutet, dass (x_E, y_E) in jede vorkommende partielle Ableitung einzusetzen ist.

Satz:

> Die zweimal differenzierbare Funktion $z = f(x, y)$ habe an der Stelle (x_E, y_E) eine waagerechte Tangentialebene, das heißt, dass die ersten partiellen Ableitungen dort 0 sind. Dann gilt mit dem gemäß (8.4.2) berechneten Wert D:
>
> Ist $D > 0$, so hat z im Punkt E ein Extremum.
>
> Es ist ein Maximum, wenn $\dfrac{\partial^2 f}{\partial x^2}(x_E, y_E) < 0$ ist. $\dfrac{\partial^2 f}{\partial y^2}(x_E, y_E) < 0$ ist dann gleichwertig damit.
>
> Es ist ein Minimum, wenn $\dfrac{\partial^2 f}{\partial x^2}(x_E, y_E) > 0$ ist. $\dfrac{\partial^2 f}{\partial y^2}(x_E, y_E) > 0$ ist dann gleichwertig damit.
>
> Ist $D < 0$, so ist der Punkt E ein Sattelpunkt von Φ (wie z.B. in Bild 8.1.11).
>
> Ist $D = 0$, so ist eine genauere Untersuchung der Umgebung von E nötig (so wie etwa in den Beispielen **3.** bis **5.** unten).

In einem Sattelpunkt E schneidet die Tangentialebene die Fläche in einer Kurve, die in E einen Doppelpunkt besitzt, also einen Schnittpunkt mit sich selbst. Er kann bei $D = 0$ in einen Berührpunkt der Kurve mit sich selbst ausarten.

Den vollständigen Beweis, dass mit Hilfe von D diese Unterscheidung möglich ist, führen wir jetzt nicht durch; nur ganz kurz sei hierzu erwähnt: Hat z im Punkt E von Φ ein Extremum mit $D > 0$, und verschiebt man die Tangentialebene τ an Φ in E parallel um Δz auf Φ zu, so schneidet die Parallelebene Φ in einer Kurve, die mit umso besserer Näherung eine Ellipse (mit Sonderfall Kreis) ist, je kleiner $|\Delta z|$ ist. Mittels einer TAYLOR-Reihe für *zwei* Variable – nämlich x und y – lässt sich das ausrechnen, wenn man sie nach den Gliedern 2. Ordnung abschneidet. In einem Sattelpunkt mit $D < 0$ liefert die Parallelverschiebung von τ mit analoger Näherung eine Hyperbel. Zur Ellipse gehört das positive Vorzeichen von D, zur Hyperbel das negative. Bei $D = 0$ erhält man aus diesen Gliedern 2. Ordnung noch keine ausreichende Information; eine gesonderte Untersuchung ist dann fällig.

Beispiele:

Gegeben ist jeweils die Gleichung einer Fläche Φ; gesucht sind Extrem- bzw. Sattelpunkte E von Φ.

1. $z = x^3 + 2xy + y^3$: $\quad z_x = 3x^2 + 2y, \ z_y = 2x + 3y^2$;

$z_x = 0$ für $\quad 3x^2 + 2y = 0 \quad\quad\quad$ (1)

8.4 Extremwerte

$z_y = 0$ für $\quad 2x + 3y^2 = 0 \quad$ (2)

Aus (1): $\quad\quad\quad y = -\frac{3}{2}x^2 \quad$ (1*)

(1*) in (2) eingesetzt: $\quad\quad 2x + \frac{27}{4}x^4 = 0$

Lösungen: $x_{E1} = 0$, $x_{E2} = -\frac{2}{3}$; mittels (1*): $y_{E1} = 0$, $y_{E2} = -\frac{2}{3}$.

Für die zweiten partiellen Ableitungen ergibt sich: $z_{xx} = 6x$, $z_{yy} = 6y$, $z_{xy} = 2$, also ist $D = 36xy - 4$.

Einsetzen von $(0,0)$ ergibt für E_1: $D = -4 < 0$, also einen Sattelpunkt in $E_1 = O$; und von $(-\frac{2}{3}, -\frac{2}{3})$ für E_2: $D = 12 > 0$, also ein Extremum von z in $E_2(-\frac{2}{3}, -\frac{2}{3}, \frac{8}{27})$; weil dort $z_{xx} < 0$ ist (gleichbedeutend: $z_{yy} < 0$), ist es ein Maximum, s. Bild 8.4.1.

2. $z = x^2 - y^2 - (x^2 + y^2)^2$: $z_x = 2x - 2(x^2 + y^2)\cdot 2x$, $z_y = -2y - 2(x^2 + y^2)\cdot 2y$;

$z_x = 0$ für $\quad 2x[1 - 2(x^2 + y^2)] = 0$, (1)
$z_y = 0$ für $\quad 2y[1 + 2(x^2 + y^2)] = 0$, (2)

Aus (2): $\quad y_E = 0$; in (1): $x_{E_1} = 0$, $x_{E_{2,3}} = \pm\frac{1}{2}\sqrt{2}$;

$z_{xx} = 2 - 12x^2 - 4y^2$, $z_{yy} = -2 - 4x^2 - 12y^2$, $z_{xy} = -8xy$;

für E_1: $D = -4 < 0$; Sattelpunkt in $E_1 = O(0, 0, 0)$;

für $E_{2,3}$: $D = 16 > 0$; Extrema von z in $E_2(\frac{1}{2}\sqrt{2}, 0, \frac{1}{4})$, $E_3(-\frac{1}{2}\sqrt{2}, 0, \frac{1}{4})$, Bild 8.4.2.

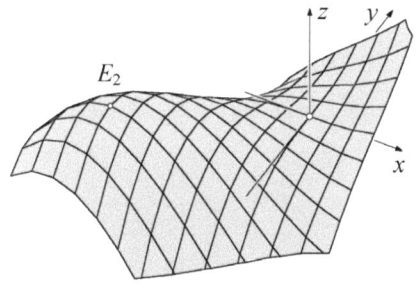
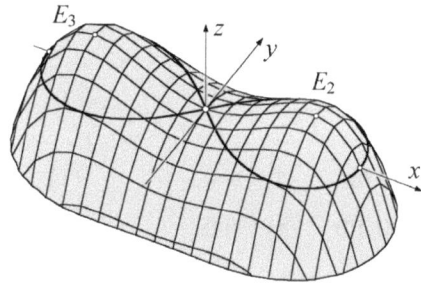

Bild 8.4.1: Beispiel 1 **Bild 8.4.2:** Beispiel 2

Die Höhenlinien dieser Fläche sind CASSINIsche Kurven; insbesondere für $z = 0$ ergibt sich mit $x = r\cos\varphi$, $y = r\sin\varphi$: $r^4 = r^2(\cos^2\varphi - \sin^2\varphi)$, also $r = \sqrt{\cos(2\varphi)}$; das ist die Lemniskatengleichung aus Abschnitt 5.3.

3. $z = 1 - x^2$: $\quad z_x = -2x$, $z_y = 0$;
also ist $z_x = 0$ für $\quad -2x = 0$, $z_y = 0$ gilt überall.

Lösung: $x_E = 0$, y_E beliebig.

$z_{xx} = -2$, $z_{yy} = 0$, $z_{xy} = 0$, also ist überall $D = 0$.

Da mit obigem Satz keine Aussage möglich ist, wird eine gesonderte Untersuchung durchgeführt:

$z = 1 - x^2$ beschreibt einen parabolischen Zylinder, der entlang der y-Achse (daher $x_E = 0$) die zur (x, y)-Ebene parallele Ebene $z = 1$ berührt. Hier ist $z = 1$, für alle anderen Punkte des Zylinders ist $z < 1$, Bild 8.4.3.

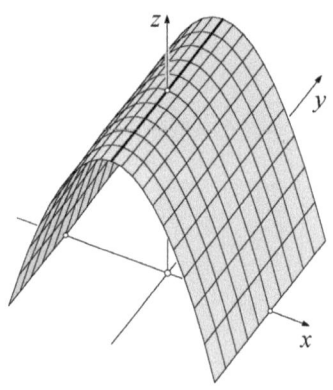

Bild 8.4.3: Beispiel 3   **Bild 8.4.4:** Beispiel 4

4. $z = x^4 + y^4$: $\quad z_x = 4x^3$, $z_y = 4y^3$;

$z_x = 0$ für $\quad 4x^3 = 0$, $\qquad$ (1)

$z_y = 0$ für $\quad 4y^3 = 0$. $\qquad$ (2)

Lösung: $x_E = 0$, $y_E = 0$.

$z_{xx} = 12x^2$, $z_{yy} = 12y^2$, $z_{xy} = 0$, $D = 144x^4 y^4$; für E: $D = 0$.

Gesonderte Untersuchung: $z = x^4 + y^4$ beschreibt eine Fläche, die die (x, y)-Ebene im Ursprung O berührt. Hier ist $z = 0$, das Minimum von z, Bild 8.4.4. D genügt zur eindeutigen Identifikation nicht, weil in O das räumliche Analogon eines Flachpunktes vorliegt, wie er uns bei den Kurvendiskussionen begegnet ist.

5. $z = x^4 - y^2$: $z_x = 4x^3$, $z_y = -2y$;
$z_x = 0$ für $4x^3 = 0$ und $z_y = 0$ für $2y = 0$, also $x_E = 0$, $y_E = 0$.
$z_{xx} = 12x^2$, $z_{yy} = -2$, $z_{xy} = 0$, $D = -24x^2$; für E: $D = 0$.

Gesonderte Untersuchung: Die Fläche schneidet die (x, y)-Ebene in zwei sich in $E = O$ berührenden Parabeln $y = x^2$ und $y = -x^2$. Obwohl dort $D = 0$ ist, sehen wir die Sattelform in $E = O$, Bild 8.4.5.

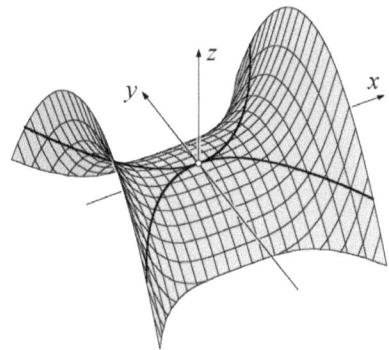

Bild 8.4.5: Beispiel 5

6. $z = f(x, y) = x^y - y^x$ für $x > 0$, $y > 0$: $z_x = yx^{y-1} - y^x \ln y$, $z_y = x^y \ln x - xy^{x-1}$;
$z_x = 0$ für $yx^{y-1} = y^x \ln y$, $\ln y = y^{1-x}x^{y-1}$ (1)
$z_y = 0$ für $xy^{x-1} = x^y \ln x$, $\ln x = y^{x-1}x^{1-y}$ (2)

Aus (1) und (2): $\ln y \cdot \ln x = 1$. Für $x_E = e$, $y_E = e$ ist dies erfüllt; man kann (etwas mühsam) nachrechnen, dass nur dort (1) und (2) erfüllt sind. $E(e, e, 0)$ ist bereits als Sattelpunkt erwiesen, denn in Beispiel 6. von 8.1 haben wir ihn als Schnittpunkt von C mit g erhalten, s. Bild 8.1.14[1]). □

Auf Extremwertprobleme aus den praktischen Anwendungen lässt sich die behandelte Methode in entsprechender Weise übertragen, wie wir es von den Funktionen einer unabhängigen Variablen her gewohnt sind.

---

[1]) Die Höhenlinien 1 und -1 in Bild 8.1.14 lassen auf den Geraden $x = 0$, $z = -1$ und $y = 0$, $z = 1$ Berührpunkte wie in Beispiel 5 vermuten. Tatsächlich ist aber f bei $(0,1)$ und $(1,0)$ nicht differenzierbar, wie sich aus Betrachtung der Grenzwerte ergibt.

Beispiel:

7. Aus einem Blechstreifen der Breite b soll durch Hochbiegen der beider Randstreifen von der Breite x eine Rinne geformt werden. Wie groß müssen x und der Biegewinkel α gewählt werden, damit die Rinne maximalen Querschnittflächeninhalt A erhält? Wie groß ist dann A?

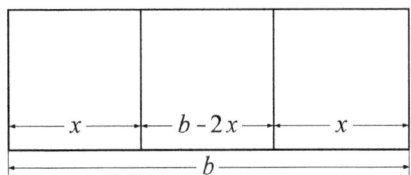 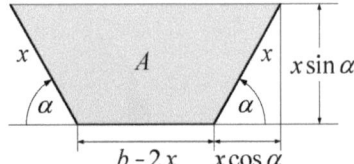

Bild 8.4.6: Rinne mit maximalem Querschnitt

Für die in Bild 8.4.6 dargestellte Trapezfläche gilt:

$A = (b - 2x + x\cos\alpha) \cdot x\sin\alpha = bx\sin\alpha - 2x^2\sin\alpha + x^2\cos\alpha\sin\alpha$; also

$A_x = (b - 4x + 2x\cos\alpha)\sin\alpha$; $A_\alpha = x[b\cos\alpha - 2x\cos\alpha + x(\cos^2\alpha - \sin^2\alpha)]$

Für $\sin\alpha = 0$ und $x = 0$ ist $A_x = 0$ und $A_\alpha = 0$, aber für beides wäre $A = 0$, das ist sicher nicht das gesuchte Maximum von A. Sonst ist

$A_x = 0$ für $\quad b - 4x + 2x\cos\alpha = 0 \quad$ (1)

$A_\alpha = 0$ für $\quad b\cos\alpha - 2x\cos\alpha + x(2\cos^2\alpha - 1) = 0 \quad$ (2)

Mit der Abkürzung $\cos\alpha = u$ folgt aus (1): $\quad x = \dfrac{b}{4 - 2u} \quad$ (1*)

Einsetzen in (2): $\quad bu - \dfrac{2bu}{4 - 2u} + \dfrac{b}{4 - 2u}(2u^2 - 1) = 0 \ \Big| \cdot \dfrac{4 - 2u}{b}$

Nach Zusammenfassung: $2u = 1$, also $u = \cos\alpha = \tfrac{1}{2}$;

in (1*): $x = \tfrac{1}{3}b$. $\alpha = \tfrac{\pi}{3} = 60°$ ist die einzige am Objekt sinnvolle Lösung für α.

Bei vielen technischen Aufgaben kann die Nachprüfung mittels der 2. Ableitungen durch eine Überlegung ersetzt werden, so auch hier. Es ist $A = 0$ bei $\alpha = 0$ und $\alpha = \pi$; dazwischen kann nur bei $\alpha = \tfrac{\pi}{3}$ ein Maximum von A auftreten. Weiter gilt $0 \leq x \leq \tfrac{1}{2}b$; mit $\alpha = \tfrac{\pi}{3}$ ist $A = 0$ bei $x = 0$, $A = \tfrac{1}{16}b^2\sqrt{3}$ bei $x = \tfrac{1}{2}b$. Zwischen diesen beiden x-Werten gibt es aber nur ein x, für das $A_x = 0$ ist, also kann nur dort ein Maximum von A sein, wenn es nicht am Rand des x-Intervalls liegt. Für $\alpha = \tfrac{\pi}{3}, x = \tfrac{1}{3}b$ ist $A = \tfrac{1}{12}b^2\sqrt{3}$; somit ist dies das gesuchte Maximum. □

8.4 Extremwerte

Auch für den (nicht mehr anschaulich vorstellbaren) Fall von Funktionen mit mehr als zwei Veränderlichen lässt sich sinnvoll Extremwerttheorie betreiben. Nach der Definition des vollständigen Differentials in (8.3.4) ist es einleuchtend, dass für das Vorliegen eines Extremwerts dieses 0 sein muss. Dies ergibt also als

Notwendiges Kriterium:

Damit die Funktion $z = f(x_1, \cdots, x_n)$ in $P^* \in \mathbb{D}_f \subseteq \mathbb{R}^n$ einen Extremwert annimmt, müssen alle ersten partiellen Ableitungen von f in P^* den Wert 0 annehmen.

Wie bei $n = 2$ ist auch hier dieses Kriterium nur notwendig; auf die Angabe eines wesentlich aufwendiger zu formulierenden hinreichenden Kriteriums soll hier verzichtet werden, da man oft durch Betrachtung der Funktion schon feststellen kann, ob ein Extremwert vorliegt bzw. in schwierigen Fällen die Umgebung numerisch „abtastet".

Als Anwendungsbeispiele werden jetzt die so genannte *Ausgleichsrechnung* sowie die schon im Kapitel 7 über Reihen angekündigte Herleitung der Formeln für die FOURIER-Koeffizienten behandelt.

1. Ausgleichsrechnung:

Häufig steht man bei einer technischen Anwendung vor folgendem Problem: Man weiß aus der Theorie, dass zwischen zwei technischen Größen x und y ein funktionaler Zusammenhang $y = f(x)$ von einem bestimmten Typ besteht, kennt aber nicht die die Funktion spezifizierenden Parameter, zum Beispiel: Aus der Mechanik weiß man, dass die Auslenkung s einer Feder proportional zu der Belastung F ist, man kennt aber bei einer konkret vorliegenden Feder nicht den Proportionalitätsfaktor, die Federkonstante D. Diese soll nun durch einen Versuch ermittelt werden. Dazu markiert man zunächst die Nulllage der unbelasteten Feder (Wertepaar $(s_1, F_1) = (0, 0)$) und misst dann die Auslenkung s_2, die sich bei Belastung F_2 ergibt. Da durch zwei Punkte eine Gerade eindeutig bestimmt ist, wäre damit eindeutig D, die Steigung dieser Geraden, bestimmt und die Aufgabe gelöst. Aber Achtung: Was passiert, wenn nicht ganz genau gemessen wurde?! Ein zur Sicherheit ermittelter weiterer Messpunkt wird mit größter Wahrscheinlichkeit nicht auf der vorher berechneten Geraden liegen, und das Gleiche würde für weitere Messungen gelten. Woher soll man die Gewissheit nehmen, welche Messung wirklich genau ist?

Viel sinnvoller ist doch die Annahme, dass alle Messungen Fehler aufweisen, dass also die wirkliche Gerade, die den Zusammenhang zwischen s und F beschreibt, im Allgemeinen keinen der Messpunkte <u>genau</u> trifft. Man sucht also diejenige Gerade, die „optimal" auf die gegebenen n Messpunkte passt, die also nirgendwo zu stark von ihnen abweicht.

Allgemeiner ausgedrückt betrachten wir folgende Situation: Gegeben seien n Wertepaare (x_i, y_i) mit $i = 1, \ldots, n$; gesucht ist diejenige Gerade $y = f(x) = mx + b$, die „am besten auf die gegebenen Wertepaare passt" (vgl. Bild 8.4.7). Eine solche Gerade heißt *Ausgleichs-* oder *Regressionsgerade*.

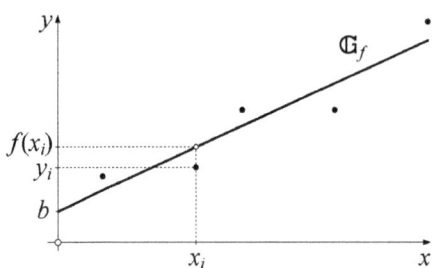

Bild 8.4.7: Ausgleichsgerade zu 5 gegebenen Wertepaaren (x_i, y_i)

Zur Lösung der Aufgabenstellung muss zunächst präzisiert werden, was „am besten passen" bedeuten soll: Dazu überlegt man, wie vernünftigerweise ein Abstandsmaß zwischen den (x_i, y_i) und einer Geraden definiert werden soll:

Für eine einzelne Stelle x_i betrachtet man statt des Abstands $|f(x_i) - y_i|$ zwischen tatsächlich gemessenem Wert y_i und aus der Ausgleichsgerade zu erwartendem Wert $f(x_i)$ aus Gründen der einfacheren Behandlung das Quadrat dieses Ausdrucks, $(f(x_i) - y_i)^2$. Um ein Maß Δ für die Gesamtabweichung zu bekommen, müssen diese Einzelabweichungen noch aufsummiert werden, also

$$\Delta = \sum_{i=1}^{n} (f(x_i) - y_i)^2 \ . \tag{8.4.3}$$

Wir betrachten alle möglichen Geraden, also ist $f(x) = mx + b$ mit beliebigen $m, b \in \mathbb{R}$ einzusetzen. (8.4.3) wird somit zu

$$\Delta = \sum_{i=1}^{n} (mx_i + b - y_i)^2 \ , \tag{8.4.4}$$

ist also eine Funktion der beiden reellen Veränderlichen m und b, etwa $\Delta = g(m, b)$ (man beachte, dass die x_i und y_i gegebene Konstanten sind!). Um für Δ ein Mini-

8.4 Extremwerte

mum zu finden, kann man also die in diesem Abschnitt behandelte Extremwerttheorie benutzen:

Nach (8.4.4) ist $\quad \dfrac{\partial \Delta}{\partial m} = \sum\limits_{i=1}^{n} 2(mx_i + b - y_i) \cdot x_i \quad$ und $\quad \dfrac{\partial \Delta}{\partial b} = \sum\limits_{i=1}^{n} 2(mx_i + b - y_i)$.

Durch Nullsetzen, Division durch 2 und Zerlegen in Einzelsummen folgt daraus:

$$m \cdot \sum_{i=1}^{n} x_i^2 + b \cdot \sum_{i=1}^{n} x_i - \sum_{i=1}^{n} x_i y_i = 0$$

$$m \cdot \sum_{i=1}^{n} x_i + b \cdot \underbrace{\sum_{i=1}^{n} 1}_{=n} - \sum_{i=1}^{n} y_i = 0$$

Beachtet man, dass alle auftretenden Summen im konkreten Anwendungsfall feste Zahlen sind, so hat man damit zwei lineare Gleichungen für die beiden Unbekannten m und b. Als eindeutig bestimmte Lösung ergibt sich:

$$m_E = \dfrac{n \sum\limits_{i=1}^{n} x_i y_i - \left(\sum\limits_{i=1}^{n} x_i\right) \cdot \left(\sum\limits_{i=1}^{n} y_i\right)}{n \sum\limits_{i=1}^{n} x_i^2 - \left(\sum\limits_{i=1}^{n} x_i\right)^2} \quad \text{und} \quad b_E = \dfrac{1}{n}\left(\sum\limits_{i=1}^{n} y_i - m_E \sum\limits_{i=1}^{n} x_i\right)$$

Man kann – etwa durch vollständige Induktion – zeigen, dass der Nenner von m_E – außer für den unsinnigen Fall, dass alle x_i gleich sind – stets größer als 0 ist, m_E und b_E also wohl definiert sind.

Mit Hilfe der HESSE-Matrix der zweiten partiellen Ableitungen folgt daraus, dass in (m_E, b_E) tatsächlich ein Minimum (das einzige!) von Δ vorlegt.

$y = f(x) = m_E x + b_E$ ist also die gesuchte Ausgleichsgerade.

Völlig analog behandelt man das Problem, wenn die gesuchte Ausgleichsfunktion keine Gerade, sondern eine Parabel oder ein beliebiger anderer Funktionsausdruck mit k unbekannten Parametern ist (vgl. Übungsaufgabe 6):

Man geht wieder von (8.4.3) aus; statt (8.4.4) ergibt sich eine Funktion mit k Veränderlichen, die minimiert werden muss. Das Nullsetzen der partiellen Ableitungen liefert k Gleichungen für die gesuchten k Parameter, das so genannte *Normalgleichungssystem*, welches im Allgemeinen nur numerisch zu lösen ist. Wir wollen lediglich noch erwähnen, dass weitergehende theoretische Überlegungen zeigen, dass die eindeutig bestimmte Lösung dieses Gleichungssystems stets die gesuchten Parameter der Ausgleichsfunktion liefern.

2. Bestimmung der FOURIER-Koeffizienten einer 2π-periodischen Funktion

Wir kehren noch einmal zu der in Abschnitt 7.4 angesprochenen Aufgabe zurück, für eine gegebene 2π-periodische Funktion $f(x)$ ein trigonometrisches Polynom

$$p(x) = \frac{a_0}{2} + \sum_{k=1}^{n} (a_k \cos kx + b_k \sin kx) \quad \text{derart zu bestimmen, dass}$$

$$\Delta = \int_{0}^{2\pi} (f(x) - p(x))^2 \, dx \quad \text{minimal wird.}$$

$$\Delta = \int_{0}^{2\pi} \left\{ f(x) - \frac{a_0}{2} - \sum_{k=1}^{n} (a_k \cos kx + b_k \sin kx) \right\}^2 dx \quad \text{hängt also von den insgesamt}$$

$2n + 1$ Veränderlichen a_i und b_i ab, etwa $\Delta = g(a_0, \cdots, a_n, b_1, \cdots, b_n)$. (Es fällt Ihnen schon auf, dass nun die Fragestellung sehr ähnlich zu der oben bei der Ausgleichsrechnung behandelten ist!)

Zum Vorliegen eines Minimums müssen alle ersten partiellen Ableitungen von Δ Null werden. Das heißt, dass

$$\frac{\partial \Delta}{\partial a_i} = 0 \text{ für alle } i = 0, \cdots, n \qquad \text{und} \qquad \frac{\partial \Delta}{\partial b_i} = 0 \text{ für alle } i = 1, \cdots, n$$

gelten müssen.

Mit $g(a_0, \cdots, a_n, b_1, \cdots, b_n) = \int_{0}^{2\pi} \left\{ f(x) - \frac{a_0}{2} - \sum_{k=1}^{n} (a_k \cos kx + b_k \sin kx) \right\}^2 dx$

folgt somit für $\frac{\partial \Delta}{\partial a_0}$ (unter Benutzung der Vertauschbarkeit von partieller Ableitung und Integration):

8.4 Extremwerte

$$\frac{\partial \Delta}{\partial a_0} = \frac{\partial}{\partial a_0}\left(\int_0^{2\pi}\left\{f(x) - \frac{a_0}{2} - \sum_{k=1}^n (a_k \cos kx + b_k \sin kx)\right\}^2 dx\right)$$

$$= \int_0^{2\pi} \frac{\partial}{\partial a_0}\left(\left\{f(x) - \frac{a_0}{2} - \sum_{k=1}^n (a_k \cos kx + b_k \sin kx)\right\}^2\right) dx$$

$$= \int_0^{2\pi} 2\left\{f(x) - \frac{a_0}{2} - \sum_{k=1}^n (a_k \cos kx + b_k \sin kx)\right\}(-\tfrac{1}{2}) dx$$

$$= -\int_0^{2\pi} f(x)dx + \int_0^{2\pi} \frac{a_0}{2} dx + \sum_{k=1}^n \left(a_k \int_0^{2\pi}\cos kx\, dx + b_k \int_0^{2\pi}\sin kx\, dx\right)$$

Da in obiger Summe $k \neq 0$ ist, verschwinden darin alle Integrale und somit die ganze Summe. Die Bedingung $\dfrac{\partial \Delta}{\partial a_0} = 0$ führt somit zu

$$\int_0^{2\pi} f(x)\,dx = \int_0^{2\pi}\frac{a_0}{2}\,dx = \pi \cdot a_0, \quad \text{also} \quad a_0 = \frac{1}{\pi}\int_0^{2\pi} f(x)\,dx \ . \tag{1}$$

Ganz analog bildet man nun für ein beliebiges festes $m \in \{1,\cdots,n\}$:

$$\frac{\partial \Delta}{\partial a_m} = \frac{\partial}{\partial a_m}\left(\int_0^{2\pi}\left\{f(x) - \frac{a_0}{2} - \sum_{k=1}^n (a_k \cos kx + b_k \sin kx)\right\}^2 dx\right)$$

$$= \int_0^{2\pi} \frac{\partial}{\partial a_m}\left(\left\{f(x) - \frac{a_0}{2} - \sum_{k=1}^n (a_k \cos kx + b_k \sin kx)\right\}^2\right) dx$$

$$= \int_0^{2\pi} 2\left\{f(x) - \frac{a_0}{2} - \sum_{k=1}^n (a_k \cos kx + b_k \sin kx)\right\}(-\cos mx) dx$$

$$= -2\int_0^{2\pi} f(x)\cos mx\, dx + \int_0^{2\pi} a_0 \cos mx\, dx$$

$$+ 2\sum_{k=1}^n \left(a_k \int_0^{2\pi}\cos kx \cos mx\, dx + b_k \int_0^{2\pi}\sin kx \cos mx\, dx\right)$$

Da $m \neq 0$ ist, verschwindet $\int_0^{2\pi} a_0 \cos mx \, dx$ in obigem Ausdruck. Darüber hinaus ist für beliebige $k, m \in \mathbb{N}$ auch $\int_0^{2\pi} \sin kx \cos mx \, dx = 0$.

Genauso ist $\int_0^{2\pi} \cos kx \cos mx \, dx = 0$, wenn $m \neq k$ ist; für $m = k$ hat das Integral den Wert π. (Dies gilt übrigens genauso für $\int_0^{2\pi} \sin kx \sin mx \, dx$; der Beweis der drei letzten Integralbeziehungen, der so genannten *Orthogonalitätsrelationen*, ist unter Benutzung von Formeln für $\sin \alpha \cdot \cos \beta$ etc. eine gute Integrationsübung, die wir Ihnen wärmstens empfehlen!)

In obiger Summe verschwinden also alle Summanden außer für den Fall, dass der Summationsindex k den Wert m annimmt – sie hat demnach den Wert $a_m \pi$.

Aus $\dfrac{\partial \Delta}{\partial a_m} = 0$ folgt damit:

$$0 = -2 \int_0^{2\pi} f(x) \cos mx \, dx + 2 a_m \pi \quad \Rightarrow \quad a_m = \frac{1}{\pi} \int_0^{2\pi} f(x) \cos mx \, dx \qquad (2)$$

Sie können nun selbst völlig analog aus $\dfrac{\partial \Delta}{\partial b_m} = 0$

$$b_m = \frac{1}{\pi} \int_0^{2\pi} f(x) \sin mx \, dx \qquad (3)$$

herleiten.

Auf den Nachweis, dass für die gemäß (1)–(3) bestimmten a_m und b_m tatsächlich ein Minimum von Δ vorliegt, soll hier verzichtet werden [1].

Betrachtet man übrigens die Formel (1) genauer, so stellt man fest, dass diese – wenn auch anders hergeleitet – lediglich den Spezialfall $m = 0$ von (2) darstellt.

Wir haben damit die im vorigen Kapitel bereits erwähnte Approximationseigenschaft der FOURIER-Reihe nachgewiesen.

---

[1] Man kann sich leicht klarmachen, dass Δ wegen des Quadrats im Integranden nur ein Minimum haben kann.

Übungsaufgaben:

1. Die Fläche Φ ist durch $z = xe^{-2x^2} - y^2$, die Fläche Ψ durch $z = 2xe^{-2(x^2+y^2)}$ gegeben. Wo liegen jeweils Extrema von z? Wo tritt ein Sattelpunkt auf?

2. Die Seitenlängen a, b, c eines oben offenen quaderförmigen Blechbehälters von gegebenem Volumen V sollen so gewählt werden, dass das zur Herstellung nötige Blech minimalen Flächeninhalt A hat. Drücken Sie a, b, c durch V aus.

3. Bestimmen Sie alle Stellen $(x_i, y_i) \in \mathbb{R}^2$, in denen der Graph von
$f(x,y) = \dfrac{x-2}{y^2+1} - \tfrac{1}{8}x^2$ eine horizontale Tangentialebene besitzt und prüfen Sie,
ob dort ein Extremwert vorliegt. Wenn ja, welcher?

4. Führen Sie die Untersuchungen von Aufgabe 3 auch für die Funktion
$f(x,y) = 3x \sin y - x^3 \cos y$ durch.

5. Bestimmen Sie die durch die 5 Punkte: (1, 1.5), (3, 1.7), (4, 3), (6, 3), (8, 5) gegebene Ausgleichsgerade, die in Bild 8.4.7 dargestellt ist.

6. Von einer Funktion $f : \mathbb{R}^+ \to \mathbb{R}$ sei bekannt, dass sie (mit unbekannten $a, b, c \in \mathbb{R}$) die Gestalt $y = f(x) = a + bx + c \ln x$ hat. Zur Ermittlung der unbekannten Konstanten werden n Wertepaare (x_i, y_i) gemessen. Geben Sie ein Gleichungssystem für die a, b und c aus der Ausgleichsfunktion obigen Typs an.

8.5 Gradient, Richtungsableitung, Flächennormale

In diesem Abschnitt sollen einige weitere Begriffe eingeführt werden, die sich für Funktionen zweier Veränderlicher gut anschaulich interpretieren lassen. Deshalb werden wir wieder zunächst diese Situation betrachten und anschließend die Übertragung auf mehr als zwei Variable durchführen.

Definition:

Die Funktion $z = f(x,y)$ sei an der Stelle $P^* \in \mathbb{D}_f$ vollständig (!) differenzierbar.

Dann definiert man den *Gradienten* von f an der Stelle $P^* = (x_P, y_P)$ als

$$\operatorname{grad}_{P^*} f = \left(\frac{\partial f}{\partial x}(x_P, y_P), \frac{\partial f}{\partial y}(x_P, y_P) \right) . \tag{8.5.1}$$

Der Gradient ist also ein Vektor in der Ebene, wenn f eine Funktion von zwei Veränderlichen ist. Wir weisen ausdrücklich darauf hin, dass der Gradient üblicherweise nur an solchen Stellen von $\mathbb{D}_f$ definiert wird, in denen vollständige Differenzierbarkeit gegeben ist, obwohl man gemäß (8.5.1) zu seiner Berechnung lediglich partielle Ableitungen braucht.

Es ist sofort offenkundig, wie sich dieser Begriff auf Funktionen mit n Veränderlichen verallgemeinern lässt: Man setzt in die ersten partiellen Ableitungen von f jeweils die Stelle P^* ein und bildet daraus das n-Tupel, also $\mathrm{grad}_{P^*} f \in \mathbb{R}^n$.

Den Gradienten zu berechnen, fällt also nicht besonders schwer; wofür er nützlich ist, werden wir im weiteren Verlauf dieses Abschnitts sehen.

Wir betrachten dazu folgende Situation: Im Definitionsbereich $\mathbb{D}_f \subseteq \mathbb{R}^2$ einer Funktion f von zwei Veränderlichen soll eine Kurve C verlaufen, die durch eine Parameterdarstellung $\vec{r}(t) = \begin{pmatrix} g_1(t) \\ g_2(t) \end{pmatrix}$ auf einem Intervall $I \subseteq \mathbb{R}$ gegeben ist.

Es lässt sich also die Komposition $(f \circ \vec{r})(t) = f(\vec{r}(t))$ bilden; es ergibt sich – mit dem „Umweg" über $\mathbb{R}^2$ – eine Funktion von I nach $\mathbb{R}$, also eine „ganz normale" Funktion einer Veränderlichen. Es ist nahe liegend, diese auf Differenzierbarkeit zu untersuchen und gegebenenfalls ihre Ableitung zu berechnen. Auch hier gilt – wie bei einer Veränderlichen – eine

Kettenregel:

Sind die beteiligten Funktionen f sowie $g_1(t)$ und $g_2(t)$ differenzierbar, so gilt für die Ableitung von $(f \circ \vec{r})(t)$:

$$(f \circ \vec{r})'(t) = \frac{\partial f}{\partial x}(\vec{r}(t)) \cdot \dot{g}_1(t) + \frac{\partial f}{\partial y}(\vec{r}(t)) \cdot \dot{g}_2(t) = \mathrm{grad}_{\vec{r}(t)} f \bullet \dot{\vec{r}}(t), \qquad (8.5.2)$$

wenn mit $\bullet$ das übliche Skalarprodukt zweier Vektoren bezeichnet wird.

Der mittlere Term von (8.5.2) hat die gleiche Struktur wie die aus 4.2 bekannte Kettenregel, die Schreibweise mit dem Skalarprodukt wird sich noch als sehr hilfreich erweisen. Auch hier liegt sofort auf der Hand, wie eine Verallgemeinerung auf n Veränderliche aussieht, wir verzichten deshalb auf die explizite Ausführung.

Wir kehren nun zurück zu einer Frage, die wir ganz zu Beginn der Differentialrechnung mit mehreren Veränderlichen – am Anfang von 8.2 – schon einmal aufgeworfen haben: „Wie steil ist ein Satteldach eines Hauses an einer bestimmten Stelle?"

8.5 Gradient, Richtungsableitung, Flächennormale

Wir haben uns damals klargemacht, dass die Beantwortung dieser Frage ohne Angabe einer Richtung nicht möglich ist. Wir wollen diese Aufgabenstellung nun präzisieren:

Es soll untersucht werden, wie steil der Graph einer Funktion $f(x, y)$ ansteigt, wenn man in $\mathbb{D}_f$ von (x_P, y_P) in eine bestimmte Richtung läuft, die durch einen Vektor $\vec{a} = (a_1, a_2)$ mit Länge 1 gegeben ist, für den also $\sqrt{a_1^2 + a_2^2} = 1$ gilt. Man durchläuft also in $\mathbb{D}_f$ eine Gerade, deren Parameterdarstellung in der (x, y)-Ebene durch

$$\vec{r}(t) = \begin{pmatrix} x_P \\ y_P \end{pmatrix} + t \cdot \begin{pmatrix} a_1 \\ a_2 \end{pmatrix} = \begin{pmatrix} x_P + t a_1 \\ y_P + t a_2 \end{pmatrix} = \begin{pmatrix} g_1(t) \\ g_2(t) \end{pmatrix}$$

gegeben ist. Anschaulich gesprochen untersucht man die Kurvensteigung in einem auf der (x, y)-Ebene senkrechten Schnitt durch den Punkt P^* in Richtung $\vec{a}$. Man bildet also die Ableitung von $f \circ \vec{r}$ für $t = 0$, denn dann befindet man sich ja gerade an der Stelle (x_P, y_P) auf der Geraden. Dies geschieht mit der Kettenregel (8.5.2):

$$(f \circ \vec{r})'(0) = \operatorname{grad}_{\vec{r}(0)} f \cdot \dot{\vec{r}}(0) = \operatorname{grad}_{P^*} f \cdot \begin{pmatrix} a_1 \\ a_2 \end{pmatrix} = \operatorname{grad}_{P^*} f \cdot \vec{a}$$

Am letzten Ausdruck sieht man, dass es sinnvoll war, für die Länge von $\vec{a}$ den festen Wert 1 vorzuschreiben: Würde man nämlich ein positives Vielfaches von $\vec{a}$ nehmen, so würde sich auch obiger Ableitungswert wegen des Skalarprodukts im gleichen Maße vervielfachen, das wäre jedoch wenig sinnvoll, denn die Richtung und damit die Steigung blieben ja die gleiche. Man erhält somit folgende

Definition:

> Für jeden Vektor $\vec{a} \neq \vec{o}$ definiert man die *Richtungsableitung* von f in Richtung $\vec{a}$ an der Stelle (x_P, y_P) – geschrieben $\dfrac{\partial f}{\partial \vec{a}}(x_P, y_P)$ – als
>
> $$\dfrac{\partial f}{\partial \vec{a}}(x_P, y_P) = \operatorname{grad}_{P^*} f \cdot \dfrac{\vec{a}}{\|\vec{a}\|} \ . \tag{8.5.3}$$

Die Richtungsableitung ist also der Tangens des Steigungswinkels α (vgl. Bild 8.5.1) gegen die $(x; y)$-Ebene für die durch $\vec{a}$ vorgegeben Richtung.

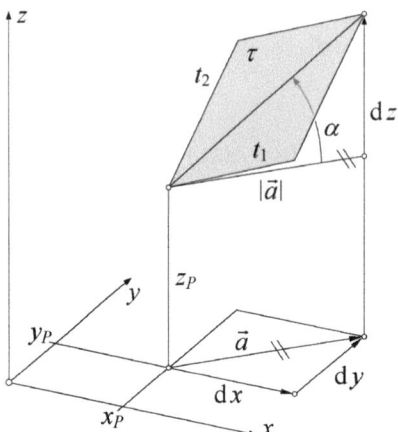

Bild 8.5.1: Steigungsdreieck zur Darstellung der Richtungsableitung

Eine einfache Überlegung zeigt, dass die in 8.2 eingeführte partielle Ableitung lediglich ein Spezialfall der oben definierten Richtungsableitung ist: Setzt man nämlich in (8.5.3) für $\vec{a}$ die Basisvektoren $(1,0)$ und $(0,1)$ ein, so erhält man die partielle Ableitung nach x bzw. y.

Auch der Begriff der Richtungsableitung lässt sich ohne Schwierigkeiten auf n Veränderliche übertragen, eine anschauliche Interpretation geht dann natürlich verloren. Die partiellen Ableitungen erweisen sich wiederum als Richtungsableitungen in Richtung der n kanonischen Basisvektoren.

Um die geometrische Bedeutung des Gradienten kennen zu lernen, betrachten wir ein

Beispiel:

Für die Funktion $f(x,y) = 2xy - x^2$ sollen an der Stelle $P^* = (1,2)$ verschiedene Richtungsableitungen berechnet werden:

Gemäß (8.5.3) benötigt man dazu den Gradienten an dieser Stelle.
Aus $\dfrac{\partial f}{\partial x}(x,y) = 2y - 2x$ und $\dfrac{\partial f}{\partial y}(x,y) = 2x$ ergibt sich $\text{grad}_{(1,2)} f = (2,2)$.
Für die Richtungsableitung in Richtung $\vec{a}$ folgt somit

für $\vec{a} = (2,1)$: $\quad \dfrac{\partial f}{\partial \vec{a}}(1,2) = \text{grad}_{(1,2)} f \cdot \dfrac{(2,1)}{\|(2,1)\|} = \dfrac{(2,2) \cdot (2,1)}{\sqrt{2^2 + 1^2}} = \dfrac{6}{\sqrt{5}} \approx 2.683$;

8.5 Gradient, Richtungsableitung, Flächennormale

für $\vec{a} = (6,8)$: $\quad \dfrac{\partial f}{\partial \vec{a}}(1,2) = \text{grad}_{(1,2)}f \cdot \dfrac{(6,8)}{\|(6,8)\|} = \dfrac{(2,2) \cdot (6,8)}{\sqrt{6^2 + 8^2}} = \dfrac{28}{\sqrt{100}} = 2.8$;

für $\vec{a} = \text{grad}_{(1,2)}f$: $\quad \dfrac{\partial f}{\partial \vec{a}}(1,2) = \text{grad}_{(1,2)}f \cdot \dfrac{\text{grad}_{(1,2)}f}{\|\text{grad}_{(1,2)}f\|} = \sqrt{2^2 + 2^2} \approx 2.828$. □

In Richtung des Gradienten ist in obigem Beispiel die Richtungsableitung am größten. Dies ist kein Zufall, denn mit Hilfe der CAUCHY-SCHWARZschen *Ungleichung* aus der Linearen Algebra kann man leicht den folgenden Satz zeigen, der die geometrische Bedeutung des Gradienten zum Inhalt hat:

Satz:

> Ist der Gradient einer differenzierbaren Funktion in P^* nicht der Nullvektor, so zeigt er in die Richtung des größten Anstiegs von f; seine Länge gibt gerade den Wert der entsprechenden Richtungsableitung, also den Wert des Maximalanstiegs, an.

Eine andere geometrische Bedeutung des Gradienten erhält man folgendermaßen: Durch $z = c$, $f(x,y) = c$ sei eine Höhenlinie von $\mathbb{G}_f$ gegeben. An der Stelle $(x_P, y_P) \in \mathbb{D}_f$ mit $f(x_P, y_P) = c$ sei der Gradient von f nicht der Nullvektor. Der Grundriss der Höhenlinie ist eine Kurve C, die in $\mathbb{D}_f$ verläuft und dort (x_P, y_P) enthält. Mit $\vec{r}(t), t \in I$, liege eine solche Parametrisierung von C vor, dass $\vec{r}(0) = (x_P, y_P)$ ist. Da f überall auf C den gleichen Funktionswert hat, ist die Funktion $(f \circ \vec{r})(t)$ konstant auf I, also muss – Differenzierbarkeit vorausgesetzt – ihre Ableitung überall 0 sein. Damit gilt mit der Kettenregel (8.5.2):

$$0 = (f \circ \vec{r})'(t) = \text{grad}_{\vec{r}(t)}f \cdot \dot{\vec{r}}(t) \;\Rightarrow\; \text{grad}_{\vec{r}(t)}f \perp \dot{\vec{r}}(t)$$

$\dot{\vec{r}}(t)$ ist der Tangentenvektor an C, der Gradient steht also (in der Ebene des Definitionsbereichs) senkrecht auf dem Grundriss der Höhenlinie.

Aus (8.3.3) (totales Differential) können wir noch eine weitere Folgerung ziehen:

Auf der Höhenlinie ist $dz = 0$, weil ja dort $z = \text{const}$ ist. Also gilt in ihrem Punkt $P(x_P, y_P, c)$, in dem die benötigten Ableitungen existieren,

$$0 = f_x(x_P, y_P)dx + f_y(x_P, y_P)dy . \tag{8.5.4}$$

Nun können wir aber die Gleichung $f(x,y) - c = 0$ einfach auch als implizite Gleichung einer Kurve in der (x,y)-Ebene deuten (rechtwinklige Projektion der Höhenlinie in die (x,y)-Ebene). Hierfür ergibt sich aus (8.5.4), wenn $f_y(x_P, y_P) \neq 0$ ist:

$$\frac{dy}{dx} = -\frac{f_x(x_P, y_P)}{f_y(x_P, y_P)} . \tag{8.5.5}$$

Dies ist die gewohnte Steigung in der (x,y)-Ebene, also haben wir in (8.5.5) eine angenehme Alternative zur impliziten Differentiation in 3.3.

Für die hierzu senkrechte Richtung ist die Steigung der negative Kehrwert von (8.5.5), also $\dfrac{dy}{dx} = \dfrac{f_y(x_P, y_P)}{f_x(x_P, y_P)}$. Nach (8.5.1) gibt das die Richtung von grad $_{P*}f$ an.

Beispiel:

C sei durch $f(x,y) = e^{x-y} + x^2 + 2y^2 - 8 = 0$ gegeben; das ist die Kurve wie im Beispiel 6 in Abschnitt 4.3; Bild 4.3.8.

$f_x(x,y) = e^{x-y} + 2x$, $f_y(x,y) = -e^{x-y} + 4y$;

daraus ergibt sich die Steigung $\dfrac{dy}{dx} = \dfrac{e^{x-y} + 2x}{e^{x-y} - 4y}$ in einem Kurvenpunkt P wie bei der impliziten Differentiation, wenn wir noch die Punktkoordinaten einsetzen.

□

Hiermit erhalten wir auch leicht die Tangentialebene in einem Punkt P einer Fläche Φ, die durch eine implizite Gleichung $F(x,y,z) = 0$ gegeben ist (vgl. (8.1.2)). Halten wir y konstant, so ist dadurch auf Φ die Schnittkurve C_1 mit einer Ebene parallel zur (x,z)-Ebene bestimmt, bei konstantem x analog die Schnittkurve C_2 mit einer Ebene $\parallel (y,z)$-Ebene. Ihre Steigungen $\tan \alpha_1$ bzw. $\tan \alpha_2$ gegen die (x,y)-Ebene (vgl. 8.2) ergeben sich mit der Differentiationstechnik von (8.5.5)[1], wobei wir noch (x_P, y_P, z_P) mit P abkürzen, als

$$\frac{\partial z}{\partial x} = -\frac{F_x(P)}{F_z(P)}, \ \frac{\partial z}{\partial y} = -\frac{F_y(P)}{F_z(P)} .$$

Setzen wir dies für die partiellen Ableitungen in (8.3.2) ein, so wird daraus die Gleichung der Tangentialebene τ von Φ im Punkt P:

---

[1] Wie oben setzen wir hier und im Folgenden voraus, dass alle benötigten Ableitungen existieren und keiner der vorkommenden Nenner 0 wird.

8.5 Gradient, Richtungsableitung, Flächennormale

$$z - z_P = -\frac{F_x(P)}{F_z(P)}(x - x_P) - \frac{F_y(P)}{F_z(P)}(y - y_P).$$

Dies lässt sich schön symmetrisch so schreiben:

$$F_x(P) \cdot (x - x_P) + F_y(P) \cdot (y - y_P) + F_z(P) \cdot (z - z_P) = 0. \tag{8.5.6}$$

Für $F(x,y,z) = f(x,y) - z = 0$ ist (8.2.3) ein Sonderfall davon, mit $F_z(P) = -1$:

$$f_x(x_P, y_P) \cdot (x - x_P) + f_y(x_P, y_P) \cdot (y - y_P) - 1 \cdot (z - z_P) = 0 \tag{8.5.7}$$

Die linken Seiten von (8.5.6) und (8.5.7) kann man jetzt als Skalarprodukte lesen mit

$$\vec{PR} = \begin{pmatrix} x - x_P \\ y - y_P \\ z - z_P \end{pmatrix} \text{ und } \vec{n} = \begin{pmatrix} F_x(P) \\ F_y(P) \\ F_z(P) \end{pmatrix} \text{ bzw. } \vec{n} = \begin{pmatrix} f_x(x_P, y_P) \\ f_y(x_P, y_P) \\ -1 \end{pmatrix}.$$

$R(x,y,z)$ ist ein beliebiger Punkt der Tangentialebene τ, und P ist ja der Berührpunkt von τ mit Φ, $\vec{PR}$ liegt also (von P ausgehend) in τ. Ist keiner der Vektoren der Nullvektor, so folgt aus $\vec{PR} \cdot \vec{n} = 0$ in beiden Fällen $\vec{n} \perp \vec{PR}$.

$\vec{n}$ ist daher *Normalenvektor* von Φ, also Lot zu τ in P.

Liegt für Φ eine Parameterdarstellung nach (8.1.4) vor, so erhalten wir im Punkt P Tangentenvektoren an die dort als Parameterlinien beschriebenen Kurven folgendermaßen:

Kurve v = const: Tangentenvektor $\vec{r}_u$; Kurve u = const: Tangentenvektor $\vec{r}_v$.

Wie in (5.2.6) werden also die Komponenten von $\vec{r}$ nach den Parametern differenziert, jetzt natürlich partiell. Ist $\vec{r}_u \neq \vec{o}$, $\vec{r}_v \neq \vec{o}$, $\vec{r}_u \neq \vec{r}_v$ in einem Punkt P von Φ, so wird dort von $\vec{r}_u$ und $\vec{r}_v$ die Tangentialebene τ an Φ aufgespannt. Wir setzen nun $x = x_P, y = y_P, z = z_P$ und erhalten damit einen Normalenvektor von Φ in P, weil er ja senkrecht zu $\vec{r}_u$ und $\vec{r}_v$ ist, als deren Vektorprodukt

$$\vec{n} = \vec{r}_u \times \vec{r}_v = \begin{pmatrix} y_u z_v - y_v z_u \\ x_v z_u - x_u z_v \\ x_u y_v - x_v y_u \end{pmatrix} \tag{8.5.8}$$

Mit $\vec{PR} \cdot \vec{n} = 0$ kann man hieraus bei Bedarf wieder eine Gleichung der Tangentialebene herstellen.

Ist f eine Funktion von drei Veränderlichen, so bildet die Menge aller $P^* \in \mathbb{D}_f$ mit $f(P) = c$ (c fester Wert) eine Fläche Φ im Raum, eine so genannte *Niveaufläche* (beschreibt zum Beispiel f ein räumliches elektrisches Potential, so heißt Φ *Äquipotentialfläche*). Der Gradient von f steht dann in jedem Punkt von Φ senkrecht auf der Niveaufläche.

Übungsaufgaben:

1. Die auf ganz $\mathbb{R}^2$ definierte Funktion $z = f(x, y) = 3x^2 y - 4xy^2$ soll längs der in der Ebene $\mathbb{D}_f$ verlaufenden Wege $\vec{r}_1(t) = (t, -t)$ (Zweite Winkelhalbierende) und $\vec{r}_2(t) = (t, t^2)$ (Normalparabel) genauer untersucht werden. Differenzieren Sie dazu die entstehende Funktion von t a) direkt, b) mittels Kettenregel.

2. Gegeben sei die Funktion $f: \mathbb{R}^2 \to \mathbb{R}$ durch $z = f(x, y) = 3x \sin y - x^3 \cos y$, es sei $(x_P, y_P) = (1, -\frac{\pi}{4})$. In welche Richtung steigt, von P aus gesehen, der Graph von f am stärksten an, und wie groß ist dieser Steigungswinkel bezüglich der Horizontalebene?

3. Führen Sie für $z = f(x, y) = x^3 - 3x^2 y + y^2$ in $(1,2)$ die gleichen Untersuchungen wie bei Aufgabe 2 durch.

4. Geben Sie für die Funktion $z = f(x, y) = xy + x^2$ die Höhenlinie C zum Wert $f(1,2)$ in einer solchen Parametrisierung $\vec{r}(t)$ an, dass $\vec{r}(0) = (1,2)$ ist und weisen Sie durch Rechnung nach, dass der Gradient von f längs der Höhenlinie C auf dieser senkrecht steht.

5. Bestimmen Sie Flächennormalen für den in Beispiel 10 in 8.1 gegebenen Torus (in Abhängigkeit von t und φ). Weisen Sie (als Probe) nach, dass das gefundene Ergebnis für die Werte $t = 0$ und $t = \frac{\pi}{2}$ mit der Anschauung übereinstimmt.

8.6 Doppelintegrale

Wir wollen nun das Volumen eines Körpers **K**, wie er in Bild 8.6.1 dargestellt ist, berechnen. Die Grundfläche $\mathbb{B}$ von **K** liege in der (x, y)-Ebene, der „Deckel" von **K** werde durch den Graphen der stetigen Funktion $z = f(x, y)$ gebildet, wobei $\mathbb{B} \subseteq \mathbb{D}_f$ sein muss, die Mantelflächen stehen überall senkrecht auf der (x, y)-Ebene. Für die Menge $\mathbb{B}$ setzen wir ferner voraus, dass sie einen so genannten *Normalbereich* des $\mathbb{R}^2$ bildet, das heißt, dass sie sich darstellen lässt als

$$\mathbb{B} = \{(x, y) \in \mathbb{R}^2 \mid a \leq x \leq b \text{ und } g(x) \leq y \leq h(x)\}$$

mit festen Werten $a < b$ aus $\mathbb{R}$ und stetigen Funktionen $g(x)$ und $h(x)$ (vgl. Bild 8.6.2). Auch ein Rollentausch von x und y ist möglich.

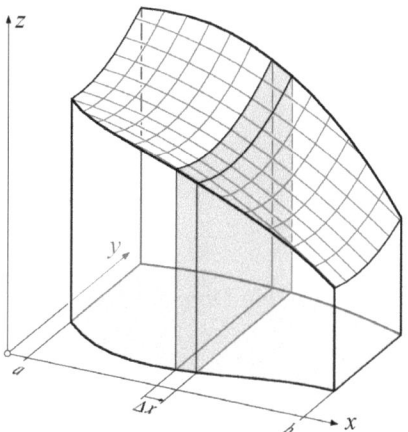
Bild 8.6.1: Volumenberechnung durch Doppelintegral

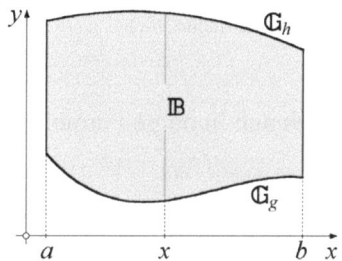
Bild 8.6.2: Grundfläche als Normalbereich

Wenn wir für jedes feste x den Flächeninhalt $A(x)$ der Querschnittfläche (siehe Bild 8.6.3) kennen, die sich bei zur (y, z)-Ebene parallelen Schnitten an der Stelle x ergeben, so gilt nach einem Ergebnis aus Kapitel 5 für das Volumen V:

$$V = \int_a^b A(x) \, dx$$

Zur Bestimmung von $A(x)$ sehen wir uns für festes x den Querschnitt genauer an (vgl. Bild 8.6.3): Der y-Wert (waagerechte Achse!) läuft zwischen $g(x)$ und $h(x)$, gesucht ist der Flächeninhalt zwischen der waagerechten Achse und dem Graphen der Funktion $z = f(x,y)$ (als Funktion nur von y bei festem x!). Gemäß elementarer Integralrechnung gilt dafür:

$$A(x) = \int_{g(x)}^{h(x)} f(x,y) \, dy$$

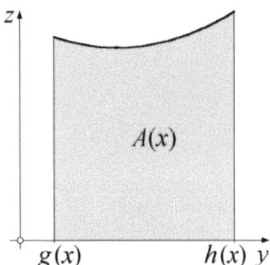

Bild 8.6.3: Querschnittfläche $A(x)$

Setzt man dies nun in obige Formel für V ein, so ergibt sich ein *Doppelintegral*:

$$V = \int_{x=a}^{b} \left(\int_{y=g(x)}^{h(x)} f(x,y) \, dy \right) dx \qquad (8.6.1)$$

Die Herleitung und die Klammerung machen klar, wie dieser Ausdruck berechnet wird, nämlich „von innen nach außen":

Man werte zunächst für festgehaltenes x das Integral über y aus; man erhält, da sowohl der Integrand als auch die Integrationsgrenzen x enthalten, den von x abhängigen Ausdruck $q(x)$, der dann in einem zweiten Schritt von a bis b integriert wird.

Haben in der Beschreibung des Normalbereichs $\mathbb{B}$ die Variablen x und y ihre Rollen vertauscht, so ist auch bei der (8.6.1) entsprechenden Formel die Integrationsreihenfolge umgekehrt: In jedem Fall findet die Integration zwischen den festen Integrationsgrenzen a und b als zweite, also als äußere, statt. In keiner Grenze einer Integration nach einer Variablen darf eine andere Variable stehen, nach der bereits integriert wurde; dies gilt für alle mehrfachen Integrale (z.B. dreifachen, denen Sie

8.6 Doppelintegrale

u.a. in der Mechanik bei den Trägheitsmomenten begegnen) ebenso wie für die hier behandelten zweifachen, also die Doppelintegrale.

Nur im Spezialfall, dass $\mathbb{B}$ ein *achsenparalleles Rechteck* darstellt, also dass

$$\mathbb{B} = \{(x, y) \in \mathbb{R}^2 \mid a \leq x \leq b \text{ und } c \leq y \leq d\}$$

mit festen Werten $a < b$ und $c < d$ aus $\mathbb{R}$ ist, ist die Integrationsreihenfolge beim Doppelintegral beliebig.

Analog zur Flächeninhaltsberechnung nach (4.4.9) ist klar, dass (8.6.1) nur dann ein Volumen darstellt, wenn sich der Graph von f nur auf einer Seite der (x, y)-Ebene befindet, wenn also $f(x, y) \geq 0$ für alle $(x, y) \in \mathbb{B}$ ist. Der Ausdruck aus (8.6.1) lässt sich aber auch für andere stetige Funktionen f sinnvoll berechnen. Wir haben somit die

Definition:

Es sei $z = f(x, y)$ stetig auf $\mathbb{D}_f$, es sei $\mathbb{B} \subseteq \mathbb{D}_f$ ein Normalbereich des $\mathbb{R}^2$, also

$$\mathbb{B} = \{(x, y) \in \mathbb{R}^2 \mid a \leq x \leq b \text{ und } g(x) \leq y \leq h(x)\}$$

oder
$$\mathbb{B}^* = \{(x, y) \in \mathbb{R}^2 \mid a \leq y \leq b \text{ und } g^*(y) \leq x \leq h^*(y)\}$$

mit festen Werten $a < b$ aus $\mathbb{R}$ und stetigen Funktionen $g(x)$ und $h(x)$ bzw. $g^*(y)$ und $h^*(y)$. Dann definiert man das *Doppelintegral* (*Gebiets-* oder *Bereichsintegral*) durch

$$\int_{\mathbb{B}} z\, dA = \int_a^b \int_{g(x)}^{h(x)} f(x, y)\, dy\, dx \text{ bzw. } \int_{\mathbb{B}^*} z\, dA = \int_a^b \int_{g^*(y)}^{h^*(y)} f(x, y)\, dx\, dy \;, \qquad (8.6.3)$$

je nachdem, wie der Normalbereich gegeben ist.

Beispiel:

Es sei $\mathbb{B}$ das in der (x, y)-Ebene durch die Punkte $(0,0)$, $(1,-1)$ und $(1,1)$ gegebene Dreieck. Als „Deckel" über $\mathbb{B}$ sei der parabolische Zylinder aus Beispiel 3 von Abschnitt 8.4 gewählt (vgl. auch Bild 8.4.3). Da auf $\mathbb{B}$ die Funktion $f(x, y) = 1 - x^2$ stets ≥ 0 ist, stellt das Doppelintegral $\int_{\mathbb{B}} z\, dA$ das Volumen V des beschriebenen Körpers dar. Um V zu berechnen, muss zunächst $\mathbb{B}$ als Normalbereich beschrieben werden. Anhand einer einfachen Skizze können Sie selbst sofort sehen, dass sich für $(x, y) \in \mathbb{B}$ die Werte von x zwischen 0 und 1, diejenigen von y (bei gegebenem x) zwischen den durch die beiden Winkelhalbierenden bestimmten

Werten bewegen können. Es ist also $\mathbb{B} = \{(x, y) \in \mathbb{R}^2 \mid 0 \leq x \leq 1 \text{ und } -x \leq y \leq x\}$. Damit ist

$$V = \int_{\mathbb{B}} z \, dA = \int_0^1 \int_{-x}^{x} (1 - x^2) \, dy \, dx = \int_0^1 \left[(1 - x^2) \cdot y \right]_{-x}^{x} dx$$

$$= 2 \int_0^1 (1 - x^2) x \, dx = 2 \left[\frac{x^2}{2} - \frac{x^4}{4} \right]_0^1 = \frac{1}{2}$$

$\square$

Bei der Integration von Funktionen einer Veränderlichen spielte die Substitutionsregel eine wichtige Rolle. Ließ sich nämlich die Integrationsvariable x als $\varphi(t)$ ausdrücken, so wurde im Integral – formal – dx durch $\varphi'(t) \cdot dt$ ersetzt. Bei zwei Veränderlichen ist die Situation ungleich komplexer, da sowohl x als auch y Funktionen der neuen Veränderlichen s und t sein können, etwa $x = \varphi(s, t)$ und $y = \psi(s, t)$. Wodurch nun das Integrationssymbol $dxdy$ im Doppelintegral bei Übergang zu s und t ersetzt wird, ist Inhalt des so genannten *Transformationssatzes*, dessen allgemeine Behandlung an dieser Stelle zu weit führen würde.

Wir wollen hier nur den – sehr wichtigen – Spezialfall behandeln, dass der Übergang zu Polarkoordinaten beschrieben wird, also dass $x = r \cos \varphi$ und $y = r \sin \varphi$ ist. Man kann sich leicht vorstellen, dass etwa eine Menge $\mathbb{B}$, die sich in der Ebene als Teil eines kreis- oder ringförmigen Gebildes darstellen lässt, mittels Polarkoordinaten viel einfacher beschrieben werden kann als mit den kartesischen Koordinaten x und y. Ist $\mathbb{B}$ zum Beispiel der Bereich zwischen zwei konzentrischen Kreisen um den Nullpunkt mit Radien r_1 bzw. r_2, so tut man sich hart, dies mit x und y auszudrücken, mit Polarkoordinaten geht das ganz einfach:

$$\mathbb{B} = \left\{ (r \cos \varphi, r \sin \varphi) \in \mathbb{R}^2 \mid r_1 \leq r \leq r_2 \text{ und } 0 \leq \varphi \leq 2\pi \right\}$$

Genauso kann unter Umständen der Integrand mit Polarkoordinaten einfacher darstellbar sein, da ja $x^2 + y^2 = r^2 \cos^2 \varphi + r^2 \sin^2 \varphi = r^2$ nur noch von einer Integrationsvariablen abhängt.

In Anlehnung an die entsprechende Definition weiter oben nennt man eine Teilmenge $\mathbb{B} \subseteq \mathbb{R}^2$ einen *Normalbereich bezüglich Polarkoordinaten*, wenn

$$\mathbb{B} = \left\{ (r \cos \varphi, r \sin \varphi) \in \mathbb{R}^2 \mid \varphi_1 \leq \varphi \leq \varphi_2 \text{ und } g(\varphi) \leq r \leq h(\varphi) \right\}$$

oder $\mathbb{B}^* = \left\{ (r \cos \varphi, r \sin \varphi) \in \mathbb{R}^2 \mid r_1 \leq r \leq r_2 \text{ und } g^*(r) \leq \varphi \leq h^*(r) \right\}$

mit stetigen Funktionen $g(\varphi)$ und $h(\varphi)$ bzw. $g^*(r)$ und $h^*(r)$ ist.

8.6 Doppelintegrale

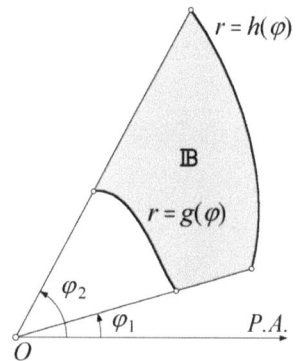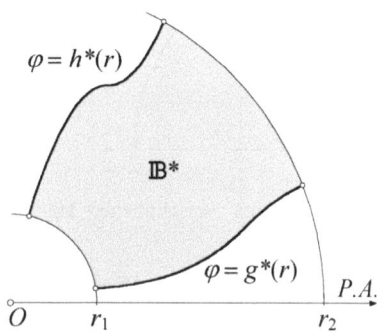

Bild 8.6.4 und **Bild 8.6.5**: Normalbereiche bezüglich Polarkoordinaten

Beispiele dafür sind in Bild 8.6.4 bzw. 8.6.5 dargestellt. Für die Integration gilt nun folgender

Satz:

Es sei $z = f(x,y)$ stetig auf $\mathbb{D}_f$, es sei $\mathbb{B} \subseteq \mathbb{D}_f$ ein Normalbereich bezüglich Polarkoordinaten des $\mathbb{R}^2$. Dann gilt:

$$\int_\mathbb{B} z\,dA = \int_{\varphi_1}^{\varphi_2}\int_{g(\varphi)}^{h(\varphi)} f(r\cos\varphi, r\sin\varphi)\, r\,dr\,d\varphi$$

bzw. $\quad \displaystyle\int_{\mathbb{B}^*} z\,dA = \int_{r_1}^{r_2}\int_{g^*(r)}^{h^*(r)} f(r\cos\varphi, r\sin\varphi)\, r\,d\varphi\,dr \qquad (8.6.4)$

je nachdem, wie der Normalbereich gegeben ist.

Um die Vorteile der Benutzung von Polarkoordinaten zu sehen, betrachten wir das folgende

Beispiel:

Der Körper K habe als Grundfläche den oberen Halbkreis mit Radius 1 und Mittelpunkt $(1,0,0)$ in der (x,y)-Ebene (vgl. Bild 8.6.6), der „Deckel" sei gegeben durch die Fläche $z = f(x,y) = x^2 + y^2$ (Drehparaboloid, vgl. Bild 8.1.8). Sein Volumen soll mittels Doppelintegral bestimmt werden.

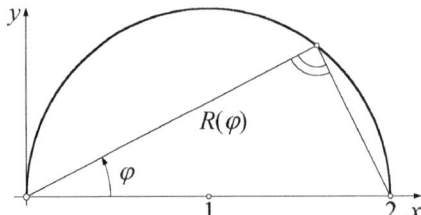

Bild 8.6.6: Integrationsbereich „verschobener" Halbkreis

Um $\mathbb{B}$ als Normalbereich mittels Polarkoordinaten anzugeben, betrachte man Bild 8.6.6 und mache sich zunächst klar, dass Kreismittelpunkt und Ursprung des Koordinatensystems nicht zusammenfallen. Da $\mathbb{B}$ vollständig im ersten Quadranten liegt, kann der Winkel φ den Bereich von 0 bis $\frac{\pi}{2}$ durchlaufen. Die möglichen Werte von r sind dabei von φ abhängig, sie liegen zwischen 0 und $R(\varphi)$. $R(\varphi)$ ist aber die Länge der Ankathete von φ im rechtwinkligen Dreieck mit der Hypotenuse 2 (Thaleskreis!). Damit ist $R(\varphi) = 2\cos\varphi$, und wir erhalten

$$\mathbb{B} = \left\{ (r\cos\varphi, r\sin\varphi) \in \mathbb{R}^2 \,\middle|\, 0 \le \varphi \le \frac{\pi}{2} \text{ und } 0 \le r \le 2\cos\varphi \right\}.$$

Das Doppelintegral wird nun gemäß der zweiten Form von (8.6.4) berechnet:

$$V = \int_{\mathbb{B}} z\, dA = \int_0^{\frac{\pi}{2}} \int_0^{2\cos\varphi} f(r\cos\varphi, r\sin\varphi)\, r\, dr\, d\varphi = \int_0^{\frac{\pi}{2}} \int_0^{2\cos\varphi} \left(r^2\cos^2\varphi + r^2\sin^2\varphi \right) r\, dr\, d\varphi$$

$$= \int_0^{\frac{\pi}{2}} \int_0^{2\cos\varphi} r^3\, dr\, d\varphi = \int_0^{\frac{\pi}{2}} \left[\tfrac{1}{4} r^4 \right]_0^{2\cos\varphi} d\varphi = 4 \int_0^{\frac{\pi}{2}} \cos^4\varphi\, d\varphi$$

$$= 4 \left[\frac{\sin(4\varphi)}{32} + \frac{\sin(2\varphi)}{4} + \frac{3\varphi}{8} \right]_0^{\frac{\pi}{2}} = \frac{3\pi}{4}$$

8.6 Doppelintegrale

Übungsaufgaben:

1. Es sei $\mathbb{B}$ wie im letzten Beispiel gewählt. Beschreiben Sie $\mathbb{B}$ als Normalgebiet bezüglich kartesischer Koordinaten und berechnen Sie $\int_{\mathbb{B}} z \, dA$ mittels kartesischer und Polarkoordinaten für $f(x,y) = y$. Wie sieht derjenige Körper im $\mathbb{R}^3$ aus, dessen Volumen das Integral darstellt?

2. In der (x,y)-Ebene bezeichne $\mathbb{B}$ dasjenige Gebiet im ersten Quadranten, welches von der 1. Winkelhalbierenden, der y-Achse und dem Kreisbogen des Einheitskreises um den Ursprung begrenzt wird, es sei $z = f(x,y) = 2x^3 y$. Beschreiben Sie $\mathbb{B}$ als Normalgebiet bezüglich kartesischer und Polarkoordinaten und berechnen Sie $\int_{\mathbb{B}} z \, dA$ in beiden Varianten. Stellt das Integral das Volumen eines Körpers dar?

3. Durch einen Schacht mit rechteckigem Querschnitt gemäß Bild 8.6.7 strömt ein Gas; seine Strömungsgeschwindigkeit werde durch

$$v = v^* \cdot \frac{(2ax - x^2)(2by - y^2)}{a^2 b^2} \, [\text{ms}^{-1}] \quad (\text{mit } v^* = \text{const}) \text{ angenähert.}$$

a) An welcher Stelle (x,y) nimmt v ein Maximum $v_{\max}$ an; wie groß ist es?

b) Berechnen Sie die Durchflussmenge pro Zeiteinheit $q \, [\text{m}^3 \, \text{s}^{-1}]$.

c) Wie groß ist die mittlere Strömungsgeschwindigkeit $\bar{v}$, also die für alle Querschnittpunkte konstante Geschwindigkeit, die jedes strömende Partikel haben müsste, damit sich für q derselbe Werte ergibt wie bei b)? (vgl. Abschnitt 5.4,V., linearer Mittelwert).

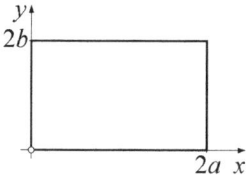

Bild 8.6.7: Zu Übungsaufgabe 3

4. Das uneigentliche Integral $I = \int_{-\infty}^{\infty} e^{-x^2} dx$, von dem man relativ leicht zeigen kann, dass es existiert, lässt sich nicht – wie sonst üblich – durch Grenzwertbildung berechnen, da man zu e^{-x^2} keine elementare Stammfunktion angeben kann (vgl. auch Übungsaufgabe 3 zu 7.3). Wegen der Existenz von I muss auch das Doppelintegral $\int_{-\infty}^{\infty} \int_{-\infty}^{\infty} e^{-(x^2+y^2)} dx dy$ einen endlichen Wert haben. Zeigen Sie, dass dieser Wert I^2 ist und berechnen Sie ihn mittels Polarkoordinaten.

8.7 Vektorfelder und Kurvenintegrale

Wir kehren noch einmal zu dem einführenden Beispiel dieses Kapitels zurück: Dort haben wir anhand der unterschiedlichen Temperaturverteilung in einem Raum Funktionen von drei Veränderlichen, den Raumkoordinaten, kennengelernt. Die Werte dieser Funktion, die die Temperatur darstellten, waren dabei Zahlen, also *skalare* Größen.

Aus der Physik kennen wir – analog dazu – Beispiele, in denen ortsabhängige *vektorielle* Größen behandelt werden: So kann in einem Kraftfeld (elektrisches Feld oder Gravitationsfeld) an jeder Stelle P der Ebene oder des Raumes eine andere Kraft wirken, die dann durch einen ebenen bzw. räumlichen Vektor $\vec{F}_P$ dargestellt wird. Ähnlich ist die Situation, wenn man die Geschwindigkeitsverteilung einer durch ein Rohr strömenden Flüssigkeit betrachtet: Aufgrund der Reibung ist die Geschwindigkeit $\vec{v}_P$ von der betrachteten Stelle P abhängig.

Allen Beispielen ist gemeinsam, dass Punkten aus der Ebene bzw. des Raumes Vektoren der gleichen Dimension zugeordnet werden, allgemein erhält man die

Definition:

> Ein *n*-dimensionales *Vektorfeld* $\vec{v}$ ist eine Funktion von $\mathbb{D} \subseteq \mathbb{R}^n$ nach $\mathbb{R}^n$. Es ist also durch *n Koordinatenfunktionen* $v_1, \cdots, v_n : \mathbb{D} \to \mathbb{R}$ (Komponenten von $\vec{v}$) gegeben.
> Es heißt *stetig* (bzw. *differenzierbar*), wenn alle v_i diese Eigenschaft (im Sinne von 8.1 bzw. 8.3) haben.

Bei den Anwendungen ist meist $n = 2$ oder $n = 3$, es liegt dann ein *ebenes* bzw. *räumliches* Vektorfeld vor.

8.7 Vektorfelder und Kurvenintegrale

Neben den oben genannten physikalischen erhält man eine ganze Klasse von Beispielen für Vektorfelder durch folgende Überlegung:

Es sei eine Funktion f von n Veränderlichen $x_1, \cdots, x_n$ gegeben, die auf $\mathbb{D}$ vollständig differenzierbar sein soll. Nach 8.5 ist somit für jedes $P \in \mathbb{D}$ der Gradient, ein Vektor im $\mathbb{R}^n$, definiert. Die Zuordnung $P \mapsto \text{grad}_P f$ beschreibt also eine Funktion von $\mathbb{D}$ nach $\mathbb{R}^n$, ist demnach ein Vektorfeld. Wir formulieren folgende

Definition:

Ein Vektorfeld $\vec{v} : \mathbb{D} \to \mathbb{R}^n$ heißt *Gradienten-* oder *Potentialfeld*, wenn es eine auf $\mathbb{D}$ vollständig differenzierbare Funktion $f : \mathbb{D} \to \mathbb{R}$ gibt mit $\vec{v} = \text{grad } f$.

Dies bedeutet für die Komponenten von $\vec{v}$: $v_i = \dfrac{\partial f}{\partial x_i}(x_1, \cdots, x_n)$ für alle i.

Der Funktionswert $f(x_1, \cdots, x_n)$ heißt dann ein *Potential* von $\vec{v}$.

Für viele Anwendungen – wie etwa die Berechnung eines Kurvenintegrals weiter unten – ist es wichtig zu wissen, ob ein gegebenes Vektorfeld ein Gradientenfeld ist oder nicht. Dazu wollen wir nun ein einfach nachzuprüfendes notwendiges Kriterium herleiten:

Wir betrachten dazu ein differenzierbares ebenes Vektorfeld $\vec{v} : \mathbb{D} \to \mathbb{R}^2$, von dem wir annehmen, dass es ein Potential $f(x, y)$ besitzt. Demnach gilt auf $\mathbb{D}$:

$$v_1 = \frac{\partial f}{\partial x}(x, y) \quad (1) \qquad \text{und} \qquad v_2 = \frac{\partial f}{\partial y}(x, y) \quad (2)$$

Differenziert man (1) und (2) partiell nach y bzw. x, so ergibt sich:

$$\frac{\partial v_1}{\partial y} = \frac{\partial^2 f}{\partial y \partial x}(x, y) \quad (1') \qquad \text{und} \qquad \frac{\partial v_2}{\partial x} = \frac{\partial^2 f}{\partial x \partial y}(x, y) \quad (2')$$

Nach dem Satz von SCHWARZ sind die rechten Seiten von (1') und (2') gleich, so dass also auch

$$\boxed{\dfrac{\partial v_1}{\partial y} = \dfrac{\partial v_2}{\partial x}} \tag{8.7.1}$$

gelten muss. Diese einfache Überlegung lässt sich sofort auf n Variable verallgemeinern:

Notwendiges Kriterium:

> Damit ein differenzierbares Vektorfeld $\vec{v} : \mathbb{D} \to \mathbb{R}^n$ ein Gradientenfeld ist – anders ausgedrückt: ein Potential auf $\mathbb{D}$ besitzt – müssen die so genannten *Integrabilitätsbedingungen*
>
> $$\frac{\partial v_i}{\partial x_j} = \frac{\partial v_j}{\partial x_i} \quad \text{für alle } i, j = 1, \ldots, n \qquad (8.7.2)$$
>
> gelten.

Für $n = 2$ ist dies nur eine einzige Bedingung, nämlich (8.7.1), für $n = 3$ sind bereits drei Gleichungen zu überprüfen; allgemein sind $\frac{n}{2} \cdot (n-1)$ Bedingungen nachzurechnen.

Leider ist obiges Kriterium im Allgemeinen bloß **notwendig**, was heißt, dass die Gültigkeit von (8.7.2) nur bedeutet, dass für das betrachtete Vektorfeld ein Potential existieren <u>kann</u>, nicht <u>muss</u>! In der Tat gibt es Beispiele (vgl. Übungsaufgabe 4), in denen trotz erfüllter Integrabilitätsbedingungen kein Potentialfeld vorliegt. Dies liegt im Wesentlichen am geometrischen Aussehen des Definitionsbereichs $\mathbb{D}$ des gegebenen Vektorfelds.

Ist nämlich $\mathbb{D}$ *einfach-zusammenhängend* (ein Begriff aus der Algebraischen Topologie, auf den wir hier nicht näher eingehen wollen), so sind die **Integrabilitätsbedingungen auch hinreichend**. Das Vorliegen dieser Eigenschaft ist im Allgemeinen nicht leicht zu überprüfen. Für unsere Anwendungen ist es jedoch ausreichend, einige häufig vorkommende Beispiele einfach-zusammenhängender Teilmengen von $\mathbb{R}^2$ und $\mathbb{R}^3$ anzugeben:

$\mathbb{D}$ ist zum Beispiel einfach-zusammenhängend, wenn es

1. ganz $\mathbb{R}^2$ oder ganz $\mathbb{R}^3$ ist;

2. eine *Halbebene* des $\mathbb{R}^2$ (alle Punkte der Ebene, die sich auf einer beliebigen Seite einer Geraden befinden) oder ein *Halbraum* des $\mathbb{R}^3$ (alle Punkte auf einer Seite einer beliebigen Ebene im Raum) ist;

3. der Inhalt eines beliebigen Kreises der Ebene oder einer beliebigen Kugel des Raumes ist,

4. von einer Kurve oder Fläche berandet ist, die durch Verbiegung ohne Selbstüberschneidung aus Kreis bzw. Kugel hervorgeht.

8.7 Vektorfelder und Kurvenintegrale

Häufig kommt es vor, dass $\mathbb{D}$ bis auf einen fehlenden Punkt P einer der oben beschriebenen Möglichkeiten 1. bis 4. entspricht (z.B. muss bei der Beschreibung des Coulombfelds der Nullpunkt – als Ort der Ladung – herausgenommen werden). Dann ergibt sich ein gravierender Unterschied zwischen $n = 2$ und $n = 3$: Im zweidimensionalen Fall geht bei Fehlen eines Punktes P der einfache Zusammenhang verloren, im drei- und höherdimensionalen nicht!

Mit obigem notwendigen Kriterium lässt sich also leicht entscheiden, ob ein gegebenes Vektorfeld $\vec{v}$ ein Potential besitzen kann (bzw. muss, wenn $\mathbb{D}$ einfachzusammenhängend ist!). Wie man gegebenenfalls ein Potential f bestimmt, wollen wir an einem Beispiel erläutern:

Bestimmung eines Potentials (einer Stammfunktion) eines Vektorfelds:

Auf $\mathbb{D} = \mathbb{R}^3$ betrachte man das durch

$$\vec{v}(x,y,z) = (\underbrace{yz + 4xy + ze^x}_{v_1}, \underbrace{xz + 2x^2 - \cos z}_{v_2}, \underbrace{xy + y\sin z + e^x + 3z^2}_{v_3})$$

gegebene räumliche Vektorfeld.

Zunächst stellt man fest, dass die Integrabilitätsbedingungen (8.7.2) erfüllt sind. Da der Definitionsbereich $\mathbb{D} = \mathbb{R}^3$ ist, sind diese notwendig und hinreichend, es muss also ein Potential $f(x,y,z)$ existieren, für das

$$\frac{\partial f}{\partial x}(x,y,z) = v_1, \quad (1) \quad \frac{\partial f}{\partial y}(x,y,z) = v_2 \quad (2) \quad \text{und} \quad \frac{\partial f}{\partial z}(x,y,z) = v_3 \quad (3)$$

sein muss.

Aus (1) folgt durch Integration von v_1 bezüglich x:

$$f(x,y,z) = xyz + 2x^2y + ze^x + g(y,z) \quad (4)$$

Man beachte, dass die bei unbestimmter Integration auftretende Konstante in (4) eine beliebige von y und z abhängige Funktion g sein kann, da diese bei der partiellen Ableitung nach x den Wert 0 hat.

Die Definition von v_2 sowie (4) setzt man nun in (2) ein und erhält:

$$xz + 2x^2 + \frac{\partial g}{\partial y}(y,z) = \underbrace{xz + 2x^2 - \cos z}_{v_2} \Rightarrow \frac{\partial g}{\partial y}(y,z) = -\cos z \qquad (5)$$

[Beachten Sie besonders, dass in (5) kein x mehr vorkommen darf, ansonsten wäre dies ein Beleg dafür, dass das untersuchte Vektorfeld kein Potential haben kann (was aufgrund der Voruntersuchung hier natürlich nicht der Fall ist) – das Verfahren müsste an dieser Stelle abgebrochen werden.]

Aus (5) folgt durch Integration bezüglich y:

$$g(y,z) = -y\cos z + h(z) , \qquad (6)$$

wobei h eine beliebige Funktion nur von z ist.

Aus (4) und (6) ergibt sich als vorläufige Gestalt des Potentials:

$$f(x,y,z) = xyz + 2x^2 y + z\mathrm{e}^x - y\cos z + h(z) \qquad (7)$$

Zur Bestimmung von $h(z)$ setzt man nun (7) und die Definition von v_3 in (3) ein:

$$xy + \mathrm{e}^x + y\sin z + h'(z) = \underbrace{xy + y\sin z + \mathrm{e}^x + 3z^2}_{v_3}$$

Demnach ist $h'(z) = 3z^2$ (Achtung: x und y müssen an dieser Stelle herausfallen!), was $h(z) = z^3 + C$ mit einer beliebigen reellen Konstanten C zur Folge hat.

Setzt man dieses Resultat in (7) ein, so erhält man schließlich als Potential von $\vec{v}$:

$$f(x,y,z) = xyz + 2x^2 y + z\mathrm{e}^x - y\cos z + z^3 + C$$

Man beachte, dass f nur bis auf eine additive Konstante C eindeutig bestimmt ist.

Wir weisen darauf hin, dass das Verfahren im Falle der Nichtexistenz eines Potentials an den entsprechenden Stellen „stecken bleibt", eine Vorabprüfung – wie oben geschehen – ist nicht unbedingt nötig, jedoch stets zu empfehlen. Zudem ist es egal, mit welcher der Gleichungen (1) bis (3) man beginnt, man muss stets alle drei benutzen.

Wir werden im weiteren Verlauf dieses Abschnitts sehen, dass die Frage, ob ein gegebenes Vektorfeld ein Potential besitzt und wie dieses ggf. aussieht, für viele Anwendungen insbesondere dann sehr wichtig ist, wenn das Vektorfeld ein Kraftfeld darstellt.

Dazu betrachten wir folgende Situation: In der Ebene sei ein Kraftfeld (z.B. elektrisches, magnetisches oder Gravitationsfeld) durch das Vektorfeld $\vec{v}$ auf $\mathbb{D} \subseteq \mathbb{R}^2$

8.7 Vektorfelder und Kurvenintegrale

gegeben. Gesucht ist die Arbeit W, die benötigt wird (bzw. die Energie, die gewonnen wird), wenn ein Massepunkt (eine Probeladung) längs eines in $\mathbb{D}$ verlaufenden Weges C von A nach B bewegt wird, wie dies in Bild 8.7.1 dargestellt ist (die Pfeile repräsentieren dabei die in jedem Kurvenpunkt angreifende unterschiedliche Kraft).

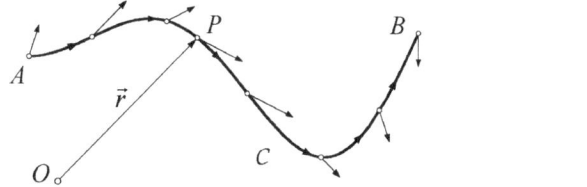
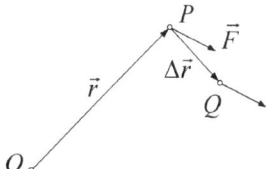

Bild 8.7.1: Bewegung in einem Kraftfeld längs einer Kurve C

Bild 8.7.2: Approximation von W_i

Das elementare physikalische Gesetz „Arbeit = Kraft × Weg" ist hier nicht direkt anwendbar, da dazu die Kraft überall – von Richtung und Betrag her – gleich und stets parallel zum Weg sein muss. Beide Bedingungen sind hier, wie Bild 8.7.1 zeigt, im Allgemeinen nicht erfüllt. Wir versuchen deshalb, den Wert von W zunächst anzunähern:

Wir geben uns dafür eine Parameterdarstellung $\vec{r}(t) = \begin{pmatrix} g_1(t) \\ g_2(t) \end{pmatrix}$, $t \in [a, b]$, für die Kurve C vor.

Mit $\quad \Delta t = \dfrac{b-a}{n} \quad$ und $\quad t_i = a + i \cdot \Delta t \quad$ (für $i = 0, 1, \ldots, n$)

teilen wir das Zeitintervall $[a, b]$ in n gleiche Teilintervalle $[t_i, t_{i+1}]$.

Wir approximieren nun den im Zeitintervall $[t_i, t_{i+1}]$ geleisteten Anteil W_i der Gesamtarbeit dadurch, dass wir den „krummen" Weg längs C von $P = \vec{r}(t_i)$ nach $Q = \vec{r}(t_{i+1})$ durch die geradlinige Verbindung $\Delta \vec{r} = \vec{r}(t_{i+1}) - \vec{r}(t_i)$ und die variable Kraft durch die konstante Größe $\vec{F} = \vec{v}(\vec{r}(t_i))$ ersetzen (vgl. Bild 8.7.2).

Da $\vec{F}$ und $\Delta \vec{r}$ im Allgemeinen nicht die gleiche Richtung haben, muss zur Berechnung der Arbeit ihr Skalarprodukt gebildet werden, also

$$W_i \approx \vec{F} \cdot \Delta \vec{r} = \vec{v}(\vec{r}(t_i)) \cdot (\vec{r}(t_{i+1}) - \vec{r}(t_i))$$
$$= v_1(\vec{r}(t_i)) \cdot (g_1(t_{i+1}) - g_1(t_i)) + v_2(\vec{r}(t_i)) \cdot (g_2(t_{i+1}) - g_2(t_i)) \qquad (1)$$

Setzt man voraus, dass C ein differenzierbarer Weg ist, d.h., dass die g_i auf $[a, b]$ differenzierbare Funktionen sind, so ergibt die Anwendung des Mittelwertsatzes:

$$\frac{g_1(t_{i+1}) - g_1(t_i)}{t_{i+1} - t_i} = g_1'(\xi_i) \Rightarrow g_1(t_{i+1}) - g_1(t_i) = \dot{g}_1(\xi_i)\Delta t \qquad (2)$$

$$\text{und analog} \qquad g_2(t_{i+1}) - g_2(t_i) = \dot{g}_2(\eta_i)\Delta t \qquad (3)$$

mit $\xi_i, \eta_i \in\ ]t_i, t_{i+1}[$. Damit wird (1) zu

$$W_i \approx \bigl(v_1(\vec{r}(t_i)) \cdot \dot{g}_1(\xi_i) + v_2(\vec{r}(t_i)) \cdot \dot{g}_2(\eta_i)\bigr) \cdot \Delta t. \qquad (4)$$

Beachtet man, dass für eine gute Approximation n groß ist und damit t_{i+1} nahe bei t_i liegt, so sind die unbekannten Werte ξ_i und η_i fast gleich t_i, so dass man (4) ersetzen kann durch

$$W_i \approx \bigl(v_1(\vec{r}(t_i)) \cdot \dot{g}_1(t_i) + v_2(\vec{r}(t_i)) \cdot \dot{g}_2(t_i)\bigr) \cdot \Delta t = \vec{v}(\vec{r}(t_i)) \bullet \dot{\vec{r}}(t_i) \cdot \Delta t \qquad (5)$$

Als Approximation für die Gesamtarbeit W erhält man nun mit (5):

$$W = \sum_{i=1}^{n} W_i \approx \sum_{i=1}^{n} \vec{v}(\vec{r}(t_i)) \bullet \dot{\vec{r}}(t_i) \cdot \Delta t \qquad (6)$$

Mit wachsendem n (also $\Delta t \to 0$) wird die Näherung (6) immer besser, also ist

$$W = \lim_{n \to \infty} \sum_{i=1}^{n} \vec{v}(\vec{r}(t_i)) \bullet \dot{\vec{r}}(t_i) \cdot \Delta t\ .$$

Dieser Grenzwert ist aber aus 4.4 bekannt, wenn man sich klarmacht, dass $\vec{v}(\vec{r}(t)) \bullet \dot{\vec{r}}(t)$ eine auf $[a, b]$ definierte Funktion einer reellen Veränderlichen ist.

Damit ist $\qquad W = \int_{a}^{b} \vec{v}(\vec{r}(t)) \bullet \dot{\vec{r}}(t) \mathrm{d}t\ .$

Wir verallgemeinern unser Ergebnis zu folgender

Definition:

Es sei $\vec{v}: \mathbb{D} \to \mathbb{R}^n$, $\mathbb{D} \subseteq \mathbb{R}^n$, ein stetiges Vektorfeld, C ein in $\mathbb{D}$ verlaufender Weg, der durch eine differenzierbare Parametrisierung $\vec{r}(t)$, $t \in [a, b]$, gegeben ist. Dann definiert man das *Kurven-* oder *Wegintegral* über $\vec{v}$ längs C als

$$\int_C \vec{v} \cdot d\vec{r} = \int_a^b \vec{v}(\vec{r}(t)) \cdot \dot{\vec{r}}(t) dt \quad . \tag{8.7.3}$$

Ist C ein geschlossener Weg, ist also Anfangspunkt gleich Endpunkt, so schreibt man statt (8.7.3) auch $\oint_C \vec{v} \cdot d\vec{r}$ und spricht vom *Ring-* oder *Umlaufintegral*.

In die Definition des Kurvenintegrals längs C geht, wie in (8.7.3) ersichtlich, wesentlich die gewählte Parametrisierung $\vec{r}(t)$ ein. Nun kann offensichtlich der gleiche Weg, als Punktmenge in der Ebene oder im Raum aufgefasst, auf verschiedene Weise parametrisiert werden. So stellen die Parametrisierungen $\vec{r}_1(t) = (t, t)$ mit $t \in [0, 1]$, $\vec{r}_2(t) = (t^2 - 1, t^2 - 1)$ mit $t \in [1, \sqrt{2}]$ und $\vec{r}_3(t) = (\sin t, \sin t)$ mit $t \in [0, \frac{\pi}{2}]$ alle das Stück der ersten Winkelhalbierenden zwischen (0,0) und (1,1) dar. Man kann nun jedoch zeigen, dass der Wert eines Kurvenintegrals nur vom Weg und nicht von der gewählten Parametrisierung abhängt. Allerdings kehrt sich das Vorzeichen in (8.7.3) um, wenn man die Durchlaufungsrichtung in C ändert. Machen Sie sich bitte selbst diese beiden wichtigen Sachverhalte mit Hilfe der Substitutionsregel klar.

Bevor wir weitere Eigenschaften des Kurvenintegrals kennen lernen, wollen wir zunächst ein Beispiel rechnen:

Beispiel:

Auf $\mathbb{D} = \mathbb{R}^2$ seien die beiden Vektorfelder $\vec{v}(x, y) = (8xy - 3{,}4x^2 + 2)$ und $\vec{w}(x, y) = (xy, 2x)$ gegeben. Ferner sei C das Stück der ersten Winkelhalbierenden zwischen (0,0) und (1,1) und $\mathcal{D}$ das Stück des Bogens der Normalparabel zwischen den gleichen Punkten. Für beide Vektorfelder soll das Kurvenintegral längs beider Wege bestimmt werden.

Für C wählen wir dazu die Parametrisierung (t, t), für $\mathcal{D}$ ist (t, t^2) nahe liegend (beide Male $t \in [0, 1]$). Nach (8.7.3) ist nun

$$\int_C \vec{v} \cdot d\vec{r} = \int_0^1 \vec{v}(\vec{r}(t)) \cdot \dot{\vec{r}}(t) dt = \int_0^1 (8xy - 3{,}4x^2 + 2)\bigg|_{(t,t)} \cdot (t', t') dt$$

$$= \int_0^1 (8t^2 - 3{,}4t^2 + 2) \cdot (1,1) dt = \int_0^1 (12t^2 - 1) dt = 4 - 1 = 3 \quad \text{und}$$

$$\int_\mathcal{D} \vec{v} \cdot d\vec{r} = \int_0^1 \vec{v}(\vec{r}(t)) \cdot \dot{\vec{r}}(t) dt = \int_0^1 (8xy - 3{,}4x^2 + 2)\bigg|_{(t,t^2)} \cdot (t', (t^2)') dt$$

$$= \int_0^1 (8t^3 - 3{,}4t^2 + 2) \cdot (1, 2t) dt = \int_0^1 (16t^3 + 4t - 3) dt = 4 + 2 - 3 = 3.$$

Beide Male ergibt sich der gleiche Wert, allerdings auf unterschiedlichen Wegen. Das könnte natürlich Zufall sein. Deshalb empfehlen wir Ihnen an dieser Stelle, noch einige andere Wege von (0,0) nach (1,1) zu probieren, zum Beispiel über Strecken von (0,0) über (1,0) (bzw. (0,1)) nach (1,1) o.ä. □

Führt man analoge Rechnungen nun jedoch für das Vektorfeld $\vec{w}(x,y) = (xy, 2x)$ durch, so erhält man $\int_C \vec{w} \cdot d\vec{r} = \frac{4}{3}$ und $\int_\mathcal{D} \vec{w} \cdot d\vec{r} = \frac{19}{12}$, also verschiedene Werte!

Das Vektorfeld $\vec{v}$ hat also eine Eigenschaft, die $\vec{w}$ nicht besitzt.

Definition:

Ein Vektorfeld $\vec{v} : \mathbb{D} \to \mathbb{R}^n$ heißt *konservativ*, wenn das Kurvenintegral $\int_C \vec{v} \cdot d\vec{r}$ für jeden beliebigen Weg C zwischen fest gewählten Punkten A und B in $\mathbb{D}$ den gleichen Wert hat, also *wegunabhängig* ist.

Man kann leicht zeigen, dass obige Eigenschaft der Wegunabhängigkeit eines Kurvenintegrals äquivalent dazu ist, dass das Ringintegral $\oint_C \vec{v} \cdot d\vec{r}$ über jeden geschlossenen Weg den Wert 0 hat.

Wir wollen nun untersuchen, welche Vektorfelder konservativ sind. Dazu betrachten wir zunächst den Fall, dass das Vektorfeld $\vec{v} : \mathbb{D} \to \mathbb{R}^n$ ein Gradientenfeld ist, dass also ein Potential $f : \mathbb{D} \to \mathbb{R}$ existiert mit $\vec{v} = \text{grad} f$. Für einen beliebigen in

8.7 Vektorfelder und Kurvenintegrale

$\mathbb{D}$ verlaufenden Weg C von A nach B mit der Parametrisierung $\vec{r}(t)$ auf $[a, b]$ gilt nun:

$$\int_C \vec{v} \cdot d\vec{r} = \int_a^b \operatorname{grad}_{\vec{r}(t)} f \cdot \dot{\vec{r}}(t) dt = \int_a^b \left(\sum_{i=1}^n \frac{\partial f}{\partial x_i}(\vec{r}(t)) \cdot \dot{g}_i(t) \right) dt$$

$$= \int_a^b (f \circ \vec{r})'(t) dt \qquad \text{(nach der Kettenregel aus 8.5)}$$

$$= \left[(f \circ \vec{r})(t) \right]_a^b \qquad \text{(vgl. elementare Integralrechnung!)}$$

$$= f(B) - f(A) \qquad (8.7.4)$$

Das Kurvenintegral ist also nicht vom Weg C abhängig, da in seine Berechnung gemäß (8.7.4) nur Anfangs- und Endpunkt von C, aber nicht der Verlauf „dazwischen", eingehen. In gewisser Hinsicht kann man das Ergebnis (8.7.4) als Verallgemeinerung des Hauptsatzes der Differential- und Integralrechnung auffassen („Wert des Integrals = Stammfunktion am Ende – Stammfunktion am Anfang des Integrationsbereichs"), wodurch auch die Bezeichnung des Potentials als „Stammfunktion" noch einmal gerechtfertigt wird.

Wir haben also bewiesen:

Satz:

> Jedes Gradientenfeld (Potentialfeld) $\vec{v}$ ist konservativ; der Wert des Kurvenintegrals längs eines beliebigen Weges C von A nach B lässt sich mit einem Potential f von $\vec{v}$ berechnen als $\int_C \vec{v} \cdot d\vec{r} = f(B) - f(A)$; der Wert des Ringintegrals über jeden geschlossenen Weg C ist 0.

Die Umkehrung des obigen Satzes, dass also ein konservatives Vektorfeld ein Potential besitzt, ist nur dann richtig, wenn der Definitionsbereich $\mathbb{D}$ als einfach zusammenhängend vorausgesetzt ist. Dann lassen sich die Ergebnisse dieses Abschnitts im folgenden Hauptsatz übersichtlich zusammenfassen:

Hauptsatz:

> Es sei $\vec{v} : \mathbb{D} \to \mathbb{R}^n$ ein stetiges Vektorfeld, $\mathbb{D} \subseteq \mathbb{R}^n$ sei einfach zusammenhängend. Dann sind die folgenden vier Aussagen äquivalent:
>
> (i) $\vec{v}$ besitzt auf $\mathbb{D}$ ein Potential $f(x_1, \ldots x_n)$.
>
> (ii) $\vec{v}$ erfüllt die Integrabilitätsbedingungen $\dfrac{\partial v_i}{\partial x_j} = \dfrac{\partial v_j}{\partial x_i}$ für alle $i, j = 1, \ldots, n$
>
> (iii) Für jeden Weg C von A nach B (beliebig gewählte Punkte) in $\mathbb{D}$ hat das Kurvenintegral $\int_C \vec{v} \cdot d\vec{r}$ den gleichen Wert $f(B) - f(A)$.
>
> (iv) Für jeden geschlossenen Weg C in $\mathbb{D}$ ist das Ringintegral $\oint_C \vec{v} \cdot d\vec{r} = 0$.

Der obige Hauptsatz ist nicht nur von theoretischer Bedeutung, sondern ist – bei Vorliegen der Voraussetzung über $\mathbb{D}$ – auch bei der oft mühsamen praktischen Berechnung von Kurvenintegralen hilfreich:

Zunächst stellt man fest, ob die Integrabilitätsbedingungen erfüllt sind. Ist dies der Fall, so kann man sich das Integrieren über einen geschlossenen Weg sparen – das Ringintegral ist 0. Statt das Kurvenintegral längs eines Weges C von A nach B zu berechnen, ist es oft einfacher, das Potential zu bestimmen und dort die Werte B und A einzusetzen und voneinander abzuziehen. Man kann aber auch einen beliebigen einfacheren Weg von A nach B (etwa geradlinig oder achsenparallel) nehmen und längs diesem integrieren.

Probieren Sie diese verschiedenen Möglichkeiten bei den folgenden Übungsaufgaben selbst einmal aus.

Übungsaufgaben:

1. Mit festem $a \in \mathbb{R}$ sei das Vektorfeld $\vec{v}(x, y) = (e^{-ay}, -ax \cdot e^y)$ gegeben.

a) Bestimmen Sie alle $a \in \mathbb{R}$, für die $\vec{v}$ ein Potentialfeld ist und berechnen Sie jeweils die zugehörigen Potentiale!

8.7 Vektorfelder und Kurvenintegrale

b) Es sei C der durch $\vec{r}(t) = (t^2, t)$, $t \in [0, 1]$ gegebene Weg. Berechnen Sie $\int_C \vec{v} \cdot d\vec{r}$ mit $a = 1$ in obiger Definition.

2. Auf $\mathbb{D} = \{(x,y,z) \in \mathbb{R}^3 \mid x, z \text{ bel.}, y > 0\}$ sei durch

$$\vec{v}(x, y, z) = \left(2x \ln y, \frac{x^2}{y} + \sin(2z), 2y \cos(2z) + 3z^2 \right)$$

ein Vektorfeld $\vec{v} : \mathbb{D} \to \mathbb{R}^3$ gegeben. Ferner sei der Weg C auf $[0, 1]$ gegeben durch

$$\vec{r}(t) = (\cos(2\pi t), 1 + t \cdot (1-t), \sin(2\pi t)).$$

Berechnen Sie $\int_C \vec{v} \cdot d\vec{r}$.

3. Mit festen $a, b \in \mathbb{R}$ sei das räumliche Vektorfeld $\vec{v}$ gegeben durch

$$\vec{v}(x, y, z) = \left(axy - 5\cos 2z, 3x^2 + bze^{-y}, 10x \sin(2z) + e^{-y} \right). \quad (*)$$

a) Bestimmen Sie a und b so, dass $\vec{v}$ ein Potentialfeld ist.

b) Berechnen Sie für diese Werte von a und b ein Potential f von $\vec{v}$.

c) Mit $a = 1$ und $b = 0$ im durch (*) beschriebenen Vektorfeld $\vec{v}$ berechne man $\oint_C \vec{v} \cdot d\vec{r}$, wobei der Weg C die geradlinige Verbindung von $(0,0,0)$ nach $(1,1,1)$ bezeichnen soll. Kann bzw. muss sich der gleiche Wert für das Kurvenintegral ergeben, wenn C einen achsenparallelen Weg von $(0,0,0)$ nach $(1,1,1)$ beschreibt?

4. Das durch $\vec{v}(x, y) = \left(\dfrac{-y}{x^2 + y^2}, \dfrac{x}{x^2 + y^2} \right)$ auf $\mathbb{D} = \mathbb{R}^2 \setminus \{(0,0)\}$ gegebene Vektorfeld beschreibt – bis auf einen konstanten Faktor – das Magnetfeld eines Strom durchflossenen Leiters. Zeigen Sie, dass $\vec{v}$ die Integrabilitätsbedingung erfüllt. Warum besitzt $\vec{v}$ trotzdem kein Potential? Was ergibt sich für $\oint_C \vec{v} \cdot d\vec{r}$, wenn C den gegen den Uhrzeigersinn durchlaufenen Kreis mit Radius 1 um den Nullpunkt beschreibt?

8.8 Umrisse, ebene Kurvenscharen, Hüllkurven

Nun können wir den am Schluss von 8.1 erklärten Umrissen genauer nachgehen: Wir benötigen dazu nur die Punkte von Φ, in denen der Normalenvektor $\vec{n}$ rechtwinklig zur Projektionsrichtung ist. Wollen wir z.B. den Flächenumriss im Höhenlinienbild mit erfassen, also durch rechtwinklige Parallelprojektion in die (x, y)-Ebene, so erhalten wir ihn, falls vorhanden, aus den Punkten von Φ, in denen der Normalenvektor $\vec{n}$ senkrecht zur z-Achse ist, also die z-Komponente 0 hat. Bei einer Flächengleichung $F(x, y, z) = 0$ bedeutet dies also

$$F_z(x, y, z) = 0 \tag{8.8.1}$$

Ist Φ durch eine Parameterdarstellung (8.1.3) bestimmt, so liefert (8.5.8) stattdessen

$$x_u y_v - x_v y_u = 0 \ . \tag{8.8.2}$$

Ist nicht für alle Flächenpunkte $\vec{n}$ senkrecht zur z-Achse, wie bei einem Zylinder mit Mantellinien parallel zur z-Achse, hat aber Φ einen Umriss, so ergibt sich daraus eine Beziehung zwischen den Variablen, die die Bestimmung der Umrisskurve erlaubt.

Allgemein: Ist $\vec{p}$ ein Vektor in Projektionsrichtung, müssen die Punkte von Φ abgebildet werden, in denen das Skalarprodukt $\vec{n} \cdot \vec{p} = 0$ ist.

Beispiel:

Gegeben ist $F(x, y, z) = (x - z)(x - 3z) + y^2 = x^2 - 4zx + 3z^2 + y^2$. $F(x, y, z) = 0$ bestimmt eine Fläche Φ. Sie soll nach den Methoden von 8.1 untersucht werden. Welche Bedeutung hat ihr Umriss im Höhenlinienbild?

$\Phi \cap (x, y)$-Ebene: $z = 0$, $x^2 + y^2 = 0$; nur Ursprung O;
$\Phi \cap (x, z)$-Ebene: $y = 0$, $(x - z)(x - 3z) = 0$; Geradenpaar;
$\Phi \cap (y, z)$-Ebene: $x = 0$, $3z^2 + y^2 = 0$; nur Ursprung O.

Höhenlinien: $z = c$, $x^2 - 4cx + 3c^2 + y^2 = 0$, also
$$(x - 2c)^2 + y^2 = c^2; \tag{8.8.3}$$

das sind Kreise mit Mittelpunkten $(2c, 0, c)$ und Radien c. Zeichnen wir das Höhenlinienbild, so wird bereits ein Umriss erkennbar. Wir bestimmen ihn:

8.8 Umrisse, ebene Kurvenscharen, Hüllkurven

Die z-Komponente des Normalenvektors nach (8.5.6) ist $F_z(x, y, z) = -4x + 6z$, daher gilt für Umrisspunkte $z = \frac{2}{3}x$, auf den Höhenlinien also $c = \frac{2}{3}x$. Setzen wir dies in die Gleichung der Höhenlinien ein, so ergibt sich eine Gleichung in x und y, die für *alle* Umrisspunkte unabhängig von der Höhe c gilt:

$$(x - \tfrac{4}{3}x)^2 + y^2 = \tfrac{4}{9}x^2, \text{ also } y = \pm\tfrac{1}{3}x\sqrt{3}$$

Das ergibt im Höhenlinienbild ein Paar von Geraden als Umriss von Φ; es sind die gemeinsamen Tangenten aller Höhenlinien, s. Bild 8.8.1.

Φ ist ein *schiefer Kreiskegel*; die ermittelten Geraden sind Mantellinien davon.

□

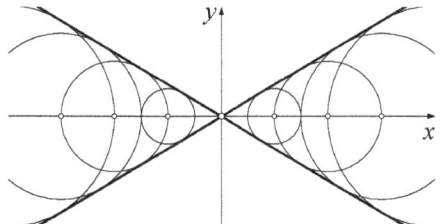 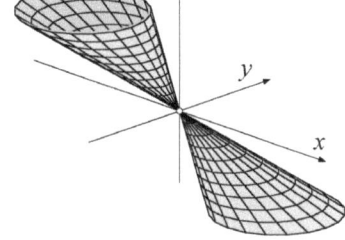

Bild 8.8.1: Höhenlinien und Umriss des schiefen Kreiskegels

Betrachten wir die Gleichung (8.8.3) nicht im bestehenden räumlichen Kontext (also $z = c$), so stellt sie einfach eine *Schar* von Kreisen in der (x, y)-Ebene dar. Auch mit anderen ebenen Kurvenscharen hat man oft zu tun, z.B. in der Getriebelehre. Möchte man etwa bei der *Elliptischen Bewegung* von Bild 5.2.22 wissen, welcher Bereich der (x, y)-Ebene von allen Lagen der bewegten Strecke XY bedeckt wird, so ist deren Schar zu untersuchen.

Eine Kurvenschar der (x, y)-Ebene sei durch folgende Gleichung bestimmt:

$$F(x, y, c) = 0 \tag{8.8.4}$$

c heißt *Scharparameter*. Das Intervall $I \subseteq \mathbb{R}$ bestehe aus den Werten von c, für die Scharkurven existieren. Dann ergibt sich für jedes feste $c \in I$ genau *eine* Kurve der Schar; auf ihr ist also c konstant. Verschiedene Kurven der Schar unterscheiden sich aber durch verschiedene Werte von c. Gibt es eine Kurve $\mathcal{H}$, die alle Kurven der Schar berührt, so heißt sie *Hüllkurve* der Schar. Es kommt vor, dass diese Berührbeziehung nur für c-Werte aus einem Teilintervall von I auftritt, vgl. Beispiel 1 unten.

Hat die Kurvenschar (8.8.4) eine Hüllkurve $\mathcal{H}$, wird sie so wie vorhin der Flächenumriss ermittelt. Wir können uns ja c in der Schargleichung als konstante z-Koordinate $z = c$ auf der Höhenlinie einer Fläche denken. Statt der partiellen Ableitung (8.8.1) nach z schreiben wir daher gleich die partielle Ableitung nach c:

$$F_c(x, y, c) = 0 \qquad (8.8.5)$$

Eliminieren wir c aus (8.8.4) und (8.8.5), so erhalten wir eine Gleichung in x und y, die für *alle* Berührpunkte von Scharkurven mit $\mathcal{H}$ gilt, also die gesuchte Hüllkurvengleichung. Lässt sich c nicht eliminieren, so versucht man eine Parameterdarstellung $x = g_1(c)$, $y = g_2(c)$ herzustellen; x und y sind die Berührpunktskoordinaten für $\mathcal{H}$ und die Scharkurve zum Parameterwert c; der Scharparameter c ist also dann zugleich Parameter der Parameterdarstellung.

Geht auch das nicht, bleibt immer noch das NEWTONsche Iterationsverfahren, um für eine genügend große Anzahl von c-Werten Koordinatenpaare (x, y) für Punkte von $\mathcal{H}$ numerisch zu ermitteln. Liefert (8.8.5) einen Widerspruch oder eine feste Wertzuweisung für c, so hat die Schar keine Hüllkurve (z.B. $x^2 + y^2 = c^2$ oder, für $c > 0$, $x^2 + y^2 = c$; Schar konzentrischer Kreise). Dies gilt ebenso für die folgenden Beschreibungen.

Grundsätzlich verläuft das Verfahren der Hüllkurvenermittlung entsprechend, wenn statt einer impliziten Schargleichung eine explizite gegeben ist; $y = f(x, c)$ lässt sich ja zu $f(x, c) - y = 0$ umformen. Dann geht alles so wie oben. Durch

$$y = f(x, c), \quad y_c = 0 \qquad (8.8.6)$$

ist also hier eine eventuell auftretende Hüllkurve bestimmt.

Ist die Kurvenschar durch eine Parameterdarstellung

$$x = g_1(t, c), y = g_2(t, c) \qquad (8.8.7)$$

gegeben, ist Vorsicht geboten: c ist der auf jeder einzelnen Scharkurve konstante Scharparameter, t ist wie in (5.2.1) der auf jeder Kurve von Punkt zu Punkt laufende Parameter der Parameterdarstellung. (8.8.6) fassen wir nun als Darstellung von Höhenlinien $z = c$ auf der Fläche $x = g_1(t, v)$, $y = g_2(t, v)$, $z = v$ auf. Nun müssen wir nur noch in (8.8.2) u durch t und v durch c ersetzen und können aus (8.8.7) zusammen mit

$$x_t \cdot y_c = x_c \cdot y_t \qquad (8.8.8)$$

eine eventuell vorhandene Hüllkurve ermitteln.

Zu beachten ist noch: Besitzen die Kurven einer ebenen Kurvenschar Spitzpunkte, so findet man deren geometrischen Ort ebenfalls mit der für Hüllkurven beschriebenen Methode. Freilich tritt dort keine echte Berührung (das bedeutet ja stets: gemeinsame Tangente) mit den Scharkurven auf.

8.8 Umrisse, ebene Kurvenscharen, Hüllkurven

Beispiele:

1. Gegeben ist die Kreisschar $x^2 + (y-c)^2 = c > 0$; gesucht ist ihre Hüllkurve $\mathcal{H}$.
Partielle Ableitung nach c: $\quad -2(y-c) = 1$
Daraus ergibt sich $c = y + \frac{1}{2}$; Einsetzen in die Schargleichung ergibt für $\mathcal{H}$:
$x^2 + \frac{1}{4} = y + \frac{1}{2}$, $y = x^2 - \frac{1}{4}$; $\mathcal{H}$ ist also eine Parabel.
Einsetzen von $y = c - \frac{1}{2}$ in die Schargleichung ergibt $x = \pm\sqrt{c - \frac{1}{4}}$; dies sind für gegebenes c die Berührpunktskoordinaten. Wir sehen, dass nur für $c \geq \frac{1}{4}$ Berührpunkte auftreten. Elimination von c ergibt natürlich wieder wie oben die Gleichung der Hüllkurve $\mathcal{H}$, s. Bild 8.8.2.

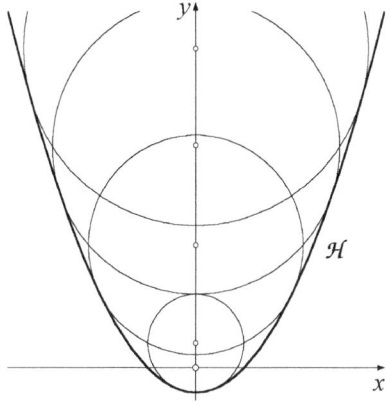

Bild 8.8.2: Kreisschar

2. Wir untersuchen die oben genannte Schar der Lagen aller Strecken XY der *Elliptischen Bewegung* von Bild 5.2.22. Mit $\sphericalangle OXY = \alpha$ als Scharparameter hat XY die Gleichung:

$$y = R \sin\alpha - x \tan\alpha \ .$$

Partielle Ableitung nach α ergibt: $\quad 0 = R\cos\alpha - \dfrac{x}{\cos^2\alpha}$;

also gilt für die Hüllkurve $\mathcal{H}$ der Schar:

$$x = R\cos^3\alpha, \ y = R(\sin\alpha - \cos^2\alpha \sin\alpha) = R\sin^3\alpha.$$

Der Scharparameter α kann eliminiert werden: $\sqrt[3]{x^2} + \sqrt[3]{y^2} = \sqrt[3]{R^2}$.
$\mathcal{H}$ hat vier Spitzpunkte, s. Bild 8.8.3.

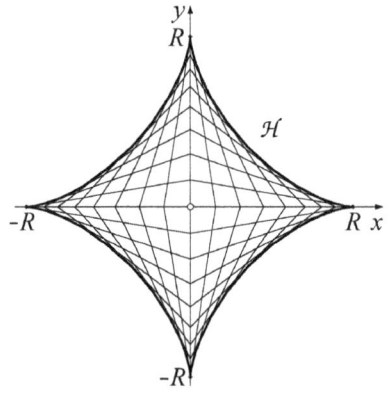
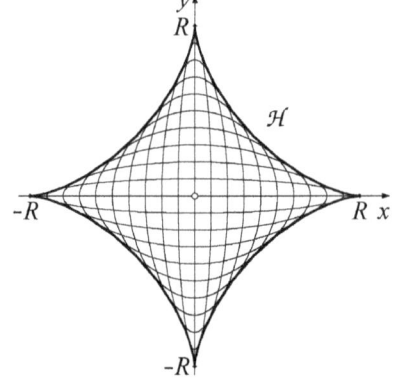

Bild 8.8.3: Schar von Strecken **Bild 8.8.4:** Schar von Ellipsen

3. Nun betrachten wir die Schar aller Bahnellipsen, die bei der *Elliptischen Bewegung* von Bild 5.2.22 für den Festkreisradius $R = 1$ von allen Punkten der Strecke XY beschrieben werden: Die Parameterdarstellung der Ellipsenschar ist

$$x = (r+a)\cos t, \; y = (r-a)\sin t.$$

Scharparameter ist a. Mit a statt c und mit

$$x_t = -(r+a)\sin t, \; y_t = (r-a)\cos t,$$
$$x_a = (r+a)\cos t, \; y_a = -(r-a)\sin t$$

wenden wir (8.8.8) an: $\quad x_t \cdot y_a = x_a \cdot y_t, \quad$ also

$$(r+a)\sin^2 t = (r-a)\cos^2 t,$$
$$a(\sin^2 t + \cos^2 t) = r(\cos^2 t - \sin^2 t), \; \text{also} \; a = r(\cos^2 t - \sin^2 t).$$

Einsetzen in die Parameterdarstellung der Schar ergibt für die Hüllkurve $\mathcal{H}$:

$$x = r(1 + \cos^2 t - \sin^2 t)\cos t, \; y = r(1 - \cos^2 t + \sin^2 t)\sin t,$$

also ist wegen $2r = R$:

$$x = R\cos^3 t, \; y = R\sin^3 t.$$

Dies ist dieselbe Hüllkurve wie beim vorigen Beispiel, weil ja die Ellipsenschar denselben Bereich der Ebene bedeckt wie die Schar aller Strecken XY von Beispiel 2, s. Bild 8.8.4.

4. Wir betrachten den vertikalen Schnitt eines Springbrunnens in der (x, z)-Ebene; der Sprühkopf sei im Ursprung O. Die z-Achse hat die Gegenrichtung der Erdbeschleunigung. Aus dem Sprühkopf in O treten die Wasserpartikel mit derselben Anfangsgeschwindigkeit v_0 unter verschiedenen Winkeln α gegen die positive x-Achse aus. Haben ihre Bahnen eine Hüllkurve?

8.8 Umrisse, ebene Kurvenscharen, Hüllkurven

Die Bahn eines solchen Partikels für ein bestimmtes α ist in Bild 8.8.5 dargestellt. Ohne Einwirkung der Schwerkraft blieben die Geschwindigkeitskomponenten in x- und z-Richtung konstant: $v_{0x} = v_0 \cos\alpha$, $v_{0z} = v_0 \sin\alpha$. Zur Zeit t nach dem Verlassen des Sprühkopfes wäre es also bei $x = t\, v_0 \cos\alpha$, $z = t\, v_0 \sin\alpha$ angelangt. Da es aber der Schwerkraft unterworfen ist, ist es nach der Zeit t um die Strecke $\tfrac{1}{2}gt^2$ gefallen; somit erhalten wir als Parameterdarstellung der Bahn des Partikels: $x = t v_0 \cos\alpha$, $z = tv_0 \sin\alpha - \tfrac{1}{2}gt^2$. Wir eliminieren t:

Mit $t = \dfrac{x}{v_0 \cos\alpha}$ ergibt sich $z = x\tan\alpha - \tfrac{1}{2} g \dfrac{x^2}{v_0^2 \cos^2\alpha}$.

Dies ist die Gleichung einer durch O gehenden Parabel (*Wurfparabel*, wie aus der Physik bekannt).

Lassen wir jetzt alle möglichen α zu, so ist dies die Gleichung der Schar aller Bahnkurven der Wasserpartikel; α ist dabei der Scharparameter. Um deren Hüllkurve zu finden (falls vorhanden), differenzieren wir sie partiell nach α:

$0 = \dfrac{x}{\cos^2\alpha} - g\dfrac{x^2 \sin\alpha}{v_0^2 \cos^3\alpha}$, also ist $1 = g\dfrac{x}{v_0^2}\tan\alpha$ und somit $\tan\alpha = \dfrac{v_0^2}{gx}$.

Dies setzen wir in die Schargleichung ein (wir nützen dabei $\dfrac{1}{\cos^2\alpha} = 1 + \tan^2\alpha$) und erhalten so für die Hüllkurve $\mathcal{H}$:

$$z = \frac{v_0^2}{g} - \tfrac{1}{2}g\frac{x^2}{v_0^2}\left(1 + \frac{v_0^4}{g^2 x^2}\right), \text{ oder, ausmultipliziert und zusammengefasst:}$$

$$z = \frac{g}{2v_0^2}\left(\frac{v_0^4}{g^2} - x^2\right). \; \mathcal{H} \text{ ist also eine nach unten offene Parabel, Bild 8.8.6.}$$

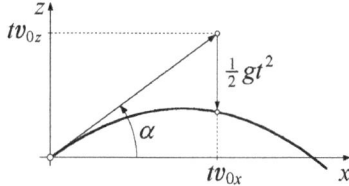
Bild 8.8.5: Bahn eines Partikels

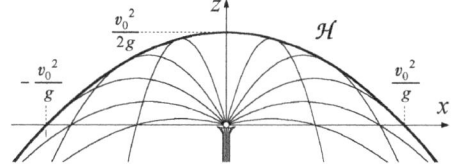
Bild 8.8.6: Springbrunnen, Hüllkurve

Ihr Scheitel liegt bei $x = 0$, $z = \dfrac{v_0^2}{2g}$; sie schneidet die x-Achse bei $x = \pm\dfrac{v_0^2}{g}$.

Daraus sehen wir, dass sich der Sprühkopf stets in dem aus der Schule bekannten *Brennpunkt* der Parabel $\mathcal{H}$ befindet!

Übungsaufgaben:

1. Durch $F(x,y,z) = x^2 + y^2 + 2z^2 + 2xz - 16 = 0$ ist eine Fläche Φ bestimmt. Gesucht ist ihr Umriss bei rechtwinkliger Parallelprojektion in die (x,y)-Ebene.

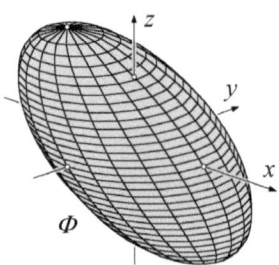

Bild 8.8.7: Zu Aufgabe 1

2. Durch $y = Cx - C^2 + 1$ ist eine Geradenschar gegeben. Ermitteln Sie die Gleichung $y = f(x)$ der Hüllkurve $\mathcal{H}$ der Schar und geben Sie Kurvenart von $\mathcal{H}$ an. Drücken Sie die Koordinaten x_B, y_B des Berührpunktes B einer Schargeraden mit $\mathcal{H}$ durch den Scharparameter C aus. Zeichnen Sie $\mathcal{H}$ samt einigen Schargeraden.

3. Durch $4(x-C)^2 + 4y^2 = C^2 + 4$ ist eine einparametrige Kurvenschar gegeben.

a) Von welchem Kurventyp sind die Scharkurven?

b) Stellen Sie die Hüllkurve $\mathcal{H}$ der Schar durch eine Gleichung $F(x,y) = 0$ dar. Von welchem Kurventyp ist $\mathcal{H}$?

c) Ermitteln Sie die Berührpunkte $B(x_B, y_B)$ von $\mathcal{H}$ mit einer Scharkurve in Abhängigkeit von C und skizzieren Sie einige Scharkurven samt $\mathcal{H}$.

9 Differentialgleichungen

In so genannten Differentialgleichungen kommen außer Variablen (z.B. x, y) auch Ableitungen vor (z.B. y'). Die hier zu behandelnde Problematik machen wir uns an drei Beispielen klar, die uns schon im Physikunterricht in der Schule begegnet sind. Weil aber das Wort „Differentialgleichung" so lang ist, verwenden wir im Folgenden die Abkürzung „Dgl" dafür; der Plural davon ist „Dgln".

Beispiele:

1. Ein Objekt bewegt sich mit der Geschwindigkeit

$$\dot{s} = at \quad (a > 0, \text{const}) \tag{9.1}$$

in Richtung s. Welchen Weg hat es zur Zeit t zurückgelegt? Aus 4.1 wissen wir:

$$s = \int at \, dt = \tfrac{1}{2} a t^2 + C \tag{9.2}$$

Die Lösung enthält eine unbestimmte Integrationskonstante. Wenn nun bei $t = 0$ z.B. $s = 0$ gelten soll, ergibt sich eine Wertzuweisung für C, nämlich $C = 0$.

2. Ein Stein wird in Richtung s vertikal nach oben geworfen; zur Zeit $t = 0$ soll er bei $s = 0$ losgelassen werden und dabei die Geschwindigkeit v_0 haben (Bild 9.1). Gesucht ist die maximale Wurfhöhe $s_{\max}$ sowie die Zeit t_1, zu der Stein wieder auf Starthöhe ist. Die Luftreibung vernachlässigen wir dabei.

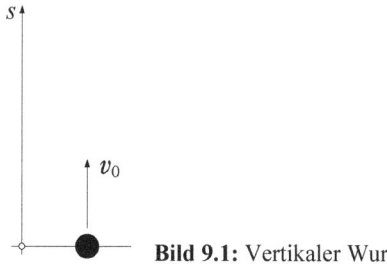

Bild 9.1: Vertikaler Wurf

Da der Stein während seines Fluges nur der Erdbeschleunigung g unterliegt, gilt

$$\ddot{s} = -g, \tag{9.3}$$

denn g wirkt in Gegenrichtung der s-Achse. Durch Integration nach t erhalten wir

$$v = \dot{s} = -\int g\,dt = -gt + C_1 \tag{9.4}$$

Die Integrationskonstante ist mit C_1 benannt, weil gleich noch eine zweite kommt:

$$s = \int v\,dt = \int(-gt + C_1)\,dt = -\tfrac{1}{2}gt^2 + C_1 t + C_2 \tag{9.5}$$

Wegen $v = v_0$ bei $t = 0$ ergibt sich aus (9.4): $C_1 = v_0$, und wegen $s = 0$ bei $t = 0$ folgt aus (9.5) $C_2 = 0$. Also lautet die Lösung für s:

$$s = v_0 t - \tfrac{1}{2}gt^2 \tag{9.6}$$

Unmittelbar ergibt sich daraus $s_{max} = \dfrac{v_0^2}{2g}$ und $t_1 = \dfrac{2v_0}{g}$.

3. Über einen Widerstand R soll ein dazu in Reihe geschalteter Kondensator der Kapazität C aufgeladen werden (vgl. Bild 9.2). Zur Zeit $t = 0$, wenn die Gleichspannungsquelle mit der Spannung u_0 eingeschaltet wird, ist der Kondensator ungeladen, seine Spannung u_C ist dann 0. Gesucht sind Kondensatorspannung u_C und Stromstärke i zur Zeit t.

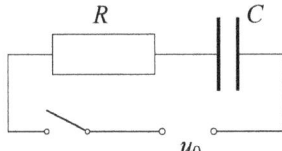

Bild 9.2: Laden eines Kondensators

Ist Q die Ladung auf dem Kondensator, so wissen wir aus der Physik, dass $Q = C \cdot u_C$ ist (so ist ja die Kapazität definiert). Differenziert man diese Gleichung nach t, so ergibt sich, weil ja i gleich der Ableitung von Q nach der Zeit ist,

$$i = C \cdot \frac{du_C}{dt} \tag{9.7}$$

Außerdem ergibt sich aus den Gesetzen von OHM und KIRCHHOFF:

$u_0 = u_R + u_C = R \cdot i + u_C$, also gilt für die Kondensatorspannung

$$u_C = u_0 - R \cdot i \tag{9.8}$$

und $\quad \dfrac{du_C}{dt} = -R \cdot \dfrac{di}{dt} \; ; \tag{9.9}$

dies setzen wir in (9.7) ein:

$$\frac{di}{dt} = -\frac{1}{RC} i \tag{9.10}$$

Auch das ist eine Dgl, aber sie ist nicht so einfach zu lösen wie die von Beispiel 1 oder 2. Denn um i nach t integrieren zu können, müssten wir erst wissen, wie i als Funktionswert von t aussieht – der ist aber als Lösung der Dgl ja erst gesucht! Hierfür müssen wir uns später Lösungsverfahren zurechtlegen; zunächst sind wir darauf angewiesen, die Lösung zu erraten: Weil i (negativ) proportional zu seiner eigenen Ableitung ist und nur Exponentialfunktionswerte eine solche Eigenschaft besitzen, ersehen wir aus (9.10), dass $i = e^{-\frac{t}{RC}}$ passen würde. Aber auch

$$i = Ke^{-\frac{t}{RC}} \quad \text{(mit beliebigem } K \in \mathbb{R}) \tag{9.11}$$

erfüllt Gleichung (9.7). K ist also wieder eine solche unbestimmte Konstante wie C bzw. C_1, C_2 in den Beispielen 1 und 2 (wir konnten sie nur hier nicht C nennen, weil die Kapazität schon so heißt). Aus (9.8) erhält man nun mittels

$$u_C = u_0 - RKe^{-\frac{t}{RC}} \tag{9.12}$$

unendlich viele Lösungen für u_C. Wegen $u_C = 0$ bei $t = 0$ ergibt sich aber jetzt die Wertzuweisung $K = \frac{u_0}{R}$; Einsetzen in (9.12) liefert die gesuchte Lösung:

$$u_C = u_0\left(1 - e^{-\frac{t}{RC}}\right). \tag{9.13}$$

9.1 Grundlagen

Alle drei Beispiele oben haben gemeinsam, dass für eine unbekannte Funktion einer Veränderlichen t eine Gleichung gegeben ist, die mindestens eine Ableitung enthält, siehe (9.1), (9.3) und (9.10). In Beispiel 1 und 2 wird dabei ein Zusammenhang zwischen 1. bzw. 2. Ableitung und unabhängiger Veränderlicher, in Beispiel 3 zwischen 1. Ableitung und gesuchter Funktion selbst beschrieben. Die in (9.2), (9.5) und (9.11) gefundenen Lösungen enthalten eine oder zwei frei wählbare reelle Konstanten, und zwar je nachdem, ob in der Dgl für die gesuchte Funktion die 1. oder die 2. Ableitung die höchste vorkommende ist.

Das merken wir uns am besten so, dass man die erste Ableitung einer Variablen y einmal, die zweite zweimal integrieren muss, um y selber zu erhalten. Dabei fallen eine bzw. zwei Integrationskonstanten an. Entsprechend müsste man $y^{(n)}$ n-mal integrieren, bis man zu y kommt, würde also n Integrationskonstanten bekommen (bei Gleichungen wie in Beispiel 1 oder 2 ist dies unmittelbar zu sehen; man kann aber zeigen, dass es allgemein gilt, also auch für solche von Beispiel 3). Da diese Konstanten als *Scharparameter* der Lösungskurven von Dgln auftreten, nennt man sie *freie Parameter*. Verwechseln Sie sie *nicht* mit dem Parameter einer Parameterdarstellung! Dort ist er ja unabhängige Variable.

Aufgrund des bisher Erarbeiteten formulieren wir nun die folgende

Definition:

> Eine Gleichung, in der eine oder mehrere Ableitungen von y nach x stehen und in der außerdem x oder y (oder beide) vorkommen können, heißt eine (*gewöhnliche*) *Differentialgleichung*[1] (abgekürzt Dgl) für y.
>
> Die höchste darin vorkommende Ableitungsordnung heißt *Ordnung* der Dgl.
>
> Eine Lösung einer gegebenen Dgl, die so viele frei wählbare Parameter enthält wie die Ordnung angibt, heißt *allgemeine Lösung* der Dgl.
>
> Indem man alle Terme auf eine Seite bringt, lässt sich jede Dgl n-ter Ordnung schreiben als $\qquad \Phi(x, y, y', \ldots, y^{(n)}) = 0 \qquad$ **(I)**
>
> **(I)** heißt die *implizite Form* der Dgl.
>
> Häufig gelingt es, diese nach der höchsten vorkommenden Ableitung aufzulösen. Die dann entstehende Form $\quad y^{(n)} = \varphi(x, y, y', \ldots, y^{(n-1)}) \qquad$ **(E)**
>
> nennt man die *explizite Form* der Dgl.

In unseren Einführungsbeispielen sind zusätzlich noch einzelne Funktions- und Ableitungswerte der gesuchten Funktion vorgegeben, und zwar immer so viele, wie die Ordnung der Dgl angibt.

Definition:

> Sind für eine Dgl n-ter Ordnung an einer Stelle x_0 des Definitionsbereichs der gesuchten Funktion der Funktionswert und die Werte aller Ableitungen bis einschließlich der $(n-1)$-ten vorgeschrieben, so heißen diese n Gleichungen *Anfangsbedingungen* für y.
>
> Eine Dgl mit Anfangsbedingungen heißt *Anfangswertaufgabe* oder *Anfangswertproblem* (abgekürzt AWP).
>
> Eine Lösung der Dgl, die die Anfangsbedingung(en) erfüllt, heißt *spezielle* oder *besondere Lösung* der Anfangswertaufgabe.

Wie man die Anfangsbedingungen berücksichtigt, haben wir in den einführenden Beispielen bereits gesehen: Man sucht zunächst die allgemeine Lösung der Dgl n-ter Ordnung mit n frei wählbaren Parametern und eliminiert diese dann durch Einsetzen der Anfangsbedingungen. Manchmal ist es bei Dgln höherer Ordnung auch

---

[1] Hängt y nicht nur von einer Variablen x, sondern von mehreren unabhängigen Veränderlichen ab, so ergeben sich gemäß 7.2 statt der üblichen die partiellen Ableitungen für y. Die auf solche Weise entstehenden *partiellen Differentialgleichungen* sind wesentlich komplizierter und sollen in diesem Rahmen nicht behandelt werden.

9.1 Grundlagen

rechentechnisch günstig, die Wertzuweisung für einen freien Parameter sofort vorzunehmen, bevor man sich an die nächste Integration macht.

Vorsicht! Außer den genannten Anfangsbedingungen gibt es auch andere Vorschriften für eine gesuchte Lösung. So können zum Beispiel bei einer Dgl 2. Ordnung statt des Funktions- und des Ableitungswertes an einer Stelle x_0 die Funktionswerte an zwei Stellen x_0 und x_1 vorgegeben sein. Solche sogenannten *Randwertaufgaben* sind meist wesentlich schwieriger (theoretisch und numerisch).

Bevor wir uns mit Lösungsverfahren befassen, brauchen wir noch ein wichtiges und leicht nachprüfbares *hinreichendes* Kriterium für die Lösbarkeit einer gegebenen Anfangswertaufgabe. Dies ist nicht nur von theoretischem Interesse, sondern auch bei der praktischen Anwendung von großem Nutzen: Viele in der Technik vorkommenden Dgln werden mit numerischen Verfahren gelöst, die als fertige Programmpakete vorliegen. Alle diese Verfahren gehen aber für ihre Anwendbarkeit davon aus, dass die Existenz einer Lösung gesichert ist.

Existenz- und Eindeutigkeitssatz:

> Gegeben ist eine Dgl 1. Ordnung in expliziter Form $y' = \varphi(x,y)$ mit der Anfangsbedingung $y = y_0$ bei $x = x_0$. Ist φ bei (x_0, y_0) und in einer Umgebung davon stetig, so hat die Dgl dort eine Lösung (CAUCHY).
>
> Die Lösung ist eindeutig bestimmt, wenn sich eine positive Zahl M angeben lässt, so dass $|\varphi(x_0, y_0 + \Delta y) - \varphi(x_0, y_0)| \leq M \cdot |\Delta y|$ ist (LIPSCHITZ). Hinreichend dazu sind Existenz und Stetigkeit der partiellen Ableitung $\varphi_y(x_0, y_0)$.

Einen strengen Beweis schenken wir uns, aber anschaulich nähern wir uns dem Satz so: Wenn y' bei (x_0, y_0) existiert und sich bei Änderung von y um Δy *nur beschränkt* ändert, gibt es eine eindeutig bestimmte Lösung (in x-Richtung muss ja diese Beschränkung ohnehin vorliegen, damit y' überhaupt existiert).

Der Satz kann verallgemeinert werden:

> Gegeben ist eine Dgl in expliziter Form $y^{(n)} = \varphi(x, y, y', ..., y^{(n-1)})$ mit den Anfangsbedingungen $y = y_0, y' = a_1, y'' = a_2, ..., y^{(n-1)} = a_{n-1}$ bei $x = x_0$.
> Hinreichend für eine eindeutig bestimmte Lösung bei $(x_0, y_0, a_1, ..., a_{n-1})$ ist, dass dort die partiellen Ableitungen von $\varphi(x, y, y', ..., y^{(n-1)})$ nach $y, y', ..., y^{(n-1)}$ existieren und stetig sind.

Wir wenden das einmal auf unsere Einführungsbeispiele an:

Zu **1.**: Mit x und y statt t und s erhalten wir aus Dgl (9.1): $y' = \varphi(x,y) = ax$. Da überall $\varphi_y(x,y) = 0$ ist, sind die Voraussetzungen des obigen Satzes erfüllt, das Anfangswertproblem ist eindeutig lösbar.

Zu **2.**: Entsprechend wird aus (9.3): $y'' = \varphi(x, y, y') = -g$.

Überall ist $\varphi_y(x,y,y') = 0$ und $\varphi_{y'}(x,y,y') = 0$; auch hier ist die Lösung des Anfangswertproblems eindeutig bestimmt.

Zu 3.: Aus (9.10) wird $y' = \varphi(x,y) = -\dfrac{y}{RC}$; jetzt ist $\varphi_y(x,y) = -\dfrac{1}{RC}$. Als konstanter Wert ist auch diese Ableitung überall stetig. Das Anfangswertproblem ist also eindeutig lösbar. □

Alle drei Beispiele haben gemeinsam, dass die zu untersuchenden partiellen Ableitungen überall definiert und stetig sind; man kann also die Anfangsbedingungen an jeder beliebigen Stelle mit beliebigen Werten für die Funktion und – bei 2. – für die erste Ableitung vorschreiben. Dass dies nicht immer so ist, zeigt folgendes

Beispiel:

Wir betrachten die Differentialgleichung

$$y' = \varphi(x,y) = \sqrt{y} \qquad (9.1.1)$$

und untersuchen, für welche Anfangsbedingung sie eindeutig lösbar ist.

$\varphi_y(x,y) = \dfrac{1}{2\sqrt{y}}$ ist für alle x und alle $y > 0$ definiert und stetig. Aus dem obigen Existenz- und Eindeutigkeitssatz folgt also, dass man an jeder beliebigen Stelle x_0 jeden beliebigen positiven(!) Wert y_0 für die gesuchte Lösung von (9.1.1) vorschreiben kann; sie ist dann stets eindeutig bestimmt. $y < 0$ kann in (9.1.1) ohnehin nicht vorkommen; für $y_0 = 0$ ist, da das benutzte Kriterium nur hinreichend ist, zunächst keine Aussage möglich. Jedenfalls ist die LIPSCHITZ-Bedingung dort nicht erfüllt.

Wir sehen uns deshalb mögliche Lösungen von (9.1.1) etwas genauer an (wie man die ausrechnet, erfahren wir später in Abschnitt 9.2, Typ ①):

Durch Einsetzen in (9.1.1) ist leicht zu bestätigen, dass

$y_1 = 0$ und $y_2 = \frac{1}{4}(x-C)^2$ mit beliebigem $C \in \mathbb{R}$

Lösungen der Dgl sind. Dabei ist jedoch zu beachten, dass bei y_2 als Definitionsbereich nur $[C, \infty[$ in Frage kommt, da anderenfalls $y_2' < 0$ wäre. Dies ist jedoch wegen des Wurzelausdrucks auf der rechten Seite von (9.1.1) nicht möglich. y_1 und y_2 können für jedes $C \in \mathbb{R}$ zusammengefasst werden zur Lösung

$$y = \begin{cases} 0 & \text{für } x < C \\ \frac{1}{4}(x-C)^2 & \text{für } x \geq C \end{cases}. \qquad (9.1.2)$$

9.1 Grundlagen

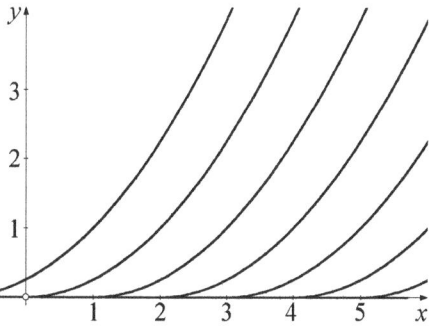

Bild 9.1.1: Lösungskurven der Dgl 9.1.1

Die Schar der Lösungskurven („Halbparabeln", die an der Stelle $x = C$ aus der horizontalen x-Achse „aufsteigen"), sehen Sie in Bild 9.1.1. Ist nun die Anfangsbedingung $y = y_0$ für $x = x_0$ mit $y_0 > 0$ gegeben, so wird schon aus Bild 9.1.1 anschaulich klar, dass man an einer eindeutig bestimmbaren Stelle $x = C$ von der x-Achse auf den Parabelast „abbiegen" muss, um den Punkt (x_0, y_0) oberhalb der x-Achse zu „treffen". Rechnerisch erhält man aus (9.12): $C = x_0 - 2\sqrt{y_0}$.

Ist $y_0 = 0$ gegeben, so darf man mit der Lösungskurve an jeder Stelle $C \geq x_0$ die x-Achse über einen Parabelast „verlassen" (man hat ja den durch die Anfangsbedingung vorgeschriebenen Punkt (x_0, y_0) bereits „getroffen"!); darüber hinaus erfüllt die singuläre Lösung $y = 0$ jetzt die Anfangsbedingung. Insgesamt gibt es also nun unendlich viele Lösungen für die gestellte Bedingung.

Für $y_0 < 0$ „trifft" keine der möglichen Lösungskurven (vgl. Bild 9.1.1) den Punkt (x_0, y_0), hierfür ist das Anfangswertproblem stets unlösbar. □

Bild 9.1.2 zeigt typische Fälle, in denen die LIPSCHITZ-Bedingung nicht erfüllt ist:

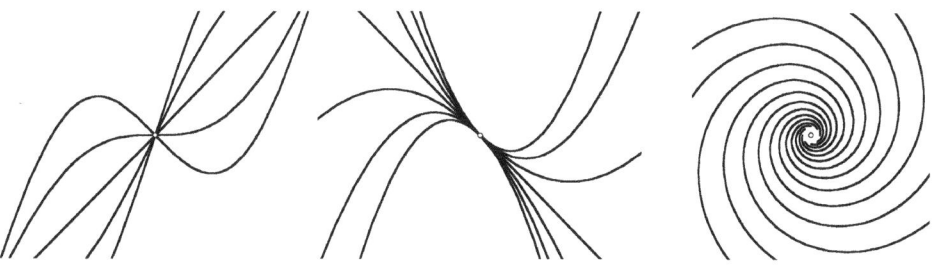

Bild 9.1.2: Knotenpunkt ohne gemeinsame Tangente

Knotenpunkt mit gemeinsamer Tangente

Strudelpunkt, asymptotischer Punkt der Lösungskurven

Aus dem letzten Beispiel können wir einen weitergehenden Schluss ziehen: Die x-Achse berührt alle Halbparabeln; sie ist also ihre *Hüllkurve*, wie in Kapitel 8 behandelt. Wegen der Übereinstimmung der Steigungen ist in jedem ihrer Punkte die Dgl erfüllt. Dies ist auf alle derartigen Situationen übertragbar; daher gilt der

Satz:

> Besitzen die Lösungskurven einer Dgl eine Hüllkurve, so ist diese auch eine Lösungskurve der Dgl. Ist ihre Gleichung nicht aus der allgemeinen Lösung der Dgl erhältlich, nennt man sie eine *singuläre Lösung* der Dgl.

In den folgenden Abschnitten legen wir uns jetzt Verfahren zur Bestimmung der Lösungen von Dgln verschiedener Ordnungen und verschiedener Typen zurecht. Wir beschränken uns dabei auf niedrige Ordnungen, da (außer manchmal bei Systemen von Differentialgleichungen) nur solche für die Anwendungen relevant sind, die uns interessieren.

9.2 Differentialgleichungen 1. Ordnung

Die allgemeine Dgl 1. Ordnung in expliziter Form lautet:

$$y' = \varphi(x, y) \tag{9.2.1}$$

Zunächst befassen wir uns mit einer Methode, mit der man sich einen Überblick über den möglichen Verlauf der Lösungskurven einer Dgl (9.2.1) verschaffen kann. Die LIPSCHITZ-Bedingung sei erfüllt; dann ordnet die Dgl $y' = \varphi(x, y)$ jedem Punkt der (x,y)-Ebene mit $(x,y) \in \mathbb{D}_\varphi$ die Steigung y' der durch ihn gehenden Lösungskurve zu. Punkt samt Steigung nennt man ein *Linienelement*. Wenn wir in der Ebene genügend viele Linienelemente zeichnen, erhalten wir ein *Richtungsfeld* und können die Lösungskurven der Dgl hindurchlegen, so dass sie an

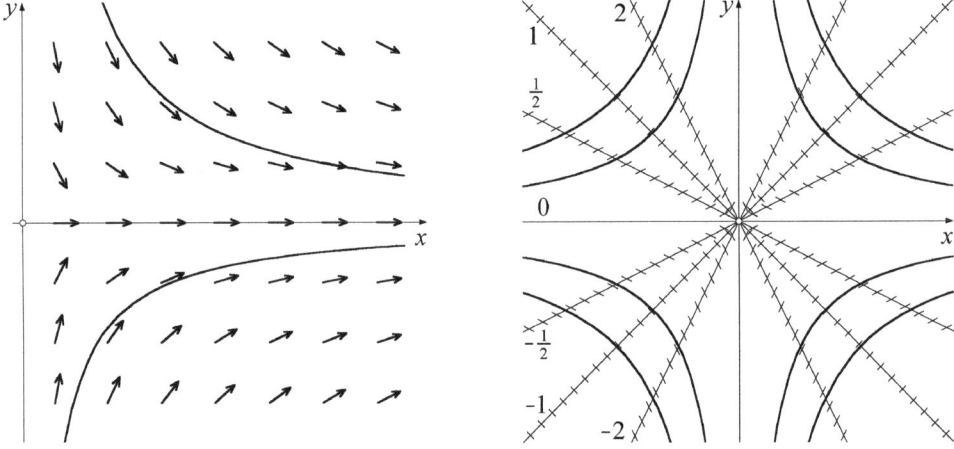

Bild 9.2.1: Richtungsfeld aus Linienelementen **Bild 9.2.2:** Isoklinen samt Linienelementen
jeweils mit eingezeichneten Lösungskurven

9.2 Differentialgleichungen 1. Ordnung

jeder Stelle mit der richtigen Linienelementsteigung durch die gezeichneten Punkte laufen, Bild 9.2.1. Wenn es genau werden soll, macht das ziemlich viel Arbeit. Viel rationeller ist oft das

Isoklinenverfahren:

Wir suchen den geometrischen Ort aller Punkte mit *konstanter* Linienelementsteigung $y' = k$; er heißt *Isokline* (Ort gleicher Steigung). Einsetzen von $y' = k$ in die Dgl liefert eine implizite Gleichung für die Isokline:

$$\varphi(x, y) = k. \tag{9.2.2}$$

Für die gegebene Dgl (9.2.1) zeichnet man nun zu einigen Werten von k die Isoklinen, wenn dies nach (9.2.2) genügend leicht geht, und fädelt auf sie die Linienelemente mit der Steigung k beliebig dicht auf, Bild 9.2.2. So erhalten wir viele Linienelemente in einem einzigen Arbeitsgang. Wie vorhin legen wir dann wieder die Lösungskurven durch das so entstandene Richtungsfeld.

Beispiel:

Wir betrachten die Dgl $xy' + y = 0$. Für $x \neq 0$ kann man nach y' auflösen, erkennt aber auch so die Isokline zur Linienelementsteigung k als Gerade $y = -kx$. Für die Werte $k = 0, \pm\frac{1}{2}, \pm 1, \pm 2$ sind diese Geraden in Bild 9.2.2 eingezeichnet; die Werte von k stehen bei den Isoklinen. Alle gehen mit ihren unterschiedlichen Steigungen durch den Ursprung O; denn bei $x = 0$ ist die LIPSCHITZ-Bedingung nicht erfüllt. Die Auflösung der Dgl nach y' bestätigt dies schnell. Auf jeder Isokline geben die Linienelemente die Steigung der hindurchgehenden Lösungskurven an. Sie sehen wie Hyperbeln $xy = C$ aus (auch in Bild 9.2.1, Linienelemente zu derselben Dgl). Sind es auch wirklich welche? Das wird sich bald klären.

Halt! Eine der Lösungskurven ist sicher keine Hyperbel: Für $k = 0$ ergibt sich die Isokline $y = 0$; auf ihr hängen sich also alle Linienelemente bereits zu einer Lösungskurve aneinander. In der Tat sieht man sofort durch Einsetzen in die Dgl, dass $y = 0$ eine besondere Lösung der Dgl ist. □

Allgemein ergibt sich aus der letzten Überlegung der

Satz:

> Ist die Isokline zur Linienelementsteigung k eine Gerade mit der Steigung k, so ist sie eine besondere Lösungskurve der Dgl.

Differentialgleichungen von Kurvenscharen

In 8.7 haben Sie Potentialfelder kennengelernt. Wie erhalten wir in der Ebene die Schar der Feldlinien aus der Schar der Äquipotentiallinien bzw. umgekehrt?

Bei einer Kurvenschar $F(x, y, C) = 0$, wie sie in Kapitel 8 eingeführt wurde, unterscheiden sich ja die verschiedenen Kurven der Schar durch unterschiedliche Werte des Scharparameters C. Oft benötigt man aber eine Gleichung, die für *alle* Kurven der Schar in *gleicher* Weise gilt, ohne dass man beim Übergang von einer Kurve der Schar auf eine andere etwas an der Gleichung verändern muss. Eine solche Gleichung ist die *Differentialgleichung der Kurvenschar*.

Lässt sich die Schargleichung in der Form $g(x,y) = h(C)$ schreiben, so differenzieren wir implizit nach x; da ja der Scharparameter C auf jeder Scharkurve konstant ist, fällt er bei der Differentiation weg. Einfacher ist es oft, zuerst die gegebene Schargleichung nach x zu differenzieren und erst anschließend C zu eliminieren.

Beispiele:

1. Kreisschar $x^2 + y^2 = C^2$: Differentiation nach x liefert die Dgl der Schar: $2x + 2yy' = 0$.

2. Parabelschar $y = Cx^2$: Differentiation nach x: $y' = 2Cx$; Elimination von C liefert die Dgl der Schar: $xy' = 2y$.

3. Die Dgl $xy' + y = 0$ ist gegeben. Das Isoklinenverfahren hat Lösungskurven geliefert, die Hyperbeln $xy = C$ vermuten ließen. Jetzt bestätigt sich die Vermutung: Implizite Differentiation der Gleichung der Hyperbelschar nach x ergibt die gegebene Dgl. Siehe auch Beispiel 6, Bild 9.2.5! □

Nun sehen wir auch einen Weg zur Beantwortung der eingangs gestellten Frage: Da Feldlinien und Äquipotentiallinien ja rechtwinklig zueinander sind, können wir aus der Dgl der einen die Dgl der anderen erhalten, wenn wir die Steigung y' durch ihren negativen Kehrwert ersetzen.

Allgemein nennt man Kurven, die die Kurven einer gegebenen Schar rechtwinklig schneiden, *Orthogonaltrajektorien* dieser Schar (orthogonal = rechtwinklig). Hat eine Schar die Dgl $y' = f(x,y)$, so ist also die Dgl ihrer Orthogonaltrajektorien

$$y' = -\frac{1}{f(x,y)} \qquad (9.2.3)$$

Orthogonaltrajektorien sind Sonderfälle von *Isogonaltrajektorien* einer gegebenen Schar (isogonal = gleichwinklig); das sind Kurven, die die Kurven einer gegebenen Schar alle unter dem gleichen vorgegebenen Winkel δ schneiden. Ist die Dgl der Schar wieder $y' = f(x,y)$, und ist α der Steigungswinkel der Scharkurve in irgendeinem ihrer Punkte, so ist also dort $\tan\alpha = f(x,y)$. Die Isogonaltrajektorie besitzt also dann den Steigungswinkel $\alpha + \delta$, daher gilt dort $y' = \tan(\alpha + \delta)$. Damit erhalten wir die Dgl der Isogonaltrajektorien zum Schnittwinkel δ (Additionstheorem für den Tangens!):

9.2 Differentialgleichungen 1. Ordnung

$$y' = \frac{f(x,y) + \tan\delta}{1 - f(x,y)\tan\delta} \qquad (9.2.4)$$

Der Grenzwert für $\delta \to \frac{\pi}{2}$ liefert wieder (9.2.3).

Beispiele:

4. Gegeben ist die Ellipsenschar $\frac{x^2}{2C} + \frac{y^2}{C} = 1$, $C > 0$; gesucht ist die Dgl ihrer Orthogonaltrajektorien. Aus der Schargleichung ergibt sich $x^2 + 2y^2 = 2C$; implizit Differentiation liefert die Dgl der Schar: $2x + 4yy' = 0$, oder, für $y \neq 0$, $y' = -\frac{x}{2y}$. Die Dgl der Orthogonaltrajektorien ist also $y' = \frac{2y}{x}$. Wir können sie zwar noch nicht lösen, erkennen aber die Dgl der Parabelschar $y = Cx^2$ von Beispiel 2 darin wieder! Die Parabeln sind die Orthogonaltrajektorien der Ellipsenschar.

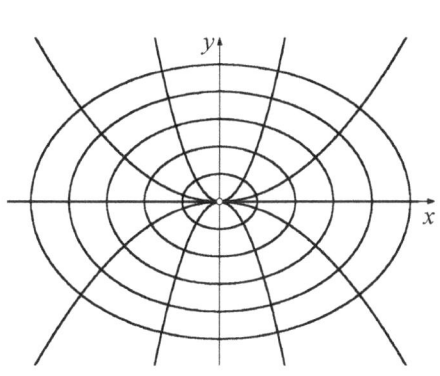 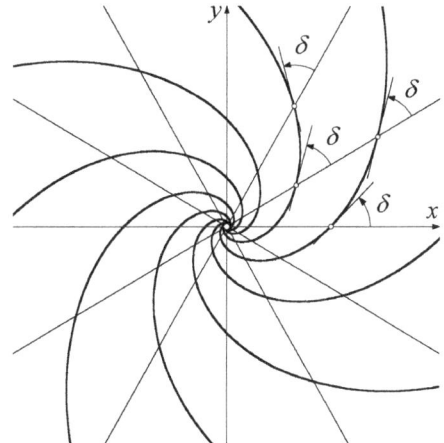

Bild 9.2.3: Beispiel 4, Orthogonaltrajektorien   **Bild 9.2.4:** Beispiel 5, Isogonaltrajektorien

5. Gegeben ist die Geradenschar $y = Cx$; gesucht ist die Dgl ihrer Isogonaltrajektorien zum Schnittwinkel $\delta = \frac{\pi}{4}$, d.h., $\tan\delta = 1$. Differentiation der Schargleichung nach x ergibt $y' = C$; Elimination von C liefert die Dgl der Schar: $y' = \frac{y}{x}$. Somit gilt für die Isogonaltrajektorien: $y' = \frac{y/x + 1}{1 - y/x}$, also $y' = \frac{y + x}{x - y}$. Die Dgl können wir zwar noch nicht lösen, aber die dadurch beschriebenen Kurven sind von 6.3 her alte Bekannte! (... Bei welchen war gleich wieder $\tan\psi = $ const? Siehe auch Beispiel 11 unten!) □

Für drei besonders häufig vorkommende Typen von Dgln 1. Ordnung legen wir uns nun Lösungsverfahren zurecht.

Typ ①: Dgl mit trennbaren Veränderlichen

Sie lässt sich auf folgende Form bringen:

$$y' = g(x) \cdot h(y) \tag{9.2.5}$$

Wenn wir y' als Differentialquotient schreiben und dy und dx als Differentiale auffassen, lassen sich leicht alle Ausdrücke in x auf der linken und alle Ausdrücke in y auf der rechten Seite der Gleichung zusammenfassen:

$$\frac{dy}{dx} = g(x) \cdot h(y),$$

$$\frac{dy}{h(y)} = g(x)\, dx.$$

Um die allgemeine Lösung der Dgl zu erhalten, müssen wir nur links und rechts integrieren:

$$\int \frac{dy}{h(y)} = \int g(x)\, dx.$$

Es genügt, die unbestimmte Integrationskonstante nur auf *einer* Seite anzuschreiben; fällt nämlich links C_1, rechts C_2 an, so können wir etwa rechts $C_2 - C_1$ zu C zusammenfassen; bekanntlich hat ja die allgemeine Lösung einer Dgl 1. Ordnung genau *einen* freien Parameter.

Beispiele:

6. Gesucht ist die allgemeine Lösung der Dgl $xy' + y = 0$. Sie lässt sich für $x \neq 0$ auf die Form $y' = -\dfrac{y}{x}$ bringen; und das ist die Bauart von (9.2.5). Aus

$$\frac{dy}{dx} = -\frac{y}{x} \quad \text{erhalten wir sofort}$$

$$\int \frac{dy}{y} = -\int \frac{dx}{x}, \text{ und dies führt zu}$$

$\ln|y| = -\ln|x| + C*$ (weshalb hier $C*$ steht statt C, zeigt sich bald).

Damit ist die Dgl eigentlich gelöst, aber die Lösung steht noch in recht unhandlicher Gestalt da. Wir formen sie um:

$\ln|x \cdot y| = C*$, oder, wenn wir links und rechts delogarithmieren:

$|x \cdot y| = e^{C*}$.

Haben x und y gleiches Vorzeichen, so können wir die Betragsstriche weglassen; $x \cdot y = e^{C^*}$. Andernfalls ist $x \cdot y = -e^{C^*}$. Um beides zusammenzufassen, schreiben wir C statt $\pm e^{C^*}$ und erhalten als allgemeine Lösung der Dgl:

$$x \cdot y = C \text{ oder, für } x \neq 0,\ y = \frac{C}{x}.$$

Die Lösungskurven bilden eine Schar von Hyperbeln mit x- und y-Achse als Asymptoten. Für $C = 0$ ist $y = 0$ besondere Lösung (x-Achse), Bild 9.2.5.

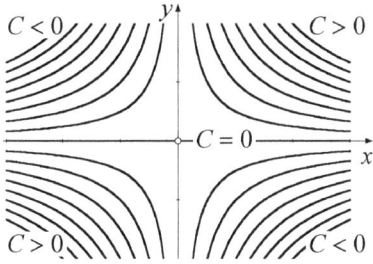
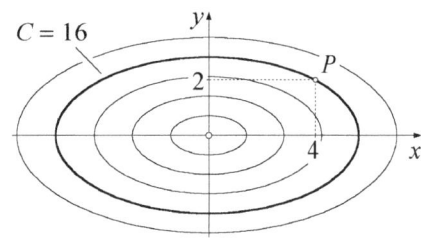

Bild 9.2.5: Typ ①, Beispiel 6   **Bild 9.2.6:** Typ ①, Beispiel 7

7. Welche Lösungskurve der Dgl $4yy' + x = 0$ geht durch den Punkt $P(4,2)$?

Für $y \neq 0$ ist

$$\frac{dy}{dx} = -\frac{x}{4y}, \text{ also}$$

$4\int y\,dy = -\int x\,dx$; die Integration ergibt

$$2y^2 = -\tfrac{1}{2}x^2 + C. \quad (*)$$

Nur für $C > 0$ ergeben sich Lösungskurven, und wir erhalten

$$\frac{x^2}{2C} + \frac{y^2}{\tfrac{1}{2}C} = 1;$$

die Lösungskurven sind Ellipsen mit Halbachsen $\sqrt{2C}$ und $\sqrt{\tfrac{1}{2}C}$.

Mit $x = 4$, $y = 2$ führt (*) zu $C = 16$; die gesuchte besondere Lösung ist also

$$\frac{x^2}{32} + \frac{y^2}{8} = 1 \text{ (Ellipse mit Halbachsen } 4\sqrt{2} \text{ und } 2\sqrt{2}\text{), Bild 9.2.6.}$$

8. Die zeitliche Veränderung einer Größe y werde durch $t\dot{y} = 2y - 2000$ beschrieben. Gesucht sind: allgemeine Lösung der Dgl und besondere Lösungen

a) für $y = 1000$ bei $t = 1$, **b)** für $y = 1001$ bei $t = 1$. Um wieviel % unterscheidet sich der zweite y-Wert y_b vom ersten y_a bei $t = 1$ und bei $t = 100$?

Aus $\dfrac{dy}{dt} = \dfrac{2y - 2000}{t}$ erhalten wir sofort

$$\int \dfrac{dy}{2y - 2000} = \int \dfrac{dt}{t}, \text{ also}$$

$$\ln|y - 1000| = 2\ln|t| + C^*.$$

Wie beim Beispiel 1 fassen wir zusammen, delogarithmieren und setzen beim Weglassen der Betragsstriche wieder C für $\pm e^{C^*}$. Dann ist die allgemeine Lösung

$$y = 1000 + Ct^2.$$

Besondere Lösungen: **a)** $C = 0$, $y_a = 1000 = \text{const}$, **b)** $C = 1$, $y_b = 1000 + t^2$, also $y_b = 1001$ bei $t = 1$, $y_b = 11000$ bei $t = 100$. Bei $t = 1$ liegt y_b um 0.1 % über y_a, bei $t = 100$ um 1000 %! Kleine Änderungen in Ausgangsbedingungen lassen die Resultate im zeitlichen Verlauf oft erheblich auseinanderdriften. Auf solche Effekte muss bei der mathematischen Analyse von Systemzusammenhängen besonders geachtet werden (z.B. CO_2-Gehalt, Treibhauseffekt). □

Typ ②: Durch Substitution lösbare Dgl

Sie kann auf die Form

$$y' = \varphi\left(\dfrac{ax + by + c}{\alpha x + \beta y + \gamma}\right) \tag{9.2.6}$$

gebracht werden. Wir betrachten zwei Sonderfälle davon:

②a) $y' = \varphi\left(\dfrac{y}{x}\right).$ (9.2.7)

Folgende Substitution führt diese Dgl auf den Typ ① zurück:

$$\dfrac{y}{x} = u, \text{ also } y = ux \text{ und } y' = \dfrac{du}{dx}x + u.$$

Einsetzen in die Dgl liefert

$$\dfrac{du}{dx}x + u = \varphi(u), \quad \text{also } \dfrac{du}{dx} = \dfrac{\varphi(u) - u}{x};$$

das ist eine Dgl vom Typ ① in x und u; die Methode von vorhin liefert

$$\int \dfrac{du}{\varphi(u) - u} = \int \dfrac{dx}{x}.$$

Nach der Integration muss natürlich u wieder durch $\dfrac{y}{x}$ ersetzt werden.

9.2 Differentialgleichungen 1. Ordnung

②b) $\quad y' = \varphi(ax + by + c)$. $\hfill (9.2.8)$

Hier verwenden wir die Substitution

$$ax + by + c = u, \text{ also } by' = \frac{du}{dx} - a.$$

Einsetzen in die mit b durchmultiplizierte Dgl liefert

$$\frac{du}{dx} - a = b\varphi(u), \text{ also } \frac{du}{dx} = b\varphi(u) + a$$

Dieselbe Umformung wie oben führt nun zu

$$\int \frac{du}{b\varphi(u) + a} = \int dx.$$

Nach der Integration ersetzen wir wieder u durch $ax + by + c$.

Beispiele:

9. Die Dgl $y' = \dfrac{x - y}{x}$ ist gegeben. Nicht immer ist Typ ② auf Anhieb erkennbar (s. Übungsaufgabe 5). Hier sehen wir aber sofort

$$y' = 1 - \frac{y}{x}, \text{ also Typ ②a).}$$

Mit der angegebenen Substitution $\dfrac{y}{x} = u$ erhalten wir

$$y' = \frac{du}{dx} x + u = 1 - u, \text{ also } \frac{du}{dx} = \frac{1 - 2u}{x} \text{ und daher}$$

$$\int \frac{du}{2u - 1} = -\int \frac{dx}{x}. \text{ Die Integration ergibt}$$

$$\tfrac{1}{2}\ln|2u - 1| = -\ln|x| + C^*, \text{ also } \ln|2u - 1| = -\ln(x^2) + 2C^*.$$

Dieselbe Umformung wie bei ①, Beispiel 6, führt mit $\pm e^{2C^*} = C$ zu

$$x^2(2u - 1) = C$$

und nach Rücksubstitution zur allgemeinen Lösung

$$y = \tfrac{1}{2}\left(x + \frac{C}{x}\right).$$

Die Gerade $y = \tfrac{1}{2}x$ (besondere Lösung für $C = 0$) und die y-Achse sind Asymptoten aller anderen Lösungskurven, Bild 9.2.7. Man kann zeigen, dass es Hyperbeln sind.

10. $y' = (x + y - 1)^2$ ist gegeben. Sofort ist Typ ②b) zu erkennen.
Mit der angegebenen Substitution $x + y - 1 = u$ erhalten wir

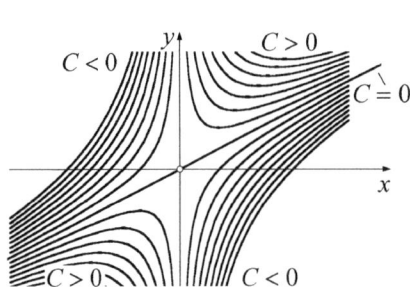
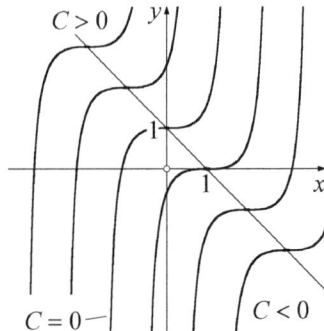

Bild 9.2.7: Typ ②, Beispiel 9   **Bild 9.2.8:** Typ ②, Beispiel 10

$y' = \dfrac{du}{dx} - 1 = u^2$, also $\dfrac{du}{dx} = 1 + u^2$ und daher

$\int \dfrac{du}{1+u^2} = \int dx$. Die Integration ergibt

$\arctan u = x + C$, also $u = \tan(x + C)$.

Zwar ist $\mathbb{D}_{\tan} \supset \mathbb{W}_{\arctan}$, und wir müssen uns fragen, ob die letzte Umformung ohne Einschränkung zulässig ist. Dass dies so ist, sehen wir, wenn wir $C + k\pi$ statt C einsetzen; in beiden Formen treten dieselben Wertepaare (x, u) auf.
Die Rücksubstitution ergibt schließlich die allgemeine Lösung

$y = 1 - x + \tan(x + C)$.

Die Lösungskurven sind in ihren Wendepunkten auf der Geraden $y = 1 - x$ aufgefädelte Tangenskurven, deren Steigung um 1 vermindert wurde, Bild 9.2.8. □

Für den allgemeinen Fall ② nach (9.2.6) finden Sie bei Bedarf in der Formelsammlung die benötigten Substitutionen. Sie führen manchmal auch dann zum Erfolg, wenn sich statt $y' = \varphi(u)$ eine Form $y' = \varphi(u, x)$ ergibt. Oft lohnt sich ein Versuch, um die zur Lösung einer Dgl nötige Arbeit möglichst gering zu halten.

11. Wir machen uns an die Dgl $y' = \dfrac{y+x}{x-y}$ von Beispiel 5 bei den Isogonaltrajektorien. In der Form $y' = \dfrac{y/x + 1}{1 - y/x}$ ist sofort Typ ②a zu erkennen.

Die Substitution $\dfrac{y}{x} = u$ ergibt

$\dfrac{du}{dx} x + u = \dfrac{u+1}{1-u}$, also $\dfrac{du}{dx} x = \dfrac{u+1}{1-u} - u = \dfrac{1+u^2}{1-u}$ und daher

$\int \dfrac{1-u}{1+u^2} du = \int \dfrac{dx}{x}$. Die Integration ergibt

9.2 Differentialgleichungen 1. Ordnung

$\arctan u - \frac{1}{2}\ln(1+u^2) = \ln|x| + C$, also $\arctan\frac{y}{x} = \ln\sqrt{x^2+y^2} + C$.

Theoretisch ist das schon eine allgemeine Lösung der Dgl, aber eine recht unhandliche. Mit (6.3.2) und (6.3.3) (Polarkoordinaten!) wird gleich alles viel schöner: Bis auf ein ganzzahliges Vielfaches von π, das wir in C hineinpacken können (s. Beispiel 10!) ist $\arctan\frac{y}{x} = \varphi$, und $\sqrt{x^2+y^2} = r$. Also ergibt sich $\varphi = \ln r + C$, oder, nach r aufgelöst: $r = e^{\varphi - C}$. Und das sind lauter logarithmische Spiralen wie in Bild 6.3.15, mit $b = 1$ und Werten $a = e^{-C}$. Die schneiden freilich die Radiusvektoren alle unter konstantem Winkel, hier eben $\delta = \psi = \frac{\pi}{4}$, so wie es im Beispiel 5 bei den Isogonaltrajektorien vorausgesetzt war, s. Bild 9.2.4! Der Ursprung ist als asymptotischer Punkt aller Lösungskurven ein Strudelpunkt wie in Bild 9.4.

Typ ③: Lineare Dgl

Sie lässt sich auf die Form

$$y' + g(x)y = s(x) \tag{9.2.9}$$

bringen. Man nennt sie so, weil y und y' nur in einer *Linearkombination* vorkommen (mit Funktionswerten von x als Koeffizienten; ist y' noch mit einem Faktor $h(x)$ multipliziert, denken wir uns die ganze Gleichung durch $h(x)$ dividiert, um die obige *Standardform* der linearen Dgl zu erzeugen).

Die Funktion s heißt *Störfunktion*, $s(x)$ daher *Störfunktionswert* oder *Störterm*; bei den Schwingungs-Dgln erfahren wir die Ursache für diese Namensgebung. Ist $s(x) = 0 \; \forall x$, heißt die Dgl *homogen*, sonst *inhomogen*.

Beachten Sie, dass diese Unterscheidung *nur bei linearen Dgln* einen Sinn hat, also bei solchen, die sich auf die Standardform Typ ③ bringen lassen. Wir betonen dies, weil der Versuch, den folgenden Lösungsweg auf andere als lineare Dgln. anzuwenden, in die Irre führt.

Die zur *inhomogenen* gehörende *homogene* Dgl ist $y'_h + g(x)y_h = 0$ (der Index h schützt vor Verwechslungen mit dem y der inhomogenen Dgl).

Sie ist vom Typ ①: $\dfrac{dy_h}{dx} = -g(x)y_h$.

Die Trennung der Variablen führt zur Integration

$$\int\frac{dy_h}{y_h} = -\int g(x)\,dx.$$

Ist G Stammfunktion zu g, also $G' = g$, so erhalten wir also

$\ln|y_h| = -G(x) + C*$.

Wir setzen wieder $\pm e^{C^*} = C$; damit ist die allgemeine Lösung der homogenen Dgl

$$y_h = Ce^{-G(x)}.$$

Die *inhomogene* lineare Dgl $y' + g(x)y = s(x)$ mit $s(x) \neq 0$ lösen wir mit Verwendung der allgemeinen Lösung der *homogenen*. Das Verfahren, das wir hierbei anwenden, heißt *Variation der Konstanten*. Der Name ist sehr einprägsam gewählt: Um von der allgemeinen Lösung der *homogenen* Dgl zu der der *inhomogenen* zu kommen, wird aus der *Konstanten* C in der allgemeinen Lösung der homogenen eine noch unbekannte *variable* Größe V; damit machen wir für die allgemeine Lösung der inhomogenen den Ansatz

$$y = Ve^{-G(x)} \quad (V \text{ von } x \text{ abhängig}).$$

Differentiation nach x ergibt, wenn wir noch $G'(x) = g(x)$ berücksichtigen,

$$y' = V'e^{-G(x)} - Ve^{-G(x)} \cdot g(x).$$

Diese Ausdrücke für y und y' werden in die inhomogene Dgl eingesetzt:

$$V'e^{-G(x)} \underbrace{- Ve^{-G(x)} \cdot g(x) + g(x) \cdot Ve^{-G(x)}}_{=0} = s(x).$$

Dass sich die unterklammerten Terme aufheben, sollten Sie bei diesem Lösungsweg stets zur Kontrolle verwenden! Multiplikation mit $e^{G(x)}$ liefert jetzt

$$V' = s(x)e^{G(x)}, \text{ und somit erhalten wir nun } V:$$

$$V = \int s(x)e^{G(x)} dx.$$

Mit $I(x)$ als Stammfunktionswert des Integranden ist also $V = I(x) + C$ (die Bezeichnung C ist ja jetzt wieder frei, weil wir oben stattdessen V verwendet hatten). Damit ergibt sich aus dem für y gemachten Ansatz die gesuchte Lösung:

$$y = [I(x) + C]e^{-G(x)}, \text{ also } y = Ce^{-G(x)} + I(x)e^{-G(x)}.$$

Einen wichtigen Sachverhalt erkennen wir hier: Der erste Term, $Ce^{-G(x)}$, ist die allgemeine Lösung y_h der *homogenen*, der zweite, $I(x)e^{-G(x)}$, eine besondere Lösung der *inhomogenen* Dgl (nämlich für $C = 0$); wir nennen ihn y_p, weil eine besondere Lösung auch *partikuläre* Lösung genannt wird. Es ergibt sich der

Satz:

$$y = y_h + y_p; \tag{9.2.10}$$

die allgemeine Lösung der inhomogenen Dgl =
= allgemeine Lösung der homogenen + besondere Lösung der inhomogenen.

9.2 Differentialgleichungen 1. Ordnung

Dies gilt für lineare Dgln. beliebiger Ordnung; beim Typ ⑦ kommt uns das besonders gelegen.

Beispiele:

12. Die Dgl $y' - \dfrac{2x}{x^2-1} y = -\dfrac{x^2+1}{x^2-1}$ ist von der Standardform (9.2.9).

Sie ist linear, inhomogen; die dazugehörige homogene lautet

$$y_h' - \frac{2x}{x^2-1} y_h = 0, \text{ Typ ① (Index } h \text{ wie oben).}$$

$$\int \frac{dy_h}{y_h} = \int \frac{2x\,dx}{x^2-1}, \text{ also } \ln|y_h| = \ln|x^2-1| + C^*;$$

die homogene Dgl hat daher die Lösung $y_h = C \cdot (x^2 - 1)$.

Variation der Konstanten bringt uns den Ansatz

$$y = V \cdot (x^2 - 1), \quad y' = V' \cdot (x^2 - 1) + V \cdot 2x; \text{ in die inhomogene Dgl eingesetzt:}$$

$$V' \cdot (x^2 - 1) + \underbrace{V \cdot 2x - 2x \cdot V}_{=0} = -\frac{x^2+1}{x^2-1}, \text{ also}$$

$$V' = -\frac{x^2+1}{(x^2-1)^2} = -\tfrac{1}{2}\left[\frac{1}{(x+1)^2} + \frac{1}{(x-1)^2}\right]. \text{ Integration liefert}$$

$$V = \tfrac{1}{2}\left(\frac{1}{x+1} + \frac{1}{x-1}\right) + C = \frac{x}{x^2-1} + C.$$

Damit liefert der y-Ansatz die allgemeine Lösung der inhomogenen Dgl:

$$y = C \cdot (x^2 - 1) + x.$$

Wieder sehen wir: $y = y_h + y_p$ mit der besonderen Lösung $y_p = x$ für $C = 0$.

Die Lösungskurven der homogenen Dgl sind Parabeln, die die x-Achse bei $x = \pm 1$ schneiden, die der inhomogenen sind Parabeln, die die Gerade $y = x$ bei $x = \pm 1$ schneiden.

Die Betrachtung der Isoklinen ergibt noch einen interessanten Effekt: Für die Linienelementsteigung $y' = k$ erhalten wir aus der Dgl: $k(x^2 - 1) - 2xy = -x^2 + 1$, also $y = \dfrac{1}{2x}(kx^2 - k + x^2 + 1)$. Dies ist für allgemeines k nicht sehr ergiebig, aber für $k = 1$ ergibt sich die Isokline $y = x$. Weil hierfür Linienelementsteigung = Isoklinensteigung ist, hängen sich die Linienelemente entlang dieser Isokline aneinander, und wie stets in solchen Fällen ist diese spezielle Isokline deshalb bereits eine besondere Lösungskurve. Nachdem somit $y_p = x$ als besondere Lösung erkannt ist, genügt jetzt bereits y_h, um die allgemeine Lösung auch ohne Variation der Konstanten (mit Einsparung der nicht ganz simplen Integration!) einfach aus $y = y_h + y_p$ zu erhalten: $y = C \cdot (x^2 - 1) + x$. Achten Sie auf solche Chancen!

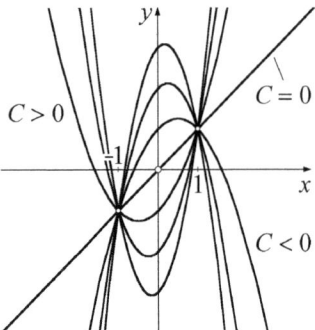

Bild 9.2.9: Typ ③, Beispiel 12

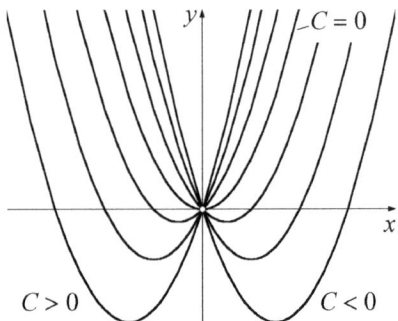

Bild 9.2.10: Typ ③, Beispiel 13

13. $xy' - y = x^2$ ist ebenfalls linear, inhomogen; Standardform nach (9.2.9) ist

$$y' - \frac{y}{x} = x.$$

Die dazugehörige homogene Dgl ist

$$y'_h - \frac{y_h}{x} = 0, \text{ Typ ①}.$$

$$\int \frac{\mathrm{d}y_h}{y_h} = \int \frac{\mathrm{d}x}{x}, \text{ also } \ln|y_h| = \ln|x| + C^*,$$

die homogene Dgl hat also die Lösung $y_h = Cx$.

Variation der Konstanten bringt uns den Ansatz für y:

$y = Vx$, $y' = V'x + V$; in die inhomogene Dgl eingesetzt:

$V'x + \underbrace{V - V}_{=0} = x$, also $V' = 1$. Integration ergibt $V = x + C$.

Damit liefert der y-Ansatz die allgemeine Lösung der inhomogenen Dgl:

$$y = (x + C)x, \text{ also } y = Cx + x^2.$$

Bei diesem Beispiel hätte es sich gelohnt, vorher eine Substitution zu versuchen! $y' = \frac{y}{x} + x$, sofort aus der gegebenen Dgl erhältlich, ist zwar nicht vom Typ ②, trotzdem führt die Substitution nach ②a) zum Ziel:

Mit $\frac{y}{x} = u$, also $y = ux$ und $y' = \frac{\mathrm{d}u}{\mathrm{d}x}x + u$ ergibt sich aus der Dgl

9.2 Differentialgleichungen 1. Ordnung

$$\frac{du}{dx}x + u = u + x, \text{ also } \frac{du}{dx} = 1; \ u = x + C.$$

Die Rücksubstitution liefert (viel einfacher als nach ③!): $y = Cx + x^2$ □

14. Auch die Dgl $xy' = x\sin x - y$ lässt sich leicht auf die Form (9.2.9) bringen:

$y' + \dfrac{y}{x} = \sin x$. Sie ist linear, inhomogen; die dazugehörige homogene ist

$y'_h + \dfrac{y_h}{x} = 0$, Typ ①.

$\int \dfrac{dy_h}{y_h} = -\int \dfrac{dx}{x}$, also $\ln|y_h| = -\ln|x| + C*$;

die homogene Dgl hat daher die Lösung $y_h = \dfrac{C}{x}$.

Variation der Konstanten bringt uns den Ansatz für y:

$y = \dfrac{V}{x}, \ y' = \dfrac{V' \cdot x - V}{x^2}$; in die inhomogene Dgl eingesetzt:

$\underbrace{\dfrac{V'}{x} - \dfrac{V}{x^2} + \dfrac{V}{x^2}}_{=0} = \sin x$, also $V' = x\sin x$. Integration ergibt

$V = \sin x - x\cos x + C$.

Damit liefert der y-Ansatz die allgemeine Lösung der inhomogenen Dgl:

$y = \dfrac{C}{x} + \dfrac{\sin x}{x} - \cos x$, also wieder $y = y_h + y_p$, mit $y_p = \dfrac{\sin x}{x} - \cos x$.

Die Hyperbelschar $y_h = \dfrac{C}{x}$ kennen wir schon von ①, Beispiel 6. Ihre y-Koordinaten müssen wir jetzt für die Lösungskurven mit y_p überlagern. Links in Bild 9.2.11 ist der Aufbau von y_p zu sehen; beachten Sie dabei $\lim\limits_{x \to 0} \dfrac{\sin x}{x} = 1$! Rechts ist die allgemeine Lösung dargestellt. □

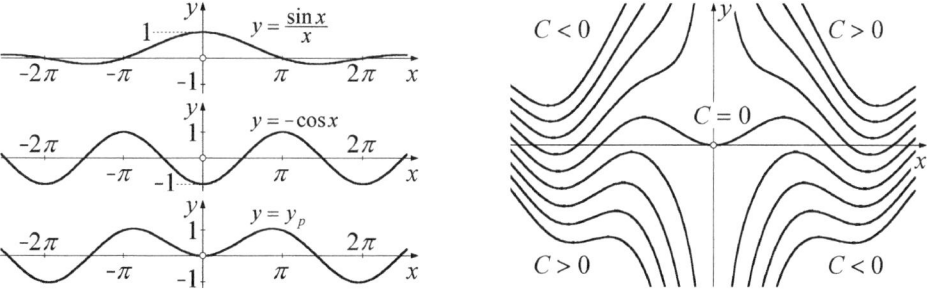

Bild 9.2.11: Typ ③, Beispiel 14, besondere Lösung und allgemeine Lösung

Weitere Typen von Dgln 1. Ordnung finden Sie in der Formelsammlung, zusätzliche Informationen bei Bedarf auch in der sehr reichhaltigen Spezialliteratur.

Übungsaufgaben:

1. Gesunde natürliche Wachstumsprozesse, die auf einen lebensraumverträglichen stabilen Gleichgewichtszustand zielen (anders als z.B. Krebs-/Wirtschaftswachstum, Bevölkerungsexplosion) gehorchen näherungsweise der *logistischen* Dgl $\frac{dn}{dt} = \kappa n(B-n)$ (Reproduktionsfaktor $\kappa = \text{const.} > 0$, n = Anzahl der Zellen, Organismen etc. mit Endwert B, t = Zeit). Mit $\frac{n}{B} = y$, $\kappa Bt = x$ erhält man daraus die Dgl $\frac{dy}{dx} = y(1-y)$. Hierzu wird gesucht:

a) die allgemeine Lösung mit Skizze einiger Lösungskurven,
b) Wertebereich des freien Parameters, damit $0 < y < 1$ ist (nur dafür hat die Dgl die eingangs genannte Bedeutung),
c) die Asymptoten der Lösungskurven,
d) Welche Lösungskurven haben Wendepunkte? Wo und mit welcher Steigung?

2. Gegeben ist die Dgl $(x^2 - 4)y' = xy$.

a) Wie lautet ihre allgemeine Lösung, von welcher Art sind die Lösungskurven?

b) Durch welche zwei Punkte gehen alle Lösungskurven? Skizzieren Sie sie.

3. Für die Dgl $(x^2 - 1)y' = 2y$ ist gesucht:

a) die allgemeine Lösung mit Lösungskurvenskizze,
b) besondere Lösungen durch die Punkte **α)** (0.5, 2), **β)** (−1, 5), **γ)** (1, 0), **δ)** (1, −2), falls vorhanden (andernfalls Begründung, weshalb nicht).

4. Die Dgl $y' + (y-x)^2 = 1$ ist gegeben.

a) Gesucht sind Isoklinen für $y' = k = 0, \pm 1$, Kurventyp, Skizze mit Lösungskurven und Angabe der bereits jetzt ablesbaren besonderen Lösung,
b) Welche allgemeine Lösung hat die Dgl? Wie erhält man daraus die besondere Lösung von **a)**?
c) Welche Asymptoten hat eine Lösungskurve zum Parameterwert C?

5. Liegt bei $\frac{x^2 - y^2}{x+y}$, $\frac{x^2 - y^2}{x^2}$, $\frac{x^2 - y^2}{x(x+y)}$, $\frac{(x-y)^2}{x+y}$, $\frac{(x-y)^2}{x(x+y)}$, $\frac{\sin y}{\sin x}$, $\frac{e^y}{e^x}$, $5 + x^2 - 2x - 2y + 2xy + y^2$ jeweils ein Ausdruck $\varphi(u)$ von ②a) oder ②b) vor?

6. Welche allgemeine Lösung hat die Dgl $xy' = x\sin(x^2) - y$? Für welche besondere Lösung gilt $\lim\limits_{x \to 0} y = 0$?

7. Gegeben ist $xy' = x + 2y$.

a) Welche allgemeine Lösung hat die Dgl? Art der Lösungskurven?
b) Wie unterscheiden sich die Lösungskurven in ihrer Lage je nach dem Vorzeichen des freien Parameters C? Welche Gemeinsamkeit haben die Lösungskurven? Wo liegen in Abhängigkeit von C ihre Schnittpunkte mit der x-Achse und ihre Scheitel? Liefert die Betrachtung der Isoklinen bereits eine besondere Lösung?
c) Sind durch die Wertepaare α) (1,5), β) (0,–2), γ) (0,0) besondere Lösungen bestimmt? Wenn ja, welche? Wenn nein, warum nicht?

8. Gegeben ist die Dgl $y' = 1 + (y - x)\cot x$.

a) Wie lautet die allgemeine Lösung der Dgl? (Eine schwierige Integration kommt vor; geschickte Anwendung der Produktregel hilft. Durch Betrachtung einer bestimmten Isokline können Sie die Schwierigkeit gänzlich vermeiden.)
b) Wo schneiden die Lösungskurven mit $C \neq 0$ die Gerade $y = x$? Skizzieren Sie die Lösungskurven für $0 \leq x \leq 2\pi$, $C = 0, \pm 1, \pm 2$.
c) Für welche besondere Lösung ist $y' = 0$ bei $x = 0$? Wo tritt bei ihr sonst noch $y' = 0$ auf?

9. Eine Eisenkugel der Masse m lässt man in Öl sinken. Die Reibungskraft ist in erster Näherung proportional zur Sinkgeschwindigkeit v. Die Beschleunigung ist $\dot v$, die Ableitung der Geschwindigkeit nach der Zeit. Die Bewegung folgt also der Dgl $m\dot v = mg - kv$.

a) Ermitteln Sie die besondere Lösung der Dgl für $v = 0$ bei $t = 0$.
b) Welcher Endgeschwindigkeit $v_E = \lim\limits_{t\to\infty} v$ nähert sich v asymptotisch an?
c) Wie groß ist k in Abhängigkeit von v_E? (Nachdem bei dem Versuch v_E praktisch schon nach kurzer Zeit mit sehr guter Näherung ablesbar ist, kann man hiermit Ölviskositäten experimentell bestimmen.).

9.3 Differentialgleichungen 2. Ordnung

Die Masse m ist über eine Feder von der Federkonstanten f mit einer festen Wand verbunden, Bild 9.3.1. Sie kann sich in horizontaler Richtung y und der Gegenrichtung bewegen; jegliche Reibung werde dabei vernachlässigt. Auf der y-Achse ist die Position der Masse ablesbar; bei entspannter Feder (Ruhelage) sei $y = 0$.

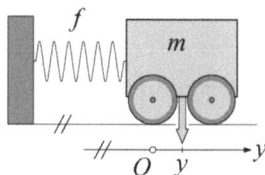

Bild 9.3.1: Bewegung einer Masse

Wie bewegt sich die Masse, wenn sie aus einer Position $y \neq 0$ losgelassen wird? Die Feder übt nach dem HOOKEschen Gesetz eine Kraft $-f \cdot y$ auf sie aus (die Kraft wird in Richtung y positiv gezählt; bei $y < 0$ drückt sie die Feder in Richtung y, bei $y > 0$ zieht sie sie in die Gegenrichtung, daher das Minuszeichen!). Die Beschleunigung der Masse in Richtung y ist $\ddot{y}$, also gilt die Dgl

$$m\ddot{y} = -f \cdot y \,. \tag{9.3.1}$$

Diese Dgl ist von 2. Ordnung, weil die höchste in ihr vorkommende Ableitung von 2. Ordnung ist (vgl. Abschnitt 9.1). Um Probleme solcher Art behandeln zu können, müssen wir uns Lösungsmethoden für eine Auswahl von Dgln 2. Ordnung zurechtlegen. Mit x als unabhängiger und y als abhängiger Variabler lautet die allgemeine Dgl 2. Ordnung

in expliziter Form $\quad y'' = \varphi(x, y, y')$,

in impliziter Form $\quad \Phi(x, y, y', y'') = 0$

Die allgemeine Lösung enthält zwei freie Parameter, also können zwei Bedingungen für die Wertzuweisungen an die beiden freien Parameter gestellt werden, um eine besondere Lösung festzulegen. Häufig sind y und y' für einen bestimmten x-Wert vorgegeben (z.B. bei $x = 0$), oder auch die y-Werte für zwei verschiedene x-Werte.

Wir fahren mit der in Abschnitt 9.2 begonnenen Nummerierung fort:

Typ ④: Direkt integrierbare Dgl

$$y'' = \varphi(x) \tag{9.3.2}$$

Hier muss lediglich zweimal nach x integriert werden. Die erste Integration liefert $y' = \int \varphi(x) \, dx = \varphi_1(x) + C_1$, die zweite $y = \int [\varphi_1(x) + C_1] \, dx = \varphi_2(x) + C_1 x + C_2$.

Diese Dgl tritt näherungsweise auf als Dgl einer Biegelinie: Ein Träger ist bei $x = 0$ und $x = l$ gelagert (oder bei $x = 0$ eingespannt), und es wirke eine gegebene Streckenlast (incl. Eigengewicht) auf ihn. Bei der dabei entstehenden Durchbiegung wird er auf seiner Oberseite etwas gestaucht, auf seiner Unterseite etwas gedehnt; dazwischen liegt die *neutrale Faser*, die ihre Länge beibehält. Gesucht ist die Gleichung ihrer *Biegelinie*, d.h. der Kurve, die sie unter der Belastung bildet. Um mit positiven Durchbiegungswerten y arbeiten zu können, orientiert man in der Festigkeitslehre die y-Achse nach unten. An jeder Stelle x tritt nun eine gewisse Krümmung κ der Biegelinie auf, die vom *Biegemoment* $M(x)$ abhängt. $M(x)$ ist die Summe aller links bzw. rechts von x wirkenden Drehmomente; dabei werden Momente, die eine Durchbiegung nach unten bewirken, positiv gezählt. Mit E als Elastizitätsmodul des Trägers und I als Flächenträgheitsmoment seines

9.3 Differentialgleichungen 2. Ordnung

Querschnittes (beide unabhängig von x angenommen) ist EI seine *Biegesteifigkeit*. In der Festigkeitslehre wird gezeigt, dass

$$\kappa = -\frac{1}{EI} M(x)$$

ist. Somit erhalten wir als Dgl für die Biegelinie:

$$\frac{y''}{\sqrt{1+(y')^2}^3} = -\frac{1}{EI} M(x) \ .$$

Werden nun nur so kleine Durchbiegungen betrachtet, dass $(y')^2$ gegenüber 1 vernachlässigt werden kann, so ergibt sich näherungsweise

$$y'' = -\frac{1}{EI} M(x) \tag{9.3.3}$$

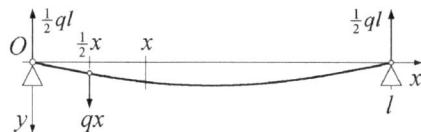

Bild 9.3.2: Biegelinie

Beispiel:

1. Gesucht ist die Biegelinie eines Trägers von konstantem Eigengewicht q pro Längeneinheit und konstanter Biegesteifigkeit EI, der an seinen Endpunkten bei $(0,0)$ und $(l,0)$ aufgelagert ist, s. Bild 9.3.2. Weil nur kleine Durchbiegungen betrachtet werden (s.o.), hat er mit hinreichender Näherung die Länge l. Das Gewicht des Teils vom linken Auflager A bis zur Stelle x ist qx, der Hebelarm reicht bis zu seinem Schwerpunkt, hat also die Länge $\frac{1}{2}x$. Vom linken Auflager wird das halbe Trägergewicht $\frac{1}{2}ql$ aufgenommen, der Hebelarm hat die Länge x. Das Biegemoment ist $M(x) = \frac{1}{2}qlx - \frac{1}{2}qx^2$, die Dgl der Biegelinie lautet daher

$$y'' = -\frac{q}{2EI}(lx - x^2) \ .$$

1. Integration: $\quad y' = -\dfrac{q}{2EI}(\tfrac{1}{2}lx^2 - \tfrac{1}{3}x^3 + C_1)$

2. Integration $\quad y = -\dfrac{q}{2EI}(\tfrac{1}{6}lx^3 - \tfrac{1}{12}x^4 + C_1 x + C_2)$; das ist die allgemeine Lösung.

Bedingungen: $\quad y = 0$ für $x = 0$, also ist $C_2 = 0$;

$\qquad\qquad\qquad y = 0$ für $x = l$, also ist $C_1 = \tfrac{1}{12}l^3 - \tfrac{1}{6}l^3 = -\tfrac{1}{12}l^3$.

Die besondere Lösung der Dgl liefert jetzt die gesuchte Gleichung der Biegelinie:

$$y = \frac{q}{24EI}(x^4 - 2lx^3 + l^3x) \ .$$
□

Bei den folgenden Typen ⑤ und ⑥ wenden wir die Substitution $y' = p$ an. Aus der gegebenen Dgl 2. Ordnung entstehen so nacheinander zwei Dgln 1. Ordnung.

Typ ⑤: Durch Substitution auf Typ ① reduzierbare Dgl

$$y'' = \varphi(y) \qquad (9.3.4)$$

Substitution: $y' = p \ . \ y'' = \dfrac{dp}{dx}$ würde in dieser Form allerdings noch nicht weiterhelfen, denn sonst kämen in der Dgl drei Variable vor; wir können aber nur zwei brauchen. Also formen wir den Ausdruck nach der Kettenregel um:

$$y'' = \frac{dp}{dx} = \frac{dp}{dy} \cdot \frac{dy}{dx} = p\frac{dp}{dy} \ .$$

Aus der gegebenen Dgl erhalten wir so die erste Dgl 1. Ordnung:

$$p\frac{dp}{dy} = \varphi(y) \quad \text{(Typ ① in } p \text{ und } y\text{)}$$

Nach Trennung der Variablen führen wir die 1. Integration durch:

$$\int p\,dp = \int \varphi(y)\,dy$$

Ist Φ Stammfunktion zu φ, so erhalten wir

$\tfrac{1}{2}p^2 = \Phi(y) + C_1$, und wegen $p = y'$ ergibt sich als zweite Dgl 1. Ordnung:

$\dfrac{dy}{dx} = \pm\sqrt{2[\Phi(y) + C_1]}$ für alle y, für die der Radikand ≥ 0 ist. Dabei spielt natürlich die Größe von C_1 mit. Falls nicht die allgemeine, sondern nur eine besondere Lösung mit gegebenen Bedingungen für y und y' an einer Stelle x gesucht ist, wird oft die weitere Rechnung einfacher, wenn man bereits jetzt die Wertzuweisung für C_1 vornimmt (z.B. falls sie zu $C_1 = 0$ führt). Fallweise lässt sich auch aus dem gegebenen technischen Sachverhalt heraus das doppelte Vorzeichen auf ein einfaches reduzieren. Auch diese zweite Dgl ist vom Typ ①, jetzt in x und y. Nach Trennung der Variablen steht die zweite Integration an:

$$\int \frac{dy}{\sqrt{\Phi(y) + C_1}} = \pm\sqrt{2}\int dx \ .$$

Ergibt sich dabei auf der linken Seite $\Psi(y, C_1)$, so erscheint die allgemeine Lösung der Dgl in der Form $\qquad \Psi(y, C_1) = \pm\sqrt{2}\,x + C_2 \ .$

Dies lässt sich sofort nach x auflösen, ob auch nach y, hängt von Ψ ab.

9.3 Differentialgleichungen 2. Ordnung

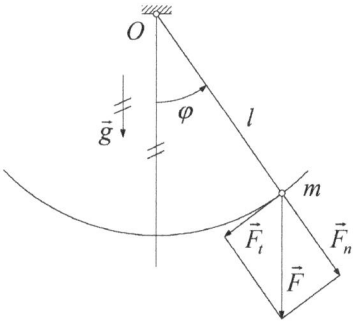

Bild 9.3.3: Fadenpendel

Beispiel:

2. Die Masse m ist über einen Faden der Länge l mit dem festen Punkt O verbunden. In der Ruhelage ist m vertikal unter O. Wird die Masse angestoßen, so führt sie eine Pendelbewegung in einer vertikalen Ebene durch O aus, Bild 9.3.3. Jegliche Reibung werde vernachlässigt, ebenso das Gewicht des Fadens und seine Dehnung unter wechselnder Belastung. l nehmen wir also als konstant an, das Pendel bewegt sich auf einem Kreis. Wie bewegt sich m im Verlauf der Zeit t?

φ ist der Winkel, den der Faden gegen seine zum Gravitationsvektor $\vec{g}$ parallele Ruhelage bildet, dabei vereinbaren wir $\varphi > 0$ bei Auslenkung nach rechts, $\varphi < 0$ bei Auslenkung nach links. Auf die Masse wirkt die Gewichtskraft $F = mg$. Ihre Komponente F_n in Richtung des Fadens (*Normalkomponente* bezüglich der Kreisbahn) würde nur die Dehnung des Fadens und Reibung im Aufhängepunkt O bewirken; beides vernachlässigen wir ja. Die Komponente F_t in Bahnrichtung (*Tangentialkomponente*) hat den Betrag $|mg\sin\varphi|$, sie bewirkt die Bahnbeschleunigung. Zum Zentriwinkel φ gehört auf dem Kreis mit Radius l die Bogenlänge $s = l\varphi$, wegen $l = $ const ist also die Bahnbeschleunigung $\ddot{s} = l\ddot{\varphi}$. Daher gilt:

$$|ml\ddot{\varphi}| = |mg\sin\varphi| .$$

Wie steht es mit dem Vorzeichen? Für $\varphi > 0$: Ist $\dot{\varphi} > 0$ (Bewegung nach rechts), so nimmt $\dot{\varphi}$ ab, also ist dann $\ddot{\varphi} < 0$. Ist $\dot{\varphi} < 0$ (Bewegung nach links), so nimmt, weil dabei ja $|\dot{\varphi}|$ zunimmt, $\dot{\varphi}$ wegen seines negativen Vorzeichens ebenfalls ab, und wieder ist $\ddot{\varphi} < 0$. Analog ergibt sich bei $\varphi < 0$ stets $\ddot{\varphi} > 0$. Also ist stets

$$l\ddot{\varphi} = -g\sin\varphi . \tag{9.3.5}$$

Mit φ statt y und t statt x ist diese Dgl also vom Typ ⑤, (9.3.4).

Substitution: $\qquad \dot{\varphi} = p , \; \ddot{\varphi} = p\dfrac{\mathrm{d}p}{\mathrm{d}\varphi}$.

Erste Dgl 1. Ordnung: $\qquad lp\dfrac{\mathrm{d}p}{\mathrm{d}\varphi} = -g\sin\varphi$;

Erste Integration: $\int p\,dp = -\frac{g}{l}\int\sin\varphi\,d\varphi$;

$$\tfrac{1}{2}p^2 = \frac{g}{l}(\cos\varphi + C_1).$$

Für freie Parameter verwenden wir nach Möglichkeit Größen, deren Bedeutung für das jeweils vorliegende praktische Problem gut erkennbar ist. Hier sehen wir sofort, dass beim Maximalausschlag $\varphi = \varphi_{max}$ die Winkelgeschwindigkeit $\dot\varphi = p = 0$ ist, also gilt $0 = \cos\varphi_{max} + C_1$, somit ist $C_1 = -\cos\varphi_{max}$. Als freier Parameter ist φ_{max} anschaulicher als C_1. Das bauen wir in die nächste Umformung mit ein:

Zweite Dgl 1. Ordnung: $\dfrac{d\varphi}{dt} = \pm\sqrt{\dfrac{2g}{l}(\cos\varphi - \cos\varphi_{max})}$.

Zweite Integration: $\displaystyle\int\dfrac{d\varphi}{\sqrt{\cos\varphi - \cos\varphi_{max}}} = \pm\sqrt{\dfrac{2g}{l}}\int dt$.

Leider führt das Integral auf der linken Seite auf ein elliptisches Integral, das sich nicht geschlossen auswerten lässt (Näherung mittels TAYLOR-Reihe: vgl. Kapitel 7). Zur Vereinfachung betrachten wir daher jetzt nur so kleine Pendelausschläge, dass in (9.3.5) $\sin\varphi$ mit genügender Näherung durch φ ersetzt werden kann, vgl. Abschnitt 7.3. Dann ist also folgende Dgl zu bearbeiten (Verfahren wie oben):

$$l\ddot\varphi = -g\varphi \qquad (9.3.6)$$

1. Dgl 1. Ordnung: $lp\dfrac{dp}{d\varphi} = -g\varphi$;

1. Integration: $\int p\,dp = -\dfrac{g}{l}\int\varphi\,d\varphi$;

$$\tfrac{1}{2}p^2 = -\dfrac{g}{2l}(\varphi^2 + C_1).$$

Entsprechend ergibt sich jetzt $C_1 = -\varphi_{max}^2$.

2. Dgl 1. Ordnung: $\dfrac{d\varphi}{dt} = \pm\sqrt{\dfrac{g}{l}(\varphi_{max}^2 - \varphi^2)}$.

2. Integration: $\displaystyle\int\dfrac{d\varphi}{\sqrt{\varphi_{max}^2 - \varphi^2}} = \pm\sqrt{\dfrac{g}{l}}\int dt$;

$$\arcsin\dfrac{\varphi}{\varphi_{max}} = \pm\sqrt{\dfrac{g}{l}}(t + C_2).$$

Beim Nulldurchgang $\varphi = 0$ ist $t = -C_2$; es ändert an der Pendelbewegung nichts, wenn wir diesen Zeitpunkt mit $t = 0$ annehmen. Auflösung nach φ (dann entfällt das doppelte Vorzeichen, vgl. Abschnitt 1.4) bringt uns die besondere Lösung

9.3 Differentialgleichungen 2. Ordnung

$$\varphi = \varphi_{\max} \sin\left(\sqrt{\frac{g}{l}} t\right).$$

Bei genügend kleinen Ausschlägen hat die Pendelschwingung also die Kreisfrequenz $\omega = \sqrt{\frac{g}{l}}$, die Schwingungsdauer ist $T = 2\pi \sqrt{\frac{l}{g}}$ – unabhängig von der Amplitude $\varphi_{\max}$, ein von der Physik her bekanntes Ergebnis. Sind die Pendelausschläge jedoch so groß, dass die Näherung (9.3.6) zu ungenau wird und das elliptische Integral im Lösungsweg von (9.3.5) zu ermitteln ist, hängt T durchaus von $\varphi_{\max}$ ab, s. hierzu Literatur zur höheren Mechanik. □

Typ ⑥: Weitere durch Substitution reduzierbare Dgl

Im Unterschied zu Typ ⑤ steht unter der Funktion φ jetzt y' und ggf. noch entweder x oder y (aber nicht beide).

⑥a): $\quad y'' = \varphi(y', x)$ (9.3.7)

Substitution: $y' = p$, $y'' = \dfrac{dp}{dx}$.

Aus der gegebenen Dgl erhalten wir so die erste Dgl 1. Ordnung:

$$\frac{dp}{dx} = \varphi(p, x)$$

⑥b): $\quad y'' = \varphi(y', y)$ (9.3.8)

Substitution: $y' = p$, $y'' = p\dfrac{dp}{dy}$ (wie bei ⑤).

Aus der gegebenen Dgl erhalten wir so die erste Dgl 1. Ordnung:

$$p\frac{dp}{dy} = \varphi(p, y)$$

Im Unterschied zu ⑤ können wir in diesen Fällen nichts über den Typ dieser Dgl 1. Ordnung aussagen. Die Weiterbehandlung richtet sich nach der Bauart von φ.

Beispiele:

3. In 6.1 ist uns der freie Fall mit Luftwiderstand begegnet; die Formel (6.1.1) konnten wir jedoch damals noch nicht herleiten. s sei der während der Zeit t zurückgelegte Weg, dann ist $\dot{s}$ die Geschwindigkeit und $\ddot{s}$ die Beschleunigung. Wie in der Physik gezeigt wird, ist bei der Bewegung eines Objekts in einem Gas die Reibungskraft mit guter Näherung proportional zum Quadrat der Geschwindigkeit (natürlich entgegengesetzt gerichtet). Der Proportionalitätsfaktor c ist von der Art des Gases und der Beschaffenheit des Objektes abhängig; bei Bewegung in Luft heißt er *Luftwiderstandsbeiwert*. Ist m die Masse des Objekts, dann gilt also:

$$m\ddot{s} = mg - c\dot{s}^2 \tag{9.3.9}$$

Mit s statt y und t statt x ist diese Dgl vom Typ ⑥ und könnte nach ⑥a) oder ⑥b) gelöst werden. Wir suchen nur die besondere Lösung für die Bedingungen $s=0$ und $\dot{s}=0$ bei $t=0$ und gehen den Lösungsweg nach ⑥a):

Substitution: $\quad \dot{s} = p$, $\ddot{s} = \dfrac{dp}{dt}$.

Erste Dgl 1. Ordnung: $\quad m\dfrac{dp}{dt} = mg - cp^2$ (Typ ① in p und t);

Erste Integration: $\quad m\displaystyle\int \dfrac{dp}{mg - cp^2} = \int dt$

$$\sqrt{\dfrac{m}{cg}}\,\text{ar tanh}\left(\sqrt{\dfrac{c}{mg}}\,p\right) = t + C_1 \ .$$

Weil $p = \dot{s} = 0$ ist bei $t = 0$, ist $C_1 = 0$. Wir lösen nach $p = \dot{s}$ auf:

Zweite Dgl 1. Ordnung: $\quad \dfrac{ds}{dt} = \sqrt{\dfrac{mg}{c}}\,\tanh\left(\sqrt{\dfrac{cg}{m}}\,t\right)$ (Typ ① in s und t);

Zweite Integration: $s = \dfrac{m}{c}\ln\left[\cosh\left(\sqrt{\dfrac{cg}{m}}\,t\right)\right] + C_2$,

mit $C_2 = 0$ wegen $s = 0$ bei $t = 0$. Vgl. (6.1.1) und (6.1.2)!

4. In der vertikalen (x,y)-Ebene (y-Achse in Gegenrichtung der Schwerkraft) ist zwischen zwei Punkten P_1 und P_2 ein Seil (oder eine Kette) ausgehängt, Bild (9.3.4). T ist der tiefste Punkt. An jeder Stelle wird völlige Homogenität mit konstantem Gewicht q pro Längeneinheit und ohne Biegesteifigkeit vorausgesetzt. Von welcher Art ist die Kurve C, die dabei vom Seil (bzw. der Kette) gebildet wird?

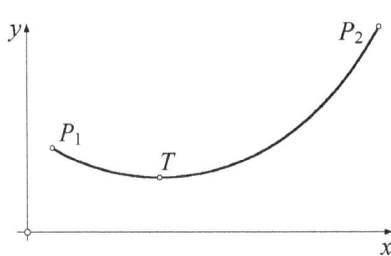

Bild 9.3.4: Kettenlinie

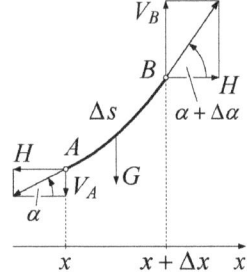

Bild 9.3.5: Teilstück der Kettenlinie

9.3 Differentialgleichungen 2. Ordnung

Wir denken uns aus der Kette ein Teilstück von x bis $x+\Delta x$ herausgetrennt und bringen in seinen Endpunkten A und B Zugkräfte so an, dass es dieselbe Form besitzt wie in der vollständigen Kette (Bild 9.3.5). Querkräfte wirken nicht ein (keine Biegesteifigkeit!), also sind die Zugkräfte in A und B tangential zu C. Die Horizontalkomponente der Zugkraft hat wegen des Kräftegleichgewichts in horizontaler Richtung in A denselben Betrag H wie in B. Mit α und $\alpha+\Delta\alpha$ als Steigungswinkel von C in A und B haben die Vertikalkomponenten der Zugkraft dort die Beträge $V_A = H\tan\alpha$ und $V_B = H\tan(\alpha+\Delta\alpha)$. Hat das Teilstück die Länge Δs (s = Bogenlänge auf C), so ist sein Gewicht $G = q\Delta s$, somit ergibt das Kräftegleichgewicht in vertikaler Richtung wegen $G + V_A = V_B$:

$$q\Delta s = H\left[\tan(\alpha+\Delta\alpha) - \tan\alpha\right]. \tag{9.3.10}$$

Eine direkte Beziehung zwischen s und α haben wir nicht zur Verfügung, wohl aber erinnern wir uns an $\tan\alpha = y'$ und $\frac{ds}{dx} = \sqrt{1+(y')^2}$, vgl. (4.4.22). Um dies nützen zu können, dividieren wir (9.3.10) links und rechts durch Δx und bilden dann die Grenzwerte für $\Delta x \to 0$:

$$q\frac{\Delta s}{\Delta x} = H\frac{\tan(\alpha+\Delta\alpha) - \tan\alpha}{\Delta x};$$

$$q\frac{ds}{dx} = H\frac{d\tan\alpha}{dx}, \text{ und wegen } \frac{d\tan\alpha}{dx} = \frac{dy'}{dx} = y'' \text{ erhalten wir die Dgl}$$

$$Hy'' = q\sqrt{1+(y')^2} \tag{9.3.11}$$

Sie ist vom Typ ⑥ in x und y; wir verwenden wieder den Lösungsweg von ⑥a):

Substitution: $y' = p$, $y'' = \dfrac{dp}{dx}$.

Erste Dgl 1. Ordnung: $\quad H\dfrac{dp}{dx} = q\sqrt{1+p^2}\quad$ (Typ ① in p und x);

Erste Integration: $\quad H\displaystyle\int\dfrac{dp}{\sqrt{1+p^2}} = q\int dx$.

Mit der Abkürzung $\dfrac{H}{q} = a$ erhalten wir

$$\operatorname{ar sinh} p = \frac{x}{a} + C_1 .$$

Auflösung nach $p = y'$:

Zweite Dgl 1. Ordnung: $\quad \dfrac{dy}{dx} = \sinh\left(\dfrac{x}{a} + C_1\right);$

Zweite Integration: $y = a\cosh\left(\dfrac{x}{a} + C_1\right) + C_2$ \hfill (9.3.12)

Dies ist die allgemeine Lösung der Dgl (9.3.11). Die Verwandtschaft zu Beispiel 1 in Abschnitt 1.6 ist unmittelbar zu sehen: Liegen P_1 und P_2 symmetrisch zur y-Achse, so liegt der tiefste Punkt T auf ihr, also ist dann $C_1 = 0$. Wird T noch in der Höhe a angenommen, so folgt daraus auch $C_2 = 0$, und wir haben die im genannten Beispiel gegebene Gleichung als besondere Lösung der Dgl. Damit ist der dort angekündigte Nachweis geliefert. Jeden anderen Fall kann man nach (9.3.12) durch eine Translation im Koordinatensystem darauf zurückführen. □

Typ ⑦: Lineare Dgl mit konstanten Koeffizienten

Wir ändern die Bedingungen in Bild 9.3.1 geringfügig ab und lassen einen Körper der Masse m auf einem Schmierfilm gleiten, Bild 9.3.6. Bei flüssiger Reibung ist die Reibungskraft F_R mit guter Näherung proportional zur Geschwindigkeit $\dot{s}$; der Proportionalitätsfaktor $d > 0$ (*Dämpfungsfaktor*) hängt von der Beschaffenheit des Körpers und der Art des Schmiermittels ab. Weil F_R in die Gegenrichtung von $\dot{y}$ wirkt, ist $F_R = -d \cdot \dot{y}$. Außerdem kann eine von der Zeit t abhängige äußere Kraft $F_a(t)$ auf den Körper einwirken; sie wird in Richtung y positiv gezählt.

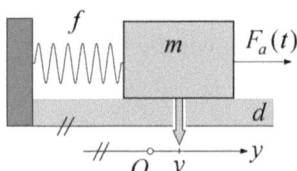

Bild 9.3.6: Bewegung eines Körpers

Die sich daraus ergebende Dgl ist eine Verallgemeinerung von (9.3.1):

$m\ddot{y} = -fy - d\dot{y} + F_a(t)$, umgeformt:

$$m\ddot{y} + d\dot{y} + fy = F_a(t) \hfill (9.3.13)$$

Die Linearkombination aus $y, \dot{y}, \ddot{y}$ mit konstanten Koeffizienten gibt diesem Dgl-Typ seinen Namen. Die Standardform von Typ ⑦ 2. Ordnung ist

$$y'' + a_1 y' + a_0 y = s(x) \hfill (9.3.14)$$

Hat y'' einen Koeffizienten $a_2 \neq 1$, so dividiert man alles durch a_2, um die Standardform herzustellen. s heißt *Störfunktion* (wie bereits beim Typ ③ eingeführt), weil in (9.3.13) die äußere Kraft den freien Bewegungsablauf gewissermaßen „stört", der sich ohne sie einstellen würde. Genauso wie beim Typ ③ gilt auch:

Ist $s(x) = 0$ für alle x, so heißt die Dgl *homogen*, andernfalls *inhomogen*.

9.3 Differentialgleichungen 2. Ordnung

Homogene lineare Dgl mit konstanten Koeffizienten

$$y'' + a_1 y' + a_0 y = 0 \qquad (9.3.15)$$

Sie ist ein Sonderfall der homogenen linearen Dgl der Ordnung n mit konstanten Koeffizienten: $y^{(n)} + a_{n-1} y^{(n-1)} + \ldots + a_2 y'' + a_1 y' + a_0 y = 0$. Diese Dgln haben die angenehme Eigenschaft, dass zu ihrer Lösung keine Integration nötig ist. Um dies einzusehen, nehmen wir zunächst an, dass $y_1 = f_1(x)$ und $y_2 = f_2(x)$ bereits zwei Lösungen der Dgl sind. Durch Einsetzen in (9.3.15) sehen wir sofort, dass

$$y = C_1 f_1(x) + C_2 f_2(x) \qquad (9.3.16)$$

auch Lösung ist; wir müssen hierzu nur die Zeile

$y_1'' + a_1 y_1' + a_0 y_1 = 0$ mit C_1 und die Zeile

$y_2'' + a_1 y_2' + a_0 y_2 = 0$ mit C_2 multiplizieren und dann beide Zeilen addieren.

Sind $y_1 = f_1(x)$, $y_2 = f_2(x)$ *linear unabhängig*, d.h., ist keine von ihnen als Vielfaches der anderen mit konstantem Koeffizienten darstellbar (insbesondere ist dann keine davon die *triviale Lösung* $y = 0$, die ja stets Lösung ist), so ist (9.3.16) bereits ihre allgemeine Lösung. Die Zahl der freien Parameter stimmt, und man kann zeigen, dass die allgemeine Lösung eindeutig bestimmt ist.[1]

Dass man linear unabhängige y_1, y_2 braucht, ist sofort zu sehen, wenn wir annehmen, dass doch eine lineare Abhängigkeit bestünde, etwa $y_1 = \alpha y_2$ mit konstantem Faktor α. Einsetzen in (9.3.16) ergibt nämlich dann:

$y = C_1 \alpha y_2 + C_2 y_2 = (C_1 \alpha + C_2) y_2$. Weil $D = (C_1 \alpha + C_2)$ nur *ein* konstanter Faktor ist, steht jetzt nur noch *ein* freier Parameter da; (9.3.16) ergäbe also nicht die allgemeine Lösung.

Wie finden wir nun Lösungen von (9.3.15)? Die Linearkombination aus y, y', y'' ergibt 0. Bei $n = 1$ heißt das, dass $y' = -a_0 y$ ist. Die Lösung $y = e^{-a_0 x}$ ist unmittelbar zu sehen. Dies führt uns auch für $n = 2$ zum

$$\text{Ansatz: } y = e^{\lambda x} \qquad (9.3.17)$$

Dann ist $y' = \lambda e^{\lambda x}$, $y'' = \lambda^2 e^{\lambda x}$. Setzen wir dies in (9.3.15) ein und dividieren dabei die ganze Zeile durch $e^{\lambda x}$, so ergibt sich die Gleichung

---

[1] Die allgemeine Lösung der homogenen linearen Dgl der Ordnung n mit konstanten Koeffizienten ist $y = C_1 f_1(x) + C_2 f_2(x) + \ldots + C_n f_n(x)$ mit *linear unabhängigen* $f_1(x), f_2(x)$, ..., $f_n(x)$, was hierbei bedeutet, daß keiner dieser Funktionswerte als Linearkombination der anderen mit konstanten Koeffizienten darstellbar ist.

$$\lambda^2 + a_1\lambda + a_0 = 0 \tag{9.3.18}$$

Mit jeder Lösung dieser quadratischen Gleichung für λ (*charakteristische Gleichung*, Abk.: char. Gl.) ist (9.3.17) eine Lösung der gegebenen homogenen Dgl (9.3.15). Die Diskriminante ist $D = a_1^2 - 4a_0$; drei Fälle sind da zu unterscheiden:

1. Fall $D > 0$: Lösungen der char. Gl.: $\lambda_{1,2} = \frac{1}{2}\left(-a_1 \pm \sqrt{D}\right)$, reell.

Weil $\lambda_1 \neq \lambda_2$ ist, sind $y_1 = e^{\lambda_1 x}$ und $y_2 = e^{\lambda_2 x}$ linear unabhängig; die allgemeine Lösung der homogenen Dgl ist bei $D > 0$ also

$$y = C_1 e^{\lambda_1 x} + C_2 e^{\lambda_2 x} \tag{9.3.19}$$

2. Fall $D = 0$: Die Lösungen der char. Gl. fallen zusammen: $\lambda_1 = \lambda_2 = -\frac{1}{2}a_1$, reell.

Nun sind $e^{\lambda_1 x}$ und $e^{\lambda_2 x}$ gleich, also linear abhängig. Zunächst ist daher nur eine Lösung zu sehen: $y_1 = e^{\lambda_1 x}$. Eine zweite, von y_1 linear unabhängige Lösung ist aber im Fall $D = 0$ (und *nur* hier!) $y_2 = xy_1 = xe^{\lambda_1 x}$. Einzusehen ist das so: Mit $y_2 = xy_1$ ist $y_2' = y_1 + xy_1'$ und $y_2'' = 2y_1' + xy_1''$. Setzen wir y_2, y_2', y_2'' für y, y', y'' in die linke Seite von (9.3.15) ein, so erhalten wir:
$2y_1' + xy_1'' + a_1(y_1 + xy_1') + a_0 xy_1 = x(y_1'' + a_1 y_1' + a_0 y_1) + 2y_1' + a_1 y_1$. Weil y_1 Lösung der Dgl ist, ist der Klammerinhalt 0. Ferner ist $2y_1' = 2\lambda_1 y_1 = -a_1 y_1$ (*nur* bei $D = 0$), somit ist auch $2y_1' + a_1 y_1 = 0$, und (9.3.15) ist erfüllt. Die allgemeine Lösung der homogenen Dgl ist bei $D = 0$ also

$$y = (C_1 + C_2 x)e^{\lambda_1 x} \tag{9.3.20}$$

3. Fall $D < 0$: $-D = 4a_0 - a_1^2 > 0$.

Lösungen der char. Gl.: $\lambda_{1,2} = \frac{1}{2}\left(-a_1 \pm j\sqrt{-D}\right)$, konjugiert komplex, vgl. (2.1.4).

Zur Abkürzung schreiben wir: $\frac{1}{2}a_1 = \delta$, $\frac{1}{2}\sqrt{-D} = \omega_e$. Damit ist bei $D < 0$:

$$\lambda_{1,2} = -\delta \pm j\omega_e. \tag{9.3.21}$$

In der Schwingungslehre heißt δ *Abklingkonstante*, ω_e *Eigenkreisfrequenz*.

Weil $\lambda_1 \neq \lambda_2$ ist, sind $y_1 = e^{\lambda_1 x}$ und $y_2 = e^{\lambda_2 x}$ linear unabhängig; die allgemeine Lösung der homogenen Dgl erscheint also zunächst wieder wie bei $D > 0$:

$$y = C_1 e^{\lambda_1 x} + C_2 e^{\lambda_2 x}$$

Dies hat den Schönheitsfehler, dass y in komplexer Schreibweise erscheint. Weil y aber reell ist (s. Bild 9.3.6), formen wir den Ausdruck entsprechend um:

9.3 Differentialgleichungen 2. Ordnung

$$y = C_1 e^{(-\delta + j\omega_e)x} + C_2 e^{(-\delta - j\omega_e)x} = e^{-\delta x}(C_1 e^{j\omega_e x} + C_2 e^{-j\omega_e x})$$

Mit Hilfe der EULERschen Formel (2.2.3) erhalten wir daraus

$$\begin{aligned} y &= e^{-\delta x}[C_1(\cos\omega_e x + j\sin\omega_e x) + C_2(\cos\omega_e x - j\sin\omega_e x)] \\ &= e^{-\delta x}[(C_1 + C_2)\cos\omega_e x + j(C_1 - C_2)\sin\omega_e x] \end{aligned}$$

Statt der freien Parameter C_1, C_2 führen wir jetzt zwei andere ein, A und B: $A = C_1 + C_2$, $B = j(C_1 - C_2)$. C_1 und C_2 brauchen wir uns nur zueinander konjugiert komplex vorzustellen, dann sind A und B reell, und die allgemeine Lösung der homogenen Dgl (9.3.15) steht nun in reeller Form da:

$$y = e^{-\delta x}(A\cos\omega_e x + B\sin\omega_e x) \qquad (9.3.22)$$

In der technischen Anwendung verwendet man dabei gerne die Umformung:

$$A\cos\omega_e x + B\sin\omega_e x = k\cos(\omega_e x - \vartheta) \qquad (9.3.23)$$

Wegen $k\cos(\omega_e x - \vartheta) = k\cos\omega_e x \cos\vartheta + k\sin\omega_e x \sin\vartheta$ (Additionstheorem!) ist dann $A = k\cos\vartheta$, $B = k\sin\vartheta$; als freie Parameter stehen also jetzt k und ϑ statt A und B in der allgemeinen Lösung. Dies hat den Vorteil, dass nur mit *einer* trigonometrischen Funktion gerechnet werden muss; zudem bedeutet in der Schwingungslehre $k > 0$ die Amplitude der ungedämpften Schwingung und ϑ die Phasenlage (siehe unten, Erläuterung zu Bild 9.3.7). Sind bereits Wertzuweisungen für A und B vorgenommen, so erhalten wir k und ϑ daraus analog zu (6.3.2):

$$k = \sqrt{A^2 + B^2}\,, \quad \vartheta = \arccos\frac{A}{k} \text{ für } B \geq 0,\ \vartheta = -\arccos\frac{A}{k} \text{ für } B < 0 \qquad (9.3.24)$$

Statt $k\cos(\omega_e x - \vartheta)$ in (9.3.23) kann man bei Bedarf auch $k\sin(\omega_e x - \vartheta)$ verwenden, $-\vartheta$ wird dann lediglich um $\frac{\pi}{2}$ größer.

Beispiele:

Von jeder der folgenden drei Dgln berechne man die allgemeine Lösung sowie die besondere Lösung für die Bedingungen $y = 1$, $y' = 0$ bei $x = 0$.

5. $y'' + 26y' + 25y = 0$

Char. Gl.: $\lambda^2 + 26\lambda + 25 = 0$; $D = 576 > 0$; $\sqrt{D} = 24$;

Lösungen der char. Gl.: $\lambda_{1,2} = \frac{1}{2}(-26 \pm 24)$; $\qquad \lambda_1 = -1$, $\lambda_2 = -25$.

Allg. Lösung der Dgl: $\qquad y = C_1 e^{-x} + C_2 e^{-25x}$;

nach x differenziert: $\qquad y' = -C_1 e^{-x} - 25 C_2 e^{-25x}$

Bedingungen: $\quad y = 1 \quad$ bei $x = 0$: $\quad 1 = C_1 + C_2$

$\qquad\qquad\qquad y' = 0 \quad$ bei $x = 0$: $\quad 0 = -C_1 - 25 C_2$

Daraus ergibt sich $C_2 = -\frac{1}{24}$, $C_1 = \frac{25}{24}$; also lautet die besondere Lösung der Dgl:
$$y = \tfrac{1}{24}(25\mathrm{e}^{-x} - \mathrm{e}^{-25x}) \ .$$

6. $y'' + 10y' + 25y = 0$
Char. Gl.: $\lambda^2 + 10\lambda + 25 = 0$; $D = 0$;
Lösungen der char. Gl.: $\lambda_1 = \lambda_2 = -5$.

Allg. Lösung der Dgl: $\quad y = (C_1 + C_2 x)\mathrm{e}^{-5x}$;
nach x differenziert: $\quad y' = (C_2 - 5C_1 - 5C_2 x)\mathrm{e}^{-5x}$

Bedingungen: $\quad y = 1 \quad$ bei $x = 0$: $\quad 1 = C_1$
$\qquad\qquad\quad y' = 0 \quad$ bei $x = 0$: $\quad 0 = C_2 - 5$

Daraus ergibt sich $C_2 = 5$; also lautet die besondere Lösung der Dgl:
$$y = (1 + 5x)\mathrm{e}^{-5x} \ .$$

7. $y'' + 2.8y' + 25y = 0$
Char. Gl.: $\lambda^2 + 2.8\lambda + 25 = 0$; $D = -92.16 < 0$; $\sqrt{-D} = 9.6$
Lösungen der char. Gl.: $\lambda_{1,2} = \tfrac{1}{2}(-2.8 \pm 9.6\mathrm{j}) = -1.4 \pm 4.8\mathrm{j}$; $\quad \delta = 1.4$, $\omega_e = 4.8$.

Allg. Lösung der Dgl: $\quad y = \mathrm{e}^{-1.4x}(A\cos 4.8x + B\sin 4.8x)$; nach x differenziert:
$\qquad y' = \mathrm{e}^{-1.4x}[-1.4(A\cos 4.8x + B\sin 4.8x) + 4.8(-A\sin 4.8x + B\cos 4.8x)]$

Bedingungen: $\quad y = 1 \quad$ bei $x = 0$: $\quad 1 = A$
$\qquad\qquad\quad y' = 0 \quad$ bei $x = 0$: $\quad 0 = -1.4A + 4.8B$

Daraus ergibt sich $B = \frac{7}{24}$; also lautet die besondere Lösung der Dgl:
$$y = \tfrac{1}{24}\mathrm{e}^{-1.4x}(24\cos 4.8x + 7\sin 4.8x); \quad \text{oder mit}$$

(9.3.23), (9.3.24): $\qquad y = \tfrac{25}{24}\mathrm{e}^{-1.4x}\cos(4.8x - \arccos 0.96) \qquad \square$

Die Lösungskurven für die besonderen Lösungen dieser drei Beispiele sind in Bild 9.3.7 dargestellt:

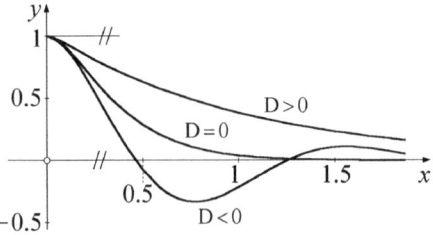

Bild 9.3.7: Beispiele 5, 6, 7; besondere Lösungen

9.3 Differentialgleichungen 2. Ordnung

Verwenden wir statt der unabhängigen Variablen x die Zeit t, und ist y die Auslenkung des Körpers von Bild 9.3.6, so bedeutet in (9.3.15)

$a_1 = \dfrac{d}{m}$, $a_0 = \dfrac{f}{m}$ mit der Masse m, der Federkonstanten f und dem Dämpfungsfaktor d von Dgl (9.3.13). Eine äußere Kraft $F_a(t)$ wirkt nicht ein. Bei konstant gehaltenen Größen m und f bleibt dann a_0 konstant. Von Beispiel 5 bis 7 wird aber a_1 laufend kleiner; die Dämpfung wird jeweils erniedrigt. Bei 5., $D > 0$, ist sie so groß, dass der Körper, lässt man ihn von der Auslenkung $y = 1$ ohne Anfangsgeschwindigkeit los, sich nur langsam der Ruhelage $y = 0$ nähert (er „kriecht" auf sie zu). Bei 7., $D < 0$, ist die Dämpfung so gering, dass der Körper nach dem Loslassen um die Ruhelage schwingt; die Amplitude nimmt dabei desto weniger ab, je kleiner die Dämpfung ist. Bei 6., $D = 0$, ist die Dämpfung so eingestellt, dass gerade noch keine Schwingung einsetzt; der Körper nähert sich optimal schnell der *stabilen* Ruhelage (ohne sich, wie bei $D < 0$, immer wieder davon zu entfernen). In der Schwingungslehre bezeichnet man diese drei Fälle daher so:

$D > 0$: *Kriechfall* ,
$D = 0$: *Aperiodischer Grenzfall* ,
$D < 0$: *Freie gedämpfte Schwingung* .

Frei heißt im letzten Fall die Schwingung, weil keine äußere Kraft einwirkt – im Unterschied zu der durch eine äußere Kraft *erzwungenen* Schwingung.

Inhomogene lineare Dgl mit konstanten Koeffizienten

Liegt eine *inhomogene* Dgl des Typs ⑦ nach (9.3.14) vor, also

$$y'' + a_1 y' + a_0 y = s(x) ,$$

so benötigen wir, um ihre allgemeine Lösung y zu finden, zuerst die allgemeine Lösung y_h der dazugehörigen *homogenen* Dgl; sie entsteht wie bei Typ ③ aus der inhomogenen einfach dadurch, dass der Störterm (= Störfunktionswert) $s(x) = 0$ gesetzt wird. Ist y_p eine besondere Lösung der *inhomogenen* Dgl, so gilt auch hier (ebenso wie beim Typ ③):

$$y = y_h + y_p . \qquad (9.3.25)$$

Beim Einsetzen in (9.3.14) liefert nämlich y_h auf der rechten Seite 0 und y_p den Störterm $s(x)$.

Auf entsprechende Weise sehen wir: Ist y_{p_1} besondere Lösung für den Störterm $s_1(x)$, y_{p_2} für den Störterm $s_2(x)$, dann ergibt sich als besondere Lösung für den Störterm $s(x) = s_1(x) + s_2(x)$:

$$y_p = y_{p_1} + y_{p_2} \qquad (9.3.26)$$

Um die inhomogene Dgl zu lösen, könnte man wieder die *Variation der Konstanten* anwenden; im Unterschied zur linearen Dgl 1. Ordnung sind ihr jetzt natürlich *zwei* Konstanten unterworfen. Das wird oft recht stressig. Deswegen wendet man, wo immer möglich, folgendes Verfahren an, das ohne Integration auskommt:
Hat die inhomogene Dgl den Störterm

$$s(x) = (p_0 + p_1 x + \ldots + p_\mu x^\mu) e^{\alpha x} \;, \tag{9.3.27}$$

dann erhält man eine besondere Lösung der inhomogenen Dgl durch den

$$\text{Ansatz: } y_p = (b_0 + b_1 x + \ldots + b_\mu x^\mu) x^q e^{\alpha x} \;. \tag{9.3.28}$$

$b_0, b_1, \ldots, b_\mu$ sind dabei als unbekannte Koeffizienten eingebaut;
q gibt an, wie häufig der Faktor α als Lösung der char. Gl. auftritt.

Ist also $\alpha \neq \lambda_1$, $\alpha \neq \lambda_2$, so ist $q = 0$,
ist $\alpha = \lambda_1$, $\alpha \neq \lambda_2$ oder $\alpha \neq \lambda_2$, $\alpha = \lambda_2$, so ist $q = 1$,
ist $\alpha = \lambda_1 = \lambda_2$ (Fall 2., $D = 0$), so ist $q = 2$.

Aus dem Ansatz (9.3.28) berechnen wir $y_p{}'$ und $y_p{}''$ und setzen alles in die inhomogene Dgl ein; der allen Termen gemeinsame Faktor $e^{\alpha x}$ wird dabei gleich wegdividiert. Danach werden die unbekannten Koeffizienten $b_0, b_1, \ldots, b_\mu$ durch Koeffizientenvergleich bestimmt und in (9.3.28) eingesetzt; damit ist die gesuchte besondere Lösung y_p gefunden. Die Rolle, die q dabei spielt, lässt sich so einsehen: Ist $q = 1$, so ist $b_0 e^{\alpha x}$ ja Lösung der homogenen Dgl, also sicher *keine* Lösung der inhomogenen. Erst ab $b_0 x^1 e^{\alpha x}$ erfolgt ein Beitrag zur Lösung der inhomogenen Dgl; bei $q = 2$ ist dies erst ab $b_0 x^2 e^{\alpha x}$ der Fall, weil ja da wegen (9.3.20) auch noch $b_1 x e^{\alpha x}$ Lösung der homogenen Dgl wäre. Außerdem kann man nachrechnen, dass für die x-Potenzen von y_p, die durch den Einbau von x^q höher sind als die höchste x-Potenz von $s(x)$, der Koeffizientenvergleich in jedem Fall automatisch erfüllt ist (also ohne Wertzuweisung für irgendeinen der unbekannten Koeffizienten $b_0, \ldots b_\mu$).

Beispiele:

Zu den folgenden *inhomogenen* Dgln gehört stets dieselbe *homogene* Dgl.
$$y'' - 3y' + 2y = 0 \;,$$
um überall mit deren allgemeiner Lösung y_h arbeiten zu können. Die char. Gl. ist
$$\lambda^2 - 3\lambda + 2 = 0 \text{ mit } D = 1 \text{ und den Lösungen } \lambda_1 = 1, \; \lambda_2 = 2 \;.$$
Die allg. Lösung der homogenen Dgl ist nach (9.3.19): $y_h = C_1 e^x + C_2 e^{2x}$.
Von jeder inhomogenen Dgl ist die allgemeine Lösung gesucht.

9.3 Differentialgleichungen 2. Ordnung

8. Dgl: $y'' - 3y' + 2y = 2x + 1$

Dass *kein* e-Funktionswert dasteht, führt zu $\alpha = 0$. Die Größen α, q, μ für den Ansatz (9.3.28) fassen wir am besten übersichtlich in einem Kasten zusammen:

$$\boxed{\alpha = 0 \mid q = 0 \mid \mu = 1}$$

Ansatz: $y_p = b_0 + b_1 x$; $y_p' = b_1$, $y_p'' = 0$;

in Dgl: $0 - 3b_1 + 2b_0 + 2b_1 x = 2x + 1$

Koeffizientenvergleich für x^1: $\qquad b_1 = 1$

für x^0: $-3b_1 + 2b_0 = 1$, also $b_0 = 2$

Bes. Lösung der Dgl: $\quad y_p = 2 + x$,

Allg. Lösung der Dgl: $\quad y = C_1 e^x + C_2 e^{2x} + x + 2$

9. Dgl: $y'' - 3y' + 2y = e^{3x}$

$$\boxed{\alpha = 3 \mid q = 0 \mid \mu = 0}$$

Ansatz: $y_p = b_0 e^{3x}$; $y_p' = 3b_0 e^{3x}$, $y_p'' = 9b_0 e^{3x}$;

in Dgl ($\cdot 1/e^{3x}$): $9b_0 - 9b_0 + 2b_0 = 1$

Koeffizientenvergleich (nur für x^0): $2b_0 = 1$, also $b_0 = \tfrac{1}{2}$

Bes. Lösung der Dgl: $\quad y_p = \tfrac{1}{2} e^{3x}$,

Allg. Lösung der Dgl: $\quad y = C_1 e^x + C_2 e^{2x} + \tfrac{1}{2} e^{3x}$

10. Dgl: $y'' - 3y' + 2y = 2x e^{3x}$

$$\boxed{\alpha = 3 \mid q = 0 \mid \mu = 1}$$

Ansatz: $y_p = (b_0 + b_1 x) e^{3x}$; $y_p' = (b_1 + 3b_0 + 3b_1 x) e^{3x}$, $y_p'' = (6b_1 + 9b_0 + 9b_1 x) e^{3x}$

in Dgl ($\cdot 1/e^{3x}$): $6b_1 + 9b_0 + 9b_1 x - 3b_1 - 9b_0 - 9b_1 x + 2b_0 + 2b_1 x = 2x$

Koeffizientenvergleich für x^1: $\qquad 2b_1 = 2$

für x^0: $3b_1 + 2b_0 = 0$, also $b_1 = 1$, $b_0 = -\tfrac{3}{2}$

Bes. Lösung der Dgl: $\quad y_p = (x - \tfrac{3}{2}) e^{3x}$,

Allg. Lösung der Dgl: $\quad y = C_1 e^x + C_2 e^{2x} + (x - \tfrac{3}{2}) e^{3x}$

11. Dgl: $y'' - 3y' + 2y = e^{2x}$ (Vorsicht: $\alpha = 2 = \lambda_2$!)

$$\boxed{\alpha = 2 \mid q = 1 \mid \mu = 0}$$

Ansatz: $y_p = b_0 x^1 e^{2x}$; $y_p' = b_0 (1 + 2x) e^{2x}$; $y_p'' = b_0 (4 + 4x) e^{2x}$

in Dgl ($\cdot 1/e^{2x}$): $b_0 (4 + 4x - 3 - 6x + 2x) = 1$

Koeffizientenvergleich für x^1: $0b_0 = 0$ (automatisch erfüllt, s.o.)
für x^0: $b_0 = 1$

Bes.Lösung der Dgl: $y_p = xe^{2x}$,

Allg. Lösung der Dgl: $y = C_1 e^x + C_2 e^{2x} + xe^{2x} = C_1 e^x + (C_2 + x)e^{2x}$

12. Dgl: $y'' - 3y' + 2y = 2x + 1 + e^{2x}$

Jetzt ist $s(x) = 2x + 1 + e^{2x}$ *nicht* von der Form (9.3.27), also können wir auch y_p nicht in der Form (9.3.28) ansetzen. Wohl aber ist $s(x) = s_1(x) + s_2(x)$ mit $s_1(x) = 2x + 1$ und $s_2(x) = e^{2x}$. Die Beispiele 8 und 11 ergaben $y_{p_1} = x + 2$ als besondere Lösung für $s_1(x)$ und $y_{p_2} = x e^{2x}$ für $s_2(x)$. Also folgt mit (9.3.26):

Bes.Lösung der Dgl: $y_p = y_{p_1} + y_{p_2} = x + 2 + xe^{2x}$;

Allg. Lösung der Dgl: $y = C_1 e^x + (C_2 + x)e^{2x} + x + 2$ □

Für viele wichtige Anwendungsfälle genügt der bisher betrachtete Störterm $s(x)$ in der Form (9.3.27) noch nicht. Häufig hat man es bei einer Anordnung nach Bild 9.3.6 mit einer *periodisch* einwirkenden äußeren Kraft $F_a(t)$ zu tun. Um dann die inhomogene Dgl (9.3.13) zu lösen, müssen wir Störterme bearbeiten können, die dem Rechnung tragen Wir verallgemeinern (9.3.27) daher auf zwei Weisen:

$$\text{(I)} \quad s(x) = (p_0 + p_1 x + \ldots + p_\mu x^\mu)e^{\alpha x} \cos \beta x$$
$$\text{(II)} \quad s(x) = (p_0 + p_1 x + \ldots + p_\mu x^\mu)e^{\alpha x} \sin \beta x \tag{9.3.29}$$

Die beiden Fälle (I) und (II) können wir beinahe so wie (9.3.27) behandeln, wenn wir komplexe Zahlen verwenden: $\cos \beta x$ und $\sin \beta x$ sind nach der EULERschen Formel (2.2.3) Real- und Imaginärteil von $e^{j\beta x}$. Ersetzen wir jetzt $s(x)$ durch den *komplex ergänzten Störterm*

$$\underline{s}(x) = (p_0 + p_1 x + \ldots + p_\mu x^\mu)e^{(\alpha + j\beta)x} \tag{9.3.30}$$

ein, dann ist

$$\begin{aligned} \text{bei (I)}: \quad & s(x) = \text{Re}(\underline{s}(x)) \\ \text{bei (II)}: \quad & s(x) = \text{Im}(\underline{s}(x)) \end{aligned} \tag{9.3.31}$$

$\underline{s}(x)$ hat – anders als $s(x)$ nach (9.3.29) – dieselbe Struktur wie der früher behandelte Störterm $s(x)$ nach (9.3.27); es ist nur α durch $\alpha + j\beta$ zu ersetzen. Freilich wird aus der gegebenen Dgl dann die entsprechend komplex ergänzte; wie $\underline{s}(x)$ kennzeichnen wir sie auch durch Unterstreichen:

Dgl: $\underline{y}'' + a_1 \underline{y}' + a_0 \underline{y} = \underline{s}(x)$ (9.3.32)

9.3 Differentialgleichungen 2. Ordnung

Eine besondere Lösung y_p von Dgl finden wir mit dem (9.3.28) entsprechenden

Ansatz: $\underline{y_p} = (b_0 + b_1 x + ... + b_\mu x^\mu) x^q e^{(\alpha + j\beta)x}$ \hfill (9.3.33)

Logischerweise gibt dann q an, wie häufig jetzt $\alpha + j\beta$ (statt vorher nur α) als Lösung der charakteristischen Gleichung auftritt.

So wie oben y_p wird jetzt $\underline{y_p}$ ermittelt; dabei ist nur zu beachten, dass jetzt die $b_0, b_1, ... , b_\mu$ i. allg. auch komplex sind.

Aus der besonderen Lösung $\underline{y_p}$ der komplex ergänzten Dgl erhalten wir nun leicht die gesuchte besondere Lösung y_p der gegebenen Dgl:

$$\begin{aligned} \text{bei (I), also mit } s(x) = \text{Re}(\underline{s}(x)): \; y_p = \text{Re}(\underline{y_p}) \\ \text{bei (II), also mit } s(x) = \text{Im}(\underline{s}(x)): \; y_p = \text{Im}(\underline{y_p}) \end{aligned} \qquad (9.3.34)$$

Der Grund dafür ist, dass aus einer linearen Gleichung für komplexe Zahlen $z_1 = z_2$ die zwei Gleichungen für reelle Zahlen folgen: $\text{Re}(z_1) = \text{Re}(z_2)$, $\text{Im}(z_1) = \text{Im}(z_2)$.

Beispiele:

13. Dgl: $y'' - 3y' + 2y = \cos 2x$

Die dazugehörige homogene Dgl ist dieselbe wie oben mit der allg. Lösung $y_h = C_1 e^x + C_2 e^{2x}$. Lösungen der char. Gl.: $\lambda_1 = 1$, $\lambda_2 = 2$.

$s(x) = \cos 2x = \text{Re}(e^{2jx})$, also Fall (I), $\underline{s}(x) = e^{2jx}$;

Dgl: $y'' - 3y' + 2y = e^{2jx}$

$\alpha + j\beta = 2j$	$q = 0$	$\mu = 0$

Ansatz: $\underline{y_p} = b_0 e^{2jx}$, $\underline{y_p}' = 2b_0 j e^{2jx}$, $\underline{y_p}'' = -4b_0 e^{jx}$;

in Dgl ($\cdot 1/e^{2jx}$): $-4b_0 - 6jb_0 + 2b_0 = 1$

Koeffizientenvergleich (nur für x^0): $b_0(-2 - 6j) = 1$, also $b_0 = -\frac{1}{2}\frac{1}{1+3j} = -\frac{1}{20}(1 - 3j)$

Bes.Lösung der Dgl: $\quad \underline{y_p} = -\frac{1}{20}(1 - 3j)(\cos 2x + j \sin 2x)$

Bes.Lösung der geg. Dgl: $\quad y_p = \text{Re}(\underline{y_p}) = -\frac{1}{20}(\cos 2x + 3 \sin 2x)$

Allg. Lösung der geg. Dgl: $\quad y = C_1 e^x + C_2 e^{2x} - \frac{1}{20}(\cos 2x + 3 \sin 2x)$

14. Dgl: $y'' + 4y = \sin 2x$

Dazugehörige homogene Dgl: $y_h'' + 4y_h = 0$

Charakteristische Gl.: $\lambda^2 + 4 = 0$; Lösungen: $\lambda_1 = 2j$, $\lambda_2 = -2j$

Allg. Lösung der homogenen Dgl: $y_h = A\cos 2x + B\sin 2x$

Bei der gegebenen Dgl ist $s(x) = \sin 2x = \text{Im}(e^{2jx})$, also Fall (II), $\underline{s}(x) = e^{2jx}$;

Dgl: $y'' + 4y = e^{2jx}$

| $\alpha + j\beta = 2j$ | $q = 1$ | $\mu = 0$ |

Ansatz: $\underline{y_p} = b_0 x e^{2jx}$, $\underline{y_p}' = b_0(1+2jx)e^{2jx}$, $\underline{y_p}'' = b_0(4j-4x)e^{jx}$;

in Dgl ($\cdot 1/e^{2jx}$): $b_0(4j-4x) + 4b_0 x = 1$

Koeffizientenvergleich für x^1: $0 b_0 = 0$ (automatisch erfüllt, s.o.)

für x^0: $b_0 = \frac{1}{4j} = -\frac{1}{4}j$

Bes.Lösung der Dgl: $\underline{y_p} = -\frac{1}{4}jx(\cos 2x + j\sin 2x)$

Bes.Lösung der geg. Dgl: $y_p = \text{Im}(\underline{y_p}) = -\frac{1}{4}x\cos 2x$

Allg. Lösung der geg. Dgl: $y = A\cos 2x + B\sin 2x - \frac{1}{4}x\cos 2x$.   □

Wir kommen zurück zum Anwendungsbeispiel von Bild 9.3.6 mit Dgl (9.3.13). Nicht alle Einzelschritte des Lösungsweges sollen hier durchgerechnet werden; vorrangig wollen wir jetzt Übersetzungsprozesse zwischen realem Sachverhalt und mathematischer Form trainieren. Als Sonderfall der äußeren Kraft verwenden wir $F_a(t) = F\sin\omega t$ mit $F = \text{const.}$:

$$m\ddot{y} + d\dot{y} + fy = F\sin\omega t$$

Die Standardform der Dgl lautet nach (9.3.14)

$$\ddot{y} + \frac{d}{m}\dot{y} + \frac{f}{m}y = \frac{F}{m}\sin\omega t$$

1. Fall ohne Dämpfung und ohne äußere Kraft; $d = 0$, $F = 0$:

Die Dgl ist homogen: $\ddot{y}_h + \frac{f}{m}y_h = 0$ (Index h zur Unterscheidung, s.o.)

Charakteristische Gl.: $\lambda^2 + \frac{f}{m} = 0$. Mit der Abkürzung $\omega_0 = \sqrt{\frac{f}{m}}$

hat sie die Lösungen $\lambda_{1,2} = \pm j\omega_0$

Nach (9.3.21) ist $\delta = 0$, $\omega_e = \omega_0$; die allg. Lösung der homogenen Dgl ist nach (9.3.22), (9.3.23): $y_h = A\cos\omega_0 t + B\sin\omega_0 t$ bzw. $y_h = k_h \cos(\omega_0 t - \vartheta_h)$

Dadurch wird eine ungedämpfte Schwingung mit der Kreisfrequenz ω_0 (*Kennkreisfrequenz*, Eigenkreisfrequenz im Fall ohne Dämpfung) beschrieben.

2. Fall ohne Dämpfung, aber mit äußerer Kraft; $d = 0$, $F > 0$:

9.3 Differentialgleichungen 2. Ordnung

Die Dgl ist inhomogen: $\ddot{y} + \frac{f}{m}y = \frac{F}{m}\sin\omega t$;

Störterm ist $s(t) = \frac{F}{m}\sin\omega t = \operatorname{Im}\left(\frac{F}{m}e^{j\omega t}\right)$, also mit (II) von (9.3.29): $\underline{s}(t) = \frac{F}{m}e^{j\omega t}$.

a) Für $\omega \neq \omega_0$: $\boxed{\alpha + j\beta = j\omega \mid q = 0 \mid \mu = 0}$

Die nach (9.3.30) bis (9.3.34) ermittelte besondere Lösung der inhomogenen Dgl ist $y_p = \frac{F}{m(\omega_0^2 - \omega^2)}\sin\omega t$.

Wir sehen, dass y_p für $\omega_0 > \omega$ gleichphasig mit $F_a(t)$ schwingt, für $\omega_0 < \omega$ gegenphasig dazu. Die allgemeine Lösung der inhomogenen Dgl ist mit y_h von 1. natürlich wieder $y = y_h + y_p$; dies stellt eine Überlagerung zweier ungedämpfter Schwingungen mit den Kreisfrequenzen ω und ω_0 dar.

b) Für $\omega = \omega_0$: $\boxed{\alpha + j\beta = j\omega \mid q = 1 \mid \mu = 0}$

Jetzt ergibt sich als besondere Lösung der inhomogenen Dgl

$$y_p = -\frac{F}{2m\omega_0}t\cos\omega_0 t.$$

Für zunehmende Zeit t nimmt also die Amplitude proportional zu t zu; die Schwingung „schaukelt sich auf". das ist das Phänomen der *Resonanz* im Fall ohne Dämpfung. Wie lange geht dieses Aufschaukeln? Es kommt vor, dass ein Objektteil die großen Schwingungsweiten nicht mehr aushält und zu Bruch geht.

Mathematisch interessanter ist folgende Möglichkeit: Der Dämpfungsfaktor d ist in der Dgl mit $\dot{y}$, also der Geschwindigkeit der bewegten Masse multipliziert. Je größer $|\dot{y}|$ wird, desto mehr nähert man sich der Grenze, von der ab $d = 0$ keine genügend gute Näherung mehr darstellt, auch wenn d sehr klein ist. Von da ab beschreibt die Dgl mit $d = 0$ den real ablaufenden Vorgang nicht mehr zutreffend.

Bildet man im Resonanzfall aus der allgemeinen Lösung $y = y_h + y_p$ noch die besondere Lösung für $y = 0$ und $\dot{y} = 0$ bei $t = 0$, so erhält man

$$y = \frac{F}{2m\omega_0}\left(\frac{1}{\omega_0}\sin\omega_0 t - t\cos\omega_0 t\right), \text{ s. Bild 9.3.8.}$$

3. Fall mit Dämpfung und ohne äußere Kraft; $d > 0$, $F = 0$:

Die Dgl ist homogen: $\ddot{y}_h + \frac{d}{m}\dot{y}_h + \frac{f}{m}y_h = 0$ (Index h zur Unterscheidung, s.o.)

Charakteristische Gl.: $\lambda^2 + \frac{d}{m}\lambda + \frac{f}{m} = 0$;

Wir betrachten jetzt nur den Fall der freien gedämpften Schwingung; dann ist mit (9.3.21) $\frac{d}{m} = 2\delta$. Mit ω_0 von 1.) ergibt sich $D = 4\delta^2 - 4\omega_0^2$.

Um $D<0$ zu erzielen, muss die Dämpfung genügend klein sein: $\delta<\omega_0$.

Die Lösungen der char. Gl. sind dann $\lambda_{1,2} = -\delta \pm j\sqrt{\omega_0^2 - \delta^2}$

Die Eigenkreisfrequenz ist jetzt $\omega_e = \sqrt{\omega_0^2 - \delta^2}$; bei $d>0$ gilt also $\omega_e < \omega_0$.

Allg. Lösung der homogenen Dgl nach (9.3.22), (9.3.23):

$$y_h = e^{-\delta t}(A\cos\omega_e t + B\sin\omega_e t) \text{ bzw. } y_h = k_h e^{-\delta t}\cos(\omega_e t - \vartheta_h) \text{ (s. Bild 4.3.2)}$$

4. Fall mit Dämpfung und mit äußerer Kraft; $d>0$, $F>0$:

Die Dgl ist inhomogen: $\ddot{y} + \dfrac{d}{m}\dot{y} + \dfrac{f}{m}y = \dfrac{F}{m}\sin\omega t$

Störterm ist $s(t) = \dfrac{F}{m}\sin\omega t = \text{Im}\left(\dfrac{F}{m}e^{j\omega t}\right)$, also Fall (II), $\underline{s}(t) = \dfrac{F}{m}e^{j\omega t}$;

| $\alpha + j\beta = j\omega$ | $q=0$ | $\mu=0$ |

Anders als bei 2. kann hier $q=1$ keinesfalls auftreten, weil ja jetzt $\delta > 0$ und somit stets $\lambda_{1,2} \neq \omega$ ist. Gibt es Resonanz nur ohne Dämpfung? Die Erfahrung spricht natürlich dagegen!

Die y_p-Berechnung nach (9.3.30) bis (9.3.34) für die inhomogene Dgl liefert

$$y_p = \frac{F}{m[(\omega_0^2 - \omega^2)^2 + (2\delta\omega)^2]}[(\omega_0^2 - \omega^2)\sin\omega t - 2\delta\omega\cos\omega t]$$

(egal, ob $\omega = \omega_e$ oder $\omega \neq \omega_e$ ist).

Nach (9.3.23) lässt sich dies auch als $y_p = k\cos(\omega t - \vartheta)$ schreiben; die allgemeine Lösung $y = y_h + y_p$ der inhomogenen Dgl stellt also die Überlagerung einer gedämpften Schwingung von der Kreisfrequenz ω_e mit einer ungedämpften Schwingung von der Kreisfrequenz ω dar. Die erste, die freie Schwingung (y_h), heißt *flüchtiger* Anteil, weil sie im Verlauf der Zeit zunehmend weniger bemerkbar ist, die zweite, die durch die äußere Kraft erzwungen wird (y_p), heißt *stationärer* Anteil, weil ihre Amplitude im Verlauf der Zeit konstant bleibt. Solange der flüchtige Anteil noch merklich vorhanden ist, spricht man vom *Einschwingvorgang*.

Wie steht es nun mit der Resonanz? Nach dem Einschwingvorgang ist nur noch der stationäre Anteil merklich vorhanden. Seine Amplitude ist nach (9.3.24)

$$k = \frac{F}{m\sqrt{(\omega_0^2 - \omega^2)^2 + (2\delta\omega)^2}}. \tag{9.3.35}$$

Von Resonanz sprechen wir dann, wenn die Kreisfrequenz ω der äußeren Kraft so gewählt wird, dass bei Konstanthaltung aller anderen Größen (m, f, d, F) die Amplitude k als Funktionswert von ω ein Maximum annimmt. Diese Kreisfrequenz heißt *Resonanzkreisfrequenz* ω_r. Nun differenzieren wir nicht etwa k nach ω, um ω_r zu finden: Weil der Zähler von k konstant ist, genügt es, aufs Minimum des Nenners zu zielen, also letztlich des Radikanden im Nenner.

$$\tfrac{d}{d\omega}[(\omega_0^2 - \omega^2)^2 + (2\delta\omega)^2] = 2(\omega_0^2 - \omega^2)\cdot(-2\omega) + 8\delta^2\omega = 0 \text{ für } \omega = \omega_r;$$

daher $\omega_0^2 - \omega_r^2 = 2\delta^2$, $\omega_r = \sqrt{\omega_0^2 - 2\delta^2}$

Eine echte Resonanzstelle tritt also bei $\delta > 0$ nur auf, wenn $\omega_0 > \delta\sqrt{2}$ ist! Beachten Sie, dass hier die Resonanzkreisfrequenz *kleiner* ist als die Eigenkreisfrequenz $\omega_e = \sqrt{\omega_0^2 - \delta^2}$ der freien gedämpften Schwingung; es ist $\omega_r = \sqrt{\omega_e^2 - \delta^2}$.
Nur bei $\delta = 0$ (Fall ohne Dämpfung) ist $\omega_r = \omega_e = \omega_0$.
Einsetzen von $\omega = \omega_r$ in (9.3.35) liefert die Amplitude k_r im Resonanzfall bei $\delta > 0$: $k_r = \dfrac{F}{2m\delta\omega_e}$

Bei $\delta > 0$ ergibt sich im Resonanzfall aus der allgemeinen Lösung $y = y_h + y_p$ für $y = 0$ und $\dot{y} = 0$ bei $t = 0$ die in Bild 9.3.9 dargestellte besondere Lösung.

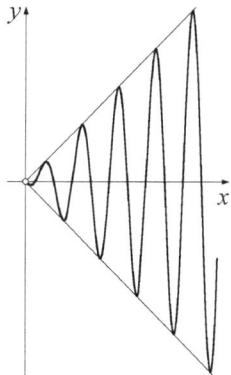
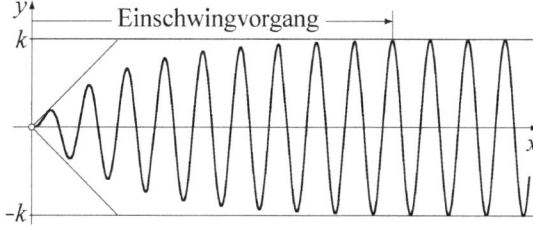

Bild 9.3.8: Resonanz (ohne Dämpfung)   **Bild 9.3.9:** Resonanz (mit Dämpfung)

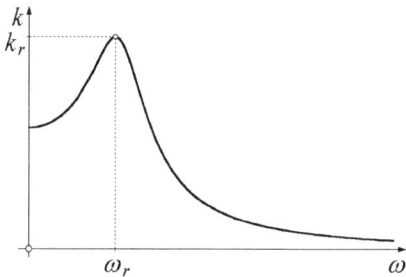

Bild 9.3.10: Amplitude k

Einsetzen von $\omega = \omega_r$ in (9.3.35) liefert die Amplitude k_r im Resonanzfall bei $\delta > 0$: $k_r = \dfrac{F}{2m\delta\omega_e}$. Bild 9.3.10 zeigt k in Abhängigkeit von ω.

Übungsaufgaben:

1. Ein Modellfahrzeug der Masse 1 kg wird zur Zeit $t = 0$ s auf einer geraden Fahrbahn mit der Steigung 1 % in Richtung x (in m) nach oben angestoßen. Der Bewegung wirkt eine der Geschwindigkeit proportionale Reibungskraft $-d\cdot\dot{x}$ mit $d = 0.1$ kg/s entgegen.
a) Für die Erdbeschleunigung g soll $a = g\cdot\sin(\arctan 0.01)$ auf Zehntel gerundet werden. Welche Dgl gilt dann für x (nur Maßzahlen, ohne Benennungen)?
b) Welche besondere Lösung hat sie für die Startwerte $x = 0$, $\dot{x} = 1$ bei $t = 0$?
c) Nach welcher Zeit t_1 kehrt das Fahrzeug die Fahrtrichtung um? Welchen Weg x_1 hat es dann zurückgelegt?
d) Braucht das Fahrzeug für den Rückweg von x_1 nach 0 mehr, weniger oder die gleiche Zeit wie von 0 nach x_1? Begründung zuerst *ohne*, dann *mit* Rechnung!

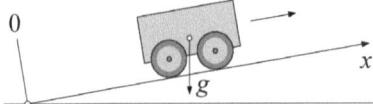

Bild 9.3.11: Zu Aufgabe 1

2. Auf ein entlang der x-Achse verschiebbares Objekt der Masse m wirkt von der Zeit $t = 0$ an eine äußere Kraft $F_a(t) = F_0 e^{-t}$ in Richtung x. Die Reibungskraft sei $-d\dot{x}$ mit $d > 0$.
a) Wie lautet die Dgl der Bewegung α) allgemein, β) für $m = 1$, $d = 1$, $F_0 = 1$?
b) Welche besondere Lösung hat die Dgl nach β) für $x = 0, \dot{x} = 0$ bei $t = 0$? Zu welchem Zeitpunkt t nimmt dabei die Geschwindigkeit $\dot{x}$ ein Maximum $\dot{x}_{max}$ an? Wie groß ist $\dot{x}_{max}$? Welcher Grenzlage nähert sich das Objekt für $t \to \infty$?

3. Von folgenden Dgln sind die allgemeinen Lösungen gesucht:
a) $y'' - 3y' + 2y = \sin 2x$, **b)** $y'' - 3y' + 2y = x\cos 2x - 2\sin 2x$.

4. Zur Zeit $t = 0$ bewegt sich ein Objekt bei $y = 1$ mit der Geschwindigkeit $v_0 = \sqrt{2}$ in Richtung der y-Achse. Der Bewegung wirkt eine Bremsbeschleunigung vom Betrag $2y^{-3}$ entgegen.
a) Ermitteln Sie die Dgl der Bewegung und ihre besondere Lösung für die gegebenen Bedingungen.
b) Geben Sie die Geschwindigkeit v in Abhängigkeit von t an. Tritt $v = 0$ für eine endliche Zeit t ein? Zu welcher Zeit t^* ist v nur noch $1/100$ von v_0?

5. $\theta\ddot{\varphi} + d\dot{\varphi} + f\varphi = M$ ist die Dgl für die Auslenkung eines Messinstrumentzeigers. [Auslenkungswinkel φ, Zeit t, Messwerk-Trägheitsmoment Θ, Dämpfungsfaktor d,

9.3 Differentialgleichungen 2. Ordnung 407

Federkonstante f, Drehmoment M. Weiter ohne Maßeinheiten mit $\Theta f = 4$.]
a) Bei welchem Wert von d tritt der aperiodische Grenzfall ein?
Wie lautet in diesem Fall die allgemeine Lösung der Dgl bei konstantem M?
b) Welche besondere Lösung ergibt sich, wenn bis $t = 0$ der Zeiger auf 0 steht und P von $t = 0$ ab einwirkt (also $\varphi = 0$ und $\dot{\varphi} = 0$ bei $t = 0$ gilt)?
c) Wieviel % der „Endanzeige" $\varphi_\infty = \lim\limits_{t \to \infty} \varphi$ beträgt φ für $t = 1$?

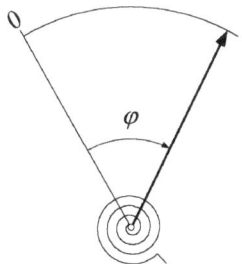
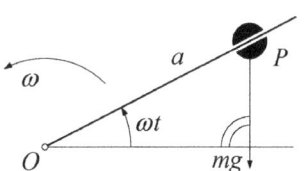

Bild 9.3.12: Zu Aufgabe 5   **Bild 9.3.13:** Zu Aufgabe 6

6. Ein Stab a dreht sich in vertikaler Ebene um den Punkt O mit konstanter Winkelgeschwindigkeit ω, Bild 9.3.13. Auf dem Stab gleitet ein Punkt P von der Masse m ohne Reibung.
a) Ermitteln Sie die Dgl für den Abstand r des Punktes P von O in Abhängigkeit von der Zeit t und ihre allgemeine Lösung.
b) Welche Bedingung muss bei $t = 0$ erfüllt sein, damit r endlich bleibt? Skizzieren Sie hierfür die Lösung. Gibt es auch eine exakt periodische besondere Lösung?

7. Die Bewegung einer Masse m wird durch die Dgl $\ddot{y} + 4\dot{y} + 4y = 4e^{2-2t}$ beschrieben (ohne Maßeinheiten).
a) Wie groß sind Federkonstante f, Dämpfungsfaktor d und äußere Kraft $F_a(t)$ in Abhängigkeit von m?
b) Ermitteln Sie die allgemeine Lösung der Dgl und ihre besondere Lösung $y = g(t)$ für die Bedingung $y = 0$ und $\dot{y} = 0$ bei $t = 0$.
c) Zu welcher Zeit t_M nimmt $y = g(t)$ sein Maximum y_M an? Wie groß ist dabei y_M, und wo kommt die Masse zur Ruhe? Skizzieren Sie $\mathfrak{G}_g$.

8. Gesucht ist die Gleichung $y = f(x)$ einer Kurve $\mathfrak{G}_f$, die mit der Steigung $y' = 0$ durch den Punkt $(0, 1)$ geht und deren Krümmung κ in jedem ihrer Punkte den Wert $\dfrac{1}{y^2}$ besitzt. Ermitteln Sie dafür die Dgl und die gesuchte besondere Lösung.

9. Gegeben ist die Dgl $\ddot{y} + 4\dot{y} + 3y = 8e^{-t}$. Ermitteln Sie
a) allgemeine Lösung und besondere Lösung $y = f(t)$ mit $y = 1$, $\dot{y} = 3$ bei $t = 0$,
b) Hochpunkt $H(t_H, y_H)$ und Wendepunkt $W(t_W, y_W)$ von $\mathfrak{G}_f$; Skizze von $\mathfrak{G}_f$.

10. Ein Objekt bewege sich gemäß der Dgl $\ddot{y} = \left[\dfrac{1}{t - \frac{5}{4}} - 1\right] \dot{y}$. Ermitteln Sie

a) allgemeine Lösung und besondere Lösung $y = f(t)$ mit $y = 0$, $\dot{y} = 10$ bei $t = 0$,

b) Maximum y_M von $f(t)$ und $\lim\limits_{t \to \infty} f(t)$, Skizze von $\mathfrak{G}_f$ samt Asymptote b.

11. Gesucht ist die allgemeine Lösung der Dgl $yy'' - (y')^2 = 0$.

9.4 Systeme von Differentialgleichungen

Bei der bisherigen Arbeit mit Differentialgleichungen war stets die Lösung *einer* Dgl in *einer* abhängigen und einer unabhängigen Variablen (samt Ableitungen) gesucht. Bei der Systemanalyse möchte man aber etwas über das Verhalten von *mehreren* abhängigen Variablen erfahren; nach wie vor haben wir aber nur mit *einer* unabhängigen Variablen zu tun (z.B. der Zeit t, wenn das Verhalten von Systemkomponenten im zeitlichen Verlauf untersucht werden soll).

Für die abhängigen Variablen $y_1, y_2, ..., y_n$ besteht ein System von Dgln aus n Gleichungen, in denen außer t und den y_i ($i = 1, ..., n$) auch Ableitungen der y_i nach t vorkommen:

$$\varphi_1(y_1,...,y_n,\dot{y}_1,...,\dot{y}_n,\ddot{y}_1,...,\ddot{y}_n,...\text{evtl. höhere Ableitungen}...,t) = 0$$
$$\varphi_2(y_1,...,y_n,\dot{y}_1,...,\dot{y}_n,\ddot{y}_1,...,\ddot{y}_n,...\text{evtl. höhere Ableitungen}...,t) = 0$$
$$\varphi_3(y_1,...,y_n,\dot{y}_1,...,\dot{y}_n,\ddot{y}_1,...,\ddot{y}_n,...\text{evtl. höhere Ableitungen}...,t) = 0$$
$$..$$
$$\varphi_n(y_1,...,y_n,\dot{y}_1,...,\dot{y}_n,\ddot{y}_1,...,\ddot{y}_n,...\text{evtl. höhere Ableitungen}...,t) = 0$$

Wo es die Struktur des Dgl-Systems erlaubt, eliminiert man abhängige Variable (samt Ableitungen) so lange, bis eine Gleichung in einer abhängigen Variablen, ihren Ableitungen und der unabhängigen Variablen übrigbleibt. Bei den Eliminationsschritten sind im allgemeinen zusätzliche Differentiationen nötig (um z.B. außer y_i auch $\dot{y}_i$ eliminieren zu können). Dies treibt während der Eliminationsschritte für gewöhnlich die Ordnungen der Ableitungen in die Höhe (Ausnahmen siehe unten). Lässt sich die allgemeine Lösung für diese eine abhängige Variable ermitteln, so ergeben sich daraus durch Einsetzen Gleichungen für andere abhängige Variable. Ggf. sind diese Schritte wiederholt durchzuführen. So sucht man auf entsprechende Weise für jede der weiteren abhängigen Variablen die allgemeine Lösung (u.U. genügt hierzu das Einsetzen der zuerst gefundenen allgemeinen Lösung(en) in die Eliminationsgleichungen).

Alle diese allgemeinen Lösungen zusammen bilden die *allgemeine Lösung des Systems*. Je nach evtl. auftretenden Abhängigkeiten zwischen den Gleichungszeilen kann sie (bis auf die Werte der freien Parameter) eindeutig bestimmt sein oder nicht – oder überhaupt nicht existieren. Entsprechendes sind wir ja schon von

9.4 Systeme von Differentialgleichungen

linearen Gleichungssystemen (also ohne Ableitungen) gewohnt. Je nach Aufgabenstellung lohnt sich unter Umständen auch das Umsteigen von der gegebenen unabhängigen Variablen auf eine andere, wie im Dgl-System am Schluß des Kapitels.

Häufig sind bei der Analyse realer Systeme die Dgln nichtlinear und nur mit numerischen Näherungsverfahren zu lösen. Wir befassen uns daher (mit Ausnahme des eben genannten Beispiels) jetzt nur mit Systemen von linearen Dgln mit konstanten Koeffizienten; sie sind besonders wichtig für die Behandlung gekoppelter Schwingungen. Dabei ist der oben beschriebene Lösungsweg in jedem Fall gangbar.

Folgende Beispiele verdeutlichen die Einzelschritte. Ein System aus zwei Dgln (1), (2) für die abhängigen Variablen x, y ist jeweils gegeben; wie oben ist t unabhängige Variable.

Beispiele:

1. $2\dot{x} + \dot{y} - 2x - y = 6e^{2t}$ (1)
   $\dot{x} \quad\quad + 3x + y = 0$ (2)

   Aus (2): $\quad y = -\dot{x} - 3x \quad$ (2*),
   daraus $\quad \dot{y} = -\ddot{x} - 3\dot{x}$; beides in (1):

   $2\dot{x} - \ddot{x} - 3\dot{x} - 2x + \dot{x} + 3x = 6e^{2t}$,

   $$\ddot{x} - x = -6e^{2t} \quad (3)$$

   (3) ist eine Dgl für x vom Typ ⑦, 2. Ordnung, inhomogen.
   Die allgemeine Lösung von (3) wird wie in 9.3 ermittelt; sie lautet (Nachrechnen zur Übung empfohlen!):

   $$x = C_1 e^t + C_2 e^{-t} - 2e^{2t} \quad \text{(Allg. Lös. für } x\text{)},$$

   daraus $\quad \dot{x} = C_1 e^t - C_2 e^{-t} - 4e^{2t}$; beides in (2*):

   $$y = -4C_1 e^t - 2C_2 e^{-t} + 10e^{2t} \quad \text{(Allg. Lös. für } y\text{)}$$

2. $\dot{x} - x + \dot{y} = 2t + 1$ (1)
   $2\dot{x} + x + 2\dot{y} = t$ (2)

   Aus (1): $\quad \dot{y} = 2t + 1 - \dot{x} + x \quad$ (1*); in (2):

   $2\dot{x} + x + 4t + 2 - 2\dot{x} + 2x = t$
   $\quad\quad\quad\quad\quad\quad\quad x = -t - \tfrac{2}{3} \quad$ (Allg. Lös. für x)
   $\quad\quad\quad$ daraus $\quad \dot{x} = -1$; $\quad$ beides in (1*):

   $\dot{y} = t + \tfrac{4}{3}$
   $y = \tfrac{1}{2}t^2 + \tfrac{4}{3}t + C \quad$ (Allg. Lös. für y)

Seltsam: Die Gleichung für x ist gar keine Dgl mehr (oder, wenn man so will, eine „Dgl der Ordnung 0"). Dies ist eine der in der allgemeinen Beschreibung des Lösungsweges genannten Ausnahmen. Der Grund dafür ist die lineare Abhängigkeit der gegebenen Dgln (1) und (2) bezüglich der vorkommenden Ableitungen.

3. $\ddot{x} - 2x - 3y = 0$ (1)
$\ddot{y} + x + 2y = 0$ (2)

Aus (2): $\quad x = -\ddot{y} - 2y$ (2*),

daraus $\quad \ddot{x} = -\ddddot{y} - 2\ddot{y}$; beides in (1):

$$-\ddddot{y} - 2\ddot{y} + 2\ddot{y} + 4y - 3y = 0$$
$$\ddddot{y} - y = 0 \quad (3)$$

(3) ist eine Dgl für y vom Typ ⑦, 4. Ordnung, homogen. Mit dem Ansatz nach (9.3.17) lässt sich auch hier die allgemeine Lösung finden:

$$y = e^{\lambda t} ; \text{ dann ist } \dot{y} = \lambda e^{\lambda t}, \ \ddot{y} = \lambda^2 e^{\lambda t}, \ \dddot{y} = \lambda^3 e^{\lambda t}, \ \ddddot{y} = \lambda^4 e^{\lambda t}.$$

Wie in (9.3.18) ergibt sich damit die charakteristische Gleichung:

$$\lambda^4 - 1 = 0.$$

Sie lässt sich schreiben als $(\lambda^2 - 1)(\lambda^2 + 1) = 0$; somit hat sie die Lösungen

$$\lambda_1 = 1, \ \lambda_2 = -1, \ \lambda_3 = j, \ \lambda_4 = -j.$$

Damit ergibt sich nach (9.3.19) und (9.3.22) mit 4 freien Parametern C_1, C_2, A, B

$$y = C_1 e^t + C_2 e^{-t} + A \sin t + B \cos t, \qquad \text{(Allg. Lös. für } y\text{)}$$

daraus: $\ddot{y} = C_1 e^t + C_2 e^{-t} - A \sin t - B \cos t$; beides in (2*):

$$x = -3 C_1 e^t - 3 C_2 e^{-t} - A \sin t - B \cos t. \quad \text{(Allg. Lös. für } x\text{)}. \qquad \square$$

4. Ein praktisches Anwendungsbeispiel zeigt Bild (9.4.1): Im Unterschied zu Bild 9.3.1 bewegen sich jetzt zwei Massen m_1 und m_2 auf horizontaler Bahn. m_1 ist über eine Feder von der Federkonstanten f_1 mit der festen Wand links verbunden, m_2 über eine Feder von der Federkonstanten f_2 mit der festen Wand rechts. m_1 und m_2 sind über eine Koppelfeder von der Federkonstanten f miteinander verbunden. Der Abstand der beiden Wände sei so gewählt, dass in der Ruhelage des

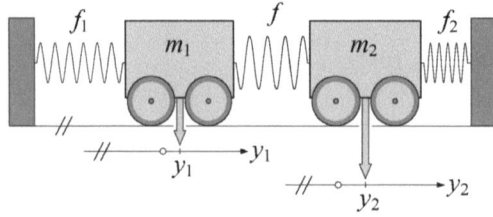

Bild 9.4.1: Koppelschwingung

9.4 Systeme von Differentialgleichungen

Systems (keine Masse bewegt sich) alle drei Federn entspannt sind. Auf der y_1-Achse ist die Position von m_1 ablesbar, auf der dazu parallelen y_2-Achse die Position von m_2. In der Ruhelage sei $y_1 = 0$ und $y_2 = 0$.

In anderen Lagen üben die an den Wänden befestigten Federn auf die Massen Kräfte gemäß (9.3.1) aus. Ist $y_2 > y_1$, zieht die Koppelfeder m_1 nach rechts und m_2 nach links; ist $y_2 < y_1$, drückt sie sie in die Gegenrichtungen. Also gilt:

$$m_1 \ddot{y}_1 = -f_1 \cdot y_1 + f \cdot (y_2 - y_1)$$
$$m_2 \ddot{y}_2 = -f_2 \cdot y_2 - f \cdot (y_2 - y_1)$$

Dieses Dgl-System könnten wir auf dieselbe Weise wie oben lösen (3. Beispiel). Wir wollen es jedoch noch vereinfachen und wählen dazu beide Massen gleich groß, ebenso die drei Federkonstanten, also:

$$m_1 = m_2 = m, \ f_1 = f_2 = f \ .$$

Aus dem Dgl-System wird dann, wenn wir gleich noch alles durch m dividieren:

$$m\ddot{y}_1 = -2f \cdot y_1 + f \cdot y_2 \quad (1)$$
$$m\ddot{y}_2 = -2f \cdot y_2 + f \cdot y_1 \quad (2)$$

Aus (1): $\quad y_2 = \frac{m}{f} \ddot{y}_1 + 2 y_1, \quad (1^*)$

daraus $\quad \ddot{y}_2 = \frac{m}{f} \ddddot{y}_1 + 2 \ddot{y}_1;$ beides in (2):

$$\frac{m^2}{f} \ddddot{y}_1 + 2m \ddot{y}_1 = -2m \ddot{y}_1 - 4 f y_1 + f y_1$$

$$\ddddot{y}_1 + 4 \frac{f}{m} \ddot{y}_1 + 3 \left(\frac{f}{m}\right)^2 y_1 = 0 \quad (3)$$

(3) ist eine Dgl für y vom Typ ⑦, 4. Ordnung, homogen. Wie oben (3. Beispiel) erhalten wir die charakteristische Gleichung:

$$\lambda^4 + 4 \frac{f}{m} \lambda^2 + 3 \left(\frac{f}{m}\right)^2 = 0$$

Dies ist eine quadratische Gleichung für λ^2 mit den Lösungen

$$\lambda_{1,2}^2 = (-2 \pm 1) \frac{f}{m}, \text{ also } \lambda_1^2 = -\frac{f}{m}, \ \lambda_2^2 = -3 \frac{f}{m}$$

Für λ ergeben sich daraus die Lösungen

$$\lambda_{1a,b} = \pm j \sqrt{\frac{f}{m}}, \ \lambda_{2a,b} = \pm j \sqrt{3 \frac{f}{m}}$$

Nach (9.3.21) und (9.3.22) erhalten wir mit $\sqrt{\frac{f}{m}} = \omega_1$ und $\sqrt{3\frac{f}{m}} = \omega_2$

$$y_1 = A\sin\omega_1 t + B\cos\omega_1 t + C\sin\omega_2 t + D\cos\omega_2 t, \quad \text{(Allg. Lös. für } y_1\text{)}$$

also $\ddot{y}_1 = -A\omega_1^2 \sin\omega_1 t - B\omega_1^2 \cos\omega_1 t - C\omega_2^2 \sin\omega_2 t - D\omega_2^2 \cos\omega_2 t$

Setzen wir beides in (1*) ein, so ergibt sich wegen $\omega_1^2 = \frac{f}{m}$ und $\omega_2^2 = 3\frac{f}{m}$:

$$y_2 = A\sin\omega_1 t + B\cos\omega_1 t - C\sin\omega_2 t - D\cos\omega_2 t \quad \text{(Allg. Lös. für } y_2\text{)}$$

Sowohl für y_1 als auch für y_2 ergibt sich also eine Überlagerung von zwei ungedämpften Schwingungen mit den Kreisfrequenzen ω_1 und $\omega_2 = \omega_1\sqrt{3}$.

Um Sonderfälle zu betrachten, berechnen wir noch die Geschwindigkeiten:

$$\dot{y}_1 = A\omega_1 \cos\omega_1 t - B\omega_1 \sin\omega_1 t + C\omega_2 \cos\omega_2 t - D\omega_2 \sin\omega_2 t$$
$$\dot{y}_2 = A\omega_1 \cos\omega_1 t - B\omega_1 \sin\omega_1 t - C\omega_2 \cos\omega_2 t + D\omega_2 \sin\omega_2 t$$

a) Bei $t = 0$ sei $y_1 = y_2 = k$, $\dot{y}_1 = \dot{y}_2 = 0$:
Dann ist $B + D = B - D = k$, $A + C = A - C = 0$
also $D = 0$, $B = k$, $A = C = 0$. Die besondere Lösung des Dgl-Systems lautet:
$y_1 = y_2 = k\cos\omega_1 t$; siehe Bild 9.4.2.

Beide Massen schwingen im Gleichtakt mit der Kreisfrequenz ω_1;
die Koppelfeder ist stets entspannt.

b) Bei $t = 0$ sei $y_1 = k$, $y_2 = -k$, $\dot{y}_1 = \dot{y}_2 = 0$:
Dann ist $B + D = k$, $B - D = -k$, $A + C = A - C = 0$
also $D = k$, $B = 0$, $A = C = 0$. Die besondere Lösung des Dgl-Systems lautet:
$y_1 = k\cos\omega_2 t$, $y_2 = -k\cos\omega_2 t$, also ist stets $y_2 = -y_1$; siehe Bild 9.4.3.

Beide Massen schwingen im Gegentakt mit der Kreisfrequenz $\omega_2 = \omega_1\sqrt{3}$;
die Koppelfeder wird abwechselnd gedehnt und zusammengedrückt. Weil sie jetzt zusätzlich auf beide Massen einwirkt, schließen wir schon von der Anschauung her, dass $\omega_2 > \omega_1$ ist!

c) Bei $t = 0$ sei $y_1 = k$, $y_2 = 0$, $\dot{y}_1 = \dot{y}_2 = 0$:
Dann ist $B + D = k$, $B - D = 0$, $A + C = A - C = 0$
also $B = D = \frac{k}{2}$, $A = C = 0$. Die besondere Lösung des Dgl-Systems lautet:
$y_1 = \frac{k}{2}(\cos\omega_1 t + \cos\omega_2 t)$, $y_2 = \frac{k}{2}(\cos\omega_1 t - \cos\omega_2 t)$.

Dies formen wir um in

9.4 Systeme von Differentialgleichungen

$$y_1 = k\cos\frac{\omega_2+\omega_1}{2}t\cdot\cos\frac{\omega_2-\omega_1}{2}t \ , \ y_2 = k\sin\frac{\omega_2+\omega_1}{2}t\cdot\sin\frac{\omega_2-\omega_1}{2}t \ ;$$

eine Schwingung der Kreisfrequenz $\frac{\omega_2-\omega_1}{2}$ (Schwingungsdauer $T = \frac{4\pi}{\omega_2-\omega_1}$) wird mit einer Schwingung der Kreisfrequenz $\frac{\omega_2+\omega_1}{2}$ moduliert; s. Bild 9.4.4.

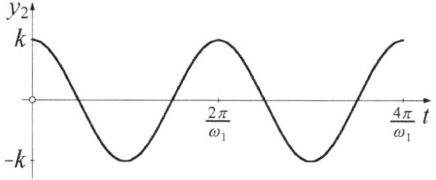

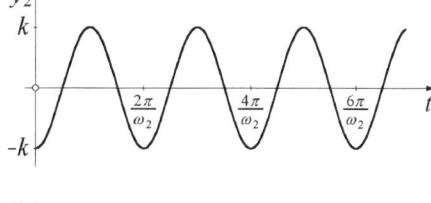

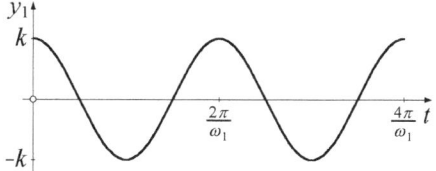

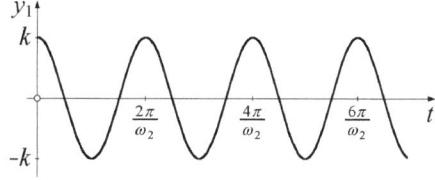

Bild 9.4.2: Sonderfall a)   **Bild 9.4.3:** Sonderfall b)

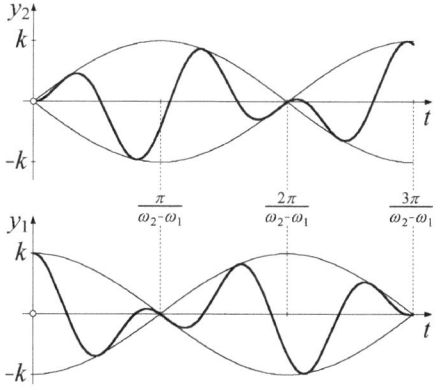

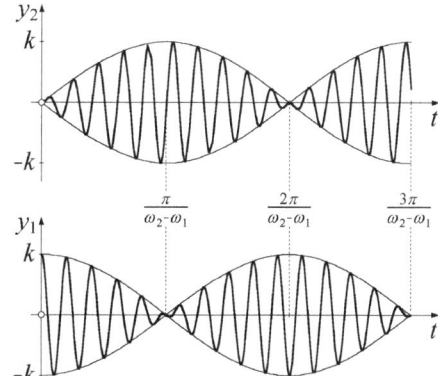

Bild 9.4.4: Sonderfall c)   **Bild 9.4.5:** Zur Übungsaufgabe 1, Schwebung

Bei größeren Systemen linearer Dgln mit konstanten Koeffizienten für mehr abhängige Variable kann das oben beschriebene Eliminationsverfahrens schnell zu unübersichtlich werden; dann verwendet man Methoden der Linearen Algebra (mit verallgemeinerten *Eigenwerten* und *Eigenvektoren*), durch die sich das Auffinden der Lösung besser schematisieren lässt.

Übungsaufgaben:

1. Stellen Sie das Dgl-System für die Anordnung von Bild 9.4.1 mit $m_1 = m_2 = m$ und $f_1 = f_2 = 9f$ auf und ermitteln Sie die besondere Lösung für $y_1 = k$, $y_2 = 0$, $\dot{y}_1 = \dot{y}_2 = 0$ bei $t = 0$, s. oben, Sonderfall c). Wie groß sind jetzt die Kreisfrequenzen ω_1 und ω_2? Weil sie sich hier nur wenig unterscheiden, ist der physikalische Effekt der *Schwebung* besonders gut zu beobachten; Bild 9.4.5!

2. Lassen Sie in Bild 9.4.1 die rechte von den drei Federn weg und setzen Sie $m_1 = 8$ kg, $m_2 = 3$ kg, $f_1 = f = 12$ Nm^{-1}. Wie lautet hierfür das Dgl-System, wie seine allgemeine Lösung? (Maßeinheiten weglassen)

9.5 Bahnen im Sonnensystem: Die KEPLERschen Gesetze

Zum Schluss wenden wir uns einem Problem zu, das auf ein stärker herausforderndes Dgl-System führt und viele Einzelheiten enthält, die in früheren Kapiteln behandelt wurden. Sie haben sich jetzt so viele Mathematik-Kenntnisse angeeignet, dass wir's „planetarisch" angehen können:

Die Sonne (Masse M) befinde sich im Ursprung O der (x,y)-Ebene, in der sich ein Planet P (Masse m) um sie bewegt, Bild 9.5.1. Ist r der Betrag von $\vec{r} = \overrightarrow{OP}$ und $\gamma \approx 6{,}67 \cdot 10^{-8}$ cm^{3}g^{-1}s^{-2} die Gravitationskonstante, dann zieht ihn die Sonne mit der Kraft $\vec{F}$ vom Betrag $F = \gamma \dfrac{Mm}{r^2}$ an.

M ist im Vergleich zu m so groß, dass $\vec{F}$ nur auf P eine registrierbare Beschleunigung ausübt und die Sonne zu jeder Zeit t fest in O bleibt.
Von welcher Art ist die Bahnkurve C des Planeten?

Mit $\varphi = \sphericalangle(\vec{r}, x\text{-Achse})$ ist

$$\vec{r} = \begin{pmatrix} r\cos\varphi \\ r\sin\varphi \end{pmatrix}, \dot{\vec{r}} = \begin{pmatrix} \dot{r}\cos\varphi - r\dot{\varphi}\sin\varphi \\ \dot{r}\sin\varphi + r\dot{\varphi}\cos\varphi \end{pmatrix}, \ddot{\vec{r}} = \begin{pmatrix} \ddot{r}\cos\varphi - 2\dot{r}\dot{\varphi}\sin\varphi - r\ddot{\varphi}\sin\varphi - r\dot{\varphi}^2\cos\varphi \\ \ddot{r}\sin\varphi + 2\dot{r}\dot{\varphi}\cos\varphi + r\ddot{\varphi}\cos\varphi - r\dot{\varphi}^2\sin\varphi \end{pmatrix}.$$

Mit der Abkürzung $\alpha = \gamma M$ ist $\vec{F} = -\dfrac{\alpha m}{r^2}\begin{pmatrix} \cos\varphi \\ \sin\varphi \end{pmatrix} = m\ddot{\vec{r}}$, also gilt das Dgl-System

$$(\ddot{r} - r\dot{\varphi}^2 + \frac{\alpha}{r^2})\cos\varphi - (2\dot{r}\dot{\varphi} + r\ddot{\varphi})\sin\varphi = 0 \quad \text{(I)}$$
$$(\ddot{r} - r\dot{\varphi}^2 + \frac{\alpha}{r^2})\sin\varphi + (2\dot{r}\dot{\varphi} + r\ddot{\varphi})\cos\varphi = 0 \quad \text{(II)}$$

Aus (I)$\cdot\cos\varphi$ + (II)$\cdot\sin\varphi$ und (I)$\cdot(-\sin\varphi)$ + (II)$\cdot\cos\varphi$ erhalten wir

9.5 Bahnen im Sonnensystem: Die KEPLERschen Gesetze

$$\ddot{r} - r\dot{\varphi}^2 + \frac{\alpha}{r^2} = 0 \tag{9.5.1}$$

$$2\dot{r}\dot{\varphi} + r\ddot{\varphi} = 0 \tag{9.5.2}$$

Multiplizieren wir (9.5.2) mit r, so ergibt sich $2r\dot{r}\dot{\varphi} + r^2\ddot{\varphi} = 0$. Die linke Seite ist die Ableitung von $r^2\dot{\varphi}$, und weil sie 0 ist, ist $r^2\dot{\varphi} = c = $ const., also

$$\dot{\varphi} = \frac{c}{r^2} . \tag{9.5.3}$$

Die Substitution $u = \frac{1}{r}$ vereinfacht die weitere Rechnung beträchtlich [1]. Und da uns ja die Art der Bahnkurve interessiert, benötigen wir die Zeitabhängigkeit nicht unbedingt und wollen daher als unabhängige Variable jetzt φ statt t einführen. Anstelle der Ableitungen $\dot{r}$ und $\ddot{r}$ von r nach t benötigen wir daher Ableitungen u' und u'' von u nach φ; nach der Kettenregel ergibt sich

$$\dot{r} = \frac{dr}{du} \cdot \frac{du}{d\varphi} \cdot \frac{d\varphi}{dt} = -\frac{1}{u^2} \cdot u' \cdot cu^2 = -cu', \quad \ddot{r} = \frac{d\dot{r}}{d\varphi} \cdot \frac{d\varphi}{dt} = \frac{d(-cu')}{d\varphi} \cdot cu^2 = -c^2 u^2 u'' .$$

Das setzen wir in (9.5.1) ein:

$$-c^2 u^2 u'' - \frac{1}{u} c^2 u^4 + \alpha u^2 = 0, \text{ also} \qquad u'' + u = \frac{\alpha}{c^2} .$$

Dies ist eine inhomogene Dgl 2. Ordnung vom Typ ⑦. Dazu gehört die homogene Dgl $u_h'' + u_h = 0$ mit der charakteristischen Gleichung $\lambda^2 + 1 = 0$.
Wegen $\lambda_{1,2} = \pm j$ hat diese die allgemeine Lösung $u_h = A\sin\varphi + B\cos\varphi$; damit ist die allgemeine Lösung der inhomogenen Dgl mit den freien Parametern c, A, B:

$$u = \frac{\alpha}{c^2} + A\cos\varphi + B\sin\varphi .$$

Wir legen nun unser Koordinatensystem so, dass bei $\varphi = \pi$ der Planet der Sonne am nächsten ist („Perihel", Punkt N in Bild 9.5.1). Dann ist dort $\dot{r} = 0$, und mit $\dot{r} = -cu'$ folgt aus $u' = -A\sin\varphi + B\cos\varphi$ bei $\varphi = \pi$: $B = 0$.
Bei Annäherung des Planeten an N nimmt r ab, also ist dort $\dot{r} < 0$, daher $u' > 0$. Weil für $0 < \varphi < \pi$ ja $\sin\varphi > 0$ ist, ist $A < 0$. Es ergibt sich also

$$r = \frac{1}{\frac{\alpha}{c^2} + A\cos\varphi} \quad \text{und damit} \quad r = \frac{\frac{c^2}{\alpha}}{1 + \frac{c^2}{\alpha} A\cos\varphi} \quad \text{mit } A < 0 .$$

---

[1] Diese Substitution mag als „Kunstgriff" erscheinen. Tatsächlich käme man aber durch Einsetzen von (9.5.3) in (9.5.1) zu einer Dgl vom Typ ⑤, für deren zweite Integration sich genau diese Substitution anbietet. Die Rechnung würde jedoch insgesamt unnötig aufwendig; dies wollten wir vermeiden.

Dies ist mit $p = \dfrac{c^2}{\alpha} = \dfrac{c^2}{\gamma M} > 0$, $\varepsilon = -pA > 0$ die Kegelschnittgleichung (6.3.6):

$$r = \dfrac{p}{1 - \varepsilon \cos \varphi} \, .$$

Daraus folgt das 1. KEPLERsche Gesetz: „Die Planeten bewegen sich auf Ellipsen, in deren einem Brennpunkt die Sonne steht." Weil Planeten die Sonne *periodisch* umrunden, scheiden Parabeln und Hyperbeln als Bahnkurven aus. *Periodisch* wiederkehrende Kometen (andere s. unten!) bewegen sich auch auf Ellipsen.

Wir sehen uns p und c genauer an: Hat der Planet im Punkt N den Abstand r_N von der Sonne und die Bahngeschwindigkeit v_N, so gilt nach (9.5.3) in N:

$\dot{\varphi} = \dfrac{c}{r_N^2}$; wegen $v = r\dot{\varphi}$ ist somit $v_N = \dfrac{c}{r_N}$ und $c = r_N v_N$. Mit α hatten wir γM

abgekürzt; daher ist $p = \dfrac{r_N^2 v_N^2}{\gamma M}$. Aus $r_N = \dfrac{p}{1+\varepsilon}$ ergibt sich

$$\varepsilon = \dfrac{p}{r_N} - 1 = \dfrac{r_N v_N^2}{\gamma M} - 1 \, .$$

Der sonnennächste Punkt N des Planeten entspricht dem Punkt A_2 in Bild 6.3.5. Wie dort ist $0 < \varepsilon < 1$: daraus folgt

$$1 < \dfrac{r_N v_N^2}{\gamma M} < 2 \, . \hspace{2cm} (9.5.4)$$

Wird v_N bei festem r_N dafür zu klein ($\varepsilon < 0$), ergibt sich eine Bahnellipse, in der N der Sonne nicht am nächsten, sondern am fernsten wäre (vgl. Übung 1. in 6.3).

Aus (9.5.3) ziehen wir noch eine Schlußfolgerung:

Nach (6.3.15) überstreicht r von $\varphi = \varphi_1$ bis φ_2 einen Sektor vom Flächeninhalt

$A = \tfrac{1}{2} \displaystyle\int_{\varphi_1}^{\varphi_2} r^2 \, d\varphi$. Mit $\dot{\varphi} = \dfrac{d\varphi}{dt}$ erhalten wir daraus $A = \tfrac{1}{2} \displaystyle\int_{t_1}^{t_2} r^2 \dot{\varphi} \, dt$ (s. Integration durch

Substitution). Nach (9.5.3) ist $r^2 \dot{\varphi} = c = \text{const}$, also gilt $A = \tfrac{1}{2} c (t_2 - t_1)$, d.h., in gleichen Zeitintervallen überstreicht der Radiusvektor des Planeten Sektorbereiche von gleichem Flächeninhalt; dies ist das 2. KEPLERsche Gesetz. (Anschaulich ist es sofort klar, dass der Planet desto schneller auf seiner Bahn läuft, je näher er der Sonne ist, weil ja stets die Zentri*petal*beschleunigung im Gleichgewicht mit der Zentri*fugal*beschleunigung sein muss!)

Wie groß ist die Umlaufzeit T des Planeten um die Sonne? In dieser Zeit überstreicht der Radiusvektor den gesamten von seiner Bahnellipse umschlossenen Bereich, und dessen Flächeninhalt ist $A = \pi a b$ mit a als großer und b als kleiner Halbachse der Ellipse. Hieraus folgt $\pi a b = \tfrac{1}{2} c T$, also $T = \dfrac{2 \pi a b}{c}$.

9.5 Bahnen im Sonnensystem: Die KEPLERschen Gesetze

Mit $b^2 = ap$ aus (6.3.7) ergibt sich jetzt $T^2 = 4\pi^2 \dfrac{a^2 b^2}{c^2} = 4\pi^2 a^3 \dfrac{p}{c^2} = \dfrac{4\pi^2}{\gamma M} a^3$,

also ist $\dfrac{T^2}{a^3}$ für alle Planeten dieselbe Konstante; die Quadrate ihrer Umlaufzeiten um die Sonne verhalten sich wie die dritten Potenzen der großen Achsen ihrer Bahnellipsen. Das ist das 3. KEPLERsche Gesetz.

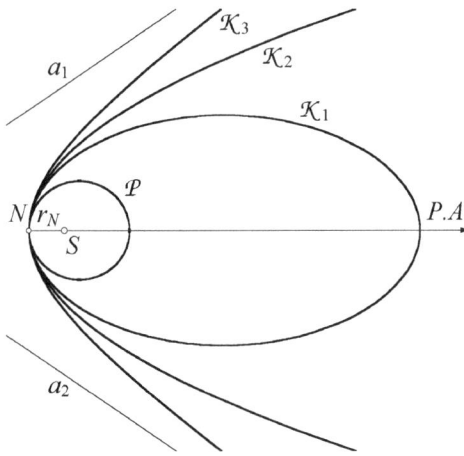

Bild 9.5.1: Planet $\mathcal{P}$ mit $\varepsilon = 0.3$ (Pluto hat $\varepsilon = 0.252$, alle anderen Planetenbahnen sind noch näher am Kreis), wiederkehrender Komet $\mathcal{K}_1$ mit $\varepsilon = 0.82$, nicht wiederkehrende Kometen $\mathcal{K}_2$ mit $\varepsilon = 1$ (Parabel) und $\mathcal{K}_3$ mit $\varepsilon = 1.2$ (Hyperbelast mit Asymptoten a_1 und a_2)

Wird dagegen v_N für (9.5.4) zu groß, so ist $\varepsilon \geq 1$; die Bahnkurve wird eine Parabel oder ein Hyperbelast (Bilder 6.3.4, 6.3.6, 9.5.1). Das wäre nicht die Bahnkurve eines Planeten, sondern eines Kometen, der die Sonne nur einmal besucht und, weil er wegen des großen Wertes von v_N genügend kinetische Energie besitzt, sich danach aus dem Anziehungsbereich unserer Sonne immer weiter in die Tiefe des Weltalls entfernt – es sei denn, er begegnet irgendwo einer anderen Sonne, die ihn auf eine Bahn umlenkt, auf der er doch wieder zu uns kommt.

Mathematik vermag auch damit umzugehen: Sie sagt uns nicht nur, was *ist*, sondern auch, was *sein könnte* ... .

10 Lösungen der Übungsaufgaben

Zu 1.1:

1. $\mathbb{P}(A) = \{\emptyset, A, \{a\}, \{b\}\}$; $\mathbb{P}(B) = \{\emptyset, B, \{a\}, \{\{a\}\}\}$; $\mathbb{P}(C) = \{\emptyset\}$; $\mathbb{P}(D) = \{\emptyset, \{\emptyset\}\}$; $\mathbb{P}(E) = \{\emptyset, E, \{\emptyset\}, \{\{\emptyset\}\}\}$.

2. a) $A \cup B$ b) B

Zu 1.2:

1. a) Bei allen drei Funktionen ist ganz $\mathbb{R}$ als Definitionsbereich möglich (beachten Sie, dass stets $x \leq |x|$ gilt!). $W_{f_1} =]0,1]$, $W_{f_2} = \mathbb{R}$, $W_{f_3} = [0, \infty[$.

b) f_1 ist nicht injektiv, nicht surjektiv, nicht bijektiv, weder streng monoton fallend noch wachsend (höchstens beschränkt auf Teilbereiche), durch 0 nach unten und durch 1 nach oben beschränkt, gerade.

f_2 ist injektiv, surjektiv, also auch bijektiv, streng monoton wachsend, weder nach unten noch nach oben beschränkt, ungerade.

f_3 ist nicht injektiv, nicht surjektiv, nicht bijektiv, monoton fallend, aber nicht streng monoton fallend (nur beschränkt auf Teilbereich $]-\infty, 0]$), durch 0 nach unten, nicht nach oben beschränkt, weder gerade noch ungerade.

c) $f_2([0, 2]) = [0, 10[$, $f_1^{-1}(\{0\}) = \emptyset$, $f_3^{-1}(\{0\}) = [0, \infty[$, $f_1^{-1}(f_1([0, 1])) = [-1, 1]$.

2. Sind f und g beide gerade, so gilt dies auch für $+, -, \cdot, :$ (wie bei ganzen Zahlen – außer bei der Division).

Sind beide ungerade, so gilt dies auch für $+$ und $-$; $\cdot$ und $:$ ergibt eine gerade Funktion (in $\mathbb{Z}$ ist es – bis auf die Division – genau umgekehrt).

Ist eine Funktion gerade und die andere ungerade, so ergeben $+$ und $-$ im allgemeinen weder eine gerade noch ungerade Funktion (in $\mathbb{Z}$ ergibt sich eine ungerade Zahl), $\cdot$ und $:$ haben ein ungerades Resultat (in $\mathbb{Z}$ ergibt sich bei der Multiplikation eine gerade Zahl!).

Zu 1.3:

1. a) $p_1(x) = (x-1)^2(x+1)$ b) $p_2(x) = 2(x+1) \cdot (x^2 + x + 1)$
c) $p_3(x) = -(x-1)^2(x^2 + x + 1)$ d) $p_4(x) = (x-14)(x+14)(x^2+5)$

2. a) $f_1(x) = \dfrac{2}{x^2+1} - \dfrac{x}{x^2+2}$ **b)** $f_2(x) = x - \dfrac{3}{x-2} + \dfrac{1}{x^2+2}$

Zu 1.4:

1. In allen Lösungen kann k jeder beliebige Wert aus $\mathbb{Z}$ sein: **a)** $x = \dfrac{\pi}{2} + 2\pi k$,

b) $x = \pm \arcsin\sqrt{0.2} + \pi k$, **c)** $x = k \cdot \dfrac{\pi}{3}$, **d)** $x = \dfrac{\pi}{6} + 2\pi k$ oder $x = \dfrac{5\pi}{6} + 2\pi k$.

2. Die Gleichung ist für $|a| \leq \sqrt{2}$ lösbar; für $a = 1$ sind $x = 2\pi k$ und $x = \dfrac{\pi}{2} + 2\pi k$ ($k \in \mathbb{Z}$ beliebig) Lösungen (die anderen Vielfachen von $\dfrac{\pi}{2}$ nicht!).

3. a) $\sin(\arccos x) = \sqrt{1-x^2}\ \forall x \in [-1,1]$ **b)** $\tan(\arcsin x) = \dfrac{x}{\sqrt{1-x^2}}\ \forall x \in\ ]-1,1[$

Zu 1.6:

1. a) $x = \pm 3$, **b)** $x = \tfrac{1}{9}$.

2. a) $x_1 = \tfrac{1}{10}$, $x_2 = 10$, **b)** $x = 3$.

Zu 1.7:

1. a) $\tfrac{1}{2}$; **b)** $\tfrac{1}{2}$; **c)** $\dfrac{1}{e^2}$ **d)** $\tfrac{4}{9}$; **e)** $\tfrac{2}{3}$.

2. Unter Benutzung des Hinweises kann man zeigen, dass die Folge monoton fällt und nach unten beschränkt ist. Ihr Grenzwert ist $\sqrt{2}$.

3. a) 6; **b)** 4; **c)** $3a^2$.

4 Nur für $a = \tfrac{1}{4}$ gibt es einen Grenzwert in $\mathbb{R}$, und zwar $-\tfrac{1}{16}$.

5. Für die Flächen gilt: $\tfrac{1}{2}\sin x \cos x < \tfrac{1}{2}x < \tfrac{1}{2}\tan x$, woraus sich mittels Division durch $\sin x$ der Kehrwert des gesuchten Ausdrucks zwischen zwei Terme einschachteln lässt, die beide gegen 1 gehen; deshalb ist $\lim\limits_{x \to 0} \dfrac{\sin x}{x} = 1$.

6. Für beliebige Nullfolgen x_n ist x_n^{α} für positive α ebenfalls eine Nullfolge, die mit der beschränkten Folge $\sin\dfrac{1}{x_n}$ multipliziert wird; das Ergebnis ist eine Nullfolge. Für $\alpha = 0$ ist x_n^{α} stets vom Wert 1.

f hat für jede Stelle $x = \frac{1}{\pi n}$ eine Nullstelle; der Graph von f hat also in jeder Umgebung von 0 unendlich viele Nulldurchgänge. Während sich jedoch für positive α die Amplituden der oszillierenden Funktion immer weiter verkürzen, bleiben sie bei $\alpha = 0$ stets auf der Höhe 1.

7. Betrachtung der einseitigen Limites in 1 und -1 ergeben zwei Gleichungen für a und b, deren Lösung $a = b = 1$ ist.

Zu 2.1:

1. a) $(x_1, x_2, x_3, x_4) = (3, -4, 1, 6)$

b) $(x_1, x_2, x_3, x_4) = \frac{1}{13}\big((2, -11, 5, 0) + \mu(5, -8, -7, 13)\big)$ mit beliebigem $\mu \in \mathbb{R}$

c) unlösbar

d) Lösung: $(x_1, x_2, x_3, x_4) = \frac{1}{60}(30, -20, 15, -12)$

2. a) nur triviale Lösung

b) $(x_1, x_2, x_3, x_4, x_5) = \mu(-2, 1, 1, 0, 0) + \nu(-4, 4, 0, -2, 1)$ mit $\mu, \nu \in \mathbb{R}$

c) für α) nur triviale Lösung   für β) $(x_1, x_2, x_3, x_4) = \mu(-1, 0, 1, 1)$ mit $\mu \in \mathbb{R}$

3. a) Als (5,5)-LGS ergibt sich:
Knoten:
$I_1 - I_2 - I_3 = 0$
$I_3 + I_4 - I_5 = 0$
Maschen:
$R_2 I_2 - R_3 I_3 - R_5 I_5 = 0$
$R_1 I_1 + R_2 I_2 = U$
$R_4 I_4 + R_5 I_5 = U$

b) $I_1 = 9\,\text{A}$, $I_2 = 16\,\text{A}$, $I_3 = -7\,\text{A}$, $I_4 = 22\,\text{A}$, $I_5 = 15\,\text{A}$.

Alle Ströme laufen also in Pfeilrichtung, mit Ausnahme von I_3; weil $R_4 < R_1$ und $R_2 < R_5$ ist, sieht man auch ohne Rechnung, dass R_3 in der Gegenrichtung durchflossen wird. Daher ergibt sich I_3 mit negativem Vorzeichen.

Die Gesamtstromstärke I ist ja jetzt $I = I_1 + I_4 = I_2 + I_5 = 31\,\text{A}$; damit ist der Gesamtwiderstand $R = \frac{U}{I} = \frac{52\,\text{V}}{31\,\text{A}} \approx 1.7\,\Omega$.

4. a) $(x_1, x_2, x_3, x_4) = \mu(-1, 0, 1, 0) + \nu(0, -1, 0, 1)$ mit $\mu, \nu \in \mathbb{R}$

b) nur für $b = 4$; die Lösung ist dann $(x_1, x_2, x_3, x_4) = \mu(-2, 1, -2, 1)$ mit $\mu \in \mathbb{R}$.

5. a) LGS ist lösbar, genau dann, wenn $c = 3$ ist; es ist nie eindeutig lösbar.

b) α) $(x_1, x_2, x_3) = \left(-\frac{3}{2}, \frac{3}{4}, 0\right) + \left(0, \frac{\mu}{2}, \mu\right)$ mit beliebigem $\mu \in \mathbb{R}$, β) unlösbar gemäß a)

6. a) α) $(x_1, x_2, x_3) = (23, -14, -7)$, β) $(x_1, x_2, x_3) = (-12, 7, 0) + (-5\mu, 3\mu, \mu)$ mit $\mu \in \mathbb{R}$

b) α) $a \neq 2$, β) $a = 2$ und $b \neq 1$, γ) $a = 2$ und $b = 1$

Zu 2.2

1. a) $A \cdot B = \begin{pmatrix} 0 & 0 & 0 \\ 0 & 0 & 0 \\ 0 & 0 & 0 \end{pmatrix}$, aber $B \cdot A = \begin{pmatrix} 4 & -6 & -2 \\ 2 & -3 & -1 \\ 2 & -3 & -1 \end{pmatrix}$ b) $\begin{pmatrix} 0 & 0 \\ 0 & 0 \end{pmatrix}$

2. a) $A \cdot C = B \cdot C = \begin{pmatrix} 1 & 1 \\ 6 & 6 \end{pmatrix}$, aber $A \neq C$ (also gilt die Kürzungsregel nicht!)

b) $A^2 = A$, ohne dass A die Null- oder Einheitsmatrix ist; $A^2 = E$, ohne dass A die Einheitsmatrix oder deren Negatives ist. Beides wäre beim Rechnen mit Zahlen der Fall.

3. Mit der Definition der Matrizenmultiplikation erhält man unmittelbar, dass das Produkt zweier oberer (unterer) Dreiecksmatrizen wieder eine solche ergibt. Die Elemente auf der Hauptdiagonalen ergeben sich genau als das Produkt der entsprechenden Hauptdiagonalelemente (komponentenweise). Deshalb potenzieren sich die Hauptdiagonalelemente bei der k-ten Potenz der Matrix im gleichen Maße.

4. $X = \begin{pmatrix} 1 & 0 & 3 \\ 0 & 2 & 1 \\ 0 & 0 & -1 \end{pmatrix}$

5. $X = \begin{pmatrix} a & b \\ 0 & a-b \end{pmatrix}$ mit beliebigen $a, b \in \mathbb{R}$

6. a) $A^{-1} = \begin{pmatrix} \frac{1}{5} & \frac{2}{5} \\ \frac{1}{10} & -\frac{1}{20} \end{pmatrix}$ b) A^{-1} existiert nicht   c) $A^{-1} = \begin{pmatrix} 1 & -a & -b+ac \\ 0 & 1 & -c \\ 0 & 0 & 1 \end{pmatrix}$

d) Wegen $(A^{-1})^\mathrm{T} = (A^\mathrm{T})^{-1}$ kann man mit $a = c = 2$, $b = 0$ aus Teil c) schließen:

$A^{-1} = \begin{pmatrix} 1 & 0 & 0 \\ -2 & 1 & 0 \\ 4 & -2 & 1 \end{pmatrix}$

7. A ist regulär, mit $A^{-1} = \begin{pmatrix} 4 & -1 & -1 & -1 \\ -1 & 1 & 0 & 0 \\ -1 & 0 & 1 & 0 \\ -1 & 0 & 0 & 1 \end{pmatrix}$ erhält man

$$X = A^{-1} \cdot B = \begin{pmatrix} 3 & -1 & -2 & 2 \\ -1 & 1 & 0 & 0 \\ -1 & 0 & 1 & 0 \\ 0 & 0 & 1 & -1 \end{pmatrix} \text{ und } Y = B \cdot A^{-1} = \begin{pmatrix} 3 & -1 & -1 & 0 \\ -2 & 1 & 0 & 1 \\ -2 & 0 & 1 & 1 \\ 3 & -1 & 0 & -1 \end{pmatrix}$$

8. Der Ansatz $P \cdot A = B \cdot P$ führt zu einem homogenen LGS für die Einträge von P, welches nur die triviale Lösung ergibt. P ist also die Nullmatrix und kann deshalb nicht regulär sein.

Zu 2.3:

1. a) 192   b) –75   c) abc d) $(b-a)(c-a)(c-b)$

2. Durch vollständige Induktion erhält man: $\det A = \prod_{0 \leq i < j \leq n} (a_j - a_i)$

3. a) –81   b) $-\frac{8}{3}$ c) $-\frac{1}{375}$ d) 1   e) –3   f) 3

4. $x = 0$ oder $x = \sqrt{5}$ oder $x = -\sqrt{5}$

5. $\det A = -ab(ab-4)$; LGS besitzt genau dann nur die triviale Lösung, wenn $a \neq 0$ und $b \neq 0$ und $ab \neq 4$ ist.

6. $c_{ik} = \sum_{l=1}^{n} a_{il}(-1)^{k+l} |U_{kl}(A)|$ gilt allgemein; für $k = i$ ergibt dies $\det A$ bei Entwicklung nach der i-ten Zeile. Bildet man A' wie in der Anleitung, so muss wegen $k \neq i$ $\det A' = 0$ sein; bei Entwicklung nach der k-ten Zeile erhält man obiges c_{ik}.

Zu 2.4:

1. Knoten- und Maschengleichungen führen zu einem LGS $A \cdot \vec{x} = \vec{b}$ mit
$A = \begin{pmatrix} 1 & -1 & -1 & 0 & 0 \\ 0 & 0 & 1 & 1 & -1 \\ 0 & R_2 & -R_3 & 0 & -R_5 \\ R_1 & R_2 & 0 & 0 & 0 \\ 0 & 0 & 0 & R_4 & R_5 \end{pmatrix}$ und $\vec{b} = \begin{pmatrix} 0 \\ 0 \\ 0 \\ U \\ U \end{pmatrix}$. Bei eindeutiger Lösbarkeit

(Existenz von A^{-1}) ist $A^{-1} \cdot \vec{b}$ die gesuchte Lösung. Einsetzen der gegebenen Zahlenwerte für die Widerstände ergibt $A^{-1} = \frac{1}{52}\begin{pmatrix} 8 & 2 & -3 & 11 & -2 \\ -32 & -8 & 12 & 8 & 8 \\ -12 & 10 & -15 & 3 & -10 \\ 8 & 28 & 10 & -2 & 24 \\ -4 & -14 & -5 & 1 & 14 \end{pmatrix}$.

Bezeichnen wir mit u den Zahlenwert von U (in Ω), so ist $\frac{u}{52}(9,16,-7,22,15)$ der Lösungsvektor, woraus sich unschwer die Teilstromstärken sowie der Gesamtwiderstand berechnen lassen.

2. Man berechnet x_i aus $\vec{x} = A^{-1} \cdot \vec{b} = \frac{1}{\det A}\left(A_{\mathrm{adj}}\vec{b}\right)$ und vergleicht das Ergebnis mit der Determinantenentwicklung von Δ_i nach der i-ten Spalte.

3. Da $\det A = -8 \neq 0$ ist, muss das (4,4)-LGS eindeutig lösbar sein; wegen $\det \Delta_2 = 0$ ist auch $x_2 = 0$.

4. Bei der Bestimmung der Eigenwerte ist eine Gleichung vom Grade n zu lösen; für $n = 3$ hat eine solche mindestens eine Lösung – es gibt also stets mindestens einen Eigenwert. Bei der Matrix A ist $\lambda = 2$ der einzige, $(2,1,0)$ ist zugehöriger Eigenvektor. Für B ergeben sich die drei Eigenwerte $\lambda_1 = -2, \lambda_2 = 7, \lambda_3 = -4$ mit jeweils zugehörigen Eigenvektoren $(0,1,0), (-1,11,5), (2,0,1)$. Bei A gibt es – bis auf Vielfache – nur einen Eigenvektor, bei B drei linear unabhängige.

5.

$$\begin{pmatrix} \frac{1}{2} & \frac{1}{2}\sqrt{3} & 0 \\ -\frac{1}{4}\sqrt{3} & \frac{1}{4} & \frac{1}{2}\sqrt{3} \end{pmatrix} \overset{O\,A\,B\,C\,D\,E\,F\,G}{\begin{pmatrix} 0 & 1 & 1 & 0 & 0 & 1 & 1 & 0 \\ 0 & 0 & 1 & 1 & 0 & 0 & 1 & 1 \\ 0 & 0 & 0 & 0 & 1 & 1 & 1 & 1 \end{pmatrix}} = \overset{\overline{O}\ \overline{A}\ \overline{B}\ \overline{C}\ \overline{D}\ \overline{E}\ \overline{F}\ \overline{G}}{\begin{pmatrix} 0 & \frac{1}{2} & \frac{1+\sqrt{3}}{2} & \frac{\sqrt{3}}{2} & 0 & \frac{1}{2} & \frac{1+\sqrt{3}}{2} & \frac{\sqrt{3}}{2} \\ 0 & -\frac{\sqrt{3}}{4} & \frac{1-\sqrt{3}}{4} & \frac{1}{4} & \frac{\sqrt{3}}{2} & \frac{\sqrt{3}}{4} & \frac{1+\sqrt{3}}{4} & \frac{1+2\sqrt{3}}{4} \end{pmatrix}}$$

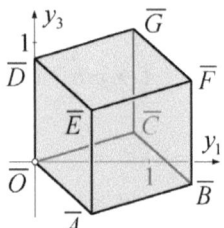

Bild 10.1 zu Aufgabe 5

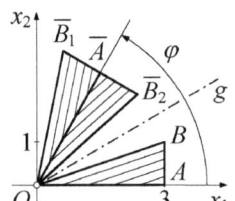

Bild 10.2 zu Aufgabe 6

10 Lösungen der Übungsaufgaben

6. a) $M_1 = \begin{pmatrix} \cos\varphi & -\sin\varphi \\ \sin\varphi & \cos\varphi \end{pmatrix}$ **b)** $M_2 = \begin{pmatrix} \cos 2\varphi & \sin 2\varphi \\ \sin 2\varphi & -\cos 2\varphi \end{pmatrix}$,

$$M_1 \underbrace{\begin{pmatrix} 3 & 3 \\ 0 & 1 \end{pmatrix}}_{A \; B} = \underbrace{\begin{pmatrix} 3\cos\varphi & (3\cos\varphi - \sin\varphi) \\ 3\sin\varphi & (3\sin\varphi + \cos\varphi) \end{pmatrix}}_{\overline{A} \quad \overline{B}_1}, \text{ daraus folgt für } \overline{B}_2: \underbrace{\begin{pmatrix} 3\cos\varphi + \sin\varphi \\ 3\sin\varphi - \cos\varphi \end{pmatrix}}_{\overline{B}_2},$$

weil ja $\overrightarrow{AB_2} = -\overrightarrow{AB_1}$ ist.

c) Aus Bild 10.2 sehen wir: Das Dreieck $O\overline{AB}_2$ ergibt sich durch Spiegelung des Dreiecks OAB an der um den Winkel $\frac{\varphi}{2}$ gegen die x_1-Achse geneigten Geraden g durch O. Die zugehörige Abbildungsmatrix ist $M_3 = \begin{pmatrix} \cos\varphi & \sin\varphi \\ \sin\varphi & -\cos\varphi \end{pmatrix} = M_2 M_1$.

7. $k = \sin\varphi + \cos\varphi$, $M = (\sin\varphi + \cos\varphi)\begin{pmatrix} \cos\varphi & -\sin\varphi \\ \sin\varphi & \cos\varphi \end{pmatrix}$ und

$$M\underbrace{\begin{pmatrix} -1 & 1 & 1 & -1 \\ -1 & -1 & 1 & 1 \end{pmatrix}}_{A \;\; B \; C \; D} = \underbrace{\begin{pmatrix} -\cos 2\varphi & (1+\sin 2\varphi) & \cos 2\varphi & (-1-\sin 2\varphi) \\ (-1-\sin 2\varphi) & -\cos\varphi & 1+\sin 2\varphi & \cos 2\varphi \end{pmatrix}}_{\overline{A} \qquad \overline{B} \qquad \overline{C} \qquad \overline{D}}.$$

Für $\varphi = \frac{\pi}{6}$ liefert die dreimalige Anwendung von M den Gesamt-Drehwinkel von $3 \cdot \frac{\pi}{6} = \frac{\pi}{2}$; die Seiten des letzten Bildquadrates sind also wie beim Originalquadrat parallel zu den Koordinatenachsen. Sie haben die Länge $2(\sin\varphi + \cos\varphi)^3$, für $\varphi = \frac{\pi}{6}$ also $2(\frac{1+\sqrt{3}}{2})^3 = 2\frac{1+3\sqrt{3}+9+3\sqrt{3}}{8} = \frac{5+3\sqrt{3}}{2}$

Zu 3.2:

1. $z_1 = 1 + 7j$, $z_2 = -2 - 2j$, $z_3 = -\frac{6}{5} + \frac{2}{5}j$, $z_4 = 1$, $z_5 = \frac{56}{5} - \frac{53}{5}j$.

2. $z_1 = 5 \cdot e^{0.927j}$, $z_2 = \sqrt{12} \cdot e^{-\frac{\pi}{6}j}$, $z_3 = 10\sqrt{3} \cdot e^{0.404j}$.

3. $z_1 = 3 + 3\sqrt{3} \cdot j$, $z_2 = -2\sqrt{2} - 2\sqrt{2} \cdot j$, $z_3 \approx 0.54 + 0.84j$.

4. **a)** $\frac{6}{5} - \frac{3}{5}j$ **b)** $-\frac{7}{10} + \frac{1}{10}j$ **c)** $1 + \frac{1}{3}j$ **d)** $5 + 3j$

5. **a)** $z_1 = 0$, $z_2 = 1+j$ **b)** $z_1 = 2j$, $z_2 = -j$ **c)** $z_1 = 3j$, $z_2 = -2j$

6. **a)** $y = -3$ und $x = 0$ oder $x = 1$ **b)** $z = \pm(2+j)$

7. $a = \pm 1$; $x = \pi k$, und zwar mit ungeraden k bei $a = 1$ und geraden k bei $a = -1$.

8. Man setze stets $z = x + jy$ und erhält so folgende Mengen in der Ebene:
a) den Streifen zwischen den parallelen Geraden $y = -x$ und $y = 2 - x$;

b) den Bereich außerhalb des Einheitskreises um den Nullpunkt;
c) den Bereich innerhalb des Kreises um (−1,−1) mit Radius 2 (incl. Rand);
d) den Bereich oberhalb der Geraden $y = -3x + 4$.

Zu 3.3:

1. $-8j$

2. a) $z_0 = 5$, $z_{1/2} = -\frac{5}{2} \pm \frac{5}{2}j\sqrt{3}$ **b)** $z_{0...3} = \pm\sqrt{2} \pm j\cdot\sqrt{2}$ (in allen „Variationen")

3. $z_{0/1} = \pm 2\sqrt{3} + 2j$, $z_2 = -4j$

Zu 3.4:

1. $p(x) = x^4 - 6x^3 + 14x^2 - 16x + 8$ oder jedes reelle Vielfache $\neq 0$ davon.

3. Der Ansatz $\sin z = 0$ führt mit $z = x + jy$ zu zwei reellen Gleichungen mit jeweils x und y, deren Lösungen $x = k\pi$ (mit $k \in \mathbb{Z}$) und $y = 0$ sind; Entsprechendes gilt für $\cos z$.

4. Mit (3.4.2) und Aufgabe 3: $z = j\left(\frac{\pi}{2} + k\pi\right)$ mit $k \in \mathbb{Z}$.

5. Vorgehen wie in Aufgabe 3, Ergebnis: $z = \frac{\pi}{2} + 2\pi k \pm j\cdot\operatorname{arcosh} 2$.

6. Für $a \geq 1$ gibt es die rein-imaginären Lösungen $q = \pm j\cdot\operatorname{arcosh} a$.

Zu 3.5:

1. $y = \sqrt{17}\cdot\sin(5t + 0.245)$ (Phasenverschiebung im Bogenmaß!)

2. $\underline{Z}_1 = R(1+j)$, $\underline{Z}_2 = \frac{R}{2}(1+j)$, $(\varphi_u - \varphi_i)_1 = (\varphi_u - \varphi_i)_2 = \frac{\pi}{4}$,

$|\underline{Z}_1| = R\sqrt{2}$, $|\underline{Z}_2| = \frac{R}{2}\sqrt{2}$, $\frac{|\underline{Z}_1|}{|\underline{Z}_2|} = 2$.

Zu 4.1:

1. a) $x = 0$: $-\frac{1}{2}$, $\frac{3}{2}$; **b)** $x = \pm 1$: ± 2.

2. Ja; $y' = 0$ und $y'' = 0$ bei $x = 0$.

3. Nein, weil f bei $x = 1$ nicht stetig ist: $\lim\limits_{x \to 1-0} f(x) = -1$, $\lim\limits_{x \to 1+0} f(x) = +1$.

Zu 4.2:

1. $2x(1+3x)e^{6x}$, $\dfrac{2x(1-3x)}{e^{6x}}$, $10(x+2)(x^2+4x)^4$, $\dfrac{x}{\sqrt{x^2+4}}$, $\dfrac{3\sin x}{\cos^4 x}$, $\dfrac{e^x}{\cos^2(e^x)}$,

10 Lösungen der Übungsaufgaben 427

$\dfrac{e^{\tan x}}{\cos^2 x}$, $\dfrac{b^{\operatorname{arsinh} x} \cdot \ln b}{\sqrt{1+x^2}}$, $\cos b \cdot x^{\cos b - 1}$, $-\ln b \cdot \sin x \cdot b^{\cos x}$, $x^{\cos x} \cdot \left(\dfrac{\cos x}{x} - \sin x \ln x\right)$,

$-e^x \cdot \tan e^x$, $\dfrac{\cosh x}{\sqrt{1-\sinh^2 x}}$, $\dfrac{2x}{\cos(2x^2)}$, $\dfrac{1}{\cosh x}$.

2. $x \cos x$, $-\dfrac{a^2}{\sqrt{a^2-x^2}^3}$, $a^n \cdot n!$

3. $n = a \cdot e$, $B(\tfrac{n}{a}, e^n)$; für $a = 1$: $n = e$, $B(e, e^e)$; für $a = e^{-1}$: $n = 1$, $B(e, e)$

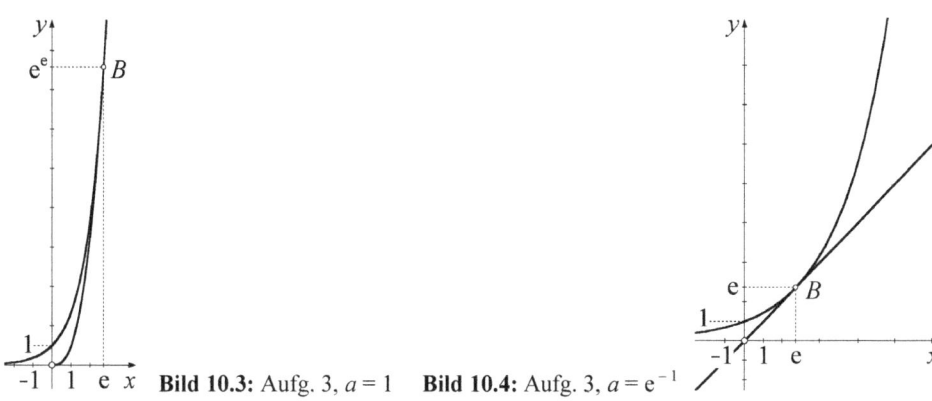

Bild 10.3: Aufg. 3, $a = 1$ Bild 10.4: Aufg. 3, $a = e^{-1}$

Zu 4.3:

1. a) Hyperbel, Asymptoten: a_1: $y = \tfrac{1}{2}$, a_2: $x = 1$; **b)** Extrema nur für $a > 0$:
$E_{1,2}(\pm\sqrt{a}, \mp 2a\sqrt{a})$; **c)** Extremum: $E(0,1)$, Wendepunkte: $W_{1,2}(\pm\tfrac{1}{3}\sqrt{3}, \tfrac{3}{4})$,
Asymptote: x-Achse; **d)** Extrema: $E_{1,2}(\pm\tfrac{1}{2}, \pm\tfrac{1}{2})$, Wendepunkte: $W_1(0,0)$,
$W_{2,3}(\pm\tfrac{1}{2}\sqrt{3}, \pm\tfrac{1}{4}\sqrt{3})$, Asymptote: x-Achse; **e)** Abkürzungen: $p_1 = \arctan\sqrt{2}$,
$q_1 = \tfrac{4}{9}\sqrt{3}$, $p_2 = \arctan(\tfrac{1}{7}\sqrt{14})$, $q_2 = \tfrac{4}{27}\sqrt{7}$; Maxima: $H_1(p_1, q_1)$, $H_2(\pi, 0)$,
$H_3(2\pi - p_1, q_1)$; Minima: $T_1(0,0)$, $T_2(\pi - p_1, -q_1)$, $T_3(\pi + p_1, -q_1)$; Wendepunkte:
$W_1(p_2, q_2)$, $W_2(\tfrac{\pi}{2}, 0)$, $W_3(\pi - p_2, -q_2)$, $W_4(\pi + p_2, -q_2)$, $W_5(\tfrac{3\pi}{2}, 0)$, $W_6(2\pi - p_2, q_2)$;
Berührpunkte: $B_1(\tfrac{\pi}{4}, \tfrac{1}{2}\sqrt{2})$, $B_2(\tfrac{3\pi}{4}, -\tfrac{1}{2}\sqrt{2})$, $B_3(\tfrac{5\pi}{4}, -\tfrac{1}{2}\sqrt{2})$, $B_4(\tfrac{7\pi}{4}, \tfrac{1}{2}\sqrt{2})$.

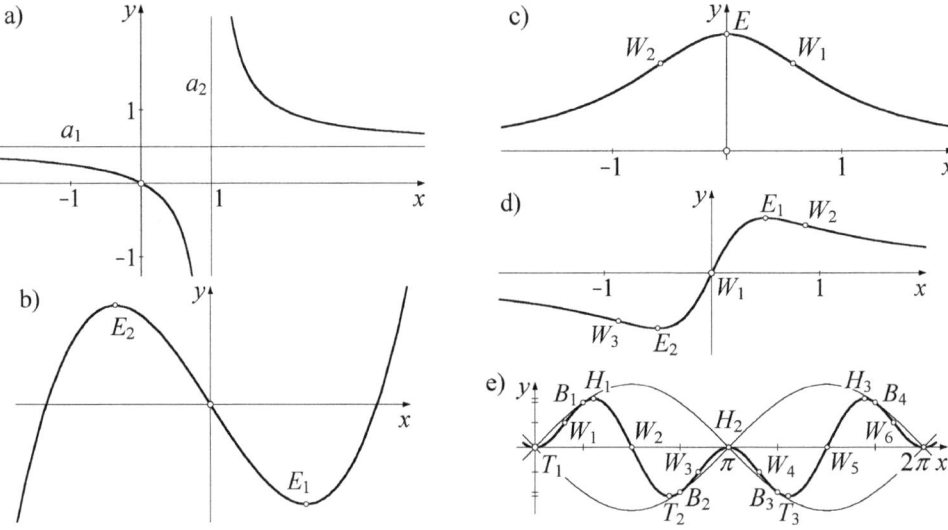

Bild 10.5: zu Aufgabe 1 von 4.3

2. $r = \tfrac{2}{3}R$, $h = \tfrac{1}{3}H$, $V = \tfrac{4\pi}{27}HR^2$;

3. Es muss $H > 2R$ gelten. $r = \dfrac{HR}{2(H-R)}$, $h = \dfrac{H(H-2R)}{2(H-R)}$, $A = \dfrac{\pi RH^2}{2(H-R)}$;

4. $h = 4R$, $r = R\sqrt{2}$, $V = \tfrac{8\pi}{3}R^3$;

5. a) $p = a\sqrt{2}$, $q = b\sqrt{2}$, $A = 2ab$; für $b = a$: $p = q = a\sqrt{2}$, $A = 2a^2$;

b) $p = \dfrac{2a^2}{\sqrt{a^2+b^2}}$, $q = \dfrac{2b^2}{\sqrt{a^2+b^2}}$, $u = 4\sqrt{a^2+b^2}$; für $b = a$: $p = q = a\sqrt{2}$, $u = 4a\sqrt{2}$;

6. $P(1,1)$, $G(\tfrac{11}{5}, \tfrac{2}{5})$, $a = \tfrac{3}{5}\sqrt{5}$;

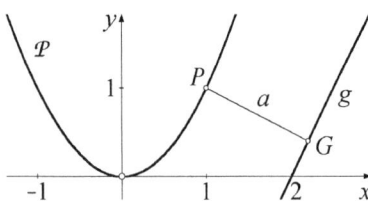

Bild 10.6: zu Aufgabe 6 von 4.3

7. $\dfrac{\sin\alpha_1}{\sin\alpha_2} = \dfrac{c_1}{c_2}$ (SNELLIUS; Brechungsgesetz!)

8. $y = \ln x$, $x = e^y$, $y' = (e^y)^{-1} = \dfrac{1}{x}$

10 Lösungen der Übungsaufgaben

9. Tangente an $\mathcal{E}$: $\dfrac{xx_P}{a^2}+\dfrac{yy_P}{b^2}=1$, an $\mathcal{H}$: $\dfrac{xx_P}{a^2}-\dfrac{yy_P}{b^2}=1$; Asymptoten: $y=\pm\dfrac{b}{a}x$.

Zu 4.4:

1. **a)** ∞, **b)** ∞ ($\forall\, n\in\mathbb{R}$!), **c)** $\sqrt{2}$, **d)** $\frac{2}{3}$, **e)** linksseitig: -1, rechtsseitig: $+1$.

2. $\lim\limits_{x\to 0}\dfrac{e^x-x-1}{e^x-1}=0$, $\lim\limits_{x\to\frac{\pi}{2}}\dfrac{1-\sin x}{-\cos x}=0$ (ebenso für $x\to k+\tfrac{1}{2}\pi$, k ganz).

3. $x\approx -2.718\,684\,971$.

4. Maxima: $(\pm 2.028\,757\,838,\ 1.897\,057\,41)$ (Näherung),
Minima: $(0,0)$ (exakt) und $(\pm 4.913\,180\,439,\ -4.814\,469\,89)$ (Näherung).

5. $x=3$ (exakt); $x\approx 3.407\,450\,522$ und $x\approx -1.198\,250\,197$ (Näherungen).

6. $P_1\approx (1,118\,325\,559,\ 3.059\,726\,68)$ und $P_2\approx (35.771\,520\,64,\ 3.430\,631\,12\cdot 10^{15})$.

Zu 5.1:

$x+C,\ x+C,\ \tfrac{2}{3}\sqrt{x}^{3}+C,\ x^3+C,\ -\tfrac{1}{2}\cos x+C$.

Zu 5.2:

$4,\ -\ln 5,\ \tfrac{\pi}{6}$.

Zu 5.3:

1. $\tfrac{2}{15}\sqrt{5x+7}^{3}+C,\ \tfrac{1}{4}\tan^4 x+C,\ \tfrac{\pi}{2},\ \arctan(e^x)+C,\ 2\pi^2 ab^2$; vgl. 5.4, Beispiel 10.

2. $x\ln x-x+C$.

3. Zweimalige Anwendung: $I_1=\dfrac{1}{a}e^{ax}\sin bx-\dfrac{b}{a}\left(\dfrac{1}{a}e^{ax}\cos bx+\dfrac{b}{a}I_1\right)+C^*$,

$I_1=\dfrac{e^{ax}}{a^2+b^2}(a\sin bx-b\cos bx)+C$; ebenso $I_2=\dfrac{e^{ax}}{a^2+b^2}(a\cos bx+b\sin bx)+C$.

4. $x^2+\ln|x^3-x|+C$.

Zu 5.4:

1. $A=2.25$ (Bild 10.7).

2. $f'(x)\geq 0$: $A^*=\displaystyle\int_a^b xf'(x)\,dx=[x\cdot f(x)]_a^b-\int_a^b f(x)\,dx$,

$f'(x)\leq 0$: $A^*=-\displaystyle\int_a^b xf'(x)\,dx=\int_a^b f(x)\,dx-[x\cdot f(x)]_a^b$

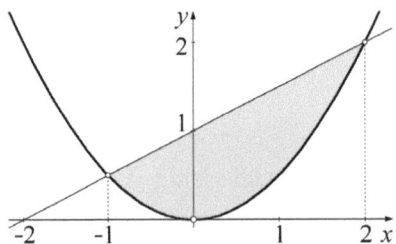

Bild 10.7: Zu Aufgabe 1 von 5.4

3. Ist an der Stelle x der Mittelpunkt der Rechteckbasis Δx, so überstreicht die Strecke Δx bei Rotation um die y-Achse einen Kreisring vom Flächeninhalt
$\pi\left[\left(x+\tfrac{1}{2}\Delta x\right)^2 - \left(x-\tfrac{1}{2}\Delta x\right)^2\right] = 2\pi x \Delta x$, also ist $\Delta V_y \approx 2\pi x f(x)\Delta x$

4. $\mathbb{B}$: $V_x = \tfrac{\pi}{2}(e^{-1} - e^{-2})$; $V_y = 2\pi(2e^{-1} - 3e^{-2})$;
$\mathbb{B}^*$: $V_x^* = \tfrac{\pi}{2}(3e^{-2} - 5e^{-4})$; $V_y^* = \pi(5e^{-1} - 10e^{-2})$

5. a) $\tfrac{13}{3}$, **b)** $\tfrac{1}{4}(e^2 + 1)$.

6. a) 168π; **b)** $\pi\left[2(\sqrt{2} + \operatorname{ar\,sinh} 1) - \tfrac{1}{4}\sqrt{21} - \operatorname{ar\,sinh}(\tfrac{1}{2}\sqrt{3})\right] \approx 8.36$;
c) $\tfrac{\pi}{6}(5\sqrt{5} - 1) \approx 5.33$;
d) $4\pi a^2$ (Oberflächeninhalt der Kugel mit Radius a).

7. $\mathfrak{G}_f$ (Halbkreis!): $\left(0, \tfrac{2a}{\pi}\right)$, $\mathbb{B}$: $\left(0, \tfrac{4a}{3\pi}\right)$.

8. $W = as^*$.

9. a) $\tfrac{1}{2}$, **b)** $\tfrac{2}{3}h$ (Parabelsegment: Flächeninhalt $= \tfrac{2}{3}\cdot$Basis$\cdot$Höhe).

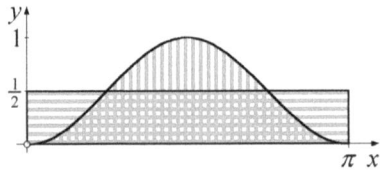
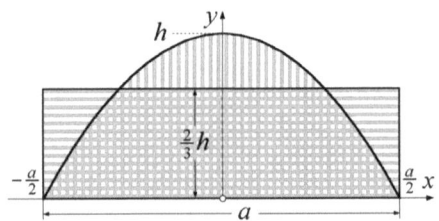

Bild 10.8: Zu Aufgabe 9 a) und b) von 5.4

Zu 5.5:

1. $I \approx 1.61$

2. a) $l = \sqrt{1 + \tfrac{1}{9}} \approx 1.054$, **b)** $l_1 + l_2 = \tfrac{2}{3} + \tfrac{1}{3}\sqrt{2} \approx 1.138$, **c)** $s \approx 1.089$.

10 Lösungen der Übungsaufgaben

Zu 5.6:

1. $\lim\limits_{t\to\infty} s = \dfrac{v_0}{c}$

2. $V_x = \frac{\pi}{2}$, $V_y = 2\pi$

3. $A = 1$.

4. a) $W_{1,2}\left(\pm\frac{1}{\sqrt{2}}, \frac{1}{\sqrt{e}}\right)$; b) $A \approx 0.747$; c) $V_y = \pi(1-e^{-b^2})$; $\lim\limits_{b\to\infty} V_y = \pi$.

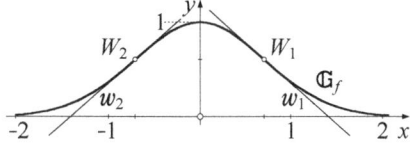

Bild 10.9: Zu Aufgabe 4 von 5.6

Zu 6.1:

1. $a_{1,2}$: $y = \pm\frac{\pi}{2}x - 1$; $\rho = \frac{1}{2}$.

2. $\mathfrak{G}_f$ ist punktsymmetrisch zu O. Bei $x = 0$: $y' = 0$, $\kappa = 0$. a_1, a_2: $y = x \pm 1$.

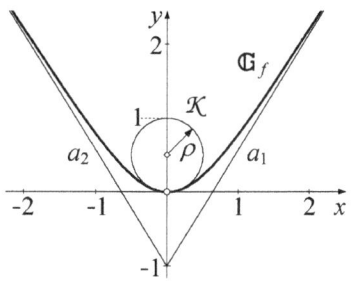
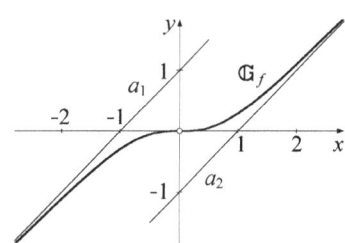

Bild 10.10: Zu Aufgabe 1 von 6.1   Bild 10.11: Zu Aufgabe 2 von 6.1

Zu 6.2:

1. a) Gestreckte Zykloide, $r = 2$, $a = 1$; $H(4k\pi + 2\pi, 3)$, $T(4k\pi, 1)$;

b) $\kappa = \dfrac{2\cos t - 1}{\sqrt{5 - 4\cos t}^3}$, $\rho_H = 9$, $\rho_T = 1$; für $t = 2k\pi \pm \frac{\pi}{3}$: $W\left(4k\pi \pm \frac{2\pi}{3} \mp \frac{\sqrt{3}}{2}, \frac{3}{2}\right)$ mit $m_{1,2} = \pm\frac{\sqrt{3}}{3}$.

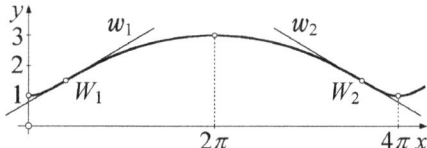

Bild 10.12: Zu Aufgabe 1 von 6.2

2. $x = -(r-R)\cos t + a\cos\left(\frac{r-R}{r}t\right)$, $y = -(r-R)\sin t + a\sin\left(\frac{r-R}{r}t\right)$

3. Epitrochoiden: $t^* = \frac{R+r}{r}t$, $a^* = R+r$, $r^* = a\frac{R+r}{r}$, $R^* = a\frac{R}{r}$.

Hypotrochoiden: $t^* = -\frac{R-r}{r}t$, $a^* = R-r$, $r^* = a\frac{R-r}{r}$, $R^* = a\frac{R}{r}$.

4. a) $x = 2(\cos t - \cos 2t)$, $y = 2(\sin t - \sin 2t)$; $t_{1,2} = \mp\frac{\pi}{3}$, $x_D = 2$, $y_D = 0$;

b) Tangenten $\parallel$ x-Achse in $(0.84, \pm 0.74)$, $(-0.59, \pm 3.52)$ ($t = \pm \arccos\frac{1\pm\sqrt{33}}{8}$);

Tangenten $\parallel$ y-Achse in $(\frac{9}{4}, \pm 3.52)$ ($t = \pm\arccos\frac{1}{4}$), O, $(-4, 0)$; **c)** $A = 2(2\pi - 3\sqrt{3})$.

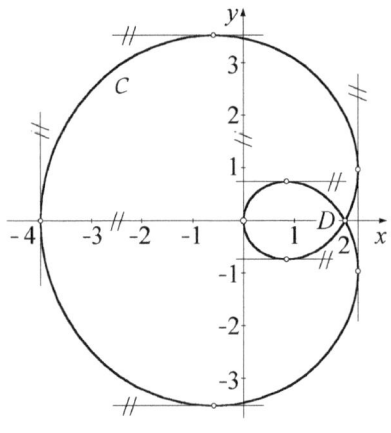 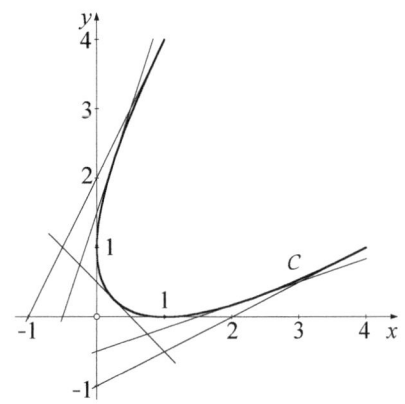

Bild 10.13: Zu Aufgabe 4 von 6.2   **Bild 10.14:** Zu Aufgabe 5 von 6.2

5. a) $t = 0$: $P_0(0,1)$, $t = 1$: $P_1(1,0)$; $A = \frac{1}{6}$

b) $\kappa = \frac{1}{2}(2t^2 - 2t + 1)^{-\frac{3}{2}}$; bei $t = \frac{1}{2}$ ist $\kappa = \kappa_{\max} = \sqrt{2}$

c) g: $y = x\frac{a-1}{a} - a + 1$; $P_x(a,0)$, $P_y(0, 1-a)$. Gleich lange Strecken werden auf der x-Achse von O aus, auf der y-Achse von $(0,1)$ aus abgetragen, auf einer Achse in positiver, auf der anderen in negativer Richtung. Endpunkte werden geradlinig verbunden.

6. a) $P_x(1,0)$, $P_y(\frac{\pi}{2},1)$; **b)** $x = \cos t$, $y = \sin t$ mit $0 \le t \le \frac{\pi}{2}$; Kreisbogen $x^2 + y^2 = 1$ mit $x \ge 0$, $y \ge 0$ ($\mathcal{D}$ ist also Kreisevolvente); **c)** $s = \frac{1}{2}T^2$, $A = \frac{1}{6}T^3$.

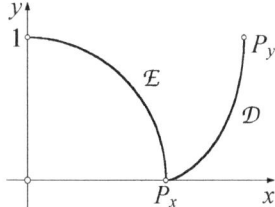

Bild 10.15: Zu Aufgabe 6 von 6.2

7. a) $x = c(2\cos t - \sin t)$, $y = c\cos t$,

b) $p_{max} = c(\sqrt{2}+1)$ bei $t = \frac{7\pi}{8}, \frac{15\pi}{8}$, $p_{min} = c(\sqrt{2}-1)$ bei $t = \frac{3\pi}{8}, \frac{11\pi}{8}$, $\gamma = \frac{\pi}{8}$,

c) $A = \pi c^2$, d) Ellipse mit Halbachsen p_{max} und p_{min}, Achsen um $\frac{\pi}{8}$ gegen x- bzw. y-Achse geneigt; $x^2 + 5y^2 - 4xy = c^2$.

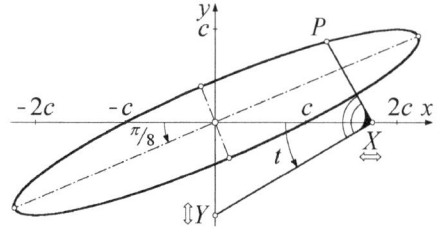
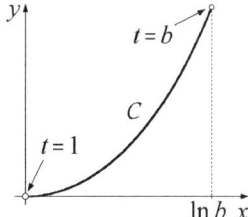

Bild 10.16: Zu Aufgabe 7 von 6.2   Bild 10.17: Zu Aufgabe 8 von 6.2

8. a) $\frac{dy}{dx} = \frac{1}{2}(t - t^{-1})$, $s = \frac{1}{2}(b - b^{-1})$, $A = \frac{1}{2}(b - b^{-1}) - \ln b$;

b) $y = \cosh x - 1$, $\frac{dy}{dx} = \sinh x$, $s = \sinh x_b$, $A = \sinh x_b - x_b$.

Zu 6.3:

1. Wegen $-\cos\varphi = \cos(\pi + \varphi)$ ist diese Vorzeichenumkehr äquivalent mit einer Vergrößerung der Polarwinkel aller Punkte um π.

2. Ellipse: $m = \sqrt{a^2 - b^2}$; Hyperbel: $m = \sqrt{a^2 + b^2}$

3. Kegelschnitte, gegenüber denen von (5.3.6) um den Winkel ϑ um O gedreht; $x^2(1-\varepsilon^2\cos^2\vartheta) + y^2(1-\varepsilon^2\sin^2\vartheta) - 2xy\varepsilon^2\cos\vartheta\sin\vartheta - 2xp\varepsilon\cos\vartheta - 2yp\varepsilon\sin\vartheta = p^2$.

4. $S: r = r_{min} = 1$ bei $\varphi = 0$; $\rho = \frac{25}{21} \approx 1.2$. $D: \varphi = \pm\pi$, $r = \left(\cos\frac{2\pi}{5}\right)^{-1} \approx 3.2$;

$a_1: \varphi_1^* = \frac{5\pi}{4}$, $q_1^* = \frac{5}{2}$; $a_2: \varphi_2^* = -\frac{5\pi}{4}$, $q_2^* = -\frac{5}{2}$.

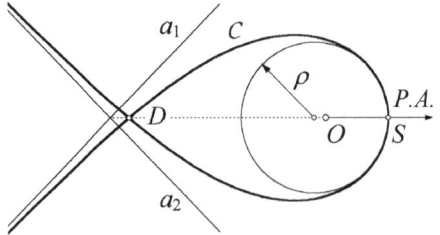
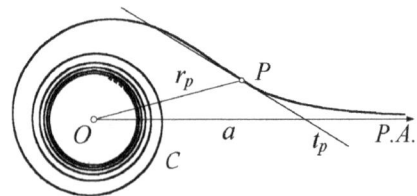

Bild 10.18: Zu Aufgabe 4 von 6.3   **Bild 10.19:** Zu Aufgabe 5 von 6.3

5. a) O ist asymptotischer Punkt; a = Polarachse.
b) $\varphi = \frac{1}{4} \approx 14.3°$, $r = a\sqrt{2}$.
c) $A = a^2\left(\sqrt{\varphi_2} - \sqrt{\varphi_1}\right)$. Für $\varphi_2 = 2\pi$: $\lim_{\varphi_1 \to 0} A = a^2\sqrt{2\pi}$, Grenzwert des gesamten von den Radiusvektoren von C bedeckten Bereichs der Ebene.

6. $\varphi_1^* = \arccos\frac{1}{\varepsilon}$, $\varphi_2^* = 2\pi - \varphi_1^*$, $q_{1,2}^* = \mp\dfrac{p}{\sqrt{\varepsilon^2-1}}$; $y = \pm x\sqrt{\varepsilon^2-1} \pm \dfrac{p\varepsilon}{\sqrt{\varepsilon^2-1}}$;
Steigungen $\pm\dfrac{b}{a}$, Schnittpunkt bei $x = -m$, $y = 0$ (Hyperbelmittelpunkt!).

7. $\varphi^* = 0.5 \approx 28.6°$, $q^* = -0.5$; O ist asymptotischer Punkt.

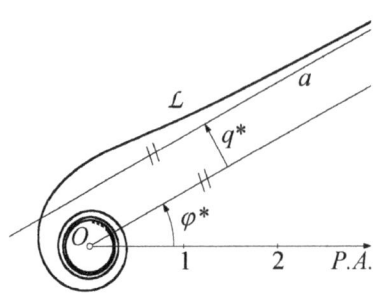
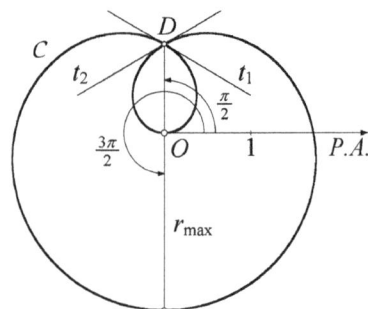

Bild 10.20: Zu Aufgabe 7 von 6.3   **Bild 10.21:** Zu Aufgabe 8 von 6.3

8. a) Pol O; **b)** D: $\varphi_1 = \frac{\pi}{2}$, $\varphi_2 = \frac{5\pi}{2}$, $r = 1$, $\beta = \frac{2\pi}{3}$; **c)** $r = r_{max} = 2$ bei $\varphi = \frac{3\pi}{2}$;
d) $A = 2\pi + \frac{3}{2}\sqrt{3}$.

Zu 6.4:

1. $\vec{r} = \begin{pmatrix} \cos\varphi \\ \sin\varphi \\ \sin(2\varphi) \end{pmatrix}$, $\dfrac{d\vec{r}}{d\varphi} = \begin{pmatrix} -\sin\varphi \\ \cos\varphi \\ 2\cos(2\varphi) \end{pmatrix}$, $\vec{v} = \omega\begin{pmatrix} -\sin\omega t \\ \cos\omega t \\ 2\cos(2\omega t) \end{pmatrix}$, $\vec{a} = \omega^2\begin{pmatrix} -\cos\omega t \\ -\sin\omega t \\ -4\sin(2\omega t) \end{pmatrix}$,

2. $|\vec{v}| = \omega\sqrt{1 + 4\cos^2(2\omega t)}$, $|\vec{a}| = \omega^2\sqrt{1 + 16\sin^2(2\omega t)}$

2. $a_1 = 2$, $a_2 = 1$.

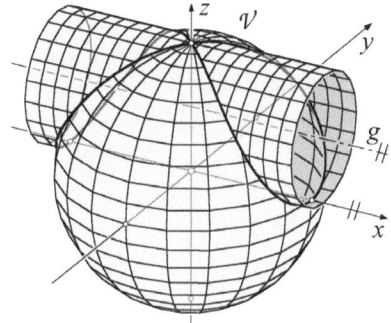

Bild 10.22: Zu Aufgabe 2 von 6.4

Zu 7.2:

2. a) konv., Vergleichskriterium mit $C\sum_{k=1}^{\infty}\dfrac{1}{k^2}$ **b)** konv., Quotientenkriterium

c) div., Vergleichskriterium mit $\sum_{k=1}^{\infty}\dfrac{1}{k}$ **d)** div. Wurzelkriterium

e) div., Folge der Summanden konv. gegen $\dfrac{1}{e^3} \neq 0$.   **f)** konv., Wurzelkriterium

3. a) $S = \tfrac{5}{3}$ **b)** $S = 1$

4. Die Reihe ist nach LEIBNIZ-Kriterium konv., sie muss bis $k = 6$ einschließlich berechnet werden, Näherungswert: 0.12

Zu 7.3:

1. Nach de l'HOSPITAL: $\lim_{x\to 0} f(x) = 1$; $f(x) = \sum_{k=0}^{\infty}\dfrac{(-1)^{k+1}(4k^2 + 2k - 1)}{(2k+1)!}x^{2k}$ für alle $x \in \mathbb{R}$ (mittels Reihenentwicklung für $\sin x$ und Ausmultiplizieren); $f(x)$ ist gerade, was durch das Fehlen ungerader Potenzen in der Reihenentwicklung ausgedrückt wird.

2. $f(x) = \sum\limits_{k=2}^{\infty} \dfrac{(-1)^{k-1}}{k} x^{2k-1}$; $\rho = 1$.

3. Mit $t = -x^2$ aus der TAYLOR - Reihe von e^t: $f(x) = \sum\limits_{k=0}^{\infty} \dfrac{(-1)^k}{k!} x^{2k}$. Gliedweises Integrieren ergibt $\int\limits_0^1 e^{-x^2}\, dx = \sum\limits_{k=0}^{\infty} \dfrac{(-1)^k}{(2k+1)\cdot k!}$. Diese LEIBNIZ-Reihe kann nach $k = 4$ abgebrochen werden. Näherungswert: 0.747.

4. $f(x) = \sum\limits_{k=0}^{\infty} \dfrac{(-1)^k}{2^{3k}} x^{3k+4}$ für alle $x \in\ ]-2, 2[$ (geometrische Reihe!); Näherungswert 0.186 (Summe bis $n = 2$).

5. $\rho = 0.5$; $f(x) = \dfrac{3x^3}{1 + 4x^2}$ (geometrische Reihe mit $q = -4x^2$).

6. Reihe konv. für $x > 0$ gegen $\dfrac{\sin x}{1 - e^{-2x}}$ (geometrische Reihe mit $q = e^{-2x}$).

Zu 7.4:

1. Da $f(x)$ gerade ist (Skizze!), sind alle $b_m = 0$.

$a_m = \dfrac{2\cdot(-1)^{m+1}}{m^2 - 1}$ für $m \neq 1$, $a_1 = -\tfrac{1}{2}$. $S(x) = 1 - \tfrac{1}{2}\cos x + 2\sum\limits_{k=2}^{\infty} \dfrac{(-1)^{k+1}}{k^2 - 1}\cos kx$ konvergiert überall gegen $f(x)$.

2. Da $f(x)$ weder gerade noch ungerade ist (Skizze!), müssen die FOURIER-Koeffizienten mit (6.4.4) und (6.4.5) berechnet werden:

$a_m = 0$ für $m \geq 1$, $a_0 = -\pi$; $b_m = \tfrac{1}{m}$.

$S(x) = -\dfrac{\pi}{2} + \sum\limits_{k=1}^{\infty} \tfrac{1}{k} \sin(2kx)$ konvergiert nach DIRICHLET überall gegen $f(x)$, außer in ganzzahligen Vielfachen von π, dort gegen $-\dfrac{\pi}{2}$.

3. Da $f(x)$ gerade ist (Skizze!), sind alle $b_m = 0$. $a_m = \dfrac{2}{\pi(m^2 + 1)}\left(e^{-\pi}(-1)^{m+1} + 1\right)$.

Die FOURIER-Reihe konvergiert überall gegen $f(x)$.

10 Lösungen der Übungsaufgaben

Zu 8.1

1. $S_{xy}: z = 0$, $y = \pm b \vee x = a$, drei Geraden; $S_{xz}: y = 0$, $z = \frac{b}{a}(a-x)$, Gerade;

$S_{yz}: x = 0$, $z = \frac{1}{b}(b^2 - y^2)$, Parabel, nach unten offen.

$C_1: y = c_1$, $z = \frac{1}{ab}(b^2 - c_1^2)(a - x)$, Geraden mit $z = 0$ für $x = a$.

$C_2: x = c_2$, $z = \frac{1}{ab}(b^2 - y^2)(a - c_2)$, für $c_2 < a$ Parabeln, nach unten offen.

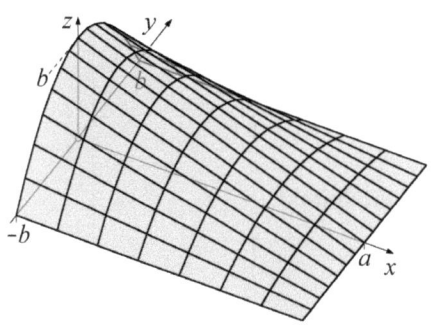

Bild 10.23: Zu Aufgabe 1 von 8.1   **Bild 10.24:** Zu Aufgabe 2 von 8.1

2. $C_1: y = c_1$, $z = 1 - \frac{1}{4}(x+1)c_2^2$, Geraden; $y = 0$, $z = 1$, Gerade $\parallel x$-Achse;

$C_2: x = c_2$, $z = 1 - \frac{1}{4}(c_1 + 1)y^2$; $x = 0$, $z = 1 - \frac{1}{4}y^2$; Parabeln, nach unten offen;

$S_{xy}: y = \pm \frac{2}{\sqrt{x+1}}$, $z = 0$.

3. $S_{xy}: z = 0$, $y = x \ln x$; $S_{xz}: y = 0$, $z = -\ln x$; $C: z = c$, $y = x(\ln x + c)$;

$g: x = \hat{c}$, $y - \hat{c}z - \hat{c}\ln\hat{c} = 0$.

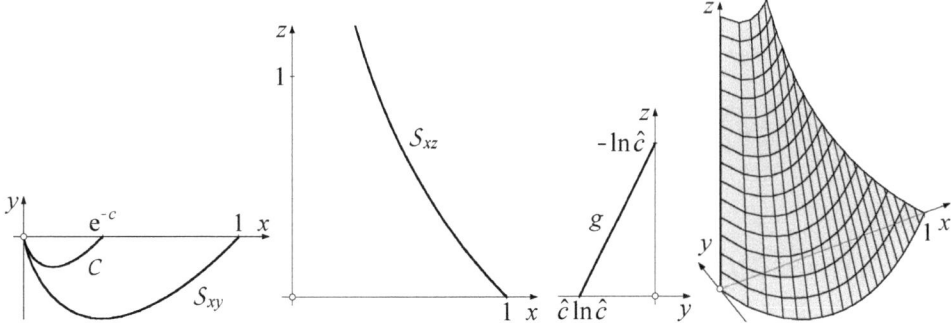

Bild 10.25: Zu Aufgabe 3 von 8.1

4. $x = 3$ (exakt) und $x \approx 3.407\,450\,522$ (NEWTON-Iteration)

Zu 8.3:

1. $z = T(x,y) = 6 - 9x + y$ ist die Gleichung der gesuchten Tangentialebene.

Damit die Tangentialebene waagerecht ist, muss $T(x,y)$ konstant sein, beide partiellen Ableitungen müssen also 0 ergeben. Dies ist für $(0,0)$ und $\left(\frac{1}{3},\frac{1}{6}\right)$ der Fall.

2. Die ersten partiellen Ableitungen sind überall stetig; es ist $f_x(0,y) = y$ und $f_y(x,0) = -x$ für jedes x und y (durch Grenzwertberechnung). Einsetzen von $(0,0)$ in die daraus berechneten gemischten partiellen Ableitungen ergibt 1 bzw. -1.

3. $R = (160.0 \pm 4.3)\,\Omega$

4. $d = (0.240 \pm 0.004)$ cm

Zu 8.4

1. Φ: $E_1\left(\frac{1}{2},0,\frac{1}{2\sqrt{e}}\right)$, Maximum; $E_2\left(-\frac{1}{2},0,-\frac{1}{2\sqrt{e}}\right)$, Sattelpunkt;

Ψ: $E_1\left(\frac{1}{2},0,\frac{1}{\sqrt{e}}\right)$, Maximum; $E_2\left(-\frac{1}{2},0,-\frac{1}{\sqrt{e}}\right)$, Minimum.

2. Basisseiten: $a = b = \sqrt[3]{2V}$; Höhe: $c = \sqrt[3]{\frac{1}{4}V}$

3. Waagerechte Tangentialebene für $(4, 0)$, $(2, 1)$ und $(2, -1)$; Maximum für $(4, 0)$, sonst kein Extremwert.

4. Waagerechte Tangentialebene für $(0, k\pi)$ für alle $k \in \mathbb{Z}$, aber kein Extremwert.

5. $y = f(x) = 0.712329 + 0.483562\,x$ (Koeff. gerundet)

6. Drei Gleichungen für die 3 Unbekannten a,b,c:

$$an + b\sum_{i=1}^{n} x_i + c\sum_{i=1}^{n} \ln x_i = \sum_{i=1}^{n} y_i$$

$$a\sum_{i=1}^{n} x_i + b\sum_{i=1}^{n} x_i^2 + c\sum_{i=1}^{n} x_i \ln x_i = \sum_{i=1}^{n} x_i y_i\,;$$

$$a\sum_{i=1}^{n} \ln x_i + b\sum_{i=1}^{n} x_i \ln x_i + c\sum_{i=1}^{n} (\ln x_i)^2 = \sum_{i=1}^{n} y_i \ln x_i\,.$$

Zu 8.5

1. $(f \circ \vec{r}_1)'(t) = -21t^2$; $(f \circ \vec{r}_2)'(t) = 12t^3 - 20t^4$.

2. $\operatorname{grad}_P f = \left(-3\sqrt{2}, \sqrt{2}\right)$ ist die Richtung des stärksten Anstiegs; der Winkel ist $\arctan\|\operatorname{grad}_P f\| = \arctan\sqrt{20} \approx 77.4°$

3. wie 2.: Gradient $(-9, 1)$, Winkel ca. $84°$.

10 Lösungen der Übungsaufgaben

4. Höhenlinie: $z = 3$, $y = \dfrac{3 - x^2}{x}$, parametrisiert $\vec{r}(t) = \left(t + 1, \dfrac{3}{t+1} - t - 1\right)$.

5. $\vec{r}_t \times \vec{r}_\varphi = \begin{pmatrix} -ab\cos t \cos\varphi - b^2 \cos^2 t \cos\varphi \\ -ab\cos t \sin\varphi - b^2 \cos^2 t \sin\varphi \\ -ab\sin t - b^2 \sin t \cos t \end{pmatrix}$; für $t = 0$ ergibt sich ein

Normalenvektor rechtwinklig zur z-Achse, für $t = \frac{\pi}{2}$ parallel zur z-Achse.

Zu 8.6:

1. $\int_{\mathbb{B}} z\,\mathrm{d}A = \frac{2}{3}$; Halbzylinder mit Radius 1, der an der geraden Kante im Winkel 45°
zur Grundfläche abgeschnitten wurde.

2. $\int_{\mathbb{B}} z\,\mathrm{d}A = \frac{1}{48}$; Integral stellt Volumen dar, da auf $\mathbb{B}$ der Integrand nicht negativ ist.

3. a) $v = v_{\max} = v^*$ bei $x = a$, $y = b$; **b)** $q = \frac{16}{9} abv^*$; **c)** $\bar{v} = \frac{4}{9} v^*$.

4. $I = \sqrt{\pi}$

Zu 8.7:

1. a) Integrabilitätsbedingung – hier notwendig und hinreichend – ist erfüllt für
$a = 0$ und $a = -1$; Potential $f(x,y) = x + C$ bzw. $f(x,y) = e^y x + C$.

b) Für $a = 1$ kein Potentialfeld, deshalb: $\int_C \vec{v}\cdot\mathrm{d}\vec{r} = 4 - e - \dfrac{4}{e}$.

2. $\mathbb{D}$ ist einfach-zusammenhängend; da die Integrabilitätsbedingungen erfüllt sind,
muss nach Hauptsatz $\int_C \vec{v}\cdot\mathrm{d}\vec{r} = 0$ sein, da C geschlossen ist.

3. a) Integrabilitätsbedingungen sind notwendig und hinreichend: $a = 6$, $b = -1$.
b) $f(x,y,z) = 3x^2 y - 5x\cos 2z + ze^{-y} + C$ ist Potential bei $a = 6$, $b = -1$.
c) Kein Potentialfeld, also gemäß Definition: $\int_C \vec{v}\cdot\mathrm{d}\vec{r} = \frac{4}{3} - \frac{1}{e} - 5\cos 2 + 1$; über einen anderen Weg kann sich zufällig der gleiche Wert ergeben, muss aber nicht!

4. $\mathbb{D}$ ist <u>nicht</u> einfach-zusammenhängend, also bedeutet Gültigkeit der Integrabilitätsbedingung nur, dass ein Potential existieren <u>kann</u>, nicht <u>muss</u>! Rechnung ergibt, dass dafür nur $f(x,y) = \arctan\frac{y}{x} + C$ in Frage kommt. Dies ist aber nicht auf ganz $\mathbb{D}$ definiert und auch nicht darauf fortsetzbar! $\oint_C \vec{v} \cdot d\vec{r} = 2\pi \neq 0$!

Zu 8.8:

1. Ellipse $\frac{x^2}{32} + \frac{y^2}{16} = 1$.

2. $\mathcal{H}$: $y = \frac{1}{4}x^2 + 1$, Parabel; $x_B = 2C$, $y_B = C^2 + 1$.

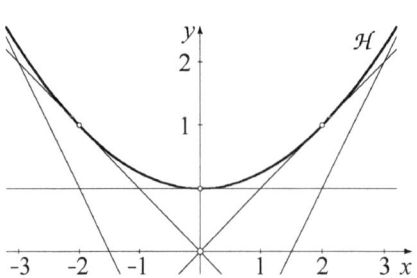

Bild 10.26: Zu Aufgabe 2 von 8.8

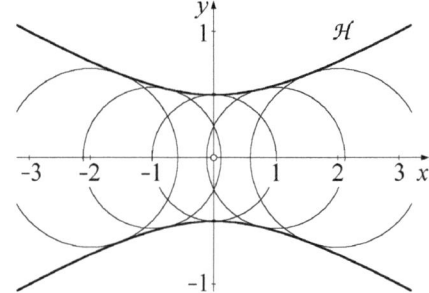

Bild 10.27: Zu Aufgabe 3 von 8.8

3. a) Kreise um $(C, 0)$ mit Radien $\frac{1}{2}\sqrt{C^2 + 4}$;

b) $\mathcal{H}$: $y^2 - \frac{1}{3}x^2 - 1 = 0$, Hyperbel; **c)** $B\left(\frac{3}{4}C, \pm\frac{1}{4}\sqrt{16 + 3C^2}\right)$

Zu 9.2:

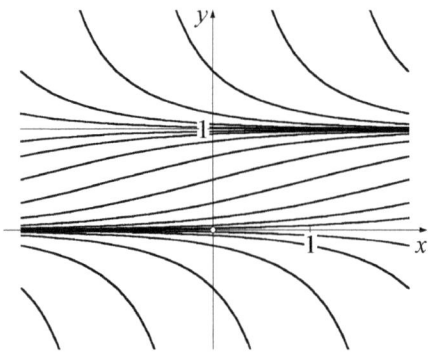

Bild 10.28: Zu Aufgabe 1 von 9.2

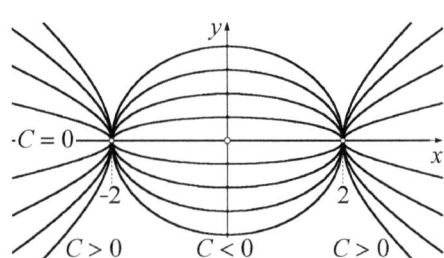

Bild 10.29: Zu Aufgabe 2 von 9.2

1. a) $y = \dfrac{1}{1+Ce^{-x}}$; b) $C > 0$; c) $y = 0$, $y = 1$, bei $C < 0$ auch $x = \ln(-C)$.
d) Nur für $C > 0$; bei $x = \ln C$, $y = \tfrac{1}{2}$ mit Steigung $y' = \tfrac{1}{4}$

2. a) $y^2 = C(x^2 - 4)$; $C < 0$: Ellipsen, $C > 0$: Hyperbeln, $C = 0$: x-Achse.
b) $(2,0)$ und $(-2,0)$.

3. a) $y = C\dfrac{x-1}{x+1}$. b) α) $y = -6\dfrac{x-1}{x+1}$, β) keine Lösung, γ) alle Lösungskurven gehen durch $(1,0)$, δ) keine Lösung.

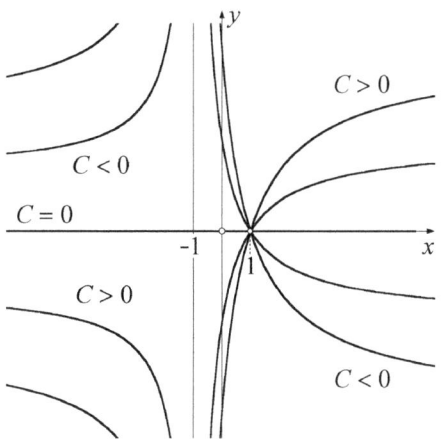

Bild 10.30: Zu Aufgabe 3 von 9.2

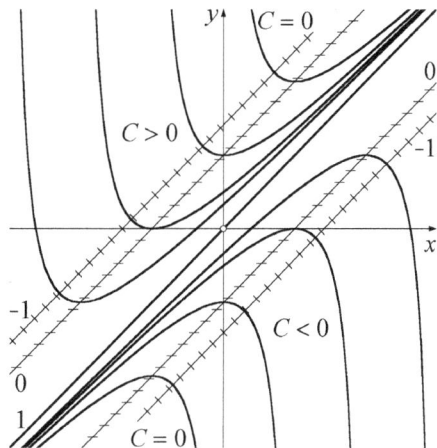

Bild 10.31: Zu Aufgabe 4 von 9.2

4. a) $y' = k$: $y = x \pm \sqrt{1-k}$, Geraden mit Steigung 1 für $k \le 1$. $k = 0$: $y = x \pm 1$; $k = 1$: $y = x$, besondere Lösung; $k = -1$: $y = x \pm \sqrt{2}$. b) $y = x + \dfrac{1}{x+C}$; $y = x$ für $C \to \infty$. c) Asymptoten $y = x$ und $x = -C$.

5. u, $1 - u^2$, $1 - u$, nein, $\dfrac{(1-u)^2}{1+u}$, nein, e^u, $u^2 + 4$.

6. $y = \dfrac{C}{x} - \dfrac{1}{2x}\cos(x^2)$; $\lim\limits_{x \to 0} y = 0$ für $C = \tfrac{1}{2}$.

7. a) $y = Cx^2 - x$. $C \ne 0$ Parabeln, die in O die Gerade $y = -x$ berühren, für $C > 0$ nach oben, für $C < 0$ nach unten offen; Schnittpunkte mit der x-Achse: $(0,0)$ und $\left(\tfrac{1}{C}, 0\right)$, Scheitel $\left(\tfrac{1}{2C}, -\tfrac{1}{4C}\right)$. $C = 0$ Gerade $y = -x$, also Isokline für $y' = k = -1$.
b) α) $y = 6x^2 - 6$, β) keine Lösung, γ) alle Lösungskurven gehen durch $(0,0)$.

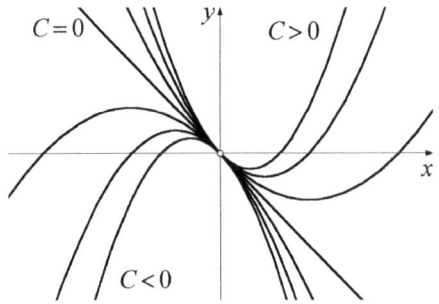

Bild 10.32: Zu Aufgabe 7 von 9.2

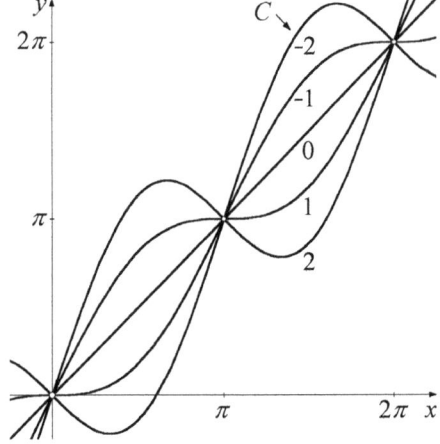

Bild 10.33: Zu Aufgabe 8 von 9.2

8. a) $y = x + C\sin x$; besondere Lösung $y = x$ ist Isokline für $y' = k = 1$.
b) $(k\pi, k\pi)$, k ganz. **c)** $C = -1$, $y = x - \sin x$; $y' = 0$ bei $x = 2k\pi$.

9. $v = g\dfrac{m}{k}\left(1 - e^{-\frac{k}{m}t}\right)$, $v_E = g\dfrac{m}{k}$, $k = g\dfrac{m}{v_E}$.

Zu 9.3:

1. a) $a = 0.1$ m/s^2; $\ddot{x} + 0.1\dot{x} = -0.1$; **b)** $x = 20(1 - e^{-0.1t}) - t$; **c)** $t_1 = 10\ln 2$; $x_1 = 10(1 - \ln 2)$. **d)** Mehr Zeit, da der Betrag der resultierenden Beschleunigung beim Rückweg kleiner ist (Hangabtrieb und Reibungskraft entgegengesetzt, beim Hinweg gleich gerichtet). Rechnerisch: Bei $t = 2t_1$ ist $x = 15 - 20\ln 2 > 0$.

2. a) α) $m\ddot{x} + d\dot{x} = F_0 e^{-t}$, **β)** $\ddot{x} + \dot{x} = e^{-t}$; **b)** $x = 1 - (1+t)e^{-t}$; bei $t = 1$ ist $\dot{x} = \dot{x}_{max} = e^{-1}$; $\lim\limits_{t \to \infty} x = 1$.

3. a) $y = C_1 e^x + C_2 e^{2x} + \dfrac{1}{20}(3\cos 2x - \sin 2x)$,

b) $y = C_1 e^x + C_2 e^{2x} - \dfrac{1}{200}[(10x + 84)\cos 2x + (30x - 13)\sin 2x]$

4. a) $\ddot{y} = -2y^{-3}$, $y = \sqrt{2t\sqrt{2} + 1}$, **b)** $v = \dot{y} = \dfrac{\sqrt{2}}{\sqrt{2t\sqrt{2}+1}} > 0 \;\forall\; t$, $t^* = \dfrac{9999}{2\sqrt{2}} \approx 3535$.

5. a) $\delta = 4$; $\varphi = (C_1 + C_2 t)e^{-4t} + \dfrac{1}{16}P$; **b)** $\varphi = \dfrac{1}{16}P[1 - (1 + 4t)e^{-4t}]$; **c)** ca. 90.8 %.

10 Lösungen der Übungsaufgaben   443

6. a) $\ddot{r} - \omega^2 r = -g\sin\omega t$; $r = C_1 e^{\omega t} + C_2 e^{-\omega t} + \dfrac{g}{2\omega^2}\sin\omega t$. **b)** Bedingung bei $t = 0$:
$\dot{r} = -r\omega + \dfrac{g}{2\omega}$; z.B. $r = \dfrac{g}{2\omega^2}$, $\dot{r} = 0$; oder $r = 0$, $\dot{r} = \dfrac{g}{2\omega}$, hierfür besondere Lösung $r = \dfrac{g}{2\omega^2}\sin\omega t$, periodisch; asymptotischer Kreis aller Lösungen nach **b)**.

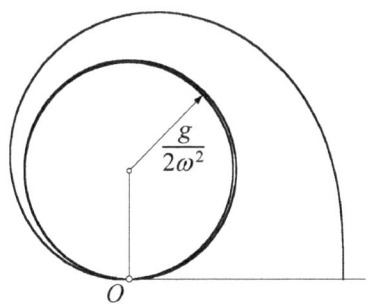
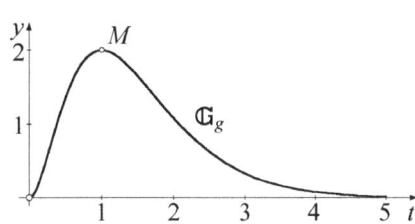

Bild 10.34: Zu Aufgabe 6 von 9.3   **Bild 10.35:** Zu Aufgabe 7 von 9.3

7. a) $d = 4m$, $f = 4m$, $F_a(t) = 4me^2 e^{-2t}$.
b) Allg. Lös. $y = (C_1 + C_2 t + 2t^2 e^2)e^{-2t}$, bes. Lös. $y = g(t) = 2t^2 e^{2-2t}$.
c) $t_M = 1$, $y_M = 2$; $\lim\limits_{t\to\infty} y = 0$.

8. Dgl: $\dfrac{y''}{\sqrt{1+(y')^2}^3} = \dfrac{1}{y^2}$; Bes. Lösung: $y = \cosh x$ (Kettenlinie!).

9. a) Allg. Lös.: $y = (C_1 + 4t)e^{-t} + C_2 e^{-3t}$, bes. Lös.: $y = f(t) = (1+4t)e^{-t}$,
b) $H(\tfrac{3}{4}, 4e^{-\tfrac{3}{4}})$, $W(\tfrac{7}{4}, 8e^{-\tfrac{7}{4}})$.

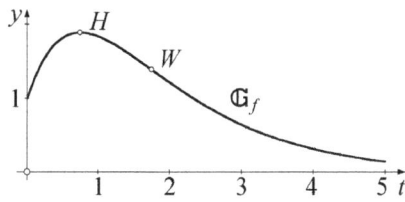

Bild 10.36: Zu Aufgabe 9 von 9.3

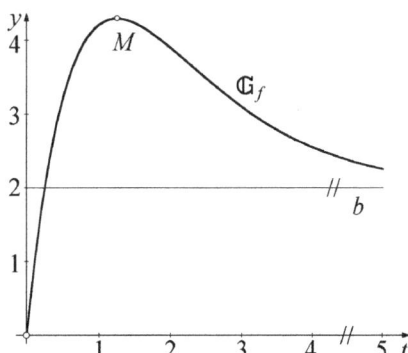

Bild 10.37: Zu Aufgabe 10 von 9.3

10. a) Allg. Lös.: $y = C_2 - C_1(t - \tfrac{1}{4})e^{-t}$, bes. Lös.: $y = 2 + (8t - 2)e^{-t}$;
b) $y_M = 2 + 8e^{-\tfrac{5}{4}}$ bei $t = \tfrac{5}{4}$, $\lim\limits_{t \to \infty} f(t) = 2$; $b: y = 2$.

11. $y = C_2 e^{C_1 x}$

Zu 9.4:

1. Dgl-System: $\quad m\ddot{y}_1 = -10 f y_1 + f y_2 \quad (1)$
$\quad\quad\quad\quad\quad\quad\quad m\ddot{y}_2 = -10 f y_2 + f y_1 \quad (2)$

Besondere Lösung wie bei c) mit $\omega_1 = \sqrt{9\dfrac{f}{m}} = 3\sqrt{\dfrac{f}{m}}$, $\omega_2 = \sqrt{11\dfrac{f}{m}} \approx 3{,}3\sqrt{\dfrac{f}{m}}$.

2. Dgl-System: $\quad 8\ddot{y}_1 = -24 y_1 + 12 y_2 \quad (1)$
$\quad\quad\quad\quad\quad\quad\quad 3\ddot{y}_2 = 12 y_1 - 12 y_2 \quad (2)$

Allg. Lösung: $\quad y_1 = A\sin t + B\cos t + C\sin\sqrt{6}t + D\cos\sqrt{6}t$
$\quad\quad\quad\quad\quad\quad y_2 = \tfrac{4}{3} A\sin t + \tfrac{4}{3} B\cos t - 2C\sin\sqrt{6}t - 2D\cos\sqrt{6}t$

Stichwortverzeichnis

Abbildungsmatrix 89
Abklingkonstante 140, 394
Ableitung 132
  - höhere 180
  - partielle 300
  - partielle - gemischte 305
  - partielle - höhere 304
Abschnittweise stetig 158
Additionstheoreme 34
Adjunkte 83
Affinität 90
Amplitude 124
Anfangswertproblem 364
Äquipotentialfläche 292
Arbeitsintegral 180, 347
Asymptote 133, 139
  - allgemeine 191
  - bei Parameterdarstellung 205
  - bei Polarkordinaten 228
Asymptotischer Punkt 230, 232
Ausgleichsgerade 322
Ausgleichsrechnung 321
Auslöschungsfehler 148

Bahngeschwindigkeit 203
Bahnkurve 200, 211, 222, 414
Basiswechsel 42, 43
Bereichsintegral 337
BERNOULLI-de l'HOSPITAL 151
Beschleunigung 163
  - Zentripetal- 203
  - Zentrifugal- 198
Beschleunigung u. Geschwindigkeit 141, 167
Beschleunigungsvektor 204, 234
Betrag 22
Biegelinie 384
Bildvektor 89
Binomialkoeffizient 49
Blindwiderstand 127
Bogenlänge 171, 234
  - bei Parameterdarstellung 207
  - bei Polarkoordinaten 229
Bogenmaß 32
BOYLE-MARIOTTE 181
Brennpunkt 227, 416

CASSINI 318
CAUCHY 150, 365
Charakteristische Gleichung 394
CRAMERsche Regel 88

Dämpfung 403
Dämpfungsfaktor 392, 397
Darstellung - trigonometrische (in $\mathbb{C}$) 108
Determinante 78, 79
  - Multiplikationssatz 80
Differential 133
  - totales 311
Differentialgleichung 361
  - 1.Ordnung 368
  - 2. Ordnung 383
  - allgemeine Lösung 374
  - besondere Lösung 374
  - direkt integrierbare 384
  - durch Substitution lösbare 374
  - durch Substitution reduzierbare 386, 389
  - einer Kurvenschar 369
  - komplex ergänzte 400
  - lineare 377, 392
  - logistische 382
  - mit trennbaren Veränderlichen 372
  - partikuläre Lösung 378
  - Ordnung 364
  - singuläre Lösung 368
Differentialgleichungssystem 408
Differentialquotient 133
Differentiation 132
  - der Umkehrfunktion 145
  - implizite 144
Differentiationsformeln 136
Differentiationsregeln 135
Differenzierbarkeit 132
  - partielle 301, 305
  - vollständige 306, 308, 310
DIRICHLET 280
Diskriminante 102
Divergenz 50, 239
Doppelintegral 335, 336
Doppelpunkt 211, 316
Drehellipsoid 170
Drehfläche 173, 295, 297

Drehhyperboloide 296
Drehkegel 296
Drehkörper 168, 169
Drehparaboloid 340
Drehstreckung 100, 110
Drehung 91, 99

Ebene 289
Eigenkreisfrequenz 394, 402, 404
Einfach zusammenhängend 344
Eigenvektor 91, 92
Eigenwert 91, 92
Einheitsvektor 90
Einschwingvorgang 404
Ellipse 170, 208, 210, 219, 224, 227, 416
Ellipsoid 284
Elliptische Bewegung 215, 357, 358
Epitrochoide 213, 214
Ergänzung - komplexe 400
Erzeugende 299
EULERsche Formel 113, 395
EULERsche Zahl e 53, 269, 294
Evolute 175, 177
Extremwert 133, 138, 315, 321

Fadenpendel 387
Fakultät 48
Fallstrecke u. -geschwindigkeit 46, 192, 194
Federkonstante 383, 397
Fehler - maximaler 312
Fehlerfortpflanzung 312
Fläche im Raum 286
Flächeninhalt 164
 - bei Parameterdarstellung 206
 - bei Polarkoordinaten 229
Flachpunkt 139
Folge 47
FOURIER-Koeffizient 276, 277, 278, 324
FOURIER-Reihe 273
Freier Parameter 364
Fundamentalsatz der Algebra 119
Funktion 14
 - Arcus- (zyklometrische) 32, 35
 - Area- 44
 - beschränkte 23
 - Definitionsbereich 14
 - Exponential- 41, 43
   - komplexe 120
 - gebrochen rationale 29
 - gerade 24, 90, 157
 - Hyperbel- 43

 - komplexe 118
 - Logarithmus- 41
   - komplexe 121
 - mehrerer Variabler 283
 - monotone 23
 - periodische 24, 274
 - Potenz- 37, 39
 - rationale 26
 - trigonometrische 32
 - ungerade 24, 90, 157
 - Wertebereich 16
 - Wurzel- 37

Ganghöhe 235
GAUSSsche Zahlenebene 106
GAUSSsches Eliminationsverfahren 59, 64
Gebietsintegral 337
Geradführung 215
Geschwindigkeit 129, 141, 155, 361
Geschwindigkeitsvektor 203, 234
Gleichung - linear 60
Gleichungssystem - lineares 60
 - homogenes 60, 87
 - inhomogenes 60, 87
 - quadratisches 60, 88
Gradient 327, 331, 334
Gradientenfeld 343
Graph 24
Gravitationskonstante 414
Grenzfall - aperiodischer 397
Grenzwert 47, 150
 - einer Funktion 54
 - einseitiger 55, 132
Grenzwertsätze 51, 56
GULDIN 178

Häufungswert 50
Hauptdiagonale 64, 68
HESSE-Matrix 315
Höhenlinie 297, 332
Hüllkurve 217, 355, 359, 368
Hyperbel 209, 210, 224, 227, 417
Hyperboloide 296
Hyperboloidräder 296
Hypotrochoide 213, 215

Imaginäre Einheit j 106
Imaginärteil 106
Induktivität 126
Integrabilitätbedingung 344
Integral 155
 - bestimmtes 156

- unbestimmtes 155
- uneigentliches 187
Integration 155
  - geschlossene 158
  - logarithmische 160
  - nach Partialbruchzerlegung 162
  - numerische 184
  - Obersumme, Untersumme 165
  - Produkt- 161
  - Substitutionsregel 159
Integrationsformeln und -regeln 156
Intervall 22
Isogonaltrajektorien 370
Isoklinen 369

Kapazität 126
Kardioide 214
Kegel 302, 355
Kegelschnitt 210, 224, 227, 416
Kennkreisfrequenz 402
KEPLER 416, 417
Kettenlinie 46, 172, 390
Kettenregel 136, 137, 328
Knautschzone 142
Knickstelle 132, 142
Knotenpunkt 367
Koeffizientenvergleich 28, 162, 398
Körper 105
Komet 417
Komplexer Widerstand 127
Kondensator 362
Konvergenz 50, 240, 284
  - absolute 243, 251
Konvergenzaussagen 254
Konvergenzbereich 254
Konvergenzkriterien 242, 244, 246, 248
Konvergenzradius 254
Koppelschwingung 410
Kraft äußere 392, 400, 402
Kraftfeld 346
Kreisbewegung 201
Kreisevolvente 216
Kreisfrequenz 124, 140
  - Eigen- 394, 402, 404
  - Kenn- 402
  - Resonanz- 403, 405
Kreiskegel - schiefer 355
Kriechfall 397
Krümmung 194, 196
  - bei Parameterdarstellung 204

  - bei Polarkoordinaten 228
Krümmungskreis, -radius 196
Krümmungsmittelpunkt 196, 199
Kurvendiskussion 138, 191
Kurvenintegral 342, 349
Kurvenschar 355, 363, 369

LAGRANGE-Darstellung des Restglieds 225
LAPLACEscher Entwicklungssatz 80
LEIBNIZ-Kriterium 251
LEIBNIZsche Sektorformel 207, 232
Leitwert 127
Lemniskate 230, 318
Lenkereinschlag 195
Linearfaktor 28, 119
Linienelement 368
LIPSCHITZ 365
Logarithmengesetze 42
Logarithmisches Dekrement 140
Logarithmus - natürlicher 42
Lösung - triviale 65
Lösungen der Übungsaufgaben 419
Lösungskurven 363
Luftwiderstand 46, 192, 389

Magnetfeld 353
Majorantenkriterium 244
Mantelflächeninhalt 173
Matrix 61, 68
  - adjungierte 83, 84
  - Diagonal- 69
  - Drehung darstellende 93
  - Dreiecks- 69
  - Einheits- 71
  - Elementar- 74
  - inverse 73
  - invertierbare 73
  - Koeffizienten- 61
    - erweiterte 61
  - Null- 70
  - Produkt von -en 70
  - quadratische 68
  - reguläre 73
  - schiefsymmetrische 69
  - Summe von -en 69
  - symmetrische 69
  - System- 61
  - transponierte 69, 80
  - Unter- 78
McLAURIN-Reihe 262
Menge 9

Meridian 295, 297
Messfehlereinfluss 313
Minorantenkriterium 244
Mittelwert - linearer 181
Mittelwertsatz 149
MOIVRE 115
Momentanpol 215

NEILsche Parabel 219
NEWTON-Iteration 152
- 3/8-Regel 186
Niveaufläche 334
Normalbereich 164, 206, 335, 339
Normalenvektor 333, 354
Nullstellensatz 134

OHM 101, 126, 362
Originalvektor 89
Orthogonalitätsrelation 326
Orthogonaltrajektorien 370

Papierstreifenkonstruktion 235
Parabel 210, 219, 223, 227, 417
Parabolantenne 228
Paraboloid - Dreh- 290
- Hyperbolisches 292
Parallelprojektion 95
- schiefwinklige 96
Parameterdarstellung 190, 211
- Drehfläche 297
- Raumkurve 233
- Ellipsoid 298
- Fläche 298, 354
- Schraubenfläche 298
Parameterlinien 298
Partialbruchzerlegung 29, 162, 242
Partialsummen 239
Perihel 415
Peripheriewinkelsatz 143
Phasenverschiebung 124, 127
Planet 414
Polarkoordinaten 107, 222, 338
Polarwinkel 222
Polynom 26, 119
- trigonometrisches 274, 280
Potential 343, 345
Potentialfeld 343
Potenz - komplexe 122
Potenzgesetze 38
Potenzreihe 252
- Differentiation 257

- Entwicklungspunkt 261
- Identitätssatz 260
- Integration 258
Produktregel 135

Quadratische Gleichung 102
Quotientenkriterium 246
Quotientenregel 135

Radiusvektor 222
Rang (einer Matrix) 65
Raumkurve 233
Realteil 106
Regressionsgerade 322
Reihe 237
- alternierende 244, 252
- Divergenz 239
- geometrische 240
- harmonische 242
- Konvergenz 239
- absolute 243
Reihe - Potenz- 252
- FOURIER- 273
- TAYLOR- 262
Rekursion 48
Resonanz 403, 405
Restglied TAYLOR-Reihe 265
Richtungsableitung 329
Richtungsfeld 368
Ringintegral 349
ROLLE 133

Sägezahnkurve 279
Sattelpunkt 291, 316
Scharparameter 355, 363
Scheitel 196
Schmiegungsparabeln 268
Schnittkurve 287
Schraubenfläche 298
Schraubenlinie 235
SCHWARZ 305
Schwebung 413
Schwerpunkt 175
Schwingung - gedämpfte 140, 397
Sehnentangentensatz 143
Sektorflächeninhalt 229
Signumfunktion 56
SIMPSON 185
Sinussatz 226
Sinuskurve 220
Sonne 414

Spalten (einer Matrix) 61
 - -vektor 68
Spiegelung an einer Geraden 94
Spirale 216
 - Archimedische 223
 - logarithmische 230, 377
 - hyperbolische 232
Spitzpunkt 204, 201, 356
Springbrunnen 359
Sprungstelle 133, 141
Staffelform 64
Stammfunktion 155
Standardbereich 164, 206
Steigung 130
 - bei Parameterdarstellung 202
 - bei Polarkoordinaten 205
 - einseitige 132
Steigungsdreieck 330
Stetigkeit 55
Störfunktion 377, 392
Störterm 377, 397
 - komplex ergänzter 400
Stromlinienkörper 174
Strudelpunkt 367, 377
Stückweise stetig 274
System von Differentialgleichungen 408

Tangente 132
Tangentenvektor 202, 234, 235
Tangentialebene 306, 310, 332
TAYLOR-Polynom 262
TAYLOR-Reihe 262
 - Restglied 265
Teilsumme 239
THOMSON-Gleichung 228
Torus 180, 296
Trägheitsnavigation 163
Transformationssatz 338
Trochoiden 213

Umkehrbewegung 216
Umkehrfunktion 17, 25
Umlaufintegral 349
Umlaufszeit 416

Umordnungssatz 250
Umriss 299, 354

VANDERMONDE 85
Variation der Konstanten 378
Vektorfeld 342
 - konservatives 350
Vektorraumaxiome 70
Verbrauchswachstum 183
VIVIANI 236
Volumen 335
 - eines Drehkörpers 168, 169

Wechselspannung 101, 125
Wechselstrom 101, 125
Weg, Geschwindigkeit, Beschleunigung 141
Weg-Zeit-Diagramm 129, 141, 142
Weg und Geschwindigkeit 163
Wegintegral 349
Wendepunkt 139, 197
Wendetangente 197
Widerstand - komplexer 102, 127
Winkelgeschwindigkeit 203
Wirkwiderstand 127
Wurzelkriterium 249

Zahl -ganze 19
 - reelle 21
 - komplexe 101, 104
 - komplexe - Betrag und Argument 108
 - komplexe - Potenzen und Wurzeln 114
 - konjugiert komplexe 111
 - natürliche 18
 - rationale 20
Zeigerdiagramm 126
Zeilen (einer Matrix) 61
 - -operationen, elementare 62
 - -vektor 68
Zentrifugalbeschleunigung 198, 416
Zentripetalbeschleunigung 203, 236, 416
Zwischenwertsatz 57
Zykloide 211
Zylinder - parabolischer 318, 337
Zylindroid 292, 303, 309

Bei Fragen zur Produktsicherheit wenden Sie sich bitte an:
If you have any questions regarding product safety,
please contact:

Walter de Gruyter GmbH
Genthiner Straße 13
10785 Berlin
productsafety@degruyterbrill.com